高职高专系列教材

煤化工生产技术

侯　侠　王建强　主编

中国石化出版社

内 容 提 要

本书结合中国煤化工发展的实际，较系统地介绍了煤炭气化技术、煤炭直接液化技术、煤炭间接液化技术、煤化工课题实践等内容。书中引入了典型的煤化工生产实例，反映了当前煤化工发展的成果；同时为了加强理论联系实际，特在章节中加入了实际操作的基本内容。

本书可作为高职高专院校、本科院校举办的职业技术学院化工技术类专业及相关专业教材，也可作为五年制高职、成人教育煤化工及相关专业的教材，还可供从事煤化工技术工作的人员参考。

图书在版编目(CIP)数据

煤化工生产技术／侯侠，王建强主编．—北京：中国石化出版社，2012.2(2024.1 重印)
(高职高专系列教材)
ISBN 978-7-5114-1357-4

Ⅰ.①煤… Ⅱ.①侯… ②王… Ⅲ.①煤化工-生产技术-高等职业教育-教材 Ⅳ.①TQ53

中国版本图书馆 CIP 数据核字(2012)第 006565 号

中国石化出版社出版发行
地址：北京市东城区安定门外大街 58 号
邮编：100011　电话：(010)57512500
发行部电话：(010)57512575
http://www.sinopec-press.com
E-mail：press@sinopec.com
北京富泰印刷有限责任公司印刷
全国各地新华书店经销
*
787 毫米×1092 毫米 16 开本 21.5 印张 534 千字
2012 年 2 月第 1 版印刷　2024 年 1 月第 5 次印刷
定价：50.00 元

前　言

本书是根据高职高专教材的编写要求而编写的教材。该课教学时数为70学时左右，其先修课程为“煤化学”。

《煤化工生产技术》作为高职高专及其相关专业人才培养的一门专业必修课程，其任务是通过本门课程的学习使学生能够掌握空气深冷液化分离、煤焦化技术、煤炭气化技术、煤气净化技术、煤炭液化技术、甲醇生产技术、甲醚生产技术、醋酸生产技术、甲醇制烯烃技术、煤制天然技术等的基本原理、流程、参数控制等内容。另外为了加强煤化工专业人才对实际操作的掌握，专门在部分章节中加入了实际操作及故障处理等内容；同时为了方便复习书中的主要内容，在每章节后面汇总了需要掌握的主要内容的相关习题。

本书包括11章。其中第一章是绪论，主要介绍煤炭资源、煤化工范围和发展、第二章是空气深冷液化分离，主要介绍空气的净化、液化、分离的原理及流程等；第三章是煤炭焦化技术，主要介绍煤焦化原理、设备、工艺、操作等；第四章是煤炭气化技术，主要介绍了煤气化基本原理；煤种、煤性对对气化的影响；移动床、流化床、气流床的生产工艺及设备；第五章是煤气净化技术，主要介绍煤化工企业的煤气净化的主要方法；第六章是煤炭液化技术，主要介绍煤炭直接液化、煤炭间接液化的原理、工艺、操作、发展方向等；第七章是甲醇生产技术，主要介绍甲醇性质、用途、甲醇生产原理、生产工艺流程、甲醇操作等；第八章是二甲醚生产技术，主要介绍二甲醚的性质、用途、甲醇生产原理、生产工艺流程及操作等；第九章是醋酸生产技术，主要介绍甲醇制醋酸工艺的相关知识；第十章甲醇制烯烃技术，主要介绍MTO、MTP等技术的原理、工艺等；第十一章主要将介绍煤制天然气技术。由于煤炭气化工艺和煤炭液化工艺及甲醇生产技术等在工业生产中应用广泛，故本书给与了较多篇幅。

本书由兰州石化职业技术学院侯侠主编(第一章、第四章、第五章)，兰州石化职业技术学院王建强副主编(第六章、第七章)，兰州石化职业技术学院齐晶晶参编(第三章、第十章、第十一章)，兰州石化职业技术学院刘哲参编(第二章、第八章、第九章)。全书由侯侠通稿。

由于编者水平有限，时间有限，书中疏漏之处在所难免，欢迎老师和读者批评指正。

目　　录

第一章 绪 论

第一节 我国的煤炭资源

我国是世界最大的煤炭生产和消费国，煤储量占世界总储量的45.7%，居世界第一位。目前世界煤储量估计可供人类使用200多年，我国煤储量可供使用500年左右，而现已探明的石油和天然气资源最多可供人类使用50年。能源的综合利用已刻不容缓。

我国煤炭资源储量丰富，分布面广，品种齐全。据中国第二次煤田预测资料，埋深在1000m以浅的煤炭总资源量为2.6×10^{12}t，大别山-秦岭-昆仑山一线以北地区资源量约2.45×10^{12}t，占全国总资源量的94%；以南的广大地区仅占6%左右。其中，新疆、内蒙古、山西和陕西等四省区占全国资源总量的81.3%，东北三省占1.6%，华东七省占2.8%，江南九省占1.6%。

我国煤炭资源的种类较多，在现有探明储量中，烟煤占75%，无烟煤占12%，褐煤占13%。其中，原料煤占27%，动力煤占73%。动力煤储量主要分布在华北和西北，分别占全国资源总量的46%和38%，炼焦煤主要集中在华北，无烟煤主要集中在山西和贵州两省。

我国煤炭质量总的来看较好，已探明的储量中，灰分小于10%的特低灰煤占20%以上；硫分小于1%的低硫煤约占65%~70%；硫分1%~2%的约占15%~20%。高硫煤主要集中在西南、中南地区，华东和华北地区上部煤层多为低硫煤，下部多为高硫煤。

我国煤炭资源在地理分布上的总格局是西多东少、北富南贫。而且主要集中分布在目前经济还不发达的山西、内蒙古、陕西、新疆、贵州、宁夏等6省(自治区)，它们的煤炭资源总量为4.19×10^{12}t(4.19万亿吨)，占全国煤炭资源总量的82.8%；截止1996年末煤炭保有储量为8.229×10^{11}t(8229亿吨)，占全国煤炭保有储量的82.1%，而且煤类齐全，煤质普遍较好。

第二节 发展煤化工的意义

目前，石油化工发展较快，占据主导地位，煤化工的工业生产所占比重不大，但石油储量有限，按现在的开发速度，石油使用年限估计为几十年，因而迫使人们不断地寻求新的能源和化工原料来替代原油。

世界各国都充分认识到能源结构必须向多元化结构发展。中国石油消费已经超过日本，仅次于美国，近年来我国一直为解决缺油问题而努力。但是，要想从根本上解决困境，使经济可持续发展，同时从能源安全和战略方面考虑，必须根据我国特点，利用丰富的煤炭资源发展煤化工。煤化工是以煤为原料经过化学加工，实现煤的转化并进行综合利用的工业。煤化工包括炼焦工业、煤炭气化工业、煤炭液化工业、煤制化学品工业以及其他煤加工制品工业等(见图1-1)。

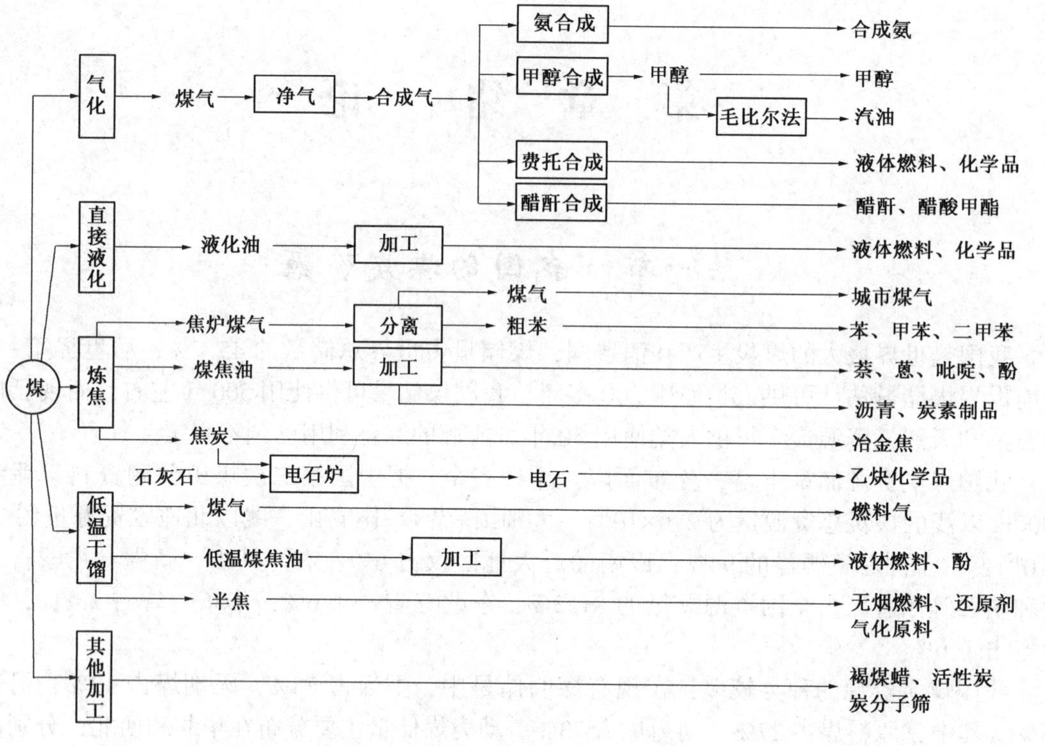

图 1-1 煤加工分类及产品示意图

煤化工利用生产技术中，炼焦是应用最早的工艺，并且至今仍然是煤化学工业的重要组成部分。炼焦主要产品是生产炼铁用焦炭，同时生产焦炉煤气、苯、萘、蒽、沥青以及炭素材料等产品。

煤的气化在煤化工中占有重要地位，用于生产各种燃料气，是干净的能源，有利于提高人民生活水平和环境保护；煤气化生产合成气是合成液体燃料、甲醇、醋酐等多种产品的原料。

煤直接液化即煤高压加氢液化，可以生产人造石油和化学产品。煤间接液化是由煤气化生产合成气，再经催化合成液体燃料和化学产品，在国外已实现大生产。在石油短缺时，煤的液化产品将替代目前的天然石油。

煤低温干馏生产低温焦油，经过加氢生产液体燃料，低温焦油分离后可得有用的化学产品。低温干馏半焦可作无烟燃料，或用作气化原料、发电燃料以及炭质还原剂等。低温干馏煤气可作燃料气。

随着经济发展，经过化学加工对煤的综合利用越来越受到人们的关注，将煤炭加工转化成清洁、高效的二次能源，用煤制造油和甲醇燃料等化工原料，提高了煤炭利用率和附加值，由于煤炭深加工后可增值几十甚至几百倍，这给新型煤化工发展奠定了基础。

甲醇、二甲醚产业是国内发展规模最大的煤化工产业。近几年，由于国际石油、天然气价格上涨，煤制醇醚产业显现出原料成本低的优势，在国内获得快速发展。

煤化工发展除受石油和天然气的价格供求影响外，很大程度上取决于自身技术的发展，如洁净煤技术的发展、燃煤发电技术的发展、气化技术的发展、碳一化学技术的发展和有关环境保护技术的发展。

新型的煤化工产业必将迎来一个蓬勃发展的新时期，成为 21 世纪的高新技术产业的一个组成部分。

第三节　煤化工发展简史

煤化工的发展始于18世纪后半叶，19世纪形成了完整的煤化学工业体系，进入20世纪，许多有机化学品多以煤为原料进行生产，煤化工成为化学工业的重要组成部分。

一、初创时期

初创时期主要为冶金用焦和煤气的生产。18世纪中叶由于工业革命的进展，英国对炼铁用焦炭的需要量大幅度地增加，炼焦工业应运而生。

18世纪末，煤用于生产民用煤气。1792年，苏格兰人W·默多克用铁甑干馏烟煤，并将所得煤气用于家庭照明。1812年，这种干馏煤气首先用于伦敦街道照明，随后世界一些主要城市也相继采用。1816年，美国巴尔的摩市建立了煤干馏工厂生产煤气，从此，铁甑干馏煤的工业就逐步得到发展。1840年，法国用焦炭制取发生炉煤气用于炼铁。1875年，美国生产增热水煤气用作城市煤气。1850~1860年，法国及欧洲其他国家相继建立了炼焦厂，这时的炼焦炉已开始采用由耐火材料砌成的长方形双侧加热的干馏室，干馏室的每端有封闭铁门，在推焦时可以开启，这种炉就是现代炼焦炉的雏形。焦炭虽是炼焦的主要目的产物，炼焦化学品的回收，也引起人们的重视。19世纪70年代德国成功地建成了有化学品回收装置的焦炉，由煤焦油中提取了大量的芳烃，作为医药、农药、染料等工业的原料。

第一次世界大战期间，钢铁工业高速发展，同时作为火药、炸药原料的氨、苯及甲苯也很急需，这促使炼焦工业进一步发展，并形成炼焦副产化学品的回收和利用工业。1925年，中国在石家庄建成了第一座焦化厂，满足了汉冶萍炼铁厂对焦炭的需要。

1920~1930年间，煤低温干馏的研究得到重视并较快发展，所得半焦可作民用无烟燃料，低温干馏焦油则进一步加工成液体燃料。1934年，在中国上海建成拥有直立式干馏炉和增热水煤气炉的煤气厂，生产城市煤气。

二、全面发展时期

第二次世界大战前夕及大战期间，煤化工取得了全面而迅速的发展。纳粹德国为了发动和维持战争，大规模开展由煤制取液体燃料的研究工作，加速发展液体燃料的工业生产。1923年发明的由一氧化碳加氢合成液体燃料的费托合成法，1933年开始工业生产，1938年产量已达590kt。1931年，F·柏吉斯由于成功地将煤直接液化制取液体燃料，而获得诺贝尔化学奖。这种由煤高压加氢液化制取液体燃料的方法，1939年已达到1.10Mt的年生产能力。在此期间，德国还建立了大型的低温干馏工厂，以褐煤为主加入少量烟煤的压型煤砖作为原料，开发了克虏伯-鲁奇外热式干馏炉及鲁奇-斯皮尔盖斯内热式干馏炉。所得半焦用于造气，经费托合成制取液体燃料；低温干馏焦油经简单处理后作海军船用燃料，或经高压加氢制取汽油和柴油。1944年低温干馏焦油年生产能力已达到945kt。第二次世界大战末期，德国用加氢液化方法由煤及煤焦油生产的液体燃料达4Mt/a，由煤生产液体燃料总量已达4.8Mt/a。与此同时，工业上还从煤焦油中提取各种芳烃及杂环有机产品，作为染料、炸药等的原料。此外，由煤直接化学加工制取磺化煤、腐植酸和褐煤蜡的小型工业，及以煤为原料制取碳化钙，进而生产乙炔从而以乙炔为原料的化学工业也获得发展。

三、萧条时期

第二次世界大战后，由于大量廉价石油和天然气的开采，除炼焦工业随钢铁工业的发展而不断发展外，工业上大规模由煤制取液体燃料的生产暂时中止，不少工业化国家用天然气代替了民用煤气。以石油和天然气为原料的石油化工飞速发展，致使以煤为基础的乙炔化学工业的地位大大降低。值得提出的是南非由于其所处的特殊地理和政治环境以及资源条件，以煤为原料合成液体燃料的工业一直在发展。1955 年 SASOL-Ⅰ费托合成法工业装置建成。1977 年，又开发了大型流化床反应器，并先后开发 SASOL-Ⅱ、SASOL-Ⅲ，1982 年相继建成两座规模为年产 1.6Mt 的人造石油生产工厂。

四、技术开发时期

1973 年中东战争以及随之而来的石油大幅度涨价，使由煤生产液体燃料及化学品的方法又重新受到重视。欧美等国对此又进行了开发研究工作，并取得了进展，如在煤直接液化的方法中发展了氢煤法、供氢溶剂法(EDS)和溶剂精炼煤法(SRC)等；在煤间接液化法中发展了 SASOL 法，将煤气化制得合成气，再经合成制取发动机燃料；亦可将合成甲醇再转化生产优质汽油，或直接作为燃料甲醇使用。

第四节　新型煤化工的主要特点

新型煤化工的主要特点：

① 清洁能源是新型煤化工的主要产品。新型煤化工生产的主要产品是洁净能源和可替代石油化工产品，如柴油、汽油、乙烯原料、甲醇、二甲醚等以及一些化工产品。

② 煤炭能源化工一体化。新型煤化工是未来中国能源技术发展的战略方向，依托煤炭资源，形成煤炭能源化工一体化的新兴产业。如煤炭气化联合循环发电(简称 IGCC)技术。

③ 高新技术及优化集成。新型煤化工生产采用煤转化高新技术，在能源梯级利用、产品结构方面对不同工艺进行优化集成，提高了整体经济效益。

④ 环境污染得到有效治理，人力资源得到发挥是新型煤化工的一个主要发展方向。

⑤ 碳一化学充分发展。碳一化学是以含有一个碳原子的物质(如 CO、CO_2、CH_3、CH_3OH、HCHO)为原料合成化工产品或液体燃料的有机化工生产过程。

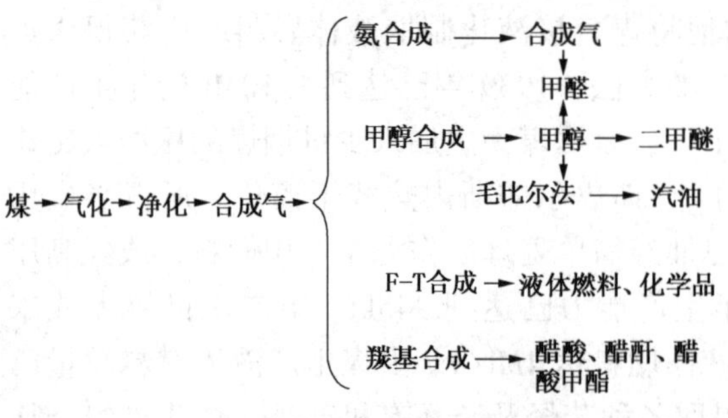

图 1-2　碳一化学发展趋势

碳一化学是一个很大的领域，是在 20 世纪 70 年代两次石油危机中得到迅速发展的，其目的在于寻求化工原料“多样化”和能源资源“非石油化”的战略转移。近年来，随着能源结构的多元化发展趋势以及碳一化学系列生产技术的突破，其应用领域越来越广。由图 1-2 可以说明碳一化学的发展趋势。

第五节　本课程内容与任务

煤化工生产技术是煤化工专业的必修专业课程，是在学习了煤化学基础知识的基础上开设的专业课。

本书共 11 章，主要内容为空分技术、煤炭气化技术、煤气净化技术、煤炭直接液化技术、煤炭间接液化技术、煤炭间接液化技术和煤制甲醇、炼制烯烃、煤制天然气等课程实践。用较大篇幅介绍了煤炭气化技术的发展，同时对气化主要设备——气化炉的操作管理、气化技术的发展及应用作了介绍。

本书立足于煤炭气化、液化工艺，同时考虑新型煤化工特点，在教学内容上更加重视对学生知识面的拓宽和实际能力的培养。学习本课程的主要任务是掌握煤炭气化的操作过程、熟悉气化原理、了解典型设备及合成气进一步应用；煤炭直接液化技术的原理、工艺、影响因素等；煤炭间接液化技术的原理、F-T 合成、甲醇的生产；煤制烯烃的生产、煤制天然气的生产等。通过学习能够分析和解决煤化工生产过程中的一般问题，以便对生产过程进行管理。

作为专业课程，限于篇幅和学时数，面对一门古老而又充满生命力的工业，在内容的深度和广度上必然存在一定的局限性。希望通过我们的努力，尽可能地反映出其先进性、科学性和实用性，满足高职高专煤化工、化学工程与工艺专业需要，同时能适用于各相关专业技术培训。

复　习　题

1. 我国的煤炭资源如何？
2. 何谓煤化工？发展煤化工工业在中国目前有什么重要意义？
3. 新型煤化工的特点。
4. 什么是碳一化学，谈一谈碳一化学的发展方向和趋势。

第二章　空气深冷液化分离

第一节　概　述

空气深冷液化分离装置(简称空分装置或制氧机)是利用深度冷冻原理将空气液化，然后根据空气中各组分沸点的不同，在精馏塔内进行精馏，获得氧、氮、一种或几种稀有气体(氩、氖、氦、氪、氙)的装置。氧气可用于煤气化及煤气化联合发电；氮气用于合成氨生产化肥、硝酸、塑料等。

空气主要是由氧和氮组成，在气体状态，它们均匀地混合在一起。空气中还含有氩、氖、氦、氪、氙、氡等气体。这些气体化学性质稳定，在空气中含量甚少，在自然界不易得到，所以称为稀有气体。干空气中含有的主要成分及各组分的沸点见表 2-1，同时，空气中还含有少量的烃类(C_mH_n)、氮氧化物(NO_x)和机械杂质等。

表 2-1　空气中的主要成分及沸点

组　分	分子式	含量/%	沸点/℃	组　分	分子式	含量/%	沸点/℃
氧	O_2	20.95	-182.97	氪	Kr	1.08×10^{-4}	-153.4
氮	N_2	78.09	-195.79	氙	Xe	8.0×10^{-6}	-108.11
氩	Ar	0.932	-185.86	氢	H_2	5.0×10^{-5}	-252.76
氖	Ne	$(1.5\sim1.8)\times10^{-3}$	-246.08	臭氧	O_3	$(1\sim2)\times10^{-6}$	-111.90
氦	He	$(4.6\sim5.3)\times10^{-4}$	-268.94	二氧化碳	CO_2	0.03	-78.44

一、空分装置发展简况

1891 年，德国林德公司在冷冻机械制造公司的实验室开始进行空气液化工作。1903 年，林德公司制成第一台采用高压节流制冷循环的工业制氧机，生产能力为 $10m^3 O_2/h$。开辟了低温精馏空气工业制取氧气的工艺流程。

随后的发展主要为：在制冷循环中膨胀机的使用和改进，冻结法清除空气中的水分和二氧化碳，高效板翅式换热器的使用，应用常温分子筛吸附空气中的杂质，电子计算机自动控制，液氧泵内压缩流程取代氧压机，规整填料塔的使用等。

经过上百年的改进和发展，空分装置的操作压力从最初的高压(20MPa)，发展为现今的中压和全低压(0.5MPa)；生产规模从最初的 $10m^3 O_2/h$ 发展到现在的几万甚至十几万的制氧量。氧提取率达到 99%，氩提取率达 93%，单位氧电耗降到 $0.55kW\cdot h/m^3 O_2$以下。

二、空气分离的基本过程

空气分离是利用液化空气中氧、氮等各组分沸点的不同，采用精馏的方法，将各组分分离开来。为达此目的，空分装置的工作应包括下列几个过程。

(1) 空气的压缩。将经原料空气过滤器清除了灰尘和其他机械杂质的原料空气，在空气压缩机中压缩到工艺流程所需的压力，其中一小部分空气在纯化后再经与膨胀机同轴异端的匹配增压到更高压力。空气由于压缩而产生的热量由空气冷却器中的冷却水带走。

(2) 空气中水分和二氧化碳的清除。加工空气中的水分和二氧化碳由于凝固点较高，在进入空分装置低温设备后将会形成冰和干冰，堵塞低温设备的通道，而影响空分装置的正常工作。为此需要利用分子筛纯化器预先把空气中的水分和二氧化碳清除掉。进入分子筛纯化器的空气温度约为8℃，出纯化器的空气温度由于分子筛吸附而产生的吸附热约上升到14℃左右。

(3) 空气被冷却到液化温度。空气的冷却是在主换热器中进行的，在主换热器中，空气被来自精馏后的返流产品气体和污氮气冷却到接近液化温度，产品气体及污氮气则被复热到接近常温。

(4) 冷量的制取。为了确保和维持装置正常生产运行所需的热量平衡，克服由于绝热跑冷、换热器复热不足及直接从冷箱中向外排放低温液体等引起的冷量损失，需要不断地向装置补充冷量，装置所需的补充冷量是由等温节流效应和压缩空气在膨胀机中绝热膨胀对外做功而制取的。

(5) 空气的液化。空气的液化是进行氧、氮分离的首要条件，空气在主热交换器中被返流气冷却到接近液化温度，并在下塔实现空气的液化。

对于同一种物质，在不同的压力下，其对应的饱和温度不同，压力高，其饱和温度也高，亦即压力越高，蒸气越容易液化，反之亦然。

氮气和液氧的热交换是在冷凝蒸发器中进行的。由于氮气和液氧两种流体所处的压力不同。所以在氮气和液氧的热交换过程中，氮气被液化而液氧被蒸发。氮气和液氧分别由下塔和上塔供给，这是保证上、下塔精馏过程的进行所必须具备的条件。

(6) 精馏。空气的精馏是在精馏塔亦即上、下塔中进行的。在下塔中空气被初次分离成富氧液体空气(液空)和氮气，液空由下塔底部抽出后，经节流送入与液空组分相近的上塔塔板上，一部分液氮由下塔顶部抽出后经节流送入上塔副塔顶部。液空和液氮在节流前先在过冷器中过冷，减少节流汽化，在下塔中部另又抽出部分污液氮经节流送入上塔副塔底部。

空气的最终分离是在上塔进行的。产品氧气由上塔底部抽出，而产品氮气则是在上塔副塔顶部抽出，并通过主换热器与进塔的加工空气进行热交换，复热到常温后送出冷箱。上塔在塔底部抽出的污氮气在主换热器内复热后出冷箱。

(7) 危险杂质的清除。采用分子筛纯化流程，大部分碳氢化合物等危险杂质已在纯化器内清除掉，残留部分仍要进入塔内，并积储在冷凝蒸发器中。其间由于液氧的不断蒸发，将会有使碳氢化合物浓缩的危险，但只要从冷凝蒸发器中连续排放部分液氧就可防止碳氢化合物的浓缩。如果在冷凝蒸发器中提取液氧产品，就可不用另外排放液氧来防止碳氢化合物浓缩了。

三、空分装置类型

根据冷冻循环压力的大小，空分装置分为高压(7~20MPa)、中压(1.5~5MPa)、低压(0.5~0.8MPa)和超低压(0.3MPa以下)装置。

高压装置一般为小型制取气态产品和液态产品的装置；中压装置主要为小型制取气态产品的装置；低压装置多为中型和大型制取气态产品的装置。对于国产空分装置，一般产氧量在20m^3/h以下和小型制取液氧、液氮的装置为高压装置；产氧量为50m^3/h、150m^3/h、

300m^3/h 的装置为中压装置；产氧量大于 800m^3/h 的装置均为低压装置。空分装置参数见表 2-2。

表 2-2　空分装置参数

产氧量/(m^3/h)		8~20	50~150	300	800~
纯度/%	氧气	>99.2			>99.5
	氮气	>99.5			>99.99
操作压力/MPa		7~20	1.5~2.5		<1

四、氧气、氮气的应用

1. 氧气的应用

氧气的化学性质非常活泼，它跟许多物质(单质或化合物)发生化学反应，同时放出热量；反应剧烈时还燃烧发光。由于氧的化学活性很强，是一种强氧化剂，所以氧同碳氢化合物混合是很危险的，液氧中存在碳氢化合物结晶体已不止一次引起过严重的爆炸事故。因此，液氧必须严格避免与各种油脂、润滑油、炭、木材、沥青、纺织物品接触。

氧气用于金属的焊接及切割，气焊时氧与乙炔相混合可以加速乙炔的燃烧过程。

氧气被广泛地应用于高炉及炼钢生产中和铁钢的熔炼过程及轧钢过程中，在由矿石熔炼生铁的高炉中把氧吹入炉中可使高炉的生产能力提高 80%。当在转炉顶吹氧气炼钢时可大大提高炼钢速度，提高生产能力，改善钢的质量，降低成本并节省燃料。

氧气也是化肥工业上的煤气化、重油气化常用的气化剂和氧化剂。

2. 氮气的应用

氮气的化学性质不活泼，在通常情况很难与其他元素直接化合，故可用作保护气体；但在高温下，氮能够与氢、氧及某些金属发生化学反应。氮无毒，又不能磁化，其沸点比空气低，所以液氮是低温研究中最常用的安全冷却剂，但需当心窒息。液氮也用于氢、氦液化装置中，作为预冷剂。液氮应小心储存，避免与碳氢化合物长时间的接触，以防止碳氢化合物过量溶于其中而引起爆炸。

氮气除了用于化肥工业上的合成氨的原料气外，还用于化工生产、炼钢等保护气、吹洗设备，液氮在火箭技术中用来压送氧化剂等。

氮气在许多场合可作为易燃易爆物质的保护气。在空分装置的保冷箱内充以干燥氮气，保证一定正压，可以排除湿气和防止氧的积聚。

第二节　空气的净化

空气净化的目的是脱除空气中所含的机械杂质、水分、二氧化碳、烃类化合物(主要为乙炔)等杂质，以保证空分装置顺利进行和长期安全运转。这些杂质在空气中的一般含量见表 2-3。

表 2-3　空气中主要杂质的含量

机械杂质/(g/m^3)	水蒸气/%	二氧化碳/%	乙炔/(mg/m^3)
0.005~0.01	2~3	0.03	0.001~1

一、机械杂质的脱除

空气中的机械杂质进入装置，会损坏压缩机并造成设备阻塞。机械杂质一般用设置在空气压缩机入口管道上的空气过滤器脱除。

常用的空气过滤器分湿式和干式两类。湿式包括拉西环式和油浸式；干式包括袋式、干带式和自洁式空气过滤器等。

1. 拉西环式过滤器

拉西环式过滤器由钢制外壳和装有拉西环的插入盒构成(见图 2-1)，拉西环上涂有低凝点的过滤油。

空气通过时，灰尘等机械杂质便附着在拉西环的过滤油上，从而达到了净化的目的，拉西环式过滤器通常适用于小型空分装置。

2. 油浸式过滤器

油浸式过滤器由许多片状链组成，链借链轮的作用以 2mm/min 的速度移动或间歇移动(见图 2-2)。片状链上有钢架，钢架悬挂在链的活动接头上，架上铺有孔为 $1mm^2$ 的细网。空气通过网架时，将所含灰尘留在网上的油膜中。随着链的回转，附着的灰尘通过油槽时被洗掉，并重被覆盖一层新的油膜。

油浸式过滤器的效率一般为 93%~99%。通常用于大型空分装置或含大量灰尘的场合，并常与干带式过滤器串联使用。

3. 袋式过滤器

袋式过滤器一般由滤袋、清灰装置、清灰控制装置等组成(见图 2-3)。滤袋是过滤除尘的主体，它由滤布和固定框架组成。滤布及所吸附的粉尘层构成过滤层，为了保证袋式除尘器的正常工作，要求滤布耐温、耐腐、耐磨、有足够的机械强度，除尘效率高，阻力低，使用寿命长，成本低等。

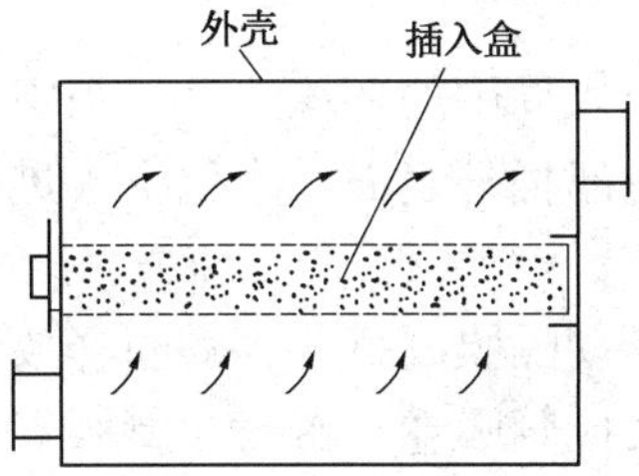

图 2-1　拉西环式过滤器

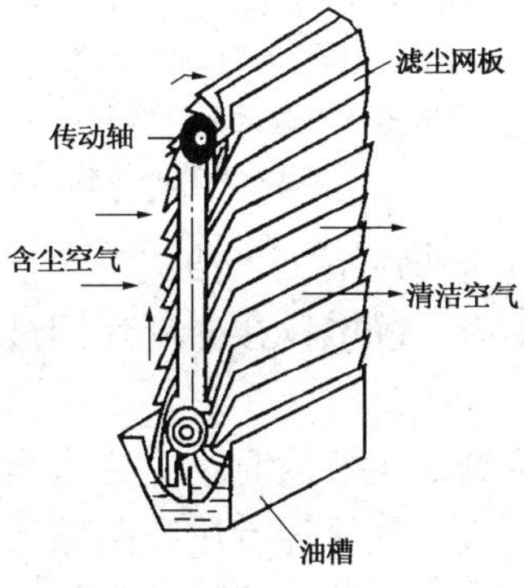

图 2-2　油浸式过滤器

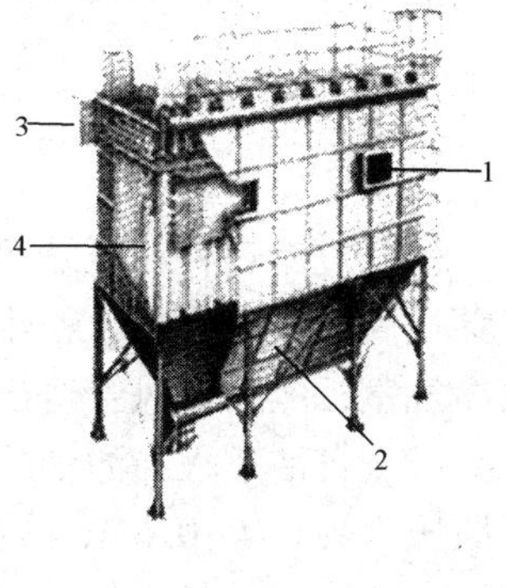

图 2-3　袋式过滤器结构示意

1—空气进口；2—灰箱；
3—空气出口；4—滤袋

空气从滤袋流过时，灰尘被滤布截留而变为洁净空气；滤布上的灰尘积累到一定厚度时，清灰装置启动，使灰尘落入灰箱。

袋式过滤器可避免空气夹带油分，效率可达 98%~99%，但其阻力较油浸式过滤器大。

袋式过滤器主要用于大型空分装置以及含灰尘量少的场合，例如海边等。

4. 干带式过滤器

干带式过滤器的结构如图 2-4 所示。干带式过滤器所用的干带是一种尼龙丝组成的长毛绒状制品或毛质滤带。干带上、下两端装有滚筒，滚筒由电动机及变速器传动。当通过干带的空气阻力超过规定值(200Pa)时，滚筒电动机启动，使干带转动，脏带存入上滚筒。当阻力恢复正常后，即自动停止转动。干带用完后，拆下上滚筒取出脏带进行清洗。

干带式过滤一般与油浸式过滤器串联使用，其主要作用是清除通过油浸式过滤器后空气中所带的油雾。

5. 自洁式空气过滤器

自洁式空气过滤器的结构如图 2-5 所示，主要由高效过滤桶、文氏管、自洁专用喷头、反吹系统、控制系统、净气室、出风口和框架等组成。

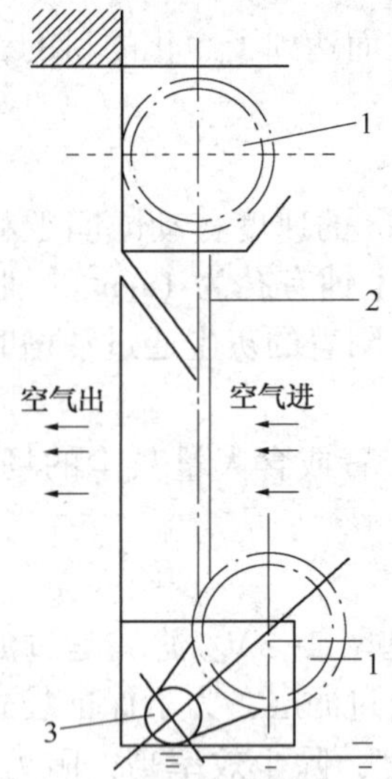

图 2-4　干带式过滤器示意

1—滚筒；2—干带；3—传动装置

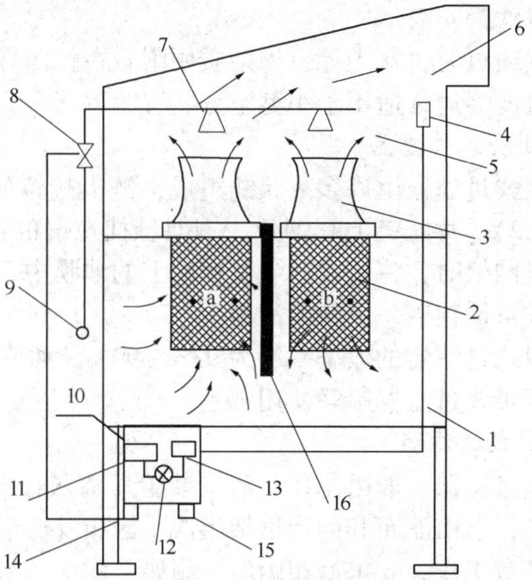

图 2-5　自洁式空气过滤器的结构

1—吸入机箱；2—过滤筒；3—文氏管；4—负压探头；5—净气机箱；6—净气出口；7—自洁气喷头；8—电磁隔膜阀；9—自洁用压缩空气管线；10—PLC 微电脑；11—电控箱；12—压盖报警；13—压差控制仪；14—电磁隔膜阀接线端子；15—电源入口；16—中间隔板

(1) 过滤过程在压缩机吸气负压作用下，自洁式空气过滤器吸入周围的环境空气。当空气穿过高效过滤桶时，粉尘由于重力、静电、接触等作用被阻留在滤桶外表面，净化空气进入净气室，然后由风管送出。

(2) 自洁过程当滤桶的阻力达到一定数值时，电磁阀启动并驱动隔膜阀打开，瞬间释放一股压力为 0.4~0.6MPa 的脉冲气流。气流经专用喷头整流，经文氏管吸卷、密封、膨胀等作用，从滤桶内部均匀地向外冲出，将积聚在滤桶外表的粉尘吹落。

自洁过程可用以下三种方式来控制：①定时定位，可任意设定间隔时间及自洁时间。②差压自洁，当压差超指标时，自动连续自洁。③手动自洁，当电控箱不工作或粉尘较多时，可采用手动自洁。

反吹自洁过程是间断进行的，每次只有 1~2 组过滤筒处于自洁状态，其余的仍在工作，所以自洁式空气过滤器具有在线自洁功能，以保持连续工作。

自洁式空气过滤器有以下优点：

① 具有前置过滤网，防止柳絮、树叶及废纸吸入，减轻滤桶负担，延长其使用寿命。

② 安装简单，只需配管、通电、通气即可工作。

③ 过滤效率高。1μm 尘粒，脱除效率 99.5%；2μm 尘粒，脱除效率 99.90%。比一般过滤器过滤效率提高 5%~10%。

④ 过滤阻力小。小型机≤1500Pa、大型机 300~800Pa。

⑤ 自耗小。压缩空气消耗仅为 0.1~0.5m^3/min，电耗量为 200~1000W·h。

⑥ 占地面积小。

⑦ 结构简单设备质量轻。仅为同容量布袋过滤器及其他过滤器的 1/3~1/2。

⑧ 部件使用寿命长。

⑨ 防腐性能好。净气室采用优质涂层及不锈钢内衬，以杜绝过滤后的空气受二次污染。外表采用高防腐船用漆，以保证其在室外环境下长期不受腐蚀。

⑩ 维护工作量低。除每隔两年左右更换滤桶外，过滤器的日常维护工作量为零；更换滤桶不需停操作，因此用户不因为维护过滤器而影响生产。

二、水分、二氧化碳、乙炔的脱除

空气中的水分、二氧化碳如进入空分装置，在低温下会冻结、积聚、堵塞设备和阀门。乙炔进入装置，在含氧介质中受到摩擦、冲击或静电放电等作用，会引起爆炸。

脱除水分、二氧化碳、乙炔的常用方法有吸附法和冻结法等。视装置不同特点，采用不同方法。在此仅介绍大型空分装置所有的空气预冷和分子筛吸附法。

1. 空气预冷系统

空气预冷系统是空气分离设备的一个重要组成部分，它位于空气压缩机和分子筛吸附系统之间，用来降低进分子筛吸附系统空气的温度及 $H_2O(g)$、CO_2 含量，合理利用空气分离系统的冷量。

在填料式空气冷却塔(简称空冷塔)的下段，出空压机的热空气被常温的水喷淋降温，并洗涤空气中的灰尘和能溶于水的 NO_2、SO_2、Cl_2、HF 等对分子筛有毒害作用的物质；在空冷塔的上段，用经污氮降温过的冷水喷淋热空气，使空气的温度降至 10~20℃。

2. 分子筛吸附法

自 20 世纪 70 年代开始，在全低压空分设备上，逐渐用常温分子筛净化空气的技术来取代原先使用的碱洗及干燥法脱除水分和二氧化碳的方法。此法让空冷塔预冷后的空气，自下而上流过分子筛吸附器(以下简称吸附器)，空气中所含有的 H_2O、CO_2、C_2H_2 等杂质相继被吸附剂吸附清除。吸附器一般有两台，一台吸附时另一台再生，两台交替使用。此种流程具有产品处理量大、操作简便、运转周期长和使用安全可靠等许多优点，成为现代空分工艺的主流技术。

(1) 吸附剂。空分系统中常用的吸附剂有硅胶、活性氧化铝和分子筛等。

① 硅胶。硅胶是人造硅石，是用硅酸钠与硫酸反应生成的硅酸凝胶经脱水制成，其分子式可写为 $SiO_2 \cdot nH_2O$。硅胶具有较高的化学稳定性和热稳定性，不溶于水和各种溶剂(除氢氟酸和强碱外)，按孔隙大小的不同，可分为粗、细孔两种。

② 活性氧化铝。活性氧化铝是用碱或酸从铝盐溶液中沉淀出水合氧化铝，然后经过老化、洗涤、胶溶、干燥和成形而制得氢氧化铝，氢氧化铝再经脱水而得活性氧化铝。其分子式为 Al_2O_3，呈白色，具有较好的化学稳定性和机械强度。

③ 分子筛。分子筛是人工合成的泡沸石，是硅铝酸盐的晶体，呈白色粉末，加入黏结剂后可挤压成条状、片状和球状。分子筛无毒、无味、无腐蚀性，不溶于水及有机溶剂，但

能溶于强酸和强碱。分子筛经加热失去结晶水，晶体内形成许多毛细孔，其孔径大小与气体分子直径相近，且非常均匀。它允许小于孔径的分子通过，而大于孔径的分子被阻挡。它可以根据分子的大小，实现组分分离，因此称为“分子筛”。

分子筛对杂质的吸附具有选择性，其选择性首先取决于分子直径，凡大于其毛细孔直径的分子不能进入，因此不会被吸附；其次进入毛细孔内的分子能否被吸附，与其极性、极化率和不饱和度等性质有关，一般对极性分子如水、二氧化碳，对不饱和分子如乙炔等易吸附；而对氢、乙烷等非极性和饱和分子不易吸附。

分子筛有很大的比表面积，其数值一般为 $800\sim10000m^2/g$，因此有很强的吸附能力。

分子筛的种类很多，目前空分设备中通常选用的作空气净化吸附剂的类型为 13X 分子筛。13X 分子筛除吸水性强、在高温低分压下具有良好的吸附性能外，还能吸附加工空气中更多种类的有害杂质。13X 分子筛孔径为 1nm，其吸附孔径大于其他分子筛，便于吸附、解吸。13X 分子筛晶穴体积大，比表面积也大，其吸附容量高，扩散也快。

（2）吸附原理。吸附是利用一种多孔性固体物质去吸取气体(或液体)混合物中的某种组分，使该组分从混合物中分离出来的操作。通常把被吸附物含量低于 3%并且是弃之不用的吸附称为吸附净化；若被吸附物含量高于 3%或虽低于 3%，但被吸附物是有用而不弃去的吸附称为吸附分离。空气中的水分、二氧化碳等杂质含量都低于 3%，并弃去不用，所以这种吸附被称为空气的吸附净化或吸附纯化。把吸附用的多孔性固体称为吸附剂，把被吸附的组分称为吸附质。吸附所用的设备称为吸附器。

当含吸附质浓度为 y_a 的混合气体以恒定流速自下而上进入吸附器时，吸附质首先在靠近吸附器进口端的吸附剂入口处被吸附，并渐渐趋于饱和。饱和时吸附剂上的吸附质浓度 x_a 与进气浓度 y_a 平衡，气体经过这一段吸附柱时浓度不再发生变化，这一区域被称为吸附平衡区。在平衡区以上是正在进行吸附的传质区，传质区以上是未吸附区。继续进料，吸附器中传质区逐渐上移，平衡区慢慢扩大，未吸附区相应缩小。当传质区前缘移出吸附柱，则流出气体中吸附质浓度开始增加。当传质区的尾缘也离开了吸附柱的出口截面，这时整个吸附柱都达到饱和，对原料气的吸附质不再具有吸附能力，经过吸附柱后的气体中吸附质浓度仍为 y_a。传质区前缘到达吸附柱出口截面的时刻，称为吸附转效点。从开始吸附到转效点的时间是吸附时间。

吸附时间的长短取决于吸附剂颗粒的大小，吸附床层高低，气体通过床层的气速，气体中吸附质的浓度高低。通常吸附剂颗粒大，吸附床层低，气体通过床层的气速快，气体中吸附质的浓度高，吸附时间短。

（3）吸附剂的吸附容量。吸附剂的吸附容量指单位数量的吸附剂最多吸附的吸附质的量。吸附容量大，吸附时间长，吸附效果好。吸附容量通常受吸附过程的温度和被吸附组分的分压力(或浓度)、气体流速、气体湿度和吸附剂再生完善程度的影响。

吸附容量随吸附质分压的增加而增大，但增大到一定程度以后，吸附容量大体上与分压力无关。吸附容量随吸附温度的降低而增大，所以应尽量降低吸附温度；同时，温度降低，饱和水分含量也相应减少，有利于吸附器的正常工作。

流速越高，吸附剂的吸附容量越小吸附效果越差。流速不仅影响吸附能力，而且影响气体的干燥程度。

分子筛对相对湿度较低的气体吸附能力较大。

吸附剂再生越彻底，吸附容量就越大。而再生的完善程度与再生温度有关(应在吸附剂热稳定性温度允许的范围内)，也与再生气体中含有多少吸附质有关。

(4) 大气中有害杂质的吸附及其影响。对分子筛有害的杂质有：二氧化硫、氧化氮、氯化氢、氯、硫化氢和氨等。这些成分被分子筛吸附后又遇到水分的情况下，会与分子筛起反应而使分子筛的晶格发生变化。它们与分子筛的反应是不可逆的，因而降低了分子筛的吸附能力。其结果是随着使用时间的延长，吸附器的运转周期就会缩短。

在上述有害杂质中，氯化氢、氯化铵最易被水洗涤，二氧化硫、三氧化硫和二氧化氮也可被水洗涤，而硫化氢、一氧化氮不能被水洗涤清除。再生气中含有的微量氧可与被分子筛吸附的硫化氢、二氧化硫和氧化氮发生化学反应生成硫酸和硝酸。其化学反应如下。

$$H_2S+O_2 \longrightarrow SO_2+H_2O$$

$$SO_2+O_2 \longrightarrow SO_3$$

$$SO_3+H_2O \longrightarrow H_2SO_4$$

$$NO+O_2 \longrightarrow NO_2$$

$$NO_2+H_2O \longrightarrow HNO_3$$

生成的硫酸和硝酸会对分子筛产生更大的危害。

一般情况下，在分子筛吸附器前面有空气预冷系统时，要求空气中二氧化硫、氧化氮、氯化氢、氯、硫化氢和氨等有害物质的总量小于1mg/m^3；没有预冷系统时，要求空气中有害物质的总量小于0.1mg/m^3。在正常情况下，空气中的氧化氮含量小于0.1mg/m^3。但由于工业的污染，空气中的氧化氮含量会增加。尤其在合成氨厂、化肥厂和硝酸厂，其排放气中的氧化氮含量较高。故此类工厂的空分设备不宜安放在常年主风向的下游。

(5) 吸附剂的再生。吸附剂的再生是吸附的吸附质脱附的过程。用干燥的热气流流过吸附剂床层，在高温的作用下，被吸附的吸附质脱附，并被热气流带走。

第三节　空气的液化

空气的液化指将空气由气相变为液相的过程，目前采用的方法为给空气降温，让其冷凝。在空气液化的过程中，为了补充冷损、维持工况以及弥补换热器复热的不足，需要用到制冷循环，而制冷循环与空气的许多热力学性质有关。下面首先对制冷循环所用到的主要热力学性质和温-熵(T-S)图作一简单介绍。

一、制冷的热力学基础

1. 空气的一些热力学参数

(1) 内能。气体是由分子组成的，其内部分子不停地运动而具有动能。气体分子之间存在着作用力，因而具有位能。分子的动能和位能之和称为气体的内能，通常用 U 来表示，单位为J(焦)。分子动能和位能的变化都会引起内能的变化。分子动能的大小与气体的温度有关，温度越高分子的动能越大。而分子位能的大小取决于分子之间的距离，即由气体的体积来决定。由于温度与体积都是状态函数，所以内能也是状态参数。也就是内能只与状态有关，与变化过程无关。内能的改变通常通过传热和做功两种方式来完成。

(2) 焓。流体在流动时，后面流体对前面的流体做了功，这个功会转变为流体的一部分能量，叫流动能，其在数值上等于流体的压力 p 与所流过的容积 ΔV 的乘积。流体所具有的能量等于内能和流动能之和，这两者之和通常称为焓，用符号 H 表示，其单位也为J(焦)。

即 $H=U+p\Delta V$。

(3) 可逆过程和不可逆过程。当物系由某一状态变化到另一状态时，若过程进行得足够缓慢，或内部分子能量平衡的时间极短，则这个过程反过来进行时，能使物系和外界完全复原，称此过程为可逆过程。如不能完全复原，称为不可逆过程。

(4) 熵。自然界许多现象都有方向性，即向某一个方向可以自发地进行。如热量可自发地从高温物体传给低温物体，高压气体会自发地向低压方向膨胀，不同性质的气体会自发地均匀混合，一块赤热的铁会自然冷却，水会自发地从高处流向低处等。它们的逆过程则均不能自发进行。这种有方向性的过程，都为“不可逆过程”。

熵可以用来度量不可逆过程前后两个状态的不等价性。自发过程总是朝着熵增大的方向进行，或者说熵增加的大小反映了过程不可逆的程度。熵的定义为：

$$\mathrm{d}S=\alpha P/T \text{ 或 } \quad \Delta S=q/T$$

式中表明，熵的增量等于系统在不可逆过程中从外界传入的热量，除以传热当时的绝对温度所得的商。或者说，物质熵的变化可用过程中物质得到的热量除以当时的绝对温度来计算(如果过程中温度不是常数，熵的增减需用数学积分计算)。熵的单位为 J/K。

熵对制冷的价值可用节流过程和膨胀过程为例加以说明。如果空气通过节流阀和膨胀机时，压力均从 p_1降到 p_2，在理想情况下，两个过程均可看成是绝热过程。但是，由于节流过程没有对外做机械功，压力降完全消耗在节流阀的摩擦、涡流及气流撞击损失上，要使气流自发地从压力低的状态变回压力高的状态是不可能的，因此它是一个不可逆过程。对膨胀机而言，膨胀机叶轮对外做功，使气体的压力降低，内部能量减少。在理论情况下，如果将所做出的功用压缩机加以收回，则仍可以将气体由 p_2压缩至 p_1，没有消耗外界的能量，因此，膨胀机的理想绝热膨胀过程是一可逆的过程。

节流过程是绝热的不可逆过程，熵是增大的。增大的越多，说明不可逆程度越大。对膨胀机来说，在理想情况下，为一可逆过程，熵不变。

2. 空气的温-熵图

以空气的温度 T 为纵坐标，以熵 S 为横坐标，并将压力 p、焓 H 及它们之间的关系直观地表示在一张图上，这个图就称为空气的温-熵图，简称空气的 $T-S$ 图。在空气的液化过程，用 $T-S$ 图可表示出物系的变化过程，并可直接从图上求出温度、压力、熵和焓的变化值。

图 2-6 为空气的 $T-S$ 简图。图中向右上方的一组斜线为等压线，向右下方的一组线为等焓线；图下部山形曲线为饱和曲线，山形曲线的顶点 k 是临界点，通过临界点的等温线称为临界等温线。在临界点左边的山形曲线为饱和液体线，临界点右边的山形曲线为饱和气体线。临界等温线下侧及饱和液体线左侧的区域为液体状态区；临界等温线下侧和饱和气体线右侧，以及临界等温线以上的区域是气相区；山形曲线的内部是气液两相共存区，亦称为湿蒸汽区。两相共存区内任意一点表示一个气液混合物。例如，e 点为气体空气 g 和液体空气 f 组成的气液混合物，线段 fe 和 eg 的长度比，表示气液混合物中气体与液体的数量之比，即 $fe:eg$=气体量∶液体量。

在温度、压力、熵、焓四个状态函数中已知任意两个，便可利用空气的 $T-S$ 图确定空气的状态。例如，当空气压力为 0.1MPa，温度为 30℃时，在 $T-S$ 图上可用点 a 表示，点 a 的状态呈气态。利用空气的 $T-S$ 图还可以表示各种变化前后的状态。例如，线段 ab 表示由压力为 0.1MPa、温度为 30℃的 a 点，等温加压到压力为 12MPa 的 b 点的等温加压过程。曲线表示由压力为12MPa的 b 点，等焓膨胀到 c 点的等焓膨胀过程。曲线 bd 表示当压力为12MPa时，空气由 b 点冷却到 d 点的等压冷却过程。

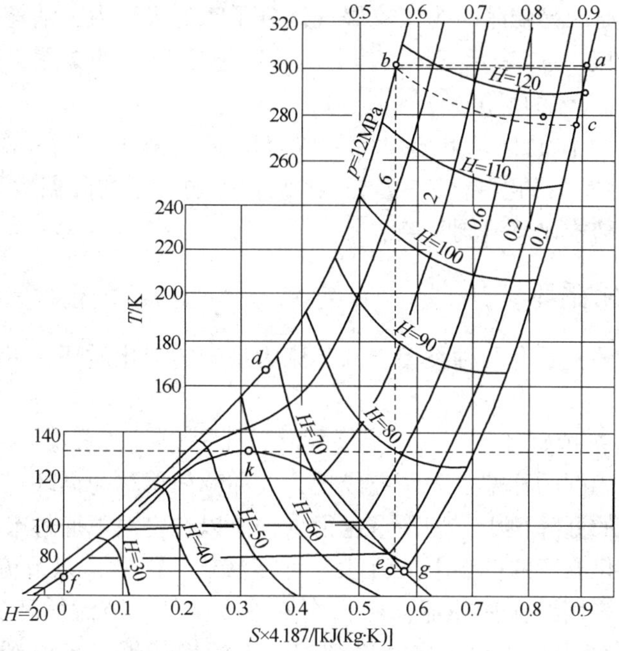

图 2-6　空气的 T-S 图

二、空气液化时的制冷原理

工业上空气液化常用两种方法获得低温，即空气的节流膨胀和膨胀机的绝热膨胀制冷。

1. 节流膨胀

连续流动的高压气体，在绝热和不对外做功的情况下，经过节流阀急剧膨胀到低压的过程，称为节流膨胀。

由于节流前后气体压力差较大，因此节流过程是不可逆过程。气体在节流过程既无能量收入，又无能量支出，节流前后能量不变，故节流膨胀为等焓过程。

气体经过节流膨胀后，一般温度要降低。温度降低的原因是因为气体分子间具有吸引力，气体膨胀后压力降低，体积膨胀，分子间距离增大，分子位能增加，必须消耗分子的动能。

利用气体 T-S 图能十分方便地计算出节流膨胀前后温度的变化。例如，在图 2-7 中，为了求出气体从状态 2（T_2，p_2）节流膨胀到压力为 p_1 时的温度，只要由 2 点作等焓线 H_2，与等压线 p_1 相交于 1 点，线段 2→1 表示节流膨胀过程，1 点的温度 T_1 即为节流膨胀后的温度，T_2-T_1 为节流膨胀前后的温度差。

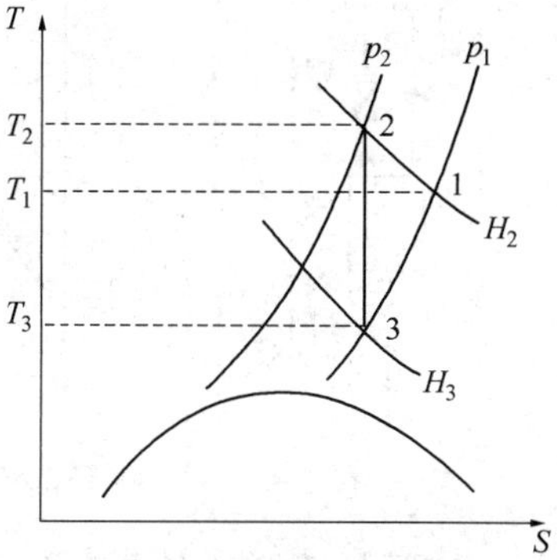

图 2-7　气体 T-S 图

2. 膨胀机的绝热膨胀

压缩气体经过膨胀机在绝热下膨胀到低压，同时输出外功的过程称为膨胀机的绝热膨胀。由于气体在膨胀机内以微小的推动力逐渐膨胀，因此过程是可逆的。可逆绝热过程的熵不变，故膨胀机的绝热膨胀为等熵过程。

气体经过等熵膨胀后温度总是降低的，主要原因是气体通过膨胀机对外做了功，消耗了气体的内能，另一个原因是膨胀时为了克服气体分子间的吸引力，消耗了分子的动能。

在图 2-7 中，线段 2→3 表示气体由压力为 p_2、温度为 T_2的 2 点，等熵膨胀到 p_1时的过程，T_2-T_3为膨胀前后气体的温度差。

由图 2-7 可见，气体同样从状态 2(p_2，T_2)膨胀到低压 p_1时，等熵膨胀前后的温差(T_2-T_3)大于节流膨胀前后的温差(T_2-T_1)，因此，等熵膨胀的降温效果比节流膨胀的降温效果好，但膨胀机的结构比节流阀复杂。

三、空气的液化循环

目前空气液化循环主要有两种类型：以节流为基础的液化循环；以等熵膨胀与节流相结合的液化循环。

1. 以节流膨胀为基础的循环

节流膨胀循环由德国的林德首先研究成功，故亦称简单林德循环。

如前所述，节流的温降很小，制冷量也很少，所以在室温下通过节流膨胀不可能使空气液化，必须在接近液化温度的低温下节流才有可能液化。因此，以节流为基础的液化循环，必须使空气预冷，常采用逆流换热器，回收冷量预冷空气。节流循环流程的示意图及 $T-S$ 图由图 2-8 表示。系统由压缩机、中间冷却器、逆流换热器、节流阀及气液分离器组成。应用简单林德循环液化空气需要有一个启动过程，首先要经过多次节流，回收等焓节流制冷量预冷加工空气，使节流前的温度逐步降低，其制冷量也逐渐增加，直至逼近液化温度，产生液化空气。这一连串多次节流循环即林德循环启动阶段，如图 2-9 所示。

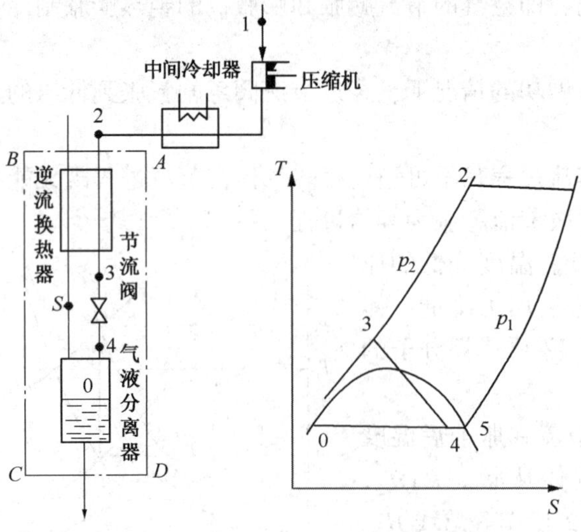

图 2-8　林德循环的流程图及 $T-S$ 图

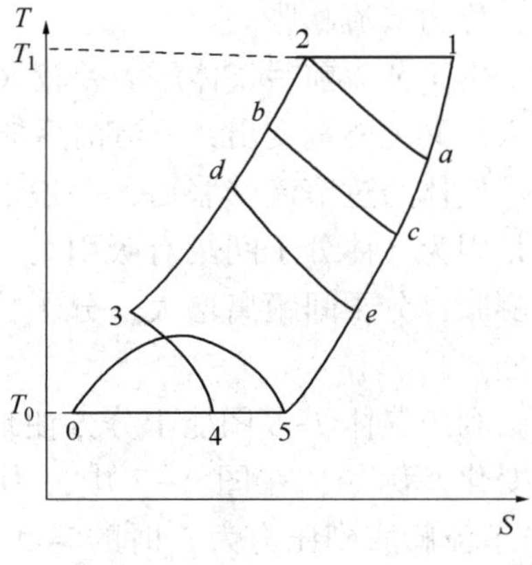

图 2-9　林德循环启动阶段

实际林德循环存在着许多不可逆损失，主要有：

(1) 压缩机组(包括压缩和水冷却过程)中的不可逆性引起的能量损失；

(2) 逆流换热器中存在温差，即换热不完善损失；

(3) 周围介质传入的热量，即跑冷损失。

林德循环是以节流膨胀为基础的液化循环，其温降小，制冷量少，液化系数(液化空气占加工空气的比例）及制冷系数（单位功耗所能获得的冷量）都很低，而且节流过程的不可逆损失很大且无法回收。而采用等熵膨胀，气体工质对外做功，能够有效地提高循环的经济性。

2. 以等熵膨胀与节流相结合的液化循环

（1）克劳特循环。1902年，克劳特提出了膨胀机膨胀与节流相结合的液化循环称之为克劳特循环，其流程及在 $T-S$ 图中的表示见图2-10。

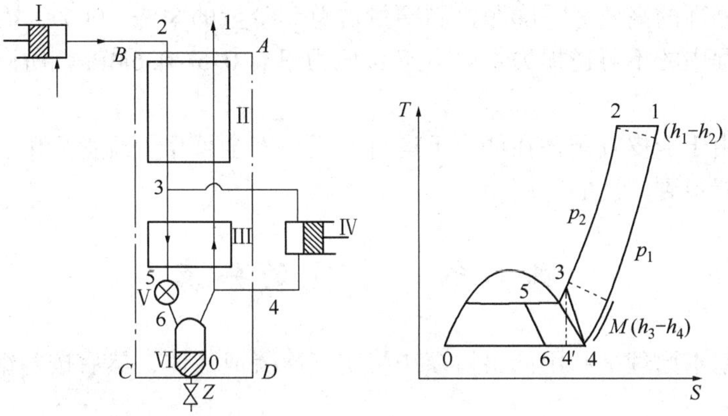

(a) 克劳特循环流程　(b) 克劳特循环在 T-S 图上表示

图2-10　克劳特循环

空气由1点（T_1，p_1）被压缩机等温压缩至2点（p_2，T_1）经换热器Ⅱ冷却至点3后分为两部分，其中 Mkg进入换热器Ⅲ继续被冷却至点5，再由节流阀Ⅴ节流至大气压（点6），这时 Zkg气体变为液体。$(M-Z)$kg的气体成为饱和蒸气返回。当加工空气为1kg时，另一部分 $(1-M)$kg气体，进入膨胀机Ⅳ膨胀至点4，膨胀后的气体在换热器Ⅲ热端与节流后返回的饱和空气相汇合，返回换热器Ⅲ预冷却 Mkg压力为 p_2 的高压空气，再逆向流过换热器Ⅱ，冷却等温压缩后的正流高压空气。

与简单林德循环相比较，克劳特循环的制冷量和液化系数都大，这是由于 $(1-M)$kg的空气在膨胀机中做功而多制取冷量的结果。

影响该循环制冷量及液化系数的主要因素：膨胀机中的膨胀空气量的多少；膨胀机前压力 p_2；进膨胀机的温度 T_3 以及膨胀机效率。

（2）卡皮查循环。该循环是一种低压带膨胀机的液化循环，由于节流前的压力低，节流效应很小，等焓节流制冷量也很小，所以这种循环可认为是以等熵膨胀为主导的液化循环，此液化循环是在高效离心透平式膨胀机问世后1937年原苏联院士卡皮查提出的，因此称为卡皮查循环。其流程示意图及在 $T-S$ 图中的表示见图2-11。

空气在透平压缩机中被压缩至约0.6MPa，经换热器Ⅰ冷却后，分成两部分，绝大部分 Gkg进透平膨胀，膨胀至大气压，然后进入冷

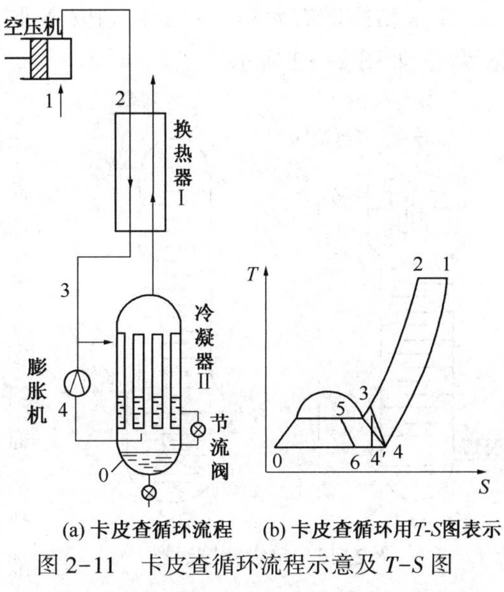

(a) 卡皮查循环流程　(b) 卡皮查循环用 T-S 图表示

图2-11　卡皮查循环流程示意及 $T-S$ 图

凝器Ⅱ，将其冷量传递给未进膨胀机的另一部分空气。未进膨胀机的空气数量较小，数量为$(1-G)$kg，它在冷凝器的管间，被从膨胀机出来的冷气流冷却，在0.6MPa的压力下冷凝成液体，而后节流到大气压。节流后小部分汽化变成饱和蒸气，与来自膨胀机的冷气流汇合，通过冷凝器管逆流，流经换热器Ⅰ冷却等温压缩后的加工空气，而液体留在冷凝器的底部。

从实质上来看，卡皮查循环是克劳特循环的特例。在循环中采用了高效离心空压机及透平膨胀机，其制冷效率等于0.8或更高，大大提高了液化循环的经济性。

通常卡皮查循环的高效透平膨胀机制冷量占总制冷量的80%~90%，而且应用高效换热器减少了传热过程中的不可逆损失。但由于p_2压力只有0.5~0.6MPa，所以循环的液化系数不超过5.8%。

空分装置中由于卡皮查循环在低压下运行，运行安全可靠、流程简单、单位能耗低，已在现代大中型装置得到广泛的应用。

第四节　空气的分离

空气分离的基本原理是利用低温精馏法将空气冷凝成液体，然后按各组分蒸发温度的不同将空气分离。

空气的精馏过程在精馏塔中进行。以筛板塔为例，在圆柱形筒内装有水平放置的筛孔板，温度较低的液体自上一块塔板经溢流管流下来，温度较高的蒸气由塔板下方通过小孔往上流动，与筛孔板上液体相遇，进行热质交换，实现气相的部分冷凝和液相的部分汽化，从而使气相中的氮含量提高，液相中的氧含量提高。连续经过多块塔板后就能够完成整个精馏过程，从而得到所要求的氧、氮产品。

空气的精馏根据所需的产品不同，通常有单级精馏和双级精馏，两者的区别在于：单级精馏以仅分离出空气中的某一组分(氧或氮)为目的；而双级精馏以同时分离出空气中的多个组分为目的。

一、单级精馏

单级精馏塔有两类：一类是制取高纯度液氮(或气态氮)；一类是制取高纯度液氧(或气态氧)，如图2-12所示。

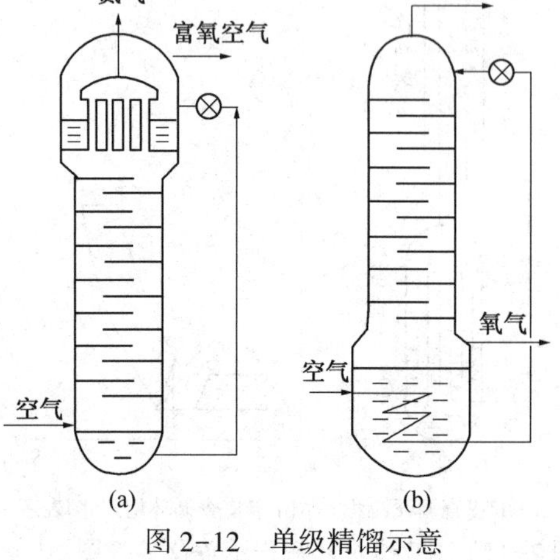

图2-12　单级精馏示意

图2-12(a)所示为制取高纯度液氮(或气氮)的单级精馏塔。它是由塔釜、塔板及筒壳、冷凝蒸发器三部分组成。塔釜和冷凝蒸发器之间装有节流阀，压缩空气经净化系统和换热系统，除去杂质冷却后进入塔底部，并自下向上地穿过每块塔板，与塔板上的液体接触，进行热质交换。只要塔板数目足够多，在塔的顶部就能得到高纯度的气态氮。该气态氮在冷凝蒸发器内被冷却变成液体，一部分作为液氮产品，由冷凝蒸发器引出；另一部分作为回流液，沿塔板自上而下地流动，回流液与上升的蒸气进行热质交换，最后塔底得到含氧较多的液体，叫富氧液化空气，或称釜液。釜液经节流阀进入冷凝蒸发

器的蒸发侧(用来冷却冷凝侧的氮气)被加热而蒸发，变成富氧气体引出。如果需要获得气氮，则可从冷凝蒸发器的顶盖下引出。

由于釜液与进塔的空气处于接近平衡的状态，故该塔仅能获得纯氮。

图 2-12(b)所示为制取高纯度液氧(或气氧)的单级精馏塔。它是由塔体、塔板、塔釜和釜中的蛇管蒸发器组成。被净化和冷却的压缩空气经过蛇管蒸发器时逐渐被冷凝，同时将它外面的液氧蒸发。冷凝后的压缩空气经节流阀进入精馏塔的顶端，此时由于节流降压，有一部分液体汽化，大部分液体自塔顶沿塔板下流，与上升蒸气在塔板上充分接触，氧含量逐步增加。当塔内有足够多的塔板数时，在塔底可以得到纯液氧，所得产品氧可以气态或液态引出。由于从塔顶引出的气体和节流后的液化空气处于接近平衡的状态，故该塔不能获得纯氮。

单级精馏塔分离空气是不完善的，不能同时获得纯氧和纯氮，只有在少数情况下使用。为了弥补单级精馏塔的不足，便产生了双级精馏塔。

二、双级精馏

双级精馏塔如图 2-13 所示，双级精馏塔由下塔、上塔和上、下塔之间的冷凝蒸发器组成。经过压缩、净化并冷却后的空气进入下塔底部，自下向上穿过每块塔板，至下塔顶部得到一定纯度的气氮。下塔塔板数越多，气氮纯度越高。氮进入冷凝蒸发器的冷凝侧时，由于它的温度比蒸发侧液氧温度高，被液氧冷却变成液氮。一部分作为下塔回流液沿塔板流下，至下塔塔釜便得到氧含量 36%~40%的富氧液化空气；另一部分聚集在液氮槽中，经液氮节流阀节流后，进入上塔顶部作为上塔的回流液。

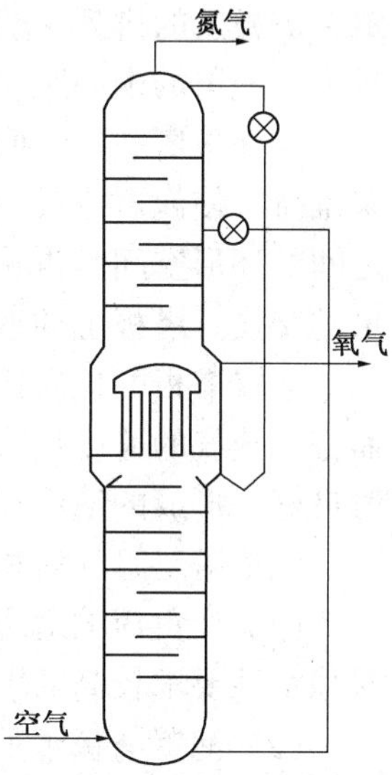

图 2-13　双级精馏示意

下塔塔釜中的液化空气经液化空气节流阀节流后进入上塔中部，沿塔板逐块流下，参加精馏过程。只要有足够多的塔板，在上塔的最下一块塔板上可以得到纯度很高的液氧。液氧进入冷凝蒸发器的蒸发侧，被下塔的气氮加热蒸发。蒸发出来的气氧一部分作为产品引出，另一部分自下向上穿过每块塔板进行精馏，气体越往上升，其氮含量越高。

双级精馏塔可在上塔顶部和底部同时获得纯氮气和纯氧气；也可以在冷凝蒸发器的蒸发侧和冷凝侧分别取出液氧和液氮。精馏塔中的空气分离分为两级，空气首先在下塔进行第一次分离，获得液氮，同时得到富氧液化空气；富氧液化空气被送往上塔进行进一步精馏，从而获得纯氧和纯氮。上塔又分为两段，一段是从液化空气进料口至上塔底部，是为了将液体中氮组分分离出来，提高液体中的氧含量，称为提馏段。从富氧液化空气进料口至上塔顶部的一段称为精馏段，它是用来进一步精馏上升气体，回收其中氧组分，不断提高气体中氮组分的含量。冷凝蒸发器是连接上、下塔使两者进行热量交换的设备，对下塔而言是冷凝器，对上塔则是蒸发器。

三、空分塔的种类

目前工业上用的空分塔主要有板式塔和填料塔两大类。在板式塔中有筛板塔和泡罩塔之分，在填料塔中又有散装填料和规整填料，下面对它们的结构和特点作一简要介绍。

1. 筛板塔

筛板塔是空分装置中最常用的一种塔。筛板塔主要由塔体和一定数量的筛孔塔板组成。筛孔塔板上具有按一定规则排列的筛孔，孔径为0.8~1.3mm，孔间距为2.1~3.25 mm，同时板上还装有溢流和降液装置。

在塔内蒸气自下而上穿过小孔，以细小的气流分散于液体层中进行热量和质量交换。上升蒸气由于含有较多的氧组分，温度相对比较高。而下流的液体含氮组分较多，温度相对较低，通过热质交换后蒸气中氧组分冷凝混入液体中，而液体中的氮组分则蒸发至蒸气中。氮组分增浓以后的蒸气上升到上一块塔板又遇到氮组分浓度更大的回流液。此时蒸气相对于液体仍然具有较高的温度和较多的氧组分，所以蒸气中的氧组分又被冷凝进入液体，这样蒸气中的氮组分不断地得到提高。同样道理回流液下流的过程是一个氧组分不断增浓的过程，经过许多块塔板的气液接触，反复进行了部分冷凝和部分蒸发的过程，最后在塔顶得到温度较低的氮气，在塔底部得到温度较高的液氧。

2. 泡罩塔

泡罩塔是由很多构造相同的泡罩塔板组成的，泡罩由罩帽、升气管、支撑板等组成。泡罩在塔板上的排列一般有两种：一是正三角形排列，二是正方形排列，但常用的是正三角形排列。泡罩的中心距一般为泡罩直径的1.25~1.5倍。

与筛板塔一样，回流液体通过溢流装置溢流到下一块板，塔板上的液层高度由溢流挡板来维持，使泡罩淹没一定的深度。操作时上升蒸气通过塔板上的升气管，进入升气管和泡罩之间的环形空间，再从泡罩下端的齿缝以鼓泡的形式穿过塔板上的液层与液体进行热量和质量的交换。塔板上的液体沿溢流装置下流至下一块塔板。

泡罩塔板的传质情况和上升蒸气速度与泡罩的浸没深度、齿缝的形状和大小有关。一般而言，蒸气的速度加快到一定程度，且泡罩浸没深度较为合适，齿缝开度全部暴露，气液接触良好，形成的泡沫和雾沫的数量较多，则传质情况较好。

泡罩塔与筛板塔相比有下列特点：

(1) 变负荷的适应性较强，在减少蒸气量和短期停车时，不易发生塔板上液体的泄漏。对稳定性要求较高的塔段采用泡罩塔与筛孔板间隔设置的方案比较好。

(2) 泡罩塔板水平度的要求比筛板塔可适当降低。

(3) 泡罩板压力降大，结构复杂，造价高。在设计工况下的塔板效率不如筛板塔，同时在停车时还容易发生爆炸，使它的使用受限。

由于泡罩塔板上蒸气流道较大，不易被CO_2等固体颗粒堵塞，所以在空分装置下塔的最下面一块塔板通常采用泡罩塔板，用于洗涤空气中的固体杂质。

3. 填料塔

填料塔内装有一定高度的填料，液体自塔顶经喷淋装置喷淋下来，均匀地沿着填料的表面自上而下地流动，气体自塔底沿着填料的空隙均匀上升。气液两相间的热量和质量交换是借助于在填料表面上形成的较薄的液膜表面进行的。由于填料和塔壁之间的缝隙比填料层的缝隙大，这样沿填料表面下流的液体容易向塔壁处流动，产生壁流现象，使传质效果变差。因此在较高的填料层高度中分段填装或设液体再分配器。塔内上升蒸气的速度和塔顶喷淋强度必须达到一定值时，才能使传质效果最佳。

根据上升蒸气速度和喷淋液体强度的不同，塔内流动工况基本可分为下列5种工况。

(1) 稳流工况。当液体喷淋强度和蒸气流速不大时，液体在填料表面形成薄膜和液滴，蒸气上升时在填料表面与液膜进行传热和传质。

(2) 中间工况。若继续加大液体喷淋强度和蒸气流速，开始产生气体使液体不能畅通地往下流的凝滞作用，塔内气体中会产生涡流，这种情况较稳流工况更有利于热质交换。

(3) 湍流工况。达到中间工况后再增加液体喷淋强度和蒸气流速，则气流在液体中形成涡流，此时热质交换比中间工况更为强烈。

(4) 乳化工况。湍流工况后继续加大液体喷淋强度和蒸气速度，这时气体和液体剧烈混合，并难以分清，在填料层组成的自由空间中充满了泡沫，这种工况气体和液体具有最大的接触面积。生产实践证明，当湍流工况开始转入乳化工况时是填料塔工作的最佳工况。

(5) 液泛工况。气流速度高于乳化工况的蒸气速度时，气流夹带着液体往塔的上方流动，正常的精馏过程受到破坏，这就是填料塔的液泛工况。

填料塔的最佳蒸气速度一般取 60%~85%的液泛速度。填料塔的特点：①结构简单，造价低，安装检修方便，特别适用于小直径的精馏塔；②流体流动阻力较小；③随着装置容量的增加，填料塔径增加，这样容易产生气液分配不均匀，使传质效果降低。

近年来对填料塔形状及流体分布器作了改革，取得了大直径塔的生产稳定性。

4. 规整填料塔

填料塔传质效果的好坏与填料的结构形式有很大关系。过去所用的填料主要是散装环形填料(如拉西环等)。这种填料笨重，传质效果差，现已很少使用。目前在空分装置中使用较多的为规整金属波纹填料。规整金属波纹填料的结构如图 2-14 所示。

图 2-14　规整金属波纹填料的结构

规整金属波纹填料的每个单元是由带斜齿的波纹金属片组成的圆柱体。在薄片上冲有小孔，可以粗分配薄片上的液体，加强横向混合。薄片上的波纹起到细分配液体的作用，增强了液体均布和填料润湿性能，提高传质效率。规整波纹填料的单元高度为 50~200mm，每盘填料的直径比塔内径略小，相邻两盘交错 90°安装。根据塔的结构和安装条件，填料也可制成分块形式，在塔内拼装成一盘填料。规整填料塔的结构如图 2-15 所示。

填料层在物流进口处和理论板数超过 20~30 时分段，每段填料的顶部都设有液体(再)分布器，使得液体均匀地分布于填料之中。从上段填料中流下的液体在液体收集器中混合，一方面用来消除上段填料中由于液体分布不均匀所引起的浓度差异，另一方面如果有液相进料，液相进料也在液体收集器中与从上段填料中流下的液体混合，从而达到浓度均一。在填料塔中，整个填料层都发生传质分离，因此在空间利用方面明显优于板式塔。

除液膜控制的传质分离过程(如有些气体吸收和高压精馏)和需要经常取出填料清洗的情况外，规整填料与散装填料相比，具有明显的优越性。散装填料在塔中的装填是随机的，即相邻填料单体间的接触和气液两相的流道亦是随机的，而规整填料片以网络状接触，气液两相的流道是完全对称均一的，因此气液两相流动的分布质量好、效率高。另外，规整填料片间的网络接触，使得装填后的规整填料具有很高的强度，制造规整填料所用板材的厚度只有散装填料的 1/2~1/3，而且加工制造相对简单，所以规整填料比相近规格(指比表面积相近)的散装填料要便宜得多。

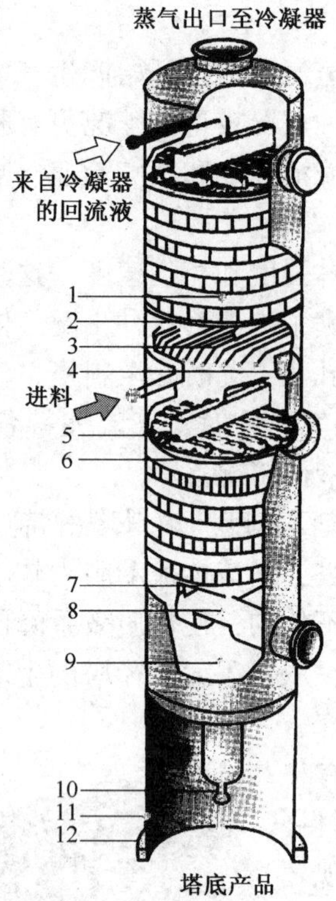

图 2-15　规整填料塔结构示意

1—规整填料；2—支撑栅板；3—液体收集器；4—集液环；
5—多级槽式液体分布器；6—填料压圈；7—支撑栅板；8—蒸汽入口管；
9—塔底；10—至再沸器循环管；11—裙座；12—底座环

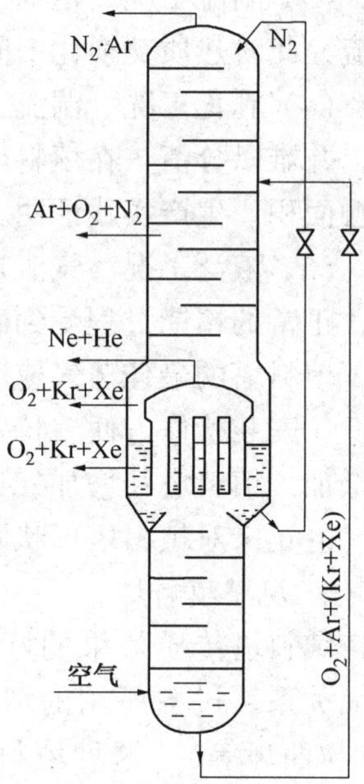

图 2-16　双级精馏塔内稀有气体的分布

四、空分塔中稀有气体的分布

氖、氦、氪、氙和氧、氮的沸点不同，它们在空气中的数量不同，因此在空分塔中它们汇集的部位也不同。图 2-16 表示出了双级精馏塔内稀有气体汇集的部位。

氖、氦的沸点较氮气低得多，当空气进入下塔在精馏过程中大部分氖、氦同氮混合进入主冷凝蒸发器管内，氮气冷凝后沿壁流下，但氖、氦气不能冷凝，因而汇积在冷凝蒸发器的顶部，达一定数量后就会破坏冷凝蒸发器的传热工况，影响精馏过程，故应定期排除。从空分塔中提取氖、氦也于此处引出。

氪、氙的沸点高，当空气进入下塔后，氪、氙均冷凝在底部的液化空气中，经节流后送入上塔，汇集在液氧和气氧中。空分塔中提取氪、氙混合物一般从氧气中取得。

氩在空气中含量为 0.932%，由于氩的沸点介于氧、氮之间，因此造成空气分离的困难，在上塔的提馏段中，氩相对于氧是易挥发的组分，因此氩的浓度将沿塔自上而下逐渐减少。精馏段中的氩相对于氮是难挥发的组分，因而它的浓度沿塔自上而下逐渐增加。上塔内精馏段和提馏段中均有氩浓度高的区域，上塔中氩分布特性取决于上塔分离产品（氧和氮）的纯度，若产品氮中的氩含量相当大，则最高氩浓度是在上塔的精馏段，若产品氧中含氩量高于氮中的含量（制氮条件）则最高的氩浓度是在上塔的提馏段，如果氧的产量下降纯度提高，则氩的富集区上移，反之则下移。

对于氩的存在，如果不采取措施，要在一个塔内同时制取纯氮和纯氧是不可能的。如制取纯氧，则上塔氮中含有氩的量为 1.18%；制取纯氮，则氧中含氩量为 4.45%；如同时制取纯氮和纯氧，必须从上塔中适当位置抽出含氩量大的馏分。若抽出的氩馏分不进行提纯处理，抽出最好位置在精馏段中，这样可减少氧损失；如果抽出氩馏分是为了制取纯氩，抽出的最佳位置在提馏段，因此段内有氮含量最低而氩含量较高的位置。

五、纯氩的制取

1. 传统提氩的流程

图 2-17 是氩提取装置的示意图。从上塔液化空气进料口之下适当部位抽出氩馏分，氩馏分中氮组分 0.1%以下，氩组分 8%~10%以上，余者为氧，引入粗氩塔精馏后得 95%左右的粗氩。粗氩经热交换器升温后加入氢气，使残留的氧气在催化反应炉内生成水分，冷却干燥后在精氩塔中精馏，得 99.99%以上的纯氩。也有的流程是粗氩在低温下(液氧温度)用分子筛吸附去除氧、氮，得 99.99%的纯氩。

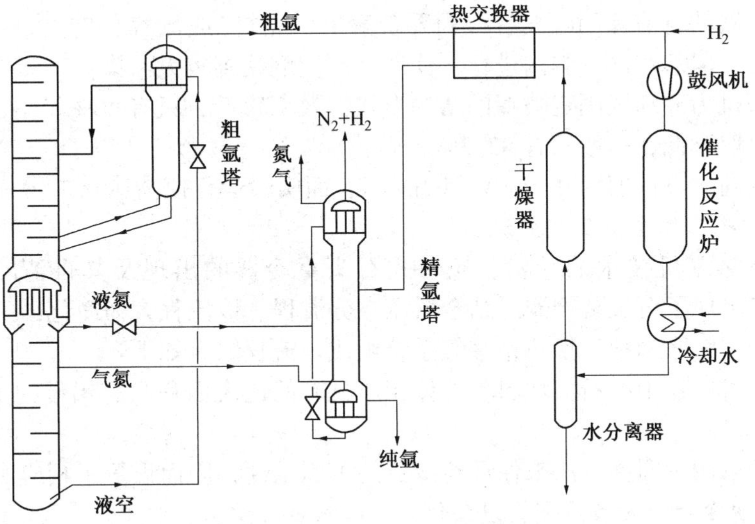

图 2-17　空分装置中的提氩装置

常规筛板型粗氩塔，塔顶氩气中仍含氧 2%~5%(体积分数)。为获得高纯氩，还需要将粗氩催化加氢除氧，生成的水再用分子筛吸附干燥。粗氩中尚含有少量氮及过剩的氢，再送入精氩塔精馏，最终得到高纯氩。加氢制氩工艺要求有稳定的氢气源，这不仅使精氩的成本提高，而且存在安全问题。

2. 全精馏无氢制氩

全精馏无氢制氩指粗氩塔和精氩塔全部采用规整填料塔，在低温下精馏直接获得精氩。其技术的实现得益于规整填料塔的应用，由于规整填料塔的阻力小，在粗氩塔内安装的填料相当的理论塔板数更多，提高了粗氩塔的精馏效果，使出粗氩塔的粗氩气中氧含量直接降至要求指标($2mg/m^3$)以下。

采用全精馏无氢制氩技术，取消了加氢催化脱氧设备和制氢设备，简化了流程，节省了厂房投资和运行费用，节约了制氢能耗。同时，氩提取率大大提高，可达 65%~84%。精氩产品的质量也得到了提高。

第五节　空分流程

随着空分技术的改进，我国的空分装置经历了铝带蓄冷器冻结高低压流程、石头蓄冷器冻结全低压流程、切换式换热器冻结全低压流程、常温分子筛净化全低压流程、常温分子筛净化增压膨胀流程和常温分子筛净化填料型上塔全精馏制氩流程等多次技术革命。装置规模日趋大型化，能耗越来越低，从最初的主要用于冶金行业，到今天服务于大型煤气化工艺。

深冷空分流程从原理来看，包括空气的压缩、净化、热交换、制冷、精馏等过程，有的流程还包括氩和其他稀有气体的提取过程。流程的主要区别在于各过程所用的设备不同，操作条件不同，所生产的氧产品的量和压力不同。

一、空分流程的演变

1. 铝带蓄冷器冻结高低压空分流程

流程主要由空气过滤压缩、CO_2碱洗、氨预冷、膨胀制冷、换热精馏等系统组成。流程缺点如下：

（1）流程复杂。

（2）蓄冷器的自清除问题没有得到妥善解决，氧气（或氮气）和空气的传质和传热虽按时间间隔错开，但却在同一腔内进行，使产品的纯度受到较大污染。

（3）膨胀机为冲动式固定喷嘴的结构形式，效率较低，只有60%。

（4）氧提取率低，一般只有83.3%。

（5）能耗高，设计值为0.66kW·h/m$^3O_2$，而实际运行值高达0.7~0.9kW·h/m$^3O_2$。

2. 石头蓄冷冻结全低压空分流程

随着透平膨胀机技术的开发、蛇管式石头蓄冷器的出现及其自清除技术的改进等，1968~1969年出现了石头蓄冷器冻结全低压空分流程。该流程大为简化，主要由空气过滤压缩、空气预冷、膨胀制冷、换热精馏等系统组成。流程缺点如下：

（1）石头蓄冷器中的石头填料单位体积所具有的比表面积只有铝带的1/5，而密度却远比铝带要大。

（2）由于采用中间抽气法来保证蓄冷器的不冻结性，因而设置了相应所需的抽气阀箱和CO_2吸附器，使冷箱内设备及配管复杂化。

（3）膨胀机采用的固定喷嘴，只能依靠调节压力来调节气量，因而膨胀量调节范围较小。

（4）冷凝蒸发器为长列管式，管子数目仍然较多，体积大，制造难。

3. 切换式换热器冻结全低压空分流程

随着高效率板翅式换热器的研制成功和反动式透平膨胀机技术的进一步发展，空分流程水平又大大向前推进了一步，出现了切换式换热器冻结全低压空分流程。该流程同样也由过滤压缩、预冷、换热精馏等系统组成。

（1）流程特点：

① 以传热效率高、结构紧凑轻巧、适应性大的板翅式换热器取代了石头蓄冷器、列管式冷凝蒸发器及盘管式过冷器、液化器等，使单元设备的外形尺寸大大缩小，促进了空分设备冷箱相应缩小，跑冷损失减少，膨胀量下降，启动时间缩短等一系列的良性循环，提高了空分设备的技术经济性。

② 氧提取率达87%。

③ 能耗低。10000m^3/h空分设备一般为0.49~0.52kW·h/m$^3O_2$；6000m^3/h空分设备一般为0.53~0.55kW·h/m$^3O_2$。

（2）流程缺点：

① 为了满足切换式换热器自清除要求，需要返流污氮气量较大，一般而言，污氮气量

与总加工空气量之比不得少于55%，即纯产品产量只能达到总加工空气量的45%，这样纯氮气和氧气产量之比最多只能达到1∶1，这无法满足需要大量纯氮气的用户的要求；

② 为满足切换式换热器的不冻结性要求，冷端要保证有一个最小温差，空分设备的启动要分4个阶段来完成，启动操作比较麻烦。

4. 常温分子筛净化全低压空分流程

常温分子筛净化全低压空分流程和切换式换热器冻结全低压空分流程之根本区别在于：将切换式换热器的传质和换热两种功能分开，在冷箱外用分子筛吸附器清除空气中水分和CO_2，在冷箱内的主换热器仅起换热作用。

(1) 流程特点：

① 以分子筛吸附剂在常温状态下吸附空气中的水分、CO_2及碳氢化合物，使空分设备的空气比较干净，主换热器只起换热作用，不用交替切换工作，不仅延长了主换热器的使用寿命，而且不再需要设置自动阀箱、液化空气吸附器、液氧吸附器、循环液氧泵及相应阀门、管道、仪表等；

② 氧提取率90%~92%，氩提取率约52%。

(2) 流程缺点：

① 为了保证分子筛吸附器能在较佳的温度8~10℃下工作，以充分发挥分子筛吸附剂的最佳吸附效果，设置了制冷机来冷却空气冷却塔的上部用水。

② 为了分子筛吸附剂的解吸，设置了电(或蒸汽)加热器，这样就要多消耗一部分能量。

③ 为了保证再生时污氮气有足够的压力通过分子筛吸附剂床层，因而要求空压机的排压也要适当提高，这些导致能耗要比切换式换热器冻结全低压空分流程约增加4%。

5. 常温分子筛净化增压膨胀空分流程

该流程是在常温分子筛净化全低压空分流程的基础上，将膨胀机的制动发电机改成了增压机。增压机的作用是将膨胀空气在膨胀过程中产生的功，直接用来使进膨胀机的空气增压，膨胀机前压力的提高，就增加了单位膨胀空气的制冷量，在空分设备所需冷量一定的情况下，膨胀量就可减少下来，总的加工空气量也就相应降低，这就是常温分子筛净化增压膨胀空分流程氧提取率能进一步提高，能耗得以下降的原因。流程特点：

(1) 继承了常温分子筛净化全低压空分流程的所有优点。

(2) 氧提取率可达93%~97%，氩提取率约54%~60%。

6. 常温分子筛净化规整填料精馏空分流程

为了进一步提高装置效率，降低能耗，国外在常温分子筛净化增压膨胀空分流程的基础上，对其配套的单元设备部件的设计技术采用了“各个击破”的战略，进行了深入的研究和开发，并取得了使空分设备获得大幅度增效减耗的整体效应。

此流程采用了规整填料塔、全精馏制氩、膜式蒸发、蒸发降温等新技术，分别被用于上塔、氩塔、冷凝蒸发器、水冷却塔等设备上，压缩机、膨胀机效率的提高也有新的成果。流程特点：

(1) 将规整填料应用于上塔后，与筛板塔相比，上塔阻力约降低80%~85%，精馏塔的氧提取率可高达98%~99%，能耗约下降4%~5%。

(2) 采用了规整填料塔后，使精馏压力降低，增大了各组分的相对挥发度，改善了上塔提馏段氧氩的分离，粗氩塔、精氩塔皆采用了规整填料塔，更进一步降低了精馏阻力，使理论塔板数的设置可以增多，大大提高了精馏效率和氩的纯度。

(3) 冷凝蒸发器采用膜式蒸发技术，使传热温差可降为0.55~0.8K。空压机出口压力下降 0.035~0.04MPa，能耗下降 3%。

（4）在水冷塔中，用污氮降温，取消制冷机组，扣除因进分子筛纯化系统空气温度升高导致再生能耗的增加值后，节能约 1%。

7. 外压缩与内压缩流程

外压缩流程是在冷箱外设氧气压缩机，将空分设备生产的低压氧气加压至用户所需压力；内压缩流程的供氧压力是由冷箱内（原理上）的液氧泵加压实现的。目前，内压缩流程较广泛地应用于液体需求量大、产品终压高和容量大的空分设备中。

与外压缩流程相比，内压缩流程主要的技术变化在两个部分：精馏与换热。外压缩流程空分设备由精馏塔产生低压氧气，经主换热器复热出冷箱；而内压缩流程空分设备是从精馏塔的主冷凝蒸发器抽取液氧，由液氧泵加压，然后与一股高压空气换热，使其汽化后出冷箱。可以简单地认为，内压缩流程是用液氧泵加上空气增压机取代了外压缩流程的氧压机。

相对于外压缩流程，内压缩流程在技术上主要有以下几个特点。

（1）内压缩流程空分设备是采用液氧泵对氧产品进行压缩，然后换热汽化的一种流程形式。为了使加压后液氧的低温冷量能够转换成为同一低温级的冷量，使空分设备实现能量平衡，必须要有一股逆向流动的压缩气体在换热器中与加压后的液氧进行换热。在使液氧汽化和复热的同时，这股压缩气体则被冷却和液化，然后进入精馏塔内参与精馏。根据热力学原理，参与换热的这股高压气体的压力必须高于被压缩液氧的压力，所以在内压缩流程中需设置一台循环增压机和一个高压换热器。

（2）与加压液氧进行换热的空气压力和流量的确定、高压换热系统的组织和精馏的组织等是内压缩流程的核心问题。所以，与常规外压缩流程不同的是：内压缩流程要根据最终产品的压力、流量及使用特点等具体情况，经过不断地优化计算，选择合理的流程组织方式、最佳的汽化压力和循环流量，使空分设备的氧、氩提取率最高，经济性最好。

（3）内压缩流程取消了氧压机，因而无高温气氧，火险隐患小、安全性好。从主冷中大量抽取液氧，使碳氢化合物的积聚可能性降到最低。产品液氧在高压下蒸发，使烃类物质积累的可能性大大降低。特殊设计的液氧泵可自动启动，与运行程序协同可有效地保证装置的安全运行与连续供氧。

（4）内压缩流程的单位产品能耗与空分设备的规模、产品压力、液体产品的多少有较大关系。由于内压缩的不可逆损失大，产品的提取率略低。以气态产品为主的空分设备，采用内压缩流程的单位产品能耗要比常规外压缩流程约高 5%（按相同产品工况比较）。

化工（石化）行业对用氧压力的要求较高，低则 4.0MPa，高的达到 90MPa 以上，而其所需的制氧规模也非常大，一般都在 30000m^3/h 以上。如果采用外压缩流程，常规的氧气透平压缩机的排气压力就达不到要求，还要增加活塞式氧压机。投资成本增高，占地面积也大，还增添了不安全因素，采用内压缩流程的空分设备就是唯一的选择。同时，因为化工行业的空分设备通常产品的结构比较复杂，要求同时生产多种压力等级的氧、氮产品，这就需要根据具体的要求，进行多种方案的比较，如采用单泵还是双泵内压缩，是采用空气循环还是氮气循环，最佳的方案一定要遵循一次性投资成本和长期运行费用的最佳结合原则。

二、空分流程

1. 工艺流程

适用于大型煤气化技术的内压缩空分装置的流程如图 2-18 所示。

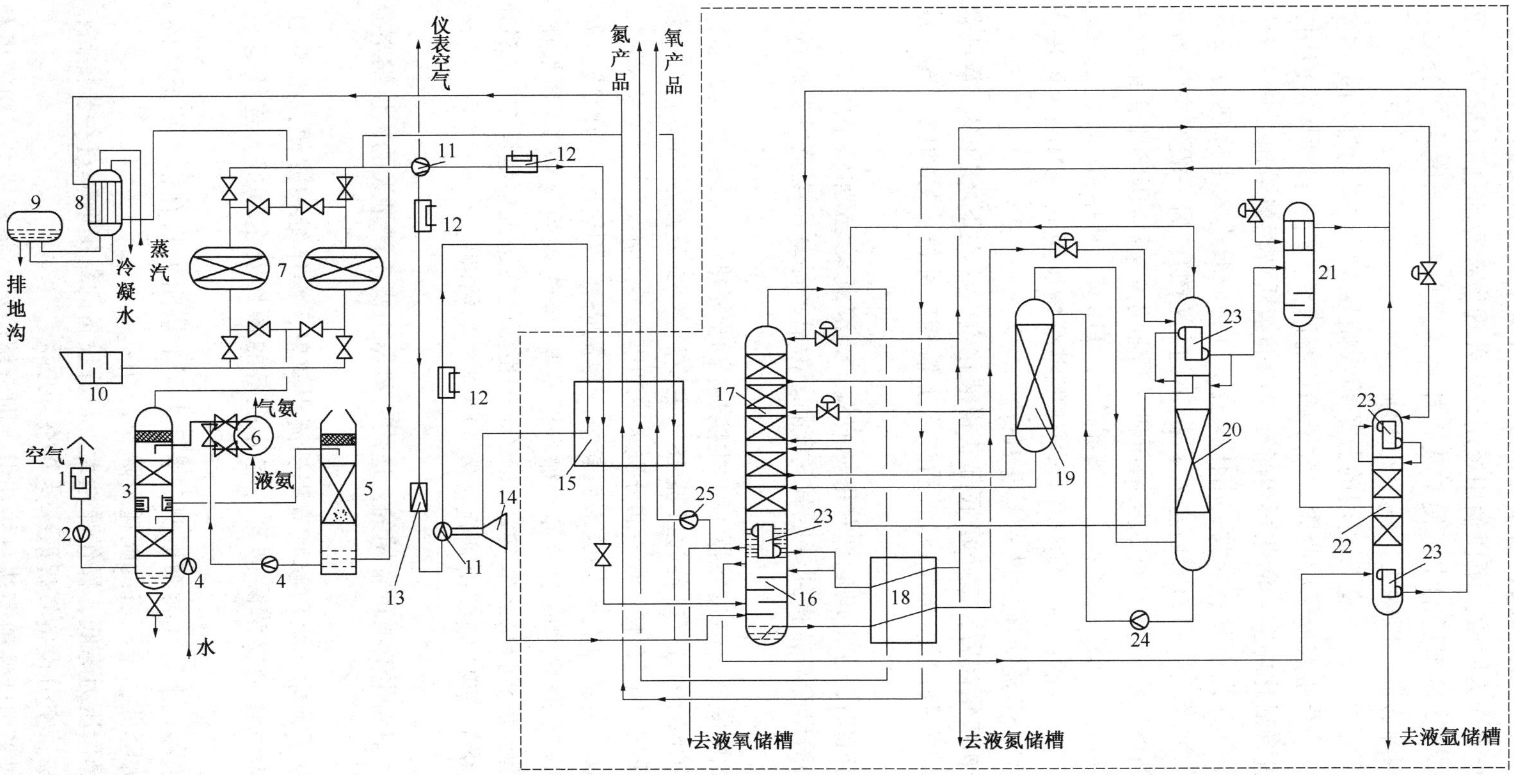

图2-18　内压缩空分装置流程

1—自洁式空气过滤器；2—空气透平压缩机；3—空气冷却器；4—水泵；5—水冷却塔；6—氨冷器；7—分子筛吸附器；8—蒸汽加热器；9—气液分离器；10—放空消音器；11—空气增压机；12—空气冷却器；13—空气过滤器；14—膨胀机；15—主换热器；16—空分下塔；17—空分上塔；18—液化空气、液氮过冷器；19—粗氩Ⅰ塔；20—粗氩Ⅱ塔；21—粗氩液化器；22—精氩塔；23—冷凝器；24—液氩泵；25—液氧泵

原料空气在过滤器1中除去灰尘和机械杂质后，进入空气透平压缩机2加压至0.6MPa左右，然后被送入空气冷却塔3进行清洗和预冷。空气从空气冷却塔的下部进入，从顶部出来。空气冷却塔的给水分为两段，下段使用经用户水处理系统冷却过的循环水，而冷却塔的上段则使用经水冷却塔5冷却后的水，使空气冷却塔3出口空气温度降至15℃左右。空气冷却塔顶部设有丝网除雾器，以除去空气中的水滴。

出空气冷却塔3的空气进入交替使用的分子筛吸附器7，在吸附器内原料空气中的水分、二氧化碳、乙炔等杂质被分子筛吸附。分子筛设有两台，定期自动切换使用，其中一台在工作时，另一台进行活化再生。活化再生时被吸附的杂质被污氮带出，排入大气。

净化后的加压空气分为三股。一股引出作仪表空气；一股进入主换热器15与返流的污氮气和产品气换热，被降温至-171℃后进入下塔16进行精馏；另一股经空气增压机压缩后再分为两股，一股相当于膨胀量的空气从增压机一段抽出，经增压膨胀机的增压端增压至3.8MPa后，经气体冷却器冷却，进入主换热器冷至-118℃，从中部抽出，经膨胀机14膨胀后，进入下塔16进行精馏；另一股气体经增压机继续增压至6.96MPa，再进入主换热器15换热降温至-161℃，节流减压后进入下塔16。

空气经下塔16初步精馏后，在下塔底部获得液化空气，在下塔顶部获得纯氮。从下塔抽取的液化空气、纯液氮经过冷器18过冷后进入上塔相应部位。另抽取一部分液氮直接送入液氮储槽。

经上塔进一步精馏后，在上塔底部获得纯液氧，经液氧泵25加压至所需压力后，经主换热器15复热至20℃出冷箱，得到带压氧气产品。液氧产品从冷凝蒸发器底部抽出，进入储槽。

从上塔顶部得到的氮气，经过冷器18、主换热器15复热后出冷箱作为产品输出。

从上塔中上部引出的污氮气，经过冷器18、主换热器15复热后出冷箱，一部分进入蒸汽加热器8作为分子筛再生气体，另一部分送水冷却塔5冷却水。

从上塔中部抽取一定量的氩馏分送入粗氩塔。粗氩塔在结构上分为两段，即粗氩塔19和粗氩塔20，粗氩塔20底部抽取的液体经循环液氩泵24送入粗氩塔19顶部作为回流液。经粗氩塔精馏得到氩含量99.6%、氧含量1mg/m^{3}的粗氩气，进入精氩塔22中部分离氮。经精氩塔22精馏，在精氩塔22底部得到氩含量99.999%的精液氩。

2. *流程特点*

此装置是目前大型煤化工项目常用的，适用于氧压力高、产量大的内压缩空分装置。其主要特点如下。

（1）属于常温分子筛净化增压膨胀流程，流程简单，操作维护方便，采用DCS集散系统，切换损失少，碳氢化合物清除彻底，空分设备的操作安全性好，连续运行周期大于两年。

（2）采用规整填料型上塔代替筛板型上塔，由于上塔阻力只有相应筛板塔的1/4~1/6，使空压机的出口压力降低，空压机的能耗下降5%~7%。

（3）由于上塔操作压力降低、操作弹性大，空分设备的氧提取率进一步提高，精馏塔的氧提取率可达99.5%，空分设备氧提取率达97%~99%。

（4）精氩的制取采用低温精馏法直接获得，即全精馏无氢制氩技术。粗氩塔和精氩塔皆采用规整填料塔。为降低冷箱的高度，粗氩塔在结构上分为两段，用循环液氩泵为粗氩上塔提供回流液。采用全精馏无氢制氩技术，取消了一整套氩纯化设备和制氢设备，流程简化，节省厂房投资和运行费用，节约了制氩能耗。同时，氩提取率大大提高，可达65%~84%。精氩产品的品质高，氧含量可以低于2mg/m^3。

(5) 采用了高效空气预冷系统。空气预冷系统设置水冷却塔，充分利用氮气冷量，使冷却水温度降低，可减少冷水机组的制冷负荷。根据用户用氮情况也可不另配冷水机组。

(6) 分子筛纯化系统采用活性氧化铝-分子筛双层床结构，大大延长了分子筛的使用寿命，同时可使床层阻力减少。

(7) 采用了高效增压透平膨胀机技术，膨胀机效率可达到83%~88%。

(8) 采用先进的DCS计算机控制技术，实现了中控、机房和现场一体化的控制，可有效地监控整套空分设备的生产过程。成套控制系统具有设计先进可靠、性能价格比高等特点。

3. 主要配套机组及设备特点

(1) 原料空压机和空气增压机。原料空压机和空气增压机均采用离心机，由1台汽轮机拖动，节省了投资及运行费用。原料空压机的作用是为装置提供带压原料空气，空气增压机的作用是为装置提供膨胀及高压液氧、高压液氮汽化的气源。

(2) 空气预冷系统。空气预冷系统采用带水冷塔的新型高效空气预冷系统，其作用是冷却和洗涤原料空气。空冷塔的上段和水冷塔采用特殊设计的散堆填料，具有传热传质效率高、操作弹性大和阻力小的特点。

(3) 分子筛纯化系统。分子筛纯化系统采用长周期、双层净化技术及切换系统无冲击切换技术，其作用是吸附空气中的水分、乙炔、二氧化碳和氧化亚氮(部分吸附)等。分子筛吸附器采用双层床结构，底层活性氧化铝因吸附水的容量大，可有效地保护分子筛，延长分子筛使用寿命；同时采用双层床，再生温度降低，再生能耗减少。

(4) 精馏塔系统。精馏塔系统是本套空分设备的核心系统，其作用是利用低温精馏来分离原料空气中的氧、氮及氩。上塔、粗氩Ⅰ塔、粗氩Ⅱ塔和精氩塔均采用规整填料塔，具有氧提取率高、能耗低、工艺先进、运行安全可靠及操作维护方便等优点；下塔采用专用于大型空分设备的四溢塔板技术；而膨胀机、高压换热器及低温液体泵则采用进口产品，确保装置运行的可靠性。

① 下塔、主冷凝蒸发器及上塔复合布置，既减少了占地面积，又取消了液氧泵。

② 本套空分设备有低压、高压两组换热器，为便于检修，分别设置单独冷箱，与主冷箱隔开，为防止与主冷箱连接处型钢在低温下冷缩变形，换热器冷箱与主冷箱分开布置，采用过桥连接。

③ 本套空分设备共有液氧产品泵、液氮产品泵和液氩产品泵三种泵，一用一备(一台运转，另一台在线冷备)，共6台，保证了运行的连续性。从便于检修及从安全角度考虑，6台泵均单独布置，即设置单独隔箱，置于主冷箱外。

④ 对部分重要的高压、低温液体阀门采用独立隔箱，方便维修。

第六节　空气深冷分离的操作控制

一、空分系统的主要开车步骤

1. 启动准备

启动准备指在供电、供水、供汽正常，空分系统的各设备、仪表、控制程序具备了启动条件后，启动空分系统的空气输送及净化系统，产生洁净的空气，对冷箱内的设备、管道、阀门等进行吹刷，降低冷箱内装置中的水蒸气及灰尘含量。其主要操作步骤为：启动冷却水系统，启动用户仪表空气系统，启动分子筛纯化系统切换程序，启动空气透平压缩机，启动空气预冷系统，启动分子筛纯化系统，加温、吹刷和干燥精馏系统的设备和管路。

2. 冷却阶段

冷却空分塔的目的是将正常生产时的低温部分设备从常温冷却到接近空气液化温度，为积累液体及氧和氮分离准备低温条件。其主要步骤为：启动增压透平膨胀机制冷，按各冷却流路逐渐给装置降温直至下塔底部出现液体。

3. 积液和调整阶段

此阶段的主要任务为逐步建立各精馏设备的液位，调整各精馏装置至正常操作状态。其主要步骤为：控制主换热器冷端的温度接近液化点，约为−173℃，中部空气温度约为−108℃；建立空分塔和粗氩塔的液位；调整空分塔和粗氩塔的工况；建立精氩塔的液位并调整其工况。

二、空分的正常操作管理

1. 正常操作

（1）主冷凝蒸发器的液位的调节。冷凝蒸发器中液氧的液位与制冷量相关，冷量增加，液位上升；反之，则下降。冷量主要由膨胀机产生，所以产冷量的调节是通过对膨胀机膨胀气量的调节来达到的，通过调节，使在各种情况下的冷凝蒸发器液氧液位稳定在规定的范围内。

（2）精馏控制。精馏控制主要指控制好塔内的液位，使出塔的各物料成分稳定。

① 下塔塔釜的液位必须稳定，可将液化空气进上塔调节阀投入自动控制，使下塔液位保持在规定的高度。

② 精馏过程的控制主要由液氮进上塔调节阀控制。液氮进上塔调节阀开大，则液氮中的氧含量升高；关小，则液氮中的氧含量降低。

③ 产品气取出量的多少也将影响产品的纯度，取出量增加，纯度下降；取出量减少，则纯度升高。

（3）达到规定指标的调节：

① 把全部仪表调节至设定值。

② 用液氮进上塔调节阀调节下塔顶部氮气的浓度和底部液化空气纯度，使其达到规定值。

③ 上塔产品气的纯度调节，应先减少产品取出量，待纯度达标后再逐步增大取出量，直至达到规定值。

2. 维护

这里仅对空分设备的主要设备的使用维护做一说明。

（1）热交换器维护。热交换器的维护主要是注意压力和温度的变化，热交换器的异常情况通常由冰、干冰和粉末阻塞引起。当发生换热器阻力过大影响正常运行时，只有使装置停车，通过加温吹除来消除。另外，通过分析热交换器进、出口气体的组分，判断热交换器有无渗漏。

（2）主冷凝蒸发器维护。需控制冷凝蒸发器中液氧的乙炔及其他烃类化合物含量不超过

0.1mg/m³。当乙炔含量过高时，应尽可能多地加大排液量，同时需加大膨胀量以保持液氧液位，并对冷凝蒸发器中的液氧成分不断进行分析。如果乙炔含量继续上升，并达到1mg/m³，应把所有的液体全部排空，并停车加温和进行分子筛吸附器再生，还需分析原因，并采取相应的措施。为防止乙炔的局部增浓和二氧化碳堵塞冷凝蒸发器的换热单元，一定要避免冷凝蒸发器在低液氧液位下长时间运行。若液面过低应立即增加制冷量，使液位上升到规定范围。正常情况下应保持主冷凝蒸发器在液氧完全淹没条件下操作。

(3) 空分塔。在空分塔上、下设有压差计，可以测定精馏过程中的压降。第一次启动空分设备时，应将工况调整正常以后所测的压降作为运转的依据。当压降减小时，表明有渗漏或者塔板上液位太低。如果阻力增大，通常是由于塔内液泛或塔板(填料)堵塞造成。在这种情况下，应首先降低负荷，若压降仍大，则只有通过加温精馏塔来消除。当精馏塔底部液位升得太高，使最下一块塔板淹没，就会造成淹塔，此时阻力会显著增大。

(4) 分子筛吸附器。分子筛吸附器管理的一个重要的方面是切换程序管理。需定时对吸附器检查，看再生和冷却期间有否达到规定的温度，切换时间是否符合规定。如有异常，应进行调整。

吸附器使用两年后，要测定分子筛颗粒破碎情况。必要时，要全部取出分子筛过筛，以清除沉积在上面的微粒和粉末。要按规定加添或更换分子筛，不得选用未经鉴定的分子筛，并要确保吸附层达到规定厚度。

3. 变工况操作

空分设备在正常运行中的主要生产成本是电力消耗。减少无功生产，降低氧气放空率，是节约电耗的重要措施。

当氧气等产品需要减少时，需要进行变工况的操作。此时需降低气体产品量，或在进气量不变的情况下，增加液体产品量。

(1) 减少氧气产量的变负荷操作。由于氧气等产品的需要量减少或氧气管网压力增高等原因，往往会要求减少氧气的生产量，即降低装置的负荷。其具体操作步骤如下：

① 先减少氧气产品的输出量，同时按比例减少氮气产品量。一般情况下，污氮气量仍然处于污氮气出冷箱总管压力自动控制状态下。

② 根据已减少的氧化量，以大于或等于5倍的比例减少进冷箱空气量，即关小空压机导叶开度。

③ 通过调节(微关)下塔纯液氮回流阀，保持下塔底部压力基本不变。

④ 通过调节纯液氮进上塔阀，保持下塔液化空气中氧含量不变。

⑤ 根据冷凝蒸发器液氧液位和液氧产品量的需求情况，调节膨胀空气量。如冷凝蒸发器液氧液位过高，又不特别需要液氧产品，这时应适当减少膨胀空气量。

⑥ 适当降低粗氩冷凝器液化空气液位，调低粗氩冷凝器负荷，同时关小粗氩产品输出量。

(2) 增加氧气产量的变负荷操作。增加氧气产量的操作其实是减负荷操作的一个反向操作，所以其操作步骤如下：

① 适当开大空压机的导叶，增加加工空气量。

② 通过调节下塔纯液氮回流阀，控制下塔底部压力，使其压力保持不变。

③ 调节液氮进上塔调节阀，注意下塔液化空气氧含量。

④ 缓慢增加氧气取出量。

⑤ 同比例增加氮气产量。

⑥ 根据冷凝蒸发器液氧液位，可以适当增加膨胀空气量。

(3) 增加液氧产量的变负荷操作。当氧气需要量减少时，可通过增加膨胀空气量多生产液氧产品。其操作步骤如下：

① 关小氧气输出阀，减少氧气产量。

② 缓慢增加膨胀空气量，必要时可以增开一台膨胀机。但在增开一台膨胀机时必须先把另一台膨胀机的负荷降下来，然后两台膨胀机逐步加大负荷。膨胀空气量增加必须缓慢，同时通过旁通阀旁通所增加的膨胀空气量。

③ 缓慢关小下塔纯液氮回流阀，使下塔底部压力保持不变。

④ 调节液氮进上塔调节阀，使下塔液化空气纯度不变。

⑤ 适当降低粗氩冷凝器液化空气液位，使粗氩塔负荷下降，同时关小粗氩产品输出量。

(4) 手动变负荷操作中应注意的问题。手动变负荷操作过程中，必须遵循“稳中求变，变中求稳”的原则。增加负荷时，应从增加加工空气量开始，从头到尾依次改变相关参数的设定点。每次改变幅度应不大于氧气产量的0.5%。一般情况下，从头到尾改变一次设定点的周期为10min。反之，当减少负荷时，先从减少出冷箱氧气流量开始，反方向依次改变各个设定点，减少氧气产量的幅度应大于减少空气量的幅度。

手动变负荷操作时，应尽量避开其他外界因素的影响，例如在分子筛吸附器均压前10min到均压结束后10min这段时间内不做变负荷的操作。

(5) 变负荷范围的技术限制。在变负荷操作过程中，最容易受影响的是粗氩塔的运行工况。提取粗氩是以从上塔下部抽出的氩馏分气为原料的，上塔精馏工况的好坏直接影响到粗氩塔的精馏工况。但是，有时氧、氮产品纯度未被破坏，上塔精馏工况也达到了正常状态，粗氩塔的精馏工况反而被破坏了。

经过分析发现，这是因为上塔的上升蒸气和下流液体自上而下的浓度梯度分布发生了变化。例如，当上塔的上升蒸气的浓度梯度发生变化时，容易影响到氩馏分的纯度，特别在氩馏分中的氮含量增加后，不凝性气体(氮气)在粗氩冷凝器中突然积聚，使换热温差减小，粗氩冷凝器的换热效果变差，粗氩塔的回流液突然减少，粗氩中的氧含量升高，伴随而来的是粗氩中的氧含量、氮含量同时增加。如果单纯根据粗氩氧含量高低来调节或降低氮馏分中的氧含量，情况会变得更糟。

因此，在不带制氩系统的空分设备上进行变负荷操作比较简单，仅需考虑上塔顶部氮气的纯度和底部氧气的纯度就够了，而且在变负荷生产过程中，氧、氮产品的纯度容易得到保证。但在带制氩系统的空分设备上，还要考虑到上塔每段浓度梯度的分布情况，否则就无法保证制氩系统的正常生产。在变负荷生产过程中，要保证上塔的浓度梯度不发生变化是非常困难的，在低负荷生产的情况下，各块塔板的精馏效率降低，浓度梯度一定会发生变化，制氩系统的正常生产运行将不能得到保证。所以，在保证不影响制氩系统生产的前提下，空分设备变负荷生产的范围就有了限制。在生产实践中发现，空分设备的负荷低于80%时，制氩系统工况被破坏的现象时有发生，而氧、氮产品的纯度和产量很少受到影响。

三、停车和升温

1. 正常停车

正常停车时，迅速依次按以下步骤进行。

(1) 停止供产品气。

(2) 开启产品管线上的放空阀。

(3) 把仪表空气系统切换到备用仪表空气管线上。

(4) 停运透平膨胀机。

(5) 开启空压机空气管路放空阀。

(6) 停运空气压缩机。

(7) 停运空冷系统的水泵。

(8) 停运分子筛纯化系统的切换系统。

(9) 关闭空气和产品管线，打开冷箱内管线上的排气阀(视压力情况而定)。

(10) 停运液氧、液氮泵。

①如停车时间超过48h，应排放液体。②关闭所有的阀门(不包括上面提到的阀门)。③对各装置进行升温。

如停车时间较短，则只按(1)～(10)步进行操作。注意：在室外气温低于零度时，停车后需把容器和管道中的水排尽，以免冻结；低温液体不允许在容器内低液位蒸发，当容器内液体只剩下正常液位的20%时，必须全部排放干净。

2. 临时停车

由于发生故障，需短时间停车处理时，可对精馏塔进行保冷停车。执行正常停车的(1)～(10)步操作，并视消除故障时间快慢决定执行第(10)步，直至第(10)步。一般停车时间大于48h应进行全系统加温再启动。

3. 临时停车后的启动

空分设备在临时停车后重新启动时，其操作步骤应从哪一阶段开始，应视冷箱内的温度来决定，保冷状态下的冷箱内设备不必进行吹扫。如在冷态启动时主冷液氧液位高出正常操作液位，则应先使液位降至正常操作液位。其步骤如下：

(1) 启动空气压缩机，缓慢提高压力。

(2) 启动空气预冷系统的水泵。

(3) 启动分子筛纯化系统。为避免湿空气进入主换热器，应将另一只吸附器再生彻底，需在空气送入精馏塔前经过一个切换周期。

(4) 慢慢向精馏塔送气、加压。

(5) 启动和调整透平膨胀机。

(6) 调整精馏塔系统。

(7) 调整产品产量和纯度到规定指标。

4. 全面加温精馏塔

空分设备经过长期运转，在精馏塔系统的低温容器和管道内可能产生冰、干冰或机械粉末的沉积，阻力逐步增大。因此，运转一定时间后，一般应对精馏塔进行加温解冻以除去这些沉积物。如果在运转过程中发现热交换器的阻力和精馏塔的阻力增加，以至在产量和纯度上达不到规定指标，这时就要提前对精馏塔进行加温解冻。这种情况往往是与操作维护不当有关。加热气体为经过分子筛纯化系统吸附后的干燥空气。加温时，应尽量做到各部分温度缓慢而均匀回升，以免由于温差过大产生应力，损坏设备或管道。加温时所有的测量、分析等检测管线亦必须加温和吹除。

5. 紧急停车

空压机岗位紧急停车的规定如下：

(1) 空压机任何部位冒烟着火，发生异响，机械强烈振动，严重脉振处理无效。

(2) 油压急剧下降，大量漏油，油过滤器严重堵塞，轴承温度超过 75℃。

(3) 轴位移超过规定而未跳车时。

(4) 超过"自动停车"联锁值而未动时。

(5) 冷却水中断，油温升高而来不及处理。

空分岗位紧急停车的规定如下：

(1) 空压机跳车，空分装置仪表电源、气源断。

(2) 空冷塔不正常使分子筛纯化器大量进水。

(3) 上塔严重超压，来不及判断及处理。

(4) 切换程序失灵，短时间内修复不好。

氧活塞岗位紧急停车的规定如下：

(1) 压缩机内发出异响，强烈振动或发生撞缸现象，O_2系统出现大漏无法进行生产。

(2) 油压低于 0.15MPa，联锁没动作，应采取手动紧急停车。

(3) 某级出现严重超压，出口温度超过工艺条件较多时。

(4) 系统发生爆炸。

冰机岗位紧急停车规定如下：

(1) 冷却水或冷冻水突然中断。

(2) 液体制冷剂严重进入汽缸。

(3) 油压下降经调节无效时，电机冒烟，压缩机出现异响、振动，制冷剂大量泄漏。

6. 冬季生产操作规定

(1) 生产装置内对停车检修的设备，必须停冷却水，排尽设备、管道内积水。

(2) 生产装置内备用设备可根据室温情况而定，室内温度高可停设备冷却水，室内温度低应开设备冷却水，以防冻坏设备。

(3) 要加强防冻保温检查，特别是消防用水系统，用水设备的检查要严、细、认真，不留死角，发现问题及时加以处理，防止冻坏设备、管道事故的发生。

(4) 在空分装置冷态备用或短期停车状态过程中，需要对空气冷却塔进行检查清理或维修作业前，应在空气进空气冷却塔入口管法兰处加盲板。

(5) 在空分装置冷态备用或短期停车状态过程中，需要对纯化器内分子筛床层情况进行检查或维修时，应联系当班岗位人员或班长确认其系统电磁阀电源、气源均已切断，阀门均在关闭状态。

(6) 冬季为节省电耗，冰机、冷冻泵要停车，开冷却泵和冷却泵出口至冷冻泵出口的连通阀向空冷塔上部、下部供水；当春、夏、秋季开冷却泵和冰机时，要关闭冷却泵出口与冷冻泵出口的连通阀，以免水量过大，发生分子筛带水的恶性事故。

四、故障及排除方法

这里仅对运行期间可能出现的一些故障加以说明，其他意外故障必须由现场人员根据具体情况及时予以处理。

1. 加工空气供气停止

（1）信号：空压机报警装置鸣响。

（2）后果：系统压力和精馏塔阻力下降；产品气体压缩机若继续运转，会造成在精馏塔及有关管道出现负压。

（3）紧急措施：停止产品气体压缩机运转；把精馏塔产品气放空；停止透平膨胀机运转；关闭液体排放阀；停止纯化系统再生。

（4）进一步措施：空分设备停止运行。

（5）排除故障方法：按空压机使用维护说明书的规定查明原因，并采取相应的措施。

2. 供电中断

（1）信号：所有电驱动的机器均停止工作，这些机器上的报警装置鸣响。

（2）后果：系统压力和精馏塔阻力下降，产品纯度破坏。

（3）紧急措施：关透平膨胀机及有关机器的停止按钮；把精馏塔产品气放空；关闭液体排放阀；停止分子筛吸附器再生。

（4）进一步措施：把全部由电驱动的机器从供电网断开，空分设备停止运行。

（5）排除故障方法：排除电源故障；电路恢复后，视停电时间长短决定精馏塔系统是否需重新加温；按启动程序重新启动。

3. 透平膨胀机发生故障

（1）信号：透平膨胀机报警装置鸣响。

（2）后果：若转速过高影响膨胀机正常运行；若转速过低，制冷量降低，冷凝蒸发器液氧液面下降，产量下降。

（3）紧急措施：启动备用膨胀机；调整转速，使膨胀机稳定；减少产品量，检验产品的纯度，必要时减少产品产量或液体排出量或完全停车。

（4）进一步措施：立即排除故障；调整流量、转速和产量到正常值。

（5）排除故障方法：透平膨胀机的常见故障是冰和干冰引起的堵塞，必须进行加热，才能排除故障。至于其他的故障，则应按透平膨胀机的使用说明书查明原因，并排除之。

4. 吸附器切换装置发生故障

（1）信号：切换周期失控。

（2）后果：若分子筛纯化系统的切换过程停止进行，正在工作的分子筛吸附器的吸附时间势必延长，先是二氧化碳，后是水分进入冷箱内，使板翅式换热器堵塞。

（3）紧急措施：紧急暂停分子筛切换程序。

（4）进一步措施：如果预计排除时间要很长时间，则空分设备停止运行。

（5）排除故障方法：按照仪控说明书规定查明原因，并排除之。

5. 仪表空气中断

（1）信号：仪表空气压力报警器鸣响。

（2）后果：吸附器切换装置失效；所有气动仪表失效；整个空分设备调节失控。

（3）紧急措施：把备用仪表空气阀门打开，空分设备即可恢复运行。如果不能正常运行，则空分设备停止运行。

（4）进一步措施：如空分设备继续运行，应检验产品纯度，检查分子筛吸附器再生和吹冷程度。如不正常应做相应调整。

（5）排除故障的方法：故障可能是仪表空气过滤器堵塞或是阀门和管道的泄漏造成，应清洗过滤器，消除泄漏。

五、空分装置安全运行规定

1. 正常运行规定

（1）空分装置操作人员应进行安全技术和操作技能的教育培训，经考试合格后持证上岗。操作人员应熟悉并严格遵守本岗位操作法。

（2）空分装置空气吸入口安全要求如下：①空分装置应在空气吸入口附近设风向标，监视风向变化带来空气质量的变化。②每周至少应对吸入口空气分析一次；周围空气质量发牛变化时，随时进行分析。当吸气条件超标时应及时查清原因，消除污染源或采取其他安全运行措施。③加强与周围装置的联系，当有大量碳氢化合物排放或紧急放空时，应及时通报并立即采取防范应急措施。

（3）防止碳氢化合物进入液氧系统或积聚。

（4）分子筛吸附应严格做到：装入的分子筛质量应保证；空气温度应控制准确；分子筛再生应彻底；再生切换周期应按操作规程准时进行，特殊情况应缩短再生切换周期。

（5）硅胶吸附器应按规定定期切换，保证硅胶的再生温度和时间。

（6）分离装置液面和工况，禁止大幅度波动。分子筛流程的主冷凝蒸发器应采取全浸式操作，即让主冷换热器浸没在液氧中，减少乙炔等碳氢化合物在换热翅片等部位的积聚。

（7）保持主冷凝蒸发器液氧连续排放，不能连续排放时要求每班排液氧一次，排放量应等于或大于1%氧气产量。当液氧中碳氢化合物超标时应增加排放量，严重超标时，应及时采取措施直至停车。

（8）循环液氧泵应保持连续运转，停运检修时主冷凝蒸发器应每班排液三次，每次1%左右，同时尽快恢复运转。对纯氮空分设备可视化验情况定期排放，每次1~3min，当富氧液空中碳氢化合物超标时，可加大排放频率，延长排放时间。

（9）1000m/h以上大、中型空分设备必须安装在线气相色谱分析仪，连续监测液氧中的总烃及碳氢化合物单组分的含量，液氧系统的在线监测色谱分析仪应完好投用、分析准确。

（10）大、中型空分设备必须采用浓缩气相色谱法分析液氧中乙炔及其他碳氢化合物的含量，分析频次为每天至少一次，遇有特殊情况应增加分析次数。

（11）1000m/h以下小型空分设备及纯氮空分设备采用比色法或浓缩气相色谱法分析液氧中乙炔及总烃含量，分析频次为每天至少一次，遇有特殊情况增加分析次数。

（12）严格忌油和油脂。①所有和氧接触的部件和零件应进行脱脂清洗，做到绝对无油和油脂。②使用铜制专用工具。③空压机、膨胀机等机组密封应完好、不漏油。④空气冷却塔的冷却水应严防带油，宜单独使用循环水。

（13）防止、减少二氧化碳带入空分装置。对采用自清除装置的空分装置，过滤器、吸附器应完好投用；严格控制蓄冷器或板式温度，必要时缩短切换周期。

2. 运行操作的安全要求

（1）排放液氧的安全要求：①液氧应排入氧蒸发器，不得在室内排放。②严格控制液氧排放速度，避免发生燃烧爆炸事故。③液氧分析采样和处理液态气体时，应做好劳动保护，防止液态气体冻伤。④空分装置属一级动火，应按《用火作业安全管理规定》严格执行。⑤严禁在泄漏氧气的设备周围动火。

（2）空分装置停车安全要求：分馏塔的停车要从里向外停车，即先将氧气、氮气放空，停膨胀机。切断入塔气源，压缩机保压放空，停冰机，停分子筛加热器及分子筛程序，最后停压缩机。

需要注意的是：冷态停车时不可将温度过高的气体导入分馏塔内，以免造成装置主换热器阻力过大，引起装置停车的事故发生。

① 空分装置应减少开、停车次数，短期停车应分析主冷凝蒸发器液氧中有害物质的含量，如超标或液位过低，应将流体排放干净。

② 当发生净化系统堵塞、板式换热器或精馏塔阻力增大等不正常现象时，应及时安排系统冷吹或加热吹除。

③ 检修冷箱时，应对冷箱中氧含量进行分析，打开人孔自然升温，待氧含量下降后再扒珠光砂，并应注意防止珠光砂快速下塌发生空间爆炸。

④ 操作人员应避免在氧气、氮气浓度增高区域停留。进入氧气、氮气容器或管道前，应严格执行《进入受限空间作业安全管理规定》，液氧应排放干净，经取样分析确认氧含量正常后才能进入，防止氧气伤害和氮气窒息事故。

复 习 题

一、填空题

1. 全低压空分装置是根据低压带透平膨胀机液化循环工作的，其又叫做________循环。

2. 当吸附达到饱和，使吸附质从吸附剂表面脱离，从而恢复吸附剂的使用能力的过程叫做________。

3. 性质相似的组分，分子间相互作用力与单组分时相同的溶液叫做________。

4. 自发过程总是朝着________增大的方向进行的。

5. 透平膨胀机的作用是________。

6. 空分装置设置氮水预冷系统的作用是________，洗涤空气中灰尘和缓冲作用。

7. 以等熵膨胀为主的液化循环称为________。

8. 以等熵膨胀为主的液化循环称为________。

9. 空分装置上塔提馏段主要是进行氧、氩分离，精馏段主要是________分离。

10. 分子筛纯化器的再生过程一般分为________、加热、冷吹和升压四个阶段。

11. 采用风机制动的膨胀机，其风机出口气流温度较进口________。

12. 如果膨胀机进出口压力一定，则进口温度越高，膨胀机的制冷量________。

13. 全低压空分装置中，过冷器根据作用不同一般包括液空过冷器和________。

14. 冷却器内水管积垢后，冷却器的换热效果较原来________。

15. 空分装置运行过程中，蓄冷器阻力增加的原因主要是________。

16. 粗氩塔冷却器一般用________做冷源。

17. 透平式压缩机一般包括________和轴流式两种。

18. 控制切换式换热器的目的在于控制________温差。

19. 板式塔沿塔高气液相浓度是呈阶梯式变化的，而填料塔则是________变化的。

20. 液空过滤器的作用是________，过滤固体二氧化碳和硅胶粉末。

二、选择题

1. 压力较高的气体经过膨胀机膨胀，对外输出功，气体温度降低，其焓值(　　)。

A. 减小　　B. 增大　　C. 不变　　D. 无法确定

2. 在精馏塔内，氮浓度最高点在上塔的顶部，温度和压力最低点在(　　)。

A. 下塔顶部　B. 上塔底部　C. 上塔顶部　D. 下塔底部

3. 筛板塔内的筛板上的气液层依次可分为静液、鼓泡层、泡沫层、雾沫层，其中主要的传质区域为(　　)。

A. 鼓泡层　B. 泡沫层　C. 雾沫层　D. 静液

4. 在氧纯度一定的情况下，提高氮平均纯度，则氧产量(　　)。

A. 增加　B. 减少　C. 不变　D. 无法确定

5. 以下哪种阀门不能调节液空纯度(　　)。

A. 污氮节流阀　B. 液空节流阀　C. 液氮节流阀　D. 液氧节流阀

6. 在同一温度下，越容易气化的物质其饱和蒸气压(　　)。

A. 越高　B. 越低　C. 无法确定　D. 不变

7. 空气在冷凝过程中不断将冷凝液引走，使所剩蒸气中的氮浓度不断提高的过程，叫做(　　)。

A. 简单冷凝　B. 简单蒸发　C. 部分冷凝　D. 部分蒸发

8. 理想气体的内能与(　　)有关。

A. 压力　B. 温度　C. 比容　D. 密度

9. 液空节流阀开度过小，则下塔液空液面(　　)。

A. 升高　B. 降低　C. 不变　D. 无法确定

10. 主冷液氧中乙炔含量一般要求不超过(　　)。

A. 0.05μL/L　B. 0.1μL/L　C. 0.2μL/L　D. 0.5μL/L

11. 进上塔膨胀空气量增加，精馏段回流比(　　)。

A. 增加　B. 减少　C. 不变　D. 无法确定

12. 全精馏制氩系统中，粗氩塔主要是实现(　　)的分离。

A. 氧、氮　B. 氮、氩　C. 氧、氩

13. 空分低压流程的液化循环基础是(　　)。

A. 节流　B. 克劳特循环　C. 林德循环　D. 卡皮查循环

14. 能够准确反映制氧机的经济性能指标的参数是(　　)。

A. 提取率　B. 单位电耗　C. 运转周期　D. 启动时间

15. 制氧机是采用(　　)原理使空气分离的。

A. 低温法　B. 吸附法　C. 膜分离法　D. 析出法

16. 具有焊接保护作用的气体是(　　)。

A. 氩气　B. 氧气　C. 氦气　D. 氖气

17. 使不饱和蒸汽变为饱和蒸汽的方法(　　)。

A. 降低压力　B. 提高温度　C. 降低温度　D. 吸收热量

18. 粗氩塔工况不稳定，主要是(　　)不稳定造成的。

A. 粗氩塔　B. 精氩塔　C. 主塔　D. 分子筛吸附器

19. 氩馏分中(　　)含量增加会造成粗氩塔工作工况恶化。

A. 氧　B. 氩　C. 氮　D. 氦

20. 在进行热力学计算时，温度应该用(　　)温度。

A. 摄氏温度　B. 华氏温度　C. 热力学温度　D. 国际实用温度

三、判断题

1. 分子筛纯化器中分子筛的量主要是由清除CO_2所需的量来决定的。（　　）
2. 同样条件下，采用逆流方式的换热器传热温差大。（　　）
3. 膨胀机后压力越低，膨胀机内的压降越大，单位制冷量越大。（　　）
4. 将双高塔改成生产单高产品后，可以提高产品产量。（　　）
5. 膨胀机前温度越低，膨胀机制冷量越大。（　　）
6. 空气能够液化，是因为压力的提高。（　　）
7. 氮气是一种保护气体，对人体无害。（　　）
8. 精馏塔内的塔板的数量越多越好，精馏效果也越好。（　　）
9. 双级精馏塔的各截面上的温度自下而上是降低的。（　　）
10. 在低压空分装置中，冷量的获得是由膨胀机膨胀和节流效应共同作用的结果。（　　）
11. 回流比在一定程度上代表了塔板上传热、传质的推动力。（　　）
12. 空分装置用的透平膨胀机一般均需通带压力的密封气。（　　）
13. 膨胀机外泄漏不影响膨胀气体的温度，但使系统的产冷量下降。（　　）
14. 正常情况下，膨胀机的制冷量主要用于补偿空分装置的跑冷损失。（　　）
15. 氧气具有易燃性，而不具备助燃性。（　　）
16. 离心式液氧泵产生气蚀的根本原因是由于部分液氧在泵内的气化造成的。（　　）
17. 分子筛净化系统的净化效果不影响空分设备的运转周期。（　　）
18. 粗氩塔工况不稳定，主要是上塔工况不稳定造成的。（　　）
19. 净化空气采用的吸附法吸附水分、乙炔等杂质是一种物理吸附现象。（　　）
20. 湿空气是干空气和水蒸气组成的混合气体。（　　）

四、简答题

1. 对空分装置来说，空气中有哪些有害杂质？为什么要清除？
2. 膨胀机的制冷量与哪些因素有关？
3. 简述氧气、氮气、液氧、液氮的用途。
4. 什么叫节流膨胀？节流膨胀导致空气温度降低的原因是什么？
5. 空气中机械杂质的脱除主要有哪些方法？
6. 什么叫单级精馏？什么叫双级精馏？
7. 什么叫膨胀机的绝热膨胀？膨胀机的绝热膨胀导致空气温度降低的原因是什么？
8. 空分塔的种类有哪些？各有什么特点？
9. 液体空气中氮和氧分离的理论基础是什么？
10. 试简述空分装置正常开、停车的主要步骤。

第三章 煤焦化技术

第一节 概 述

煤在焦炉内隔绝空气加热到950~1050℃，经过干燥、热解、熔融、黏结、固化、收缩等阶段，获得焦炭、化学产品和煤气。此过程称为高温干馏或高温炼焦，简称为炼焦。

炼焦是煤炭转化最古老的方法，炼焦工业的发展与冶金工业的发展和技术进步有密切的关系。炼焦工业为冶金工业提供了焦炭这种特殊的燃料，通常用于高炉冶炼，除此之外，焦炭还用于铸造、气化和化工等工业部门，作为燃料和原料；在炼焦过程中，干馏煤气经回收、精制可得到的化学产品种类很多，包括多种芳香烃和杂环化合物，为合成纤维、染料、涂料、医药和国防等工业提供宝贵的原料；经净化后的焦炉煤气既是高热值燃料，也是合成氨、合成燃料、生产化学肥料等一系列有机合成工业的原料，此外，炼焦厂还是城市煤气的重要气源。可见，炼焦化学工业与许多部门都有关系，煤的焦化是煤炭综合利用的重要方法之一。

早在16世纪，人们就已经开始发展高温炼焦，它始于炼铁的需要。几百年来高温炼焦随冶金、化工的发展而不断变革，焦化工业是发展最成熟、应用最广泛的煤化工产业。20世纪80年代起我国炼焦生产得到全面发展，现在炼焦行业正在平稳快速地发展，目前我国已是世界上焦炭生产的第一大国，2006年焦炭产量达到290Mt，出口焦炭14.5Mt；2007年产量达到335Mt，出口焦炭15.3Mt，占世界焦炭总产量的60%，世界焦炭贸易总量的50%。但由于炼焦行业的资源、能源消耗量大，污染物排放量大的特点，我国炼焦工业的高速发展给资源供给、环境治理带来的压力日益增大。就总体水平而言，我国炼焦行业仍属于资源利用效率低、能耗高、污染严重的产业。

焦炉经历了从小到大、从能耗高到能耗低、从污染严重到低污染、从劳动强度大到自动化程度高的发展过程。直到21世纪以前，焦炉炉型小、以中小型焦炉为主仍是我国煤炭行业焦化生产存在的普遍问题之一。这主要体现在炼焦企业数量多而规模小，全国炼焦生产企业仍有1100家左右，平均生产规模仅0.3Mt/a，与日本的钢铁联合企业的焦炭平均生产规模6Mt/a，独立焦化企业的焦炭平均生产规模2.1Mt/a相比，差距甚大。大型焦炉不仅可提高劳动生产率，减少炼焦过程对环境的污染，而且可提高焦炭质量。我国2004年出台的《焦化行业准入条件》中规定，必须淘汰4.3m以下的焦炉，进一步促进了我国焦炉大型化的发展。山东兖矿国际焦化公司、太钢焦化厂和马钢煤焦化公司7.63m焦炉的顺利投产，标志着我国已经掌握了特大型焦炉的生产技术，改善了我国焦化行业的技术装备水平。可见，焦炉大型化是炼焦行业可持续发展的必然要求，同时焦炉结构的发展和完善也是决定炼焦工业未来发展的重要因素。

焦炉大型化主要在于提高炭化室高度并适当增加长度，由此在焦炉结构的发展上，越来越多地采用分段加热及贫煤气和空气全下喷的方式，加热煤气设备向全自动调节和程序加热方向发展。焦炉大型化对焦炉操作的机械化和自动化提出了更高的要求，焦炉机械化和自动化为改善环境污染创造了有利条件，各种装煤出焦的防尘措施不断出现。焦炉大型化也给焦炉的加热管理提出了更高的要求，采用计算机对焦炉的加热过程进行管理和控制是解决这一问题的最佳途径。

由于高炉炼铁工艺技术的进步，高炉向大容积发展，高炉采用富氧鼓风以及喷吹技术，大大降低了焦比，导致高炉对焦炭质量的要求越来越高。另一方面，由于世界范围内优质炼焦煤资源明显短缺并日趋严重，优质焦炭与优质煤源之间的矛盾是推动配煤炼焦技术以及非炼焦煤炼焦技术发展的主要原因和动力。因此提高焦炭质量，扩大炼焦煤源是炼焦工业面临的重要课题。

为了扩大炼焦煤源，将弱黏结煤和不黏结煤用于炼焦，适合于常规焦炉配煤炼焦的各种新技术(煤干燥、预热、选择粉碎、捣固、配型煤、配用人造黏结煤或抗碎剂等)已达到工业化水平，从而成为解决用较差的炼焦煤炼出优质焦炭的主要方法。型焦作为广泛利用劣质煤的最有效方法，经过 20 多年的试验和发展，世界上已有年产 200~500kt 的工业性试验装置，这将成为今后发展冶金和非冶金用焦的重要方向。

第二节　焦　炭

一、焦炭的一般性质

焦炭的 90%以上用于冶金工业的高炉炼铁，其余的用于机械工业、铸造、气化、电石生产原料及有色金属冶炼等。焦炭的性质是多方面的，不同用途的焦炭对其性质的要求也不同，因此对焦炭既要了解其共性，更要掌握不同用途焦炭的特性。与焦炭质量有关的性质主要有以下几个方面：

1. 焦炭的宏观构造

焦炭是一种质地坚硬、多孔、并有不同粗细裂纹的碳质固体块状材料，呈银灰色。其真密度为 1.80~1.95g/cm^3，视密度为 0.80~1.08g/cm^3，堆密度为 400~520kg/m^3。用肉眼观察焦炭可看到明显的纵横裂纹。沿粗大的纵横裂纹掰开，仍含有微裂纹的即为焦块；将焦块沿微裂纹分开，即为焦体；焦体由气孔和气孔壁构成，气孔壁即为焦质。焦炭的裂纹多少直接影响焦炭的粒度和抗碎强度。焦块微裂纹的多少和焦体的孔孢结构则与焦炭的耐磨强度和高温反应性能密切相关。孔孢结构通常用气孔平均直径、孔径分布、气孔壁厚度和比表面积等参数表示。

(1) 裂纹度：裂纹度即焦炭单位面积上的裂纹总长度。裂纹分纵裂纹和横裂纹两种，规定裂纹面与焦炉炭化室炉墙面垂直的裂纹称纵裂纹；裂纹面与焦炉炭化室炉墙面平行的裂纹称横裂纹。焦炭中的裂纹有长短、深浅和宽窄的区分，可用裂纹度指标进行评价。

(2) 气孔率：焦炭的气孔率是指气孔体积与总体积比的百分率。气孔率可以利用焦炭的真密度和视密度的测定值加以计算。

$$\text{气孔率}=\left(1-\frac{\text{视密度}}{\text{真密度}}\right)\times 100\% \tag{3-1}$$

(3) 气孔平均直径与孔径分布：焦炭中存在的气孔大小是不均一的，一般称直径大于 100μm 的气孔为大孔，直径为 20~100μm 的气孔为中孔，直径小于 20μm 的为微孔。

对于小孔，通常采用气相吸附法测定其孔径分布；而对于大孔，采用压汞法进行测定，其原理是利用汞的表面张力的性质，当施加外加压力将汞压入微小气孔中时，气孔的直径与所需施加的压力之间存在对应的关系，而且孔径的大小可由施加的外力计算出来。

逐步增加压力，可以使汞进入更加微小的气孔，这样由汞的体积变化可测出孔径分布曲线，并进一步计算出气孔平均直径。

(4) 比表面积：指单位质量焦炭内部的表面积(m^2/g)，一般用气相吸附法或色谱法测定。

2. 焦炭的物理机械性能

高炉生产对焦炭的基本要求是：粒度均匀、耐磨性和抗碎性强。焦炭的这些物理机械性能主要由筛分组成和转鼓试验来评定。

(1) 粒度——筛分组成：焦炭是外形和尺寸不规则的物体，只能用统计的方法来表示其粒度，即用筛分试验获得的筛分组成计算其平均粒度。一般用一套具有标准规格和规定孔径的多级振动筛将焦炭试样筛分，然后分别称量各级筛上焦炭和最小筛孔的筛下焦炭质量，得各级焦炭占试样总量的质量分数 ω_i(即焦炭的筛分组成)和该级焦炭上下两层筛孔的平均尺寸 d_i，则由筛分组成及筛孔平均直径可算出焦炭试样的算术平均粒度。

$$\mathrm{d}_s = \sum \omega_i d_i \tag{3-2}$$

这样，由 d_i将焦炭分为不同块度的级别。若焦炭的平均粒径大于25mm，称冶金焦，一般用于高炉炼铁；平均粒径在10~25mm 称粒焦，用于动力、燃料；小于15mm 的称粉焦。全焦中冶金焦的产率应达到95%以上。

(2) 机械强度——转鼓实验：焦炭机械强度通常用抗碎强度和耐磨强度两个指标来表示。各国均以转鼓法测定，因焦炭在一定转速的转鼓内运行，可以模仿其在运输和使用过程中的受力情况。虽然装置和转鼓特性各不相同，反映焦炭强度的灵敏性也不相同，但各种转鼓都对焦炭施加摩擦力和冲击力的作用。当焦炭外表面承受的摩擦力超过气孔壁强度时，就会产生表面薄层分离现象，形成碎末，焦炭抵抗这种破坏的能力称耐磨性或耐磨强度，用 M_{10}(质量分数)表示。

$$M_{10} = \frac{\text{出鼓焦炭中小于 10mm 的质量}}{\text{入鼓焦炭质量}} \times 100\% \tag{3-3}$$

当焦炭承受冲击力时，焦炭沿结构的裂纹或缺陷处碎成小块，焦炭抵抗这种破坏的能力称抗碎性或抗碎强度，用 M_{25}(M_{40})(质量分数)表示。

$$M_{25} = \frac{\text{出鼓焦炭中大于 25mm 的质量}}{\text{入鼓焦炭质量}} \times 100\% \tag{3-4}$$

3. 焦炭的化学组成

(1) 工业分析：焦炭的工业分析包括水分、灰分、挥发分和固定碳的测定，其测定方法与煤的工业分析方法基本相同。

① 水分(M_t)：焦炭的水分是焦炭试样在一定温度下干燥后的失重占干燥前焦样的百分率。焦炭水分与炼焦煤料的水分无关，也不取决于炼焦工艺条件，焦炭的水分因熄焦方式而异，并与焦炭粒度、焦粉含量、采样地点、取样方法等因素有关。刚出炉的焦不含水分，湿法熄焦时，焦炭中的水分约2%~6%，而干法熄焦的焦炭水分含量较低，因吸附大气中的水汽使其含水约1%~1.5%。

水分本身的高低对焦炭的质量并无太大影响，但若作为冶金焦使用时，生产上要求稳定控制焦炭的水分，因水分波动会使焦炭计量不准，从而引起炉况波动。此外，焦炭水分提高

会使 M_{25}偏高，M_{10}偏低，给转鼓指标带来误差。水分也不宜过低，否则不利于降低高炉炉顶温度，且会增加装卸及使用中的粉尘污染。

② 灰分(A_d)：焦炭中的灰分来自煤中的矿物质，是焦炭中的有害杂质，主要成分是高熔点的 SiO_2和 Al_2O_3等酸性氧化物。灰分的存在降低了焦炭的质量，对高炉生产带来了诸多不利的影响。

③ 挥发分(V_{daf})和固定碳[$\omega(FC)$]：挥发分是衡量焦炭成熟程度的标志，通常规定高炉焦的挥发分应为 1.2%左右，若挥发分大于 1.9% 则表示生焦，其不耐磨，强度差；若挥发分小于 0.7%，则表示过火，过火焦裂纹多且易碎。焦炭的挥发分同原料煤的煤化度及炼焦最终温度有关。

焦炭挥发分也是焦化厂污染控制的指标之一，挥发分升高，推焦时粉尘放散量显著增加，烟气量及烟气中的多环芳烃含量也增加。固定碳是煤干馏后残留的固态可燃性物质，计算式：固定碳(%)= 100-水分-灰分-挥发分。

（2）元素分析：焦炭元素分析是指焦炭按碳、氢、氧、氮、硫和磷等元素组成确定其化学成分时，称为元素分析，其测定方法与煤的元素分析方法基本相同。

① 碳和氢：碳和氢是焦炭中的有效元素，碳是构成焦炭气孔壁的主要成分，而氢元素的存在主要是焦炭中残余挥发分而造成的。研究表明用氢含量的高低标志焦炭的成熟度，可靠性更高。焦炭中碳的微晶结构对焦炭的性质有较大的影响，单纯给出碳含量的指标不能评定焦炭的质量。

② 氮：焦炭中的氮是焦炭燃烧时生成 NO_x 的来源，结焦过程中氮含量变化不大，仅在干馏温度达 800℃以上时才稍有降低。焦炭中氮含量约为 0.5%~0.7%。

③ 氧：焦炭中氧含量很少，常用减差法计算得到，其含量为 0.4%~0.7%。

④ 硫：焦炭中的硫包括煤和矿物质转变而来的无机硫化物(FeS、CaS 等)，熄焦过程中部分硫化物被氧化生成的硫酸盐($FeSO_4$、$CaSO_4$)，炼焦过程中生成的气态硫化物在析出途中与高温焦炭作用而进入焦炭的有机硫，这些硫的总和称全硫。工业上通常用质量法测定。其含量为 0.7%~1.0%。

一般焦炭含硫每增加 0.1%，高炉焦比约增加 1.2%~2.0%，高炉熔剂用量约增加 2%，生铁产量约减少 2.0%~2.5%。因此，降低焦炭的硫分对高炉炼铁具有重要意义，硫成为考核焦炭质量的一项重要指标。

⑤ 磷：焦炭中的磷主要以无机盐类形式存在。磷也是焦炭中的有害元素，通常焦炭含磷约 0.02%。高炉炉料中的磷全部转入生铁，转炉炼钢不易除磷，要求生铁含磷低于 0.01%~0.015%。煤中含磷几乎全部残留在焦炭中，高炉焦一般对含磷不作特定要求。

4. 焦炭的化学反应性能

（1）焦炭反应性：焦炭的反应性是指焦炭与 CO_2的碳溶反应性，即将一定量的焦炭试样在规定的条件下与纯 CO_2气体反应一定时间，然后充氮气冷却、称重，反应前后焦炭试样质量差与焦炭试样质量之比的百分率称为焦炭反应性(CRI)。它与原料煤的性质、组成、炼焦工艺和高炉冶炼条件等都有关系。

$$CRI=\frac{m_0-m_1}{m_0}\times 100\% \quad (3-5)$$

（2）反应后强度：由于焦炭的高温转鼓试验受转鼓材料的制约，很难反映焦炭受化学反应的影响。因此，测定焦炭与 CO_2反应后的转鼓强度，成为评价焦炭反应性能和高温强度的一项简便的试验方法。具体方法是将经过与CO_2反应后的焦炭，先用氮气冷却，然后全部装入特定的转鼓内进行转鼓试验，试验后粒度大于某规定值的焦炭质量m_2占装入转鼓的反应后焦炭质量m_1的百分数即为焦炭的反应后强度（CSR）。

$$CSR=\frac{m_2}{m_1}\times 100\% \tag{3-6}$$

二、焦炭的用途及其质量指标

焦炭主要用于高炉炼铁，其余用于铸造、气化、电石和有色金属冶炼等。

1. 冶金焦

高炉炼铁用焦炭（冶金焦）在高炉内的主要作用为供热燃料、还原剂和疏松骨架。

焦炭、铁矿石和石灰石自高炉顶加入，热空气从风口送入，焦炭不断燃烧，维持炉内必要的温度。燃烧生成的CO_2，当其上升时与赤热的焦炭反应生成CO。矿石在炉内下降过程中，先在炉的上部预热，然后与CO反应还原成铁，流至炉底。此外，位于风口以上地区的焦炭始终处于固体状态，对上部炉料起支撑作用，并成为煤气上升和铁水、熔渣下降所必不可少的疏松骨架。

对冶金焦的质量要求主要有以下几方面：

（1）强度：焦炭在高炉中下降时，受到摩擦和冲击作用，而且高炉越大，此作用也越大。所以，越大的焦炉，要求焦炭的强度也越高。

（2）粒度：焦炭和矿石是粒度不均一的散状物料，散料层的相对阻力随着散料的平均当量直径和粒度均匀性的增加而减少。所以，炉料粒度不能太小，矿石应筛除小于50mm的矿粉，焦炭应筛除小于10mm的焦粉。焦炭粒度不应比矿石粒度大得太多，一般认为，入炉焦炭的平均粒度以50mm左右为合适。

（3）反应性：高炉内焦炭降解的主要原因是碳溶反应。高炉焦作为料柱的疏松骨架，最重要的性质是反应性低。碱金属对碳溶反应有催化作用。焦炭和矿石带入高炉的碱金属，只有一部分排出炉外，大部分在炉内循环，循环碱量是炉料带入量的6倍，并富集于发生碳溶反应的直接还原区，碱金属吸附在焦炭表面，催化碳溶反应。因此，为了使焦炭反应性低，除了提高炉渣带出碱量，还应力求控制焦炭和矿石的带入碱量。

（4）灰分和硫分：焦炭中的灰分主要成分是SiO_2和Al_2O_3，它们的熔点分别为1713℃和2050℃，为了脱除这些灰分，必须加入CaO、MgO等碱性氧化物或相应的碳酸盐，使之与SiO_2、Al_2O_3反应生成低熔点化合物，从而在高炉内形成流动性的熔融炉渣，借密度的不同和相互不熔性而与铁水分离。因此，当焦炭带入炉内的灰分增多时，加入的熔剂也必须增加，即增加炉内的碱量，促进焦炭的降解。

高炉内的硫主要来自焦炭，降低生铁含硫量的途径是减少炉料带入硫量，提高炉渣的脱硫能力，炉渣的脱硫能力与炉渣温度和碱度有关。当炉料带入硫量较高时，必须提高炉缸温度和炉渣碱度。因为当炉渣碱度高时，CaO相对过剩，SiO_2处于较完全的束缚状态，使得SiO_2与K_2O反应的几率下降。

这样做又将致使炉渣带出的碱量减少，增加了炉内的碱循环，加剧了碳溶反应，促进了焦炭的降解。由此可见，降低焦炭的灰分、硫分，对高炉生产具有重要意义。

2. 铸造焦

铸造焦是冲天炉熔铁的主要燃料，用于熔化炉料，以焦炭燃烧放出的热量熔化铁并使铁水过热，还起支撑料柱保证良好透气性和供炭等作用。要求铸造焦具有如下性能：

(1) 粒度适宜：一般要求粒度大于 60mm；

(2) 硫含量较低：通常控制在 0.1%以下；

(3) 足够高的转鼓强度：以保证炉内焦炭的块度和均匀性；

(4) 灰分和挥发分尽可能低；

(5) 气孔率小，反应性低。

3. 电石焦

电石焦是生产电石(CaC_2)的原料。每生产 1t 电石约需 0.5t 焦炭。电石生产过程是在电炉内将生石灰熔融，并使其与炭素材料发生如下反应：

$$CaO+3C \xrightarrow{1800\sim2200℃} CaC_2+CO$$

对电石焦的要求如下：

(1) 粒度为 3~20mm，因为生石灰的导热系数约为焦炭的 2 倍，所以其粒度也为焦炭的 2 倍。

(2) 电石焦作为炭素材料，含炭量要高，灰分要低。通常规定：炭>80%；灰分<8%~10%。

(3) 为避免生石灰消化，电石焦水分应控制在 6%以下。

(4) 硫分<1.5%，磷分<0.04%。

4. 气化焦

气化焦是用于生产发生炉煤气或水煤气的焦炭，以作为合成氨的原料或民用煤气。气化的基本反应：

$$2C+O_2 \longrightarrow 2CO$$

$$C+H_2O \longrightarrow CO+H_2$$

由上述反应可知，为提高气化效率，气化焦应尽量减少杂质以提高有效成分含量，力求粒度均匀，改善料层的透气性。气化用焦的炼焦煤可以多配气煤，甚至可以以单独气煤炼焦，气化用焦的挥发分也可以高些，甚至半焦也可选用。以焦炭为原料的煤气发生炉为固定床形式，气化后残渣以固体排出，所以焦炭灰分应有较高的灰熔点，一般应在 1300℃以上，以免造成煤气发生炉内形成液态炉渣而使气流难以均匀分布，灰分组成应该以 SiO_2 和 Al_2O_3 为主。此外，煤气中硫含量正比于焦炭硫分，所以气化焦的硫含量不宜过高。

根据以上气化用焦的质量标准要求原料煤的质量指标应该是：灰分(A_{ad})<11.3%，硫分(S_t)<1.8%。

第三节　室式结焦过程及配煤炼焦理论

一、炭化室内的结焦过程

1. 煤的成焦过程机理

烟煤是组成复杂的高分子有机物混合物，它的基本结构单元是不同缩合程度的芳香核，其核周边带有侧链，结构单元之间以交联键连接。高温炼焦过程可分为以下四个阶段。

(1) 干燥预热阶段：煤由常温逐渐加热到 350℃，失去水分。

（2）胶质体形成阶段：当煤受热到350~480℃时，一些侧链和交联键断裂，也发生缩聚和重排等反应，其次是形成相对分子质量较小的有机物。黏结性煤转化为胶质状态，相对分子质量较小的以气态形式析出或存在于胶质体中，相对分子质量较大的以固态形式存在于胶质体中，形成了气、液、固三相共存的胶质体。由于液相在煤粒表面形成，将许多粒子汇集在一起，所以，胶质体的形成对煤的黏结成焦十分重要。不能形成胶质体的煤没有黏结性；黏结性好的煤热解时形成的胶质状的液相物质多，而且热稳定性好。又因为胶质体透气性差，气体析出不易，故产生一定的膨胀压力。

（3）半焦形成阶段：当温度超过胶质体固化温度480~650℃时，液相的热缩聚速度超过其热解速度，增加了气相和固相的生成，煤的胶质体逐渐固化，形成半焦。胶质体的固化是液相缩聚的结果，这种缩聚产生于液相之间或吸附了液相的固体颗粒表面。

（4）焦炭形成阶段：当温度升高到650~1000℃时，半焦内的不稳定有机物继续进行热分解和热缩聚，此时热分解的产物主要是气体，前期主要是甲烷和氢，随后，气体相对分子质量越来越小，750℃以后主要是氢。随着气体的不断析出，半焦的质量减少较多，因而体积收缩。由于煤在干馏时是分层结焦的，在同一时刻，煤料内部各层所处的成焦阶段不同，所以收缩速度也不同；又由于煤中有惰性颗粒，故而产生较大的内应力，当此应力大于焦饼强度时，焦饼上形成裂纹，焦饼分裂成焦块。

2. 煤在炭化室内的结焦特征

（1）单向供热、成层结焦：由于炭化室的测向供热，炭化室内煤料的结焦过程所需热能是以高温炉墙侧向炭化室中心逐渐传递的。由于煤料的导热系数低，在炭化室中心面的垂直方向上，煤料内的温度差较大，所以在同一时间，距炉墙不同距离的各层煤料的温度不同，炉料的状态也就不同，如图3-1所示。各层处于结焦过程的不同阶段，总是靠近炉墙附近的煤先结成焦炭，而后逐层向炭化室中心推移，这就是所谓的"成层结焦"。炭化室中心面上炉料温度始终最低，因此结焦末期炭化室中心面温度（焦饼中心温度）可以作为焦饼成熟程度的标志，称为炼焦最终温度。据此，生产上常测定焦饼中心温度以考察焦炭的成熟程度，并要求测温管位于炭化室中心线上。

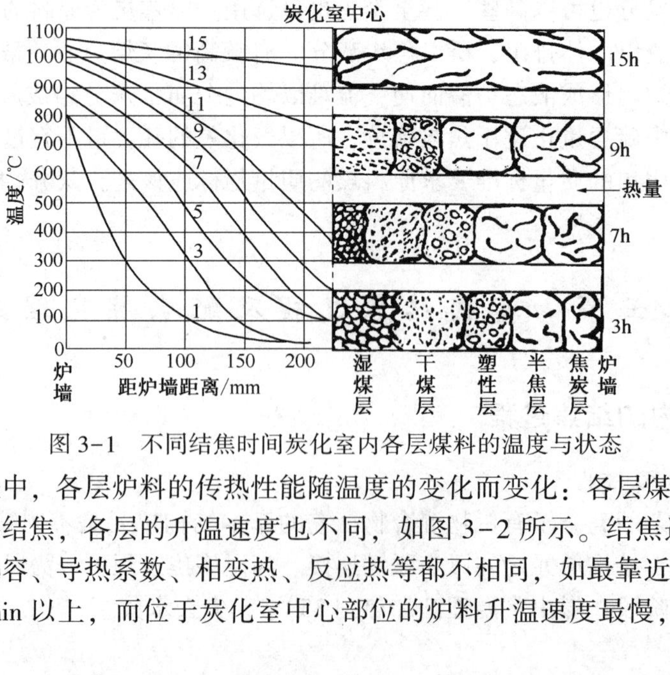

图3-1　不同结焦时间炭化室内各层煤料的温度与状态

（2）结焦过程中，各层炉料的传热性能随温度的变化而变化：各层煤料的温度与状态由于单向供热和成层结焦，各层的升温速度也不同，如图3-2所示。结焦过程中不同状态的各种中间产物的热容、导热系数、相变热、反应热等都不相同，如最靠近炉墙的炉料升温速度最快，约5℃/min以上，而位于炭化室中心部位的炉料升温速度最慢，约2℃/min以下，这种温度上的变化区别必然导致焦炭质量的差异。所以炭化室内煤料中是不均匀、不稳定温度场，其传热过程属不稳定传热。

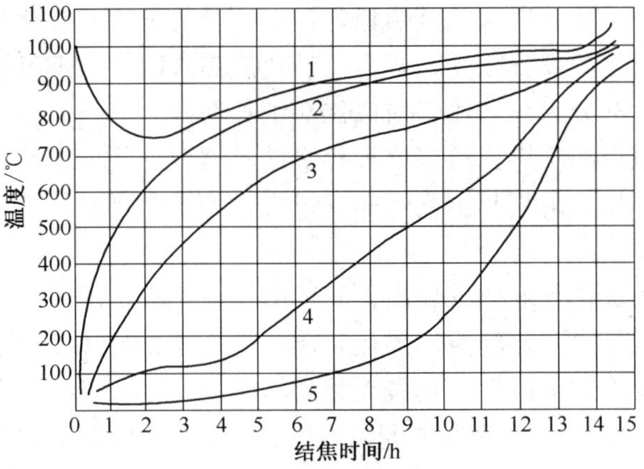

图 3-2　炭化室内各层煤料的温度变化

1—炭化室表面温度；2—炭化室墙附近煤料温度；3—距炉墙 50~60mm 处煤料温度；4—距炉墙 130~140mm 处的煤料温度；5—炭化室中心部位的煤料温度

常规炼焦采用湿煤装炉，结焦过程中湿煤层被夹在两个塑性层之间，这样湿煤层内的水汽不易透过塑性层向两层外流出，致使大部水汽窜入内层湿煤中，并因内层温度低而冷凝下来，这样内层湿煤水分增加，加之煤的导热系数小，使得炭化室内中心煤料长时间停留在约110℃以下，煤料水分愈多，结焦时间就愈长，炼焦耗热量也就愈大。

（3）炭化室内产生膨胀压力：由于成层结焦，两个大体上平行于两侧炭化室墙面的塑性层从两侧向炭化室中心面逐渐移动，又因炭化室底面温度和顶面温度也很高，在煤料的上层和下层也会形成塑性层。这样，围绕中心煤料形成的塑性层如同一个膜袋，膜袋内的煤热解产生气态产物由于塑性层的不透气性而使膜袋膨胀，塑性层又通过半焦层和焦炭层将压力施加于炭化室墙，这种压力称之为膨胀压力。

膨胀压力的大小是随结焦过程而变化的，当两个塑性层面在炭化室中心面汇合时，两边外侧已是焦炭和半焦，由于焦炭和半焦需热少而传热好，致使塑性层内的温度急剧升高，气态产物迅速增加，这时膨胀压力达到最大值，通常所说的膨胀压力即指最大值而言。

煤料结焦过程中产生适当大小的膨胀压力有利于煤的黏结，但要考虑到炭化室墙的结构强度。炼焦炉组的相邻两个炭化室总处于不同的结焦阶段，每个炭化室内煤料膨胀压力方向都是从炭化室中心向两侧炭化室墙面。所以相邻两个炭化室施于其所夹炉墙的侧负荷是膨胀压力之差 Δp。为了保证炉墙结构不致破裂，焦炉设计时，要求 Δp 小于导致炉墙结构破裂的侧负荷值——极限负荷 W。

二、配煤炼焦

配煤炼焦就是将两种或两种以上的单种煤，均匀地按适当的比例配合，使各种煤之间取长补短，生产出优质焦炭，并能合理利用煤炭资源，增加炼焦化学产品。

1. 炼焦用煤及其结焦特性

炼焦用煤主要有气煤、肥煤、焦煤、瘦煤，它们的煤化程度依次增大，挥发分依次减小，因此半焦收缩度依次减小，收缩裂纹依次减少，块度依次增加。以上各种煤的结焦特性如下：

（1）气煤：气煤的煤化程度较小，挥发性大，煤的分子结构中侧链多且长，含氧量高。在热解过程中，不仅侧链从缩合芳环上断裂，而且侧链本身又在氧键处断裂，所以生成了较多的胶质体，但黏度小，流动性大，其热稳定性差，容易分解。在生成半焦时，分解出大量的挥发性气体，能够固化的部分较少。当半焦转化成焦炭时，收缩性大，所以，成焦后裂纹最多、最宽、最长，大部分为纵裂纹，所以焦炭细长易碎。

配煤炼焦时加入适当的气煤，可以增加焦炭的收缩性，便于推焦，又保护了炉体，同时可以得到较多的化学产品。由于我国气煤储存量大，为了合理利用炼焦煤资源，在炼焦时应尽量多配气煤。

（2）肥煤：肥煤的煤化程度比气煤高，属于中等变质程度的煤。从分子结构看，肥煤所含的侧链较多，但含氧量少，隔绝空气加热时能产生大量的相对分子质量较大的液态产物。因此，肥煤产生的胶质体数量最多，其最大胶质体厚度可达25mm以上，并具有良好的流动性能，且热稳定性能也好。肥煤胶质体生成温度为320℃，固化温度为460℃，处于胶质体状态的温度间隔为140℃。如果升温速度为3℃/min，胶质体的存在时间可达50min，由此决定了肥煤黏结性最强，是我国炼焦煤的基础煤种之一。由于其挥发分高，半焦的热分解和热缩聚都比较剧烈，最终收缩量很大，所以生成焦炭的裂纹较多，又深又宽，且多以横裂纹出现，故易碎成小块。肥煤单独炼焦时，由于胶质体数量多，又有一定的黏性，膨胀性较大，导致推焦困难。

在配煤中，加入肥煤后可起到提高黏结性的作用，为多配入黏结性差的煤创造了条件，如多加瘦煤等弱黏煤，既可扩大煤源，又可减轻炭化室墙的压力，以利推焦。但是，肥煤的结焦性较差，配合煤中用此煤时，气煤用量应该减少。

（3）焦煤：焦煤的挥发分适中，比肥煤低，分子结构中大分子侧链比肥煤少，含氧量较低。热分解时生成的液态产物比肥煤少，但热稳定性更高，胶质体数量多，黏性大，因此膨胀压力很大。半焦最大收缩的温度（即开始出现裂纹的温度）较高，约为600～700℃，收缩过程缓和，最终收缩量也较低，所以，焦块裂纹少、块大、气孔壁厚、机械强度高。就结焦性而言，焦煤是最好的能炼制出高质量焦炭的煤。

炼焦时，为提高焦炭强度，调节配合煤半焦的收缩度，可适量配入焦煤，但不宜多用。因为焦煤储量少，膨胀压力大，收缩量小，在炼焦过程中对炉墙极为不利，并且容易造成推焦困难。

（4）瘦煤：瘦煤的煤化程度较高，是低挥发分的中等变质程度的黏结性煤，热解时产生的液体产物少，热解温度区间最窄，故黏结性差。半焦收缩过程平缓，最终收缩量最低，最大收缩温度较高，瘦煤炼成的焦炭块度大，裂纹少，但熔融性较差，因其碳结构的层面间容易撕裂，耐磨性能也差。

炼焦时，在黏结性较好、收缩量大的煤中适当配入，既可增大焦炭的块度，又能充分利用煤炭资源。

2. 配合煤的质量

（1）配煤的意义：从以上几种炼焦煤的结焦特性看，若用它们单独炼焦，不是焦炭的质量不符合要求，就是使操作困难。早期只用单种煤炼焦，如焦煤。其缺点：焦煤储量不足；焦饼收缩小，造成推焦困难；膨胀压力大，容易胀坏炉墙；化学产品产率低等。针对此种现象，从国情出发，我国的煤源丰富，煤种齐全，但焦煤储量较少。从长远看，走配煤炼焦之路势在必行。因此炼焦工艺中，普遍采用多种煤的配煤技术。合理的配煤不仅同样能够炼出好的焦炭，还可以扩大炼焦煤源，同时有利于操作和增加化学产品，使国家资源得到合理利用。

(2) 配合煤的质量指标：

① 水分：配合煤水分是否稳定，主要取决于单种煤的水分。配煤水分太低时，在破碎和装煤时造成煤尘飞扬，会恶化焦炉装煤的操作环境；水分过大，会使结焦时间延长，炼焦耗热量增高，同时影响焦炭产量、炼焦速度和焦炉寿命，对炼焦过程带来种种不利影响。所以要力求使配煤的水分稳定，以利于焦炉加热制度稳定。操作时，来煤应尽量避免直接进配煤槽，应在煤场堆放一定时期，通过沥水稳定水分，也可通过干燥，稳定装炉煤的水分。一般情况下，配合煤水分稳定在8%~12%较为合适。

② 灰分：配合煤灰分可直接测定，也可将各单种煤的灰分用加权平均计算得到。炼焦时配煤中的灰分几乎全部转入焦炭，配合煤的灰分控制值可根据焦炭灰分要求按式(3-7)计算：

$$A_{煤}=K\cdot A_{焦} \tag{3-7}$$

式中 $A_{煤}$、$A_{焦}$——煤、焦炭的灰分,%；

K——全焦率,%。

计算出的配合煤灰分值是控制的上限，降低配合煤灰分有利于焦炭灰分降低，可使高炉、化铁炉等降低焦耗，提高产量；但降低灰分使洗煤厂的洗精煤产率降低，提高了洗精煤成本，因此应从资源利用、经济效益等方面综合权衡。我国的煤炭资源中，多数中等煤化度的焦煤和肥煤属高灰难洗煤，而低煤化度的高挥发弱黏结气煤，则储量较多，且低灰易洗。因此，为了降低配煤中的灰分，应适当少配中等煤化度的焦煤、肥煤，多配高挥发分弱黏煤。

③ 挥发分：配煤挥发分是煤中有机质热分解的产物，可按配煤中各单种煤的挥发分加权平均计算得到。评价煤质时，须排除水分和灰分产生的影响，所以是可燃基的挥发分。配煤挥发分的高低，决定煤气和化学产品的产率，同时对焦炭强度也有影响。

对大型高炉用焦炭，在常规炼焦时，配合煤料适宜的挥发分在25%~28%，此时焦炭的气孔率和比表面积最小，焦炭的强度最好。若挥发分过高，焦炭的平均粒度小，抗碎强度低，而且焦炭的气孔率高，各向异性程度低，对焦炭质量不利。若挥发分过低，尽管各向异性程度高，但煤料的黏结性变差，熔融性变差，耐磨强度降低，可能导致推焦困难。确定配合煤的挥发分值应根据我国煤炭资源的特点，合理利用煤炭资源，尽量提高化学产品的产率，尽可能多配气煤，也可使配煤挥发分控制在28%~32%。

④ 硫分：我国不同地区所产的煤含硫量不同，东北、华北地区的煤含硫较低，中南、西南地区的煤含硫较高。硫是高炉炼铁的有害成分，配煤中的硫分有80%左右转入焦炭，焦炭硫分一般要求小于1.0%~1.2%，因此配煤的硫分应控制在1%以下。降低配煤硫含量的途径，一是通过洗选除掉部分无机硫，二是配合煤料时，适当将高、低硫煤调配使用。

⑤ 黏结性：黏结性是配煤炼焦中首先考虑的指标。煤的黏结性是指烟煤粉碎后，在隔绝空气的条件下加热至一定温度，发生热分解，产生具有一定流动性的胶质体，可与一定量的惰性颗粒混熔结合，形成气、液、固相的均匀体，其体积有所膨胀，这种在干馏时黏结本身和惰性物的能力，就是煤的黏结性。煤的黏结性大小可用多种指标表示，我国最常用的是胶质层最大厚度 Y 和黏结指数 G，它们的数值越大，煤的黏结性越好。为了获得熔融性良好、耐磨性强的焦炭，配煤必须具有适当的 Y 和 G 值。黏结性好的煤，Y=16~18mm，G=65%~78%。

⑥ 膨胀压力：膨胀压力是配煤中另一个必须考虑的指标。膨胀压力的大小与煤的黏结性和煤在热解时形成的胶质体性质有关。一般挥发分高的弱黏结性煤，膨胀压力小；胶质体不透气性强，膨胀压力大。膨胀压力可促进胶质体均匀化，有助于加强煤的黏结。对黏结性弱的煤，可通过提高堆密度的办法来增大膨胀压力。但膨胀压力过大，能损坏炉墙。试验表明，安全膨胀压力应小于 10~15kPa。膨胀压力和胶质层最大厚度分别是胶质体的质和量的指标，黏结性好的煤，膨胀压力为 8~15 kPa。

⑦ 煤料细度：煤料必须粉碎才能均匀混合。煤料细度是指粉碎后配合煤中的小于 3mm 的煤料量占全部煤料的质量百分率。常规炼焦煤料细度要求为 80%左右。

细度过低，配合煤混合不均匀，焦炭内部结构不均一，强度降低。细度过高，不仅粉碎机动力消耗增大，设备生产能力降低，而且装炉煤的堆密度下降，更主要的是细度过高，煤料的表面积增大，生成胶质体时，由于固体颗粒对液相量的吸附作用增强，使胶质体的黏度增大而流动性变差，因此细度过高不利于黏结，反而使焦炭质量受到影响。故要尽量减少粒度小于 0. 5mm 的细粉含量，以减轻装炉时的烟尘逸散，以免造成集气管内焦油渣增加，焦油质量变坏，甚至加速上升管的堵塞。

第四节　炼焦炉及其机械设备

一、炉体构造——焦炉的主要结构单元

现代焦炉有多种型式，各不相同，但其结构总体上都是由三室两区一基础组成，即炭化室、燃烧室、蓄热室、斜道区、炉顶区和基础部分，此外附有装煤车、推焦车、拦焦车和熄焦车等焦炉机械，如图 3-3 所示。

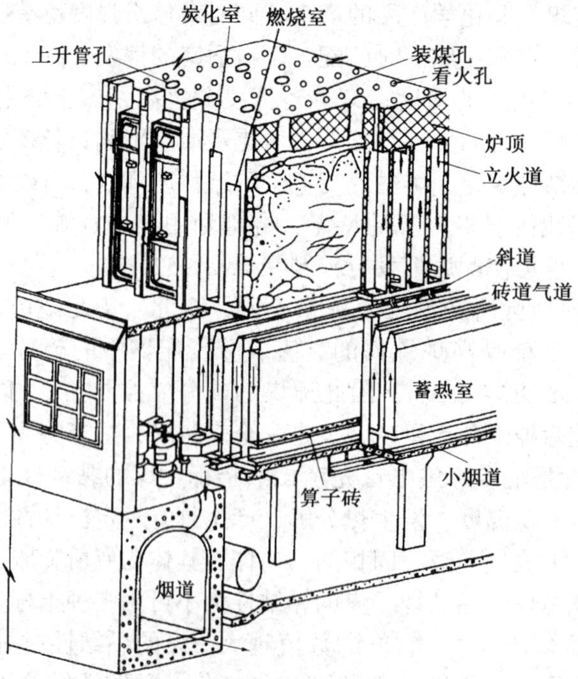

图 3-3　焦炉炉体结构模型图

1. 炭化室

炭化室是煤隔绝空气进行干馏的地方，一般由硅质耐火材料砌筑而成。炭化室位于两侧燃烧室之间，顶部有3~4个加煤孔，并有1~2个导出干馏煤气的上升管，煤由炉顶装煤车加入炭化室。它的两端为内衬耐火材料的铸铁炉门，炼好的焦炭用推焦车推出，沿导焦车落入熄焦车中，熄焦后置于焦台上。整座焦炉靠推焦车一侧称为机侧，另一侧称为焦侧。

顶装煤的常规焦炉，为顺利推焦，炭化室的水平截面呈梯形，焦侧宽度大于机侧，两侧宽度之差称锥度(燃烧室的机焦两侧宽度恰好与此相反)，一般焦侧比机侧宽20~70mm，炭化室愈长，此值愈大，大多数情况下为50mm。捣固焦炉由于装入炉的捣固煤饼机、焦侧宽度相同，故锥度为零或很小。

炭化室的有效容积是炼焦的有效空间部分，等于炭化室的有效长度、平均宽度和有效高度的乘积。有效长度是全长减去两侧炉门衬砖伸入炭化室的长度；平均宽度指机焦侧的平均宽；有效高度指全高减去平煤后顶部空间的高度。炭化室长度为13~16m，从推焦机械性能来看，该长度已接近最大限度。炭化室宽度一般在400~550mm之间，宽度减小，结焦时间能大大缩短，但是一般不小于350mm。炭化室高度一般为4~6m(国外可达8m或以上)，增加高度可以增加生产能力，但受高度方向加热均匀性的限制。增大炭化室的容积是提高焦炉生产能力的主要措施之一，一般大型焦炉的炭化室有效容积为21~40m^3，我国5.5m高的大型焦炉为35.4m^3，6m高的大型焦炉为38.5m^3。国外近年来的大型焦炉的有效容积已达50~80m^3。炭化室尺寸的确定，通常受到多种因素的影响。

2. 燃烧室

燃烧室是煤气燃烧为炭化室供热的地方，煤气和空气在其中混合燃烧，产生的热量传给炉墙，间接加热炭化室中煤料，对其进行高温干馏。焦炉的炭化室和燃烧室相间排列，它们之间的隔墙称炉墙，每座焦炉的燃烧室数量都比炭化室多一个。燃烧室的长度与炭化室相同，在宽度上具有与炭化室锥度大小相等但方向相反的锥度，即燃烧室的机侧宽度大于焦侧。

燃烧室顶盖高度低于炭化室顶部，二者之差称加热水平高度，它是炉体结构中的一个重要尺寸。该尺寸太小，则炭化室顶部空间温度过高，增加了化学产品在炉顶空间的热解损失，不利于提高焦化产品的质量和产率，还会增加炉顶积炭；该尺寸太大，则会降低上部焦饼温度，影响焦饼上下均匀成熟。加热水平高度H(mm)可按式(3-8)经验式确定：

$$H=h+\Delta h+(200\sim300) \tag{3-8}$$

式中 h——煤线距炭化室顶部的距离(炭化室顶部空间高度)，mm；

Δh——装炉煤炼焦时产生的垂直收缩量，mm；

200~300——考虑燃烧室的辐射传热允许降低的燃烧室高度，mm。

由于炭化室有一定的锥度，焦侧装煤量多。为使焦饼同时成熟，应保持燃烧室温度从机侧到焦侧逐渐升高。为此，将燃烧室用隔墙分成若干个立火道(22~32)，以便按温度不同分别供给不同数量的煤气和空气。炭化室越长，燃烧室立火道数越多。立火道底部是供煤气或空气的入口(或废气出口)，为了便于观察、测温和调火，每个立火道都有一个看火孔引向炉顶，立火道之间的相互连接方式有多种类型，立火道始终是分成两大组，当一组立火道供煤气和空气燃烧时，另一组立火道则排燃烧产生的废气，每隔一定的时间，两组立火道的气流进行交换以维持加热的均匀。

3. 蓄热室

从燃烧室排出的废气温度常高达1300℃左右，这部分热量必须予以利用。蓄热室的作用就是回收高温废气的废热来预热燃烧所用的空气量或煤气。蓄热室通常位于炭化室的正下方，其上部经过斜道与燃烧室相连，其下部经过废气盘分别与分烟道、贫煤气管道和大气相通。主要由顶部空间、格子砖、蓖子砖、小烟道以及主墙、单墙和封墙等构成，如图3-4所示。

（1）格子砖：在蓄热室内，当下降高温废气时，由内装格子砖将大部分热吸收并积蓄，使废气温度由约1200℃降到400℃以下；当上升煤气或空气时，格子砖将蓄热量传给煤气或空气，使气体预热温度达1000℃以上。每座焦炉的蓄热室总是半数处于下降气流，半数处于上升气流，每隔20~30min换向一次。为使格子砖传热面积大，阻力小，可采用薄壁异型格子砖，以增大传热面积。为降低阻力，且结构合理，格子砖安装时，上下砖孔要对准，操作时要定期用压缩空气吹扫。又因为蓄热室温度变化大，格子砖应采用黏土砖。

（2）蓄热室隔墙：蓄热室隔墙有中心隔墙、单墙和主墙，中心隔墙将蓄热室分为机焦两侧。通常两个部分的气流方向相同，单墙两侧为同向气流（煤气和空气），压力接近，窜漏可能性小，用标准砖砌筑。主墙两侧为异向气流，一组上升煤气和空气，另一组下降废气，两侧净压差较大。所以，主墙要求严密，否则上升煤气漏入下降气流中，不但损失煤气，而且会发生“下火”现象，严重时可烧熔格子砖和蓄热室隔墙，使废气盘变形。所以主墙多用带沟舌的异型砖砌筑。

（3）封墙：封墙的作用是密封和隔热。炼焦时，蓄热室内始终是负压，所以封墙一定要严密。否则若空气漏入下降废气而降温，使烟囱的吸力减少；漏入上升空气，使气体温度降低而出现生焦；漏入上升贫煤气，使煤气在蓄热室上部燃烧，既降低炉头火道温度，又会将格子砖局部烧熔。封墙隔热可提高热工效率，故封墙内层为黏土砖，外层为隔热砖，表面刷白或覆以银白色的保护板。蓄热室墙多用硅砖砌筑。

4. 斜道区

连通燃烧室立火道和蓄热室的通道称为斜道。它位于蓄热室顶部和燃烧室底部之间，用于导入空气和煤气，并将其分配到每个立火道中，同时排出废气。不同类型焦炉的斜道区结构有很大差异，我国JN型焦炉的斜道区结构如图3-5所示。

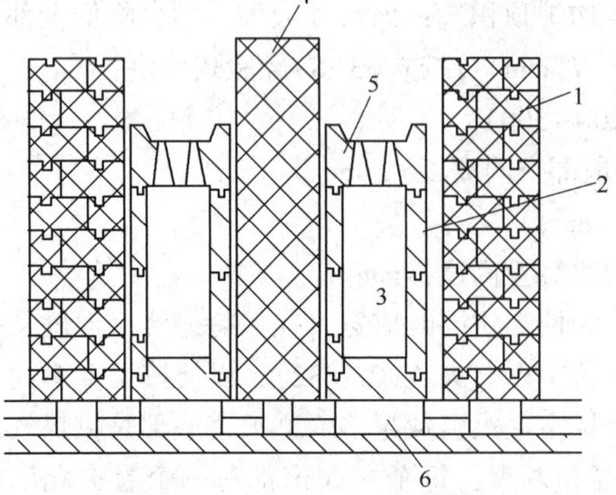

图3-4 焦炉蓄热室结构

1—主墙；2—小烟道黏土衬砖；3—小烟道；4—单墙；5—蓖子砖；6—隔热砖

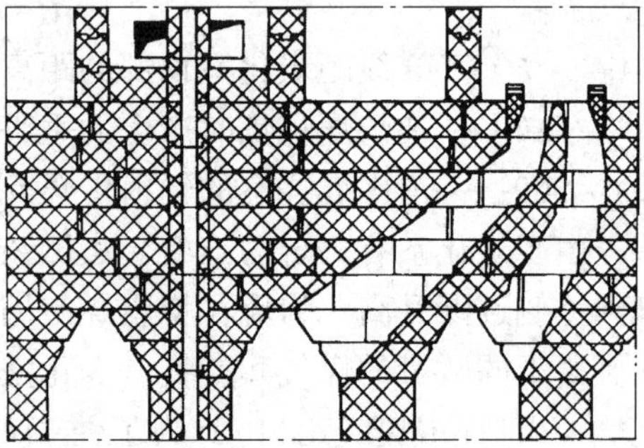

图3-5 JN型焦炉斜道区结构示意图

斜道区的倾斜角应该大于30°，以免积灰堵塞，斜道的断面收缩角应小于7°，砌筑时，力求光滑，以免增大阻力。同一个火道内两条斜道出口中心线定角，决定了火焰的高度，应与高向加热均匀相适应，一般约为20°。

斜道出口收缩，使上升气流的出口阻力增大，约占整个斜道的75%。当改变调节砖厚度而改变出口截面积时，能有效地调节高炉煤气和空气量。

5. *炉顶区*

炭化室盖顶砖以上的部位即为炉顶区。炉顶区设有装煤孔、上升管孔、看火孔、烘炉孔及拉条沟等。为减少炉顶区散热，改善炉顶区的操作条件，炉顶不受压部位砌有隔热砖。JN型焦炉看火孔盖下方设有挡火砖。为节省耐火砖，炉顶的实心部位可用筑炉过程中的废耐火砖砌筑，炭化室和燃烧室的盖顶砖用硅砖，其他部位大都用黏土砖，炉顶表面用耐磨性好，能抵抗雨水侵蚀的缸砖砌筑。

6. *烟道、烟囱和基础平台*

焦炉基础平台位于炉体的底部、焦炉地基之上，它支撑整个炉体、炉体设施和机械的重量，并把它传到地基上去。焦炉基础的结构型式随炉型和煤气供入方式的不同而异。焦炉基础有下喷式和侧喷式焦炉。下喷式焦炉基础是一个地下室，由底板、顶板和支柱组成。侧喷式焦炉基础是无地下室的整片基础。

焦炉两端设有钢筋混凝土的抵抗墙，抵抗墙上有纵拉条孔。焦炉砌在基础平台上，依靠抵抗墙和纵拉条紧面炉体。焦炉机焦侧下部设有分烟道通过废气盘与各小烟道连接，炉内燃烧产生的废气通过分烟道汇合到总烟道，然后由烟囱排出。烟囱的作用是向高空排放燃烧废气，并产生足够的吸力，以便使燃烧所需的空气进入加热系统。

二、筑炉材料

焦炉的主体部位主要是用耐火材料砌筑而成，一座42孔的JN43型焦炉，炉体需用的耐火材料总重约6600t。焦炉的有效炉龄为20~25年，在此期间，炭化室要经受上万次的装煤出焦作业，焦炉的大部分砌体不易热修，因此除了施工质量外，筑炉用耐火材料的选择及其质量是非常重要的。

1. *砌筑焦炉用耐火材料的基本要求*

焦炉不同的部位，由于其承担的任务、所处的温度、承受的结构负荷和遭受的机械损伤以及介质侵蚀的条件各有不同，因此对不同部位的耐火材料性能要求也不相同。

（1）炭化室部位：炭化室的墙在生产过程中既起传热的作用，又要承受上部砌体和炉顶装煤车的重量，因此要求砌体具有良好的高温导热性能和高温荷重不变形的性能。除此之外，炭化室墙面受煤灰分、熔渣、水分和酸性气体的侵蚀以及甲烷渗入砖体空隙内发生石墨沉积的影响，因此砖体应具有高温抗侵蚀性能。加煤时温度变化的影响要求砖体具备在600℃以上能经受温度剧变的性能。炭化室的底面砖还应具有较高的耐磨强度。

对于炉头部位，内外温差大，又受到保护板的压力作用，要求具有良好的抗温度急变性能及较高的耐压强度。

（2）蓄热室部位：蓄热室的隔墙承重，故使用强度高的硅砖。而格子砖的作用是蓄热，温度变化大，因此要求体积密度大，抗温度急变性能好。小烟道接触气流温度比较低，上升与下降气流时有温度变化，要求低温下（300℃）有抵抗温度急变性能。

2. 耐火材料的基本性能及焦炉用砖

(1) 耐火材料的基本性能：耐火材料的基本性能包括物理性能和高温使用性能。物理性能包括气孔率、体积密度和真密度、耐压强度、热膨胀性及导热性等。一般气孔率低、体积密度高的耐火材料，其耐压强度和导热性能均好。

耐火材料的高温使用性能包括：耐火度、荷重软化温度、高温体积稳定性、温度急变抵抗性等。

① 耐火度：耐火材料在高温下抵抗熔融性能的指标，但不是熔融温度。一般物质有一定的熔点，耐火材料却不同，它从部分开始熔融到全部熔化，其间温差达几百度，而且熔融现象还受升温速度影响，因此目前均采用比较法测定耐火度。用高岭土、氧化铝和石英按不同配比制成规定尺寸的三角锥状标准试样称示温熔锥，它们的耐火度是已知的，将待测试样按规定制成三角锥状，与示温熔锥同时置于高温炉内，以一定的速度升温，当待测试样和某一个标准试样同时软化弯倒，锥角与底盘接触时，该标准试样的耐火度即待测试样的耐火度，因此耐火度是熔融现象发展到软化弯倒时的温度。一般认为，耐火材料的耐火度都应在1580℃以上。耐火度是表征耐火材料在使用中的一项重要技术指标，决定耐火度大小的根本因素是耐火材料的矿物化学组成及其分布情况。

② 荷重软化温度：耐火制品的常温耐压强度很高，但在高温下由于耐火材料中低熔点化合物过早熔化并产生液相而使结构强度显著降低，耐火制品在高温下都要承受一定的负荷，所以测定它的高温强度意义很大，一般用荷重软化温度作为耐火制品高温结构强度的指标。测定方法是用规定尺寸的圆柱体在0.2MPa的压力下，以一定的升温速度加热，随着温度的升高，试样将产生一定数量的变形，当试样的最大高度降低0.6%时的温度，即为荷重软化温度(或称荷重软化点)。黏土砖荷重变形曲线比较平坦，开始变形和终了变形的温度差可达200~250℃，而硅砖达到变形温度后立即破坏，开始到终了仅差10~15℃。

③ 高温体积稳定性：耐火材料在高温下长期使用时，其成分会继续变化，产生再结晶和进一步的烧结现象，因此耐火制品体积会有变化。由于各种制品的化学成分不同，有的收缩，有的膨胀，且这种变化是不可逆的，故称为残余收缩和残余膨胀，其数值用制品加热到1200~1500℃（因耐火制品种类不同而异），保温2h，冷却到常温的体积变化百分率(%)来表示。

$$\text{高温体积稳定性} = \frac{V - V_0}{V_0} \times 100\%$$

式中 V_0——试样加热前的体积，m^3；

V——试样加热并冷却后的体积，m^3。

正值表示残余膨胀，负值表示残余收缩。

④ 温度激变抵抗性：是耐火制品抵抗温度激变而不损坏的性能。将试样加热到850±10℃后保温40min，放在流动的凉水中冷却，并反复进行，直到试样碎裂后脱落部分的质量占原试样质量的20%时止，此时其经受的急冷急热次数，就作为该制品耐急冷急热性能的指标。

耐火制品的热稳定性与热膨胀性有很大的关系，若制品的线膨胀系数大，则由于制品内部温度不均匀而引起不同程度的膨胀，从而产生较大的内应力，降低了制品的热稳定性。此外，制品的形状越复杂，尺寸越大，其热稳定性也越差。经上述测定不同的耐火制品差别很大，如硅砖抵抗性最差仅1~2次，普通黏土砖10~20次，而粗粒黏土砖可达25~100次。

（2）焦炉用耐火材料：

① 硅砖：硅砖是以石英岩为原料，经粉碎并加入黏结剂（如石灰乳）、矿化剂（如铁粉），再经混合、成型、干燥和按计划加热升温而烧成的。硅砖含 SiO_2 大于93%，系酸性耐火材料，具有良好的抗酸性侵蚀能力，硅砖的导热性能好，耐火度为1690～1710℃，荷重软化点可高达1640℃，无残余收缩，其缺点是耐急冷急热性能差，热膨胀性强。

根据硅砖具有的特性，当用于砌筑焦炉时，可以提高燃烧室的温度，缩短结焦时间，增加焦炉生产能力，延长炉体的使用寿命，所以现代焦炉主要用硅砖砌筑

② 黏土砖：黏土砖的主要原料是耐火黏土和高岭土，其主要成分是高岭石（$Al_2O_3 \cdot 2SiO_2 \cdot 2H_2O$），其余部分为 K_2O、Na_2O、CaO、MgO 及 Fe_2O_3 等杂质，它们约占6%～7%左右。黏土砖是以经煅烧的硬质耐火黏土（熟料）与部分可塑性黏土经粉碎、混合、成型、干燥后烧成的。加入熟料是为了减少干燥和烧成过程中的收缩，增大体积密度、降低气孔率，提高耐急冷急热性能。黏土砖属弱酸性耐火材料，能抵抗酸性渣的侵蚀，对碱性渣的抗蚀能力较差。其耐火度虽高，但荷重软化开始温度比耐火度要低得多，而且软化变形温度间隔很大。黏土砖的热稳定性好，但导热性能和机械性能较硅砖差。

黏土砖焦炉加热到1100℃的总膨胀量较小且均匀，抗温度急变性强，故黏土砖焦炉的烘炉期短，但加热到1200℃以上时，会出现残余收缩，因此黏土砖焦炉在高温下长期使用过程中，砖缝可能产生空隙，会破坏砌体的严密性。由于上述特点，对大型焦炉黏土砖不用于高温部位，主要用于温度较低且波动较大的部位，如炉门、上升管衬砖、小烟道衬砖、蓄热室封墙和炉顶等。

三、护炉设备

焦炉的护炉设备又称护炉铁件，是指保护焦炉砌体坚固、完整和严密的设备。它包括保护板、炉门框、炉柱、纵横拉条、大小弹簧和炉门等，它们的装配如图3-6所示。

护炉设备的主要作用是利用可调节的弹簧的势能，连续不断地向砌体施加足够的、分布均匀合理的保护性压力，使砌体在自身膨胀和外力作用下仍能保持完整性和严密性，并有足够的强度，从而保证焦炉的正常生产。

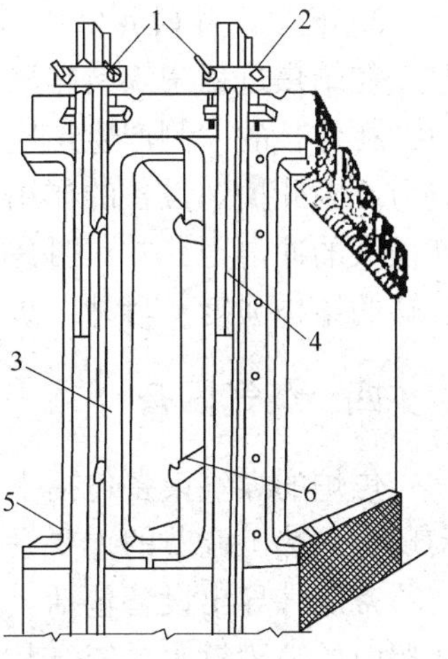

图3-6　护炉设备装配简图

1—拉条；2—弹簧；3—炉门框；4—炉柱；5—保护板；6—炉门挂钩

1. *炉体横向膨胀及护炉设备的作用*

炉体横向（即燃烧室长向）不设膨胀缝，烘炉期间，随炉温升高炉体横向逐渐伸长。投产后的2～3年内，由于二氧化硅继续向鳞石英转化，炉体继续伸长。此外，以后周期性的装煤出焦，导致炉体周期性的膨胀、收缩。正常情况下，年伸长量大约在5mm以下。

横向膨胀时，每个结构单元沿蓄热室底层砖与基础平面间滑动层作整体移动。靠机焦两侧护炉设备所施加的保护性压力保证砌体在膨胀过程中完整、严密。但是，无论烘炉还是生产期间，炉体上下各部位温度不同，致使膨胀量不同，而硅砖又近乎刚体，故砌体升温过程中出现砖缝拉裂是不可避免的。为此，要保持砌体的完整性和严密性，除在筑炉时，充分考虑耐火泥的烧结温度和保证砖缝饱满外，要求护炉设备在机焦两侧能够提供给砌体横向保护性压力，应同各部位的膨胀

量相适应。横向护炉设备的组成，装配如图 3-7 所示。

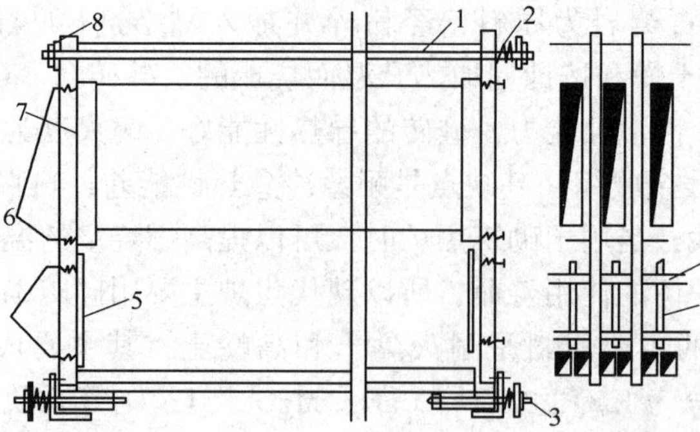

图 3-7 炉柱、横拉条和弹簧装配示意图

1—上部横拉条；2—上部大弹簧；3—下部横拉条；4—下部小弹簧；
5—蓄热室保护板；6—上部小弹簧；7—炉柱；8—木垫；9—小横梁；10—小炉柱

2. 炉体纵向膨胀及护炉设备的作用

炉体纵向膨胀靠设在斜道区和炉顶区以及两侧炉端墙处的膨胀缝吸收，正常情况下，抵抗墙只产生有限的向外倾斜，砌体在纵向膨胀时对两端抵抗墙产生向外的推力。与此同时，抵抗墙和纵拉条的组合结构通过弹簧组给砌体以保护性压力。当此力超过各层膨胀缝的滑动面摩擦阻力时，砌体内部发生相对位移使膨胀缝变窄。膨胀缝所在区域的上部负载越大，膨胀缝层数越多，滑动面越大越粗糙，甚至在滑动面上误抹灰浆，则摩擦阻力越大，抵抗墙所受推力就越大，则纵拉条的断面应愈大，弹簧组提供的负荷吨位也应愈高。

纵拉条失效是抵抗墙向外倾斜的主要原因。这不仅有损于炉体的严密性，而且还会使炭化室墙呈扇型向外倾斜。

3. 护炉设备的其他作用

在结焦过程中煤料膨胀以及推焦时焦饼压缩所产生的侧压力，使燃烧室整体受弯曲应力，在伸长的一侧产生拉应力。炉墙内从炭化室侧到燃烧室侧的温差，也使炭化室墙产生内应力。因此护炉设备的作用也在于用保护性压力来抵消这些应力。此外，开关炉门时炉体受到强大的冲击力，推焦时焦饼产生的摩擦力等，都需要护炉设备将砌体箍紧，炉体才能具有足够的结构强度。另外，炉柱还是机焦侧操作台和集气管等设备的支架。

四、煤气设备

焦炉的煤气设备包括干馏煤气的导出设备和加热煤气的供入设备，是确保焦炉正常生产实现焦炉热工调节的重要设备。

荒煤气导出设备包括：上升管、桥管、水封阀、集气管、吸气弯管、焦油盒、吸气管以及相应的喷洒氨水系统。其作用主要体现在以下几个方面：

（1）将出炉荒煤气顺利导出，不致因炉门刀边附近煤气压力过高而引起冒烟冒火，但又要保持和控制炭化室在整个结焦过程中为正压；

（2）将引出的荒煤气及时冷却，不致因温度过高而引起设备变形、阻力升高和鼓风、冷凝的负荷增大，但又要保持焦油和氨水良好的流动性；

（3）实现炭化室与集气管系统之间的开闭操作。

加热煤气供入设备的作用是向焦炉输送和调节加压煤气。大型焦炉一般为复热式，可用两种煤气加热(贫煤气和富煤气)，配备两套加热煤气系统；中小型焦炉一般为单热式，只配备一套焦炉煤气加热系统。

五、焦炉机械

炼焦生产中焦炉机械包括：顶装焦炉用装煤车、推焦车、拦焦车和熄焦车（焦炉四大车），侧装焦炉用装煤推焦车代替装煤车和推焦车，增加了捣固机和消烟车，用以完成炼焦炉的装煤出焦任务。这些机械除完成上述任务外，还要完成许多辅助性工作，主要有：

(1) 装煤孔盖和炉门的开关，平煤孔盖的开闭；

(2) 炭化室装煤时的平煤操作；

(3) 平煤时余煤的回收处理；

(4) 炉门、炉门框、上升管的清扫；

(5) 炉顶及机、焦侧操作平台的清扫；

(6) 装备水平高的车辆还设有消烟除尘的环保设施。

这些车辆和机械顺轨道沿炉组方向移动，基本上使焦炉的操作实现全部机械化。近年来国外一些厂家研制了利用计算机控制上述机械，做到了操作过程的程序化、自动化。

1. 装煤车

装煤车是在焦炉炉顶上由煤塔取煤并往炭化室装煤的焦炉机械。装煤车由钢结构架、走行机构、装煤机构、闸板、导管机构、振煤机构、开关煤塔斗嘴机构、气动(液压)系统、配电系统和司机操作室组成。

大型焦炉的装煤车功能较多，机械化、自动化水平较高，一般应具有以下功能：

一次对位，机械开启和关闭装煤孔盖和上升管密封盖；机械式开关高压氨水喷洒；机械式螺旋给料加煤和炉顶面清扫；PLC 自动操作控制。

为改善环境，一些大型焦炉的装煤车还设置了无烟装煤设施。

2. 推焦车

推焦车的作用是完成启闭机侧炉门、推焦、平煤等操作。主要由钢结构架、走行机构、开门装置、推焦装置、清除石墨装置、平煤装置、气路系统、润滑系统以及配电系统和司机操作室组成。

大型焦炉推焦车应具备以下功能：一次对位完成摘挂炉门、推焦和平煤操作；机械清扫炉门、炉门框和操作平台；机械实现尾焦的采集和处理；用压缩空气清扫上升管根部的石墨；推焦电流的显示及纪录；PLC 自动操作控制。

3. 拦焦车

拦焦车是由启门、导焦及走行清扫等部分所组成。其作用是启闭焦侧炉门，将炭化室推出的焦饼通过导焦槽导入熄焦车中，以完成出焦操作。启门机构包括：摘门机构和移门旋转机构。导焦部分设有导焦槽及其移动机构，以引导焦饼到熄焦车上。为防止导焦槽在推焦时后移，还设有导焦槽闭锁装置。

拦焦车工作场地狭窄，环境温度高，烟尘大，故对其结构的要求是稳定性好，一次对位完成摘挂炉门和导焦槽定位，安全可靠，防尘降温，定位次数少。拦焦车在运转过程中，导焦槽的底部应与炭化室的底部在同一平面上，以防焦炭推出时夹框或推焦杆头撞击槽底而损坏。摘门机构除与推焦车相同外，炉门的提起高度和回转角度应完全符合要求。为减轻劳动强度，增设机械清扫炉门、炉门框和操作平台的装置以及尾焦采集装置，并能实现 PLC 自动操作控制。

4. 熄焦车

熄焦车由钢架结构、走行台车、电机车牵引和制动系统、耐热铸铁车箱、开门机构和电信号等部位组成。用以接受由炭化室推出的红焦，并送到熄焦塔通过水喷洒而将其熄灭，然后再把焦炭卸至凉焦台上。操作过程中，由于经常在急冷急热的条件下工作，故熄焦车是最容易损坏的焦炉机械。工艺上要求熄焦车材质上能耐温度剧变，耐腐蚀，故车箱内应衬有耐热铸铁(钢)板。一般熄焦车底倾斜度为28°，以保证开门后焦炭能靠自重下滑，但斜底熄焦车上焦炭堆积厚度相差很大，使熄焦不均匀。国内有的焦化厂，调整熄焦塔水喷头的配置数量，或设置倾翻机构，避免车箱内焦炭堆积不均的缺点。

5. 捣固站

捣固站是将储煤槽中的煤粉捣实并最终形成煤饼的机械。有可移动式的车式捣固机和固定位置连续成排捣固站两种。可移动式的捣固机上有走行传动机构，每个捣固机上有2~4个捣固锤，由人工操作，沿煤饼方向往复移动，分层将煤饼捣实，煤塔给料器采用人工控制分层给料的方式。连续捣固站的捣固锤头多，沿煤饼排开，在加煤时，锤头不必来回移动或在小距离内移动，实现连续捣固，煤塔给料器采用自动控制均匀薄层连续给料。

6. 装煤推焦车

捣固焦炉的装煤推焦车完成的任务除了有顶装焦炉推焦车的摘门、推焦外，还增加了推送煤饼的任务，同时取消了平煤操作。相应地车辆上增加了捣固煤饼用的煤槽以及往炉内送煤饼的托煤板等机构，取消了平煤机构。

通常装煤箱的一侧是固定壁，另一侧是活动壁，煤箱前部有一可张开的前臂板，装煤饼时打开，煤饼由此推出。煤饼箱后部有一顶板，装煤时与托煤板一起运动，装完煤抽托煤板时由煤箱侧壁锁紧机构夹住，顶住煤饼，抽完托煤板后，夹紧机构放开，由卷扬机构拉回。

煤饼箱下有托煤板，由一链式传动机构带动，在装煤时托着煤饼一起进入炭化室，装完煤后抽出。

7. 四大车联锁

焦炉的生产操作是在各机械相互配合下完成的。在焦炉机械水平逐步提高的情况下，装煤车、推焦车、拦焦车和熄焦车之间的工作要求操作协调、联系准确，方能使四大车的操作协调一致，为保证焦炉安全正常生产，四大车应实现联锁，具体要求如下：

(1) 装煤车司机能根据装煤情况，发出平煤信号，推焦车司机在平煤时可发出停止平煤的信号，平煤过程中装煤车司机也可发出讯号停止平煤。

(2) 推焦车、拦焦车和熄焦车之间，在未对准同一炉号的情况下不能推焦，即在拦焦车未取下炉门和导焦槽未对准炉门框以及熄焦车未运行至接焦位置时不能推焦。推焦过程中，如某一机械出事故，任何一个司机均可发出指令使推焦杆退回。

为达到上述要求，目前我国四大车的联锁控制主要有以下几种方式：

① 有线联锁控制：在焦炉四大车上均设一条联锁滑线，每车司机室都设有操作信号和事故信号，出焦时每车操作前都用信号联系。各车之间还有联锁装置，推焦前只有当拦焦车打开炉门，导焦槽对准推焦炉号，熄焦车对位，并待熄焦车司机接通推焦车上的继电器时，推焦车方能推焦。当焦侧出现问题不允许继续推焦时，熄焦车司机可切断电源，推焦杆即停止前进。

这种有线联锁装置，可由熄焦车控制推焦杆前进，缺点是线路复杂，操作麻烦，不能保证推焦杆与导焦槽对准同一炭化室，即配合不能达到完全可靠。

② 载波电话通迅：在每辆车上安装载波电话，直接利用电力线传递载波，进行通话联络和控制操作，这种方式虽然可靠但通话和操作频繁，在紧张的操作中，有时会出现人为的误操作。

③ γ 射线联锁信号：在装煤车、拦焦车和推焦车上设有 γ 射线的发射和接收装置，一般推焦车上发出的 γ 射线，从炭化室顶部空间通到焦侧的拦焦车上，同时装煤车发出的 γ 射线也可通到推焦车上，以实现相互之间的对准和联锁。这种联锁装置可以不用附设联锁滑线，而且也减少了设备。γ 射线是用钴 60 同位素作射源的，使用期间维修工作量极少。因此是一种比较理想的联锁装置，但应严防泄漏。

除此外，焦炉机械还设有各种信号装置，有气笛、电铃或打点器、信号灯等，以用来联系、指示行车安全。总之，焦炉机械的发展趋势是逐步实现计算机自动控制，实现焦炉机械远距离或无人操纵的自动化，从而彻底改善焦炉的劳动条件，提高劳动生产率。

第五节　炼焦生产操作

一、焦炉装煤

1. 焦炉装煤的要求

焦炉装煤包括从煤塔取煤和由装煤车往炭化室内装煤。其操作要求如下：

(1) 装满：装煤不满将减少产量，而且会使炉顶空间温度升高，酵素煤气的裂解沉积炭的形成，易造成推焦困难和堵塞上升管；但也不宜过满，以防堵塞装煤孔，使荒煤气导出困难而大量冒烟冒火，造成环境污染并有损炉体，此外装煤过满还会使上部供热不足而产生生焦。

(2) 压实：煤塔和煤车放煤应迅速，可使装煤紧实，既可增加装煤量，改善焦炭质量，还可减少装煤时间并减轻装煤冒烟程度。

(3) 拉平：放煤后应平好煤，不能有缺角、塌腰、堵塞装煤孔等不正常现象，以利荒煤气畅流。为缩短平煤时间及减少平煤带出量，煤车各斗取煤量应适当，放煤顺序应合理，平煤杆不要过早伸入炭化室内。

(4) 均匀：装煤均匀是影响加热制度、焦饼成熟均匀等的重要因素。因为对于每个炭化室的供热量是一样的，如果各炭化室的装煤量不均匀，就会使焦炭的最终成熟度不一致，炉温均匀性受到破坏，甚至出现高温事故。因此，为了保证焦炭产量和炉温稳定，每孔炭化室装煤量应均衡，与规定装煤量的偏差不超过±1%。

2. 焦炉装煤过程的烟尘控制

焦炉装煤过程产生的烟尘主要来自以下几个方面：

(1) 装入炭化室的煤料置换出大量空气，装炉开始时空气中的氧还和入炉的细煤粒不完全燃烧生成炭黑，而形成黑烟；

(2) 装炉煤和高温炉墙接触、升温，产生大量水蒸气和荒煤气；

(3) 随上述水蒸气和荒煤气同时扬起的细煤粉，以及装煤末期平煤时带出的细煤粉。

(4) 因炉顶空间瞬时堵塞而喷出的荒煤气。

上述烟尘若不进行处理，直接通过装煤孔、上升管盖和平煤孔等处散发至大气，而污染空气。

装炉时产生的烟尘可用以下方法加以控制：

(1) 上升管喷射：上升管上部和集气管接触，喷射增加了上升管下部的吸力，可减少因集气管压力太大，而使煤气和烟尘从装煤车下煤套筒不严处冒出、并易着火的可能。喷射用的物质最好是氨水，对有压缩焦炉煤气的工厂(如用焦炉煤气作原料的合成厂)，也可用焦炉煤气。

(2) 顺序装煤：对四斗煤车采用1、4、2、3号顺序装煤；三斗煤车的装煤顺序为1、3、2号。每投空一个煤斗，就盖住炉盖，然后下一个煤斗投煤。这样，可避免炉顶空间堵塞，缩短平煤时间。

(3) 使用连通管：在单集气管焦炉上，为减少烟尘排入大气，用连通管将位于集气管另一端的装炉烟气通入相邻的处于结焦后期的炭化室。连通管可悬吊在单轨车上，或附设在煤斗的下煤套筒上。

(4) 装煤车带有强制抽烟和净化设备：装煤时所产生烟气，经过烟罩、烟气道、抽烟机全部抽出。为避免烟气中焦油雾对洗涤系统操作的影响，烟罩上设有可调节的孔，以抽入空气，并通过着火装置将抽出烟气中的可燃成分烧掉。然后经过洗涤、冷却，由抽烟机排入大气。

上述方法各有优缺点，实际上往往将几种方法组合并用，才能完全消除烟尘的散发。此外，提高炉顶操作的机械化、自动化程度是改善炉顶操作环境的重要措施。

二、焦炉出焦

1. 出焦操作的要求

出焦操作的总体要求是准时、稳准。焦炉出焦时，要注意以下几点：

(1) 焦炉的出焦应严格按计划进行，以实现均衡生产。使炭化室的焦饼按一定的结焦时间均匀成熟，使整个炉组实现定时、准点出焦。定时进行机械设备的预防性检修。

(2) 出焦时，只有接到拦焦车和熄焦车已经做好接焦准备的信号后才能推焦。

(3) 每次推焦应清扫炉门、炉门框、磨板和小炉门上的石墨和焦油渣等脏物，推焦后及时清扫尾焦。炉门应关闭严密，严防炉门冒烟、冒火。

(4) 推焦时，应注意推焦电流。推焦电流大，说明焦饼移动阻力大，常表现为焦饼移动困难。推焦困难，既损坏炉墙，劳动条件又极为恶劣，应尽力避免和预防。焦饼难推的原因是多方面的。常见的有：焦饼收缩不好、过火碎裂并倒塌、装煤孔堵眼、炉墙变形、炉门框夹焦、炉墙石墨过厚、喷浆面突出和推焦杆变形等。当出焦困难时，第一次未推出，必须查明原因，视具体情况采取措施后，再继续推焦。通常，需用人工扒出部分焦炭，以减少推焦时阻力后再推焦。

2. 推焦串序

一座焦炉的各炭化室装煤、出焦是按照一定的顺序进行的，此顺序即为推焦串序。它对炉体寿命、热量消耗、操作效率和机械损耗等方面均有影响。合理的推焦串序应该这样选择：

(1) 相邻炭化室的结焦时间最好相差一半。因为煤料在整个结焦过程中所需热量是变化的，结焦前半期、特别是装煤初期煤料大量吸热，而结焦后半期需热较少。当相邻炭化室结焦时间相差一半时，燃烧室两侧的炭化室分别处于结焦前半期和后半期，即一侧燃烧室墙与煤料的温差较大而吸热较多，另一侧则吸热较少。这样使燃烧室的供热和温度比较稳定，减轻了因炭化室周期性装煤、出焦所造成的燃烧室温度波动，有利于保护炉墙，并节省炼焦耗热量。

此外，当相邻炭化室结焦时间相差一半时，出炉炭化室两侧的炭化室煤料处于结焦中期，即处于膨胀阶段，由两侧炉墙传来的膨胀压力可平衡推焦时对砌体的推力，从而可防止炉墙因单侧受力而变形损坏的可能。

（2）最充分地发挥焦炉机械的使用效率，减少机械操作全炉的行程次数。

（3）新装煤的炭化室应均匀分布于全炉，以利集气管长方向煤气压力和炉组纵长方向温度的均匀分布，也可改善工人的操作条件。

目前通常采用的推焦串序有9—2、5—2、2—1等，通式为m—n，其中m代表一座或一组(两座)焦炉所有炭化室所划分的组数(笺号)，也即相邻两次推焦相隔的炉孔数；n代表两趟笺号对应炭化室号相隔的数。以65孔焦炉为例：按9—2推焦串序排列时，为便于记忆，不编结尾为“0”的号码，则实际炉号为65的炉组，其使用的炉号为72，因为由1~65共有6个“0”，又因6+5=11又经过一个“0”，所以使用号为65+6+1=72。反之，使用号减去其中相当于10的个数，即为实际号，如72—7=65。故65孔焦炉的9—2串序如下：

1号笺　1、11、21、31、41、51、61、71；
3号笺　3、13、23、33，43、53、63；
5号笺　5、15、25、35、45、55、65；
7号笺　7、17、27、37、47、57、67；
9号笺　9、19、29、39、49、59、69；
2号笺　2、12、22、32、42、52、62、72；
4号笺　4、14、24、34、44、54、64；
6号笺　6、16、26、36、46、56、66；
8号笺　8、18、28、38、48、58、68。

由此可见按9—2串序出焦(装煤)时，65孔炭化室共分为9组，车辆要走9个行程才能推完全炉。同号笺相邻炉号为9，而相邻笺号对应炉号则相差2。当按5—2、2—1串序出炉时，则编入末尾带“0”的号码。以5—2串序对50孔炭化室进行编排如下：

1号笺　1、6、11、16、21、26、31、36、41、46；
3号笺　3、8、13、18、23、28、33、38、43、48；
5号笺　5、10、15、20、25、30、35、40、45、50；
2号笺　2、7、12、17、22、27、32、37、42、47；
4号笺　4、9、14、19、24、29、34、39、44、49。

三种串序的优缺点可作如下比较(表3-1)。

表3-1　三种推焦串序的比较

串序特点	2—1	5—2	9—2
沿炉组方向温度均匀性	好	差	次之
集气管负荷均匀性	差	次之	好
车辆利用率	高	次之	低
操作维护条件	差	次之	好

按照上述前两个原则，最合理的是采用2—1串序，2—1串序具有如下优点：一是从热

工技术方面和合理利用焦炉机械方面都是最有效的，因为相邻炭化室的结焦时间刚好相差一半，而且机械走两个行程就能完成全炉的操作；二是从焦炉操作方面，有利于实现全盘机械化操作。因为当焦炉机械的有关机构配置适当时，可以实现一个炭化室装煤的同时，对下一个将要出焦的炉室的上升管进行清扫。还可以做到，对一个炭化室推焦时，对前一个炭化室进行平煤。如果在推焦车上装有回送平煤余煤入炉的链板输送机械，则操作一个笺号，推焦车和拦焦车沿整座焦炉只走行一趟就可以，从而可增加一套机械操作的炉孔数，还有利于炉上的清洁。

需要指出的是，采用2—1串序，要求比较高的机械化操作水平，否则，相邻出炉号间隔太近，工人操作条件差，对炉门、上升管清扫以及减轻冒烟冒火也都有困难。基于我国的实际水平，一般采用9—2和5—2串序，但2—1串序是今后的发展方向。

3. 出焦过程的烟尘控制

(1) 出焦过程的烟尘来源。推焦过程中的烟尘主要来自以下几个方面：

① 炭化室炉门打开后散发出的残余煤气及由于空气进入使部分焦炭和可燃气燃烧产生的烟尘；

② 推焦时炉门处及导焦槽散发的粉尘；

③ 焦炭从导焦槽落到熄焦车中时散发的粉尘；

④ 载有焦炭的熄焦车行至熄焦塔途中散发的烟尘。

烟尘量以②、③两项为主，是装炉时粉尘散发量的2倍以上，主要气态污染物是SO_2。尤其是当推出的焦炭成熟度不够时，焦炭中残留了大量的热解产物，在推焦时和空气接触，燃烧生成细分散的炭黑，因而形成大量浓黑的烟尘。

熄焦时，赤热的焦炭在熄焦塔内，用水喷洒时，产生大量水蒸气并快速上升，蒸汽流将粉焦带出并散发。据统计，此时散发的粉尘量与装煤时的相近。如采用含酚废水熄焦，上升的蒸汽中还有酚、HCN、SO_2等有毒气体，造成大气污染。

(2) 出焦过程的烟尘控制。为了收集和净化正常推焦时所散发的烟尘，国外已进行了各种工业试验，不少已正式运行，基本上有三种集尘处理系统。下面仅就它们构造和工作原理做一简单介绍。

① 在炉子的焦侧安装固定棚罩。把拦焦车和熄焦车都置于棚罩内，推焦时散发的烟尘，通过罩顶的集尘导管引至焦炉一端的固定气体净化系统，新鲜空气可以从罩的两侧和底部进入。

② 移动罩——移动式气体净化装置。由设于熄焦车的集尘罩及带抽烟机和文丘里洗涤器的净化车组成。如美国环保技术公司希米科空气污染控制设计系统，在熄焦车上，安装固定集尘罩，它封闭了熄焦车的三个侧面和顶部，仅向焦炉的侧面敞开，以接受焦炭。在熄焦塔内，喷洒水可由该侧面进入车内。导焦槽的两个侧面和顶、底部也被密封，当熄焦车停在推焦位置时，敞开侧可被拦焦车上安设的密封挡板构成第四个侧面。集尘罩内的含尘烟气，由罩顶管道进入与熄焦车挂在一起走行的气体净化车内，车上载有全部净化和抽烟机等设施。这种系统由于罩盖密封性较好，推焦后，熄焦车开往熄焦塔过程中，净化车仍随熄焦车走行并运转，所以，提高了收尘效率。

③ 移动罩——固定式气体净化装置。推焦时散发的烟尘，由位于熄焦上部的集尘罩，通过沿炉组长向布置的固定通道，经过洗尘系统净化。集尘罩上的出气管与固定通道的支管（每个炉孔一个），由气动闸门或连通器等装置接通。宝钢也采用这种形式。

三、熄焦

1. 湿法熄焦

湿法熄焦设施包括：熄焦塔、喷洒装置、水泵、粉焦沉淀池及粉焦抓斗等。

熄焦在熄焦塔内进行，熄焦水由水泵直接送熄焦塔喷洒管，用水量一般为 $2m^3/t$ 干煤，洒水时间由熄焦时间控制器或时间继电器控制。熄焦过程中约 20% 的水蒸发，可用生化处理后的水补充；熄焦后未蒸发的水经过沉淀池将焦粉沉淀下来，澄清后的水流入清水池循环使用。沉淀池中的焦粉由抓斗机抓出，脱水外运。熄焦后的焦炭，卸至焦台停留 30~40min，使其水分蒸发和冷却，剩余红焦在此补充消火。

熄焦过程的关键是控制水分稳定，全焦水分应小于 6%。为此，熄焦车接焦时的行车速度要与焦饼推出速度相适应，使车内焦炭分布均匀。

2. 干法熄焦

干法熄焦是利用惰性气体冷却灼热的焦炭，携带热量的惰性气体与废热锅炉进行热交换产生水蒸气(供焦化厂使用)，因热量交换惰性气体温度降低，再循环回来对红焦进行冷却。

在回收焦炭显热的同时，可减少大量熄焦水，消除含有焦粉的水汽和有害气体对附近构筑物和设备的腐蚀，从而改善了环境。干法熄焦还避免了湿法熄焦时水对红焦的剧冷作用，故有利于焦炭质量的提高，也可适当提高配合煤中气煤或弱黏煤的配比。

干熄焦技术早在 30 年代就开始出现，多年来曾出现过多种形式的干熄焦装置，有多室式、笼箱式和集中槽式等。前两种属于早期研制，技术与设备不够完善，因此有投资高、漏气多、散热大、热效率低等缺点，已逐渐被淘汰。集中槽式为目前普遍采用的一种干熄焦装置，其工艺流程如图 3-8 所示。干熄焦装置包括焦炭运行系统、惰性气体循环系统和锅炉系统，主要设备包括：电机车、焦罐车及其运载车、提升机、装料装置、排焦装置、干熄炉、鼓风装置、循环风机、干熄焦锅炉、一次除尘器、二次除尘器等。

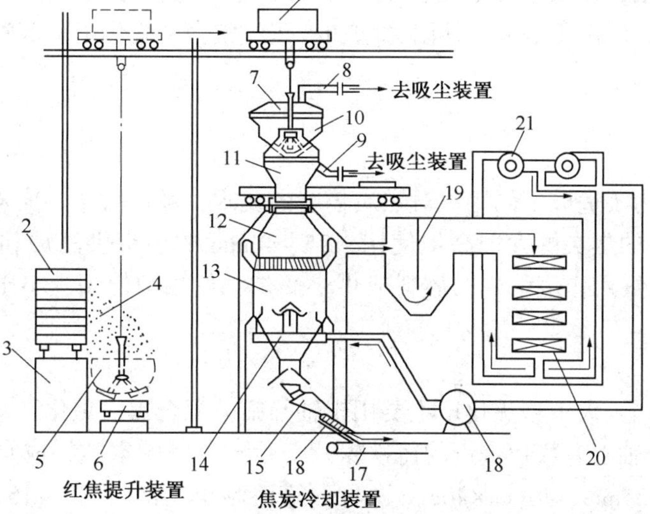

图 3-8 集中槽式干熄焦流程图

1—提升机；2—导焦槽；3—操作台；4—红焦；5—焦罐；6—台车；7—盖；8，9—去吸尘装置；10—焦罐；11—装料装置；12—前室(热焦预存段)；13—冷却室(干熄段)；14—槽底气体分配帽；15—排焦装置；16—焦台；17—胶带机；18—循环风帽；19—重力沉降槽；20—锅炉；21—旋风除尘器

图中焦炭流程：红焦4→台车6上的焦罐5→干熄站→移动式提升机1→干熄槽顶→装料装置11→前室(预存室)12→冷却室13→排焦装置15→焦台16→胶带机17。

惰性气体流程：冷却室出来的热惰性气体(800℃)→斜道→环形道→重力沉降槽19→余热锅炉20→旋风分离器21(180℃)→循环风机18→干熄槽底的气体分配帽14→冷却室。

干法熄焦与湿法熄焦相比，有如下优点。

(1) 有效地利用焦炭的热量，而且避免了环境污染。由焦炉热平衡可知，焦炭离开焦炉时所带出的热量约占炼焦耗热量的40%。在湿法熄焦中，这部分热量被全部损失掉了，而且污染环境。而干法熄焦利用惰性气体冷却焦炭，被加热的惰性气体经废热锅炉产生蒸汽，每吨红焦可产生蒸汽400kg以上。由于熄焦在密闭的循环系统中进行，不需熄灭水，消除了对空气和水的污染。

(2) 提高了焦炭质量。焦炭在惰性气流通过时，被缓慢而均匀地冷却，没有湿法熄焦过程中的剧冷现象，而且焦炭是干的。所以，得到的焦炭块度均匀，强度和真密度都提高，粉焦率少，反应性降低。

(3) 提高了焦炉的生产能力。由于焦炭质量的提高，所以，可增加配煤中气煤和弱黏煤的配比，使高炉冶炼的焦比降低0.5%~2.3%，高炉生产能力提高1%~1.5%。但干法熄焦也存在着投资高及本身能耗高等缺点，这是制约干熄焦技术发展的主要因素，也是一直要解决的问题。

3. 熄焦过程的防尘

炼焦生产过程中，熄焦是一个阵发性污染源，排放的粉尘量约占焦炉总排放量10%以上。干法熄焦的防尘方法类似出焦过程的处理方法，即采用集尘罩、洗涤器等。

湿法熄焦的粉尘治理可在熄焦塔自然通风道内设置挡板和过滤网，从而能够捕集绝大部分随熄焦蒸汽散发至大气并散落在熄焦塔周围地区的大量粉尘。为清除挡板和过滤网上的粉尘，要增添喷雾水泵，在挡板和过滤网上部喷洒水雾。这种方式在现用的熄焦塔上安装方便，集尘效果较好，但由于塔内气体阻力增加，蒸汽常会从熄焦塔下部喷出。

四、筛焦

1. 焦炭的分级

焦炭的分级是为了适应不同用户对焦炭粒度的要求，粒度大于60~80mm的焦炭可供铸造使用，40~60mm的焦炭供大型高炉使用，25~40mm的焦炭供高炉和耐火材料厂竖窑使用，10~25mm的焦炭用作烧结机的燃料或供小高炉、发生炉使用，小于10mm的粉焦供烧结矿石用。

2. 筛焦设备

(1) 辊轴筛。国内大中型焦化厂主要用辊轴筛筛分混合焦，焦化厂常用的辊轴筛有8轴和10轴两种，每个轴上有数片带齿的铸铁轮片，片与片间的空隙构成筛孔，按照需要筛孔尺寸可分为25mm×25mm、40mm×40mm两种。筛面倾角通常为12°~15°，给料粒度一般小于200mm。

辊轴筛具有结构简单、坚固、运转平稳可靠等优点，但存在设备重，结构复杂、筛片磨损快、维修量和金属耗量大，焦炭破损率高(约3%)等缺点；而振动筛虽然结构简单，但噪音大，筛分效率不高(70%~85%)，且潮湿的粉焦易堵塞筛网。故已逐渐被共振筛所取代。故国外多用共振筛筛分混合焦和碎焦，国内也已开始逐步用共振筛代替现有的辊轴筛。

(2) 共振筛。国产的SZG型共振筛的结构是由铺有筛板的筛箱、激振器、上下橡胶缓冲器及板弹簧等组成。静止时，激振器靠自重压在下缓冲器上，使之产生一定的压缩量，激振器通过板弹簧与筛箱连接，其轴是偏心的，轴的两端皮带轮上装有可调的附加配重，激振器与上缓冲器间有一定的空隙，整个筛子通过四个螺栓弹簧支承在基础上。筛子运转时，由电机通过三角皮带带动激振器的轴旋转，因皮带轮上附有配重，故产生了惯性力，又因偏心轴惯性力的作用，最初激振器离开下缓冲器越过上间隙而打击上缓冲器，使上缓冲器产生一定的压缩量，激振器与下缓冲器间又形成一定间隙。因激振器偏心轴所引起的周期性变化的惯性力作用，下半周激振器又打击下缓冲器。如此往复循环，筛子在保持稳定振幅的情况下进行筛分作业。

由于共振筛是双质量振动系统，工作中大部分动力得到平衡，因而传给厂房和基础的动负荷较一般振动筛小。由于设备的激振频率接近于系统的自振频率而发生共振，故激振力小，仅为一般振动筛的1/2~1/3。

共振筛与辊轴筛相比具有结构简单，振幅大，维修方便，筛分效率高，生产能力大，耗电量少，运转平稳，故障少等优点。但共振筛要求给料连续均匀，并要防止超负荷运转和带负荷起动，给料设备到筛面落差要小，以减少物料对筛面的打击。投产时要经过反复调整，根据振幅的大小，及时调节配重和缓冲器间隙，以保证设备连续稳定地运转。用于筛分25mm以下焦炭的设备，一般采用双层单轴振动筛。

筛网有钢板冲孔、圆钢焊接和橡胶筛板等几种形式，由于橡胶筛板使用寿命长，不易堵眼，噪音小，对焦炭破碎小，而且具有安装方便，成本低和节约金属材料等优点，国外已广为采用。国内一些单位也对橡胶筛板进行了研制和试用，取得了较好的效果。

(3) 储焦槽(焦仓)和储焦场。储焦槽的容量按各级焦炭的产量、每次进厂装焦车辆和来车周转时间等因素确定。一般块焦槽的容量应不小于4h的焦炉产焦量，中、小型焦化厂的块焦槽容量因来车不均匀，应按焦炉8~12h的产焦量来考虑。小于25mm的碎焦槽和粉焦槽容量一般不小于焦炉12h的生产能力。储焦槽一般为方型或矩型结构，槽底排料口至槽顶装料口的净高一般为10~14m，槽宽6~8m，槽底斜壁衬以耐磨的缸砖或铸石板。块焦槽底的倾角为40°~45°，碎焦、粉焦槽底倾角为60°，以保证顺利下料。储焦槽顶的布料方式视槽顶的长度而定，一般小于40m时可用衬铸石的长溜槽布料，大于40m时则应用可逆配仓胶带机布料。储焦槽的装料方式有集中管理操作的气动闸门多点装车、起落胶带机一点装车和同时有铁路装车及胶带机输送的双排料口装料等几种。独立焦化厂和商品焦较多的焦化厂可设储焦场。储焦场要求所卸焦炭尽量不落地，以免焦炭破损，并采用机械化装卸。

3. 筛焦系统的粉尘捕集

湿法熄焦的焦炭表面温度为50~75℃，在筛焦、转运过程中，焦炭表面的蒸汽与焦炭粉尘一起大量逸散，空气中含尘量可达200~2000mg/(m^3空气)，干法熄焦的焦炭产生的粉尘量则更大。因此筛焦楼应设置抽风除尘设备，常用的有湿法除尘器和布袋除尘器。另外在筛焦设备上还应装设抽风机，使筛焦粉尘经除尘器处理后排入大气。储焦槽上设自然排气管以将含尘气体排入大气。此外为解决通风除尘设备被含酚及H_2S的水汽腐蚀，集尘设备、抽风机和管道可采用玻璃钢或不锈钢制作。由于通风除尘设备还因水汽冷凝粘附粉尘而易引起堵塞，故需定期清扫，寒冷地区还要采取防冻措施。干法熄焦的筛焦粉尘一般多采用布袋除尘器，除尘后的焦粉可收集、加湿后送回粉焦胶带机。

第六节　炼焦新技术简介

随着钢铁工业的发展和技术进步，高炉向大型化发展并强化操作，因而对焦炭质量的要求日益提高。但世界性的优质炼焦煤资源短缺，且炼焦煤分布不均匀，大部分地区高挥发分弱黏结煤多，因此，为了扩大炼焦煤源，提高焦炭质量，国内外已经做了大量工作，开发了各种炼焦新工艺、新技术。

一、捣固炼焦技术

捣固炼焦是利用专门的粉煤捣固机械，将配合煤料捣实成致密的、体积略小于炭化室的煤饼，再由焦炉的机侧推入炭化室内的炼焦方法。它是各种非常规炼焦技术中较为成熟的一种炼焦工艺。

1. 捣固原理

煤饼捣实后堆密度可由散装煤的0.70~0.75t/m^3提高到0.95~1.15t/m^3。随着煤料堆密度的增大，煤料颗粒间距缩小，空隙也减小，从而减小了结焦过程中为填充空隙所需的胶质体液相产物的数量，即用一定的胶质体液相产物可多配入高挥发分弱黏结性煤。结焦过程中产生的气相产物由于煤粒间空隙减少而不易析出，增大了胶质体的膨胀压力，使变形的煤粒受压挤紧，加强了煤粒间的结合，从而改善了焦炭质量。

2. 捣固炼焦的特点

与常规顶装(散装煤)工艺相比，捣固炼焦具有下述特点：

(1) 扩大炼焦煤源。可多配入高挥发分煤和弱黏结煤，利用捣固炼焦生产焦炭时，既可掺入焦粉和石油焦粉生产优质冶金焦，还可采用高配比的高挥发分煤生产气化焦等。实践表明，在保证焦炭质量的前提下，可配入50%的弱黏结性煤和无烟煤，从而扩大了配煤范围，有效地节约了主焦煤资源，真正实现资源的充分利用。

(2) 提高焦炭质量。由于捣固炼焦增大了煤料的堆密度，故可以提高焦炭的冷态强度和反应后强度。在配入30%的高挥发分煤时，焦炭的M_{40}可提高2%~4%，M_{10}可改善3%~5%。

(3) 提高焦炭产量。捣固炼焦的装炉煤堆密度是常规顶装炉煤料堆密度的1.4倍左右，而结焦时间延长仅为常规顶装工艺的1.1~1.2倍，所以焦炭产量增加，即捣固炼焦可以使焦炉的生产能力提高1/3以上。

捣固炼焦也有一定的缺点，主要是捣固机比较庞大，操作复杂，投资高，由于煤饼尺寸小于炭化室，因此炭化室的有效率低。此外，由于煤饼与炭化室墙面间有空隙，影响传热，使结焦时间延长。捣固炼焦技术具有区域性，这种工艺主要适应在高挥发分煤和弱黏结煤储量多的地区。

3. 捣固炼焦的技术要求

(1) 捣固炼焦的煤料水分最好控制在9%~10%。水分少，煤饼不易捣实，装炉时易塌料。但水分过高，会使煤饼强度明显降低，对捣固、炭化均不利，而且会延长结焦时间。

(2) 为了提高堆密度，改革捣固作业，应该增加锤子个数、提高锤击频率，达到连续加煤薄层捣固。实验证明，捣固焦的强度几乎随配煤密度线性增加。

(3) 煤料细度小于3mm的煤应控制在90%左右。若细度低，需消耗较高的捣固功才能使煤饼达到一定的稳定性；若装炉煤细度过高，会使堆密度和抗压强度均降低，但会使抗剪强度提高。由于煤饼的稳定性主要取决于抗剪强度，所以捣固煤料应有较高的细度。

（4）配煤的挥发分应在34%以下，使焦炭强度满足要求。否则，随着配煤挥发分的提高，焦炭强度将变差。

二、干燥、预热煤炼焦技术

1. 干燥煤炼焦

干燥煤炼焦是将装炉煤在炉外预先脱水干燥至水分含量6%以下，再装炉炼焦的工艺。用干燥煤炼焦可以达到如下效果：

（1）改善焦炭质量或增加高挥发分弱黏结性煤用量。干燥后的煤流动性提高，使装炉煤的堆密度增大，有利于黏结。经试验表明，当配煤水分为3%时，若保持焦炭强度不变，则大同弱黏煤可比生产配煤多配25%；若在其他条件不变时，多配15%~20%的弱黏煤，焦炭的强度还有所改善。

（2）提高炼焦炉的生产能力。由于水分降低不仅降低了煤料间水分的表面张力，增加煤料的润滑，提高煤料的堆密度，而且使焦炉加热速度提高，从而缩短结焦时间，使生产能力提高15%。

（3）降低炼焦耗热量。研究数据表明，装炉煤水分每降低1%（绝对值），炼焦耗热量减少60~100kJ/kg。此外，干燥煤炼焦还可稳定装炉煤水分和炉温，有利于炉温管理和炉体保护。

2. 预热煤炼焦

预热煤炼焦是将装炉预先加热到150~250℃后，再装入炼焦炉中炼焦的工艺。预热煤炼焦可达到的效果如下：

（1）改善焦炭质量并增加气煤用量。预热煤炼焦所得的焦炭与同一煤料的湿煤炼焦所得焦炭相比，具有真密度大、气孔率低、耐磨强度高、反应性低、反应后强度大及平均粒度大等特点。而且，当装炉煤中结焦性较差的高挥发分煤含量大时，改善的幅度较大。对于规定的焦炭质量指标，预热煤炼焦可增加高挥发分弱黏煤的用量。

（2）提高炼焦炉的生产能力。由于预热煤炼焦的周期缩短，装入炭化室内的煤量增多，所以焦炉的生产能力显著提高。在相同燃烧室温度下，湿煤炼焦的结焦时间为18.5h，预热到250℃的煤结焦时间可缩至12.5h，即焦炉生产能力可提高20%~30%。

（3）降低炼焦耗热量。由于干燥和预热设备大多数采用了效率较高的热交换设备，如沸腾炉等流态化设备，使预热煤炼焦比传统的湿煤炼焦耗热量低约4%左右。此外，煤在预热过程中还可脱除一部分的硫。

三、配型煤炼焦技术

配型煤炼焦是将一部分装炉煤配入一定量黏结剂，在成型机中压块成型，再与其余的粉煤按比例混合后装炉炼焦的工艺。此法是改善焦炭质量，扩大弱黏结煤或不黏结煤用量的有效途径之一。

1. 配型煤炼焦的基本原理

配型煤工艺可以提高焦炭强度，或在不降低焦炭强度的前提下少用强黏结性煤料的用量，其基本原理：

（1）型煤内部煤粒接触紧密，在炼焦过程中促进了黏结组分和非黏结组分的结合，从而改善了煤的结焦性。

（2）型煤与粉煤混合炼焦时，在软化熔融阶段，一方面型煤本身体积膨胀，另一方面产生大量气体压缩周围散煤，其膨胀压力较散装煤料显著提高，使煤粒间的接触更加紧密，形成结构坚实的焦炭。

（3）配有型煤的装炉煤中，由于型煤致密，其导热性比粉煤好，故升温速率快，较早达到开始软化温度，且处于软化熔融的时间长，从而有助于型煤中的未软化颗粒以及周围粉煤的相互作用，当型煤中的熔融成分流到粉煤间隙中时，可增强粉煤粒间的表面结合，并延长粉煤的塑性温度区间。

（4）配型煤的炼焦煤料，散密度高，炼焦过程中半焦收缩小，因而焦炭裂纹少。

（5）装炉煤成型时添加了一定量的黏结剂，对炼焦煤料有一定程度的改质作用，改善了黏结性能，提高了焦炭的强度指标，改善了焦炭的光学组织。

2. 配型煤工艺

（1）新日铁配型煤炼焦。该工艺于1960年由日本新日铁公司八幡技术研究所完成工业试验，于1971年在该公司生产焦炉上应用。主要设备包括：混煤机、混捏机、成型机和网式冷却输送机，其基本流程如下：

取30%经过配合、粉碎的煤料，送入成型工段的原料槽，煤从槽下定量放出，在混煤机中与喷入的黏结剂(用量为型煤量的6%~7%)充分混合后进入混捏机。煤在混捏机中被喷入的蒸汽加热至100℃左右，充分混捏后进入双棍成型机压制成型。热型煤在网式输送机上冷却后送到成品槽，再转送到储煤塔内单独储存。用煤时，在塔下与粉煤按比例配合装炉。在网式输送机上输送的同时进行强制冷却，因此设备较多，投资相应增加。

（2）住友配型煤炼焦。20世纪70年代中期，新日铁配型煤工艺在日本迅速发展。在此期间，日本住友金属工业公司和住友炼焦公司又开发了住友配型煤工艺。其基本流程如下：

黏结性煤经配合、粉碎后，大部分直接送储煤槽，小部分留待与非黏结性煤配合。约占总煤量20%的非黏结性煤在另一粉碎系统处理后，与小部分黏结性煤一同进入混捏机。混捏机中喷入约为总煤量2%的黏结剂。煤料在混捏机中加热并充分混捏后，进入双棍成型机压制成型。型煤与粉煤同步送到储煤塔。此法可不建成品槽和网式冷却输送机，其优点是工艺布置较简单、投资省，缺点是型煤与粉煤在同步和储存过程中易产生偏析。

四、配添加物炼焦技术

1. 添加改质黏结剂炼焦

（1）机理。黏结剂对煤具有溶剂化作用，在超过其软化点温度时，其本身称为液态，并对煤具有部分溶解作用，因而促进可溶物的生成，提高煤的流动度，也有利于中间相形成阶段分子重排，促进了中间相转化过程，改善中间相的形成；黏结剂与煤共炭化时，具有较好的热稳定性，即在塑性阶段，黏结剂能够与煤作用形成大量稳定的液相，从而改善煤粒间的接触，提高黏结性；具有供氢能力的黏结剂可以去掉煤热解过程中活泼的含氧官能团，使产生的游离基被氢饱和，防止由于碳网间发生交联而降低系统的流动性，从而可以促进中间相的发展。综上所述，添加的改质黏结剂要求其具有溶剂化作用、黏结作用及供氢作用。

（2）黏结剂的种类。配入的黏结剂基本上属于沥青类，按沥青原料来源不同可分为石油系、煤系、煤-石油混合系。

(3) 配入黏结剂的效果：

① 改善了焦炭质量。日本住友公司以挥发分 29.1%、基氏流动度 0.36、惰性组分含量 60.7%及镜煤平均反射率 0.79 的劣质材料添加了 KRP(石油系：用尤里卡-住金法将石油油渣分馏、蒸汽减压热裂解所得)、ASP(同 KRP)、CT(煤系：用大阪煤气公司 Cherry-T 法将焦油沥青热处理所得)、PDA(用丙烷脱沥青法将石油油渣丙烷萃取所得)等黏结剂后，焦炭强度和反应性都得到了改善，如图 3-9 和图 3-10 所示。由图 3-9 和图 3-10 可看出，以 KSP 和 ASP 为最好。当 ASP 添加量为 20%时，焦炭强度达到最高值，但超过 20%，焦炭的强度开始降低。研究表明：这是由于流动度过大，挥发分过剩，超出了最佳的活性与非活性配比范围。另外，添加黏结剂对于流动性大的煤料，焦炭强度无明显改善，但反应性降低。

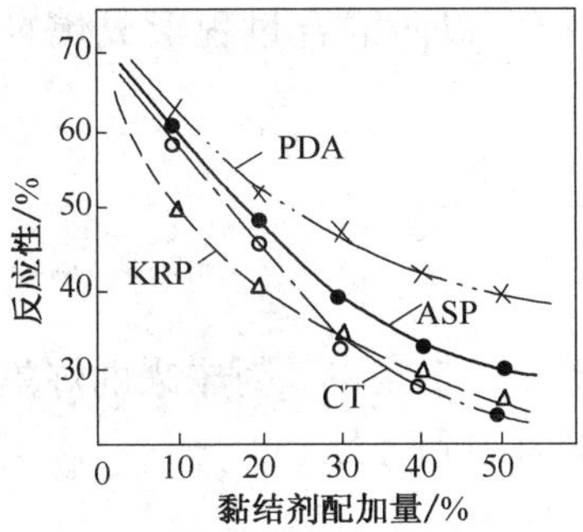

图 3-9　几种黏结剂添加量与焦炭强度的关系

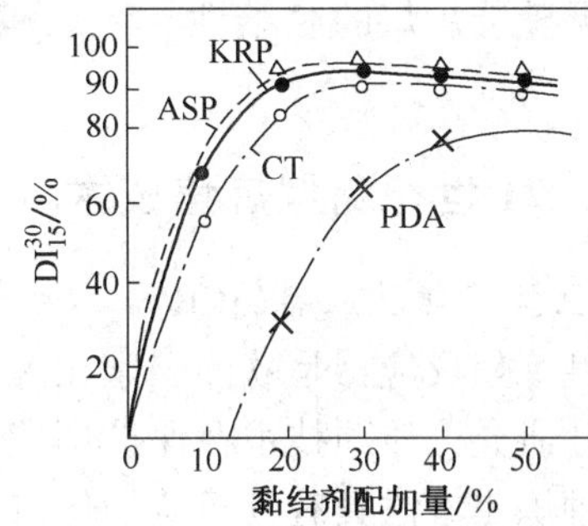

图 3-10　几种黏结剂添加量与反应性的关系

② 可代替强黏结煤或增加非黏结煤的用量。日本钢管厂曾用反射率 1.28、C/H 为 1.36 的 SRC 代替生产中的强黏结煤，得到如图 3-11 的结果。由图 3-11 看出，SRC 优质剂可替代强黏结煤，且焦炭强度还有所改善。国内不少焦化厂曾进行配尤里卡沥青的炼焦试验，试验表明尤里卡沥青可替代强黏结剂。增加非黏结煤的用量，对焦炭的强度的影响，如图3-12 所示。此图为日本住友公司用 ASP 改善非黏结煤的配合煤炼焦所作图，它表明当煤 ASP 为 2 时，配合煤中煤+ASP 的代替率可达 10%~15%，仍能维持在基本配煤的焦炭强度值上。

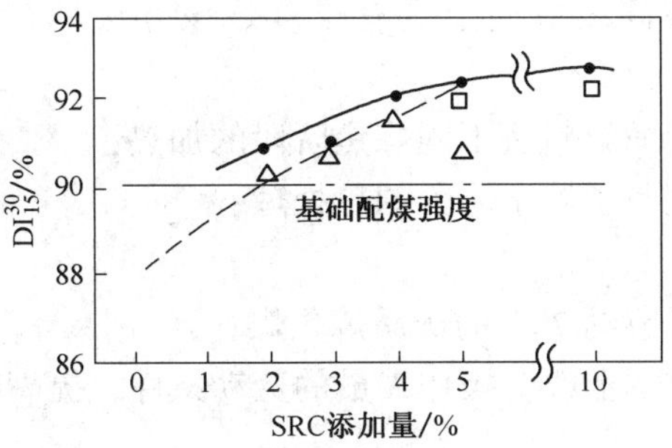

图 3-11　SRC 替代强黏结煤的效果

•—SRC；Δ—SRC+残渣；□—强黏结煤

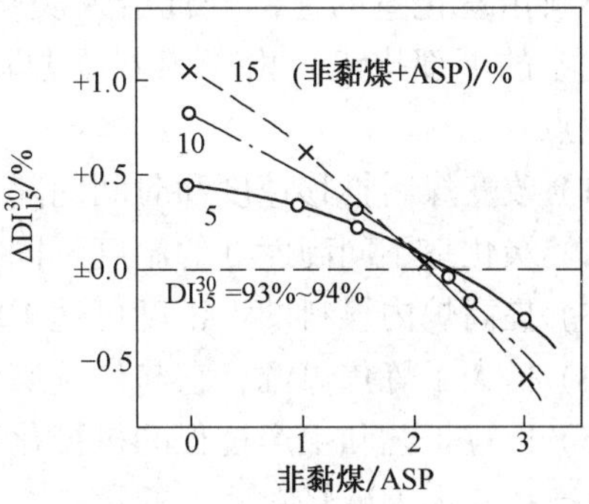

图 3-12　ASP 使用非黏结煤对配煤的影响

•—SRC；Δ—SRC+残渣；□—强黏结煤

2. 添加瘦化剂炼焦

高挥发分、高流动度的煤料配入瘦化剂，如配入无烟煤粉、半焦粉或焦粉等含炭的惰性物质炼焦时，由于瘦化剂可以吸附一定数量的煤热解生成的液相物质，使流动度和膨胀度降低，气体产物易于析出，黏结度提高，气孔壁增厚。同时减慢了结焦过程的收缩速度，减少了焦炭的裂纹(故也称为抗裂剂)，因可提高焦炭的强度和块度。但胶质体的流动度和膨胀度只能降低到一定限度。否则使黏结性降低，焦炭的耐磨性降低。配入瘦化剂时，对瘦化剂的选用：

（1）当配煤中挥发分和流动度均很高，加入瘦化剂以降低配煤的挥发分，减弱气体析出量，增大块度和抗碎强度，一般用焦粉比用瘦煤好。

（2）当配煤中挥发分和流动度中等，并且希望耐磨性好，可选用无烟煤粉或挥发分约15%的半焦粉。

（3）若要求降低焦炭气孔率，提高块度和抗碎强度，还希望降低焦炭的灰分、反应性，可选用延迟焦粉。

选择瘦化剂还要根据资源、经济等条件综合考虑，瘦化剂也可混合使用，也可配适量的黏结剂调整装炉煤的黏结性。注意瘦化剂均应单独细粉碎，以防混合过程形成焦炭的裂纹中心。

五、21世纪新型炼焦技术

1. 巨型炼焦反应器(JCR)

巨型炼焦反应器是欧洲国家在炼焦工业面临重大决择的十字路口，对未来的炼焦技术作出开创性研究，该项技术在保护环境和煤资源两方面都具有独到之处。

这种炼焦方法具有其显著的优点。

（1）炭化室容积进一步提高，发挥了大容积焦炉及宽炭化室在炼焦过程中所具有的优点，环境效益好；

（2）炭化室采用刚性墙锚定，故适于较高的膨胀压力；

（3）由于炭化室增宽，取消炭化室锥度，减少了许多不利因素；

（4）煤料预热装炉和炉墙厚度减薄，炼焦用煤范围宽，热效率提高。

2. 连续层状炼焦新法

该方法是乌克兰共和国煤化所开发研究，它是利用直立式的炭化室进行连续层状炼焦，煤料由炭化室的上部分批给入炭化室并由推料装置向下推入炭化室，炭化好的焦炭由炭化室的下部排出。由于煤料受热膨胀，炭化室在高度方向上具有锥度。该方法具有以下优点：

（1）改变煤料推移速度和时间间隔，从而适用不同的煤料及不同炼焦阶段的加热；

（2）炭化室不同高度处的温度不同，从而使煤料经历了若干阶段的热处理；

（3）提高炉内煤料的堆密度可达1000kg/m^3；

（4）扩大了炼焦煤源，它与传统炼焦工艺相比，可节约70%的优质炼焦煤；

（5）通过工艺和生产过程的机械化和自动化，从根本上改善操作人员的劳动条件，提高劳动生产率，大大减轻对大气的污染。

复习题

一、填空题

1. 焦炭的裂纹包括(　　　　)和(　　　　)。
2. 焦炭的强度包括(　　　　)和(　　　　)。
3. 非高炉焦包括(　　　　)、(　　　　)和(　　　　)。

4. 高炉炼铁中焦炭在高炉中起到(　　　　)、(　　　　)和(　　　　)的作用。

5. 将两种或两种以上的单种煤，均匀地按适当的比例配合，使各种煤之间取长补短，生产出优质焦炭的过程成为(　　　　)。

6. 在配煤炼焦过程中，加入肥煤，可提高焦炭的(　　　　)，加入焦煤，可提高焦炭的(　　　　)，加入瘦煤，可提高焦炭的(　　　　)。

7. 配煤炼焦时，应稳定装炉煤的水分。一般情况下，配合煤水分稳定在(　　　　)较为合适。

8. 炭化室的有效容积是炼焦的有效空间部分，等于炭化室的(　　　　)、(　　　　)和(　　　　)的乘积。

9. 燃烧室顶盖高度低于炭化室顶部，二者之差称(　　　　)。

10. 烟囱的作用是向高空排放(　　　　)，并产生足够的(　　　　)，以便使燃烧所需的空气进入加热系统。

11. 硅砖是以(　　　　)为原料，经粉碎并加入黏结剂、矿化剂，再经混合、成型、干燥和按计划加热升温而烧成的。硅砖含 SiO_2 大于(　　　　)。

12. 黏土砖的主要原料是(　　　　)和(　　　　)，其主要成分是(　　　　)。

13. 焦炉的煤气设备包括(　　　　)的导出设备和(　　　　)的供入设备。

14. 焦炉装煤包括从(　　　　)取煤和由装煤车往(　　　　)装煤。

15. 干熄焦技术曾出现过多种型式的干熄焦装置，有(　　　　)，(　　　　)和(　　　　)等。

16. 熄焦方法包括(　　　　)和(　　　　)。

17. 预热煤炼焦是将入炉煤预先加热到(　　　　)以上。

18. 干燥煤炼焦是将入炉煤预先干燥使其水分降到(　　　　)以下。

19. 采用捣固炼焦可以充分利用(　　　　)煤。

20. 炼焦配煤中添加瘦化剂的作用是(　　　　)。

二、选择题

1. 通过转鼓实验测定焦炭的强度，已知入鼓焦炭100g，出鼓焦炭中粒度小于10mm的焦炭质量为10g，大于25mm的焦炭质量为55g，则焦炭的抗碎强度为(　　)。

A. 10%　　B. 35%　　C. 45%　　D. 55%

2. 对于单种煤炼焦，(　　)的黏结性最好。

A. 气煤　　B. 肥煤　　C. 焦煤　　D. 瘦煤

3. 对于单种煤炼焦，(　　)的结焦性最好。

A. 气煤　　B. 肥煤　　C. 焦煤　　D. 瘦煤

4. 高温干馏的温度是(　　)。

A. 550~650℃　　B. 750~850℃　　C. 850~950℃　　D. 950~1050℃

5. 常规炼焦时炭化室的宽度，焦侧比机侧(　　)。

A. 宽　　B. 窄　　C. 一样宽　　D. 不能确定

6. 炭化室内膨胀压力的危险值为(　　)。

A. 7kPa　　B. 10kPa　　C. 15kPa　　D. 18kPa

7. 对于常规炼焦配煤，配合煤适宜的挥发分应控制在(　　)。

A. 22%~24%　　B. 24%~26%　　C. 26%~28%　　D. 28%~30%

8. 下列说法错误的是(　　)。

A. 炭化室越宽，炼焦速度就越慢

B. 炭化室越宽，炉墙承受的膨胀压力越大

C. 炭化室越宽，焦炭块度越大

D. 炭化室越宽，焦炭抗碎强度越高

9. 以下不属于装煤车的功能的是(　　)。

A. 取煤　　B. 装煤　　C. 平煤　　D. 清扫炉顶

10. 关于干熄焦的特点，叙述不正确的是(　　)。

A. 回收红焦显热　　B. 减少环境污染

C. 改善焦炭质量　　D. 投资和能耗较低

三、判断题

1. 焦炭的裂纹多少直接影响焦炭的粒度和抗碎强度。(　　)

2. 碱金属对焦炭的反应性有抑制作用。(　　)

3. 原料煤灰分中的金属氧化物含量增加时，焦炭反应性增高。(　　)

4. 对于铸造焦，一般要求粒度在3~20mm为宜。(　　)

5. 炼焦过程中，煤料水分越多，结焦时间越长，炼焦耗热量越大。(　　)

6. 在炼焦过程中煤中的硫分全部转入焦炭。(　　)

7. 煤热解的前期以缩聚反应为主，后期以裂解反应为主。(　　)

8. 煤料细度是指粉碎后配合煤中小于0.3mm的煤料量占全部煤料量的质量分数。(　　)

9. 采用预热煤炼焦可以延长硅砖炉墙的使用寿命。(　　)

10. 焦炉的燃烧室长度与炭化室长度相等，宽度比炭化室稍宽，高度比炭化室略高。(　　)

四、简答题

1. 什么叫炼焦？炼焦过程中得到的产品有何用途？

2. 简述焦炭的性质和用途。

3. 分别指出不同用途焦炭的质量指标。

4. 煤的成焦过程主要有哪几个阶段？各有何特点？

5. 煤在炭化室内的结焦特点有哪些？

6. 简述常用于炼焦的煤种及其结焦特点。

7. 配煤的意义是什么？对配煤的质量指标有什么要求？

8. 焦炉炉体由哪几部分组成？各部分的主要作用是什么？

9. 焦炉的护炉设备起什么作用？主要护炉设备有哪些？

10. 炼焦生产中的焦炉机械包括哪些？它们的作用是什么？

11. 焦炉装煤、出焦时的总体要求是什么？这些过程的烟尘如何控制？

12. 目前常采用的推焦串序类型有哪些？简述其特点。

13. 干法熄焦与湿法熄焦相比具有哪些优点？

14. 焦炭的级别和常用的筛分设备有哪些？

15. 炼焦新技术主要有哪些？各有何效果？

第四章　煤炭气化技术

第一节　煤炭气化概述

一、煤炭气化的简介

煤炭气化过程见图 4-1 所示。煤的气化是是煤炭转化的主要途径之一，它是洁净、高效利用煤炭的最主要途径之一，是许多能源高新技术的关键技术和重要环节。如燃料电池、煤气联合循环发电技术等，煤制气应用领域非常广泛。煤炭气化是煤或煤焦与气化剂(空气、氧气、水蒸气、氢等)在高温下发生化学反应将煤或煤焦中有机物转变为煤气的过程。煤气是指气化剂通过炽热固体燃料层时，所含游离氧或结合氧将燃料中的炭转化成的可燃性气体。进行煤炭气化的设备称为煤气发生炉。

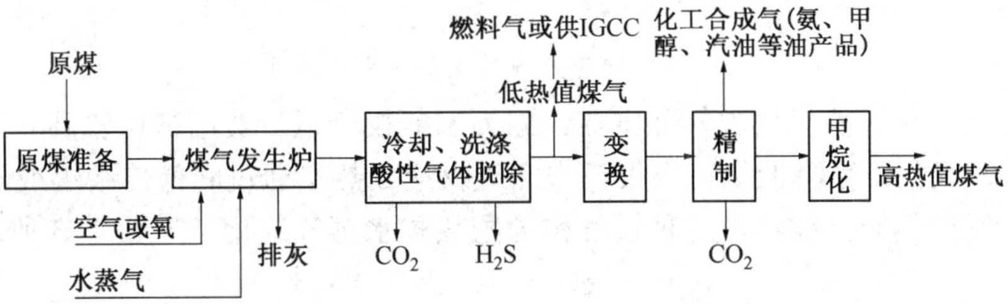

图 4-1　煤炭气化过程

气化过程中产生的混合气体组成，随气化时所用的煤或煤焦的性质、气化剂的类别、气化过程条件以及煤气发生炉的结构不同而不同。因此，在生产工业用煤气时，必须根据煤气所需的组成来选择气化剂的类别和气化条件，才能满足生产的需要。

煤气的有效成分为一氧化碳、氢气、甲烷等，可作为化工原料、城市煤气和工业燃气等。煤炭气化分为完全气化和部分气化。部分气化指的是煤的干馏技术。根据干馏温度的高低又分为高温干馏、低温干馏。高温干馏主要在冶金工业中用于炼焦，焦炭是主产品，低温干馏又称温和气化。由于温和气化工艺简单、加工条件温和、投资省、可获得煤气、焦油和半焦而受到国内外的重视，是洁净煤技术的一个重要组成部分。但煤炭干馏技术毕竟受到煤种和产品综合发展的制约，只能满足于局部的需要，而我国煤炭资源中有一半以上煤种适合于完全气化技术，因此煤制气技术的立足点应放在完全气化方面。

二、煤炭气化工艺的分类

目前正在应用和开发的煤气化炉有很多类型。尽管我们把所讨论的气化炉局限于已经工业化的和大型示范装置的范围内，其数量仍然相当大。所有这些气化炉都有一个共同的特征，煤在气化炉中，在高温条件下与气化剂反应，使固体燃料转化成气体燃料，只剩下含灰的残渣。通常气化剂用水蒸气、氧（空气）和 CO_2。粗煤气中的产物是 CO、H_2和 CH_4，伴生气体是 CO_2、H_2O 等，此外，还有硫化物、烃类产物和其他微量成分。各种煤气组成取决于煤的种类、气化工艺、气化剂的组成，影响气化反应的热力学和动力学条件。气化方法的分类有多种方法，分述如下：

1. 按制取煤气的热值分类

若按制取煤气在标准状态下的热值分类：

（1）制取低热值煤气方法，煤气热值低于 8347kJ/m^3；

（2）制取中热值煤气方法，煤气热值 16747～33494kJ/m^3；

（3）制取高热值煤气方法，煤气热值高于 33494kJ/m^3；

2. 按供热方式分类

煤气化过程的整个热平衡表明，总的反应是吸热的，因此必须供热量。各种过程需要的热量各不相同，这主要由过程的设计和煤的性质决定的，一般需要消耗气化用煤发热量的 15%～35%，顺流式气化取上限，逆流式气化取下限，其供热方式有几种途径：

（1）部分氧化方法。这是一种直接的供热方式，通过煤或残炭和氧（或空气），在气化炉内燃烧供热，如图 4-2 所示。

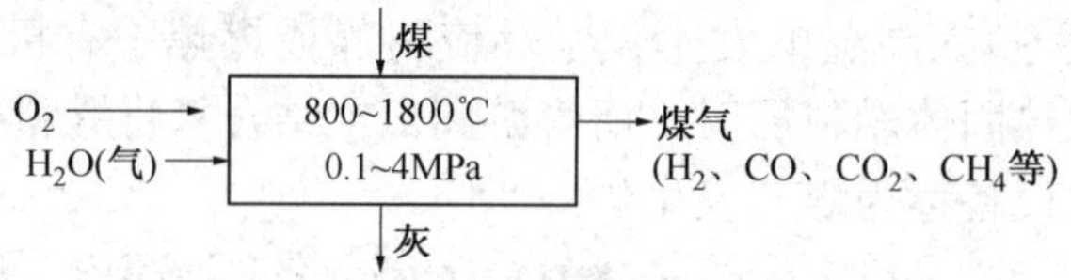

图 4-2　自热式煤的水蒸气氧化原理

（2）外热式气化。从气化炉外部供热，因为制氧投资运行费用都比较高，又因为部分煤燃烧生成 CO_2，气化效率降低。让煤仅与水蒸气反应，热量通过间壁传给煤或气化介质，也可用电热或核反应热间接加热。这种过程称为配热式水蒸气气化，见图 4-3 所示。

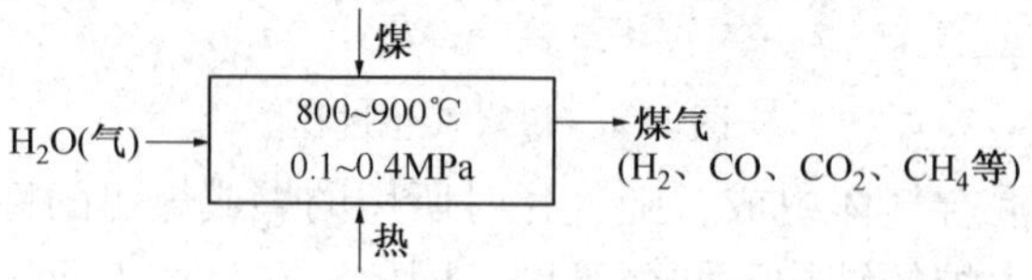

图 4-3　煤的外热式气化原理

（3）加氢气化。由平行进行的化学反应直接供热（如 $C+H_2 \rightleftharpoons CH_4$+7280KJ/Kg），根据上述加氢反应设计的气化反应过程见图 4-4。这个过程的原理在于煤先进行加氢气化，加氢气化后残焦用部分氧化方法气化，产生的合成气为加氢阶段提供氢源。

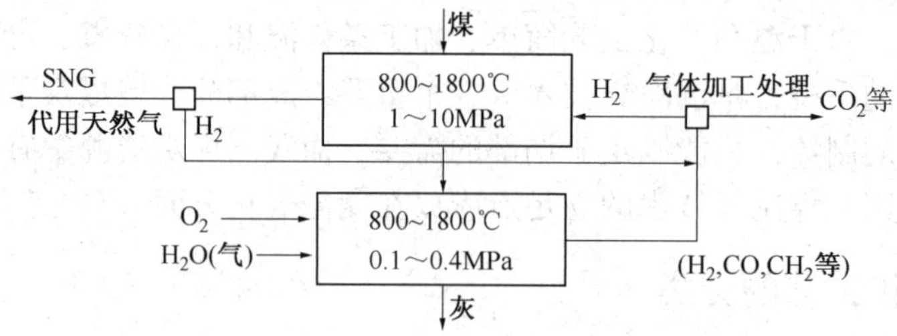

图 4-4　加氢气化原理

3. 按固体燃料的运动状态分类

气化方法按固体燃料的运动状态可分为：

（1）移动床（固定床）气化法：在气化过程中，煤由气化炉顶部加入，气化剂由气化炉底部加入，煤料与气化剂逆流接触，相对于气体的上升速度而言，煤料下降速度很慢，甚至可视为固定不动，因此称之为固定床气化。而实际上，煤料在气化过程中是以很慢的速度向下移动的，比较准确地称其为移动床气化。

（2）流化床气化法：是用流态化技术来制取煤气的一种方法，它是以粒度为 0~10mm 的小颗粒煤为气化原料，由于煤粒小，表面积大，气化剂经过煤粉层，在气化炉内使其悬浮分散在垂直上升的气流中，使燃料处于悬浮运动状态，固体颗粒的运动如沸腾着的液体。煤粒在沸腾状态进行气化反应，从而使得煤料层内温度均匀，气相和固相相对运动激烈，对流传热效率高，这种煤气发生炉也为沸腾炉。

（3）气流床气化法：是将颗粒很小的煤粒与气化剂一起喷入气化燃料炉内，产生的煤气在高温下离开反应器。它是一种并流气化，用气化剂将粒度为 10μm 以下的煤粉带入气化炉内，也可将煤粉先制成水煤浆，然后用泵打入气化炉内。煤料在高于其灰熔点的温度下与气化剂发生燃烧反应和气化反应，灰渣以液态形式排出气化炉。三类煤气化炉及床内温度分布见图 4-5 所示。

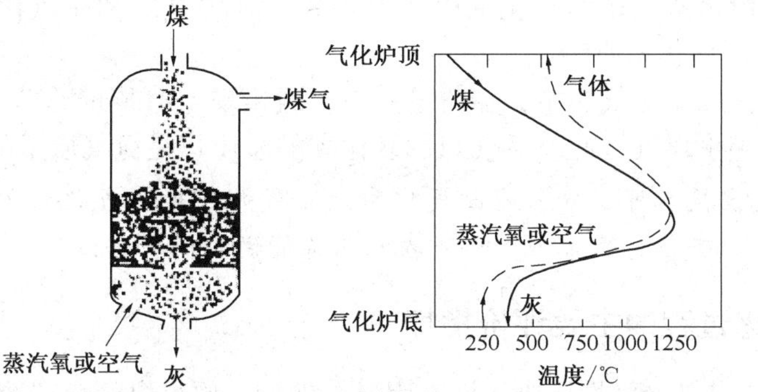

(a) 移动床气化炉

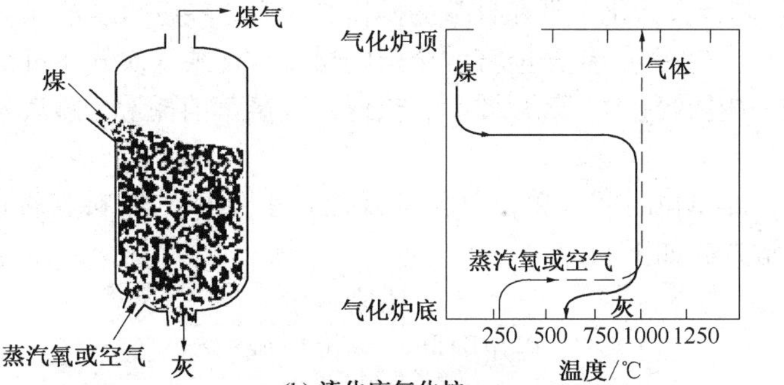

(b) 流化床气化炉

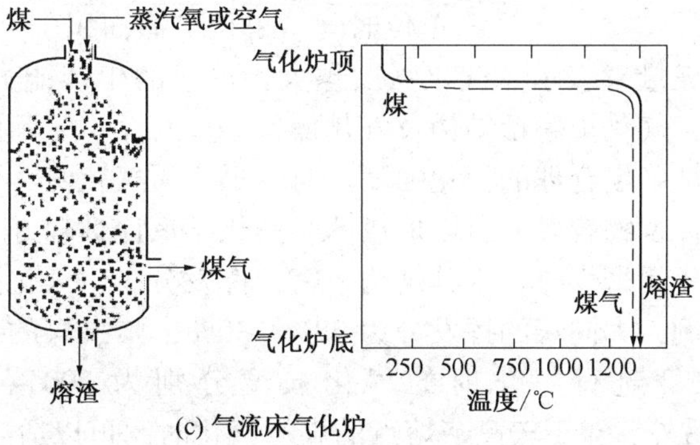

(c) 气流床气化炉

图 4-5　三类煤气化炉及床内温度分布

（4）熔融床气化法：它是将粉煤和气化剂从切线方向高速喷入一个温度较高且高度稳定的熔池内，把一部分动能传给熔渣，使池内熔融物作螺旋状的旋转运动并气化。目前此气化工艺已不再发展，故本书中不再详细介绍这方面的内容。

4. 按气化介质分类

根据气化剂不同，煤炭气化又分为富氧气化、纯氧气化、水蒸气气化、加氢气化等。几种气化方式按所得煤气组成不同又分为空气煤气、混合煤气、水煤气和半水煤气。由氧气、水蒸气作气化剂。反应温度在800~1800℃之间，压力在0.1~4MPa下生成的发生炉煤气又常分为以下几种。

(1) 空气煤气是以空气为气化剂生成的煤气。其中含有60%(体积分数)的氮及一定量的一氧化碳、少量二氧化碳和氢气。在煤气中，空气煤气的热值最低，主要作为化学工业原料、煤气发动机燃料等。

(2) 混合煤气是以空气和适量的水蒸气的混合物为气化剂所生成的煤气。这种煤气在工业上一般用作燃料。

(3) 水煤气是以水蒸气作为气化剂生成的煤气，其中氢气和一氧化碳的含量共达85%(体积分数)以上，用作化工原料。

(4) 半水煤气是以水蒸气为主，加适量的空气或富氧空气同时作为气化剂制得的煤气。合成氨时较多使用半水煤气，此时氢气与一氧化碳的总质量是氮气质量的3倍。

煤炭气化技术可以分为地面气化和地下气化。地下气化的原理、技术、发展前景你了解吗？去信息检索一下吧，我相信你能做到的！加油！

三、煤炭气化过程的主要评价指标

一种煤炭气化工艺的经济性取决于许多因素，例如，原料煤的合理选择，气化炉的类型、大小，操作指标的控制，自动化水平和日常的操作管理等。在综合考虑众多因素的前提下，选择合适的原料路线和工艺路线，生产经济、合格的煤气。反映煤炭气化过程经济性的主要评价指标有气化强度、单炉生产能力、气化效率、热效率、蒸汽消耗量、蒸汽分解率等。

1. 气化强度

所谓气化强度，即单位时间、单位气化炉截面积上处理的原料煤质量或产生的煤气量。气化强度的两种表示方法如下：

$$q_1=\frac{\text{消耗原料量}}{\text{单位时间、单位炉截面积}}$$

$$q_1=\frac{\text{产生煤气量}}{\text{单位时间、单位炉截面积}}$$

一般常用处理煤量来表示。气化强度越大，炉子的生产能力越大。气化强度与煤的性质、气化剂供给量、气化炉炉型结构及气化操作条件有关。实际的气化生产过程中，要结合气化的煤种和气化炉确定合理的气化强度。对于烟煤炭气化时，可以适当采用较高的气化强度，因其在干馏段挥发物较多，所以形成的半焦化学反应性较好，同时进入气化段的固体物料也较少。而在气化无烟煤时，因其结构致密，挥发分少，气化强度就不能太大。以大同烟煤和阳泉无烟煤为例，大同煤的挥发分为28%~30%，阳泉煤的挥发分为8%~9.5%，采用13~50mm的煤粒度进行气化时的气化强度分别为300~350kg/(m^2·h)和180~220kg/(m^2·h)。另外，对于较高灰熔点的煤炭气化时，可以适当提高气化温度，相应也提高了气化强度。

2. 单炉生产能力

煤气炉的单炉生产能力是工厂企业综合经济效益中的一项重要考核指标，在生产规模确定的前提下，可以作为选择气化炉类型的依据。气化炉单台生产能力是指单位时间内，一台炉子能生产的煤气量。它主要与炉子的直径大小、气化强度和原料煤的产气率有关，计算公式如下：

$$V=\frac{\pi}{4}q_1D^2V_g$$

式中 V——单炉生产能力，m^3/h；

D——气化炉内径，m；

V_g——煤气产率，m^3/kg(煤)；

q_1——气化强度，$kg/(m^2 \cdot h)$。

公式中的煤气产率是指每千克燃料(煤或焦炭)在气化后转化为煤气的体积，它也是重要的技术经济指标之一，一般通过试烧试验来确定。在生产中也经常使用另一个与煤气产率意义相近的指标，即煤气单耗，定义为每生产单位体积的煤气需要消耗的燃料质量，以kg/m^3计。

3. 气化效率

气化效率以及下面要提到的热效率都是衡量煤炭气化过程能量合理利用的重要指标。煤炭气化过程实质是燃料形态的转变过程，即从固态的煤通过一定的工艺方法转化为气态的煤气。这一转化过程伴随着能量的转化和转移，通常是首先燃烧部分煤提供热量(化学能转化为热能)，然后在高温条件下，气化剂和炽热的煤进行气化反应，消耗了燃烧过程提供的能量，生成可燃性的一氧化碳、氢气或甲烷等(这实际上是能量的一个转移过程)。

由此可见，要制得煤气，即使在理想情况下消耗一定的能量也是不可避免的，再加上在氧化过程中必热会有热量的散失、可燃气体的泄露等引起的损耗，也就是说煤所能够提供的总能量并不能完全转移到煤气中，这种转化关系可以用气化效率来表示。所谓的气化效率是指所制得的煤气热值和所使用的燃料热值之比，用公式表示为：

$$\eta=\frac{Q'}{Q}\times100\%$$

式中 η——气化效率,%；

Q'——1kg 煤所制得煤气的热值，kJ/kg；

Q——1kg 煤所提供的热值，kJ/kg。

4. 热效率

热效率是评价整个煤炭气化过程能量利用的经济技术指标。气化效率侧重于评价能量的转移程度，即煤中的能量有多少转移到煤气中；而热效率则侧重于反映能量的利用程度。热效率计算公式如下：

$$\eta'=\frac{\sum Q_{入}-\sum Q_{热损失}}{\sum Q_{入}}$$

$$\sum Q_{入}=\sum Q_{煤气}+\sum Q_{热损失}$$

式中 η'——热效率,%；

$Q_{煤气}$——煤气的热值，MJ；

$\sum Q_{入}$——进入气化炉的总热量，MJ；

$\sum Q_{热损失}$——气化过程的各项热损失之和，MJ。

进入气化炉的热量有燃料带入热、水蒸气和空气等的显热。气化过程的热损失主要有通过炉壁散失到大气中的热量、高温煤气的热损失、灰渣热损失、煤气泄露热损失等。

5. 水蒸气消耗量和水蒸气分解率

水蒸气消耗量和水蒸气分解率是煤炭气化过程经济性的重要指标。它关系到气化炉是否能正常运行，是否能够将煤最大限度地转化为煤气。一般地水蒸气的消耗量是指气化 1kg 煤所消耗蒸汽的量，水蒸气消耗量的差异主要由于原料煤的理化性质不同而引起的。

水蒸气分解率是指被分解掉的蒸汽与入炉水蒸气总量之比。蒸汽分解率高，得到的煤气质量好，粗煤气中水蒸气含量低；反之，煤气质量差，粗煤气中水蒸气含量高。

四、煤炭气化工艺的原则流程

由于煤炭的性质和煤气产品用途不同，所采用的气化工艺流程也不一样，很难用一种系统流程将如此众多的气化工艺加以概括。为了说明煤气化流程的概念，取气化过程的共性，将主要的工作单元组合成一个原则流程，图 4-6 所示是煤炭气化工艺的原则流程，包括原料准备、煤气的生产、净化及脱硫、煤气变换、煤气精制以及甲烷合成 6 个主要单元。

在仅需要生产低热值煤气时，一般只用前三个单元组成气化工艺，即原料准备、煤气的生产和净化。在需要生产高热值煤气时，为了在煤气生产过程中获得富氢和甲烷含量较高的气体产物，还需要煤气变换、精制和甲烷合成等三个环节。在生产合成氨原料时，则无需甲烷化这一转换单元。

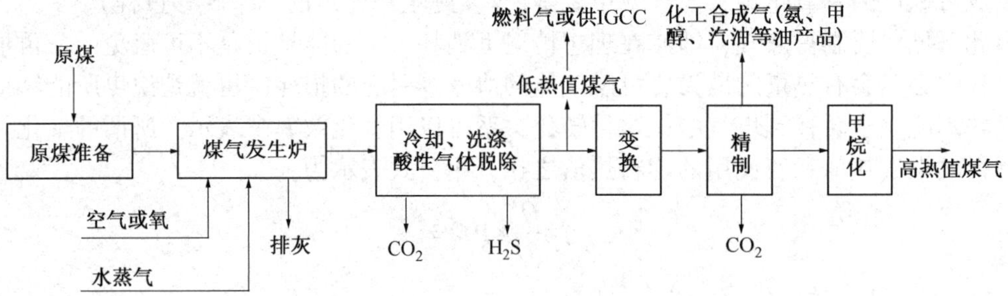

图 4-6　煤炭气化工艺的原则流程

第二节　煤炭气化原理

煤的气化过程是一个复杂的物理化学过程。涉及的化学反应过程包括温度、压力、反应速度的影响和化学反应平衡及移动等问题，涉及的物理过程包括物料及气化剂的传质、传热、流体力学等问题。煤的气化过程是煤的部分燃烧与气化过程的组合。在无外界提供热源的情况下，煤气化炉内的气化热源依靠自身部分煤炭的燃烧生成 CO_2 并放出热量，为煤的气化过程提供必要的热力反应条件。

值得一提的是，煤的气化与煤的干馏过程和产物是有显著区别的，煤的干馏过程是煤炭在隔绝空气的条件下，在一定的温度下（分为低温、中温和高温干馏）进行的热加工过程，干馏的目的在于得到焦炭、焦油和其他若干化学产品，同时也得到一定数量的煤气（焦炉煤气）。而煤的气化过程是利用气化剂（氧气、空气或水蒸气）与高温煤层或煤粒接触并相互作用，使煤中的有机化合物在氧气不足的条件下进行不完全氧化，尽可能完全地转化成含氢、甲烷和 CO 等可燃物的混合气体。

一、煤气化的基本条件

（1）气化原料和气化剂。气化原料一般为煤、焦炭。气化剂可选择空气、空气–蒸汽混合气、富氧空气–蒸气、氧气–蒸汽、蒸汽或CO_2等。

（2）发生气化的反应容器。发生气化的反应器即煤气化炉或煤气发生炉。气化原料和气化剂被连续送入反应器，在其内完成煤的气化反应，输出粗煤气，并排出煤炭气化后的残余灰渣。煤气发生炉的炉体外壳一般由钢板构成，内衬耐火层，装有加煤和排灰渣设备、调节空气（富氧气体）和水蒸气用量的装置、鼓风管道和煤气导出管等。

（3）煤气发生炉内保持一定的温度。通过向炉内鼓入一定量的空气或氧气，使部分入炉原料燃烧放热，以此作为炉内反应的热源，使气化反应不间断地进行。根据气化工艺的不同，气化炉内的操作温度亦有较大不同。可分别运行在高温（1100~2000℃）、中温（950~1100℃）或较低的温度（900℃左右）区段。

（4）维持一定的炉内压力。不同的气化工艺所要求的气化炉内的压力也不同，分为常压和加压气化炉，较高的运行压力有利于气化反应的进行和提高煤气的产量。

二、气化的几个重要过程

具体的气化过程所采用的炉型不同，操作条件不同，所使用的气化剂及燃料组成不同，但基本都包括几个主要的过程，即煤的干燥、热解、主要的化学反应。

1. 煤的干燥

煤的干燥过程受干燥温度、气流速度等因素的影响。气流中水分含量的高峰期处于炭床层温度为100℃左右，其水的产生速度和煤的颗粒大小无关。也就是说干燥过程主要是与水分的蒸发温度有关。煤的干燥过程实质上是水分从微孔中蒸发的过程，理论上应在接近水的沸点下进行，但实际生产中和具体的气化工艺过程及其操作条件又有很大的关系。例如，对于移动床气化而言，由于煤不断向高温区缓慢移动，且水分蒸发需要一定的时间，因此水分全部蒸发的温度稍大于100℃，当气化煤中水分含量较大时，干燥期间，煤料温度在一定时间内处于不变的100℃左右。而在其他的一些气化工艺过程当中，例如，气流床气化时，由于粉煤是直接被喷入高温区内，几乎是在2000℃左右的高温条件下被瞬间干燥。

一般地，增加气体流速，提高气体温度都可以增加干燥速度。煤中水分含量低、干燥温度高、气流速度大，则干燥时间短；反之，煤的干燥时间就长。

从能量消耗的角度来看，以机械形式和煤结合的外在水分，在蒸发时需要消耗的能量相对较少；而以吸附方式存在于煤微孔内的内在水分，蒸发时消耗的能量相对较多。

煤干燥过程的主要产物是水蒸气以及被煤吸附的少量的一氧化碳和二氧化碳等。

2. 煤的热解

煤是复杂的有机物质，从煤的成因知道，煤是由高等植物（或低等植物）在一定的条件下，经过相当长的物理、化学、物理化学、生物及地质作用而形成的。其主体是含碳、氢、氧和硫等元素的极其复杂的化合物，并夹杂一部分无机化合物。当加热时，分子键的重排将使煤分解为挥发性的有机物和固定炭。挥发分实质上是由低相对分子质量的氢气、甲烷和一氧化碳等化合物至高相对分子质量的焦油和沥青的混合物构成。

一般来讲，热解反应的宏观形式为：

$$\text{煤}\xrightarrow{\text{加热}}\text{煤气}(CO_2\text{、}CO\text{、}CH_4\text{、}H_2O\text{、}H_2\text{、}NH_3\text{、}H_2S)+\text{焦油(液体)}+\text{焦炭}$$

煤炭气化过程中煤的热解与炼焦和煤液化过程中煤的热解行为有所区别，其主要区别在于：

① 在块状或大颗粒状煤存在的固定床气化过程中，热解温度较低，通常在600℃以下，属于低温干馏(低温热解)；

② 热解过程中，床层中煤粒间有较强列的气流流动，不同于炼焦炉中自身生成物的缓慢流动，其对煤的升温速度及热解产物的二次热解反应影响较大；

③ 在粉煤气化(流化床和气流床)工艺中，煤炭中水分的增发、煤热解以及煤粒与气化剂之间的化学反应几乎是同时并存，且在瞬间完成。

煤的加热分解除了和煤的品位有关系，还与煤的颗粒粒径、加热速度、分解温度、压力和周围气体介质有关系。

无烟煤中的氢和氧元素含量较低，加热分解仅放出少量的挥发分；烟煤加热时经历软化为类原生质的过程。在煤颗粒中心达到软化温度以前，开始分解出挥发物，同时其本身发生膨胀。

煤颗粒粒径小于50μm时，热解过程将为挥发形成的化学反应控制，热解与颗粒大小基本没有关系。当颗粒粒径大于100μm时，热解速度取决于挥发分从固定碳中的扩散逸出速度。

压力对热解有重要影响，随压力的升高，液体碳氢化合物相对减少，而气体碳氢化合物相对增加。一般来说，在200℃以前，并不发生热解作用，只是放出吸附的气体，如水等。在大于200℃后，才开始发生煤的热分解，放出大量的水蒸气和二氧化碳，同时，有少量的硫化氢和有机硫化物放出。继续升高温度，达到400℃左右时煤开始剧烈热解，放出大量的甲烷和同系物、烯烃等，此时煤转变为塑性状态。温度达到500℃时，开始产生大量的焦油蒸气和氢气，此时塑性状态的煤因分解作用的进行而变硬。

煤的热解结果生成三类分子：小分子(气体)、中等分子(焦油)、大分子(半焦)。

就单纯热解作用的气态而言，煤气热值随煤中挥发分的增加而增加，随煤的变质程度的加深氢气含量增加而烃类和二氧化碳含量减少。煤中的氧含量增加时，煤气中二氧化碳和水含量增加。煤气的平均相对分子质量则随热解的温度升高而下降，即随温度的升高大分子变小，煤气数量增加。

随温度的升高，煤的干燥和气化产物的释放进程大致如下，

100~200℃	放出水分及吸附的CO_2
200~300℃	放出CO_2、CO和热分解水
300~400℃	放出焦油蒸汽、CO和气态碳氢化合物
400~500℃	焦油蒸汽产生达到最多，CO逸出减少直至终止
500~600℃	放出H_2、CH_4和碳氢化合物
600℃以上	碳氢化合物分解为甲烷和氢

由于各种煤的热稳定性差别较大，因此随温度的升高，挥发性气体释放的速率也不同，煤干燥与挥发后的产物是焦炭。在煤气化过程中，对煤化程度浅的多水分褐煤，干燥与挥发阶段具有重要的作用，而对烟煤、半焦和无烟煤则意义不大，且除两段气化工艺以外，其他气化工艺中的此阶段也不是主要的。

3. 主要化学反应过程

煤炭气化过程中存在许多化学反应，既有煤和气化剂之间的反应，也有气化剂与生成物之间的反应，煤炭气化过程的两类主要反应即燃烧反应和还原反应是密切相关的是煤炭气化过程的基本反应。

三、气化过程主要化学反应

一般认为，在煤的气化阶段中发生了下述反应：

（1）碳的氧化燃烧反应。煤中的部分碳和氢经氧化燃烧放热并生成CO_2和水蒸气，由于处于缺氧环境下，该反应仅限于提供气化反应所必需的热量。

$$C+O_2 \longrightarrow CO_2+394.55kJ/mol$$

$$C+O_2 \longrightarrow CO+110.4kJ/mol$$

$$H_2+\frac{1}{2}O_2 \longrightarrow H_2O+21.8kJ/mol$$

（2）气化反应。这是气化炉中最重要的还原反应，发生于正在燃烧而未燃烧完的燃料中，炭与CO_2反应生成CO，在有水蒸气参与反应的条件下，炭还与水蒸气反应生成H_2和CO_2（即水煤气反应），这些均为吸热化学反应。

$$CO_2+C \rightleftharpoons 2CO-173.1kJ/mol$$

$$C+H_2O \rightleftharpoons CO+H_2-131.0kJ/mol$$

在实际过程中，随着参加反应的水蒸气浓度增大，还可能发生如下水煤气平衡反应（也称为一氧化碳变换反应）。在有关工艺过程中，为了把一氧化碳全部或部分转变为氢气，往往在气化炉外利用这个反应。现今所有的合成氨厂和煤气厂制氢装置均设有变换工序，采用专有催化剂，使用专有技术名词“变换反应”。

$$C+2H_2O \longrightarrow CO_2+2H_2-88.9kJ/mol$$

（3）甲烷生成反应。当炉内反应温度在700~800℃时，还伴有以下的甲烷生成反应，对煤化程度浅的煤，还有部分甲烷产生自煤的大分子裂解反应。

$$C+2H_2 \xrightarrow{\text{催化剂}} CH_4+O_2$$

$$CO+3H_2 \xrightarrow{\text{催化剂}} CH_4+H_2O$$

$$CO_2+4H_2 \xrightarrow{\text{催化剂}} CH_4+2H_2O$$

$$2CO+2H_2 \xrightarrow{\text{催化剂}} CH_4+CO_2$$

$$2C+2H_2O \xrightarrow{\text{催化剂}} CH_4+CO_2$$

在煤的气化过程中，根据气化工艺的不同，上述各个基本反应过程可以在反应器空间中同时发生，或不同的反应过程限制在反应器的各个不同区域中进行，亦可以在分离的反应器中分别进行。根据以上反应产物，煤炭气化过程可用下式表示：

$$煤 \xrightarrow{\text{高温、高压、气化剂}} C+CH_4+CO+CO_2+H_2+H_2O$$

（4）其他反应。因为煤中有杂质硫存在，气化过程中还可能同时发生以下反应：

$$S+O_2 \rightleftharpoons SO_2$$

$$SO_2+3H_2 \rightleftharpoons H_2S+2H_2O$$

$$SO_2+2CO \rightleftharpoons S+2CO_2$$

$$2H_2S+SO_2 \rightleftharpoons 3S+2H_2O$$

$$C+2S \rightleftharpoons CS_2$$

$$CO+S \rightleftharpoons COS$$

$$N_2+3H_2 \rightleftharpoons 2NH_3$$

$$N_2+H_2O+2CO \rightleftharpoons 2HCN+\frac{3}{2}O_2$$

$$N_2+xO_2 \rightleftharpoons 2NO_x$$

在以上反应生成物中生成许多硫及硫的化合物，它们的存在可能造成对设备的腐蚀和对环境的污染。前已述及，煤炭与不同气化剂反应可获得空气煤气、水煤气、混合煤气、半水煤气等，其反应后组成见表 4-1。

表 4-1　工业煤气组成

种　类	气体组成						
	$\varphi_{H_2}/\%$	$\varphi_{CO}/\%$	$\varphi_{CO_2}/\%$	$\varphi_{N_2}/\%$	$\varphi_{CH_4}/\%$	$\varphi_{O_2}/\%$	$\varphi_{H_2S}/\%$
空气煤气	0.9	33.4	0.6	64.6	0.5		
水煤气	50.0	37.3	6.5	5.5	0.3	0.2	0.2
混合煤气	11.0	27.5	6.0	55	0.3	0.2	
半水煤气	37.0	33.3	6.6	22.4	0.3	0.2	0.2

四、气化过程的物理化学基础

煤的气化过程是一个热化学过程，影响其化学过程的因素很多，除了气化介质、燃料接触方式影响外，其工艺条件的影响也必须考虑。为了清楚地分析、选择工艺条件，现首先分析煤炭气化过程中的化学平衡及反应速度。

1. 气化反应的化学平衡

（1）化学平衡常数。在煤炭气化过程中，有相当多的反应是可逆过程，特别是在煤的二次气化中，几乎均为可逆反应。在一定条件下，当正反应速度与逆反应速度相等时，化学反应达到化学平衡。

$$mA+nB \rightleftharpoons pC+qD$$

$$V_{正}=K_{正}[P_A]^m[P_B]^n$$

$$V_{逆}=K_{逆}[P_C]^p[P_D]^q$$

$$K_{正}[P_A]^m[P_B]^n=K_{逆}[P_C]^p[P_D]^q$$

$$K_p=\frac{K_{正}}{K_{逆}}=\frac{[P_C]^p[P_D]^q}{[P_A]^a[P_B]^b}$$

（2）影响化学平衡的因素。化学平衡只有在一定的条件下才能保持，当条件改变时，平衡就破坏了，直到与新条件相适应，才能达到新的平衡，因平衡破坏而引起含量（摩尔分数）的变化过程，称为平衡的移动。平衡移动的根本原因是外界条件的改变，对正逆两反应速度发生了不同的影响。

吕·查德理（LeChatelier）原理：处于平衡状态的体系，当外界条件［温度、压力及含量（摩尔分数）等］发生变化时，则平衡发生移动，其移动方向总是向着削弱或者抗拒外界条件改变的影响。

① 温度的影响。温度是影响气化反应过程煤气产率和化学组成的决定性因素。温度对化学平衡的影响如下：

$$\lg K_p=\frac{-\Delta H}{2.303RT}+C$$

式中　R——气体常数，8.314kJ/(kmol·K)；

T——绝对温度，K；

ΔH——反应热效应，放热为负，吸热为正；

C——常数。

从上式可以看出，若 ΔH 为负值时，属于放热反应，温度升高，K_p 值减小，对于这类反应，一般来说降低反应温度有利于反应的进行。反之，若 ΔH 为正值时，即吸热反应，温度升高，K_p 值增大，此时升高温度有利于反应的进行。

例如，气化反应式其反应如下：

$$C+H_2O \rightleftharpoons H_2+CO-135.0kJ/mol$$

$$C+CO_2 \rightleftharpoons 2CO-173.1kJ/mol$$

两反应过程均为吸热反应，在这两个反应进行过程中，升高温度平衡向吸热方向移动，即升高温度对主反应有利。

C 与 CO_2反应生成 CO，反应式：$CO_2+C \rightleftharpoons 2CO-173.1kJ/mol$，反应在不同温度下 CO_2 与 CO 的平衡组成见表 4-2。

表 4-2　在不同温度下的反应中 CO_2与 CO 的平衡组成

温度/℃	450	650	700	750	800	850	900	950	1000
φ_{CO_2}/%	97.8	60.2	41.3	24.1	12.4	5.9	2.9	1.2	0.9
φ_{CO}/%	2.2	39.8	58.7	75.9	87.6	94.1	97.1	98.8	99.1

从表 2-2 中可以看到，随着温度升高，其还原产物 CO 的含量增加。当温度升高到1000℃时，CO 的平衡组成为 99.1%。在前面提到的可逆反应中，有很多是放热反应，温度过高对反应不利，如：

$$CO+\frac{1}{2}O_2 \rightleftharpoons CO_2+2837kJ/mol$$

$$CO+3H_2 \rightleftharpoons CH_4+H_2O+2193kJ/mol$$

如有 1%的 CO 转化为甲烷，则气体的绝热温升为 60~70℃。在合成气中 CO 的组成大约为 30%左右，因此，反应过程中必须将反应热及时移走，使得反应在一定的温度范围内进行，以确保不发生由于温度过高而引起催化剂烧结的现象。

② 压力的影响。平衡常数 K_p 不仅是温度函数，而且随压力变化而变化。压力对于液相反应影响不大，而对于气相或气液相反应平衡的影响是比较显著的。根据化学平衡原理，升高压力平衡向气体体积减小的方向进行；反之，降低压力平衡向气体体积增加方向进行。在煤炭气化的一次反应中，所有反应均为增大体积的反应，故增加压力不利于反应进行。可由下列公式得出：

$$K_p = K_N \cdot p^{\Delta v}$$

式中　K_p——用压力表示的平衡常数；

K_N——用物质的量表示的平衡常数；

Δv——反应过程中气体物质分子数的增加(或体积的增加)。

理论产率决定于 K_p，并随 K_N的增加而增大。当反应体系的平衡压力 p 增加时，$p^{\Delta v}$的值由 Δv 决定。

如果 $\Delta v<0$，增大压力 p 后，$p^{\Delta v}$减小。由于 K_p 是不变的，如果 K_N保持原来的值不变，就不能维持平衡，所以当压力增高时，K_N必然增加，因此加压有利。即加压使平衡向体积减少或分子数减小的方向移动。如果 $\Delta v>0$，则正好相反，加压将使平衡向反应物方向移动，因此，加压对反应不利，这类反应适宜在常压甚至减压下进行。如果 $\Delta v=0$，反应前后体积或分子数无变化，则压力对理论产率无影响。

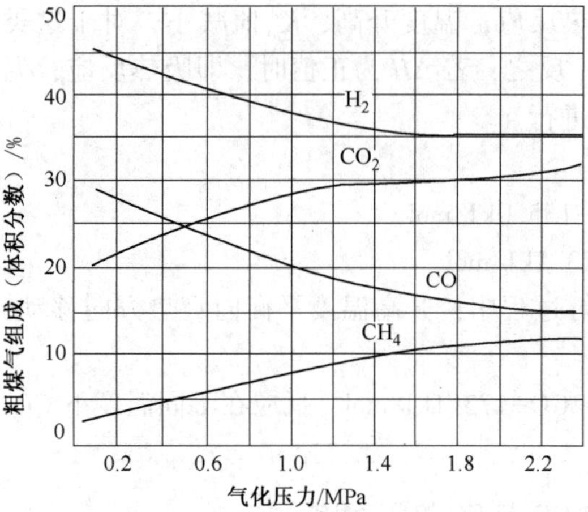

图 4-7　粗煤气组成与气体压力的关系图

图 4-7 为粗煤气组成与气化压力的关系图，从图中可见，压力对煤气中各气体组成的影响不同，随着压力的增加，粗煤气中甲烷和二氧化碳含量增加，而氢气和一氧化碳含量则减少。因此，压力越高，一氧化碳平衡浓度越低，煤气产率随之降低。

由上述可知，在煤炭气化中，可根据生产产品的要求确定气化压力，当气化炉煤气主要用作化工原料时，可在低压下生产；当所生产气化煤气需要较高热值时，可采用加压气化。这是因为压力提高后，在气化炉内，在 H_2气氛中，CH_4产率随压力提高迅速增加，发生如下反应；

$$C+2H_2 \rightleftharpoons CH_4 \qquad \Delta H=84.3\text{kJ/mol}$$

$$CO+3H_2 \rightleftharpoons CH_4+H_2O \qquad \Delta H=219.31\text{kJ/mol}$$

$$CO_2+4H_2 \rightleftharpoons CH_4+2H_2O \qquad \Delta H=162.8\ \text{kJ/mol}$$

$$2CO+2H_2 \rightleftharpoons CO_2+CH_4 \qquad \Delta H=247.3\ \text{kJ/mol}$$

上述反应均为缩小体积的反应，加压有利于 CH_4生成，而甲烷生成反应为放热反应，其反应热可作为水蒸气分解、二氧化碳等吸热反应热源，从而减少了炭燃烧中氧的消耗。也就是说，随着压力的增加，气化反应中氧气消耗量减少；同时，加压可阻止气化时上升气体中所带出物料的量，有效提高鼓风速度，增大其生产能力。

在常压气化炉和加压气化炉中，假定带出物的数量相等，则出炉煤气动压头相等，可近似得出，加压气化炉与常压气化炉生产能力之比如下式所示：

$$\frac{V_2}{V_1}=\sqrt{\frac{T_1 p_2}{T_2 p_1}}$$

对于常压气化炉，p_1通常略高于大气压，当 $p_1=0.1078$MPa 左右时，常压、加压炉的气化温度之比 $T_1/T_2=1.1\sim1.25$，则由上式可得：

$$V_2/V_1=3.19\sim3.41\sqrt{p_2}$$

例如，气化压力为 2.5～3MPa 的鲁奇加压气化炉，其生产能力将比常压下高 5～6 倍；又如(鲁尔-100)气化炉，当把压力从 2.5MPa 提高到 9.5MPa 时，粗煤气中甲烷含量从 9%增至 17%，气化效率从 8%提高到 85%，煤处理量增加 1 倍，氧耗量降低 10%～30%。但是，从下列反应：

$$C+H_2O \rightleftharpoons H_2+CO \qquad \Delta H=-135.0\text{kJ/mol}$$

可知，增加压力，平衡左移，不利于水蒸气分解，即降低了氢气生成量。故增加压力，水蒸气消耗量增多。图 4-8 为气化压力与蒸汽消耗量的关系。

③ 具体分析。下面分别研究，在气化过程中具有重要意义的几类反应。

a. 还原反应：$CO_2+C \rightleftharpoons 2CO-173.1$kJ/mol 此反应是高温下碳与氧作用时发生的许多反应中的一个，它是一个强吸热反应，当温度上升时，平衡常数 K_p 急剧增加，显然温度愈高愈有利于这个反应进行。K_p与温度的变化关系如图 4-9 所示。$CO_2+C \rightleftharpoons 2CO-173.1$kJ/mol 反应中平衡混合物组成与压力的关系如图 4-10 所示。在一定温度下，反应的 K_p与压力无关。但由于反应之后体积的增加，所以在总压增加时，将会影响平衡点的移动，使反应向体积缩小的方向进行。

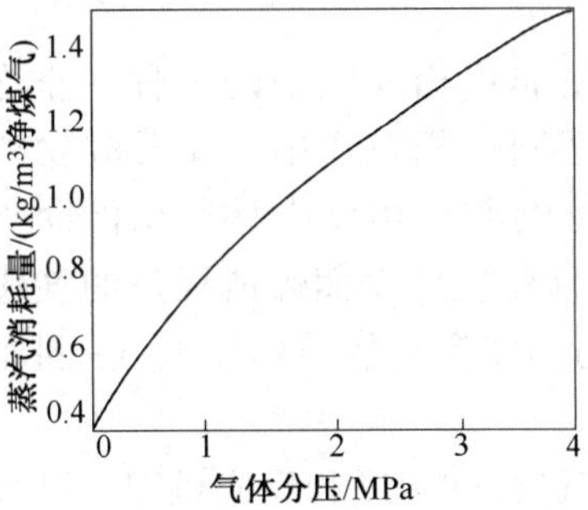

图 4-8　气化压力与蒸汽消耗量的关系图

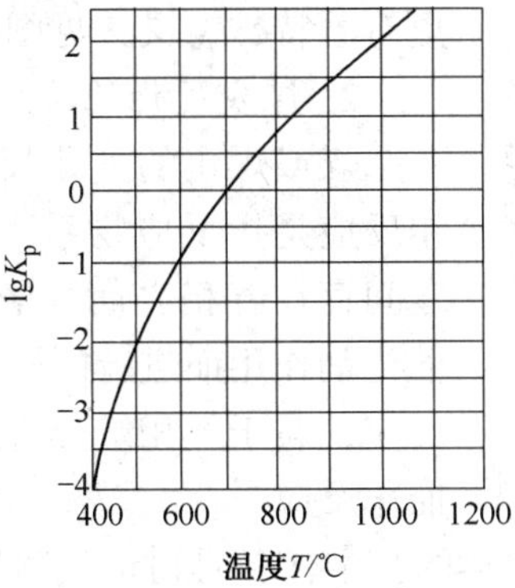

图 4-9　$CO_2+C \rightleftharpoons 2CO-1731kJ/mol$ 中 K_p-T 图

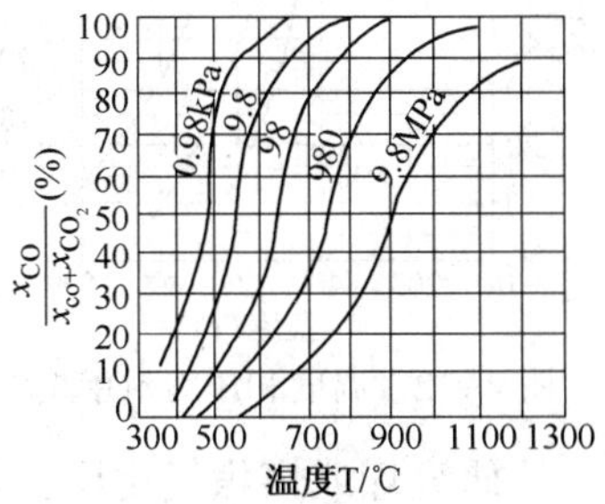

图 4-10　平衡组成与压力关系图

b. 对气化有重要意义的碳与水蒸气反应。大量的研究表明，其初次反应是：

$$C+H_2O \rightleftharpoons H_2+CO-135.0kJ/mol$$

但在过量水蒸气的参与下，又继而发生了反应：$CO+H_2O \rightleftharpoons CO_2+H_2-38.4kJ/mol$ 把这两个反应组合在一起即得 2 个分子水蒸气与碳的反应：$CO+2H_2O \rightleftharpoons CO_2+2H_2-173.4kJ/mol$ 这两个水蒸气反应的平衡常数与温度的关系如图 4-11 所示。从图上可以看出，温度对于两个反应平衡常数的影响有所不同。在 800℃以上，温度上升，则第一个反应的平衡常数要比第二个反应的平衡常数增加得快，所以，提高温度可以相对地提高一氧化碳含量而降低二氧化碳的含量。

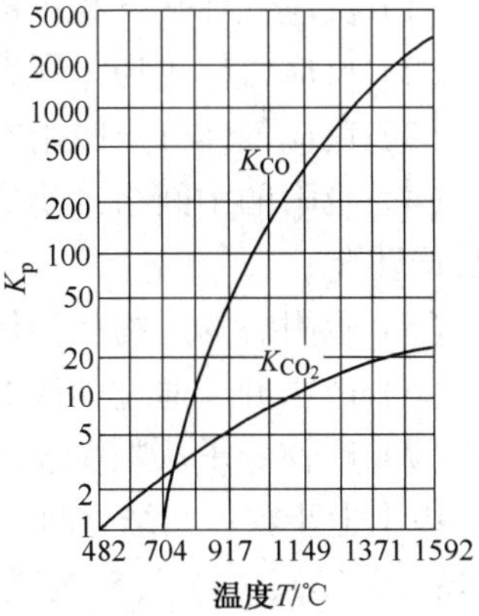

图 4-11　碳和水蒸气反应的平衡常数与温度的关系

然而 $K_c\dfrac{RT}{P}=\dfrac{X_{CO}X_{H_2}}{X_{H_2O}}$，因此，在温度不变的情况下，随压力增加，水蒸气含量增加，CO 和 H_2的含量减少。

c. 生成甲烷的反应：$C+2H_2 \longrightarrow CH_4+84.3kJ/mol$ 是气化过程中生成甲烷的主要反应。对其进行较为详细的研究，得到在 300～1500℃范围内，系统处于平衡时的混合物组成和平衡常数 K_p见表 4-3。

表 4-3　反应混合物组成和平衡常数 K_p 关系

温度/℃	X_{CH_4}/%	X_{H_2}/%	K_p	温度/℃	X_{CH_4}/%	X_{H_2}/%	K_p
300	96.90	3.10	2.33	700	11.07	88.93	−0.99
400	86.16	13.84	1.32	800	4.41	95.39	−1.26
500	62.53	16.47	0.57	1000	0.50	99.50	−1.83
550	46.69	53.31	−0.05	1100	0.20	99.80	−2.22
600	31.68	68.32	−0.32	1150	0.10	99.90	−2.48
650	19.03	80.97	−0.63				

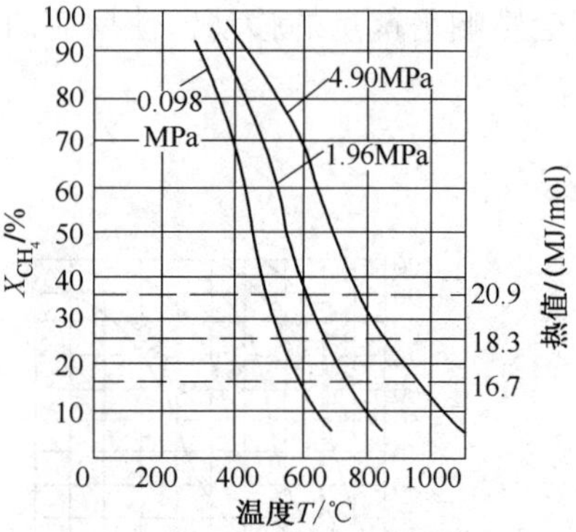

图 4-12　温度和压力对甲烷的影响

由表 4-3 可以看出：提高温度，使反应平衡常数下降，在平衡状态下甲烷的含量降低。压力对甲烷化反应更有着特殊意义，见图 4-12。

2. 煤炭气化的反应动力学

煤或煤焦的气化反应是非均相反应中的一种。非均相反应是指反应物系不处于同一相态之中，在反应物料之间存在着相界面。最常见的非均相反应是气相借助于催化剂作用而进行的气-固催化反应，而煤或煤焦的气化反应，属于气相组分直接与固体含碳物质作用的气-固非催化反应。

研究煤或煤焦气化反应动力学的基本任务是讨论气化反应进行的速度和反应机理，以解决气化反应的现实性问题。通过煤或煤焦气化反应动力学的研究，确定反应速度以及温度、压力、物质的量浓度、煤或煤焦中矿物质或外加催化剂等各种因素对反应速度的影响，从而可求得最适宜的反应条件，使反应按人们所希望的速度进行。煤或煤焦的气化反应，通常必须经过以下七步：

(1) 反应气体从气相扩散到固体炭表面（外扩散）；

(2) 反应气体再通过颗粒的孔道进入小孔的内表面（内扩散）；

(3) 反应气体分子吸附在固体表面上，形成中间络合物；

(4) 吸附的中间络合物之间，或吸附的中间络合物和气相分子之间进行反应，这称为表面反应步骤；

(5) 吸附态的产物从固体表面脱附；

(6) 产物分子通过固体的内部孔道扩散出来（内扩散）；

(7) 产物分子从颗粒表面扩散到气相中（外扩散）。

以上七步骤可归纳为两类，(1)、(2)、(6)、(7)为扩散过程，其中又有外扩散或内扩散之分；而 (3)、(4)、(5)为吸附、表面反应和脱附，其本质上都是化学过程，故合称表面反应过程。由于各步骤的阻力不同，反应过程的总速度将取决于阻力最大的步骤，即速度最慢的步骤，该步骤是速度控制步骤。因而，总反应速度可以由外扩散过程、内扩散过程或表面反应过程控制。如果反应总速度受化学反应速度限制，称为化学动力控制；如果受物理过程速度限制时，则称为扩散控制。

温度是影响反应速率的重要因素。为了表达清楚，用图 4-13 加以说明。其上图表示气相和碳反应的反应速度的常用对数值随反应温度的倒数的变化关系。下图表示在相应情况下，反应物在气固界面和颗粒内部物质的量浓度分布状况，R 是颗粒半径，c_g 是反应物气相物质的量浓度，δ 是滞流边界层厚度。

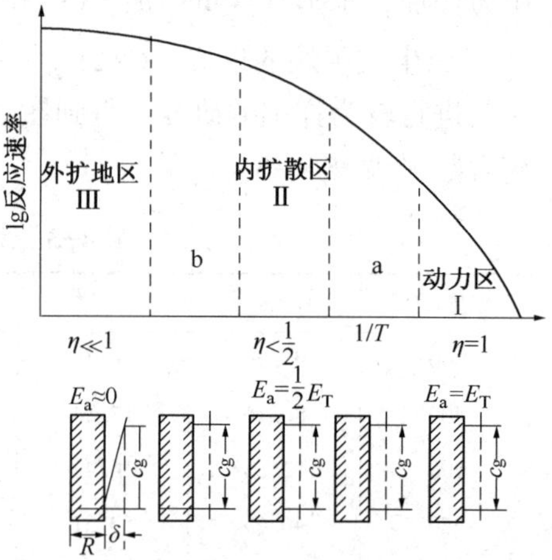

图 4-13　多孔炭反应速率随温度 T 变化的三区域图

由图 4-13 可见，理论上可把气-炭反应的反应速度随反应温度的变化划分成低温、中温、高温三个区域和二个过渡区。

① 低温区 I：此时因温度很低，反应速度很慢。表面反应过程是整个过程的控制步骤，称为动力区。

反应剂物质的量浓度在整个炭颗粒内外近似相等，当然反应物在固体内部仍可能有一定的物质的量浓度梯度，但它是如此之小，以至于可以假定固体内部物质的量浓度近似为 x，实验测得的表观活化能 E_a 等于真活化能正 E_T。假设固体颗粒内表面所接触的反应物物质的量浓度都是 c_g 时的反应速率为 r_0，而接触的反应剂只有图 4-13 中所示的各种情况时的实际反应速率为 r，若定义表面利用系数 $\eta = r/r_0$，则在化学动力区 $\eta = 1$。

② 中温区Ⅱ：这时总过程的速率由表面反应和内扩散所控制，称内扩散区。气相反应剂在颗粒内部渗入深度远小于颗粒半径 R，化学反应在炭粒表面和深度为 ε 的薄层中进行。实验测得的表观活化能 $E_a = 1/2E_T$，表面利用系数 η 小于 1/2。

③ 高温区Ⅲ：这时反应速度由外扩散控制，也即由反应剂或产物通过固体表面的滞流边界层的扩散控制，称外扩散区。因化学反应速率在高温下大大加快，故反应剂物质的量浓度在固体表面已接近于零，因此内表面利用系数 $\eta \ll 1$。表观活化能反映了高温变化对于过程速率的影响程度，扩散系数对温度的变化并不敏感。实验测得的表观活化能 $E_a \approx 0$。

④ 过渡区 a 和 b：在动力区和内扩散区之间有一过渡区 a；在内扩散区和外扩散区之间有一过渡区 b，在过渡区要确定总的过程速率必须同时考虑两类过程速率的影响。

此外，必须指出，不能固定不变地来看待反应系统的控制步骤，条件的改变可以导致各步相对阻力的改变，从而使控制步骤改变。了解固体含碳物质气化反应的分区和控制步骤分析方法，对于描述气化反应过程和设计实际反应条件都是非常重要的。目前有很多学者都在进行这方面的研究，由于不同学者研究的条件和方法不同，得出的看法和动力学方程往往也不尽相同，固有待于进一步的研究与发展，在这里不再详细叙述。

五、煤气平衡组成的计算

1. 以空气为气化剂时煤气组成的计算

(1) 碳与氧平衡组成的计算：以空气为气化剂的生产过程中，煤气组成主要由下面四个反应平衡状态确定：

$$C+O_2 \longrightarrow CO_2 \qquad \Delta H = 394.1\text{kJ/mol}$$

$$2C+O_2 \longrightarrow 2CO \qquad \Delta H = 220.8\text{kJ/mol}$$

$$C+CO_2 \rightleftharpoons 2CO \qquad \Delta H = -173.3\text{kJ/mol}$$

$$2CO+O_2 \longrightarrow 2CO_2 \qquad \Delta H = 566.6\text{kJ/mol}$$

$$K_{p1} = \frac{p_{CO_2}}{p_{O_2}} \qquad K_{p2} = \frac{p_{CO}^2}{p_{O_2}} \qquad K_{p3} = \frac{p_{CO}^2}{p_{CO_2}} \qquad K_{p4} = \frac{p_{CO_2}^2}{p_{O_2}p_{CO}^2}$$

平衡常数与温度的关系见表 4-4。由表 4-4 可见，在温度为 700~1700℃ 范围内时，由 K_{p1}、K_{p2}、K_{p4} 可见，三个方程中反应物几乎完全反应，即以上三个反应是不可逆的。而从 K_{p3} 可见，在煤气发生炉中可能的温度变化范围内，其平衡常数的对数值，在正、负值之间变动，即其平衡组成中的 CO 和 CO_2 的相对含量，随平衡时温度的不同变化很大。

表 4-4　平衡常数与温度的关系

平衡常数	$\lg K_p$	500℃	700℃	900℃	1000℃	1100℃	1300℃	1700℃
K_{p_1}	$\lg K_{p_1}$		20.8	15.82	13.93	12.12	9.38	7.25
K_{p_2}	$\lg K_{p_2}$				18.7	17.43	16.33	
K_{p_3}	$\lg K_{p_3}$	-2.49	-0.05	1.55	2.12	2.65	3.48	4.10
K_{p_4}	$\lg K_{p_4}$		20.8	17.37	16.05	14.78	12.85	

式 $C+CO_2 \rightleftharpoons 2CO-17.3kJ/mol$ 的平衡常数与温度的关系可用如下经验式表示：

$$\ln K_{p3}=-\frac{21000}{T}+21.4$$

如平衡时气体总压为 p，各组分的分压分别为 p_{CO} 和 p_{CO_2}，设气体中只有 CO 和 CO_2 两种气体，CO 的物质的量的分率为 x，则 $p_{CO}=px$，$p_{CO_2}=p(1-x)$，由此可得 K_{p3}：

$$K_{p3}=\frac{p_{CO}^2}{p_{CO_2}}=\frac{px^2}{1-x}$$

由表 2-3 及上式可计算出不同压力、不同温度下的 x 值，即可求出平衡时 CO、CO_2 的组成。

工业生产中如果以空气为气化剂，因而与空气中的氧同时进入煤气发生炉的还有氮气。由于氮气的存在，稀释了气体混合物中一氧化碳与二氧化碳的浓度，也就是降低了它们的分压，因此，平衡向生成一氧化碳的方向移动。

空气中氮与氧的体积比为 79/21＝3.76，因体积比即为物质的量之比，由于每生成 1mol CO_2 总是同时消耗 1mol O_2，若设式 $C+O_2 \longrightarrow CO_2$ 反应之前已有 1mol CO_2 生成，即反应消耗了 1mol O_2，并带入 3.76mol 的氮，那么空气的物质的量为 3.76＋1＝4.76mol。也就是说，CO_2 还原前空气的总物质的量为 4.76mol。若按式 $C+O_2 \longrightarrow CO_2$ 进行反应，设二氧化碳的平衡转化率为 a，则平衡时二氧化碳的物质的量为 $1-a$，一氧化碳的物质的量为 $2a$，平衡时的气体总数为 $3.76+(1-a)+2a=4\ 76+a$，即反应后气体总量比反应前增加了 $a$mol。由此可得平衡时的二氧化碳和一氧化碳的分压分别为如下：

$$p_{CO_2}=p\frac{1-a}{4.76+a}$$

$$p_{CO}=p\frac{2a}{4.76+a}$$

$$K_{p3}=\frac{p_{CO}^2}{p_{CO_2}}=p\frac{4a^2}{[(4.76+a)(1-a)]}$$

$$a=\frac{3.76K_{p3}+\sqrt{33.18K_{p3}^2+76.16pK_{p3}}}{8p+2K_{p3}}$$

由此式可求得不同压力与温度的 a 值。表 4-5 为压力为 101.3kPa 时空气煤气的平衡组成。

表 4-5　压力为 101.3kPa 时空气煤气的平衡组成

温度/℃	φ_{CO_2}/%	φ_{CO}/%	φ_{N_2}/%	V_{CO}/V_{CO+CO_2}
650	10.8	16.9	72.3	0.61
800	1.6	31.3	66.5	0.952
900	0.4	34.1	65.5	0.988
1000	0.2	34.4	65.6	0.944

（2）碳与氧反应的产物组成和用气量计算：在生产过程中，碳与氧的反应难以达到平衡，一氧化碳、二氧化碳和没有消耗尽的氧气同时存在。如以空气为气化剂，空气用量为 $V_空$，发生一次反应产生煤气为 V，煤气中一氧化碳、二氧化碳、氮气与过剩的氧气分别用 y_{CO}、y_{CO_2}、y_{N_2}、y_{O_2} 表示，则产物组成和用量计算如下。

一次反应(空气吹风)：　$C+O_2 \longrightarrow CO_2$

$$C+\frac{1}{2}O_2 \longrightarrow CO$$

取 $V_空$ 等于 1m³ 为计算基准，由上述反应可知，当生成二氧化碳时反应前后无体积变化，而当生成一氧化碳时，因 $V_{O_2}:V_{CO}=1:2$，即 0.5mol 氧气反应，生成 1mol 一氧化碳，气体体积则增加了一氧化碳的 0.5 倍。

$$V=V_{空}+\frac{1}{2}V_{CO}$$

$$V_{CO}=V\cdot y_{CO}$$

$$V=V_{空}+\frac{1}{2}V\cdot y_{CO}$$

$$V=\frac{V_{空}}{1-\frac{1}{2}y_{CO}}$$

又根据气化过程的氧原子平衡关系：$V_{空}\ 0.21=V(y_{CO_2}+\frac{1}{2}y_{CO}+y_{O_2})$

$$\frac{y_{CO_2}+\frac{1}{2}y_{CO}+y_{O_2}}{1-\frac{1}{2}y_{CO}}=0.21$$

可用此式计算以空气为气化剂时一次反应(吹风气)中一氧化碳、二氧化碳的组成。

【例 2-1】已知吹风气中 CO_2 的含量为 16%、O_2 的含量为 0.5%(如不考虑吹风气中氢、甲烷的含量及煤中含氧量)，试求吹风气中一氧化碳组成及通入每 $1m^3$(标准状况)空气所得吹风气的量。

解 已知 $y_{CO}=0.16$，$y_{O_2}=0.005$

$$\frac{y_{CO_2}+\frac{1}{2}y_{CO}+y_{O_2}}{1-\frac{1}{2}y_{CO}}=0.21$$

$$\frac{0.16+0.5y_{CO}+0.005}{1-0.5y_{CO}}=0.21$$

$$y_{CO}=0.074=7.4\%$$

$$V=\frac{V_{空}}{1-\frac{1}{2}y_{CO}}=\frac{1}{1-0.5\times0.074}=1.04(m^3)$$

(3) 理想空气煤气组成、产率、热值及气化效率的计算：空气煤气是以空气作气化剂反应产生的煤气，在理想状态下的气化过程中，碳全部转化为一氧化碳，此时煤气生成的总过程可用下式表示：

$$2C+O_2+3.76N_2\longrightarrow2CO+3.76N_2$$

组成计算：

$$\varphi_{N_2}=\frac{3.76}{2+3.76}\times100\%=65.3\%$$

$$\varphi_{CO}=\frac{2}{2+3.76}\times100\%=34.7\%$$

产率计算 $V=22.4\times(2+3.76)/2\times12=5.38(m^3/kg)$

理想空气煤气的单位产率为 $V=\frac{22.4\times(2+3.76)}{2\times12}=5.38(m^3/kg)$

热值计算：CO 的燃烧热为 283.7kJ/mol，煤气的热值 Q 计算如下：

$$Q=\frac{283.1\times1000}{5.38\times12}=4394.4\text{kJ/mol}$$

气化效率 η 计算：气化效率等于煤气的热值与碳的燃烧热之比，碳的燃烧热为34069.6kJ/kg，则气化效率的计算如下：

$$\eta=\frac{QV}{34069.6}\times100\%=\frac{4394.4\times5.38}{34069.6}\times100\%=69.4\%$$

式中 η——气化效率,%；

Q——煤气热值，kJ/m^3；

V——煤气的单位产率，m^3/kg。

可见，空气煤气的生产在理想状态下，转入煤气中的热能也不会超过碳中热能的69.4%，而其余的热能则消耗在气体的加热和炉渣带走的热量中。

2. 以水蒸气为气化剂时煤气组成的计算

（1）碳与水蒸气反应的化学平衡。高温下的碳与水蒸气反应，可生成含有氢气、一氧化碳和二氧化碳的混合气体。反应如下：

$$C+H_2O \rightleftharpoons CO+H_2 \qquad \Delta H=-135.0\text{kJ/mol}$$

$$C+2H_2O \longrightarrow CO_2+2H_2 \qquad \Delta H=-96.6\text{kJ/mol}$$

反应生成的CO、CO_2和H_2能继续与碳或水蒸气反应：

$$C+2H_2 \rightleftharpoons CH_4 \qquad \Delta H=84.3\text{kJ/mol}$$

$$C+CO_2 \rightleftharpoons 2CO \qquad \Delta H=-173.3\text{kJ/mol}$$

$$CO+H_2O \rightleftharpoons H_2+CO_2 \qquad \Delta H=38.4\text{kJ/mol}$$

上述反应中有吸热反应，也有放热反应。平衡常数分别表示为：

$$K_{p5}=\frac{p_{CO}p_{H_2}}{p_{H_2O}}$$

$$K_{p6}=\frac{p_{CO_2}p_{H_2}^2}{p_{H_2O}^2}$$

$$K_{p7}=\frac{p_{CH_4}}{p_{H_2}^2}$$

$$K_{p8}=\frac{p_{CO_2}p_{H_2}}{p_{CO}p_{H_2O}}$$

平衡常数式及平衡常数与温度的关系见表4-5。根据平衡常数与煤气组成计算式可求出各温度下的水煤气组成。

（2）碳与水蒸气反应的产物组成和用气量计算。如水蒸气与碳的反应程度可用蒸汽分解率进行表示：

$$\text{水蒸气分解率}\ \eta_{\text{水}}=\frac{\text{水蒸气分解量}}{\text{入炉水蒸气量}}\times100\%$$

碳与水蒸气的反应和碳与氧的反应相似，一般难以达到平衡。反应产物中除一氧化碳、氢气、二氧化碳、甲烷外，还有大量未分解的水蒸气。如水蒸气通入量为V(标准状况)，得到的干燥水煤气量为$V_{\text{干}}$(标准状况)，水蒸气分解率为$\eta_{\text{水}}$，干水煤气中的CO、CO_2、H_2、CH_4的组成分别为：y_{CO}、y_{CO_2}、y_{H_2}、y_{CH_4}，则有如下关系：

$$V\eta_{水}=V_{干}(y_{H_2}+2y_{CH_4})$$

$$V_{干}=\frac{V\eta_{水}}{(y_{H_2}+2y_{CH_4})}$$

干水煤气中各组分间的关系如下：

$$y_{H_2}+2y_{CH_4}=y_{CO}+2y_{CO_2}$$

$$y_{H_2}+y_{CH_4}+y_{CO}+y_{CO_2}=1$$

课堂练习：已知干水煤气中 CO_2 含量为 7%，CH_4 含量为 0.5%，若蒸汽分解率为 40%，试计算干水煤气中的 CO 和 H_2 组成及生产 $1m^3$(标准状况)的干水煤气消耗的水蒸气量。

第三节　原料煤对气化工艺的影响

煤是由植物残骸经过复杂的生物化学作用和物理化学作用转变而成的，这个转变过程叫做植物的成煤作用。一般认为，成煤过程分为两个阶段，泥炭化阶段和煤化阶段。

不同煤种的组成和性质相差是非常大的，即使是同一煤种，由于成煤的条件不同，性质的差异也较大。煤结构、组成以及变质程度之间的差异，会直接影响和决定煤炭气化过程工艺条件的选择，也会影响煤炭气化的结果，如煤气的组成和产率，灰渣的熔点和黏结性以及焦油的产率和组成等。

一、煤种对气化的影响

气化用煤的种类对气化过程有很大的影响，煤种不仅影响气化产品的产率与质量，而且关系到气化的生产操作条件。所以，在选择气化用原料的种类时，必须结合气化方式和气化炉的结构进行考虑，也要充分利用资源，合理选用原料。

根据气化用煤的主要特征，将气化用煤大致分为以下四类。

第一类，气化时不黏结也不产生焦油，代表性原料有无烟煤、焦炭、半焦和贫煤。

第二类，气化时黏结并产生焦油，代表性原料有弱黏结或不黏结烟煤。

第三类，气化时不黏结但产生焦油，代表性原料有褐煤。

第四类，以泥炭为代表性原料，气化时不黏结，能产生大量的甲烷。

在煤的气化过程中，气化用的介质气化剂与燃料的接触方式起主导作用，但工艺条件和气化炉的选择和控制对气化过程所起的作用不可忽视，而煤的特性是比较重要的因素，其中又以煤的组成最为重要。准确把握各种煤的特性，一方面对控制实际的生产过程有利，另一方面，我国气化的装置多是用运输到现场的煤生产合成气或燃料气，这就有一个选择煤种的自由，能够通过变化煤种来获得优质经济的煤气。

1. 气化用煤种的主要特性

(1) 无烟煤、焦炭、半焦和贫煤。这类原料气化时不黏结，不会产生焦油，所生产的煤气中只含有少量的甲烷，不饱和碳氢化合物极少，但煤气热值较低。其中的无烟煤和贫煤都属于变质程度非常高的煤种，加热时不产生胶质体。无烟煤在中国的储量约占总储量的18%，无烟煤一号(年老无烟煤)产地主要有北京门头沟、福建龙岩和广东梅县，无烟煤二号(中等无烟煤)主要产地在山西晋城和河南焦作，无烟煤三号(年轻无烟煤)主要产地在山西阳泉和宁夏汝箕沟。

(2) 烟煤。这种煤炭气化时黏结，并且产生焦油，煤气中的不饱和烃、碳氢化合物较多，煤气净化系统较复杂，煤气的热值较高。烟煤属于中等变质程度的煤种，在中国的煤炭分布中，烟煤分为长焰煤、气煤、气肥煤、肥煤、1/3 焦煤、焦煤、1/2 中黏煤、弱黏煤、不黏煤、瘦煤、贫瘦煤和贫煤十二个类别。其中，贫煤无黏结性归入第一类，长焰煤、不黏煤和弱黏煤在一定条件下可作为气化用煤。中国的烟煤主要分布在北方各省，华北地区的储量约占全国总储量的 60%以上。

(3) 褐煤。气化时不黏结但产生焦油，褐煤是变质程度较低的煤，加热时不产生胶质体，含有较高的内在水分和数量不等的腐殖酸，挥发分高，加热时不软化，不熔融。中国褐煤的储量约占总储量的 10%，主要的褐煤产地有内蒙的平庄、札赉诺尔和大雁、吉林的舒兰、云南的小龙潭和广西的百色。

(4) 泥炭煤。泥炭煤中含有大量的腐殖酸，挥发分产率近 70%左右。气化时不黏结，但产生焦油和脂肪酸，所生产的煤气中含有大量的甲烷和不饱和碳氢化合物。

2. 不同煤种对气化的影响

(1) 对煤气的组分和产率的影响：

① 发热值与组成。煤气的发热值是指标准状态下 1m^{3}煤气在完全燃烧时所放出的热量，如果燃烧产物中的水分以液态形式存在称高发热值，如果水以气态形式存在称低发热值。在各种相同的操作条件下，不同的煤种所产煤气的发热值不同，组成也不同。例如，以年轻的褐煤为气化原料时，所制得的煤气甲烷含量高，发热值比其他煤种都高。这是由于褐煤的挥发分高、变质程度低，煤气中的干馏气比例大，而干馏气中的甲烷含量高，同时年轻煤的气化温度低也有利于甲烷的生成。煤种与净煤气发热值和组成的关系如图 4-14 和图 4-15 所示。

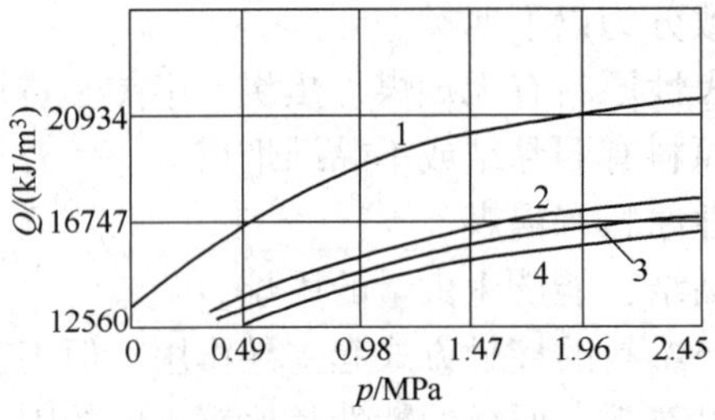

图 4-14　煤种与净煤气发热值的关系

1—热力学平衡态；2—褐煤；3—气煤；4—无烟煤

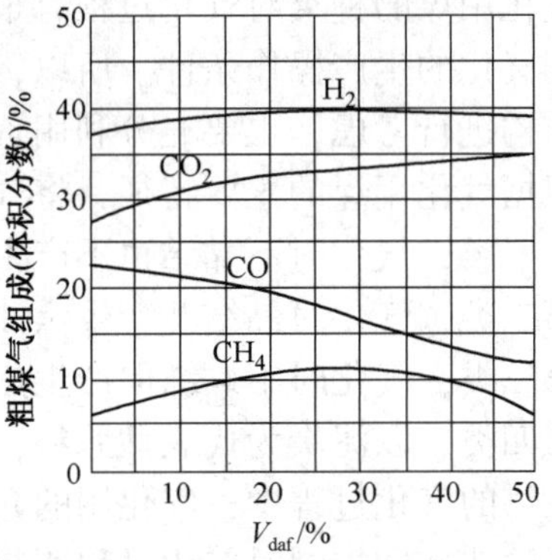

图 4-15　粗煤气组成与挥发分的关系

从图 2-14 可知，压力增大，同一煤种制取的煤气的发热值越高，同一操作压力下，煤气发热值由高到低的顺序依次是：褐煤、气煤、无烟煤。这是由于随着变质程度的提高，煤的挥发分逐渐降低。如煤化程度低的褐煤，挥发分产率为 37%~65%；变质阶段进入烟煤时，挥发分为 10%~55%；到达无烟煤阶段，挥发分就降到 10%甚至 3%以下。由图 2-15 可知，随着煤中挥发分 V_{daf}的提高，制得的煤气中二氧化碳的含量上升，在脱除二氧化碳后的净煤气中的甲烷含量更高，相应使煤气的发热值提高。

② 对煤气产率的影响。

一般来说，煤中挥发分越高，转变为焦油的有机物就越多，煤气的产率下降。例如，在气化泥煤时煤中有20%的炭被消耗在生成焦油上；气化无烟煤时这种消耗却很少。此外，随着煤中挥发分的增加，粗煤气中的二氧化碳是增加的，这样在脱除二氧化碳后的净煤气产率下降得更快，如图4-16所示。

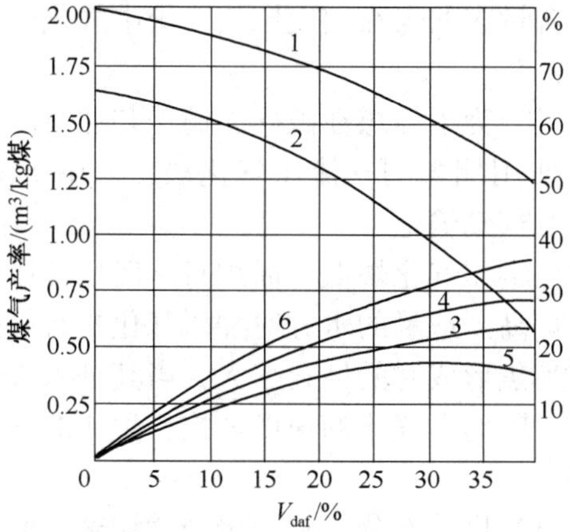

图4-16　煤中挥发分与煤气产率、干馏煤气量之间的关系

1—粗煤气产率；2—净煤气产率；3—干馏煤气占净煤气体积百分比；

4—干馏煤气占净煤气热能百分比；5—干馏煤气占粗煤气体积百分比；6—干馏煤气占粗煤气热能百分比

（2）对消耗指标的影响：煤炭气化过程主要是煤中的炭和水蒸气反应生成氢，这一反应需要吸收大量的热量，该热量是通过炉内的炭和氧气燃烧以后放出的热量来维持。不同煤种，其变质程度不同，随着变质程度的加深，从泥炭、褐煤、烟煤到无烟煤，煤中炭的质量分数从55%~62%增至88.98%，在气化时所消耗的水蒸气、氧气等气化剂的数量也相应增大。

（3）焦油组成和产率的影响：焦油分重焦油和轻焦油，不同煤种气化时产生的油品见表4-6。

表4-6　不同煤种气化所得油品组成

煤种	$\omega_{轻质油}$/%	$\omega_{轻焦油}$/%	$\omega_{重焦油}$/%
褐煤	10~15	38~42	45~50
年轻烟煤	15~20	35~40	42~48
年老烟煤	25~30	30~35	40~45

焦油产率与煤种性质有关：一般地说，变质程度较深的气煤和长焰煤比变质程度浅的褐煤焦油产率大，而变质程度更深的烟煤和无烟煤其焦油产率却更低。

二、煤炭性质对气化的影响

气化反应过程与煤的性质有着非常密切的关系：煤的气化过程在工艺上有着多种多样的选择，对一种特定的气化方法，往往对煤的性质有特定的要求。下面对煤的气化工艺过程有关的煤的气化性质作必要的阐述。

1. 水分含量对气化的影响

煤中的水分存在形式有三种，包括外在水分、内在水分和结晶水。外在水分是在煤的开采、运输、储存和洗选过程中润湿在煤的外表面以及大毛细孔而形成的。含有外在水分的煤为应用煤，失去外在水分的煤为风干煤。内在水分是吸附或凝聚在煤内部较小的毛细孔中的水分，失去内在水分的煤为绝对干燥煤。结晶水在煤中是以硫酸钙($CaSO_4 \cdot 2H_2O$)、高岭土($Al_2O_3 \cdot 2SiO_2 \cdot 2H_2O$)等形式存在的，通常大于200℃以上才能析出。

对固定床气化炉，煤的水分必须保证气化炉顶部如口煤气温度高于气体露点温度，否则需将入炉煤进行预干燥，煤中含水量过多而加热速度太快时，易导致煤料破碎。使出炉煤气带出大量煤尘。同时，水分含量多的煤在固定床气化炉中气化所产生的煤气冷却后将产生大量废液，增加废水处理量。

在流化床和气流床气化时，为了使煤在破碎、输送和加料时能保持自由流动状态而规定料煤的水分应<5%。特别是使用烟煤的气流床气化法，采用干法加料时，一般要求原料的水分最好<2%，以便于粉煤的气动输送。

加压气化对炉温的要求比常压气化炉低，而炉身一般比常压气化炉高，能提供较高的干燥层，允许进炉煤的水分含量高。适量的水分对加压气化是有好处的，水分高的煤，往往挥发分较高，在干馏阶段，煤半焦形成时的气孔率大，当其进入气化层时，反应气体通过内扩散进入固体内部时容易进行，因而，气化的速度加快，生成的煤气质量也好。

2. 挥发分对气化的影响

挥发分是指煤在加热时，有机质部分裂解、聚合、缩聚，低分子部分呈气态逸出，水分也随着蒸发，矿物质中的碳酸盐分解，逸出二氧化碳等。除去水分的部分即为挥发分产率，挥发分中有干馏时放出的煤气、焦油、油类。干馏煤气中含有氢、一氧化碳、二氧化碳、轻质烃类和微量氮化合物等。这些气体添加到煤气中，可增加煤气的产率和热值。煤的挥发分产率与煤的变质程度有密切的关系。随着变质程度的提高，煤的挥发分逐渐降低。

煤的种类以及它们逸出条件的不同，将在很大程度上影响到残余固定炭或焦炭的性质。煤的挥发分作为煤利用价值和煤分类的重要指标，它与煤的性质存在一定的关系。一般地，年轻煤的挥发分产率高，年老煤的低。

确定气化用煤中挥发分含量的大小要根据煤气的用途来确定。当煤气用作燃料时，要求甲烷含量高、热值大，则可以选用挥发分较高的煤作原料，在所得的煤气中甲烷的含量较大。当制取的煤气用作工业生产的合成气时，一般要求使用低挥发分、低硫的无烟煤、半焦或焦炭，因为变质程度浅(年轻)的煤种，生产的煤气中焦油产率高，焦油容易堵塞管道和阀门，给焦油分离带来一定的困难，同时也增加了含氰废水的处理量。更重要的是，对合成气来讲，甲烷可能成为一种有害的气体。例如，合成氨用的半水煤气，要求氢气含量高，而这时甲烷却变成了一种杂质，含量不能太大，要求挥发分小于10%。

3. 灰分含量对气化的影响

将一定量的煤样在800℃的条件下完全燃烧，残余物即灰分的多少表明了煤中矿物质含量的大小。常见的有硅、铝、铁、镁、钾、钙、硫、磷等元素和以碳酸盐、硅酸盐、硫酸盐和硫化物等形式的盐类。

(1) 灰渣中炭的损失。煤焦中灰分的多少及其性质、操作条件和气化炉构造都将影响灰渣中炭的损失。如气化过程中熔化的灰分将未反应的原料颗粒包起来而使炭损失。故原料中灰分愈多，随灰渣而损失的炭量就愈多。其关系可按下式计算。

$$C_A = \frac{(A^P - 0.01ZA^P)x}{100 - x}$$

式中 C_A——灰渣中炭损失占燃料的数量，%；

A^P——工作燃料中的灰分，%；

x——干灰渣中炭的含量，%；

Z——带出物为工作燃料的质量，%；

A——带出物的灰分，%。

此式说明，即使灰渣中含炭量相同，灰渣中炭损失量也将随原煤中灰分含量的增加而增多。当然，灰渣中的炭损失也可能受其他因素的影响。如操作中添加水蒸汽量过多，使气化层温度过分降低，结果使一部分原料不能充分与气化剂发生反应，而随炉渣排出，以致增加了损失等。

低灰的煤种有利于煤的气化生产，能提高气化效率、生产出优质煤气，但低灰煤价格高，使煤气的综合成本上升。采用哪一种原料，要结合具体的气化工艺、当地的煤炭资源来综合考虑。

（2）煤中矿物质对环境的影响。煤中矿物质包含着许多成分，而其中的某些组分在气化过程中是形成污染的根源。如：

① 在 1350K 以上强碱金属盐可能挥发；

② 在高温条件下，重金属（如 As、Cd、Cr、Ni、Pb、Se、Sb、Ti 及 Zn）的化合物可能升华；

③ 如黄铁矿 FeS_2 等含硫金属化合物，当氧含量充足时可能形成 SO_x，当氧含量不足时则可能形成 H_2S、COS、CS_2 及含硫的碳氢化合物。

（3）灰熔点。简单地说，灰熔点就是灰分熔融时的温度，灰分在受热情况下，一般经过三个过程（图 4-17）。开始变形，习惯上称开始变形温度用 T_1（DT）来表示；灰软化，相应的温度称软化温度用 T_2（ST）表示；灰分开始流动，相应的温度称流动温度用 T_3（FT）表示，对煤炭气化而言，一般用软化温度 T_2 作为原料灰熔融性的主要指标。

图 4-17　灰分在受热时经过的三个过程

煤炭气化时的灰熔点有两方面的含义，一是气化炉正常操作时，不致使灰熔融而影响正常生产的最高温度，另一个是采用液态排渣的气化炉所必须超过的最低温度。灰熔点的大小与灰的组成有关，若灰中 SiO_2 和 Al_2O_3 的比例越大，其熔化温度范围越高，而 Fe_2O_3 和 MgO 等碱性成分比例越高，则熔化温度越低，可以用公式（SiO_2+Al_2O_3）/（Fe_2O_3+CaO+MgO）来表示，该值越大，则灰熔点越高，灰分越难结渣。相反，灰熔点越低，则灰分越易结渣。

（4）结渣性。气化炉的氧化层，由于温度较高，灰分可能熔融成黏稠性物质并结成大块，这就是通常讲的结渣性。其危害性有下面几点：

① 影响气化剂的均匀分布，增加排灰的困难。

② 为防止结渣采用较低的操作温度而影响了煤气的质量和产量。

③ 气化炉的内壁由于结渣而缩短了寿命。

煤的结渣性与灰熔点有一定的关系。一般地，对于灰熔点低的煤在气化时容易结渣，为防止结渣就要加大水蒸气的用量，使氧化层的温度维持在灰熔点以下。对于灰熔点高的煤种，可采用较高的操作温度，在较低的 $V_{H_2O(g)}/V_{O_2}$ 汽气比下获得较高的气化强度。

一般用于固态排渣气化炉的煤，在气化时不能出现结渣，其灰熔点应大于 1250℃，液态排渣却相反，灰熔点越低越好，但要保证有一定的流动性，其黏度应小于 25Pa·s，黏度太大，液渣的流动性变差，还有可能出现结渣。

采用液态排渣的气化炉，可以对入炉煤采用混配的方法，对一些高黏度灰渣的煤，可以混配一些低黏度灰渣的煤，达到液态排渣的要求。也可以通过添加一定的助溶剂提高液渣的流动性，炼铁高炉和空气煤气发生炉即属于这种情况。高炉生产过程使用的原料有矿石、焦炭和熔剂。矿石中的废石和焦炭中的灰分在高温下都熔融成液体，以液渣的形式排出炉外。采用碳酸钙作助熔剂，在碳酸钙高温分解成碱性氧化钙的作用下，矿石和灰分在1150~1250℃时就可以形成熔融的物质。空气煤气发生炉和高炉的情形十分相似，由于中国的煤灰渣多属于酸性渣，助溶剂常选用碱性的CaO或热解能产生CaO的$CaCO_3$，一般添加原则如下：

① 煤灰中$m_{SiO_2}/m_{Al_2O_3}$(质量比)小于3时，CaO在灰中的含量达30%~35%时熔点最低，若再增加CaO的含量，熔点不降低反而有可能升高。

② 煤灰中$m_{SiO_2}/m_{Al_2O_3}$(质量比)大于3时，m_{SiO_2}大于50%，灰中CaO含量为20%~25%时熔点最低，如果再增加CaO含量，其熔点将超过1350℃。

需要说明的是，生产实践表明，灰熔点有时并不能完全反映煤在气化时的结渣情况。例如，大同煤的灰熔点(T_2)并不高，一般在1200℃左右，在气化炉内气化工况很好，并不结渣。但阜新等矿的煤灰熔点(T_2)尽管超过1250℃，在气化时反而容易结渣，不容易气化。

研究表明，煤的结渣性与煤灰中易熔成分的总量有关。因此确切地讲，煤的结渣性除与煤的灰熔点有关外，还与煤中灰分含量有关。当然，气化炉的操作条件也是影响结渣性的重要因素。一般地，从加压气化炉排出的灰渣中炭含量在5%左右，常压气化炉在15%左右。

4. 固定炭对气化的影响

固定炭是煤在干馏后的焦炭中的主要成分。它将与H_2O、H_2、CO_2及O_2等行反应。它在结构上可能是稠密的，或者是轻质多孔状的，它可能是硬的或易碎的，也可提软性的或脆性的。当它与H_2或H_2O反应时，可能是很活泼的，也可能是惰性的。总之，上述特性与原料性质、压力、加热速度以及加热最终温度等条件有关。

5. 硫分对气化的影响

煤中的硫以有机硫和无机硫的形式存在，中国各地煤田的煤中硫含量都比较低，大多硫含量在1%以下。抚顺产煤硫含量在0.32%~0.78%之间；本溪产煤硫含量在0.49%~0.99%之间；山西烟煤较高，硫含量在1.39%左右；西南地区特别是贵州煤中硫含量也较高。

煤在气化时，其中80%~85%的硫以H_2S和CS_2的形式进入煤气当中。如果制得的煤气用于燃料时，比如用作城市民用煤气，其硫含量要达到国家标准，否则燃烧后大量的SO_2会排入大气，污染环境；用作合成原料气时，硫化物的存在会使得合成催化剂中毒，煤气中硫化物的含量越高，后面工段脱硫的负担会越重。所以，气化用燃料中硫含量应是越低越好。

6. 粒度对气化的影响

煤的粒度在气化过程中占有非常重要的地位。由于粒度的不同，将直接影响到气化炉的运行负荷、煤气和焦油的产率以及气化时的各项消耗指标。通常，不同的煤种在不同的气化炉里进行时，对其粒度的要求不一样。

(1) 粒度大小与比表面间的关系

煤的比表面积和煤的粒径有关，煤的粒径越小，其比表面积越大。煤有许多内孔，所以比表面积与煤的气孔率有关。几种煤的比表面积见表4-7。

表 4-7 几种煤的比表面积

燃料		粒度/mm	总表面积/cm^2	体积/cm^3	比表面积/(cm^2/cm^3)
泥煤	煤砖	120×60×30	2340	216	10.8
	砖球	20	56.3	4.18	13.5
褐煤		15	28.8	1.78	16.4
气煤		12	13.5	0.904	14.8
黏结性烟煤		10	7.5	0.524	14.3
碎焦		6	1.48	0.113	13.2
无烟煤		4	0.51	0.042	12.1

表 4-7 中的数据对应的是球形颗粒，实际的气化生产用煤并不是球体，而且粒度大小不一，颗粒堆积时形成的空隙远比球形颗粒的大且结构也复杂，所占床层的总体积也大得多，气流通过床层的流通截面增大，气流速度有所增加。

(2) 粒度大小与传热的关系

煤和灰分都是热的不良导体，导热系数小，传热速度慢，因此粒度的大小对传热过程的影响尤其显著，进而影响焦油的产率。粒度越大，传热越慢，煤粒内外温差越大，粒内焦油蒸气的扩散和停留时间增加，焦油的热分解加剧。

(3) 粒度与煤的带出量的关系

煤的粒度太小，当气化速度较大时，小颗粒的煤有可能被带出气化炉外，从而使炉子的气化效率下降。为了控制煤的带出量，气化炉实际生产能力有一个上限，对加压气化而言，粉煤带出量不应超过入炉煤总量的1%，为限制 2mm 的煤粒不被带出，炉内上部空间煤气的实际速度最大为 0.9~0.95m/s。

(4) 粒度与炉型之间的关系

对于移动床而言，其粒度范围一般在 6~50mm 之间，一般大于 6mm。粒度小有利于气化反应，但会增大气化剂通过燃料床层的阻力，粒度太小，会增加带出物的损失。反之，大块燃料会增加灰渣中可燃组分的含量。流化床气化炉一般使用 3~5mm 的原料，要求煤颗粒的粒径非常接近，以免颗粒被大量带出炉外。对气流床气化炉(干法进料)使用小于 0.1mm 的颗粒，至少要有 70%~90%的煤粉小于 200 目；水煤浆进料时，还要有一定的粒度匹配，以提高水煤浆中煤的浓度。

粒径与煤种也有一定的关系。例如，在加压气化炉中，一般采用的煤的粒度大小是：褐煤 6~40mm，烟煤 5~25mm，焦炭和无烟煤 5~20mm。

(5) 粒度的大小对各项气化指标的影响

煤粒度的大小以及粒度的分布对煤炭气化过程的各项指标有重要的影响。通常，煤的粒度减小，相应的氧气和水蒸气消耗将增大。表 4-8 给出了褐煤不同粒径的气化实验结果。

表 4-8 褐煤不同粒径的气化实验结果

项 目	1	2	3	4
煤粒度/mm	0~40	3~40	6~40	10~40
0~6mm 的煤颗粒/%(质量分数)	28.4			3.0
灰分含量/%(质量分数)	32.41	28.80	23.62	21.46
水蒸气消耗/(kg/m^3粗煤气)	1.26	1.05	0.97	0.94
氧气消耗/(m^3/m^3粗煤气)	0.159	0.14	0.136	0.128
煤消耗/(kg/m^3粗煤气)	1.23	1.022	0.97	0.93

由表4-8中可以看出，在气化煤粒度为0~40mm的未筛分原煤时，由于碎煤和灰量集中，煤耗高，水蒸气和氧气的消耗量增加。通常2mm以下的煤每增加1.5%，氧气和水蒸气的消耗定额将提高5%左右，气化炉的生产能力也有所下降。在入炉煤中，小于2mm的粉煤控制在1.5%以下，小于6mm的细粒煤量应控制在5%以下。

7. 反应性对气化的影响

燃料的反应性就是燃料的化学活性，是指燃料煤与气化剂中的氧气、水蒸气、二氧化碳的反应能力。一般以二氧化碳的还原系数来表示，如下式所示：

$$\alpha_{CO} = \frac{100\varphi_{CO}}{200\varphi_{CO_2}\varphi_{CO}}$$

式中 α_{CO}——二氧化碳的还原系数；

φ_{CO_2}——还原反应前二氧化碳的体积分数,%；

φ_{CO}——反应后一氧化碳的体积分数,%。

煤的反应性与煤的变质程度有密切的关系。一般地，变质程度浅的煤，其反应性高；而随着煤的变质程度的加深，煤的化学反应活性降低。

各种煤与CO_2和H_2O的反应活性，在一定程度上表现出与H_2的反应活性的差别很大。反应性强的煤在气化和燃烧过程中反应速度快、效率高。尤其对采用沸腾床和气流床等高效的新型气化技术，煤的反应性强弱直接影响到煤在气化炉中反应的快慢、完成程度、耗煤量、耗氧量及煤气中的有效成分等。高反应性的煤可以在生产能力基本稳定的情况下，使气化炉可以在较低温度下操作，从而避免灰分结渣和破坏煤的气化过程。在流化燃烧新技术中，煤的反应性强弱与其燃烧速度也有密切关系。因此，反应性是煤气化和燃烧的重要特性指标。

通过实验可以测定煤焦的反应性，但这仅仅是在一定条件下的相互比较。因为实验很难模拟气化炉中的气化过程及其温度，煤焦的反应性除决定于煤焦的孔径和比表面积外，还与煤中的含氧基团及矿物组成中含有某些具有催化性质的碱金属和碱土金属等元素的含量有关。

反应活性具有三方面的重要影响。首先，当制造合成天然气时，是否有利于CH_4的生成。其次，反应活性好的原料，借助于水蒸气在更低的温度下尚进行反应，同时还进行CH_4生成的放热反应，可减少氧的消耗。最后，当使用具有相同的灰熔点而反应活性较高的原料时，由于气化反应可在较低的温度下进行，使得较易避免结渣现象。

8. 黏结性对气化的影响

煤在受热后是否形成熔融的胶质层及其不同的性质，会使煤发生黏结、格结或结焦等不同情况。一般结焦或较强黏结的煤不用于气化过程。

一般不带搅拌装置的固定床气化炉，应使用不黏结性煤或焦炭，带有搅拌装置时可使用弱黏结性煤。固定床两段炉仅能使用自由膨胀指数为1.5左右的煤为原料。弱黏结性煤在加压下，特别是在常压到1MPa之间其黏结性可能迅速增加。流化床气化炉一般可使用自由膨膨指数约2.5~4.0的煤。当采用喷射进料时，喷入的煤很快与已部分气化所得的焦粒充分混合，这时可使用黏结性稍强的煤为原料。由于气流床气化炉中煤粉微粒之间互相接触机会很少，整个反应又进行得很快，故可使黏结性煤，但不应使用黏结性较强的煤为原料。

9. 煤的机械强度和热稳定性对气化的影响

燃料的机械强度是指抗碎、抗磨和抗压等性能的综合体现。机械强度差的煤在运输过程中，会产生许多粉状颗粒，造成燃料损失，在进入气化炉后，粉状燃料的颗粒容易堵塞气道，造成炉内气流分布不均，严重影响气化效率。

在移动床气化炉中，煤的机械强度与灰带出量和气化强度有关。在流化床气化炉中，煤的机械强度与流化床层中是否能保持煤粒大小均匀一致的状态有关。在气流床气化炉中，煤的机械强度对生产操作不会产生太大的影响。

煤的热稳定性是指煤在加热时，是否容易碎裂的性质。热稳定性差的煤在气化时，伴随气化温度的升高，煤易碎裂成煤末和细粒，对移动床内的气流均匀分布和正常流动造成严重的影响。

无烟煤的机械强度较大，但热稳定性却较差。用无烟煤为原料，在移动床内生产水煤气时，在鼓风阶段气流速度大，温度急剧上升，所以，需要无烟煤的热稳定性高，以保证气化的顺利进行。

第四节　煤炭气化技术——固定床(移动床)气化法

煤炭气化技术是煤化工产业化发展很重要的单元技术。煤炭气化技术在中国被广泛应用于化工、冶金、机械、建材等工业行业和生产城市煤气的企业，气化的核心设备气化炉大约有9000多台，其中以固定床气化炉为主。近20年来，中国引进的加压鲁奇炉、德士古、水煤浆气化炉等，主要用于生产合成氨、甲醇或城市煤气。中国先后从国外引进的煤炭气化技术多种多样。如引进的水煤浆气化装置有1987年投产的鲁南煤炭气化装置(二台炉、一开一备，单炉日处理450t煤，2.8MPa)，1995年投产的吴泾煤炭气化装置(四台炉，三开一备，单炉日处理500t煤，4.0MPa)，1996年投产的渭河煤炭气化装置(三台炉，二开一备，单炉日处理820t煤，6.5MPa)，2000年7月投产的淮南煤炭气化装置(三台炉，无备用，单炉日处理500t煤，4.0MPa)等。

进行煤炭气化的设备叫气化炉。按照燃料在气化炉内的运动状况来分类是比较通行的方法，一般分为移动床(又叫固定床)，800～1000℃，块煤(3～30mm或6～50mm)、沸腾床(又叫流化床)，800～1000℃，碎粉煤(1～5mm)、气流床，1500～2000℃，煤粉(小于0.1mm)和熔融床等，见图4-18所示。

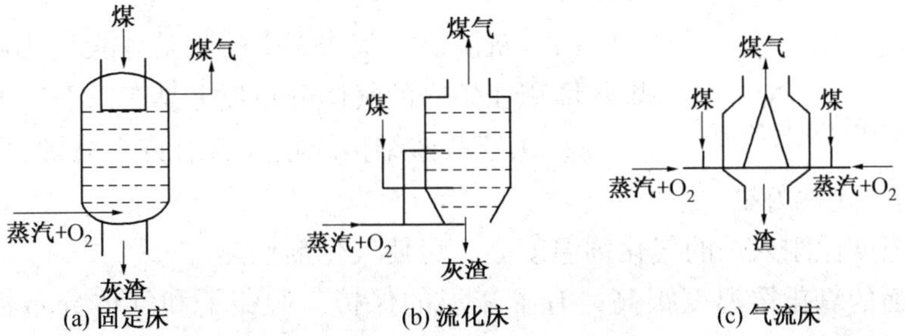

图4-18　三种典型气化工艺过程

此外，气化炉在生产操作过程中，根据使用的压力不同，又分为常压气化炉和加压气化炉；根据不同的排渣方式，可以分为固态排渣气化炉和液态排渣气化炉。

不论采用何种类型的气化炉，生产哪种煤气，燃料以一定的粒度和气化剂直接接触进行物理和化学变化过程，将燃料中的可燃成分转变为煤气，同时产生的灰渣从炉内排除出去，这一点是不变的。然而采用不同的炉型，不同种类和组成的气化剂，在不同的气化压力下，生产的煤气的组成、热值以及各项经济指标是有很大差异的。气化炉的结构、炉内的气固相反应过程及其各项经济指标，三者之间是紧密联系的。

一、固定床气化工艺简介

1. 固定床气化的特点

移动床(固定床)是一种较老的气化装置。燃料主要有褐煤、长焰煤、烟煤、无烟煤、焦炭等，气化剂有空气、空气-水蒸气、氧气-水蒸气等，燃料由移动床上部的加煤装置加入，底部通入气化剂，燃料与气化剂逆向流动，反应后的灰渣由底部排出。固定床气化炉又分为常压和加压气化炉两种，在运行方式上有连续式和间歇式的区分。固定床气化炉的主要特点：

(1) 在固定床气化炉中，气化剂与煤反向送入气化炉；

(2) 煤为块状，一般不适合用末煤和粉煤；

(3) 一般为固态干灰排渣，也有采用液态排渣方式的；

(4) 煤的炭转化效率高，耗氧量低；

(5) 气化炉出口的煤气温度较低，通常无需煤气冷却器；

(6) 一般容量较小。

2. 固定床气化的过程原理

固定床气化炉内的气化过程原理如图 4-19 所示。

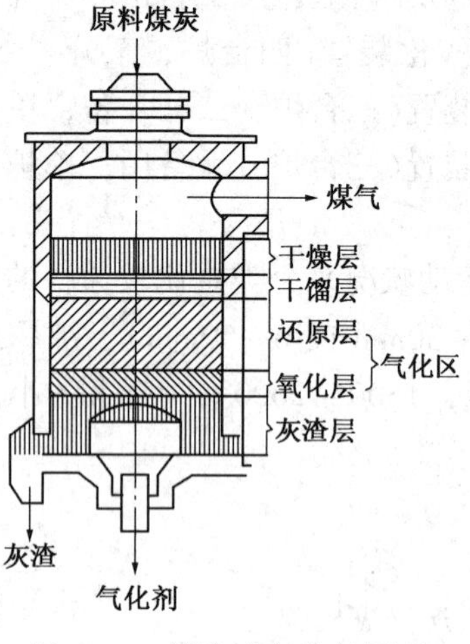

图 4-19 固定床气化的原理

可见，在固定床气化炉中的不同区域中，各个反应过程所对应的反应区域界面比较明显。当炉料装好进行气化时，以空气作为气化剂或以空气(氧气、富氧空气)与水蒸气作为气化剂时，炉内料层可分为六个层带，自上而下分别为：空层、干燥层、干馏层、还原层、氧化层、灰渣层，气化剂不同，发生的化学反应不同。由于各层带的气体组成不同，温度不同，固体物质的组成和结构不同，因此反应的生成物均有一定的区别。各层带在炉内的主要反应和作用都不同。

(1) 灰渣层。灰渣层中的灰是煤炭气化后的固体残渣，煤灰堆积在炉底的气体分布板上具有以下三个方面的作用。

① 由于灰渣结构疏松并含有许多孔隙，对气化剂在炉内的均匀分布有一定的好处。

② 煤灰的温度比刚入炉的气化剂温度高，可使气化剂预热。

③ 灰层上面的氧化层温度很高，有了灰层的保护，避免了和气体分布板的直接接触，故能起到保护分布板的作用。

灰渣层对整个气化操作的正常进行作用很大，要严格控制。根据煤灰分含量的多少和炉子的气化能力制定合适的清灰操作。灰渣层一般控制在 100~400mm 较为合适，视具体情况而定。如果人工清灰，要多次少清，即清灰的次数要多而每次清灰的数量要少，自动连续出灰效果要比人工清灰好。清灰太少，灰渣层加厚，氧化层和还原层相对减少，将影响气化反应的正常进行，增加炉内的阻力；清灰太多，灰渣层变薄，造成炉层波动，影响煤气质量和气化能力，容易出现灰渣熔化烧结，影响正常生产。

灰渣层温度较低，灰中的残炭较少，所以灰渣层中基本不发生化学反应。

（2）氧化层。也称燃烧层或火层，是煤炭气化的重要反应区域，从灰渣中升上来的预热气化剂与煤接触发生燃烧反应，产生的热量是维持气化炉正常操作的必要条件。氧化层带温度高，气化剂浓度最大，发生的化学反应剧烈，主要的反应为：

$$C+O_2 \longrightarrow CO_2$$

$$2C+O_2 \longrightarrow 2CO$$

$$2CO+O_2 \longrightarrow 2CO_2$$

上面三个反应都是放热反应，因而氧化层的温度是最高的。考虑到灰分的熔点，氧化层的温度太高有烧结的危险，所以一般在不烧结的情况下，氧化层温度越高越好，温度低于灰分熔点的80~120℃为宜，约1200℃左右。氧化层厚度控制在150~300mm左右，要根据气化强度、燃料块度和反应性能来具体确定。氧化层温度低可以适当降低鼓风温度，也可以适当增大风量来实现。

（3）还原层。在氧化层的上面是还原层，赤热的炭具有很强的夺取水蒸气和二氧化碳中的氧而与之化合的能力，水（当气化剂中用蒸汽时）或二氧化碳发生还原反应而生成相应的氢气和一氧化碳，还原层也因此而得名。还原反应是吸热反应，其热量来源于氧化层的燃烧反应所放出的热。还原层的主要化学反应如下：

$$C+CO_2 \rightleftharpoons 2CO$$

$$C+H_2O \rightleftharpoons H_2+CO$$

$$C+2H_2O \rightleftharpoons 2H_2+CO_2$$

$$C+2H_2 \rightleftharpoons CH_4$$

$$CO+3H_2 \rightleftharpoons CH_4+H_2O$$

$$2CO+2H_2 \rightleftharpoons CO_2+CH_4$$

$$CO_2+4H_2 \rightleftharpoons CH_4+2H_2O$$

由上面的反应可以看出，反应物主要是碳、水蒸气、二氧化碳和二次反应产物中的氢气；生成物主要是一氧化碳、氢气、甲烷、二氧化碳、氮气（用空气作气化剂时）和未分解的水蒸气等。常压下气化主要的生成物是一氧化碳、二氧化碳、氢气和少量的甲烷，而加压气化时的甲烷和二氧化碳的含量较高。还原层厚度一般控制在300~500mm左右。如果煤层太薄，还原反应进行不完全，煤气质量降低；煤层太厚，对气化过程也有不良影响，尤其是在气化黏结性强的烟煤时，容易造成气流分布不均，局部过热，甚至烧结和穿孔。

习惯上，把氧化层和还原层统称为气化层。气化层厚度与煤气出口温度有直接的关系，气化层薄出口温度高；气化层厚，出口温度低。因此，在实际操作中，以煤气出口温度控制气化层厚度，一般煤气出口温度控制在600℃左右。

（4）干馏层。干馏层位于还原层的上部，气体在还原层释放大量的热量，进入干馏层时温度已经不太高了，气化剂中的氧气已基本耗尽，煤在这个过程历经低温干馏，煤中的挥发分发生裂解，产生甲烷、烯烃和焦油等物质，它们受热成为气态而进入干燥层。干馏区生成的煤气中因为含有较多的甲烷，因而煤气的热值高，可以提高煤气的热值，但也产生硫化氢和焦油等杂质。

（5）干燥层。干燥层位于干馏层的上面，上升的热煤气与刚入炉的燃料在这一层相遇并进行换热，燃料中的水分受热蒸发。一般地，利用劣质煤时，因其水分含量较大，该层高度较大，如果煤中水分含量较少，干燥段的高度就小。脱水过程大致分为以下三个阶段。

第一阶段(图4-20中Ⅰ)，如前所述，煤中的水分分外在水分和内在水分。干燥层的上部，上升的热煤气使煤受热，首先使煤表面的润湿水分即外在水分汽化，这时煤微孔内的吸附水即内在水分同时被加热。随燃料下移温度继续升高。

第二阶段(图4-20中Ⅱ)，煤移动到干燥层的中部，煤表面的外在水分已基本蒸发干净，微孔中的内在水分保持较长时间，温度变化不大，继续汽化，直至水分全部蒸发干净，温度才继续上升，燃料被彻底干燥。

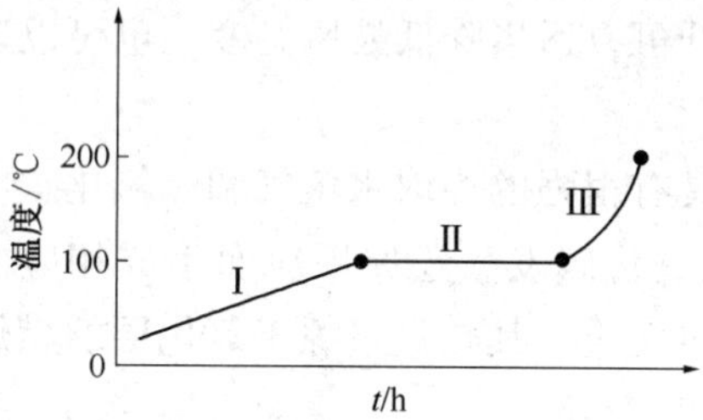

图4-20　燃料升温曲线

第三阶段(图4-20中Ⅲ)，燃料移动到干燥层的下部时，水分已全部汽化，此时不需要大量的汽化热，上升的热气流主要是来预热煤料，同时煤中吸附的一些气体如二氧化碳逸出。在干燥段的升温曲线如图4-20所示。

（6）空层。空层即燃料层的上部，炉体内的自由区，其主要作用是汇集煤气，并使炉内生成的还原层气体和干馏段生成的气体混合均匀。由于空层的自由截面积增大使得煤气的速度大大降低，气体夹带的颗粒返回床层，减小粉尘的带出量。控制空层高度一是要求在炉体横截面积上要下煤均匀，下煤量不能忽大忽小；二是按时清灰。必须指出，上述各层的划分及高度，随燃料的性质和气化条件而异，且各层间没有明显的界限，往往是相互交错的。

二、常压发生炉煤气生产工艺

1. 简介

常压固定床煤气化工艺以空气和水蒸气为气化剂，生产的煤气称为混合煤气(发生炉煤气)，用途主要作为工业用燃料气，亦可作为民用煤气的掺混气。具有投资费用低，建设周期短，电耗低，负荷调节方便等特点，是我国工业煤气生产的主要工艺方式，在机械、冶金、玻璃、纺织等行业中的大型煤气站普遍使用。但是，在国外已经很少采用。

该工艺多以烟煤为原料，入炉煤粒度3～30mm(或6～50mm)，单炉煤气产量3000～5000m^3/h，煤气热值5500～7000kJ/m^3。

2. 气化工艺流程

发生炉煤气的工艺流程一般分为热煤气和冷煤气两种流程。

（1）热煤气流程(图4-21)。饱和空气经与煤气炉中的炭反应生成500℃左右的粗煤气，经旋风除尘器除去带出物以后(煤粉粒、焦油等)，通过煤气管道直接送往用户。这种流程简单，煤气的显热得到利用，但煤气含焦油和煤粉量较多对后工序不利。

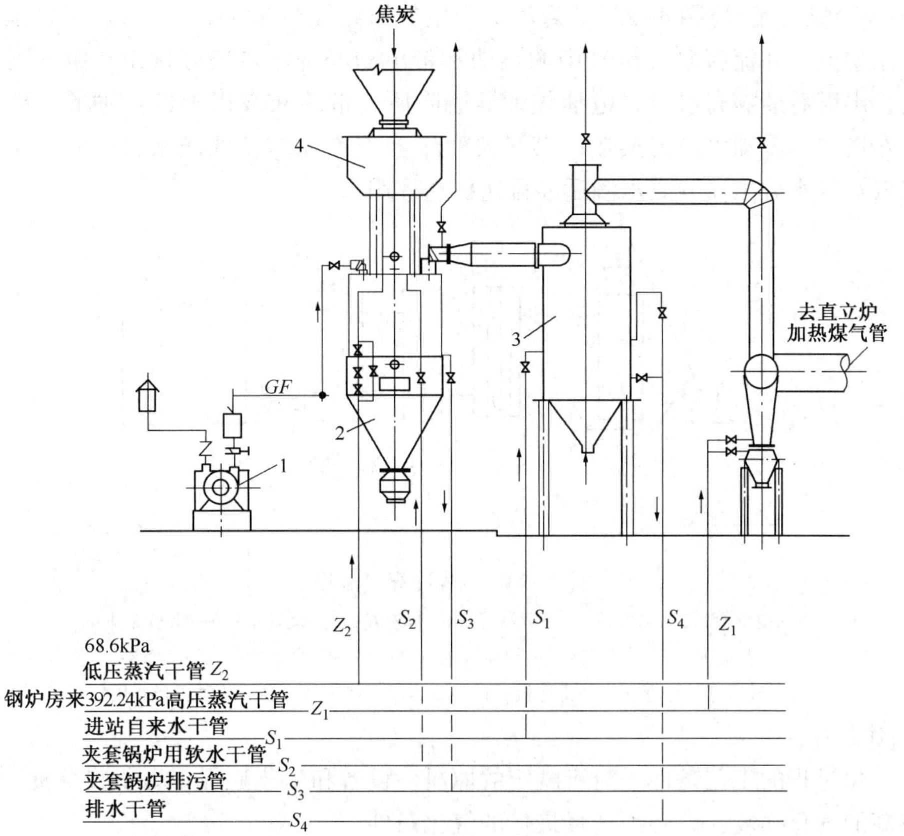

图 4-21　热煤气工艺流程图

1—鼓风机；2—威尔曼-格鲁夏型煤气发生炉；3—旋风除尘器；4—中间煤斗

(2) 冷煤气流程。冷煤气工艺流程又因原料不同而分为焦炭(无烟煤)冷煤气流程和烟煤冷煤气流程，主要区分在于煤气的除焦油不同。

① 焦炭(无烟煤)冷煤气流程(图 4-22)。煤气发生炉生成的约 500℃的粗煤气，出炉后进入双竖管，经循环水冷却至 80℃后，进入煤气洗涤塔，与冷却塔顶部喷下的冷却水逆流接触换热，煤气被冷却到 30~40℃，由洗涤塔上部导出，经气水分离器除去水分后再送至用户。

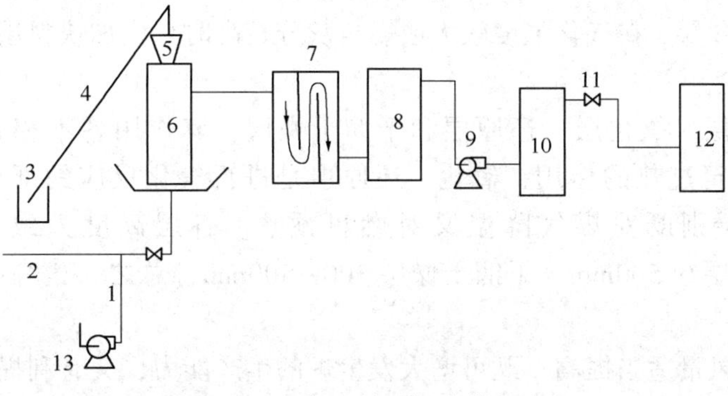

图 4-22　焦炭(无烟煤)冷煤气流程

1—空气管；2—蒸汽管；3—原料坑；4—提升机；5—煤料储斗；6—发生炉；7—双竖管；8—洗涤器；9—排送机；10—除雾器；11—煤气主管；12—用户；13—排送机

② 烟煤冷煤气流程(图 4-23)。煤气炉产生的粗煤气约 500℃，进入双竖管顶部，在塔内与冷却水逆流和并流接触，粗气中的焦油和带出物经洗涤自塔底排出，粗气则被冷却至 80℃左右，出塔后经隔离水封去电捕焦油器脱除所夹带的 95%以上的焦油雾，再进入三级洗涤塔，在塔内与冷却水逆流换热，煤气被冷却至 35℃左右，洗涤水自塔底排出。出洗涤塔的冷煤气经气水分离器分离水滴后经排送机送往用户。

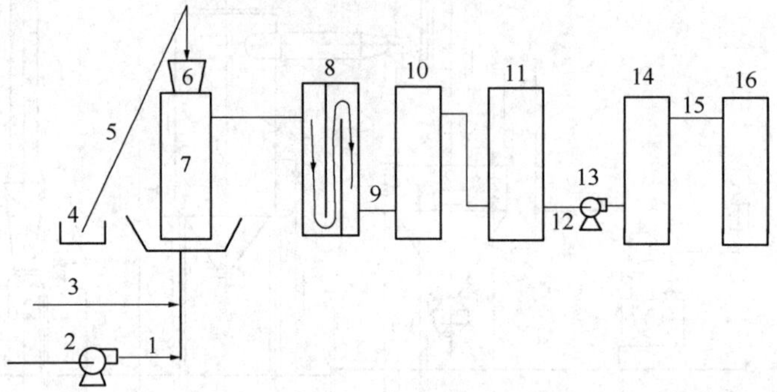

图 4-23　烟煤冷煤气流程

1—空气管；2—送风机；3—蒸汽管；4—原料坑；5—提升机；6—煤料储斗；7—发生炉；8—双竖管；9—初净煤气总管；10—电除尘器；11—洗涤器；12—低压煤气总管；13—排送机；14—除雾器；15—高压煤气总管；16—用户

3. 操作条件

(1) 气化过程的工艺条件。对于既定的原料、设备和工艺流程，为了获得质量优良的煤气和足够高的气化强度，就必须选择最佳的气化条件。

① 燃料层温度。合适的燃料层温度对煤气质量、气化强度及气化热效率至关重要。发生炉煤气中的有效成分($CO+H_2$)的含量主要取决于炭的氧化与还原反应和水蒸气的分解反应。上面的两个反应均属吸热反应。而在煤气炉操作温度下，上述反应处于动力学控制区。所以提高炉温不仅有利于提高 CO 和 H_2 的平衡浓度，而且可以提高反应速度，增加气化强度，从而使气化炉的生产能力提高。但是，燃料层的温度受到燃料煤(焦)的灰熔点的限制，也与煤的活性和炉体热损失有关。

② 燃料层的运移速度和料层高度。在固定床气化过程中，整个床层高度是相对稳定的。随着加料和排灰的进行，燃料以一定的速度向下移动。这个速度的选择主要依据气化炉的气化强度和燃料灰分含量。在气化强度较大或燃料灰分较高时，应加快料层的移动速度，反之亦然。

燃料层分为灰层、氧化层、还原层和干馏干燥层，其作用各不相同。灰层有预热气化剂和保护炉箅不至过热的作用，氧化、还原层是进行气化反应的部分，直接影响煤气质量。干馏干燥层则既对煤气降温又对燃料预热。各层高度大致如下：灰层 100~300mm，氧化还原层约 500mm，干馏干燥层 300~500mm，总之，稍高的原料层高度有利于气化过程。

③鼓风量。鼓风量适当提高，既可增大发生炉的生产能力，又有利提高煤气的质量。若鼓风量过大则床层阻力增加，煤气出口带出物增加，不利于生产。

④饱和温度。在发生炉煤气的生产过程中，加入蒸汽是重要的操作和调节手段。蒸汽既参加反应增加煤气中的可燃组分，过量的蒸汽又是调节床层温度重要手段。正常操作中，水

蒸气单耗在0.4~0.6kg/kg(炭)之间，饱和温度50~65℃之间，此时的蒸汽分解率约为60%~70%。发生炉的负荷变化时，饱和温度应随之改变，气化强度变高，应调高饱和温度。反之，则调低饱和温度。

(2) 操作条件。因工艺流程、炉型、煤种而异。某厂煤气炉的操作指标见表4-9：

表4-9 某厂煤气化炉的操作指标

参数	指标	参数	指标
炉底压力/Pa	980~3430	空气流量/(m^3/h)	3500~4000
炉出口压力/Pa	340~780	灰层厚度/mm	150~300
饱和温度/℃	45~58	火层厚度/mm	150~250
炉出口温度/℃	450~600	料层厚度/mm	450~600

4. 煤气发生炉

为了使气化过程在炉内正常进行，保持各项气化指标的稳定，发生炉必须有合理的结构和正常的操作制度。发生炉的型式很多，通常可根据气化原料种类、加料方法、排渣方法及操作方式进行分类，根据当前存在的炉型着重介绍两种典型的机械化常压煤气发生炉。

(1) 具有凸型炉箅的煤气发生炉。凸型炉箅的煤气发生炉中较普遍使用的有两种型式，即3M21型和3M13型。3M21型发生炉主要用于气化贫煤、无烟煤和焦炭等不黏结性燃料，而3M13型发生炉主要用于弱黏结烟煤。这两种发生炉都是湿法排灰，亦即灰渣通过具有水封的旋转灰盘排出。这两种发生炉的机械化程度较高，性能可靠。但发生炉的构件基本上都是铸造件，所以制造较复杂。3M13型煤气发生炉如图4-24所示，这是一种带搅拌装置的机械化煤气发生炉。设搅拌装置的目的是当气化弱黏结性烟煤时可用以搅动煤层，破坏煤的黏结性，并扒平煤层，上部加煤机构为双滚筒加料装置。搅动装置是由电动机通过蜗轮、蜗杆带动在煤层内转动，搅拌耙可根据需要在煤层内上下移动一定距离，搅拌杆内通循环水冷却，防止搅拌耙烧坏。

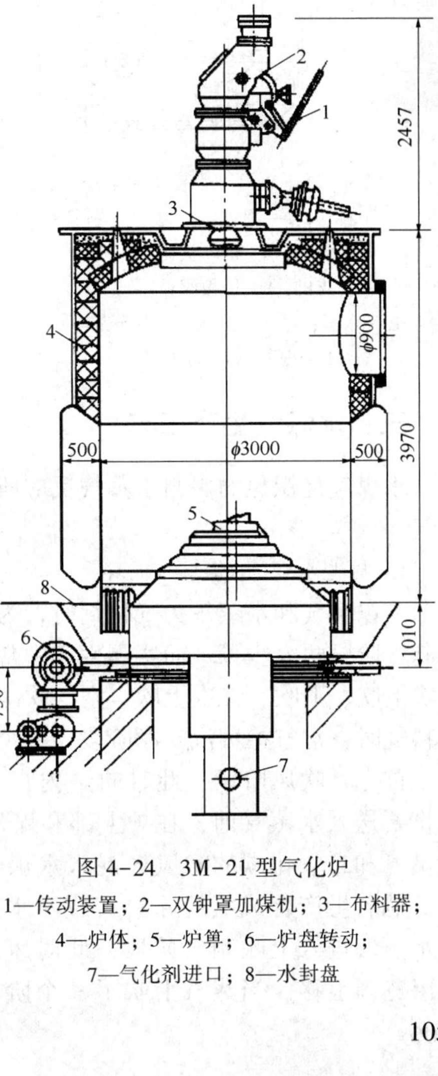

图4-24 3M-21型气化炉

1—传动装置；2—双钟罩加煤机；3—布料器；4—炉体；5—炉箅；6—炉盘转动；7—气化剂进口；8—水封盘

发生炉炉体包括耐火砖砌体和水夹套，水夹套产生蒸汽可作气化剂。在炉盖上设有汽封的探火孔，用以探视炉内作情况或通过“打钎”处理局部高温和破碎渣块。发生炉下部为炉箅及除灰装置，包括炉箅、灰盘、排灰刀及气化剂入口管。灰盘和炉箅固定在铸铁大齿轮上，由电动机通过蜗轮、蜗杆带动大齿轮转动，从而带动炉箅和灰盘转动。带有齿轮的灰盘坐落在滚珠上以减少转动时的摩擦力，排灰刀固定在灰盘边侧，灰盘转动时通过排灰刀将灰渣排出。

(2) 魏尔曼-格鲁夏(Wellmna-Galusha)煤气发生炉(图 4-25)。魏尔曼-格鲁夏煤气发生炉有两种型式，一种是无搅拌装置的用于气化无烟煤、焦炭等不黏结性燃料；另一种是有搅拌装置的用于气化弱黏结性烟煤。

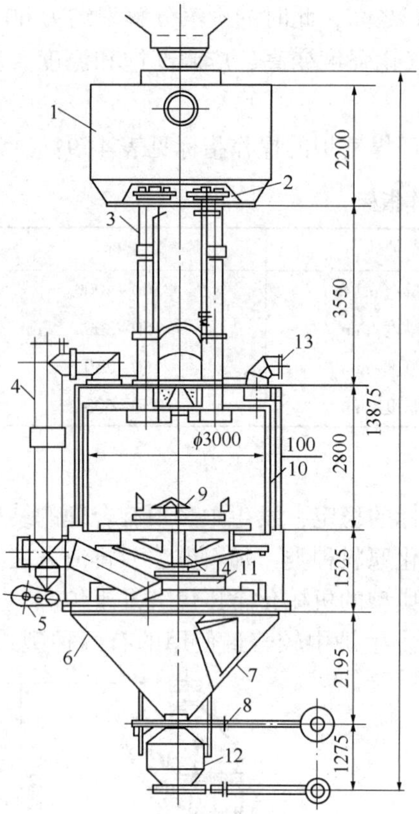

图 4-25　W-G 型煤气发生炉
1—中料仓；2—圆盘加料阀；3—料管；4—气化剂管；5—传动机构；6—灰斗；7—刮灰机；8—插板阀；9—炉箅；10—水套；11—支撑板；12—下灰斗；13—风管；14—中央支柱

不带搅拌装置的魏尔曼-格鲁夏煤气发生炉，该炉总体高 17m，加煤部分分为二段，煤料由提升机送入炉子上面的受煤斗再进入煤箱，然后经煤箱下部四根煤料供给管加入炉内。在煤箱上部设有上阀门，在四根煤料供给管上各设有下阀门，下阀门经常打开，使煤箱中的煤连续不断地加入炉中。当下阀门开启时，关闭上阀门，以防煤气经煤箱逸出。只有当煤箱加煤时，先关闭四根煤料供给管上的下阀门，然后才能开启上阀门加料。当加料完毕后，关闭上阀门，接着开启下阀门，上下阀门间有连锁装置。发生炉炉体较一般发生炉高(炉径 3m 时，总高 17m，炉体高 3.6m，料层高度 2.7m)，煤在炉内停留时间较长，有利于气化进行完全。发生炉炉体为全夹套，鼓风空气经炉子项部夹套空间水面通过，使饱和了水蒸气的空气进入炉子底部灰箱经炉箅缝隙进入炉内，灰盘为三层偏心锥形炉箅，通过齿轮减速传动，炉渣通过炉箅间隙落入炉底灰箱内，定期排出。由于煤层厚，煤气出口压力高，故为干法排灰。魏尔曼-格鲁夏煤气发生炉生产能力较大，操作方便，整个发生炉中铸件很少，故制造方便。

三、水煤气生产工艺

水煤气是炽热的炭与水蒸气反应所生成的煤气，燃烧时火焰呈现蓝色，所以又称为蓝水煤气。

1. 制造水煤气的工作循环

在以空气和水蒸气为气化剂时，为了维持气化的连续进行，必须有积累热量的吹风阶段和制气阶段两大步骤。而实际生产中常包括一些辅助阶段，通常分为：吹风、蒸汽、吹净、一次上吹、下吹、二次上吹、空气吹净六个阶段。对于煤气质量要求不严或用于生产合成氨原料气时，常省掉蒸汽吹净阶段。每个阶段的气流方向如图 4-26 所示。

首先是吹风阶段，此时向炉内自下而上吹入空气以使炭层温度上升；在吹风阶段之后将要送入水蒸气前，在炉上部和煤气管道中存有一些残余的吹风煤气，为了避免含有大量氮和二氧化碳的吹风气混入水煤气而影响质量，一般需要一个短时间的蒸汽吹净阶段。倘若生产合成氨的原料气或对水煤气质量要求不严时，可以不设这个阶段；然后送入水蒸气进入上吹制气阶段，此时床层底部逐渐被冷却，但炉子上部温度仍高，因而气化层逐渐上移；当蒸汽上吹了一个阶段后，改将水蒸气由煤气炉上部送入，进行下吹阶

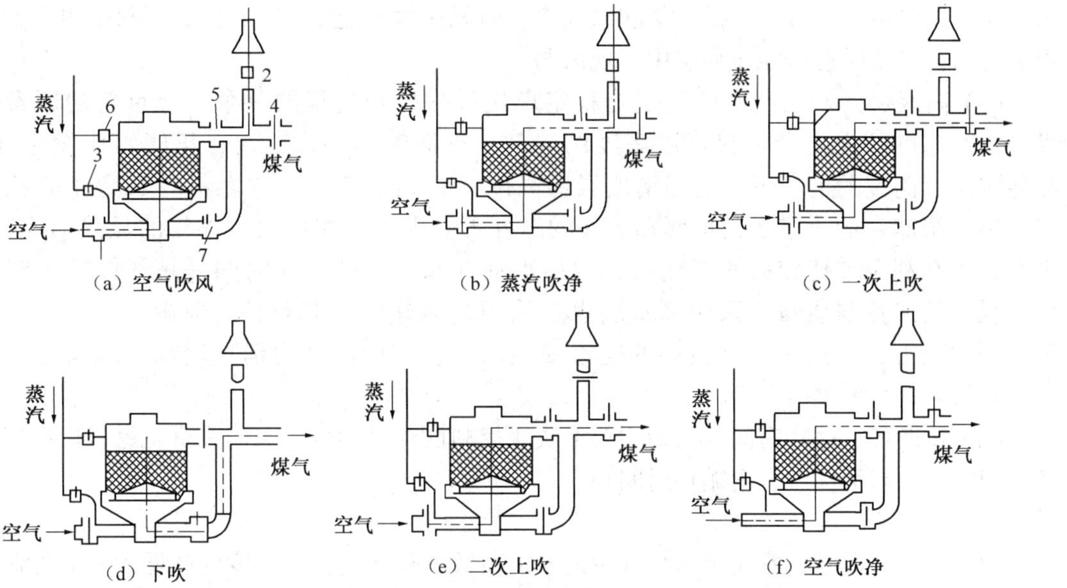

图 4-26　每个循环按六个阶段制水煤气的气体流程

段；在下吹制气后，炉底有下行煤气，不可立即吹入空气，以免引起爆炸。为了安全起见，可以在下吹制气以后，再次进行上吹制气称为二次上吹阶段；在二次上吹制气后，本应开始下一轮的循环，但因炉上部和煤气管道中仍有煤气，需由空气吹净阶段将这部分煤气送入煤气系统，再进行下一循环。

2. 半水煤气生产

在合成氨生产中为获得氢氮比为 3 :1 的合成气，可以用发生炉煤气和水煤气混合的方法，亦可在同一煤气炉中制取，在生产中采用在水煤气中加氮的办法获取合格原料气，该法有利于提高煤气炉的生产能力。半水煤气生产通常分为五个阶段。

吹风阶段：来自鼓风机的加压空气自炉底送入，与炭层反应后生成的吹风气，经除尘及余热回收系统回收余热后经烟囱放空。

上吹制气阶段：蒸汽与加氮空气自炉底同时送入，与灼热炭层反应生成的煤气经除尘、废热锅炉、洗涤塔降温后由塔顶引出，送入气柜。加氮空气阀比上吹蒸汽阀早关3%~5%。

下吹制气阶段：为使气化层下移，蒸汽自炉顶送入，反应生成的煤气自炉底引出，经洗气箱和洗气塔降温除尘后送入气柜。加氮空气阀比蒸汽阀迟开 3%~5%，早关 3%~5%。

二次上吹：气体流程基本同上吹制气，但无加氮空气。目的在于置换炉下部和管道中残存的煤气，以防止爆炸。

吹净阶段：工艺流程同上吹制气，只是改用空气以回收系统中的煤气到气柜。

实践证明，间歇法制造半水煤气时，在维持煤气炉温度、料层高度和气体成分的前提下，采用高炉温、高风速、高炭层、短循环（称三高一短）的操作方法，有利于气化效率和气化强度的提高。

（1）高炉温。在燃料灰熔点允许的情况下，提高炉温，炭层中积蓄的热量多，炭层温度高，对蒸汽的分解反应有利，可以提高蒸汽的分解率，相应半水煤气的产量和质量提高。

（2）高风速。在保证炭层不被吹翻的条件下，提高煤气炉的鼓风速度，炭与氧气的反应速度加快，吹风时间缩短；同时高风速还使二氧化碳在炉内的停留时间缩短，二氧化碳还原为一氧化碳的量相应减少，提高了吹风效率。但风速也不能太高，否则，燃料随煤气的带出损失增加，严重时有可能在料层中出现风洞。

(3) 高炭层。炭层高度的稳定是稳定煤炭气化操作过程的一个十分重要的因素，加煤、出灰速度的变化会引起炭层高度的波动，进而影响炉内工况，煤气组成发生变化。在稳定炭层高度的前提下，适当增加炭层高度，有利于煤气炉内燃料各层高度的相对稳定，燃料层储存的热量多，炉面和炉底的温度不会太高，相应出炉煤气的显热损失减小；高炭层也有利于维持较高的气化层，增加水蒸气和炭层的接触时间提高气体的分解率和出炉煤气的产量与质量；采用高炭层也是采用高风速的有利条件。但炭层太高，会增加气化炉的阻力，气化剂通过炭层的能量损耗增大，相应的动力消耗增加，因而要综合考虑高炭层带来的利弊。

(4) 短循环。循环时间的长短主要取决于燃料的化学活性，总的来讲，燃料活性好，循环时间短；燃料活性差，则循环时间长。

3. 工艺条件

(1) 气化层温度。常用半水煤气中的 CO_2 高低来判断气化层温度的高低。一般控制 CO_2 含量在 8%~12%，炉顶温度 350~400℃，炉底温度 200~250℃。

(2) 吹风时间和入炉风量。提高风速可以减少 CO 的生成，增加炉内炭层蓄热。可缩短吹风时间，有利于提高煤气炉的生产能力。入炉空气量在 0.95~1.05m^3/m^3(标)半水煤气(含加氮空气)。如系纯吹风，则空气量在 0.65~0.7m^3/m^3(标)半水煤气。优质原料，蒸汽分解率高时取低值，反之取高值。

(3) 上下吹制气时间和蒸汽用量。以不使煤气炉温度波动太大为原则，通常下吹蒸汽量约为上吹气量的 1.1~1.5 倍。下吹时间在实际生产中根据炉型决定。现在多数企业采用蒸汽流量稳压自调技术，按炉温控制供给蒸汽量，以提高蒸汽分解率。

(4) 炭层高度。高炭层有利于炉内燃料分区高度相对稳定，使燃料层储存较多的热量，而炉面和炉底温度不至太高，有利于维持较高的气化层温度，也会延长气化剂与原料的接触时间；有利于提高蒸汽分解率和煤气中有效气体含量。但过高则使阻力增加，可能导致局部过热，引起煤气炉结疤。

(5) 循环时间。较短的循环时间可以减少气化层的温度波动，有利于提高蒸汽分解率和煤气质量。循环时间根据燃料的化学活性而定，气化活性高的燃料循环时间可以较短，反之，则较长，一般以 120~150s 为宜。

(6) 生产强度。生产强度应当适度，过分强调设备出力，增大生产强度，对生产操作和节能降耗不利。在实际生产中，应提倡经济运行，适当地减少吹风时间，相应地减少上、下吹蒸汽用量，虽然煤气炉的生产能力有所下降，但原料煤和蒸汽消耗可以大幅度降低。

4. 几种常用流程

间歇法气化工艺由煤气发生炉、煤气除尘降温、余热回收以及原料储存设备所构成。同时流程中还有必要的自控装置，典型的工艺流程有以下几种。

(1) 回收吹风气和水煤气显热的工艺流程见图 4-27 所示。此流程设废热锅炉回收水煤气和吹风气显热产生蒸汽。采用 ϕ1980mm 和 ϕ2260mm 的水煤气炉均为此流程。

(2) 回收水煤气显热以及吹风气潜热、显热的水煤气工艺流程见图 4-28。该流程除设有废热锅炉外，增设了燃烧室以回收吹风气的潜热。

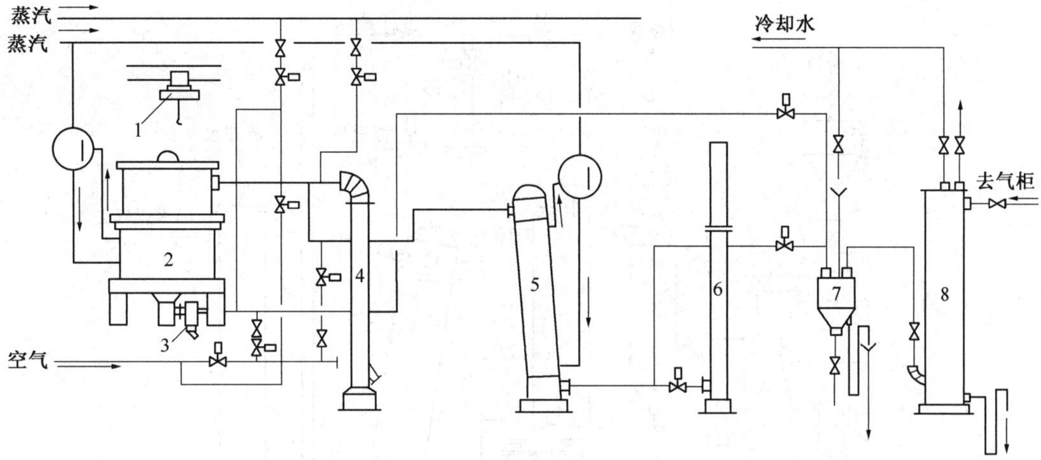

图 4-27　回收吹风气和水煤气显热水煤气工艺流程图

1—电动葫芦；2—水煤气炉；3—排灰箱；4—集尘器；5—废热锅炉；6—烟囱；7—洗气箱；8—洗涤塔

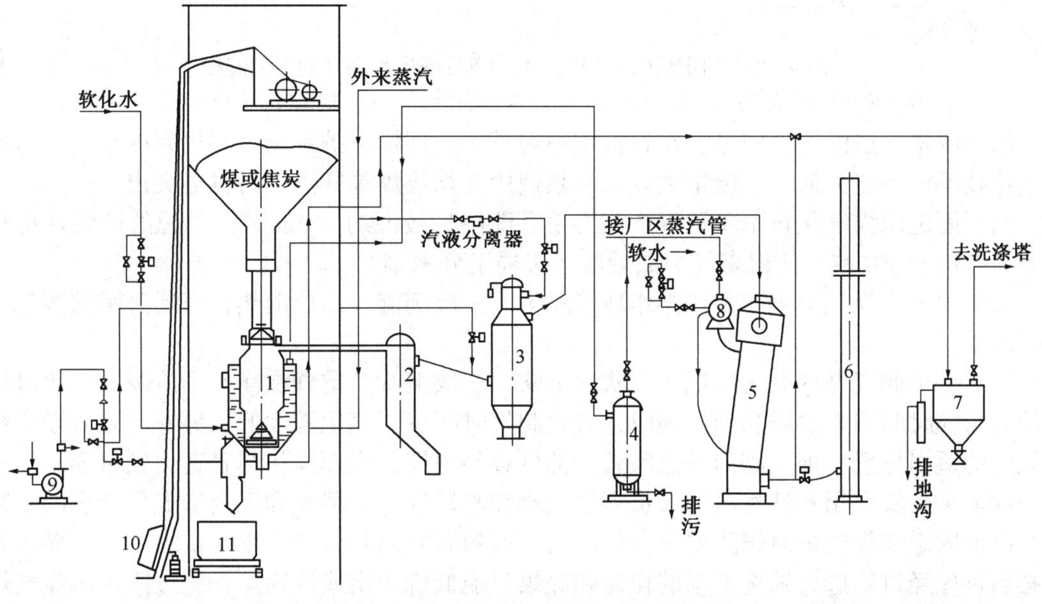

图 4-28　回收水煤气显热以及吹风气潜热、显热的水煤气工艺流程

1—水煤气发生炉；2—集尘器；3—燃烧室；4—蒸汽罐；5—废热锅炉；6—烟囱；7—洗气箱；8—废热锅炉汽包；9—鼓风机；10—加焦车；11—排灰车

（3）制取半水煤气的工艺流程见图 4-29。

其流程和制取水煤气流程大致相同。对于 ϕ3000mm 以下的煤气炉，流程中没有燃烧室，只回收吹风气和煤气的显热。此流程在氮肥行业特别是在小氮肥行业有许多变化。如在废热锅炉前增设蒸汽过热器，利用吹风气和煤气的显热提高入炉蒸汽的温度，成为过热蒸汽，以提高蒸汽分解率，并可延长制气时间。

5. 水煤气发生炉（UGI 型）

水煤气发生炉和混合煤气发生炉的构造基本相同，一般用于制造水煤气或作为合成氨原料气的加氮半水煤气，代表性的炉型当推 UGI 型水煤气发生炉。

发生炉炉壳采用钢板焊制，上部衬有耐火砖和保温硅砖，使炉壳钢板免受高温的损害。下部外设水夹套锅炉，用来对氧化层降温，防止熔渣粘壁并副产水蒸气。探火孔设在水套两

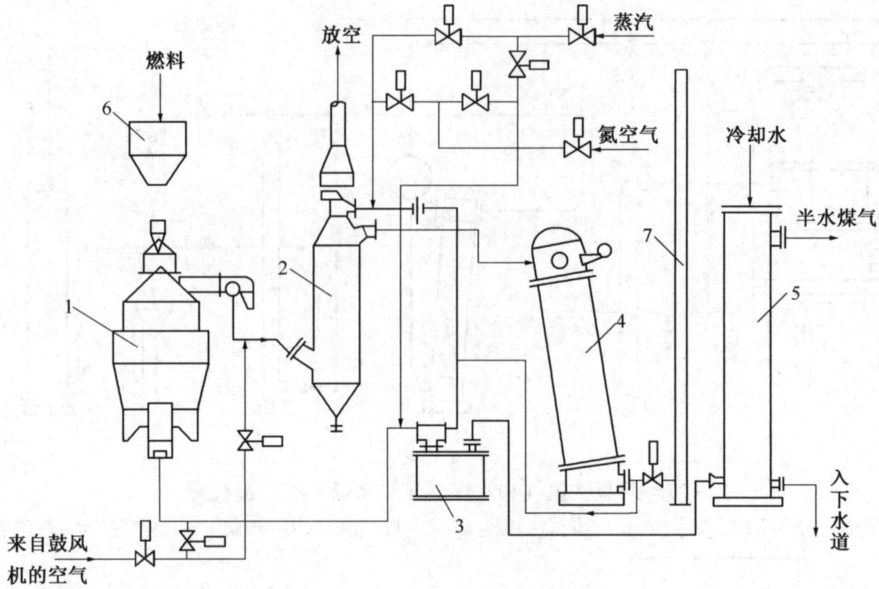

图 4-29 固定层煤气炉(U. G. I 型)制半水煤气的工艺流程

1—煤气炉；2—燃烧室；3—水封槽(洗气箱)；4—废热锅炉；5—洗气塔；6—原料仓；7—烟囱

侧，用于测量火层温度。但是，在日益重视规模化、环境保护和能源利用率的今天，这常压煤气化技术设备能力低、三废量大以及必须使用无烟块煤等缺点变得日益突出。

(1) 固定床煤气化技术单炉生产能力小。即使是最大的 3. 6m 炉，单炉的产气量也只有 $12000m^3/h$(标)左右，使得煤气炉数量增多布局十分困难。

(2) 固定床煤气炉生产现场操作环境恶劣。一层潮湿，二层闷热，三层升腾的蒸汽让人难以忍受。

(3) 一个制气循环分为吹风、上吹、下吹、二次上吹、空气吹净 5 个阶段。气化过程中大约有 1/3 时间用于吹风和倒换阀门，有效制气时间少，气化强度低。另外，需要经常维持气化区的适当位置，加上阀门开启频繁，部件容易损坏，因而操作与管理比较繁琐。

(4) 来自洗气箱和洗气塔的大量含氰废水和吹风气，给河流和天空造成了严重的威胁。

(5) 固定床煤气炉对煤质要求极为严格，原料必须是粒度 25~80mm 的无烟块煤，入炉煤必须首先经过筛选，筛选下来的粉煤和碎煤只能低价卖出或烧锅炉；经过固定床煤气炉烧过的渣中含炭量高达 22%以上，造成炭的大量浪费。另外，吹风气中夹带大量的粉尘容易造成热量回收装置结垢堵灰，使得其中大量的热量难以回收。

(6) 出炉煤气中 $CO+H_2$ 只有 70%左右，而且炉出口温度低，气体含有相当数量的煤焦油，给气体净化带来困难。

(7) 大量吹风气排空对大气有污染，每吨合成氨吹风气放空多达 $5000m^3$，放空气体中含 CO、CO_2、H_2、H_2S、SO_2、NO_2及粉尘；煤气冷却洗涤塔排出的污水含有焦油、酚类及氰化物，造成环境严重污染。

UGI 炉目前已属落后的技术，国外早已不再采用。我国中小化肥厂有 900 余家，多数厂仍采用该技术生产合成氨原料气。这是国情和历史形成的，改变现状还有个过程，但随着能源政策和环境的要求越来越高，不久的将来，会逐步为新的煤气化技术所取代。

四、加压移动床气化工艺

常压移动床气化炉生产的煤气热值较低，煤气中一氧化碳的含量较高，气化强度和生产能力有限，煤气不宜远距离输送，同时不能满足城市煤气的质量要求，为解决上述问题，故研究发展了加压气化技术。目前，在工业应用中较为成熟的技术为鲁奇碎煤加压气化工艺，其碎煤加压气化炉是由德国鲁奇公司所开发，称为鲁奇加压气化炉，简称鲁奇炉。

（一）碎煤加压气化的特点

碎煤加压气化的优点：

（1）原料适应性：①原料适应范围广。除黏结性较强的烟煤外，从褐煤到无烟煤均可气化；②由于气化压力较高，气流速度低，可气化较小粒度的碎煤；③可气化水分、灰分较高的劣质煤。

（2）生产过程：①单炉生产能力大，最高可达 75000m^3(标)/h(干基)；②气化过程是连续进行的，有利于实现自动控制；③气化压力高，可缩小设备和管道尺寸，利用气化后的余压可以进行长距离输送。④气化较年轻的煤时，可以得到各种有价值的焦油、轻质油及粗酚等多种副产品；⑤通过改变压力和后续工艺流程，可以制得 H_2/CO 各种不同比例的化工合成原料气，拓宽了加压气化的应用范围。

碎煤加压气化的缺点：①蒸汽分解率低。对于固态排渣气化炉，一般蒸汽分解率约为40%，蒸汽消耗较大，未分解的蒸汽在后序工段冷却，造成气化废水较多，废水处理工序流程长，投资高；②需要配套相应的制氧装置，一次性投资较大。

（二）加压气化的实际过程

鲁奇加压气化炉内生产工况如图 4-30 所示。在实际的加压气化过程中，原料煤从气化炉的上部加入，在炉内从上至下依次经过干燥、干馏、半焦气化、残焦燃烧、灰渣排出等物理化学过程。

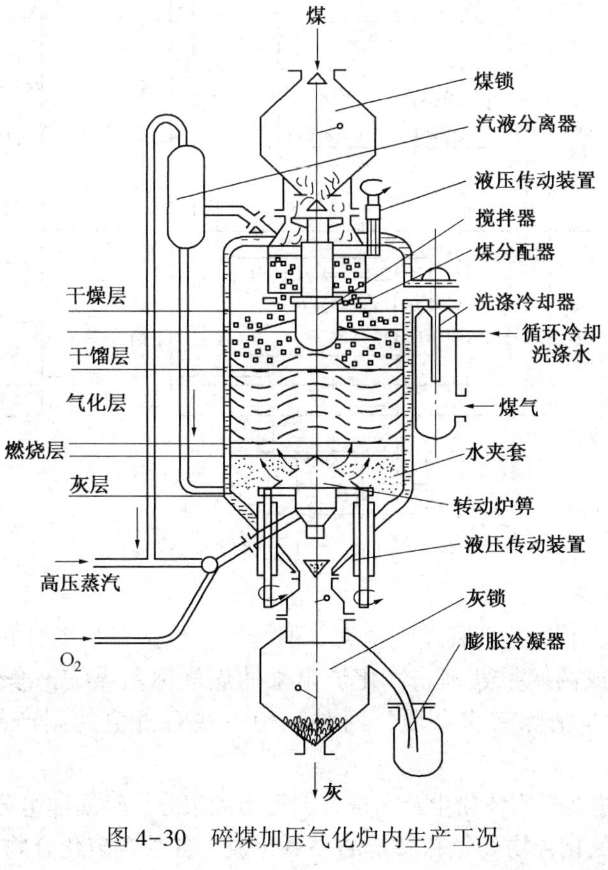

图 4-30　碎煤加压气化炉内生产工况

鲁奇炉内有可转动的煤分布器和灰盘，气化介质氧气和水蒸气由转动炉箅的条状孔隙处进入炉内，灰渣由灰盘连续排入灰斗，以与加煤方向相反的顺序排出。块煤加入气化炉顶部的煤锁，在进入气化炉之前增压。一个旋转的煤分布器确保煤在反应器的整个截面上均布，煤缓慢下移到气化炉。气化产生的灰渣由旋转炉箅排出并在灰斗中减压，蒸汽和氧气被向上吹，气化过程产生的煤气在650~700℃时离开气化炉。该气化炉也由水夹套围绕，水夹套产生的水蒸气可用于工艺过程中。鲁奇炉使用的原料仍是块煤，且产生焦油。鲁奇加压气化过程中的反应与产物如图4-31所示。

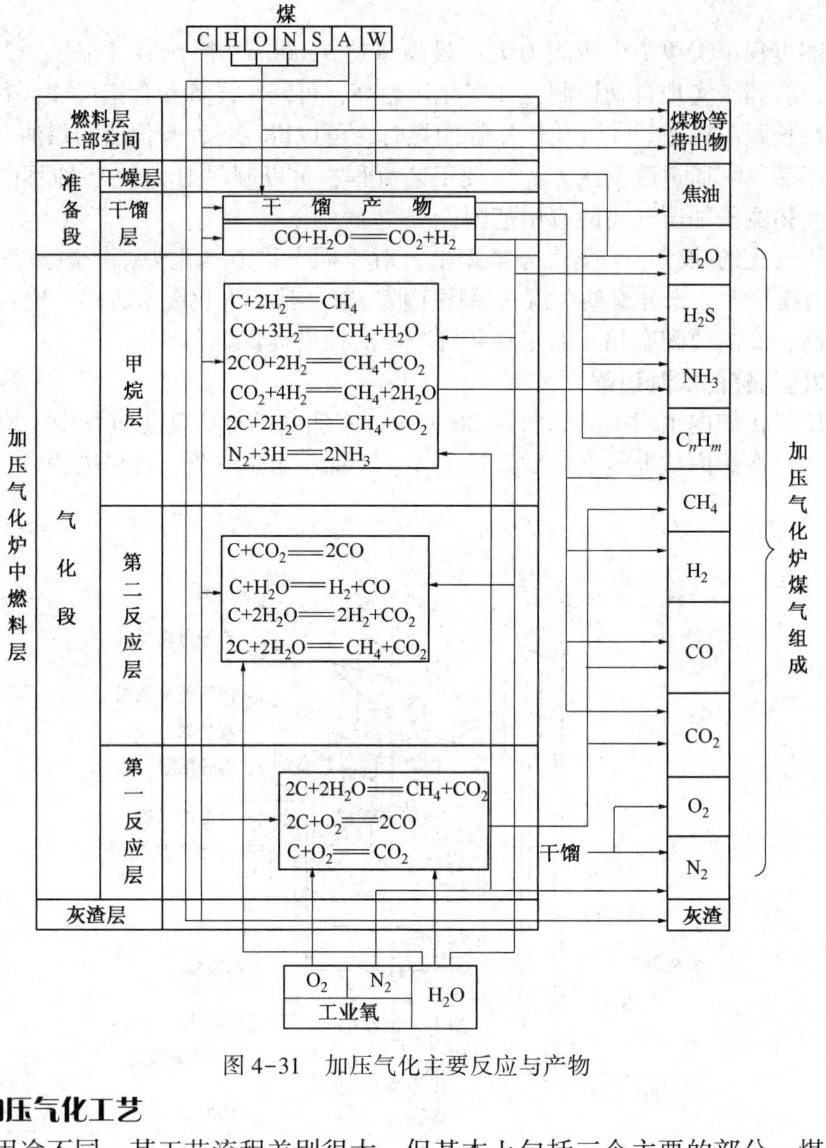

图4-31　加压气化主要反应与产物

（三）加压气化工艺

煤气的用途不同，其工艺流程差别很大。但基本上包括三个主要的部分：煤的气化、粗煤气的净化、煤气组成的调整处理。气化炉出来的煤气称粗煤气，净化后的煤气称为净煤气。煤气净化的目的是清除有害杂质，回收其中一些有价值的副产品，回收粗煤气中的显热。

粗煤气中的杂质主要有固体粉尘及水蒸气、重质油组分、轻质油组分、各种含氧有机化台物（主要是酚类）、含氮化合物如氨和微量的一氧化氮、各种含硫化合物（主要是硫化氢）、煤气中的二氧化碳等。自20世纪70年代以来，一些发达国家，如美国、德国就开始研究整体煤炭气化联合循环发电系统。世界上最早的德国IGCC示范厂采用的就是鲁奇固态排渣气化炉。这里主要介绍有废热回收系统的煤气生产工艺流程、整体煤炭气化联合发电工艺流程。

(1) 有废热回收系统的流程

采用大型加压气化炉生产时，煤气携带出的显热较大。煤气显热的回收对能量的综合利用有极其重要的意义。工艺流程如图4-32所示。

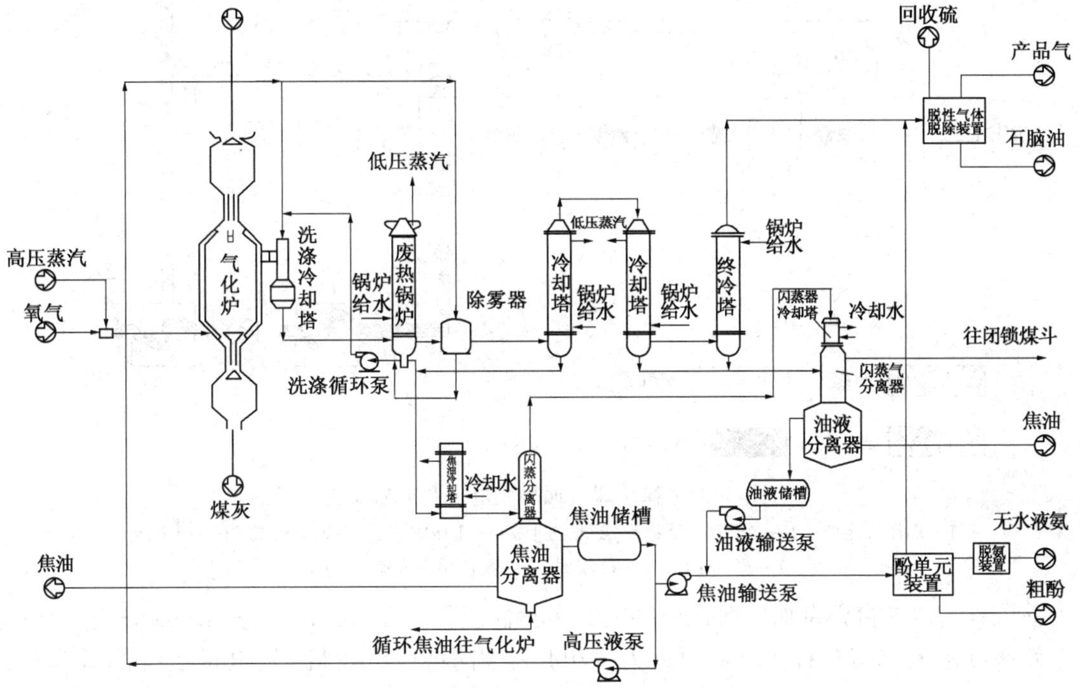

图4-32 有废热回收的制气工艺流程

原料煤经过破碎筛分后，粒度为4~50mm的煤加入上部的储煤斗，然后定期加入煤箱，煤箱中的煤不断加入炉内进行气化。反应完的灰渣经过转动炉箅借刮刀连续排入灰斗。从气化炉上侧方引出的粗煤气，温度高达400~600℃(由煤种和生产负荷来定)，经过喷冷器喷淋冷却，除去煤气中的部分焦油和煤尘，温度降至200~210℃左右，煤气被水饱和，湿含量增加，露点提高。

粗煤气的余热通过废热锅炉回收废热后，温度降到180℃左右。温度降得太低，会出现焦油凝析，黏附在管壁上影响传热并给清扫工作增加难度。废热锅炉生产的低压蒸汽，并入厂内的低压蒸汽总管，用来给一些设备加热和保温。

喷冷器洗涤下来的焦油水溶液由煤气管道进入废热锅炉的底部，初步分离油水。一部分油水由锅炉底部出来送入处理工段加工，酚水由循环泵加压送回喷冷器循环使用。由锅炉顶部出来的粗煤气送下一工序继续处理。

煤从煤箱加入炉膛前需先进行加压，一般采用生成的煤气加压，而在向煤箱内加煤时，就应将煤箱内存在的压力煤气放出，使煤箱处于常压状态下。这一部分煤箱气送入低压储气柜，经过压缩和洗涤后做燃料使用。

(2) 整体煤炭气化联合循环发电流程(IGCC)

整体煤炭气化联合循环发电系统，是将煤的气化技术和高效的联合循环发电相结合的先进动力系统。该系统包括两大部分：第一部分是煤的气化、煤气的净化部分；第二部分是燃气与蒸汽联合循环发电部分。第一部分的主要设备有气化炉、空分装置、煤气净化设备(包括硫的回收装置)；第二部分的主要设备有燃气轮机发电系统、蒸汽轮机发电系统、废热回收锅炉等。煤在一定压力下气化，所产的清洁煤气经过燃烧，来驱动燃气轮机，又产生蒸汽来驱动蒸汽轮机联合发电。如图 4-33 所示。

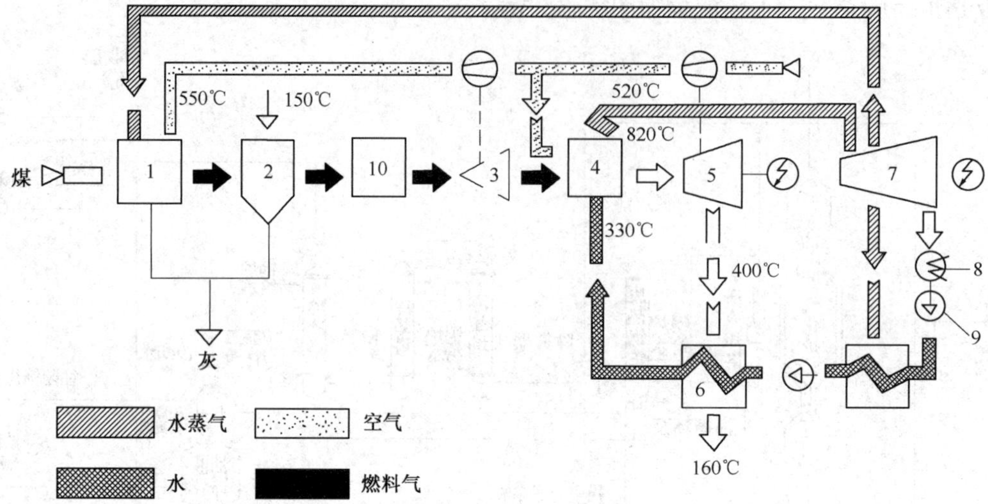

图 4-33 律伦联合循环发电生产工艺系统

1—加压气化炉；2—洗涤除尘器；3—膨胀透平；4—正压锅炉；5—燃气轮机；6—加热器

7—蒸汽轮机；8—冷凝器；9—泵；10—脱硫(未建)

该流程是以 5 台鲁奇加压气化炉供气的实验性流程，经过德国律伦(Luenen)电厂试验，发电效率可达 36.5%左右，而普通火力发电厂采用锅炉-汽轮机-发电机系统的效率仅为 34%左右，而且污染严重，燃烧后的烟气脱硫系统装置庞大、运行费用高。

将空气和水蒸气作为气化剂送入鲁奇炉内，在 2MPa 的压力下气化，气化炉出口粗煤气的温度约 550℃左右，发热值为 6700kJ/m^{3}左右。煤气经洗涤除尘器除去其中的部分焦油蒸汽和固体颗粒，同时煤气的温度降到 160℃，并被水蒸气所饱和。煤气进一步经文丘里管除尘后，进入膨胀透平压缩机，压力下降到 1MPa 左右，气化用的空气在此由 1MPa 被压缩到 2MPa 后送入气化炉。

从透平压缩机来的煤气在正压锅炉中与空气透平压缩机一段来的空气燃烧，生产 520℃、13MPa 的高压水蒸气。煤气燃烧后产生 820℃左右的高压烟气，进入燃气轮机中膨胀。产生的动力用于驱动压缩机一段。多余的能量发电，从燃气轮机出来的烟气温度约 400℃，压力为常压，通过加热器用于加热锅炉上水，水温被提高到 330℃左右，排出的烟气温度约 160℃。

正压锅炉所产的高温高压水蒸气带动蒸汽轮机发电机组发电，从蒸汽轮机抽出一部分蒸汽(压力约 2.5MPa)供加压气化炉用。

IGCC 技术既有高发电效率，又有极好的环保性能，是一种有发展前景的洁净煤利用技术。在目前的技术水平下，发电效率最高可达 45%左右。污染物的排放量仅为常规电站的 1/10 左右，二氧化硫的排放量为 25mg/m^{3}左右，氮氧化物的排放只有常规电站的 15%～20%，而水的耗量只有常规电站的 1/2～1/3，利于环境保护。

（四）鲁奇加压气化炉

1. 第三代鲁奇加压气化炉

以第三代加压气化炉为例，该炉子的内径为 3.8m，最大外径为 4.128m，高为 12.5m，工艺操作压力为 3MPa。主要部分有炉体、夹套、布煤器和搅拌器、炉箅、灰锁和煤锁等，现分述如下。

（1）炉体。加压鲁奇炉的炉体由双层钢板制成，外壁按 3.6MPa 的压力设计，内壁仅能承受比气化炉内高 0.25MPa 的压力。

两个筒体（水夹套）之间装软化水借以吸收炉膛所散失的一些热量产生工艺蒸汽，蒸汽经过液滴分离器分离液滴后送入气化剂系统，配成蒸汽/氧气混合物喷入气化炉内一水夹套内软化水的压力 3MPa，这样筒内外两侧的压力相同，因而受力小。夹套内的给水由夹套水循环泵进行强制循环。同时夹套给水流过煤分布器和搅拌器内的通道，以防止这些部件超温损坏。

第三代鲁奇炉取消了早期鲁奇炉的内衬砖，燃料直接与水夹套内壁相接触，避免了在较高温度下衬砖壁挂渣现象，造成煤层下移困难等异常现象，另一方面，取消衬砖后，炉膛截面可以增大 5%~10%左右，生产能力相应提高。

（2）布煤器和搅拌器。如果气化黏结性较强的煤，可以加设搅拌器。布煤器和搅拌器安装在同一转轴上，速度为 15r/h 左右。

从煤箱降下的煤通过转动布煤器上的两个扇形孔，均匀下落在炉内，平均每转可以在炉内加煤 150~200mm 厚。

搅拌器是一个壳体结构，由锥体和双桨叶组成，壳体内通软化水循环冷却。搅拌器深入到煤层里的位置与煤的结焦性有关，煤一般在 400~500℃结焦，桨叶要深入煤层约 1.3m。

（3）炉箅。炉箅分四层，相互叠合固定在底座上，顶盖呈锥体。材质选用耐热的铬钢铸造，并在其表面加焊灰筋。炉箅上安装刮刀，刮刀的数量取决于下灰量。灰分低，装 1~2 把；对于灰分较高的煤可装 3~4 把。

炉箅各层上开有气孔，气化剂由此进入煤层中均匀分布。各层开孔数不太一样，例如某厂使用的炉箅开孔数从上至下为：第一层 6 个、第二层 16 个、第三层 16 个、第四层 28 个。

炉箅的转动采用液压传动装置，也有用电动机传动机构来驱动，液压传动机构有调速方便、结构简单、工作平稳等优点。由于气化炉炉径较大，为使炉箅受力均匀，采用两台液压马达对称布置。

（4）煤锁。煤锁是一个容积为 $12m^3$ 的压力容器，它通过上下阀定期定量地将煤加入到气化炉内。根据负荷和煤质的情况，每小时加煤 3~5 次。加煤过程简述如下。

① 煤锁在大气压下（此时煤锁下阀关，煤锁上阀开），煤从煤斗经过给煤溜槽流入煤锁。

② 煤锁充满后，关闭煤锁上阀。煤锁用煤气充压到和炉内压力相同。

③ 充压完毕，煤锁下阀开启，煤开始落入炉内，当煤锁空后，煤锁下阀关闭。

④ 煤锁卸压，煤锁中的煤气送入煤锁气柜，残余的煤气由煤锁喷射器抽出，经过除尘后排入大气。煤锁上阀开启，新循环开始。

（5）灰锁。灰锁是一个可以装灰 $6m^3$ 的压力容器，和煤锁一样，采用液压操作系统，以驱动底部和顶部锥形阀和充、卸压阀。灰锁控制系统为自动可控电子程序装置，可以实现自动、半自动和手动操作，该循环过程如下。

① 连续转动的炉箅将灰排出气化炉，通过顶部锥形阀进入灰锁。此时灰锁底部锥形阀

关闭，灰锁与气化炉压力相等。

② 当需要卸灰时，停止炉箅转动，灰锁顶部锥形阀关闭，再重新启动炉箅。

③ 灰锁降压到大气压后，打开底部锥形阀，灰从灰锁进入灰斗，在此灰被急冷后去处理。

④ 关闭底部锥形阀，用过热蒸汽对灰锁充压，然后炉箅运行一段时间后，再打开顶部锥形阀，新循环开始。

2. 液态排渣加压气化炉

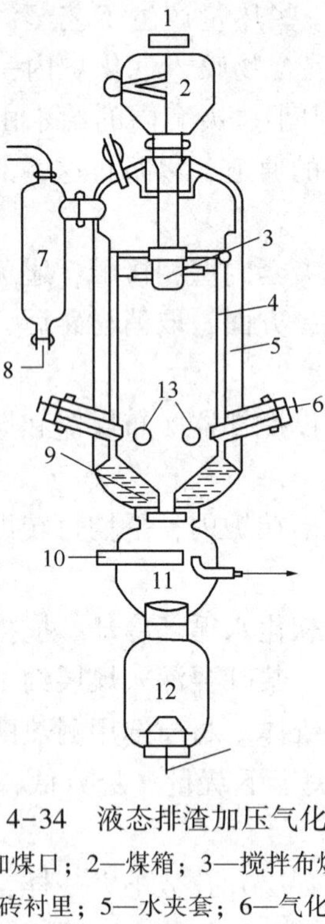

图 4-34 液态排渣加压气化炉

1—加煤口；2—煤箱；3—搅拌布煤器；4—耐火砖衬里；5—水夹套；6—气化剂入口；7—洗涤冷却器；8—煤气入口；9—耐压渣口；10—循环熄渣水；11—熄渣室；12—渣箱；13—风口

液态排渣加压气化炉的基本原理是，仅向气化炉内通入适量的水蒸气，控制炉温在灰熔点以上，灰渣要以熔融状态从炉底排出。气化层的温度较高，一般在1100~1500℃之间，气化反应速度大，设备的生产能力大，灰渣中几乎无残炭。液态排渣气化炉如图4-34所示。

液态排渣气化炉的主要特点是炉子下部的排灰机构特殊，取消了固态排渣炉的转动炉箅。

在炉体的下部设有熔渣池。在渣箱的上部有一液渣急冷箱，用循环熄渣水冷却，箱内充满70%左右的急冷水。由排渣口下落在急冷箱内淬冷形成渣粒，在急冷箱内达到一定量后，卸入渣箱内并定时排出炉外。由于灰箱中充满水，和固态排渣炉相比，灰箱的充、卸压就简单多了。

在熔渣池上方有 8 个均匀分布、按径向对称安装并稍向下倾斜、带水冷套的钛钢气化剂喷嘴。气化剂和煤粉及部分焦油由此喷入炉内，在熔渣池中心管的排渣口上部汇集，使得该区域的温度可达 1500℃ 左右，使熔渣呈流动状态。

为避免回火，气化剂喷嘴口的气流喷入速度应不低于 100m/s。如果要降低生产负荷，可以关闭一定数量的喷嘴来调节，因此它比一般气化炉调节生产负荷的灵活性大。

高温液态排渣，气化反应的速度大大提高，是熔渣气化炉的主要优点。所气化的煤中的灰分是以液态形式存在，熔渣池的结构与材料是这种气化方法的关键。为了适应炉膛内的高温，炉体以耐高温的碳化硅耐火材料作内衬。

该炉型装上布煤器和搅拌器后，可以用来气化强黏结性的烟煤。与固态排渣炉相比，可以用来气化低灰熔点和低活性的无烟煤。在实际生产中，气化剂喷嘴可以携带部分粉煤和焦油进入炉膛内，因此可以直接用来气化煤矿开采的原煤，为粉煤和焦油的利用提供了一条较好的途径。

液态排渣气化炉有以下特点。

(1) 由于液态排渣气化剂的汽氧比远低于固态排渣，所以气化层的反应温度高，碳的转化率增大，煤气中的可燃成分增加，气化效率高。煤气中 CO 含量较高，有利于生成合成气。

(2)水蒸气耗量大为降低，且配入的水蒸气仅满足于气化反应，蒸汽分解率高，煤气中的剩余水蒸气很少，故而产生的废水远小于固态排渣。

(3)气化强度大。由于液态排渣气化煤气中的水蒸气量很少，气化单位质量的煤所生成的湿粗煤气体积远小于固态排渣，因而煤气气流速度低，带出物减少，因此在相同带出物条件下，液态排渣气化强度可以有较大提高。

(4)液态排渣的氧气消耗较固态排渣要高，生成煤气中的甲烷含量少，不利于生产城市煤气，但有利于生产化工原料气。

(5)液态排渣气化炉体材料在高温下的耐磨、耐腐蚀性能要求高。在高温、高压下如何有效地控制熔渣的排出等问题是液态排渣的技术关键，尚需进一步研究。

3. 工艺参数的选择

(1) 气化压力。和常压气化比较，煤在加压下气化时，气化过程在数量上和质量上的指标均发生重大变化。随着气化压力的提高，燃料中的炭将直接与氢反应生成甲烷，在这种情况下，在900~1000℃的低温下进行气化反应成为可能。同时，水煤气反应所需要的大量的热量可以由甲烷生成反应放出的热量来提供，随着压力的提高，热量的需求量和氧气的需求量大大降低。

① 压力对煤气组成的影响。根据化学反应平衡规律，提高气化炉的压力有助于分子数减小的反应，而不利于分子数增大或不变的反应。因此，高压对下列反应有利：

$$C+2H_2 \rightleftharpoons CH_4$$

$$CO+3H_2 \rightleftharpoons CH_4+H_2O$$

$$CO_2+4H_2 \rightleftharpoons CH_4+2H_2O$$

$$2CO+2H_2 \rightleftharpoons CO_2+CH_4$$

提高气化压力不利于下列反应：

$$2H_2O \rightleftharpoons 2H_2+O_2$$

$$C+H_2O \rightleftharpoons H_2+CO$$

$$C+2H_2O \rightleftharpoons 2H_2+CO_2$$

由以上反应可以知道，随气化压力的提高，煤气中的甲烷和二氧化碳含量增加，而氢气和一氧化碳的含量减少。

② 压力对氧气消耗量的影响。加压气化过程随压力的增大，甲烷的生成反应增加，由该反应提供给气化过程的热量亦增加。这样由炭燃烧提供的热量相对减少，因而氧气的消耗亦减少。

③ 压力对蒸汽消耗量的影响。加压蒸汽的消耗量比常压蒸汽的消耗量高2.5~3倍，原因有几个方面。一是加压时随甲烷的生成量增加，所消耗的氢气量增加，而氢气主要来源于水蒸气的分解。从上面的化学反应可知，加压气化不利于水蒸气的分解，因而只有通过增加水蒸气的加入量提高水蒸气的绝对分解量，来满足甲烷生成反应对氢气的需求。另一方面，在实际生产中，控制炉温是通过水蒸气的加入量来实现的，这也加剧了蒸汽消耗。

④ 压力对气化炉生产能力的影响。经过计算，加压气化炉的生产能力比常压气化炉的生产能力高$\sqrt{p}$倍，例如，气化压力在2.5MPa左右时，其气化强度比常压气化炉约高4~5倍。

加压下气体密度大，气化反应的速度加快有助于生产能力的提高。加压气化的气固接触时间长，一般加压气化料层高度较常压的大，因而加压气化具有较大的气固接触时间，这有利于碳的转化率提高，使得生成的煤气质量较好。

⑤ 压力对煤气产率的影响。压力对煤气产率的影响如图4-35所示，由图中可以看出，随着压力的提高，粗煤气的产率是下降的，净煤气的产率下降得更快。这是由于气化过程的主要反应中，如 $C+H_2O \rightleftharpoons H_2+CO$，以及 $C+CO_2 \rightleftharpoons 2CO$ 等都是分子数增大的反应，提高气化压力，气化反应将向分子数减小的方向进行，即不利于氢气和一氧化碳的生成，因此煤气的产率是降低的。而加压使二氧化碳的含量增加，经过脱除二氧化碳后的净煤气的产率却下降。

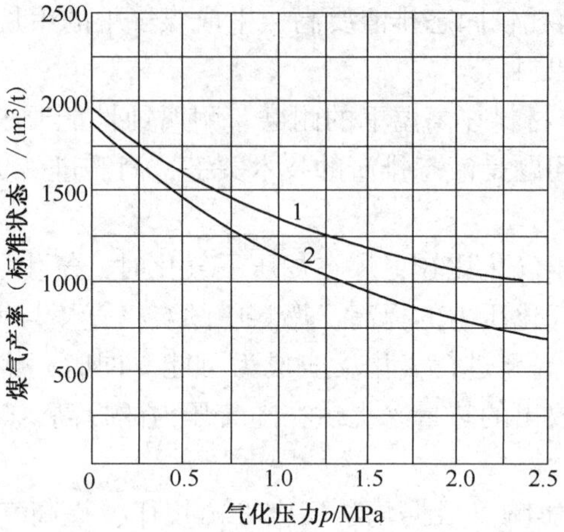

图4-35　气化压力对煤气产率的影响(褐煤)

1—粗煤气；2—净煤气

从以上的分析来看，总体讲，加压对煤的气化是有利的，尤其用来生产燃烧气(如城市煤气)，因为它的甲烷含量高。但加压气化对设备的要求较高，不同的煤种适宜气化压力也不尽相同，一般泥煤是1.57~1.96MPa，褐煤是1.77~2.16MPa，不黏结性烟煤是1.96~2.35MPa，黏结性烟煤、年老烟煤和焦炭均为2.16~2.55MPa，无烟煤为2.35~2.75MPa。

对于加压气化生产合成气来讲，甲烷的生成是不利的。为获得较多的氢气和一氧化碳气体，可采用挥发分低的原料，如年老的烟煤、无烟煤以及焦炭；并采用低的压力、较高的操作温度和通入适当的气化剂等措施。另一种方法是在炉外将甲烷进行转化，但流程和操作都比较复杂。

(2) 气化层的温度。甲烷的生成反应是放热反应，因而降低温度有利于甲烷的生成。但温度太低，化学反应的速度减慢。通常生产城市煤气时，气化层的温度范围在950~1050℃左右；生产合成原料气时，可以提高到1150℃左右。影响反应层温度最主要的因素是通入炉中气化剂的组成即汽氧比，汽氧比下降，温度上升。

(3) 汽氧比的选择。汽氧比是指气化剂中水蒸气和氧气的组成比例，采用的汽氧比不同对加压气化过程的影响有如下几个方面。

① 在一定的热负荷下，汽氧比增大，水蒸气的消耗量增大而氧气的消耗量减少。

② 汽氧比提高，水蒸气的分解率显著降低。

③ 汽氧比增大，气化炉内一氧化碳的变换反应增强，使煤气中一氧化碳的含量降低，而氢气和二氧化碳的含量升高。

④ 提高汽氧比，焦油中的碱性组分下降而芳烃组分则增加。

通常变质程度深的煤种，采用较小的汽氧比，能适当提高气化炉内的温度，以提高生产能力。加压气化炉在生产城市煤气对，各种煤的汽氧比(kg/m^3)大致范围是：褐煤6~8，烟煤5~7，无烟煤和焦炭4.5~6。

（五）碎煤加压气化炉在我国的应用及工艺流程

碎煤加压气化炉在我国的应用始于20世纪50年代，主要用于气化褐煤生产合成氨原料气。20世纪70年代后期到20世纪末，又相继引进了几套气化炉，用于生产合成氨原料气、城市煤气，主要原料煤种为长焰煤、贫瘦煤。以下介绍中国几套大型气化装置。

（1）某气化装置。某气化装置于20世纪50年代建设，属典型的无废热回收第一代加压气化炉，其加压气化装置工艺流程如图4-36所示。

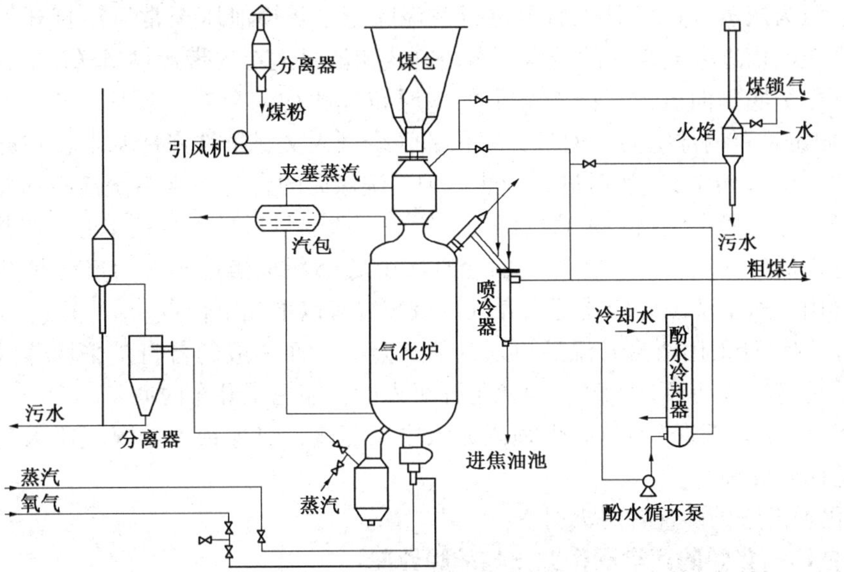

图4-36　某化肥厂气化工艺流程图

（2）某省气化厂气化装置。

某省气化厂气化装置于20世纪90年代初从原德意志民主共和国引进，用于生产城市煤气并联产甲醇。该装置共有5台 $\phi 3.8m$ 气化炉，其中一台由中国国内制造。其工艺流程简图见图4-37。

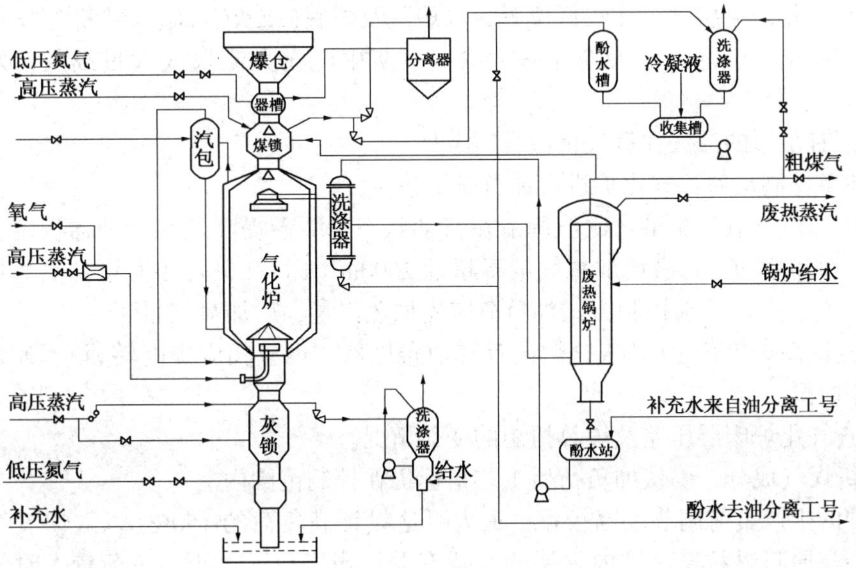

图4-37　气化厂气化工艺流程图

气化装置工艺流程简述如下：原料煤由煤斗经煤溜槽上的插板阀流入煤锁，加满后（由射线料位计监测）用来自于废热锅炉出口的粗煤气充压至2.75MP，然后打开下阀将煤加入气化炉。当煤锁中的煤全部加入气化炉后，射线料位计报警煤锁空，再次开始加煤循环。加入炉内的煤经固定钟罩式煤分布器（兼有集气作用）与炉内壁的间隙流入炉内，依次经过炉内各反应层反应，产生的灰渣由炉箅排入灰锁。灰锁满后关闭下灰翻板阀与上阀，然后灰锁泄压。

灰锁泄压为灰蒸汽直接泄压后再进行洗涤除尘。灰锁泄压至常压后打开下翻板阀及下阀，灰渣经灰溜槽进入充满水的渣沟，再由刮式捞渣机送至皮带运输机送出界区。

气化剂由炉底侧向进入，由炉箅上的三层布气孔均匀分布，反应后产生的粗煤气（约55℃）进入固定钟罩内部空间，通过钟罩顶部管线进入文丘里洗涤冷却器，在此粗煤气被喷入的酚水骤冷至约210℃，然后进入废热锅炉。洗涤后的含尘酚水由洗涤冷却器底部排至酚水分离工号，进入酚水储槽。粗煤气经废热锅炉回收热量后送入变换工号，废热锅炉产生的低压蒸汽送入低压蒸汽管网，粗煤气的冷凝液由底部积水槽排至5台气化炉共用的酚水储槽，然后再用泵送至洗涤冷却器洗涤煤气。该装置有以下几个特点。

① 气化炉设计采用蒸汽升温后再通入氧气点火，而一般的鲁奇炉采取蒸汽升温、空气点火，然后再将空气切换为氧气，简化了开车程序，缩短了开车时间。

② 煤锁空后，在泄压前先向煤锁内充入中压蒸汽，将煤锁中的煤气压入气化炉内，所以不用考虑回收煤锁气。

③ 气化炉内壁仍设置有耐火衬里。

（六）加压气化炉的正常操作调整与故障处理

加压气化在正常生产过程中通过工艺调整，维持正常的气化反应过程是极为重要的，操作人员应严格按设计的工艺指标，准确及时地发现不正常现象，通过调整汽氧比、负荷、压力、温度等各种工艺参数，确保气化炉的正常稳定运行。

（1）气化炉生产负荷的调整。当气化炉需要加负荷时应首先进行以下调整：

① 检查原料煤的粒度；

② 检查气化炉火层是否在较低位置，以炉顶及炉底（或灰锁）温度判断；

③ 检查排出灰渣的状态及灰中残炭含量，灰中应无大渣块或大量细灰，残炭含量应正常；

④ 保证有足够的蒸汽和氧气供应。

在上述条件满足后，气化炉进行加负荷调整。

① 入炉蒸汽与氧气流量、比值调节在自动状态，缓慢提高负荷调节器设定值。提高负荷应分阶段逐步增加，每次增加氧气量不超过2000m^3（标）/h，每小时增加氧气量不应超过1000m^3（标）/h；若以手动控制方式加负荷应先加蒸汽量，后加氧气量。

② 相应提高炉箅转速（若气化炉设有转动布煤器，也应相应提高转速），使加煤、排灰量与负荷相匹配。

③ 检查气化炉床层压差及炉箅扭矩的变化情况。

④ 分析煤气成分，确认加负荷后工艺指标仍在控制范围内。

气化炉的生产负荷调节范围较宽，最大可达设计满负荷的150%（以入炉氧气流量计）。负荷的大小与原料煤粒度、炉内火层的位置有关，当煤粒度过小、负荷较大时使带出物增加，严重时炉内床层由固定床变成流化床，料层处于悬浮状，使气化炉排不出灰，导致工况恶化；若气化炉负荷过低，会造成气化剂分布不均，使炉内产生风洞、火层偏斜等问题。根据运行经验，气化炉负荷一般应控制在85%~120%，最低负荷一般不得低于50%。

（2）汽氧比的调整。汽氧比是气化炉正常操作的重要调整参数之一，调整汽氧比，实际上是调整炉内火层的反应温度，气化炉出口煤气成分也随之改变。改变汽氧比的主要依据如下。

① 气化炉排出灰渣的状态即颜色、粒度、含炭量。灰中渣块较大、渣量多说明火层温度过高，汽氧比偏低；灰中有大量残炭、细灰量较多无融渣说明火层温度过低，汽氧比偏高。

② 原料煤的灰熔点。在灰熔点允许的情况下，汽氧比应尽可能降低，以提高反应层温度。煤中灰熔点发生变化时应及时调整汽氧比。

③ 煤气中CO_2含量。煤气中CO_2含量的变化对汽氧比变化最敏感，在煤种相对稳定的情况下，煤气中CO含量超出设计范围应及时进行调整。由于汽氧比的调整对气化过程影响较大，稍有不慎将会造成炉内结渣或灰细，严重时会烧坏炉箅，所以，汽氧比的调整要小心谨慎，幅度要小，并且每次调整后要分析煤气成分及观察灰的状况。

氧气纯度发生变化时汽氧比也应相应进行调整。

（3）气化炉火层位置控制。炉内火层位置的控制非常重要，判断火层具体位置应根据气化炉工艺指标与经验综合而定。火层过高（即火层上移）使气化层缩短，煤气质量发生变化，严重时会造成氧穿透，即煤气中氧含量超标，导致事故发生；火层过低则会烧坏炉箅等炉内件。火层的控制主要通过调整炉箅转速、控制炉顶温度与灰锁温度（即炉底温度）来实现。火层位置控制应综合炉顶与灰锁温度来调整：

① 炉顶温度升高、灰锁温度降低时，应提高炉箅转速，加大排灰量，使炉箅转速与气化炉负荷相匹配；

② 炉顶温度下降，灰锁温度升高时，应降低炉箅转速，减小排灰量；

③ 炉顶温度与灰锁温度同时升高时，说明炉内产生沟流现象，按处理沟流现象的方法进行调整。

（4）灰锁操作。灰锁操作对气化炉的正常运行影响较大，操作中应注意以下问题。

灰锁上、下阀严密性试验。灰锁上、下阀能否正确关闭严密是灰锁操作的关键，一般关闭时应重复开、关几次，听到清脆的金属撞击声时说明已关严。在泄压、充压的过程中应按操作程序进行阀门的严密性试验，试验方法如下。

① 当灰锁压力泄压至2.0MPa时停止泄压，检查上阀严密性，查看灰锁压力是否回升。若在规定时间内（5s）压力回升大于0.1MPa，则说明上阀泄漏，应充压后再次关闭；若在5s内小于0.1MPa，说明上阀关闭严密。

② 当灰锁压力充压至1.0MPa时，停止充压，检查下阀严密性，检查方法和标准与上阀相同。

灰锁上、下阀的严密性试验压力必须按要求的压力进行，即试验时上、下阀承受的压差P为1.0MPa，这样可以及时发现阀门泄漏，及时处理，以延长上、下阀的使用寿命。

（5）灰锁膨胀冷凝器的冲洗与充水

对于灰锁设有膨胀冷凝器的气化炉，其充水与充洗的正确操作很重要。灰锁泄压后，应按规定时间对膨胀冷凝器底部进行冲洗，以防止灰尘堵塞灰锁泄压中心管。冲洗完毕后应将膨胀冷凝器充水至满液位，充水时应注意不能过满或过少，过满时水会溢入灰锁造成灰湿、灰锁挂壁，影响灰锁容积；过少则在灰锁泄压时很快蒸发，造成灰锁干泄，导致灰尘堵塞泄压中心管，使灰锁泄压困难。所以必须正确掌握冲洗与冲水量，以保证灰锁的正常工作。

(6) 煤锁操作：

① 煤锁上、下阀的严密性试验。煤锁上、下阀的工作环境比灰锁条件好，但其严密性试验也很重要。只有保证煤锁上、下阀关闭严密，才能保证煤锁向气化炉正常供煤。煤锁上、下阀的严密性试验方法和要求与灰锁上、下阀相同，可参照进行。

② 煤溜槽阀的开、关。加压气化炉的煤溜槽阀是控制煤斗向煤锁加煤的阀门，以前为插板式，第三代炉以后改为圆筒型。不论何种结构形式的煤溜槽阀，其关闭后都与煤锁上阀之间有一定的空间，该空间用于煤锁上阀开、关动作，以使上阀关严。所以操作中要注意：在一个加煤循环中，煤溜槽阀只能开一次，以防止多次开关将上阀动作空间充满煤后造成上阀无法关严，而影响气化炉的运行。

(七)不正常现象判断及故障处理

(1) 炉内结渣

现象：排出灰中有大量渣块，炉箅驱动电机电流(液压电动机驱动时为液压压力)超高，煤气中 CO_2 含量偏低。

原因：①汽氧比过低；②灰熔点降低；③灰床过低；④气化炉内发生沟流现象。

处理方法：①增加汽氧比，使汽氧比与灰熔点相适应；②降低炉箅转速，使其与气化炉负荷相适应；③提高汽氧比，气化炉降负荷，短时提高炉箅转速以破坏风洞。

(2) 气化炉出口煤气温度与灰锁温度同时升高

如果气化炉出口煤气温度与灰锁温度同时升高，并且超过设计值，应立即进行以下检查和分析。

① 气化炉出现沟流，沟流现象如下：气化炉出口煤气温度高且大幅度波动；煤气中 CO_2 含量高；严重时粗煤气中氧含量超标；排出灰中有渣块和未燃烧的煤。

如果出现上述现象，采取以下措施处理：气化炉降至最小负荷；增加汽氧比操作；短时增加炉箅转速以破坏风洞；检查气化炉夹套是否漏水。当煤气中 O_2 含量超过1%(体积分数)时气化炉应停炉处理。

② 气化剂分布不均。气化剂分布不均由灰或煤堵塞炉箅的部分气化剂通道或布气孔所造成，其现象及处理方法与炉内沟流现象基本相同。以上措施无效时，气化炉应停炉进行疏通清理。

(3) 炉内火层倾斜

现象：气化炉出口煤气温度高，灰渣中有未燃烧的煤。

原因：原料煤粒度不均匀，炉内料层布料不均；炉箅转速过低，排灰量不均。

处理：气化炉降负荷，短时加快炉箅转速，若无效应熄火停车处理。

(4) 气化炉夹套与炉内压差高

夹套与炉内压差过高时会造成夹套内鼓，当发现压差高时，应立即检查处理。检查下列问题。

① 负荷高、汽氧比过大：其现象为气化炉出口温度高、灰细、灰量小，此时应降低气化炉负荷，降低汽氧比。

② 炉内结渣严重：按炉内结渣现象进行处理。

③ 后序工号用气量大，使炉内气流速度加快，床层压降增大：此时应减小供气量，维

持好气化炉的操作压力；

④ 开车过程中压差高，在低压时通入气化剂量过大，开车时加煤过多：应减小气化剂通入量，转动炉箅松动床层。

⑤ 炉箅布气环堵塞：若发现此问题，气化炉停炉处理。

（5）炉箅、灰锁上、下阀传动轴漏气

原因：润滑油供油不足。

处理：检查润滑油泵是否正常供油，检查注油点压力，检查润滑油管线是否畅通，调整油泵出口压力，以满足各传动轴填料润滑要求。

（6）煤锁膨料

现象：煤锁温度正常而气化炉内缺煤，温度高。

原因：煤中水分高，在煤锁中挂壁黏着。

处理：多次振动下阀，煤锁进行充、泄压；当处理无效时气化炉停车清理。

（7）灰锁膨料、挂壁

现象：灰锁下阀打开后不下灰或下灰量少。

原因：气化剂带水造成灰湿，膨胀冷凝器充水过满溢至灰锁，夹套漏水。

处理：提高过热蒸汽温度；向灰锁充入少量蒸汽，打开下阀吹扫灰锁；将挂壁灰渣吹出。

第五节　煤炭气化技术——流化床气化法

由前面的叙述可知，在固定床阶段，燃料是以很小的速度下移，与气化剂逆流接触。当气流速度加快到一定程度时，床层膨胀，颗粒被气流悬浮起来。当床层内的颗粒全部悬浮起来而又不被带出气化炉时，这种气化方法即为流化床（沸腾床）气化工艺。

流化床煤气化技术是气化碎煤的主要方法。其过程是将气化剂（氧气或空气与水蒸气）从气化炉底部鼓入炉内，炉内煤的细颗粒被气化剂流化起来，在一定温度下发生燃烧和气化反应。

流化床气化经多年发展，形成很多炉型。美国有 U-gas、KRW、HYGas、COGas、Exxon 催化气化等；德国有高温温克勒 HTW 及 Lurgi 公司的 CFB；日本有旋流板式 JSW 和喷射床气化；中国有 ICC 灰熔聚气化、灰黏聚多元气体气化恩德炉流化床、载热体双器流化床、分区流化床、循环制气流化床水煤气炉及加压流化床等。

与移动床气化炉相比较，流化床煤气化具有如下特点：

（1）直接利用碎粉煤，不用加工成块形（如移动床气化炉所要求），亦不用磨成细粉（如气流床气化炉所要求），备煤加工费最低，正适合煤炭机械化开采水平提高后粉煤率增加的特点。

（2）床内物料均匀、温度均匀，便于操作控制，炉内存在的大量可燃物可保证生产的安全性。

（3）气化强度大，便于大规模设备的建设。目前长期生产应用 ϕ5m 的恩德炉，每台炉产合成气已达 $4\times10^4m^3/h$，相当于产氨 $9\times10^4t/a$。

（4）可在炉料中添加固硫剂。利用了循环流化床技术后，床内脱硫效果更佳。

（5）炉内温度足以裂解煤热解中产生的高烃类物质，简化了煤气净化及污水处理。

（6）炉内很少有机械运动及金属部件，维修工作量小。

（7）炉内反应温度一般不大于 1000℃，只需一般耐火材料就可以长期运行。

(8) 对煤的灰含量敏感性不大，在几种气化方法中，最适合于高灰劣质煤的利用。

(9) 气化时氧耗量比气流床低，蒸汽消耗量又比干式排灰的移动床低。

(10) 既不如移动床气化炉那样有充分的气-固相反应时间，往往气化的还原反应进行得不充分，又不如气流床气化炉那样有很高的气化温度，可以保证气化反应快速进行。因而在煤种上要求使用较高活性的煤和较高灰熔点的煤。

(11) 因气化炉要保持产生煤气，必须要求炉内的还原性气氛，即要求炉内物料应有相当高的含炭量。这样，对常规的流化床气化炉来说，就带来了排出灰渣及随煤气带出的飞灰含炭量高、损失大的问题。

(12) 流化床气化炉煤气的出口温度基本上与炉内相差很小。在 HTw 型等一些气化炉中，因增加了二次风来燃尽带到自由空间的煤粉，往往使炉出口煤气温度比床层内温度还高 50~60℃高温、高夹带物煤气的除尘及湿热回收带来了余热锅炉的磨损问题。

总之，煤的流化床气化有诸多的吸引人的优点，初看技术也不复杂，因而不少人为此花费了毕生的精力。但从目前的情况看来，进展不快。主要原因在于流化床现存基本问题的解决上，有一定的技术难度，需要有大量细致的实验工作。

一、常压流化床气化工艺

1. 温克勒气化炉

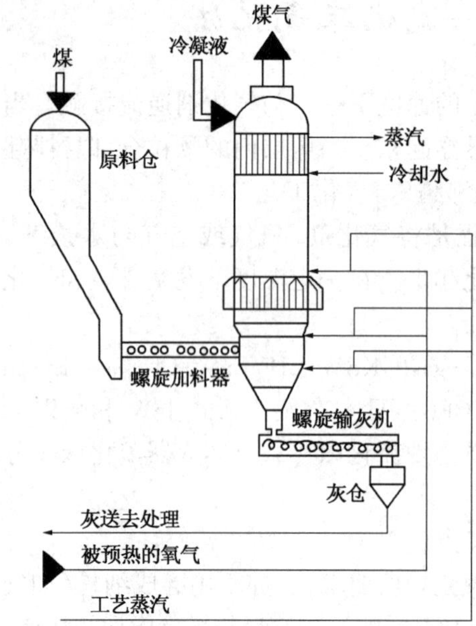

图 4-38　温克勒气化炉

温克勒气化工艺是最早的以褐煤为气化原料的常压流化床气化工艺。图 4-38 是温克勒气化炉的示意，气化炉为钢制立式圆筒形结构，内衬耐火材料。

温克勒气化炉采用粉煤为原料，粒度在 0~10mm 左右。若煤不含表面水且能自由流动就不必干燥。对于黏结性煤，可能需要气流输送系统，借以克服螺旋给煤机端部容易出现堵塞的问题。粉煤由螺旋加料器加入圆锥部分的腰部，加煤量可以通过调节螺旋给料机的转数来实现。一般沿筒体的圆周设置 2~3 个加料口，互成 180°或 120°的角度有利于煤在整个截面上的均匀分布。

温克勒气化炉的炉箅安装在圆锥体部分，蒸汽和氧(或空气)由炉箅底侧面送入，形成流化床。一般气化剂总量的 60%~75%由下面送入，其余的气化剂由燃料层上面 2.5~4m 处的许多喷嘴喷入，使煤在接近灰熔点的温度下气化，这可以提高气化效率、有利于活性低的煤种气化。通过控制气化剂的组成和流速来调节流化床的温度不超过灰的软化点。较大的富灰颗粒比煤粒的密度大，因而沉到流化床底部，经过螺旋排灰机排出。大约有 30%的灰从底部排出，另外的 70%被气流带出流化床。

气化炉顶部装有辐射锅炉，是沿着内壁设置的一些水冷管，用以回收出炉煤气的显热，同时，由于温度降低可能被部分熔融的灰颗粒在出气化炉之前重新固化。

2. 温克勒气化工艺流程

温克勒气化工艺流程包括煤的预处理、气化、气化产物显热的利用、煤气的除尘和冷却等。如图 4-39 所示。

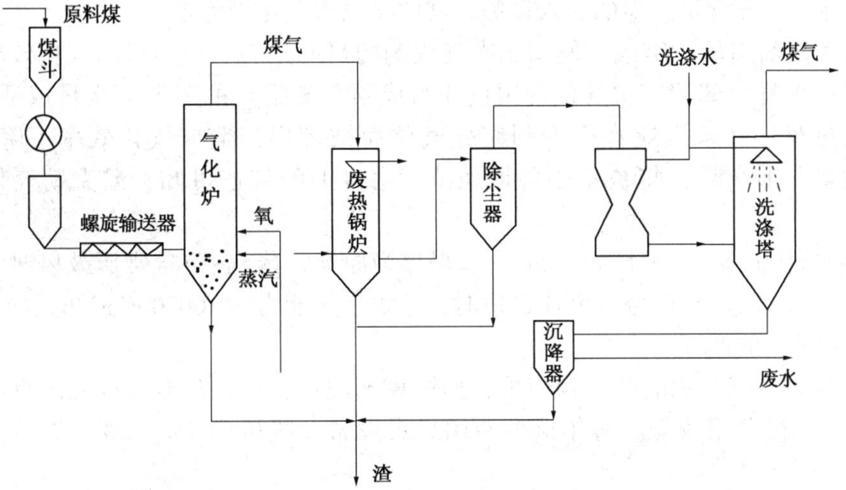

图 4-39 低温温克勒气化工艺

(1) 原料的预处理：

① 原料经破碎和筛分制成 10m 级的入炉料，为了减少带出物，有时将 0.5mm 以下的细粒筛去，不加入炉内。

② 烟道气余热干燥，控制入炉原料水分在 8%~12%左右。经过干燥的原料，可使加料时不致发生困难，同时可提高气化效率，降低氧气消耗。

③ 对于有黏结性的煤料，需经破黏处理，以保证床层内正常的流化工况。

(2) 气化：经预处理后的原料进入料斗，料斗中充以氮或二氧化碳气体，用螺旋加料器将原料送入炉内。一般蒸气-空气(或氧气)气化剂的 60%~70%由炉底经炉箅送入炉内，调节流速使料层全部流化，其余的 40%~30%作二次气化剂由炉筒中部送入。生成的煤气由气化炉顶部引出，粗煤气中含有大量的粉尘和水蒸气。

(3) 粗煤气的显热回收：粗煤气的出炉温度一般在 900℃左右，且含有大量粉尘，这给煤气的显热利用增加了困难。一般采用辐射式废热锅炉，生产压力为 1.96~2.1MPa 水蒸气，蒸汽产量为 0.5~0.8kg/m^3吹干煤气。由于煤气含尘量大，对锅炉炉管的磨损严重，应定期保养和维修。

(4) 煤气的除尘和冷却：粗煤气经废热锅炉回收热量后，经两级旋风分离器及洗涤塔，可除去煤气中大部分粉尘和水汽，使煤气的含尘量降至 6~20mg/m^3，煤气温度降至35~40℃。

3. 工艺条件

(1) 操作压力。操作压力为-0.098MPa：

(2) 原料。粒度为 0~10mm 的褐煤、不黏煤、弱黏煤和长烟煤等均可使用，但要求具有较高的反应性。使用具有黏结性的煤时，由于在富灰的流化床内，新鲜煤料被迅速分散和稀释，故使用弱黏煤时一般不致造成床层中的黏结问题。但黏结性稍强的煤有时也需要进行预氧化破黏。由于流化床气化时床层温度较低，炭浓度也较低，故不适宜使用低活性、低灰熔点的煤料。

(3) 气化炉的操作温度。高炉温对气化是有利的，可以提高气化强度和煤气质量，但炉温是受原料的活性和灰熔点的限制的，一般在900℃左右，影响气化炉温度的因素大致有汽氧比、煤的活性、水分含量、煤的加入量等。其中又以汽氧比最为重要。

(4) 二次气化剂用量及组成。使用二次气化剂的目的是为了提高煤的气化效率和煤气质量。引入气化炉身中部的二次气化剂用量和组成须与被带出的未反应炭量成适当比例。如二次气化剂过少，则未反应炭得不到充分气化而被带出，造成气化效率下降；反之，二次气化剂过多，则产品气将被不必要地烧掉。由以上的叙述可知，温克勒气化工艺的优点如下：

① 单炉生产能力大。当炉径为5.5m，以褐煤为原料，蒸汽-氧气常压鼓风时，单炉生产能力为60000Nm^3/h；蒸汽-空气常压鼓风时，单炉生产能力为100000Nm^3/h，均大大高于常压固定床气化炉炉的产气量。

② 气化炉结构。气化炉的结构较简单，如炉箅不进行转动，甚至改进的湿克勒炉不设炉箅，因此操作维修费用较低。每年该项费用只占设备总投资的1%~2%，炉子使用寿命放长。

③ 可气化细颗粒煤(0.10mm)。随着采煤机械化程度的提高，原煤中细粒度煤的比例亦随之增加，现在一般原煤中<10mm的细粒度煤要占140%甚至更多。流化床气化时可充分利用机械化采煤得到<10mm的细粒度煤，可适当简化原煤的预处理。

④ 出炉煤气基本上不含焦油。由于煤的干馏和气化在相同温度下进行，相对于移动床干馏区来说，其干馏温度高得多，故煤气中几乎不存在焦油，酚和甲烷含量也很少，排放的洗涤水对环境污染影响较小。

⑤ 运行可靠开停车容易。负荷变动范围可较大，可在正常负荷的30%~150%范围内波动，而不影响气化效率。

流化床温克勒气化工艺的主要缺点如下：

① 气化温度低。为防止细粒煤料中灰分在高温床中软化和结渣，以至于破坏气化剂在床层截面上的均匀分布，流化床气化时的操作温度应控制在900℃左右，所以必须使用活性高的煤为原料，并因此对进一步提高煤气产量和碳转化率起了限制作用。

② 气化炉设备庞大。由于流化床上部固体物料处于悬浮状态，物料运动空间比固定床气化炉中燃料层和上部空间所占的总空间大得多，故流化床气化时以容积计的气化强度比固定床时要小得多。

③ 热损失大。由于床层内温度分布均匀，出炉煤气温度几乎与炉床温度一致，故带走热量较多，热损失较大。

④ 带出物损失较多。由于使用细颗粒煤为原料，气流速度又较高。颗粒在流化床中磨损使细粉增加，故出炉煤气中带出物较多。

⑤ 粗煤气质量较差。由于气化温度较低，不利于二氧化碳还原和水蒸气分解反应，故煤气中CO_2含量偏高，可燃组分含量(如CO、H_2、CH_4等)偏低，因此为净化压缩煤气耗能较多。

温克勒气化工艺的缺点，主要是由于操作温度和压力偏低造成的。为克服上述存在的缺点，需提高操作温度和压力。为此，发展了高温温克勒法(HTW)气化工艺和流化床灰团聚气化工艺，如U-Gas气化法。

二、加压流化床气化工艺

1. 高温温克勒气化工艺(HTW)

(1) 概述。在常压温克勒煤气化技术的基础上，通过提高气化温度和气化压力，开发成功了高温温克勒(HTW)气化技术。HTW 除保留了传统 Winkler 气化技术的优点外，进一步具备了以下特点。

① 提高了操作温度。由原来的 900~950℃ 提高到 950~1100℃，因而提高了碳转化率，增加了煤气产出率，降低了煤气中 CH_4 含量，氧耗量减少。

② 提高了操作压力。由常压提高到 1. 0MPa，因而提高了反应速度和气化炉单位炉膛面积的生产能力。由于煤气压力提高使后工序合成气压缩机能耗有较大降低。

③ 气化炉粗煤气带出的固体煤粉尘，经分离后返回气化炉循环利用，使排出的灰渣中含炭量降低，碳转化率显著提高，可以气化含灰量高(>20%)的次烟煤。

④ 由于气化压力和气化温度的提高，使气化炉大型化成为可能。

(2) 工艺流程。高温温克勒(HTW)气化工艺流程如图 4-40 所示。

加工处理合格的原料煤储存在煤斗，煤经串联的几个锁斗逐级下移，经螺旋给煤机从气化炉下部加入炉内，被由气化炉底部吹入的气化剂(氧气和蒸汽)流化发生气化反应生成煤气，热煤气夹带细煤粉和灰尘上升，在炉体上部继续反应。从气化炉出来的粗煤气经一级旋风除尘。捕集的细粉循环入炉内，二级旋风捕集的细粉经灰锁斗系统排出。除尘后的煤气进入卧式火管锅炉，被冷却到 350℃，同时产生中压蒸汽，然后煤气顺序进入激冷器、文丘里洗涤器和水洗塔，使煤气降温并除尘。炉底灰渣经内冷却螺旋排渣机排入灰锁斗，经由螺旋排渣排出。煤气洗涤冷却水经浓缩沉淀滤除粉尘，澄清后的水再循环使用。

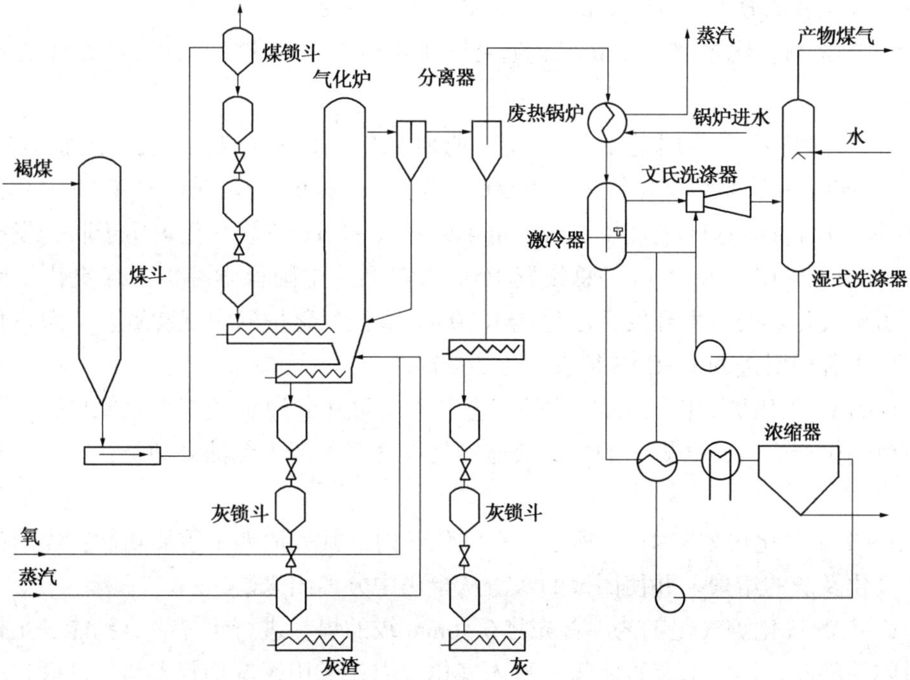

图 4-40　HTW 煤气化示范装置工艺流程图

（3）工艺条件和气化指标：

① 气化温度。提高气化温度有利于二氧化碳的还原反应和水蒸气的分解反应，相应地提高了煤气中的一氧化碳和氢气的浓度，碳的转化率和煤气的产率也提高。提高气化反应温度是受灰熔点的限制的。当灰分为碱性时，可以添加石灰石、石灰和白云石来提高煤的软化点和熔点。

② 气化压力。加压气化可以增加炉内反应气体的浓度；流量相同时，气体流速减小，气固接触时间增大，使碳的转化率提高；在生产能力提高的同时，原料的带出损失减小；在同样的生产能力下设备的体积相应减小。

加压流化床的工作状态比常压的稳定。经研究加压流化床内气泡含量少，固体颗粒在气相中的分散较常压流态化时均匀，更接近散式流态化，气、固接触良好。此外，加压流化时，对甲烷的生成是有利的，相应提高了煤气的热值。

2. U-GAS 灰团聚气化法

灰熔聚气化法也属于加压流化床气化工艺。所谓的灰熔聚是指在一定的工艺条件下煤被气化后，含炭量很少的灰分颗粒表面软化而未熔融的状态下，团聚成球形颗粒，当颗粒足够大时即向下沉降并从床层中分离出来。其主要特点是灰渣与半焦的选择性分离。即煤中的炭被气化成煤气，生成的灰分熔聚成球形颗粒，然后从床层中分离出来。

与传统的固态和液态方式不同，它是在流化床中导入氧化性高速射流，使煤中的灰分在软化而未熔融的状态下，在一个锥形床中相互熔聚而黏结成含炭量较低的球族灰渣，有选择性地排出炉外。与固态排渣相比，降低了灰渣中的炭损失；与液态排渣法相比，减少了灰渣带走的显热损失，从而提高了气化过程的炭利用率，是煤气化排渣技术的重大发展。目前使用该技术的气化方法有 U-GAS 气化工艺和 KRW 气化工艺。

动手查资料：想了解中国 ICC 灰熔聚流化床煤气化技术吗？那么快动手去查找资料吧！

U-GAS 气化技术系美国芝加哥煤气工业研究院（下称 IGT）开发，试验装置处理量 25t/d，直径 900mm 试验炉已连续运行 1000h。芬兰 Tampella 公司使用 U-GAS 气化技术的专利权，在芬兰 Tampere 地区建直径 1200mm（4 英尺）U-GAS 纯氧气化炉用于联合发电，煤处理量 35~60t/d，操作压力 3MPa，总投资 1000 万美元。中国科学院山西煤炭化学研究所亦在从事灰团聚气化炉的技术开发，已建成 1000mm 直径气化炉的中试装置。上海焦化有限公司的三联供工程中引进的 U-GAS 炉直径为 2600mm。

（1）U-GAS 气化炉。U-GAS 气化炉工艺基本上可达到原定的三个主要目标：①可利用各种煤有效地生产煤气；②煤中的炭高效地转化煤气而不产生焦油和油类；③减少对环境的污染。

U-GAS 中试气化炉如图 4-41 所示。在气化炉内，其完成四个重要功能：煤的破黏、脱挥发分、气化及灰的熔聚。并使团聚的灰渣从半焦中分离出来。

（2）U-GAS 气化炉气化工艺。首先将 0~6mm 级的煤料进行干燥，直到能满足输送的要求。通过闭锁料斗，用气动装置将煤料喷入气化炉内；或用螺旋加料器与气动阀控制进料相结合的方式，将煤料均匀、稳定地加入气化炉内。在流化床中，煤与水蒸气及氧气（或空气）在 950~1100℃ 下进行反应。操作压力视煤气的最终用途而定，可在 0. 14~2. 41MPa 范围

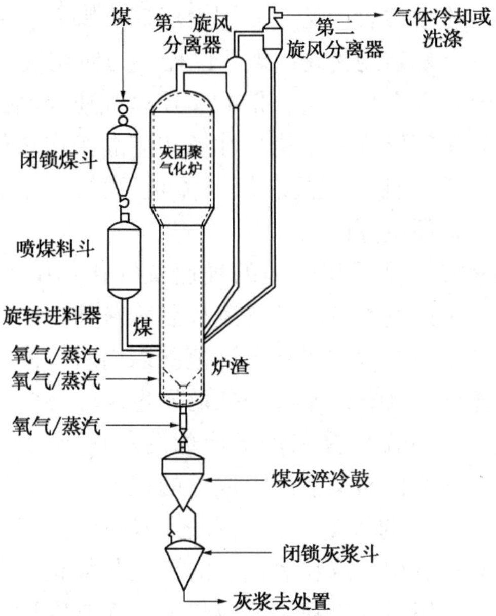

图 4-41　U-GAS 气化炉

内变动，煤很快被气化成煤气。空气由炉底中心喷管喷入炉内，由于炉内压差，气泡由小至大，上升至物料表面，气泡爆破，造成炉内物料由中间提升至周围下降的循环。在中央部分空气喷入与炽热的炉料反应造成中央高温区，控制温度使之达到灰渣软化，渣料熔融成团由小至大最后排出。

煤气化过程中，灰分被团聚成球形粒子，从床层中分离出来。炉箅呈倒锥格栅型。气化剂一部分自下而上流经炉箅，创造流化条件；另一部分汽化剂则通过炉子底部中心文氏管高速向上流动，经过倒锥体顶端孔口，进入锥体内的灰熔聚区域，使该区域的温度高于周围流化床的温度，接近煤的灰熔点。在此温度下，含灰分较多的粒子互相黏合、逐渐长大、增重，直至能克服从锥顶逆向而来的气流阻力时，即从床层中分离出来，排到充满水的灰斗中，呈粒状排出。

床层上部空间的作用具裂解在床层内产生的焦油和轻油。

从气化炉逸出的煤气携带的煤粉由两个旋风分离器分离和收集。由 I 级旋风分离器收集的焦粉返回流化床内；由 II 级旋风分离器收集的焦粉则返回灰熔聚区，在该区内被气化，而后与床层中的灰一起熔聚，最终以团聚的灰球形式排出。

粗煤气实际上不含焦油和油类，因而有利于热量回收和净化过程。

(3) U-GAS 气化炉工艺特点：

① 灰分熔聚及分离。气化工艺 U-GAS 气化炉属流化床气化，见图 4-42。其主要特点是流化床中灰渣与半焦的选择分离，即煤中的炭被气化，同时灰被熔聚成球形颗粒，并从床层中分离出来。

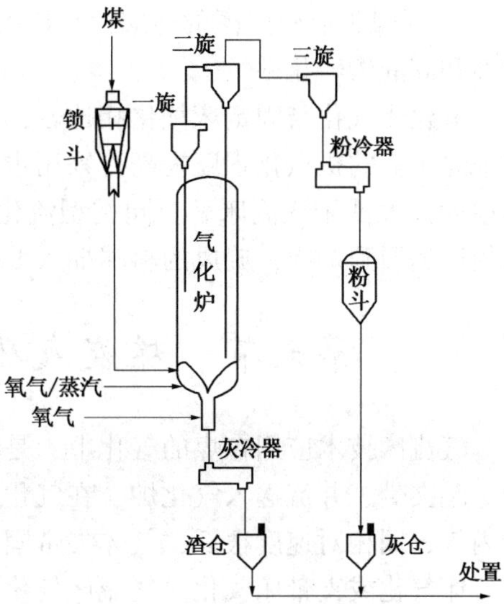

图 4-42　U-GAS 气化炉工艺流程

气化所形成的含灰较多的颗粒表面熔化和团聚成球形颗粒，并从床层中分离出来。灰粒的表面熔化或熔聚成球是一个复杂的物理. 化学过程。为使在气化过程中实现灰的熔聚和分离，气化炉排渣是通过炉子底部文丘里管，依靠文丘里气速控制排灰塞。

气化炉中灰熔聚区域的几何形状、结构尺寸及相应晶操作条件都起着重要的作用。它包括：文丘利管(颈部)内的气速、流经文丘利管和流经炉箅的氧气量与水蒸气量的比例，烙聚区的温度以及带出细粉的循环量等因素。

a. 文丘里管内的气流速度。文丘里管内的气速及气化剂中的汽氧比极为重要，它直接关系到床层高温区的形成。文丘里管颈部的气速控制着灰球在床层中的停留时间，相应地决定了灰球中的含炭量。当灰球中的含炭量在允许范围以内时，停留时间越短越好，以免由于停留时间过长，床层中灰含量过高导致结渣现象的发生。

b. 熔聚区的温度。熔聚区的温度是灰团聚成球的最重要的影响因素，它是由煤和灰的性质所决定，必须控制在灰不熔化而又能团聚成球的程度。实验发现，此温度常比煤的灰熔点(T_1)低 100~200℃，与灰中铁的含量有关。有的理论认为，煤中灰分的团聚是依靠灰粒外部生成黏度适宜的一定量的液相将灰粒表面润湿，在灰粒相互接触时，由于表面张力的作用，灰粒发生重排、熔融、沉积以及灰粒中晶粒长大。而黏度适宜的一定数量的液相只有在合适的温度下才能产生。温度过低，灰粒外表面难以生成液相，或生成的液相量太少，灰分不能团聚；温度过高，灰分熔化黏结成渣块，破坏了灰球的正常排出。一般通过文丘里管的气化剂的汽氧比比通过炉箅的气化剂的汽氧比低得多，这样才能形成灰熔聚所必需的高温区。气化炉操作温度控制在灰团聚温度，使灰渣表面软化，熔融成团排渣，故国内称灰团聚气化炉。

c. 带出细粉的再循环。U-GAS 气化工艺借助两个旋风分离器实现细粉循环并进一步气化，生成的细灰与床层中的熔聚灰一起形成灰球排出。

由于细粉直接返回床层和熔聚区，在返回过程中细粉的冷却和热量损失、气化反应的吸热，使得细粉的循环量对灰熔区的温度有一定的影响。故要选择好细粉返回床层的适宜位置，加强返回系统的保温，使其对灰熔区温度的影响变得较小，达到既提高煤的利用率，又保证次熔聚成球的正常进行。

② 对煤种有较广泛的适应性。U-GAS 气化工艺的主要优点在于它具有较广泛的煤种适应性和高的碳转化率。

流化床气化与固定床气化相比较，能用屑煤作原料，而固定床气化则以块煤作原料。随着采煤工业的机械化程度提高，采用水力采煤要取得块煤较困难。流化床与气流床相比，操作温度大大低于气流床。与同类型流化床相比，U-GAS 炉随煤气带出的粉料由旋风分离器捕集后返回到炉内，旋风的料腿插入 U-GAS 炉内，使热效率提高。

第六节　煤炭气化技术——气流床气化技术

气流床技术应用在煤的气化上，是将煤制成粉煤或煤浆，粉煤和气化剂经由烧嘴或燃烧器一起夹带、并流送入气化炉，在气化炉内进行充分的混合、燃烧和气化反应。由于在气化炉内气、固相对速度很低，气体夹带固体几乎是以相同的速度向相同的方向运动，因此称为气流床气化或夹带床气化。气流床气化炉内的反应基本上与流化床内的反应类似。

在反应区内，由于煤粒悬浮在气流中，随着气流并流运动。煤粒在受热情况下进行快速干馏和热解，同时煤焦与气化剂进行着燃烧和气化反应，反应产物间同时存在着均相反应，煤粒之间被气流隔开。所以，基本上煤粒单独进行膨胀、软化、燃尽及形成熔渣等过程，而煤粒相互之间的影响较小。从而使原料煤的黏结性、机械强度、热稳定性对气化过程基本上不起作用。故气流床气化除对熔渣的黏度-温度特性有一定要求外，原则上可适用于所有煤种。

一、概述

1. 气流床气化的主要特征

(1) 气化温度高、气化强度大气。流床反应器中由于煤粒和气流的并流运动，煤料与气流接触时间很短，而且由于气流在反应器中的短暂停留，故要求气化过程在瞬间完成。为此，必需保持很高的反应温度(达2000℃左右)和使用煤粉(<200目)作为原料，以纯氧和水蒸气为气化剂，所以气化强度很大。

(2) 煤种适应性强。气化时对原料煤除要注意熔渣的黏度-温度特性外，基本上可适用所有煤种，但褐煤不适宜制成水煤浆加料。当然，挥发分含量较高，活性好的煤较易气化，完成反应所需要的空间小，反之，为完成气化反应所需的空间较大。

(3) 煤气中不含焦油由。于反应温度很高，炉床温度均一。煤中挥发分在高温下逸出后，迅速分解和燃烧生成二氧化碳和水蒸气，并放出热量。二氧化碳和水蒸气在高温下与脱挥发分后的残余炭反应生成一氧化碳和氢，因而制得的煤气中不含焦油，甲烷含量亦极少。

(4) 需设置较庞大的磨粉、余热回收、除尘等辅助装置。由于气流床气化时需用粉煤，要求粒度为70%~80%通过200目筛，故需较庞大的制粉设备，耗电量大。此外，由于气流床为并流操作，制得的煤气与入炉的燃料之间不能产生热交换，故出口煤气温度很高，需设置较庞大的余热回收和除尘装置。

2. 气流床气化的分类

气流床气化主要有如下几种分类方式：

(1) 根据入炉原料的输送性能可分为干法进料和湿法进料。

(2) 根据气化压力可分为常压气化和加压气化。

(3) 根据气化剂可分为空气气化和氧气气化。

3. 气流床气化的技术特点

气流床气化具有下述主要特点：

① 煤种适应性强。入炉煤以粉状(或湿式水煤浆状)喷入炉内，各个微粒被高速气流分隔，并单独完成热解、气化及形成熔渣，互不相干，不会在膨胀软化时造成黏结，即不受煤的黏结性影响。原则上各种煤都可用于气流床气化，但炉内气化温度应高于煤的灰熔点，以利于熔渣的形成。此外，气流床气化的反应受动力学控制，选用活性好的煤有利于碳转化率的提高。

② 由于反应物在炉内停留时间短暂，随煤气夹带出炉的飞灰中含有未反应完的炭，采取循环回炉的方法可以提高碳转化率。

③ 由于煤粉在气化炉内停留时间极短，为了完成反应必须维持很高的反应温度。所以常常采用纯氧作为气化剂，气化温度可达1500℃，灰渣以熔融状态排出，熔渣中含炭量低。液体熔渣的排渣结构简单，排渣顺利。但是炉壁衬里受高温熔渣流动侵蚀，易于损坏，影响寿命。

④ 出炉煤气的组分以 CO、H_2、CO_2、H_2O 为主，CH_4含量很低，热值并不高。

⑤ 为了达到1500℃左右的气化温度，氧气耗量较大，影响经济性。随着高温下蒸汽分解率的提高，蒸汽耗量有所减少。

⑥ 出炉煤气温度很高，热损失大，可用废热锅炉回收热量，提高热效率。为了防止黏性灰渣进入废热锅炉，可先用循环煤气将出炉煤气激冷到 900~1100℃，并分离出灰渣，再进入废热锅炉。

4. 气流床气化炉型

有代表性的工业化气流床气化炉型主要有如下几种。

(1) K-T(Koppers-Totzek)炉：常压气化、干粉进料、以氧气为气化剂。

(2) Shell-Koppers 炉、Prenflo(Pressurized Entrained Flow Gasification)气化炉、Shell 气化炉、GSP(Gaskombiant Schwarze Pumpe)气化炉：这四种气化工艺均为加压气化、干粉进料、以氧气为气化剂。

(3) ABB-CE 气化炉：加压气化、干粉进料、以空气为气化剂。

(4) Texaco 炉、Destec 炉：湿法水煤浆进料，加压气化，以氧气为气化剂。

二、常压气流床粉煤气化

K-T 法是柯柏斯托切克(Koppers-Totzek)的简称，1936 年由德国柯柏斯(Koppers)公司的托切克(Totzek)工程师提出了常压粉煤部分氧化的原理并进行了初步试验，因而取名为柯柏斯-托切克(Koppers-Totzek)炉，简称 K-T 炉。

1. K-T 炉

气化炉有双头和四头两种结构。双头 K-T 气化炉如图 4-43 所示。炉身是一圆筒体，用锅炉钢板焊成双壁外壳，通常衬有耐火材料。在内外壳的环隙间产生的低压蒸汽，同时把内壁冷到灰熔点以下，使内壁挂渣而起到一定的保护作用。

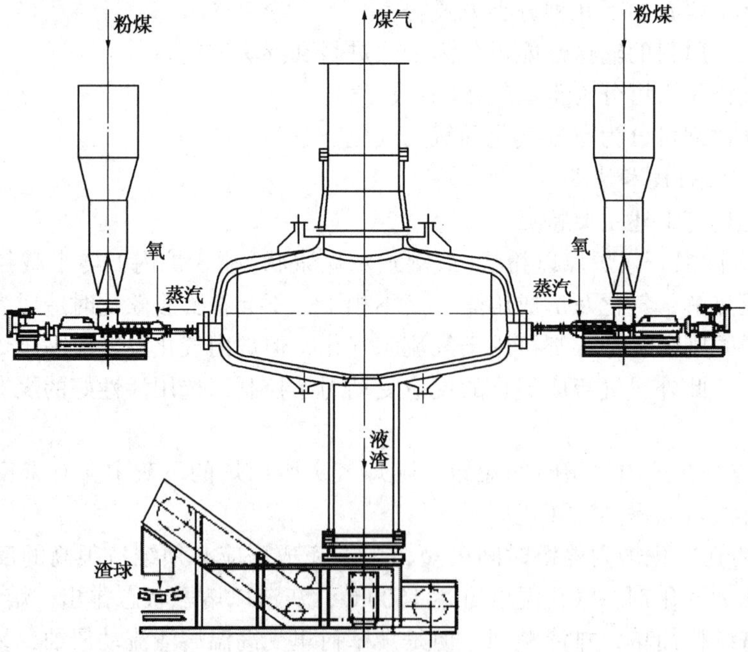

图 4-43 K-T 气化炉

粉煤、氧气、蒸汽在炉头进行燃烧反应，火焰中心温度高达2000℃，在炉上部出口处约1400~1600℃，约有50%~60%的液态渣被气流带出，在缓慢冷却过程中，灰渣会黏附于废热锅炉表面，甚至结成大块渣瘤，破坏炉子的正常操作。为避免炉出口或废热锅炉结渣，必须在高温煤气中喷水，使气流温度在瞬间降至灰的软化温度(*ST*)以下，并使液渣固化以防粘壁。

在高温气化环境条件下，炉子的防护除了用挂渣来起一定的作用外，更重要的是耐火材料的选择。最初采用硅砖砌筑，经常发生故障，后改用含铬的混凝土。后来用的加压喷涂含铬耐火喷涂材料，涂层厚达70mm，寿命可达3~5年。采用以氧化铝为主体的塑性捣实材料，效果也较好。

2. 工艺流程

K-T气化工艺流程包括粉煤制备、制气、废热回收和洗涤冷却等部分。如图4-44所示。

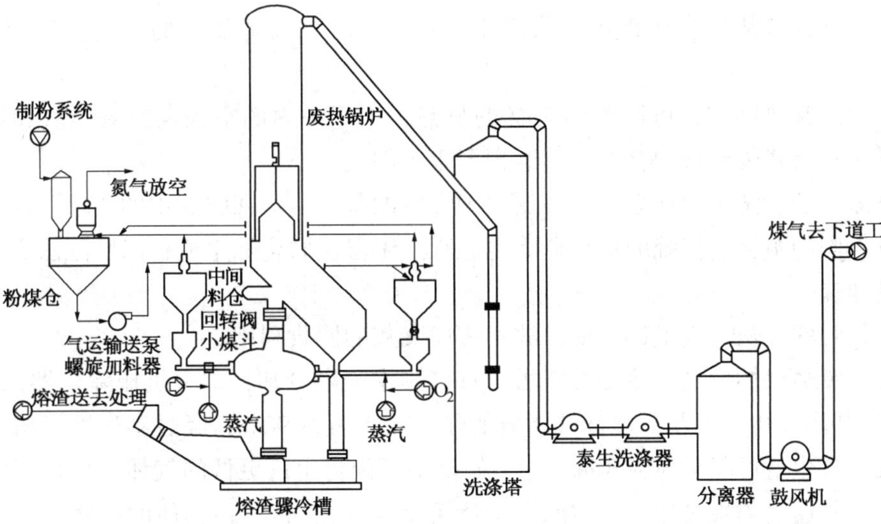

图4-44 K-T气化工艺流程

(1) 煤粉制备。煤使用球磨机、棒磨机或辊磨机粉碎，同时使热烟道气(200℃)循环通过磨机，煤粉被热气体干燥到水分含量符合要求，一般烟煤在1%左右，褐煤在8%~10%。煤同时要被磨碎到70%~80%通过200目筛。气流将煤粉干燥、夹带并送入分级器，细粒继续前进送旋风分离器，不合格的粗粒返回磨机继续研磨。旋风分离器分离下来的合格煤粉送充氮的煤粉储仓。

(2) 原料输入。煤粉由煤仓用氮气通过气动输送系统送入煤粉料斗，全系统均以氮气充压，以防氧气倒流而爆炸。螺旋加料器将煤粉由料斗以一定的速度送入炉头，同时空分车间来的工业氧气和过热的工艺蒸汽混合后也送入炉头，混合气体将煤粉夹带一起由喷嘴喷入气化炉内。

(3) 制气。采用K-T法时，粉状燃料、气化介质氧和水蒸气均匀混合，气化反应瞬时完成。因此，气化炉内的气化过程不是像固定床那样依次发生，大都是并行发生，炭的几个重要的气化反应如下：

$$C+\frac{1}{2}O_2 \longrightarrow CO$$

$$C+O_2 \longrightarrow CO_2$$

$$C+CO_2 \rightleftharpoons 2CO$$

$$C+H_2O \rightleftharpoons CO+H_2$$

同时在气相中进行下面的反应：$CO+H_2O \rightleftharpoons H_2+CO_2$，该反应是关系到水煤气组成的一个主要反应。

气化过程中主要生成硫化氢和硫氧碳，其比例约为 $H_2S/COS=(88\sim90)/(12\sim10)$

气化生成的粗煤气去冷却净化，高温炉内产生的液态渣经过排渣口进入水封槽急冷后用捞渣机排出，运去铺筑场地或堆放。

(4) 废热回收。由于反应是吸热的，而且辐射作用将一部分热量传递给炉内的耐火材料，因而气体出气化炉的温度降到1510℃左右。在出口处用饱和蒸汽急冷以固化夹带的熔渣小滴，以防止熔渣黏附在高压蒸汽锅炉的炉管上，气体温度被降至900℃。

高温生成气的显热用废热锅炉回收产生高压蒸汽，回收显热后的煤气温度降至300℃以下。

采用辐射式废热锅炉，可回收约70%的显热，由于炉内的空腔大，故结渣和结灰都不太严重；采用对流式废热锅炉会有炉管磨损严重等问题。

(5) 洗涤冷却。洗涤冷却系统可根据出炉煤气的灰含量、回收利用的要求、煤气的具体用途等进行不同的组合。传统的柯柏斯除尘流程、干湿法联合除尘流程以及湿法文丘里流程等，都可供选择。

由于气化时的飞灰含炭量都很低，故不考虑飞灰的回收利用。

气体经过废热锅炉后进入冷却洗涤塔，直接用水喷淋冷却，再由机械除尘器(泰生洗涤机)和最终冷却塔除尘和冷却。冷却洗涤塔的除尘效率可达90%，经过泰生洗涤机和最终冷却塔后，气体含尘量可降至30~50mg/m^3。如果要得到含尘量更低的气体，可采用两套泰生洗涤机串联，并通过焦炭过滤，气体的含尘量可降至3mg/m^3。在其他的一些流程中，采用静电除尘可降到0.3~0.5mg/m^3。洗涤塔中的洗涤水经过沉降可循环使用，泰生机要使用新水。

3. 操作条件

(1) 原料。K-T炉对煤种的适应性比较广，原则上可以用任何煤种，但亦有相应的要求，更适用于高活性、低灰熔点和低灰分的煤种，即所谓“一高二低”；由于反应时间极短，因此，降低气化煤粉粒度和采用变质程度较浅的年轻煤种，有利于煤的转化(0.1mm，70%~80%过200目筛；由于是液态排渣，要求气化反应温度大于煤的灰熔点 FT(流动温度)，因此气化煤种以低灰熔点煤最好，对于高灰熔点煤可以通过添加助熔剂以降低煤炭的灰熔融温度来改善液渣的流动性。但粉煤采用气力输送，不仅能耗大，而且管道与设备的磨损也较为严重。

(2) 温度。炉头内火焰中心的温度在2000℃，粗煤气出口温度为1500~1600℃，经过急冷后温度降到900℃左右。高温有和于加快反应速度，提高气化强度和生产能力。同时高温还可以获得比较高的碳转化率。

(3) 压力。炉内压力(表压)为196~294Pa，微正压。

(4) 氧和水蒸气的体积比为1/0.5，此法要求维持高温，应尽量少加水蒸气，因而该法的氧耗高，用空气代替氧气的做法行不通，因为需要高度预热来保持灰分的液态排渣。对烟煤而言，每千克烟煤消耗的氧气约0.85~0.9kg，消耗水蒸气约0.30~0.34kg。

4. K-T气化炉的优缺点

K-T气化法的技术成熟，有多年的运行经验，气化炉的结构简单，维护方便；煤种范围宽；煤气中不含焦油和烟尘，甲烷含量仅约0.2%，φ_{CO+H_2}可达85%~90%；不产生含酚废水，使煤气的净化工艺简单；碳的转化率高于流化床。

但K-T法在运行过程中，由于煤要粉碎，因而制粉设备庞大，耗电量又高；气化需要消耗大量的氧，因此需加空分装置，又增大了电的消耗；为将煤气中的粉尘降到规定要求，需要有高效率的除尘设备。

三、加压气流床粉煤气化

针对K-T炉存在的问题，进一步开发了加压下操作的干法进料的气流床气化法。主要有两种：一种是Shell法；另一种是Prenflo法。这里只介绍Shell气化法。Shell法原名Shell-Koppers法，它组合了Shell国际石油公司在高压下油气化的经验和柯柏斯公司在煤气化方面的经验。

1. 工艺流程

Shell气化法流程如图4-45所示。原煤经粉碎、干燥至含水量<2%，粒度90%通过170目的筛孔，入常压煤仓和加压煤仓，粉煤用氮气浓相(400g/m^3)输入气化炉。气化炉也设置相对称的烧嘴，蒸汽、氧气和煤粉在炉内反应温度超过1370℃。高温下煤灰熔融，沿水冷的耐火衬里壁流入水浴而固化，通过锁斗而排出。粗口煤气含有少量的未燃炭和相当量的熔融灰，用循环冷煤气激冷到900~1100℃，以避免黏性灰渣进入废热锅炉。废热锅炉包括辐射室和对流室，使煤气冷却到300℃，然后煤气再经除尘和水洗系统，送出合格的煤气(其中一部分返回到气化炉用于激冷粗煤气)。

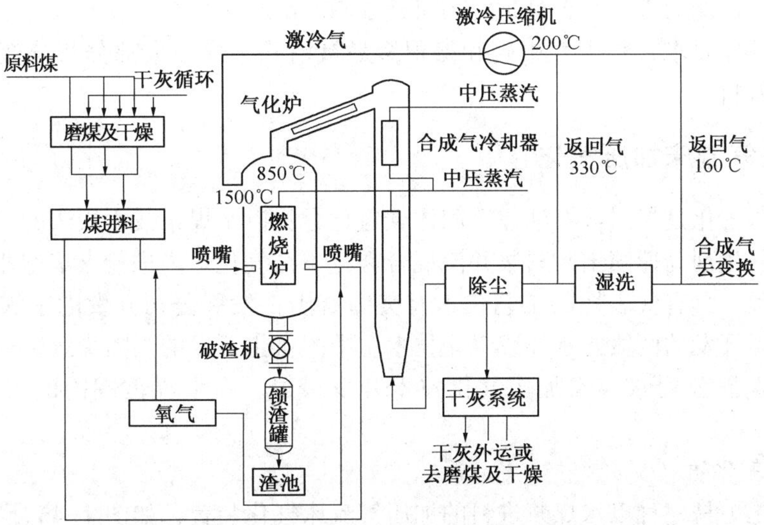

图4-45 Shell气化法流程

2. Shell 气化炉

Shell 煤气化装置的核心设备是气化炉。shell 煤气化炉采用膜式水冷壁形式，它主要由内筒和外筒两部分构成：包括膜式水冷壁、环形空间和高压容器外壳。膜式水冷壁向火侧敷有一层比较薄的耐火材料，一方面为了减少热损失；另一方面更主要的是为了挂渣，充分利用渣层的隔热功能，以渣抗渣，以渣护炉壁，可以使气化炉热损失减少到最低，以提高气化炉的可操作性和气化效率。环形空间位于压力容器外壳和膜式水冷壁之间，设计环形空间的目的是为了容纳水/蒸汽的输入/输出管和集汽管，另外，环形空间还有利于检查和维修。气化炉外壳为压力容器，一般小直径的气化炉用钨合金钢制造，其他用低铬钢制造。对于日产 1000t 合成氨的生产装置，气化炉壁设计温度一般为 350℃，设计压力 3.5MPa(表压)。

气化炉内筒上部为燃烧室(或气化区)，下部为熔渣激冷室。煤粉及氧气在燃烧室反应，温度为 1700℃左右。Shell 气化炉由于采用了膜式水冷壁结构，内壁衬里设有水冷却管，副产部分蒸汽，正常操作时壁内形成渣保护层，用以渣抗渣的方式保护气化炉衬里不受侵蚀，避免了因高温、熔渣腐蚀及开停车产生应力对耐火材料的破坏而导致气化炉无法长周期运行。由于不需要耐火砖绝热层，运转周期长，可单炉运行，不需备用炉，可靠性高。

3. Shell 煤气化的主要特点

(1) 可以使用褐煤、烟煤和沥青砂等多种煤，碳转化率达 98%以上。煤中含的硫、氧、灰分及结焦性差异对过程均无显著影响。

(2) 产品气中($CO+H_2$)含量达 90%以上，适宜作合成气，特别是煤气中 CO_2 相当少，可以大大减少酸性气体处理的费用，气化产物中无焦油等。

(3) 由于采用干法进料，既降低了氧耗又增加了冷煤气效率，干法进料比湿法进料约高两个百分点，但干法进料提高气化压力是有限度的，不如煤浆进料可根据需要提高操作压力。

(4) 单炉生产能力大，装置处理能力可达 3000t/d。

(5) 符合环保要求，粗煤气中硫和氨很容易被清除，煤中大部分灰分变成玻璃状的固体，可作建筑材料。

四、湿法气流床加压气化

湿法气流床气化是指煤或石油焦等固体碳氢化合物以水煤浆或水炭浆的形式与气化剂一起通过喷嘴，气化剂高速喷出与料浆并流混合雾化，在气化炉内进行火焰型非催化部分氧化反应的工艺过程。具有代表性的工艺技术有美国德士古发展公司开发的水煤浆加压气化技术、道化学公司开发的两段式水煤浆气化技术、中国自主开发的多喷嘴煤浆气化技术。它们当中以德士古发展公司水煤浆加压气化技术开发最早、在世界范围内的工业化应用最为广泛。

1. 德士古气化炉

德士古气化炉是一种以水煤浆进料的加压气流床气化装置，如图 4-46 所示。

该炉有两种不同的炉型，根据粗煤气采用的冷却方法不同，可分为淬冷型[如图 2-46(a)]和全热回收型[如图 2-46(b)]。

两种炉型下部合成气的冷却方式不同，但炉子上部气化段的气化工艺是相同的。德士古

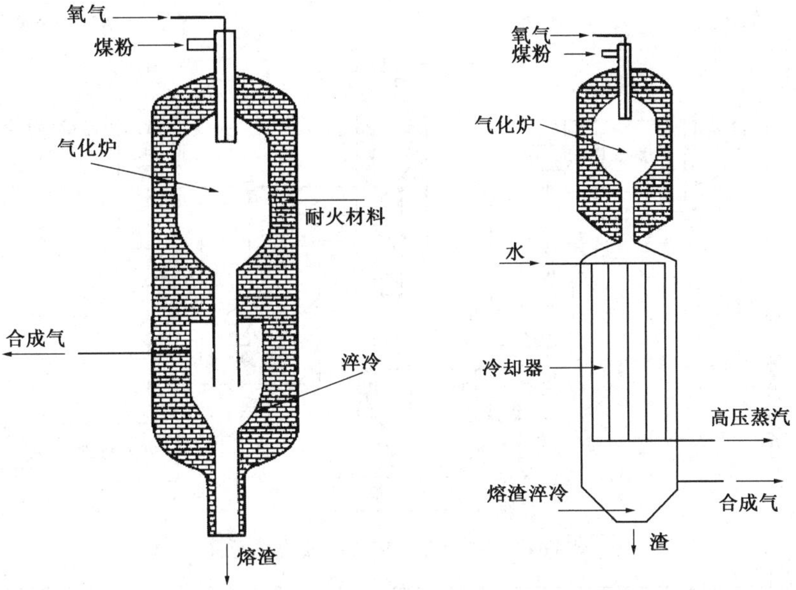

（a）淬冷型　　（b）全热回收型

图 4-46　德士古气化炉

加压水煤浆气化过程是并流反应过程。合格的水煤浆原料同氧气从气化炉顶部进入。煤浆由喷嘴导入，在高速氧气的作用下雾化。氧气和雾化后的水煤浆在炉内受到高温衬里的辐射作用，迅速进行着一系列的物理、化学变化，预热、水分蒸发、煤的干馏、挥发物的裂解燃烧以及炭的气化等。气化后的煤气中主要是一氧化碳、氢气、二氧化碳和水蒸气。气体夹带灰分并流而下，粗合成气在冷却后，从炉子的底部排出。

在淬冷型气化炉中，粗合成气体经过淬冷管离开气化段底部，淬冷管底端浸没在一水池中。粗气体经过急冷到水的饱和温度，并将煤气中的灰渣分离下来，灰熔渣被淬冷后截留在水中，落入渣罐，经过排渣系统定时排放。之后冷却了的煤气经过侧壁上的出口离开气化炉的淬冷段。然后按照用途和所用原料，粗合成气在使用前进一步冷却或净化。

在全热回收型炉中，粗合成气离开气化段后，在合成气冷却器中从 1400℃ 被冷却到 700℃，回收的热量用来生产高压蒸汽。熔渣向下流到冷却器被淬冷，在经过排渣系统排出。合成气由淬冷段底部送下一工序。

对于这两种工艺过程，目前大多数德士古气化炉采用淬冷型，优势在于它更廉价，可靠性更高，劣势是热效率较全热回收型的低。

气化炉为一直立圆筒形钢制耐压容器，内壁衬以高质量的耐火材料，可以防止热渣和粗煤气的侵蚀。

2. 工艺流程

水煤浆加压气化炉燃烧室排出的高温气体和熔渣因冷却方式的不同而分为激冷流程（图 4-47）和废锅流程（图 4-48）。高温粗煤气（含熔渣）的显热回收为高压蒸汽还是回收为工艺直接用蒸汽，取决于粗煤气的具体用途。由图 4-47 可知，德士古气化工艺可分为煤浆的制备和输送、气化和废热回收、煤气的冷却和净化等。

（1）煤浆的制备和输送。合格煤浆的制备是德士古法应用的基本前提。煤浆的浓度、黏度、稳定性等对气化过程和物料的输送均有重要的影响，而这些指标与煤的研磨又有着密切的关系。

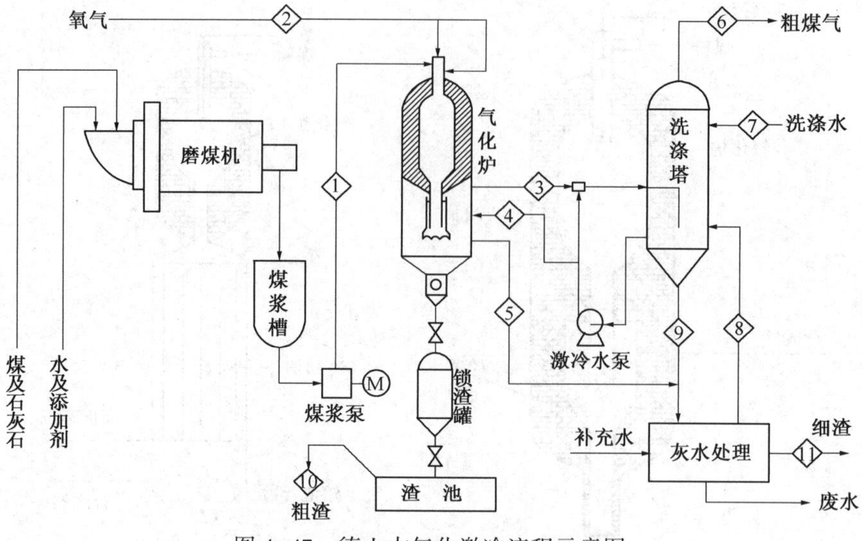

图 4-47　德士古气化激冷流程示意图

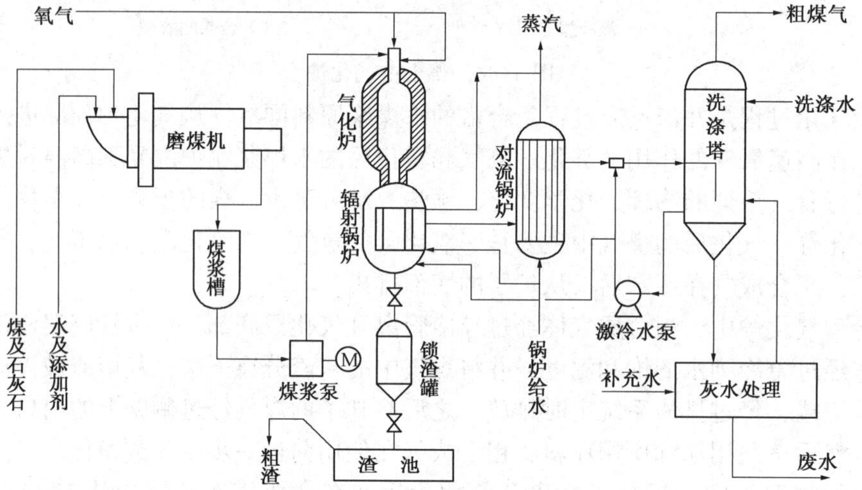

图 4-48　德士古气化废热流程示意图

固体物料的研磨分为干法和湿法两大类。制取水煤浆时普遍采用的是湿法，这种方法又分为封闭式和非封闭式两种系统，如图 4-49 所示为封闭式湿磨系统。

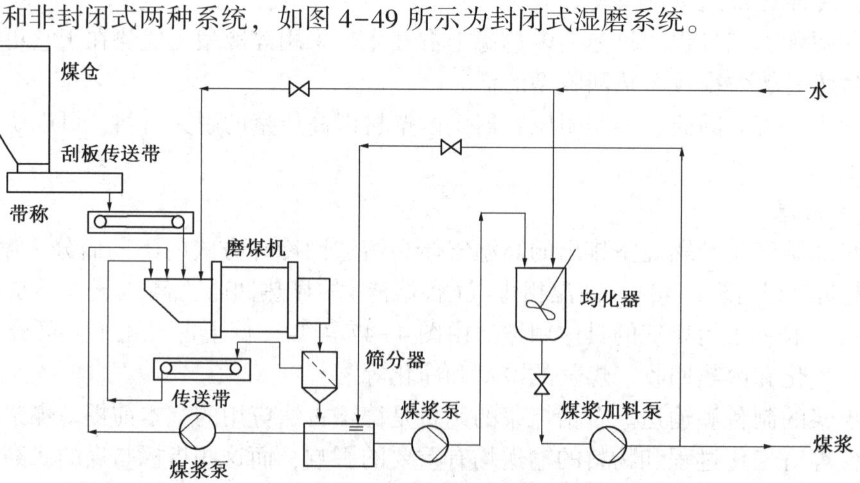

图 4-49　封闭式湿磨系统

煤经过研磨后送到分级机中进行分选，过大的颗粒再返回到磨机中进一步研磨。这种方法的优点是得到的煤浆粒度范围较窄，对磨机无特殊要求；缺点是需要分级设备。为了达到适当的分级，煤浆的黏度就不能太大，这就意味着煤浆中的固含量不能太大，而水分含量相应的就高，后系统需要增设稠化的专用设备，以达到该法的煤浆浓度要求。

另一种方法是非封闭式湿磨系统，如图 4-50 所示。

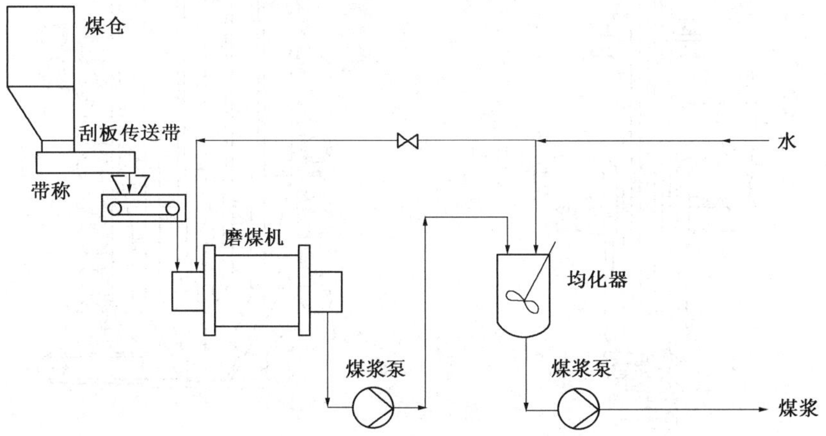

图 4-50　非封闭式湿磨系统

该法中煤一次通过磨机，所制取的煤浆同时能够满足粒度和浓度的要求。煤在磨机中的停留时间相对长一些，这样可以保证较大的颗粒尽可能不太多。要达到合格的研磨，选择适当的磨机就变得很重要，最合适的是用充填球或棒的滚筒磨机，妥善选择磨机长度、球径及球数，使得煤通过磨机时一次即能达到高浓度的煤浆，并具有所需要的粒度。

需要指出的是，不管是哪一种制浆工艺，都是耗能大户。因此，为了减少磨矿功耗，磨矿前，除特殊情况外(如用粉煤或煤泥制浆)都必须经过破碎，预先破碎到粒度小于 30mm，然后经过带称送入磨粉机。研磨好的煤浆首先要进入一均化罐，然后用泵送到气化炉。煤浆是否能够顺利进入气化炉，在泵功率确定的前提下，取决于煤浆的浓度和颗粒的粒度，这又集中体现在煤浆的黏度上，为降低黏度可采用加入添加剂的方法以降低黏度。

(2) 气化。气化炉是气化过程的核心，而喷嘴又是气化炉的关键设备。合格的水煤浆在进入气化炉时，首先要被喷嘴雾化，使煤粒均匀地分散在气化剂中，从而保证高的气化效率。良好的喷嘴设计可以保证煤浆和氧气的均匀混台。

国外使用的喷嘴结构多用三套管式(如图 4-51 所示)，中心管和外环隙走氧气，中层环隙走煤浆。设置中心管氧气的目的是为了保证煤浆和氧气的充分混合，中心氧量一般占总量的 10%~25%。根据煤浆的性质可调节两股氧气的比例，以促使氧气和碳的反应。

喷嘴必须具有如下特点：要有良好的雾化及混合效果，以获得较高的碳转化率；要有良好的喷射角度和火焰长度，以防损坏耐火砖；要具有一定的操作弹性，以满足气化炉负荷变化的需要；要具有较长的使用寿命，以保证气化运行的连续性。

气化炉操作条件比较恶劣，固体冲刷、含硫气体腐蚀，再加上高温环境和热辐射，水煤浆喷嘴头部容易出现磨损和龟裂，使用寿命平均只有 60~90d 左右，需要定期倒炉以对喷嘴进行检查维护。喷嘴要求采用耐磨性好的硬质材质，同时要求具有抗氧化/硫化和耐高温的特性。目前喷嘴的内管、中管、外管材料大多采用含镍高的 Inconel600 合金，头部材料则采用含钴高的 UMCO50 或 Haynes188 等镍基合金。

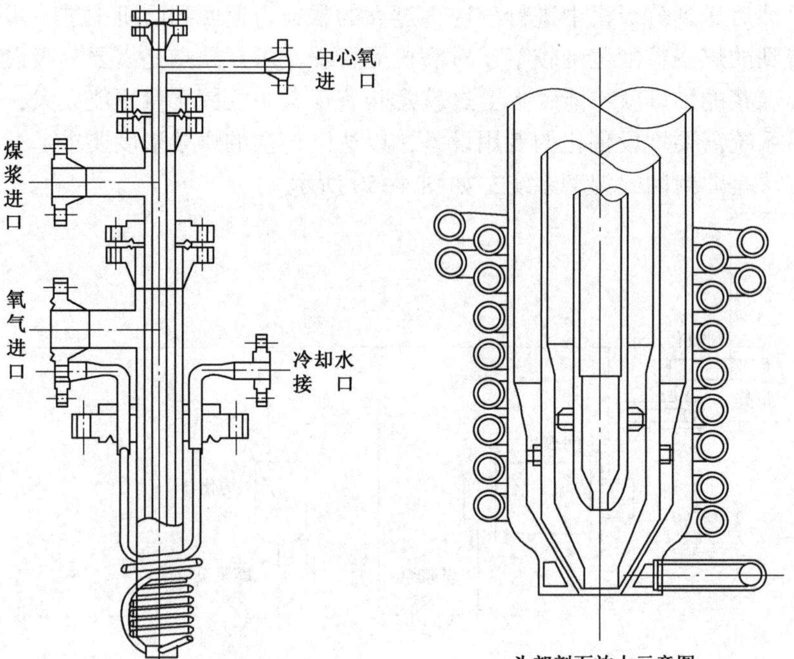

头部剖面放大示意图

图 4-51 三流道喷嘴示意图

气化炉内进行的反应主要有：

$$C+O_2 \longrightarrow CO_2+394.1kJ/mol$$

$$C+CO_2 \longrightarrow 2CO_2-173.3kJ/mol$$

$$C+2H_2 \longrightarrow CH_4+84.3kJ/mol$$

$$CO+H_2O \longrightarrow H_2+CO_2-38.4kJ/mol$$

$$CO+3H_2 \longrightarrow CH_4+H_2O+219.3kJ/mol$$

还进行以下反应：

$$C_mH_n \rightleftharpoons (m-1)C+CH_4+0.5(n-4)H_2$$

$$C_mH_n+(m+0.25n)H_2 \rightleftharpoons mCO_2+0.5nH_2O$$

当煤浆进入气化炉被雾化后，部分煤燃烧而使气化炉温度很快达到1300℃以上的高温，由于高温气化在很高的速度下进行，平均停留时间仅几秒钟，高级烃完全分解，甲烷的含量也很低，不会产生焦油类物质。由于温度在灰熔点以上，灰分熔融并呈微细熔滴被气流夹带出，离开气化炉的粗煤气可用各种方法处理。

3. 工艺条件和气化指标

影响德士古气化的主要工艺指标：水煤浆的浓度、粉煤粒度、氧煤比和气化炉操作压力等。

（1）水煤浆浓度。前已述及水煤浆浓度是德士古气化方法的一个基本条件，所谓水煤浆的浓度是指煤浆中煤的质量分数，该浓度与煤炭的质量、制浆的技术密切相关。需要说明的是，水煤浆中的水分含量是指全水分，包括煤的内在水分。通常使用的煤也并不是完全干的，一般含有5%~8%甚至更多的水分在内。水煤浆浓度对气化过程的影响基本表现在几个方面。一般地，随着水煤浆浓度的提高，煤气中的有效成分增加，气化效率提高，氧气的消耗量下降。

（2）粉煤的粒度。粉煤的粒度对炭的转化率有很大影响，较大的颗粒离开喷嘴后，在反应区的停留时间比小颗粒的停留时间短，而且，颗粒越大气固相的接触面积减小。这双重的影响结果是使大颗粒煤的转化率降低，导致灰渣中的含碳量增大。

结合上面关于水煤浆浓度和煤粉粒度的讨论，就单纯的气化过程而言，似乎水煤浆的浓度越高、煤粉的粒度越小，越有利于气化。但实际生产过程中，不得不考虑煤浆的泵送和煤浆在气化炉中的雾化，而这两个生产环节又极大地受水煤浆黏度的限制。煤的粒度越小，煤浆浓度越大，则煤浆的黏度越大。为了便于使用，水煤浆应具有较好的流动性，黏度不能太大，以利于泵送和雾化。

德士古法的收益明显受到水煤浆浓度的影响。在工业规模的条件下，煤浆黏度是一限制因素。为使煤浆易于泵送和提高其浓度，工业上采用添加表面活性剂来降低其黏度。

表面活性剂是一种两亲分子，由疏水基和亲水基两部分组成。在水煤浆中，表面活性剂的亲水基伸入水中，而疏水端却被煤粒的表面吸引，对煤粒起到很好的分散作用。水煤浆用的表面活性剂多选择芳烃类中与煤结构相近的物质，这样可以在煤的表面更好地吸附。因为添加剂的用量不小，一个日产千吨氨厂按添加 0.5% 计算，每年需表面活性剂约 3000～4000t，这样就可以选择价廉的添加剂以降低生产成本。

（3）氧煤比。氧煤比是德士古气化法的重要指标，在其他条件不变时，氧煤比决定了气化炉的操作温度，如图 4-52 所示。同时，氧煤比增大，碳的转化率也增大，如图 4-53 所示。

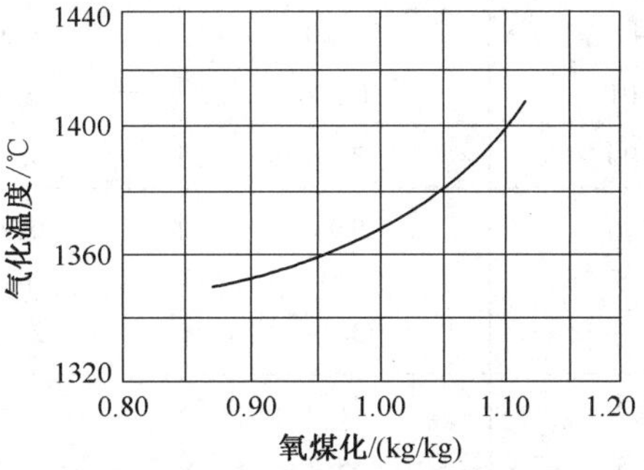

图 4-52　氧煤比与气化温度的关系

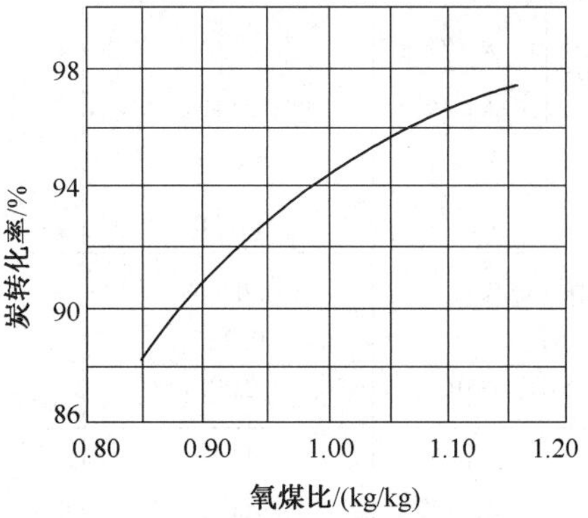

图 4-53　氧煤比与碳转化率的关系

虽然，氧气比例增大可以提高气化温度，有利于碳的转化，降低灰渣含炭量。但氧气过量会使二氧化碳的含量增加，从而造成煤气中的有效成分降低，气化效率下降。

某化肥厂曾经因为灰渣含炭量太高，在氧气流量不变的条件下，通过降低煤浆的加入量相应提高氧煤比的方法，在德士古气化装置上进行过验证性试验。当氧气的消耗量从每天的 263900m^3，提高到 267200m^3 后，有效气体（$CO+H_2$）的含量从试验前的 83.85% 降低到 81.84%；而二氧化碳的含量从试验前的 15.94% 提高到 17.74%；灰渣可燃物的含量从试验前的 43.96% 降低到 31.83%。与此相应的比煤耗从试验前的的 0.5653kg/m^3（$CO+H_2$）降低到 0.5410kg/m^3（$CO+H_2$）；煤气产量也从试验前的每天 873350m^3 提高到 887400m^3。由此可见适当提高氧气的消耗量，可以相应提高炉温，降低生产成本，但提高炉温还要考虑耐火砖和喷嘴等的寿命。

（4）气化压力。德士古工艺的气化压力最高可达 8.0MPa，通常根据煤气的最终用途，经过经济核算，选择合适的气化压力。提高气化压力，可以增加反应物的浓度，加快反应速度；同时由于煤粒在炉内的停留时间延长，碳的转化率提高。其结果是气化炉的气化强度提高，后续工段压缩煤气的动力消耗相应减少。

(5) 煤种的影响。德士古气化的煤种范围较宽，一般情况下不适宜气化褐煤，由于褐煤的内在水分含量高，内孔表面大，吸水能力强，在成浆时，煤粒上吸附的水量多。因此，相同的浓度下自由流动的水相对减少，煤浆的黏度大，成浆困难。

灰分含量是影响气化的一个重要因素。德士古法是在煤的灰熔点以上的温度操作，炉内灰分的熔融所需要的热量需燃烧部分煤来提供，因而煤灰分含量增大，氧消耗量会增大，同理煤的消耗量亦增大。在选择煤种时，应选择活性好，灰熔点低(小于1300℃)的煤。对于灰分含量，一般应低于10%~15%，否则需加入助熔剂(CaO 或 Fe_2O_3)，这又会增加运行成本，这一点特别不利于中国煤种的使用。

(6) 气化指标。国内外德士古法的主要气化指标见表4-10。

表4-10　国内外德士古法的主要气化指标

项目		国外中试(美国)	国外中试(美国)	宇部工业(日本)	中国中试
煤种		伊利诺斯6号煤	伊利诺斯6号煤	澳洲煤	铜川煤
元素分析	w_C/%	65.64	65.64	66.80	69.34
	w_H/%	4.72	4.72	5.00	3.92
	w_N/%	1.32	1.32	1.70	0.60
	w_S/%	3.41	3.41	4.20	1.54
	w_A/%	13.01	13.01	15.00	15.17
	w_O/%	11.90	11.90	7.30	9.40
煤样高热值/(kJ/kg)		26796	26796	28931	28361
投煤量/(t/h)		0.365	6.35	20	1.2
气化压力(绝压)/MPa		2.58		3.49	2.56
气体组成	φ_{CO}/%	42.2	39.5	41.8	36.1~43.1
	φ_{H_2}/%	34.4	37.5	35.7	32.3~42.4
	φ_{CO_2}/%	21.7	21.5	20.6	22.1~27.6
碳转化率/%		99.0	95.0	98.5	95~97
冷煤气效率/%		68.0	69.5		65.0~68.0

复习题

一、填空

1. 煤炭气化是煤或煤焦与(　　　　)在高温下发生化学反应将煤或煤焦中有机物转变为(　　　　)的过程。

2. 气化剂一般有(　　　　)、(　　　　)、(　　　　)、(　　　　)等。

3. 煤气的有效成分为(　　　　)、(　　　　)、(　　　　)等。

4. 煤炭气化如果按固体燃料的运动状态分类的话可以分为：(　　　　)、流化床气化、

(　　　　)、熔融床气化。

5. 煤炭气化过程的主要评价指标：(　　　　)、单炉生产能力、(　　　　)、热效率、(　　　　)、蒸汽分解率。

6. 气化强度是指单位时间、单位(　　　　)上处理的(　　　　)或产生的煤气量。

7. 煤气化的基本条件包括：气化原料和(　　　　)；发生气化的反应容器，即煤气化炉或煤气发生炉；(　　　　)；维持一定的炉内压。

8. 具体的气化过程所采用的炉型不同，操作条件不同，所使用的气化剂及燃料组成不同，但基本都包括几个主要的过程，即煤的(　　　　)、(　　　　)、(　　　　)。

9. 一般认为，在煤的气化阶段中发生了下述反应：(　　　　)、(　　　　)、(　　　　)及其他反应。

10. 在煤的气化过程中，影响化学平衡的因素主要有两个，首先是温度的影响：升高温度有利于(　　　　)热反应的进行；降低反应温度有利于(　　　　)热反应反应的进行；其次是压力的影响：加压使平衡向体积(　　　　)或分子数(　　　　)的方向移动，加压有利于生产能力的提高。

11. 一般来说，煤中挥发分越(　　　　)，转变为焦油的有机物就越多，煤气的产率下降。

12. 不同煤种，其变质程度不同，随着变质程度的(　　　　)，气化时所消耗的水蒸气，氧气等气化剂的数量也相应增大。

13. 压力增大，同一煤种制取的煤气的发热值越高，同一操作压力下，煤气发热值由高到低的顺序依次是褐煤、气煤、无烟煤。这是由于(　　　　)。

14. 煤中的水分存在形式有三种，包括：(　　　　)、(　　　　)、(　　　　)。

15. 简单地说，灰熔点就是灰分熔融时的温度，灰分在受热情况下，一般经过三个过程。即(　　　　)、(　　　　)、(　　　　)温度，对煤炭气化而言，一般用(　　　　)作为原料灰熔融性的主要指标。

16. 按照燃料在气化炉内的运动状况来分类是比较通行的方法，一般分为(　　　　)、(　　　　)、(　　　　)、(　　　　)等。

17. 各种不同结构的气化炉基本上由三大部分组，即(　　　　)、(　　　　)和(　　　　)。

18. 德士古气化炉是一种以(　　　　)的加压气流床气化装置，该炉有两种不同的炉型，根据粗煤气采用的冷却方法不同可分为(　　　　)、(　　　　)。

19. 和固定床相比较，流化床的特点是(　　　　)。

20. 温克勒气化工艺流程包括(　　　　)、(　　　　)、(　　　　)、(　　　　)。

21. 鲁奇炉的排渣方式主要有(　　　　)和(　　　　)两种。

22. 煤的热解结果生成三类分子(　　　　)、(　　　　)、(　　　　)。

23. 移动床气化炉当炉料装好进行气化时，以空气作为气化剂，或以空气(氧气、富氧空气)与水蒸气作为气化剂时，炉内料层可分为六个层带，自上而下分别为：(　　　　)、(　　　　)、(　　　　)、(　　　　)、(　　　　)、(　　　　)，气化剂不同，发生的化学反应不同。

24. 所谓气流床，就是气化剂将煤粉夹带进入气化炉，进行(　　　　)气化。

25. 煤气中矿尘清除的主要设备，按清除原理可分为(　　　　)，(　　　　)，

(　　　　)，文氏洗涤器，水膜除尘器，(　　　　)。

26. 干法脱硫包括：(　　　　)、(　　　　)、(　　　　)、(　　　　)。

27. 应用常温氧化铁法脱硫，当脱硫剂呈碱性时脱硫反应按下式进行：(　　　　)，当脱硫剂呈酸性或中性时，脱硫反应则按下式进行：(　　　　)。

28. 中温气化铁法通常认为按下列三个步骤进行：(　　　　)、(　　　　)、(　　　　)。

29. 活性炭再生方法较多，较早的方法是利用 S_2 与碱易生成多硫根离子的性质，以(　　　　)溶液把活性炭中的硫萃取出来，反应式为：(　　　　)。

30. 发生炉煤气根据使用气化剂和煤气的热值不同，一般可以分为(　　　　)、(　　　　)、(　　　　)、(　　　　)等。

31. 煤气产率是指每千克(　　　　)在气化后转化为(　　　　)的体积，它也是重要的技术经济指标之一。

32. 汽氧比是指气化剂中(　　　　)和(　　　　)的组成比例。

33. 将煤隔绝空气加强热使其分解的过程，叫做(　　　　)，也叫(　　　　)。属于(　　　　)变化。

34. 电除尘器可分为：(　　　　)和(　　　　)。

35. 煤制气分为(　　　　)、高炉煤气和(　　　　)三种。

36. 进行煤炭气化的设备叫(　　　　)。

37. 气化炉在生产操作过程中根据使用的压力不同，可分为(　　　　)和(　　　　)；根据不同的排渣方式，可以分为(　　　　)和(　　　　)。

38. 3M-21 型气化炉的主体结构由四部分组成，即(　　　　)、(　　　　)、(　　　　)和(　　　　)。

39. 气化温度一般指(　　　　)，煤气发生炉的温度一般控制在(　　　　)左右。通常，生产城市煤气时，气化层的温度在(　　　　)左右最佳；生产合成原料气时，可以提高到(　　　　)左右。

40. 间歇式水煤气的生产和混合煤气的生产不同。以水蒸气为气化剂时，在气化区进行碳和水蒸气的反应，不再区分(　　　　)和(　　　　)。

41. 具体的气化过程所采用的炉型不同，操作条件不同，所使用的气化剂及燃料组成不同，但基本都包括几个主要的过程，即(　　　　)、(　　　　)、(　　　　)、(　　　　)。

42. 水煤浆的浓度是指煤浆中(　　　　)，该浓度与煤炭的质量、制浆的技术密切相关。

43. 移动床是一种较老的气化装置，燃料由(　　　　)加入，底部通入(　　　　)，燃料与气化剂(　　　　)流动，反应后的灰渣由底部排出。

44. 各种不同结构的气化炉基本上由三大部分组成，即(　　　　)、(　　　　)、(　　　　)。

45. 气化温度一般指煤气发生炉内(　　　　)层的温度。

46. 煤炭气化时，必须具备三个条件，即(　　　　)、(　　　　)、供给热量，三者缺一不可。

47. 煤炭气化按所得煤气组成不同可分为(　　　　)、(　　　　)、(　　　　)、半水煤气。

48. 煤中的水分和(　　　　)有关，随煤的变质程度加深而呈规律性变化；即从泥炭、褐煤、烟煤、年轻无烟煤，水分(　　　　)，而从年轻无烟煤到年老无烟煤，水分又增加。

49. 硫分对气化的影响煤中的硫以(　　　　)和(　　　　)的形式存在，气化用燃料中硫含量应是越低越好。

50. 制造水煤气的工作循环，通常分为：(　　　　)、(　　　　)、(　　　　)、(　　　　)、(　　　　)、(　　　　)六个阶段。

51. 间歇法制造半水煤气时，在维持煤气炉温度、料层高度和气体成分的前提下，采用(　　　　)、(　　　　)、(　　　　)、(　　　　)(称三高一短)的操作方法，有利于气化效率和气化强度的提高。

52. 温克勒气化工艺流程包括煤的(　　　　)、气化、气化产物显热的利用、(　　　　)等。高炉温对气化是有利的，但炉温是受原料的(　　　　)和(　　　　)的限制的，一般在900℃左右。

53. 温克勒气化工艺中采用二次气化剂的目的是(　　　　)。

54. U-GAS灰团聚气化法特点是(　　　　)，即煤中的碳被气化，同时灰被熔聚成球形颗粒，并从床层中分离出来。

55. 气流床气化的主要特征如下：(　　　　)；(　　　　)；(　　　　)；(　　　　)。

56. 气流床气化的分类根据入炉原料的输送性能可分为(　　　　)和(　　　　)。

57. 常压气流床粉煤气化K-T炉，工艺流程包括(　　　　)、(　　　　)、(　　　　)等部分。

58. 常压气流床粉煤气化(K-T炉)中炉头内火焰中心的温度在(　　　　)，粗煤气出口温度为(　　　　)，经过急冷后温度降到(　　　　)左右。

59. 加压气流床粉煤气化Shell气化炉采用(　　　　)。它主要由内筒和外筒两部分构成：包括(　　　　)、(　　　　)和(　　　　)；气化炉内筒上部为燃烧室(或气化区)，下部为熔渣激冷室。

60. 德士古气化炉是一种以(　　　　)进料的加压气流床气化装置，根据粗煤气采用的冷却方法不同可分为(　　　　)和(　　　　)。

61. 脱硫方法分为干法和湿法两大类。而湿法脱硫则按溶液的吸收和再生性质又区分为(　　　　)、(　　　　)、(　　　　)以及物理-化学吸收法。

62. 改良ADA法(亦称蒽醌二磺酸钠法)基本原理分为四个阶段：

第一阶段，在pH=8.5~9.2范围内，在脱硫塔内(　　　　)吸收硫化氢生成硫氢化物。

第二阶段，在液相中，硫氢化物被(偏钒酸钠)迅速氧化成硫。而偏钒酸钠被还原成(　　　　)。

第三阶段，还原性的焦钒酸钠与(　　　　)反应，生成还原态的ADA，而焦钒酸钠则被ADA氧化，再生成偏钒酸钠盐。

第四阶段，还原态ADA被(　　　　)氧化成氧化态的ADA，恢复了ADA的氧化性能。

63. 在反应温度为200~400℃时，采用(　　　　)脱硫，此时具有脱硫活性的氧化铁为(　　　　)，而购进的脱硫剂为Fe_2O_3，因此在使用前应先用还原性气体(　　　　)还原。

64. 世界上煤气甲烷化流程较多，大致有三大类：(　　　　)、(　　　　)以及液相催化反应类。

65. 甲烷的生成反应是(　　　　)反应，因而(　　　　)有利于甲烷的生成。

66. 习惯上把(　　　　)和(　　　　)统称为气化层。

67. 空层的主要作用是(　　　　)。

68. 挥发分是指煤在加热时，有机质部分裂解、聚合、缩聚，低分子部分呈气态逸出，水分也随着蒸发，矿物质中的碳酸盐分解，逸出(　　　　)等。除去水分的部分即为挥发分产率，随着变质程度的提高，煤的挥发分逐渐(　　　　)。

69. 一般认为，成煤过程分为两个阶段，(　　　　)和(　　　　)。

70. 煤气是指(　　　　)通过炙热固体燃料层时，所含游离氧或(　　　　)将燃料中的碳转化成的可燃性气体。

71. 煤炭气化分为(　　　　)和部分气化。部分气化指的是煤的(　　　　)技术。

72. 蒸汽消耗量指的是(　　　　)。

73. 煤炭气化工艺的分类按照供热方式分为(　　　　)、(　　　　)、(　　　　)。

74. 煤在干馏后的焦炭中的主要成分是(　　　　)。

75. 煤的挥发分产率与煤的变质程度有密切的关系，随着变质程度的(　　　　)，煤的挥发分逐渐降低。

76. 固定床发生炉煤气的工艺流程一般分为(　　　　)和冷煤气两种流程。

77. 冷煤气工艺流程因原料不同可分为(　　　　)和(　　　　)。主要区分在于煤气的(　　　　)。

78. 3M-21 发生炉下部为炉箅和(　　　　)装置，包括(　　　　)、灰盘、排灰刀及(　　　　)。

79. 水煤气生产工艺中，二次上吹的目的在于(　　　　)。

80. 液态排渣气化炉主要特点是炉子下部的排灰机构特殊，取消了固态排渣炉的(　　　　)。

81. (　　　　)的控制主要通过调整炉箅转速、控制炉顶温度与灰锁温度来实现。

82. 流化床炉内反应温度一般不大于(　　　　)，只需一般耐火材料即可长期运行。

83. U-GAS 灰团聚气化法与固态排渣相比，降低了灰渣中的(　　　　)，与液态排渣法相比，减少了灰渣带走的(　　　　)，从而提高了气化过程的碳利用率。

84. 气流床气化工艺根据气化剂分类的话可分为(　　　　)和(　　　　)。

85. 常压气流床粉煤气化工艺流程包括(　　　　)、(　　　　)、(　　　　)、(　　　　)。

86. 在 K-T 气化炉中，煤粉要被热气体干燥到水分含量符合要求，一般烟煤在(　　　　)左右，褐煤在(　　　　)。煤同时要被磨碎到 70%~80%通过(　　　　)目。

87. K-T 气化炉对煤种适应性比较广，原则上可以用任何煤种，但亦有相应的要求，更适合用于(　　　　)、(　　　　)和(　　　　)的煤种，即所谓的“一高二低”。

88. Shell 气化炉内筒上部为(　　　　)，下部为(　　　　)。

89. 淬冷型和全热回收型气化炉炉子上部气化段的气化工艺相同，但下部合成气冷却方式不同，前者合成气经(　　　　)离开气化段底部，其低端浸没在水池中。而后者粗合成气离开气化段后，先在合成气冷却器中从 1400℃冷却到 700℃，回收的热量用来生产(　　　　)。

90. 水煤浆加压气化炉燃烧室排出的高温气体和熔渣因冷却方式不同分为(　　　　)流程和(　　　　)流程。

91. 改良的 ADA 法可用于常压和加压条件下煤气、焦炉气及天然气等工业原料气的脱硫。可由(　　　　)、(　　　　)、硫磺的回收三个部分组成。

92. 活性炭脱硫基本原理是(　　　　)。

93. 间歇式气化制半水煤气或水煤气时，从煤气炉出来的半水煤气先经过燃烧蓄热室，再经废热锅炉回收废热后，去洗气塔后进煤气柜，煤气柜的主要作用是(　　)和(　　)。

94. 硫化氢及氧在活性炭表面的反应分两步进行，第一步是(　　)，形成作为催化中心的表面氧化物；第二步是(　　)，生成的硫磺分子沉积在活性炭的空隙中。

95. 煤在隔绝空气条件下加热生产焦炭过程中副产的气体称为(　　)。其主要成分是(　　)、水蒸气及一系列化学品组成的复杂混合物。

96. 天然气改制工艺分为三个系统，分别是(　　)、(　　)、燃气洗涤冷却系统。

97. 蒸汽分解率指的是(　　)。

98. 由于煤炭气化过程是在非常高的温度下进行的，为了保护炉体而加设(　　)或(　　)是非常必要的。

99. 3M-13 型和 3M-21 型的结构及操作指标基本相同，不同的是(　　)和(　　)。

二、选择

1. 煤气的有效成分是(　　)。

A. CO　B. CO_2　C. H_2S　D. N_2

2. 下列煤气只是采用水蒸气作为气化剂的是(　　)。

A. 空气煤气　B. 半水煤气　C. 水煤气　D. 混合煤气

3. 粗煤气组成与气化压力的关系是(　　)。

A. 气化压力上升，CH_4 含量上升　B. 气化压力上升，CO 含量上升

C. CO 含量上升，气化压力下降　D. 气化压力上升，H_2 含量上升

4. 移动床气化就是(　　)。

A. 固定床气化　B. 流化床气化

C. 气流床气化　D. 沸腾床气化

5. 民用燃气的热值一般为(　　)。

A. 4620kJ/m^3　B. 15000kJ/m^3　C. 6000kJ/m^3　D. 5000kJ/m^3

6. 下列能源属于二次能源的是(　　)。

A. 水电　B. 城市煤气　C. 石油　D. 太阳能

7. 城市煤气要求 CO 低的原因是(　　)。

A. CO 热值低　B. CO 有毒　C. 易爆炸　D. 无法燃烧

8. 关于内热式和外热式煤气化的说法对的是(　　)。

A. 前者汽化效率高　B. 后者气化效率低

C. 目前煤气化主要采用前者　D. 二者气化原理不同

9. 下列反应属于一次反应的是(　　)。

A. $C+O_2 = CO_2$　B. $C+H_2O = CO+H_2$

C. $C+2H_2 = CH_4$　D. $CO+H_2O = H_2+CO_2$

10. 低热值煤气热值应低于(　　)。

A. 8347kJ/m^3　B. 16747kJ/m^3　C. 33494kJ/m^3　D. 9565kJ/m^3

11. 气流床气化中煤料与气化剂采用(　　)方式进入气化炉。

A. 逆流　B. 并流　C. 随机　D. 错流

12. 随温度的升高，煤的干燥过程中放出CO_2、CO和热分解水是在(　　)。

A. 100~200℃　　B. 300~400℃　　C. 200~300℃　　D. 50~100℃

13. 在煤的气化过程中，气化时不黏结但产生焦油的原煤是(　　)。

A. 无烟煤　　B. 焦炭　　C. 贫煤　　D. 褐煤

14. 在气流床采用干法加料时，一般要求原料的水分最好小于(　　)，以便于粉煤的气动输送。

A. 5%　　B. 2%　　C. 3%　　D. 12%

15. 对于气流床(干法进料)而言，其粒度范围一般在(　　)，至少要有70%~90%的煤粉小于200目。

A. 小于0.1mm　　B. 6~50mm　　C. 3~5mm　　D. 0.01mm

16. (　　)温度较低，灰中的残炭较少，基本不发生化学反应。

A. 空层　　B. 灰渣层　　C. 干馏层　　D. 干燥层

17. (　　)是煤炭气化的重要反应区域，产生的热量是维持气化炉正常操作的必要条件。

A. 还原层　　B. 干燥层　　C. 干馏层　　D. 氧化层

18. 下面哪一个不是碎煤加压气化的特点：(　　)。

A. 原料适用范围广

B. 气化压力较高，气流速度低，可气化较小粒度的碎煤

C. 可气化水分、灰分较高的劣质煤

D. 气化强度大，便于大规模设备的建设

19. 下面不属于液态排渣气化炉特点的是(　　)。

A. 气氧比低，气化层反应温度高，碳的转化率大

B. 气化强度小

C. 水蒸汽耗量小

D. 氧气消耗较固态排渣高

20. 温克勒气化工艺属于(　　)气化工艺。

A. 流化床　　B. 固定床　　C. 移动床　　D. 气流床

21. 不属于流化床气化特点的是(　　)。

A. 直接利用碎粉煤　　B. 原料煤为块状

C. 煤气出口温度与炉内相差很小　　D. 可在炉料中添加固硫剂

22. 温克勒气化炉炉箅安装在圆锥体部分，蒸汽和氧由炉箅底侧面送入，一般气化剂总量的(　　)由下面送入，其余的由燃料层上面2.5~4m处的喷嘴喷入。

A. 50%~60%　　B. 85%　　C. 78%　　D. 60%~70%

23. 温克勒气化炉中富灰颗粒大约有(　　)从底部排除，(　　)被气流带出流化床。

A. 30%，70%　　B. 40%，60%　　C. 50%，50%　　D. 70%，30%

24. (　　)是在流化床中导入氧化性高速射流，使煤中的灰分在软化而未熔融的状态下，在一个锥形床中相互熔聚而黏结成含炭量较低的球族灰渣，有选择性的排出炉外。

A. U-GAS灰团聚　B. 液态排渣　　C. 固态排渣　　D. 灰熔聚

25. U-GAS气化炉工艺基本上达到了原定的三个主要目标，其中不属于三个目标的是：(　　)。

A. 降低了反应温度

B. 煤中的碳高效地转化成煤气而不产生焦油和油类

C. 减少对环境的污染

D. 可利用各种煤有效地生产煤气

26. 对气流床气化特点描述不正确的是(　　)。

A. 煤种适应性强

B. 气化温度低，气化强度大

C. 煤气中不含有焦油

D. 需设置较庞大的磨粉、余热回收、除尘等装置

27. 采用湿法进料的是(　　)。

A. 德士古炉　　B. K-T 炉　　C. Shell 炉　　D. ABB-CE 气化炉

28. 在 K-T 气化炉中，粉煤、氧气、蒸汽在炉头进行燃烧反应，火焰中心温度高达(　　)。

A. 1800℃　　B. 1600℃　　C. 2100℃　　D. 2000℃

29. Shell 气化炉气化特点叙述错误的是(　　)。

A. 可以使用褐煤、烟煤和沥青砂等多种煤，碳转化率达 98%以上

B. 采用湿法进料

C. 单炉生产能力达

D. 符合环保要求

30. 气化过程的核心是(　　)。

A. 气化炉　　B. 燃烧室　　C. 炉箅　　D. 洗涤塔

31. 活性炭是一种孔隙性大的黑色固体，主要成分以石墨微晶成不规则排列，属无定形。其孔隙是大小不均一定的，可分为大孔、过渡孔及微孔，主要是(　　)。

A. 小孔　　B. 大孔　　C. 微孔　　D. 过渡孔

32. 不属于煤气甲烷化流程的是(　　)。

A. 气流床催化反应类　　B. 固定床催化的气固催化类

C. 流动床催化的气固催化类　　D. 液相催化反应类

33. 按煤气的热值可将煤气分为以下几种，其中分类不正确的是(　　)。

A. 低热值煤气　　B. 油煤气　　C. 中热值煤气　　D. 高热值煤气

34. 煤属于(　　)。

A. 有机物　　B. 无机物　　C. 化合物　　D. 混合物

35. 下列属于新型煤化工特点的是(　　)。

A. 储量大　　B. 煤炭-能源-化工一体化

C. 环境得到治理　　D. 热值高

36. 水煤气主要成分是(　　)。

A. 一氧化碳和氢气　　B. 二氧化碳

C. 甲烷　　D. 氮气

37. 对灰渣层作用叙述不正确的是(　　)。

A. 由于灰渣结构疏松并含有许多孔隙，对气化剂在炉内的均匀分布有一定的好处

B. 煤灰的温度比刚入炉的气化剂温度高，可使气化剂预热

C. 灰渣层会增加炉内阻力，降低气化能力

D. 保护分布板

38. 无烟煤和褐煤含水量约10%~30%，气化用煤含水量一般要求不超过(　　)。

A. 8%　　B. 5%　　C. 10%　　D. 6%

39. 对于灰锁循环过程叙述不正确的是(　　)。

A. 连续转动的炉箅将灰排出气化炉，通过顶部锥形阀进入灰锁

B. 需要泄灰时，停止炉箅转动，灰锁顶部锥形阀打开，重新启动炉箅

C. 灰锁降压到大气压后，打开底部锥形阀，灰从灰锁进入灰斗，灰被急冷后送去处理

D. 关闭底部锥形阀，用过热蒸汽对灰锁充压，然后炉箅运行一段时间后，再打开顶部锥形阀，新循环开始。

40. 汽氧比对加压气化过程的影响描述不正确的是(　　)。

A. 在一定的热负荷下，汽氧比增大，水蒸气的消耗量增大而氧气的消耗量减少

B. 汽氧比提高，水蒸气的分解率显著降低

C. 汽氧比增大，气化炉内一氧化碳变化反应减弱

D. 提高汽氧比，焦油中的碱性组分下降而芳烃组分则增加

41. 在加压流化床气化工艺中，提高气化温度利于二氧化碳的还原反应和水蒸气的分解反应，提高气化反应温度是受(　　)限制的。

A. 灰熔点　　B. 软化点　　C. 熔点　　D. 挥发度

42. 固定床煤气化特点叙述不正确的是(　　)

A. 气化剂与煤并流进入气化炉　　B. 煤为块状

C. 碳转化效率高，耗氧量低　　D. 容量较小

43. 移动床汽化就是(　　)。

A. 固定床气化　　B. 流化床气化　　C. 气流床气化　　D. 沸腾床气化

44. 空气煤气、混合煤气和水煤气的热值大小比较正确的是(　　)。

A. 水煤气>混合煤气>空气煤气　　B. 水煤气>空气煤气>混合煤气

C. 混合煤气>水煤气>空气煤气　　D. 空气煤气>水煤气>混合煤气

45. 硫化氢及其燃烧产物SO_2会造成人体中毒，在空气中含有(　　)的硫化氢就能致人死命。

A. 1%　　B. 0.1%　　C. 0.2%　　D. 0.5%

46. 中温气化铁脱硫方法中具有脱硫性的是(　　)。

A. 氧化铁的α水合物　　B. 氧化亚铁

C. 氧化铁的γ水合物　　D. 四氧化三铁

47. 常温氧化铁脱硫方法中，当脱硫剂呈碱性时，脱硫后转化为(　　)。

A. $Fe_2S_3 \cdot H_2O$　　B. FeS　　C. Fe_2S_3

48. 湿法脱硫中的化学吸收法一般以(　　)溶液为吸收剂。

A. 弱酸性　　B. 弱碱性　　C. 强酸性　　D. 强碱性

49. 泥炭煤中含有大量的腐植酸，挥发分产率近(　　)，气化时不黏结，但产生焦油和脂肪酸。

A. 70%　　B. 60%　　C. 65%　　D. 68%

50. 不同煤种，其变质程度不同，随着变质程度的加深，气化时所消耗的水蒸气、氧气等气化剂的数量也相应(　　)。

A. 减小　　B. 增大　　C. 先增大后减小　　D. 先减小后增大

三、判断

1. 在流化床时，为了使煤在破碎、输送和加料时能保持自由流动状态而规定料煤的水分应<5%。在气流床气化采用干法加料时，一般要求原料的水分最好<2%，以便于粉煤的气动输送。(　　)

2. 褐煤转变为烟煤和无烟煤的过程。在这个过程中煤的性质发生变化，所以这个过程又叫做变质作用。(　　)

3. 一般来说，煤中挥发分越高，转变为焦油的有机物就越多，煤气的产率下降。(　　)

4. 低灰的煤种有利于煤的气化生产，能提高气化效率、生产出优质煤气，但低灰煤价格高，使煤气的综合成本上升。(　　)

5. 煤的比表面积和煤的粒径有关，煤的粒径越小，其比表面积越大。煤有许多内孔，所以比表面积与煤的气孔率有关。(　　)

6. 煤的粒度太小，当气化速度较大时，小颗粒的煤有可能被带出气化炉外，从而使炉子的气化效率升高。(　　)

7. 煤的挥发分产率与煤的变质程度有密切的关系。随着变质程度的提高，煤的挥发分逐渐升高。(　　)

8. 结碴的共同原因是煤中的水分含量太高，共同特征是煤气出口温度和二氧化碳含量上升，渣中含炭量增大。(　　)

9. 对于先进的设备，可以不经过气密性试验. 即可投入运行。(　　)

10. 焦油产率与煤种性质有关：一般地说，变质程度较深的气煤和长焰煤比变质程度浅的褐煤焦油产率大，而变质程度更深的烟煤和无烟煤. 其焦油产率却更低。(　　)

11. 褐煤是变质程度较低的煤，无烟煤是变质程度高的煤，所以在气化褐煤和无烟煤时，褐煤的氧耗比无烟煤的高。(　　)

12. 煤的灰分是指将一定量的煤样在600℃的条件下完全燃烧，残余物即灰分，表明了煤中矿物质含量的大小。(　　)

13. 反应性主要影响气化过程的起始反应温度，反应性越高，则发生反应的起始温度越低。(　　)

14. 所谓的气化效率是指所制得的煤气热值和所使用的燃料热值之比。(　　)

15. 灰熔聚是指在一定的工艺条件下煤被气化后，含炭量很少的灰分颗粒表面软化而未熔融的状态下，团聚成球形颗粒，当颗粒足够大时即向下沉降并从床层中分离出来。(　　)

16. 鲁奇加压炉属于流化床气化炉。(　　)

17. 煤气杂质含量和杂质成分因生产方法的区别而有所不同，但主要是矿尘、各种硫的化合物、煤焦油等。(　　)

18. $CO+H_2O = H_2+CO_2$ 属于二次反应。(　　)

19. 根据灰渣的外观可以估计灰层的大致高度，灰渣呈灰黑色，表明灰渣层太薄残炭高，可以采取减少出灰量或降低负荷的办法来调整。(　　)

20. 一般地说，变质程度较深的气煤和长焰煤比变质程度浅的褐煤焦油产率大，而变质程度更深的烟煤和无烟煤，其焦油产率却更低。（　　）

21. 一般用于固态排渣气化炉的煤，在气化时不能出现结渣，其灰熔点应大于1250℃，液态排渣却相反，灰熔点越低越好，但要保证有一定的流动性。（　　）

22. 固定床气化炉内料层可分为六个层带，自下而上分别为：空层、干燥层、干馏层、还原层、氧化层、灰渣层。（　　）

23. 因活性炭的空隙中聚集了硫及硫的含氧酸盐，需要将这些硫及硫的含氧酸盐从活性炭的孔隙中除去，以恢复活性炭的脱硫性能，这叫做活性炭的再生。优质活性炭可再生循环使用20~30次。（　　）

24. 气流床气化炉可使黏结性煤，但不应使用黏结性较强的煤为原料。（　　）

25. 蒸汽分解率高，得到的煤气质量好，粗煤气中水蒸气含量低。（　　）

26. 升高温度有利于化学平衡向放热方向进行。（　　）

27. 煤中水分含量低、干燥温度高、气流速度大。则干燥时间短。（　　）

28. 对固定床气化炉，煤的水分必须保证气化炉顶部入口煤气温度高于气体露点温度，否则须将入炉煤进行预干燥。（　　）

29. 气流床气化炉可以使用黏结性煤，但不应使用黏结性较强的煤为原料。（　　）

30. 一般地，灰熔点低的煤在气化时难于结渣。（　　）

31. 化学活性是指煤与气化剂中氧、蒸汽、二氧化碳及其氢的反应能力。（　　）

32. 鼓风量适当的提高，既可增大发生炉的生产能力，又有力提高煤气的质量。（　　）

33. 3M-21发生炉主要用于气化贫煤、无烟煤和焦炭等不黏结性燃料。（　　）

34. 温克勒气化工艺是最早的以褐煤为气化原料的加压流化床气化工艺。（　　）

35. 制取水煤浆时采用的研磨方式为湿法。（　　）

36. 随水煤浆浓度的提高，煤气中的有效成分增加，气化效率提高，氧耗量下降。（　　）

37. 合格煤浆的制备是德士古法应用的基本前提。（　　）

38. 德士古气化煤种范围较宽，所以褐煤也使用。（　　）

39. 按处理方法不同可将煤气分为物理添加法和化学转化法两类。物理添加法是向低热值煤气中添加高热值的天然气或液化气。（　　）

40. 一般来说，在200℃以前，没并不发生热解作用，只是放出吸附的气体，如水等。（　　）

41. 一般来说，气化反应主要是放热反应，甲烷化反应主要是吸热反应。（　　）

42. 将煤隔绝空气加强热使其分解的过程，叫做煤的干馏，也叫煤的焦化，属于物理变化。（　　）

43. 随着变质程度的提高，煤的挥发分逐渐降低，煤气发热值逐渐降低，即煤气发热值由高到低的顺序依次是褐煤、气煤、无烟煤。（　　）

44. 压力增大，同一煤种制取的煤气的发热值越高。（　　）

45. 反应性主要影响气化过程的起始反应温度，反应性越高，则发生反应的起始温度越高。（　　）

46. 氧化层也称燃烧层或火层，是煤炭气化的重要区域，也是温度最高的一层。（　　）

47. 热稳定性差的煤，在气化过程中易破碎，使床层阻力增加，煤气中带出物增加。 （ ）

48. 常压流化床气化工艺不适宜用低活性、低灰熔点的煤料。 （ ）

49. 流化床气化炉煤气出口温度与炉内温差较大。 （ ）

四、简答

1. 简述移动床气化炉的燃料分层情况，并说明各层的主要作用。
2. 炉算的主要作用是什么？
3. K-T 炉的喷嘴为什么对称设置？
4. 什么是煤炭的汽化？煤种对煤气产率有何影响？
5. 什么是沸腾床气化？沸腾床气化和移动床气化相比较有什么优点？
6. 简述制取水煤气的工作循环。
7. 简进鲁奇炉的加煤过程。
8. 温克勒气化炉为什么使用二次气化剂？
9. 粗煤气主要由哪些成分组成？有哪些主要有害成分？它们有哪些危害？
10. 粗煤气中的固体颗粒一般采用哪些方法清除？
11. 煤气中的硫主要以哪些形式存在？硫的存在对煤气有什么影响？
12. 一般地，在气化褐煤和无烟煤时，褐煤的氧耗比无烟煤的高，简述其理由。
13. 简述移动床气化炉内结渣的原因。
14. 气化用煤分为哪几类？各有什么特点？
15. 为什么德士古气化炉不适宜气化褐煤？
16. 什么是气化炉的料层高度？
17. 为什么煤的黏结性对气流床气化过程没有太大影响？
18. 简述气流床气化的技术特点。
19. 简述 Shell 煤气化的主要特点。
20. 制造水煤气、半水煤气的工作循环有哪些阶段？

第五章 煤气净化技术

无论是以空气、氧气还是水蒸气或氧气与水蒸气混合气作气化剂制得的粗煤气，都含有各种杂质。例如，矿尘、硫化氢、有机硫化物、煤中的挥发分等，以及砷、镉、汞、铅等有害物质。这些杂质的存在，将给煤气的使用带来危害，必须将之清除干净，才能满足各用户的需求。本章分几个方面分别介绍固体杂质、硫化物及其他杂质清除的原理及方法。

第一节 煤气除尘

从发生炉出来的粗煤气温度很高，带有大量的热能，同时还带有大量的固体杂质。煤气的生产方法不同，粗煤气的温度和固体颗粒杂质的含量也不同。

固定床气化有连续法和间歇法之分。连续法中最有代表性的是鲁奇(Lurgi)气化法。间歇法在我国中小型氮肥厂和中小型城市煤气厂生产中还在广泛使用。

鲁奇(Lurgi)气化过程为加压操作，且气体中含有焦油和油，粗煤气的预净化比较复杂。从气化炉出来的粗煤气温度为427~437℃，气体首先通过急冷冷却器，而后通过废热锅炉，离开时温度约为154℃。焦油、油和冷凝液在此处收集予以分离。重质焦油(大部分颗粒物质积聚在此焦油内)返回到气化炉。接着进行两级气体间接冷却，在第一级即中间收集余下的焦油、油和水。在第二级，气体被冷却到30~38℃，此处只收集油和水。最后为了脱除轻质油，用洗油对气体进行逆流洗涤。制取高热质煤气时，需在废热锅炉后的工序中加入变换炉。这种配置方式可使气体的冷却和再加热都简化到最低程度。另外，重质油在变换催化剂上部脱硫，同时COS和CS_2转变成H_2S和CO_2。

间歇式气化制半水煤气或水煤气时，从煤气炉出来的半水煤气先经过燃烧蓄热室，再经过废热锅炉回收废热后，去洗气塔后进煤气柜，煤气柜体积很大，不仅可以起到储存气体的作用，同时还可以起到重力除尘的作用。从煤气柜中出来的气体再进去电除尘器最后除尘。

气流床气化的粗煤气温度高，固体颗粒含量也高。如K-T法中炉气出口温度约为1816℃，并稍具正压。这时直接用水来使气体急冷，以使其挟带的熔渣微滴固化，然后使气体通过废热锅炉产生蒸汽，同时降低煤气自身温度到177℃左右。气体再经两级文氏洗涤器洗涤净化和冷却，温度降至35℃，然后进去脱硫。

前面介绍的固体颗粒脱除方法，都是在脱除粗煤气固体颗粒的同时，将气体冷却降温。然而在有些应用场合，趁热清除气体内的微粒杂质，并在高温下脱除各种有害的硫化物，可能是有利的，这样就不必使气体冷却然后在燃烧时重新加热。

工业上实用的除尘设备有4大类，它们的特点比较见表5-1。应用较多的是旋风除尘器(尤其在高温部位)和电除尘器(主要在最后的净化)，湿法洗涤有时可和脱硫等过程结合进行。

表 5-1　除尘方法与设备

分类	机械力分离			电除尘	过滤分离	洗涤分离
图例	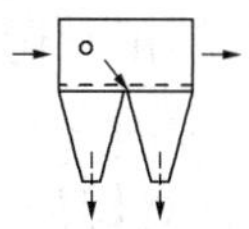 (a)	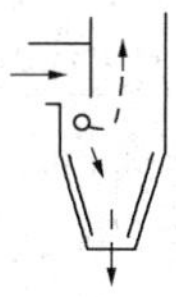 (b)	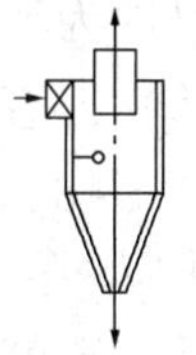 (c)	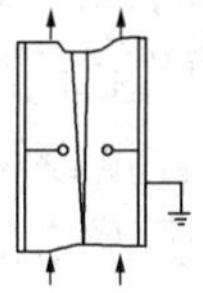 (d)	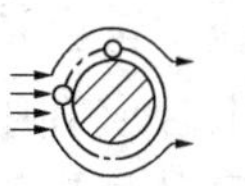 (e)	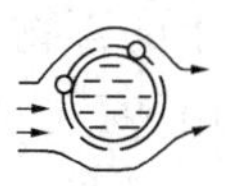 (f)
主要作用力	重力	惯性力	离心力	库仑力	惯性碰撞拦截，扩散等	惯性碰撞拦截，扩散等
离界面	流动死区	器壁	器壁	沉降电极	滤料层	液滴表面
排料	重力	重力	重力，气流曳力	振打	脉冲反吹	液体排走
气速/(m/s)	1.5~2	15~20	20~30	0. 8~Ls	0. 01~0. 3	0. 5~100
压降	很小	中等	较大	很小	中等	中等到较大
经济除净粒径/pm	≥100	≥10	≥6~10	≥0. 01~0. 1	≥0. 1	≥1~0. 1
使用温度	不限	不限	不限	对温度敏感	取决于滤料	常温
造价	低	低	低	很高	高	中等
操作费	很低	很低	低	中	较高	中等到高

煤气中矿尘清除的主要设备，按清除原理可分为：以重力沉降为主的沉降室，如煤气柜和废热锅炉就相当于重力沉降室；依靠离心力进行分离的旋风分离器；依靠高压静电场进行除尘的电除尘器；以及用水进行洗涤除尘的文氏洗涤器、水膜除尘器和洗涤塔等。由于受篇幅限制，此处不再进行介绍，读者可自行参阅相关书籍。

第二节　煤气脱硫

不论是煤制煤气还是炼焦所副产的焦炉煤气中，通常总含有数量不同的无机和有机硫化物，其含量和形态则取决于煤气化和炼焦所采用的煤种性质，以及加工方法和工艺条件。一般来说煤气及焦炉煤气中的硫含量与其加工处理的煤种硫含量成正比。根据中国情况，以煤、焦为原料制得的水煤气和半水煤气中，H_2S 含量一般为 1~2g/m^3(标)，少数可高达 5~10g/m^3(标)，其中有机硫化物占10%左右，有机硫的形态以 COS 为主，还含有少量的 CS 及其他有机硫化物。焦炉煤气中 HS 含量比较高，一般为 8~15g/m^3(标)，有机硫含量为 0. 5~0. 8g/m^3(标)，其形态为 COS、硫醇、硫醚以及难以脱除的噻吩等。应当指出的是焦炉煤气中除含硫化物外，还含有 1. 0~2. 5g/m^3(标)的氰化氢，以及氨和碱性氮化物，这将给后续的净化工艺过程造成技术上的困难。

煤气中的硫化物及焦炉气中硫化物和氰化物的存在，会造成生产设备和管道的腐蚀，引起合成气化学反应催化剂的中毒失活，直接影响最终产品的收率和质量。当其用作工业和民用燃料时，产生的燃烧排放废气中的硫化物，将严重污染大气环境，危害人民健康。因而不论是用于工业合成原料气，或者用作燃料气，都必须按照不同用途的技术要求，采用相适应的工艺方法，将煤气和焦炉气中的硫化物脱除至要求的技术指标。

应当指出在任何情况下，脱除煤气和焦炉气中的硫化物，不仅能够显著地提高工业原料气和燃料气的质量，同时也能够从中回收重要的硫黄资源。

化工行业对用作合成原料的煤气、焦炉气硫含量有比较严格的要求。合成氨及合成甲醇生产中，硫对以镍为活性组分的转化催化剂和甲烷化催化剂，对以铜为主要活性组分的合成甲醇催化剂和低温变换催化剂，以及对以铁为活性组分的氨合成催化剂来说，都是危害性很严重的毒物。硫中毒会造成催化剂丧失活性，直接危及生产装置的正常运行。现代大型氨厂和甲醇厂，要求合成气中硫含量控制在0.1~0.2mg/m^3(标)以下。

目前，世界各国都提出了严格的保护人类生存的环保法规，对燃烧排放气中的 SO_x 和 NO_x 等有害气体含量提出了更严格的指标，这就要求用作工业及民用的水煤气和焦炉煤气，在使用之前必须进行脱硫净化处理。

煤气脱硫技术尾随环境保护要求的提高而逐渐发展的。脱硫的方法很多，按脱硫剂的状态可分为干法和湿法两大类。而湿法脱硫则按溶液的吸收和再生性质又区分为湿式氧化法、化学吸收法、物理吸收法以及物理-化学吸收法。

① 湿式氧化法是借助于吸收溶液中载氧体的催化作用，将吸收的 H_2S 氧化成为硫磺，从而使吸收溶液获得再生。该法主要有改良 ADA 法、栲胶法、氨水催化法、PDS 法及络合铁法等。

② 化学吸收法系以弱碱性溶液为吸收剂，与 H_2S 进行化学反应而形成有机化合物，当吸收富液温度升高，压力降低时，该化合物即分解放出 H_2S。烷基醇胺法、碱性盐溶液法等都是属于这类方法。

③ 物理吸收法常用有机溶剂作吸收剂，其吸收硫化物完全是一种物理过程，当吸收富液压力降低时，则放出 H_2S。属于这类方法的有冷甲醇法、聚乙醇二甲醚法、碳酸丙烯酯法以及早期的加压水洗法等。

④ 物理-化学吸收法，该法的吸收液由物理溶剂和化学溶剂组成，因而其兼有物理吸收和化学反应两种性质，主要有环丁砜法、常温甲醇法等。

一、湿法脱硫及原理

1. 改良 ADA 法(亦称蒽醌二磺酸钠法)

蒽醌二磺酸钠法亦称 ADA 法，国外称为 Stretford 法，它是由英国 North Western Gas Board 与 Clayton Aniline 两公司共同开发的，1961 年实现工业化。其后该法在世界各国推广应用，主要应用于煤气、天然气、焦炉气及合成气等多种工艺气体的脱硫。

(1) 基本原理。该法最初是在稀碱液中添加 2，6-蒽醌二磺酸钠和 2，7-蒽醌二磺酸钠作载氧体。但反应时间较长，所需反应设备大，硫容量低，副反应大，应用范围受到很大限制。后来，在溶液中添加 0.12%~0.28%的偏钒钠($NaVO_3$)作催化剂及适量的酒石酸钾钠($NaKC_4H_4O_8$)作络合剂，取得了良好效果，该法开始得到广泛应用，因此又称为改良 ADA 法。该脱硫法的反应机理可分为四个阶段。

第一阶段，在 pH 在 8.5~9.2 范围内，在脱硫塔内稀碱液吸收硫化氢生成硫氢化物。

$$Na_2CO_3+H_2S \longrightarrow NaHS+NaHCO_3$$

第二阶段，在液相中，硫氢化物被偏钒酸钠迅速氧化成硫。而偏钒酸钠被还原成焦钒酸钠。

$$2NaHS+4NaVO_3+H_2O \rightleftharpoons Na_2V_4O_9+4NaOH+2S\downarrow$$

第三阶段，还原性的焦钒酸钠与氧化态的 ADA 反应，生成还原态的 ADA，而焦钒酸钠则被 ADA 氧化，再生成偏钒酸钠盐。

$$Na_2V_4O_9+2ADA(\text{氧化态})+2NaOH+H_2O \longrightarrow 4NaVO_3+2ADA(\text{还原态})$$

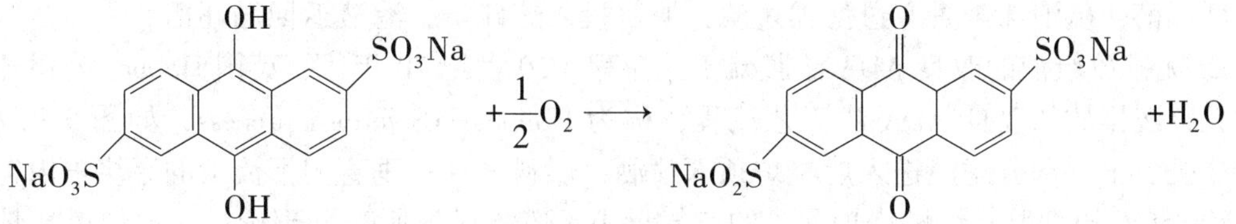

第四阶段，还原态 ADA 被空气中的氧氧化成氧化态的 ADA，恢复了 ADA 的氧化性能。

反应式中消耗的碳酸钠由反应式生成的氢氧化钠得到了补偿。恢复活性后的溶液循环使用。

$$NaOH+NaHCO_3 \longrightarrow Na_2CO_3+H_2O$$

当气体中含有二氧化碳、氧、氰化氢时，尚有下列副反应发生：

$$Na_2CO_3+CO_2+H_2O \longrightarrow 2NaHCO_3$$

$$2NaHS+2O_2 \longrightarrow NaS_2O_3+H_2O$$

$$NaCO_3+HCN+S \longrightarrow NaCNS+NaHCO_3$$

$$2NaCNS+5O_2 \longrightarrow Na_2SO_4+2CO_2+SO_2+N_2$$

气体中含有这些杂质是不可避免的。可见，总有一些碳酸钠消耗在副反应上，因而在进行物料平衡计算时，应把这些反应计入。

（2）工艺流程。改良 ADA 法可用于常压和加压条件下煤气、焦炉气及天然气等工业原料气的脱硫。煤气的生产方法不同、原料气的组成不同，设备选型、操作压力、生产流程上都有所不同。但都少不了硫化氢的吸收、溶液的再生和硫磺的回收三个部分。

① 塔式再生改良 ADA 法脱硫工艺流程(图 5-1)。煤气进吸收塔后与从塔顶喷淋的 ADA 脱硫液逆流接触，脱硫后的净化气由塔顶引出，经气液分离器后送往下道。吸收 H_2S 后的富液从塔底引出，经液封进入溶液循环槽，进一步进行反应后，由富液泵经溶液加热器送入再生塔，与来自塔底的空气自下而上并流氧化再生。再生塔上部引出之贫液经液位调节器，返回吸收塔循环使用。再生过程中生成的硫黄被吹入的空气工序。

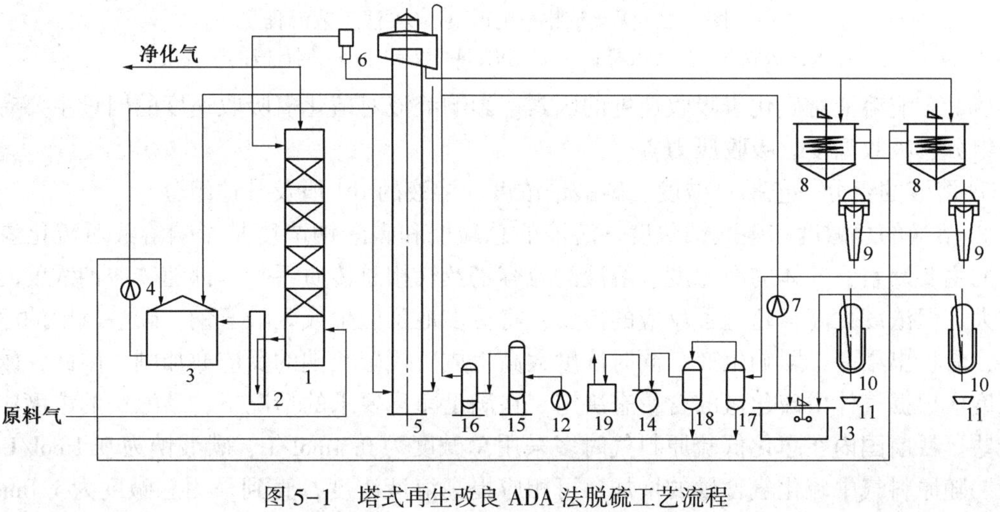

图 5-1　塔式再生改良 ADA 法脱硫工艺流程

1—吸收塔；2—液封；3—溶液循环槽；4—富液泵；5—再生塔；6—液位调节器；7—泵；8—硫泡沫槽；9—真空过滤机；10—熔硫釜；11—硫黄铸模；12—空压机；13—溶液加热器；14—真空泵；15—缓冲罐；16—空气过滤器；17—滤液收集器；18—分离器；19—水封

浮选至塔顶扩大部分，并溢流至硫黄泡沫槽，再经过加热搅拌、澄清、分层后，其清液返回循环槽，硫泡沫至真空过滤器过滤，滤饼投入熔硫釜，滤液返回循环槽。

② 无排放废液的改良 ADA 法脱硫工艺流程。20 世纪 70 年代，英国 Holmes 公司开发出一种无废液排放的改良 ADA 法工艺流程，称为 Holmes-1Stvetford process，如图 5-2 所示。从过滤机引出一部分滤液进入燃烧炉顶部喷洒，燃料气在一垂直向下流动的燃烧炉内，燃烧产生约 850℃的高温。给燃烧炉通入的空气量小于燃烧煤气所需助理论量，迫使燃烧炉处于还原气氛条件下，这时将有约 90%的硫代硫酸钠，95%的硫氰化钠还原成碳酸氢钠和碳酸钠，还有 60%的硫酸钠还原成硫化钠，硫变成为 H_2S。燃烧后的气体夹带碳酸钠及其他钠盐一起通过燃烧器，进入盐类回收器，器内盛水使通过回收器的气体温度降至将近 90℃，且让钠盐溶解于水中，水溶液再返回作脱硫使用。排放出的气体含有大量水蒸气，经冷却器冷凝后，含 H_2S 的气体返回脱硫塔进口。

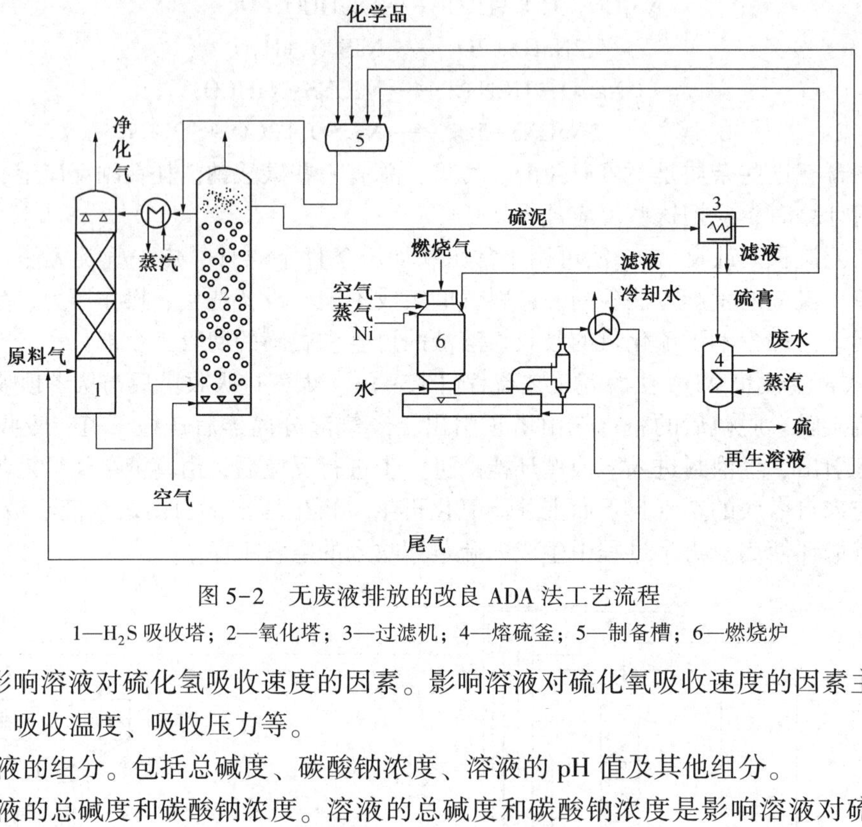

图 5-2　无废液排放的改良 ADA 法工艺流程

1—H_2S 吸收塔；2—氧化塔；3—过滤机；4—熔硫釜；5—制备槽；6—燃烧炉

（3）影响溶液对硫化氢吸收速度的因素。影响溶液对硫化氧吸收速度的因素主要有：溶液的组分、吸收温度、吸收压力等。

① 溶液的组分。包括总碱度、碳酸钠浓度、溶液的 pH 值及其他组分。

② 溶液的总碱度和碳酸钠浓度。溶液的总碱度和碳酸钠浓度是影响溶液对硫化氢吸收速度的主要因素。气体的净化度、溶液的硫容量及气相总传质系数，都随碳酸钠浓度的增加而增大。但浓度太高，超过了反应的需要，将更多地反应生成碳酸氢钠。碳酸氢钠的溶解度较小，易析出结晶，影响生产，同时浓度太高生成硫代硫酸钠的反应亦加剧。因此，碳酸钠的浓度应根据气体中硫化氢的含量来决定。在满足净化要求的情况下，碳酸钠的浓度应尽量取低些。目前国内在净化低硫原料气时多采用总碱度为 0. 4mol/L、碳酸钠为 0. 1mol/L 的稀溶液。随原料气中硫化氢含量的增加，可相应提高溶液浓度，直到采用总碱度为 1. 0mol/L，碳酸钠为 0. 4mol/L 的浓溶液。

③ 溶液的 pH 值。对硫化氢与 ADA/钒酸盐溶液的反应，溶液的 pH 值高对反应有利。而氧同还原态 ADA/钒酸盐反应，溶液 pH 值低对反应有利，在实际生产中应综合考虑。

④ 溶液中其他组分的影响。偏钒酸盐与硫化氢反应相当快，但当出现硫化氢局部过浓时，会形成“钒-氧-硫”黑色沉淀。添加少量酒石酸钠钾可防止生成“钒-氧硫”沉淀。酒石酸钠钾的用量应与钒浓度有一定比例，酒石酸钠钾的浓度一般是偏钒酸钠钾的一半左右。

溶度中的杂质对脱硫有很大影响，例如，硫代硫酸钠、硫氰化钠以及原料气中夹带的焦油、苯、萘等对脱硫都有害。

⑤ 温度。吸收和再生过程对温度均无严格要求。温度在 15~60℃范围内均可正常操作。但温度太低，一方面会引起碳酸钠、ADA、偏钒酸钠盐等沉淀；另一方面，温度低吸收速度慢，溶液再生不好。温度太高时，会使生成硫代硫酸钠的副反应加速。通常溶液温度需维持在 40~45℃，这时生成的硫磺粒度也较大。

⑥ 压力。脱硫过程对压力无特殊要求，由常压至 68~65MPa(表压)范围内，吸收过程均能正常进行。吸收压力取决于原料气的压力，加压操作对二氧化碳含量高的原料气有更好的适应性。

2. 氨水对苯二酚催化法

氨水对苯二酚催化法最早是由德国开发的，称为 Perox 法。它是在氨水溶液中加入对苯二酚作催化剂，开始用于焦炉气脱硫，因为焦炉气中 CO_2 含量较低(2%~3%左右)，且其中含有约 1%的氨可加以利用，较为经济。中国对该法结合国情作了进一步研究之后，逐步推广于中小型氨厂中的半水煤气脱硫，由于其氨水来源方便，加入少量对苯二酚后又能回收硫黄，故成为国内小型氨厂的主要脱硫方法。

(1) 吸收原理：

① 氨溶于水生成氨水：

$$NH_3+H_2O \longrightarrow NH_3 \cdot H_2O$$

② 吸收煤气中的硫化氢和氰化氢：

$$NH_3 \cdot H_2O+H_2S \longrightarrow NH_4HS+H_2O$$

$$NH_3 \cdot H_2O+HCN \longrightarrow NH_4CN+H_2O$$

③ 析硫——溶液吸收的硫化氢被对苯二酚(醌态)氧化，并析出元素硫。

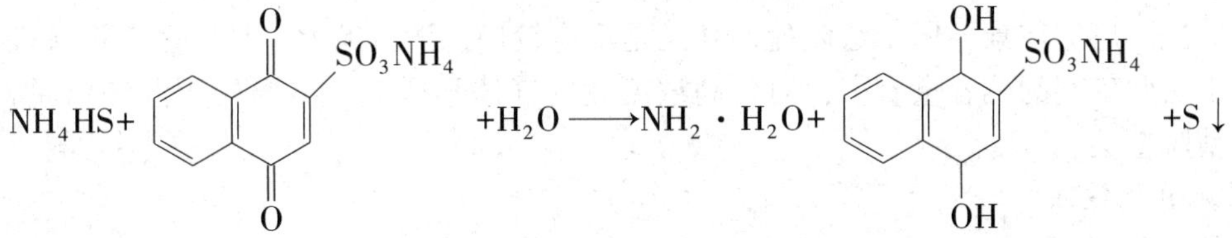

④再生：

$$NH_4HS+\frac{1}{2}O_2 \xrightarrow{NQ} NH_3 \cdot H_2O+S\downarrow$$

$$NH_4CN+S \longrightarrow NH_4SCN$$

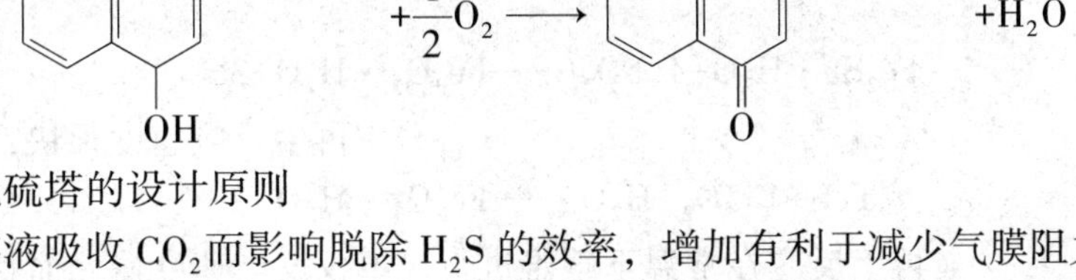

(2) 氨水脱硫塔的设计原则

为减少因溶液吸收 CO_2 而影响脱除 H_2S 的效率，增加有利于减少气膜阻力的因素，在设计脱硫塔时应考虑以下问题：

① 氨水脱硫塔应保证气体和氨水的短时间接触，并同时保证它们之间的均匀混合及分布。

② 脱硫塔应满足具有极大的气液接触表面，液相强烈扰动和选用新的塔结构型式，例如湍流塔及喷射塔可认为是合适的新型塔结构。

③ 为了保证气体净化度要求，应使溶液中的游离氨量与气相中 H_2 的比例保持得足够高。

氨水对苯二酚催化法的脱硫塔，除早期用木格子填料外，近年来国内小型氨厂广泛使用湍流塔、喷射塔等新型塔结构，图 5-3 示出喷射式脱硫塔简图。气体进入塔的顶部，通过锥形喷射管，在较高的线速度(20~25m/s)下与液体接触，然后再并流进入吸收管中。由于气体在高湍流条件下进行吸收，故其相接触表面积大，传质系数也较大，可在小型设备中取得较高的吸收效果。喷射式脱硫塔中无填料，不会在溶液中因析出硫黄而引起堵塔，再生时可使用卧式再生器代替立式再生塔。

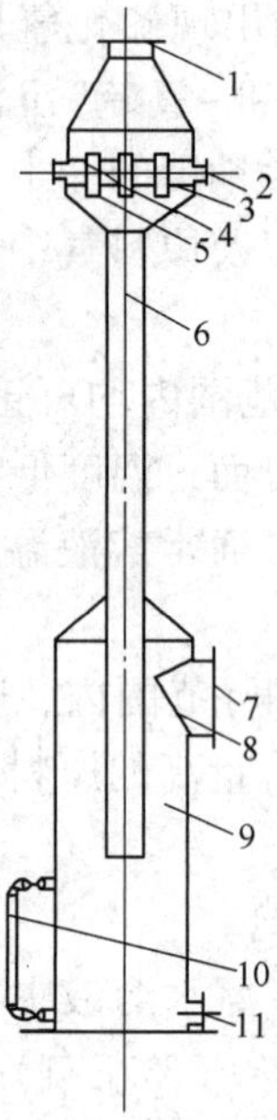

图 5-3　喷射式脱硫塔

1—气体进口；2—氮水进口；3—锥形喷射管；4—多孔分流板；5—管板；6—吸收管；7—气体出口；8—捕沫挡板；9—分离器；10—液面计；11—氮水出口

还有一些湿法脱硫技术，如考校法、化学吸收法脱硫——乙醇胺、配合铁法(FD 法)等，鉴于本书篇幅，不再介绍此部分内容。

二、干法脱硫

干法脱硫由于设备简单、操作平稳、脱硫精度高，已被各种原料气的大中小型氮肥厂、甲醇厂、城市煤气厂、石油化工厂等广泛采用，对天然气、半水煤气、变换气、碳化气、各种燃料气进行脱硫，都有良好效果。特别是在常温、低温条件下使用的，易再生的脱硫剂将会有非常广泛的应用前景。但干法脱硫的缺点是反应较慢、设备庞大，且需多个设备进行切换操作。干法脱硫剂的硫容量有限，对含高浓度硫的气体不适应，需要先用湿法粗脱硫后，再用干法精脱把关。

1. 常温氧化铁法

(1) 基本原理

常温下，氧化铁(Fe_2O_3)的 α-水合物和 γ-水合物具有脱硫作用，它与硫化氢发生下列反应：

$$Fe_2O_3 \cdot H_2O+3H_2S \longrightarrow Fe_2S_3 \cdot H_2O+3H_2O$$　（脱硫剂呈碱性时）

$$Fe_2O_3 \cdot H_2O+3H_2S \longrightarrow 2FeS+4H_2O$$　（脱硫剂呈酸性或中性时）

脱硫后生成的硫化铁，在有氧气存在下发生氧化反应，析出硫黄，脱硫剂再生，反应如下：

$$Fe_2S_3 \cdot H_2O+1.5O_2 \longrightarrow Fe_2O_3 \cdot H_2O+3S$$

（再生反应速度很快，再生也较彻底）

$$FeS+1.5O_2+H_2O \longrightarrow Fe_2O_3 \cdot H_2O+2S$$

（再生反应在常温下很难进行，不仅反应速度慢，而且再生也不完全）

所以在生产中应尽量使脱硫反应在碱性条件下进行。

（2）影响脱硫的因素：

① 温度。常温氧化铁脱硫剂的脱硫反应速度与温度有关，温度升高，活性增加。温度降低，活性减小。当温度低于5~10℃时，脱硫的活性急剧下降。常温型氧化铁脱硫剂的使用温度以20~40℃为宜，在此温度范围内，活性较大，硫容量大且较稳定。

② 压力。氧化铁脱硫是不可逆反应，故不受压力的影响。但提高压力可提高硫化氢的浓度，提高脱硫剂的硫容，同时还可提高设备的空间利用率，减少设备投资。

③ 脱硫剂的粒度。脱硫剂粒度越小，扩散阻力越小，反应速度越快；反之，则脱硫速度就慢。目前国内常用低温型氧化铁脱硫剂为圆柱形，直径范围在ϕ3~6mm。

④ 脱硫剂的碱度。为使脱硫反应按式 $Fe_2O_3 \cdot H_2O+3H_2S \longrightarrow Fe_2S_3 \cdot H_2O+3H_2O$ 进行，必须控制脱硫剂为碱性，生成极易再生的 Fe_2S_3，使脱硫剂易于再生。

除上述因素外，还有像气体的线速、脱硫剂的含水量和气体温度、气体中的酸性组分等均对脱硫过程有影响。常温氧化铁法已在国内多家化肥厂得到应用，使用效果良好。

2. 中温气化铁法

（1）基本原理：

① 脱硫反应. 当脱硫反应温度较高，达到200~400℃时，氧化铁的脱硫机理与常温下不同，通常认为按下列三个步骤进行。

a. 还原。在200~400℃下具有脱硫活性的氧化铁为 Fe_3O_4，而购进的脱硫剂为 Fe_2O_3，因此在使用前应先用还原性气体(H_2 或 CO)还原，反应式为：

$$3Fe_2O_3+H_2 \rightleftharpoons 2Fe_3O_4+H_2O$$

$$3Fe_2O_3+CO \rightleftharpoons 2Fe_3O_4+H_2O$$

还原反应在170~300℃下进行，如果还原温度超过300℃，则会发生过度还原而生成单质铁，活性反而下降。因此在进行还原操作时，应严格控制还原温度及还原介质浓度。

b. 有机硫转化。还原后的 Fe_3O_4 对部分有机硫具有催化加氢作用，反应如下：

$$COS+H_2 \rightleftharpoons H_2S+CO$$

$$COS+2H_2+CO \rightleftharpoons 2H_2S+2CO_2$$

c. 脱除硫化氢。在氢存在下，Fe_3O_4 的脱硫反应为：

$$Fe_3O_4+3H_2S+H_2 \rightleftharpoons 3FeS+4H_2O$$

水蒸气的存在对该脱硫过程的影响较为明显，水蒸气含量越低，对脱硫越有利。温度对该脱硫过程的影响是：升高温度，脱硫反应平衡常数减小，硫化氢平衡分压增大；而温度降低，平衡浓度减小，脱硫效果提高。

② 再生原理。在较高温度下，生成的硫化铁可用蒸汽或氧再生，反应如下：

$$3FeS+4H_2O \rightleftharpoons Fe_3O_4+3H_2S+H_2$$

$$2FeS+3.5O_2 \rightleftharpoons Fe_2O_3+2SO_2$$

再生反应在400~550℃下进行。再生介质可用燃烧气加水蒸气稀释空气，也可不加水蒸气。但加水蒸气再生时，再生尾气处理较困难。

（2）脱硫剂的理化性质和使用条件。国内中温氧化铁脱硫剂的主要型号及特性见表5-2，使用条件见表5-3。

表 5-2　脱硫剂的主要型号及特性

型号	组分	规格	比表面积/(m^2/s)	堆积密度/(t/m^3)	强度/MPa	研制单位
6971	MoO_3 7.5%~10% Fe_2O_3(余量)	$\phi 4\times 6$	200	—	18	抚顺石油三厂
S57-4	Fe_2O_3 加促进剂	$\phi 6\times 6$				四川石油炼制所
CLS-2	Fe_2O_3 加促进剂	$\phi 14\times 4$			2.4	四川石油炼制所
LA-1-1	Fe_2O_2	$\phi 6\times 5$	15~25	1.4~1.8	20~24	化工化肥研究所

表 5-3　脱硫剂的使用条件

型号	介质	温度/℃	压力/MPa	空速/h^{-1}	入口硫/(μg/g)	出口硫/(μg/g)	硫容/%
6971	焦气炉	380~420	常压	1000	有机硫 200	(脱硫率>98%)	
S57-4	催化裂化气	300	2.1	2(液)	有机硫 90	<3	
CLS-2	直馏油	350	2.1	1(液)	有机硫 26.9	<0.3	
LA-1-1	半水煤气	250~300	12	1000~2000	200	<3	>15

(3) 主要影响因素及控制:

① 温度。氧化铁脱硫属转化吸收型，有机硫经催化加氯，分解为无机硫。而后被氧化铁吸收。有机硫加氢分解有一定的温度要求，一些有机硫在150~250℃就开始热分解，甲硫醇300℃开始分解，而乙硫醚的分解温度为400℃。当原料气中有机硫含量较高时，适当提高脱硫反应温度有利于有机硫的氢解，提高脱硫效率。但硫化氢的吸收要求采用较低的温度，以提高对硫化氢的吸收率，降低净化气中硫化氢的浓度。因此，综合两方面的因素，通常脱硫反应温度控制在250~300℃。

② 压力。硫化氢的脱除反应为等分子反应，压力对反应平衡没有影响。但提高压力可提高硫化氢的分压，从而提高脱硫效率。

③ 气体组分。影响最明显的是水蒸气，前面已经讨论过了，一般水蒸气低一些，脱硫效果好一些。当气流中有氢气存在时，则生成的硫化铁可与氢发生下列反应:

$$FeS+H_2 \longrightarrow Fe+H_2S$$

从而使硫化氢含量增大，影响脱硫效率。因此，氧也是影响脱硫的一个重要因素。

3. 氧化锌法

(1) 基本原理。氧化锌脱硫以其脱硫精度高、使用便捷、稳妥可靠、硫容量高、起着“把关”和“保护”作用而占据非常重要的地位。它广泛地应用在合成氨、制氢、煤化工、石油精制、饮料生产等行业以脱除天然气、石油馏分、油田气、炼厂气、合成气($CO+H_2$)、二氧化碳等原料中的硫化氢及某些有机硫。氧化锌脱硫可将原料气中的硫脱除至0.5mg/kg以至0.05mg/kg以下。脱硫过程的化学反应如下:

$$ZnO+H_2S \rightleftharpoons ZnS+H_2O$$

$$ZnO+C_2H_5SH \rightleftharpoons ZnS+C_2H_5OH$$

$$ZnO+C_2H_5SH \rightleftharpoons ZnS+C_2H_4+H_2O$$

当气体中有氢存在时，羰基硫、二硫化碳、硫醇、硫醚等会在反应温度下发生转化反应，反应生成的硫化氢被氧化锌吸收。有机硫的转化率与反应温度有一定比例关系，噻吩类硫化物及其衍生物在氧化锌上与氢发生转化反应的能力很低。因此单独用氧化锌不能脱除噻吩类硫化物，需借助于钴钼催化剂加氢转化成硫化氢后才能被氧化锌脱硫剂脱除。

无论是有机硫还是无机硫的吸收反应，其平衡常数都很大，可以认为是不可逆反应。

(2) 主要影响因素及控制条件。影响氧化锌脱硫的因素较多，主要有下列几个方面。

① 有害杂质。对氧化锌脱硫剂有毒害的杂质主要是氯和砷。氯与脱硫剂中锌在其表面形成氯化锌薄层，覆盖在氧化锌表面，阻止硫化氢进入脱硫剂内部，从而大大降低脱硫剂的性能。砷对脱硫剂有毒害，一般应控制在0.001%以下。

② 反应温度。一般氧化锌脱除硫化氢在较低温度(200℃)即很快进行。而要脱除有机硫化物，则要求在较高温度(350~400℃)下进行。操作温度的选择不仅要考虑反应速度、需要脱除的硫化物种类、原料气中水蒸气含量，还要考虑氧化锌脱硫剂的硫容量与温度的关系，提高操作温度可提高硫容量，特别在200~400℃之间增加较明显。但不要超过400℃，以防止烃类的热解而造成结炭。

③ 空速与线速。脱硫反应需要一定的接触时间，如果空速太大，反应物在脱硫剂床层停留时间过短，会使穿透硫容下降。因此操作压力较低时，空速应选低些。

氧化锌吸收硫化氢的反应平衡常数很大，如果空速过小，则会导致气体线速度太小，从而使反应变成扩散控制。因此必须保证一定的线速度，也就是要选择合适的脱硫槽直径，一般要求脱硫槽的高径比大于3。

④ 操作压力。提高操作压力对脱硫有利，可大大提高线速度，有利于提高反应速度。因此操作压力高时，空速可相应加大。

⑤水汽含量。水蒸气的存在对氧化锌脱硫影响不大，但当水蒸气含量较高而温度也高时，会使硫化氢的平衡浓度大大超过对脱硫净化度指标的要求。而且水蒸气高时，还会与金属氧化物反应生成碱。氧化锌最不易发生水合反应，当催化剂中非氧化锌成分较高时，会不同程度降低催化剂的抗水合能力。另外，含硫化物的类型与浓度、二氧化碳等均对脱硫过程有影响。

(3) 工艺流程。氧化锌脱硫剂由于其脱硫净化度极高、稳定可靠，常放在最后把关。根据气、液原料含硫物的品种和数量不同，氧化锌脱硫剂常在下列五种情况下使用。

① 单用氧化锌：适用于含硫量低、要求精度高的场合。

② 与钴钼加氢转化催化剂或铁钼加氢转化催化串联使用：适用于含复杂有机硫(如噻吩)的天然气、油田气、石油加工气、轻油等。

③ 酸性气洗涤+钴钼催化转化+氧化锌脱硫：适用于油田伴生气之类总硫含量较高的气态烃脱硫。

④ 钴钼加氢转化+酸性气洗涤+氧化锌脱硫：适用于含有较高有机硫的液化石油气等气态烃。

⑤ 两个(或一个)钴钼加氢(其间设气提塔)，后设氧化锌脱硫：适用于石脑油，含硫小于50×1μg/g时可只用一个钴钼加氢槽。

4. 活性炭法

应用活性炭脱除工业气体中硫化氢及有机硫化物，称为活性炭脱硫。目前广泛应用的是活性炭脱硫过热蒸汽再生工艺。

(1) 基本原理。在室温下，气态的硫化氢与空气中的氧能发生下列反应：

$$2H_2S+O_2 \longrightarrow 2H_2O+2S\downarrow$$

在一般条件下，该反应速度较慢。而活性炭对这一反应具有良好的催化作用，并兼有吸附作用。活性炭是一种孔隙性大的黑色固体，主要成分以石墨微晶呈不规则排列，属无定形。活性炭中的孔隙大小不是均匀一致的，可分为大孔(200~10000nm)、过渡孔(10~200nm)及微孔(1~10nm)，但主要是微孔。孔隙体积 $8.0\times10^{-3}\ m^3/kg$，比表面积最高可达 $18\times10^5 m^2/kg$，一般为 $(5\sim10)\times10^5 m^2/kg$。

活性炭脱硫属多相反应。研究证明，硫化氢及氧在活性炭表面的反应分两步进行。第一步是活性炭表面化学吸附氧，形成作为催化中心的表面氧化物。这一步极易进行，因此工业气体中只要含少量氧(0.1%~0.5%)便已能满足活性炭脱硫的需要。第二步是气体中的硫化氢分子碰撞活性炭表面，与化学吸附的氧发生反应，生成的硫黄分子沉积在活性炭的孔隙中。沉积在活性炭表面的硫，对脱硫反应也有催化作用。在脱硫过程中生成的硫，呈多分子层吸附于活性炭的孔隙中，活性炭中的孔隙越大，则沉积于孔隙内表面上的硫分子愈厚，可超过20个硫原子。在微孔中，硫层的厚度一般为4个硫原子。活性炭失效时，孔隙中基本上塞满了硫。活性炭具有很大的空隙性，因此，活性炭的硫容量比其他固体脱硫剂(例如活性氧化铁、氧化锌、分子筛等)的大。脱硫性能好的活性炭，其硫容量可超过100%。

活性炭脱硫的反应主要在活性炭孔隙的内表面上进行。由于表面张力的存在，其对工业气体中分子具有一定的吸附作用。水蒸气在活性炭中除存在多分子层的吸附外，还存在毛细管的凝结作用。因此在常温下进行脱硫时，活性炭孔隙的表面上凝结着一薄层的水膜。利用硫化氢在水中的溶解作用，使活性炭容易吸附硫化氢，从而能加速脱硫作用。这时硫化氢的氧化作用将在液相水膜中进行。所以，当气体中存在足够的水蒸气时，才能使硫化氢更快地被吸附与氧化。若在气体中存在少量氨，会使活性炭空隙表面的水膜呈碱性，更有利于吸附呈酸性的硫化氢分子，能显著地提高活性炭吸附与氧化硫化氢的速度。

活性炭脱除硫化氢气体时，还发生下列副反应：

$$2NH_3+2H_2S+2O_2 \longrightarrow (NH_4)_2S_2O_3+H_2O$$

$$2NH_3+H_2S+2O_2 \longrightarrow (NH_4)_2SO_4$$

气体中氨的含量越大，在活性炭脱硫过程中越易生成硫的含氧酸盐。

(2) 影响脱硫的主要因素及控制条件：

① 活性炭的质量。活性炭的质量可由其硫容量与强度直接判断，在符合一定强度的条件下，活性炭的硫容量高，其脱硫效果也就好。在活性炭中添加某些化合物后，可以显著提高活性炭的脱硫性能，甚至改变活性炭脱硫的产物。除上述的氨外，已知能够增大活性炭脱硫性能的化合物有铵或碱金属的碘化物或碘酸盐、硫酸铜、氧化铜、碘化银、氧化铁、硫化镍等。工业上常用含氧化铁的活性炭净化含硫化氢的气体。活性炭中氧化铁的存在，能显著改进活性炭的脱硫性能，提高硫化氢的氧化速度。

② 氧和氨的含量。氧和氨都是直接参与化学反应的物质，对脱除硫化氢来说，工业生产中氧含量一般控制在超过理论量的50%，或者使脱硫后气体中残余氧含量为0.1%。含硫化氢 $1g/m^3$ 的工业气体，活性炭脱硫时，要求氧含量为0.05%，对含硫化氢 $10g/m^3$ 的工业气体，含氧0.53%便足够了。一般来说，半水煤气含氧0.5%左右，变换气、碳化气及合成甲醇气中的硫化氢含量均在 $1g/m^3$ 以下。所以在以煤为原料的合成氨厂，使用活性炭脱硫时，都不需要补充氧。

氨易溶于水，使活性炭孔晾内表面的水膜呈碱性，增强了吸收硫化氢的能力。吸收硫化氢时，氨的用量很少，一般保持在 $0.1\sim0.25g/m^3$，或者相当于气体中硫化氢含量的1/20(物质的量比)，便可使活性炭的硫容量提高约1倍。

③ 相对湿度。在室温下进行脱硫时，高的气体相对湿度能提高脱硫效率，最好是气体被水蒸气所饱和。但需要注意的是，进入活性炭吸附器的气体，不能带液态水。否则会使活性炭浸湿，活性炭的空隙被水塞满失去脱硫能力。

④ 脱硫温度。温度对活性炭脱硫的影响比较复杂，对硫化氢来讲，当气体中存在水蒸气时，脱硫的温度范围为27~82℃，最适宜温度范围为32~54℃。低于27℃时，硫化氢被催化氧化的反应速度较慢；温度高于82℃时，由于硫化氢及氨在活性炭孔隙表面水膜中的溶解作用减弱，也会降低脱硫效果。当气体中存在水蒸气时，则活性炭脱除硫化氢的能力反而随温度的升高而加强。

⑤ 煤焦油及不饱和烃。活性炭对煤焦油有很强的吸附作用，煤焦油不但能够堵塞活性炭的孔隙，降低活性炭的硫容量及脱硫效率，而且还会使活性炭颗粒黏结在一起，增加活性炭吸附器的阻力，严重影响脱硫过程的进行。另外，气体中的不饱和烃会在活性炭表面发生聚合反应，生成相对分子质量大的聚合物，同样会降低活性炭的硫容量，减少使用时间，并且降低脱硫效率。

（3）活性炭的再生。活性炭作用一段时间后，会失去脱硫能力，因活性炭的空隙中聚集了硫及硫的含氧酸盐，需要将这些硫及硫的含氧酸盐从活性炭的孔隙中除去，以恢复活性炭的脱硫性能，这叫做活性炭的再生。优质活性炭可再生循环使用20~30次。活性炭再生方法较多，较早的方法是利用S^{2-}与碱易生成多硫根离子的性质，以硫化铵溶液把活性炭中的硫萃取出来，反应式为：

$$(NH_4)_2S+(n-1)s \longrightarrow (NH_4)_2S_n$$

式中　n最大可达9，一般为2~5，此法再生彻底，副产品硫黄纯度高(f≥99%)。缺点是设备庞大，操作复杂，并且污染环境。目前出现了一些新的再生方法几种，主要有以下几种。

① 用加热氮气通入活性炭吸附器，从活性炭吸附器再生出来的硫在120~150℃变为液态硫放出，氮气再循环使用。

② 用过热蒸汽通入活性炭吸附器，把再生出来的硫经冷凝后与水分离。

③ 用有机溶剂再生。

（4）工艺流程。20世纪80年代以来，国内小型合成氨厂采用活性炭脱硫的日益增多，都采用过热蒸汽再生。工艺流程如图5-4所示。

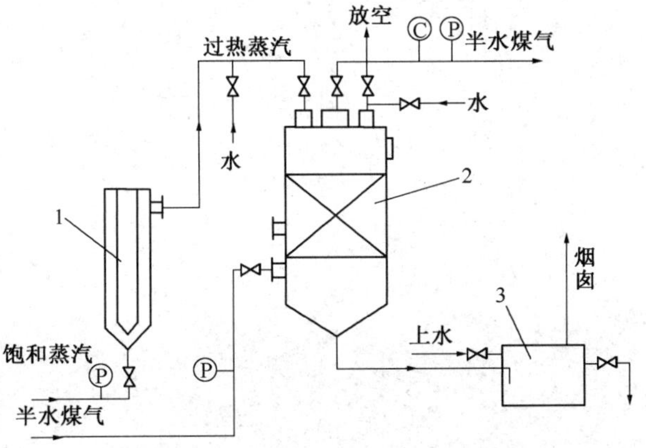

图5-4　活性炭脱硫过热蒸汽再生工艺流程

1—电加热器；2—活性炭吸附器；3—硫黄回收池

对焦炉气、半水煤气及水煤气脱硫时，首先要除去气体中的煤焦油及补充少量氨。除去煤焦油的方法，一是通过静电除焦油器，另一种方法是将气柜出来的半水煤气先通过喷淋水冷却塔，然后经过焦油过滤器。活性炭吸附器要求多个并联脱硫，同时保留若干个再生后备用。

5. 高温脱硫

煤气作为燃气轮机的燃料时，为了提高煤的热效率，从煤气化炉出来的煤气将不降低温度而直接进入燃气轮机。但煤气化时产生的 H_2S、COS、CS_2 及 HCl、HCN、NO_x 等组分高温进入燃气轮机时，会腐蚀叶片，降低燃气轮机的使用寿命，排放的气体也会污染环境。因而燃气轮机等工业中要求煤气中的硫含量低于 20mg/kg。在能源十分紧缺的今天，这就使得煤气的高温脱硫显得非常重要而迫切。

高温脱硫目前国外研究的比较多，较有代表性的有氧化锡、氧化铈脱硫法和熔融碳酸盐法。

第六章　煤炭液化技术

第一节　概　述

一、煤炭液化的概念

煤炭液化是把固体煤炭通过化学加工过程，使其转化成为液体燃料、化工原料和产品的先进洁净煤技术。根据不同的加工路线，煤炭液化可分为直接液化和间接液化两大类。

煤的直接液化技术是指在高温高压条件下，通过加氢使煤中复杂的有机化学结构直接转化成为液体燃料的技术，又称加氢液化。其典型的工艺过程主要包括煤的破碎与干燥、煤浆制备、加氢液化、固液分离、气体净化、液体产品分馏和精制，以及液化残渣气化制取氢气等部分，特点是对煤种要求较为严格，但热效率高，液体产品收率高。一般情况下，1t 无水无灰煤能转化成半吨以上的液化油，加上制氢用煤约 3~4t 原料产 1t 成品油，液化油在进行提质加工后可生产洁净优质的汽油、柴油和航空燃料等。

煤的间接液化技术是先将煤全部气化成合成气，然后以煤基合成气(一氧化碳和氢气)为原料，在一定温度和压力下，将其催化合成为烃类燃料油及化工原料和产品的工艺，包括煤炭气化制取合成气、气体净化与交换、催化合成烃类产品以及产品分离和改制加工等过程。一般情况下，约 5~7t 原煤产 1t 成品油，其特点是适用煤种广、总效率较低、投资大。

二、中国发展煤炭液化的必要性

(1) 在可预见的将来，中国以煤为主的能源结构不会改变。与世界大多数国家相比，中国能源资源特点是煤炭资源丰富，而石油、天然气相对贫乏。最新资料表明，中国煤炭探明储量为 1.145×10^5 Mt，储采比为 93，按同等发热量计算，相当于目前已探明石油和天然气储量总和的 17 倍。石油探明储量为 3.8×10^3 Mt，占我国化石能源探明储量的 5.6%，储采比为 24。天然气探明可采储量为 1.37×10^{12} m^3，占化石能源探明储量的 2%，储采比为 56。由此可见，煤炭是中国未来的主要可依赖能源。此外，从经济上看，煤炭也是最廉价的能源。我国是发展中国家，又是能源消费大国，经济实力和能源供应都要求我国的能源消费必须立足于国内的能源供应，这就决定我国的能源结构必须是以煤为主体。据预测，到 2050 年煤炭在我国一次能源消费构成中的比重仍将占 50%左右。

煤炭大量使用，引发了严重的环境污染问题。中国 SO_2 排放量居世界第一，酸雨覆盖面已超过国土面积的 30%，二氧化碳排放量占全球排放量的 13%，列世界第二，而其中燃煤造成的 SO_2、CO_2 和氢氧化物排放量分别约占全国总量的 85%、85% 和 60%。我国以煤为主的能源消费结构正面临着严峻挑战，如何解决燃煤引起的环境污染问题已迫在眉睫。

(2) 石油进口迅速上升，已对我国的能源供应安全构成威胁。石油是保障国家经济命脉和政治安全的重要战略物资，我国石油资源相对贫乏，到目前为止，其探明可采储量为 3.8×10^3 Mt，占世界储量的 2.6%。近几年，我国的原油产量一直徘徊在 1.6×10^2 Mt 左右，且以后也不会有太大增长，这是由我国石油资源的分布特点和开发现状所决定的。但是随着经济发展和人民生活水平的提高，我国终端能源消费正逐步向优质高效洁净能源转化，石油消费量逐年增加。由于国产石油无法满足需求，对进口油依存度越来越高。自 1993 年成为石油净进口国后，石油进口量迅速上升，2000 年已达 69.69 Mt，对进口石油的依存度达 30%，预计未来 20 年内可达到 50%。进口量的剧增，依存度的加大，已对我国能源供应安全构成威胁。

（3）煤炭液化可增加液体燃料的供应能力，有利于煤炭工业的可持续发展。煤炭通过液化可将硫等有害元素以灰分脱除，得到洁净的二次能源，对优化终端能源结构、减少环境污染具有重要的战略意义。

煤炭液化可生产优质汽油、柴油和航空燃料，尤其是航空燃料，要求单位体积的发热量高，即要求环烷烃含量高，而煤液化油的特点就是富含环烷烃，通过加氢处理即可得到优质航空燃料。

发展煤炭液化不仅可以解决燃煤引起的环境污染问题，充分利用我国丰富的煤炭资源优势，保证煤炭工业的可持续发展，满足未来不断增长的能源需求，而且更重要的是煤炭液化还可以生产出经济适用的燃料油，大量替代柴油、汽油等燃料，有效地解决我国石油供应不足和石油供应安全问题，且经济投入和运行成本也低于石油进口，从而有利于我国清洁能源的发展和长期的能源供应安全。

第二节　煤炭直接液化技术

一、煤炭直接液化技术概述

（一）国外煤炭直接液化技术沿革

自 1869 年 Berthelot 用碘化氢与煤在常压、温度为 270～280℃下作用 24h，获得烃类和沥青产物以后，人们一直试图将固体煤转化为液体燃料，直到 1913 年德国科学家 F. Bergius 发明了在高温高压下可将煤加氢液化生产液体燃料，并获得专利，为煤炭直接液化技术的开发奠定了基础。从此，各种煤加氢液化方法不断出现，实验室开发的煤炭液化方法不下百种，按其产品和过程特点可分为不同的液化工艺。

到 20 世纪 20 年代，德国燃料公司 Pier 等人开发了不怕硫的硫化钨、硫化钼催化剂，并把液化过程分为糊相加氢与气相加氢两段进行，同时解决了工程化问题，从而使煤直接液化技术实现了工业化。

20 世纪 70 年代，受 1973 年和 1979 年两次世界石油危机（世界石油价格大幅度上涨）的影响，主要发达国家又重新重视煤炭直接液化新技术的开发工作。美国、德国、英国、日本和前苏联等国都纷纷组织了一批科研开发机构及企业开展了大量的研究开发工作，相继开发出多种工艺，试验规模也从试验室小试到每天数百吨级的大型中试应有尽有。研究领域也从基础理论、反应机理到工艺开发、工程化开发。其中最具代表性的工艺如下：

德国新工艺，经改进后现又称为 IGUR 工艺，是以德国鲁尔公司为首的几家公司在德国老工艺的基础上开发的，主要特点是将液化残渣的分离由过滤改为真空蒸馏，减少了循环油中的灰分和沥青烯含量，同时部分循环油加氢，提高循环溶剂的供氢能力，并增加催化剂的活性，从而可将操作压力由 70.0MPa 降至 30.0MPa。

美国溶剂精炼煤(SRC)法，最早是为了洁净利用美国高硫煤而开发的一种以重质燃料油为生产目的的煤液化转化技术，不外加催化剂，利用煤中自身的黄铁矿将煤转化为低灰低硫的常温下为固体的 SRC，后来增加残渣循环，采用减压蒸馏方法进行固液分离，获得常温下也是液体的重质燃料油，这就是人们常说的 SRC-II。该工艺特点是反应条件较缓和，温度 440~450℃、压力 14MPa，完成了 50t/d 的中试装置运行试验，曾进行了 6000t/d 的大型示范装置工程设计，但未实施。

与溶剂精炼煤法一样，美国埃克森公司开发的供氢溶剂法(EDS)，在液化反应器内也是不外加催化剂(避免煤中矿物质对催化剂的毒害作用)，区别是对循环溶剂单独进行催化预加氢，提高了溶剂的供氢能力，液化反应条件为温度 450℃、压力 15MPa，液化油收率提高，产品主要是轻质油和中质油，于 1986 年完成了 250t/d 的大型中试试验。

美国碳氢化合物公司(HRI)在氢油法(H-Oil)基础上，开发与前两种工艺完全不同的氢煤法(H-Coal)工艺，采用颗粒 Co-Mo 催化剂和沸腾床反应器，反应温度 440~480℃、压力 14~20MPa，由于采用高活性催化剂，液化转化率和液体收率都有提高，并且提高了液化粗油的品质，液化油中的杂原子含量降低。该工艺完成了 200~600t/d(锅炉燃料油)的大型中试装置运行试验，后又完成 $7.95\times10^3\ m^3/d$ 规模的示范厂的基础设计，让人们不放心的问题是 Co-Mo 催化剂的寿命和回收。这就导致了美国另一新工艺 HTI 的诞生，它是在 H-Coal 基础上，用可弃性的胶体铁催化剂替代价格较贵的 Co-Mo 催化剂，避免了催化剂回收工序，同时在固液分离和液化粗油加工方面也提出一些新设想，虽然在 3t/d 试验装置上进行了验证性试验，结果令人满意，因缺乏大型中试装置的长期运行考验，其优势有待进一步证实。

前苏联在 20 世纪 70 年代也不甘落后，凭其在 50 年代的煤和煤焦油加氢液化的生产经验和丰富的褐煤资源，由国家科学院、国家可燃矿物研究院和图拉煤业公司共同开发了低压加氢煤直接液化技术(也有文献称俄罗斯低压加氢液化技术)，目的是降低加氢反应压力，提高油品收率，在煤糊相加氢段采用高活性钼系催化剂，反应温度可降至 390~425℃、压力为 6~10MPa，于 1983 年建成了 5t/d 试验装置并运行了 7 年，油收率达 60%以上，氢耗低。技术关键之一是解决了催化剂钼的回收。该技术也曾完成 3 Mt/a 油品生产规模工厂的工程设计，因资金问题未能实施。

日本是资源贫乏国家，石油主要依赖进口，中东石油危机给日本经济造成严重影响，在 20 世纪 70 年代，日本纷纷进行大量的煤直接液化基础研究，到 80 年代初专门成立了新能源产业技术综合开发机构(NEDO)，组织十几家公司合作开发了 NEDOL 烟煤直接液化技术。该技术特点是反应温度 455~465℃、压力 17~19 MPa，采用可弃性催化剂天然硫铁矿或人工合成铁化合物，供氢溶剂单独加氢，固液分离也是采用真空蒸馏技术。在 1t/d 装置的试验基础上，设计建造了 150t/d 的大型中试装置，至 1988 年完成了两个印尼煤种和一个日本煤种的运行试验工作，取得了工程放大的设计数据，为大型工业化装置的设计提供了技术支撑。表 6-1 列出了主要发达国家煤直接液化技术开发情况(也包括中国)。

表 6-1 各国煤直接液化技术开发情况

国别	工艺名称	规模/(t/d)	试验时间/年	地点	开发机构	现状
美国	SRC1/2	50	1974~1981	Tacoma	GULF	拆除
	EDS	250	1979~1983	Baytown	EXXON	拆除
	H-COAL	600	1979~1982	Catlettsburti	HRI	转存
德国	IGOR	200	1981~1987	Bottrop	RAG/VEBA	改成加工重油和废塑料拆除
	PYROSOL	6	1977~1988	SAAR		
日本	NEDOL	150	1996~1998	日本鹿岛	NEDO	拆除
	BCL	50	1986~1990	澳大利亚	NEDO	
英国	LES	2.5	1988~1992		British Coal	拆除
俄罗斯	CT-5	7.0	1983~1990	图拉市		拆除
中国	日本装置	0.1	1983~至今	北京	煤科总院	运行
	德国装置	0.12	1986~至今	北京	煤科总院	运行
	神华	6	2004~至今	上海	神华集团	运行

20 世纪 80 年代中期，各国开发的煤直接液化新工艺都日趋成熟，有的已完成了 5000t/d 示范厂或 23000t/d 生产厂的概念设计，工业化发展势头一度十分迅猛。然而，就在此时，世界石油价格迅速下跌，而且至 1995 年还一直在低价位上徘徊，使得那些煤液化示范厂和生产厂的计划不得不中断，煤液化工业化开发的热情随之逐步降温。但是一些国家更深入细致的技术研究工作并没有停止。美国能源部一直把煤液化项目列入洁净煤技术计划，日本反而后来居上，煤直接液化项目作为政府解决能源问题的阳光计划的重要组成部分一直坚持下来，到 1996 年 7 月，150t/d 的烟煤液化中试厂终于建成投入运转。

(二)中国煤炭直接液化技术开发概况

早在二战前，日本侵占中国东三省时，由日本军方开始在中国进行煤直接液化试验研究，后移交给当时的日本在中国的殖民科研机构——“满铁中央试验所”，于 1937 年在抚顺建设了煤液化生产试验厂，进行了多次试验，后因战败，于 1945 年停止试验。

20 世纪 50 年代，我国为了打破国际反华势力对新中国的经济封锁，在中国科学研究院石油研究所(大连)曾开展过煤直接液化试验研究，抚顺石油三厂也曾进行过用煤焦油加氢生产汽油、柴油的工业性试验。后来由于大庆油田的开发，中国一举甩掉了贫油国的帽子，煤直接液化的研究工作也随之中断。

从 20 世纪 80 年代初开始，在国家科委、国家计委和煤炭部的支持下，煤炭科学研究总院和国内有关大学开展了煤的直接液化技术研究。20 年来，通过国际合作引进了三套煤直接液化连续试验装置，进行了中国煤种的液化特性评价和煤液化工艺技术研究，取得了一批具有先进水平的研究成果，完成了国内液化煤种和铁系催化剂的筛选，人工合成铁系催化剂的研究、放大试验和催化剂催化性能评价，目前这一技术已基本成熟。根据我国的国情，经初步经济分析，在我国富煤缺油的地区建设煤直接液化生产厂也有经济效益。

为此，从 1996 年开始为了尽快实现煤直接液化工业化，中国先后同德国、美国、日本等国通过国际合作进行煤直接液化中间放大试验，完成了云南先锋褐煤采用德国 IGOR 工艺、黑龙江依兰煤采用日本 NEDOL 工艺和神华上湾煤采用美国 HTI 工艺建设工业化示范厂的可行性研究，并通过专家论证。

进入21世纪，中国石油进口量逐年增长，增幅过大，推动了中国国内煤直接液化技术的工程开发进程。在吸收国外先进液化技术的基础上，根据中国煤质特点，先后开展了高分散铁系催化剂的开发和工程化，中国煤直接液化新工艺开发(6t/d)等。高分散铁系催化剂的研制已进入中试，其催化活性达到了世界先进水平。煤直接液化装置的工业化示范建设更是走在世界各国前列，规模为3.2 Mt/a的神华一期工程正在建设中，预计2007年投产，届时中国将成为现代煤直接液化技术工业化示范的第一家，待示范装置运行成功后，将进行商业化大型工业生产。

二、煤加氢液化原理

(一)煤与石油的比较

煤与石油都是由碳、氢、氧为主的元素组成的天然有机矿物燃料，但它们在外观和化学组成上都有明显差别。

由表6-2可知，煤与石油、汽油在化学组成上最明显的差别是煤中氢含量低、氧含量高、H/C原子比低、O/C原子比高。这主要是由于煤与石油的分子结构不同，烟煤的有机质是由2~4个或更多的芳香环构成的芳核，芳环上连接含有氧、氮或硫等的官能团侧链，形成；结构单元；结构单元之间通过桥键连接，煤中桥键多为醚键和次甲基键，呈空间立体结构的高分子缩聚物。而石油分子主要是由烷烃、芳烃和环烷烃等组成的混合物。煤的相对分子质量尚无定论，估计约为5000~10000，煤的吡啶萃取物平均相对分子质量约为200，而石油的平均相对分子质量约为200，低馏分的更低(约100)，高沸点残渣油的相对分子质量较高也不超过600。

表6-2 煤与液体油及甲烷的元素组成 %

元素	无烟煤	中等挥发分烟煤	高挥发分烟煤	褐煤	泥炭	石油	汽油	CH_4
C	93.7	88.4	80.3	72.7	50~70	83~87	85	75
H	2.4	5.0	5.5	4.2	5.0~6.1	11~14	14	25
O	2.4	4.1	11.1	21.3	25~45	0.3~0.9	–	–
N	0.9	1.7	1.9	1.2	0.5~1.9	0.2	–	–
S	0.6	0.8	1.2	0.6	0.1~0.5	1.0	–	–
H/C	0.31	0.67	0.82	0.87	~1.0	1.76	1.94	4

因此，要将煤转化为液体产物，首先要将煤的大分子裂解为较小的分子，而要提高H/C原子比，降低O/C比，就必须增加H原子或减少C原子。总之，煤液化的实质是在适当温度、氢压、溶剂和催化剂条件下，提高其H/C原子比，使固体煤转化为液体的油。

(二)煤加氢液化过程中的主要反应

一般认为，在煤加氢液化过程中，氢不能直接与煤分子反应使煤裂解，而是煤分子本身受热分解生成不稳定的自由基裂解“碎片”，此时若有足够的氢存在，自由基就能得到饱和而稳定下来，如果氢不够或没有，则自由基之间相互结合转变为不溶性的焦。所以，在煤的初级液化阶段，煤有机质热解和供氢是两个十分重要的反应。

煤是非常复杂的有机物，在加氢液化过程中化学反应也极其复杂，它是一系列顺序反应和平行反应的综合，可认为发生下列四类化学反应。

1. 煤的热解

煤在隔绝空气的条件下加热到一定温度，煤的化学结构中键能最弱的部位开始断裂，呈自由基碎片：

$$煤 \rightarrow 自由基碎片 \sum R^{\circ}$$

随温度升高，煤中一些键能较弱和较高的部位也相继断裂，呈自由基碎片。图 6-1 为模型煤分子结构中的易发生热解断裂的桥键。

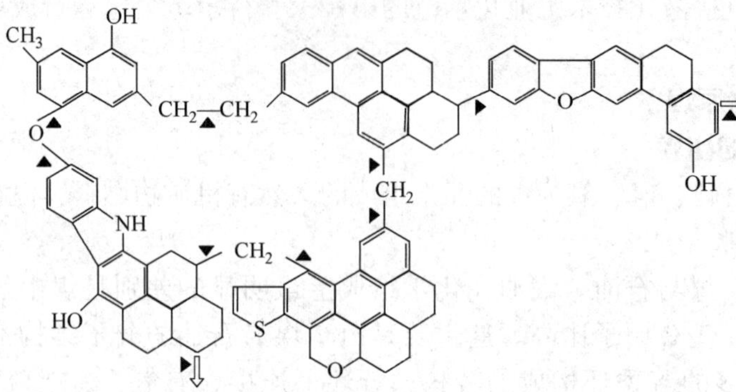

图 6-1　煤分子模型的化学结构(基本单元)

含碳 83%的高挥发性烟煤，其化学示性式为：$C_{100}H_{79}O_7NS$ 结构式中“⇨”代表分子。

模型中连接煤结构单元其他部分的桥键：结构式中“►”代表煤结构单元中的弱化学键。

研究表明，煤结构中苯基醚 C—O 键、C—S 键和连接芳环 C—C 键的解离能较小，容易断裂；芳香核中的 C—C 键和次乙基苯环之间相连结构的 C—C 键解离能大，难于断裂；侧链上的 C—O 键、C—S 键和 C—C 键比较容易断裂。

煤结构中的化学键断裂处用氢来弥补，化学键断裂必须在适当的阶段就应停止，如果切断进行得过分，生成气体太多；如果切断进行得不足，液体油产率较低，所以必须严格控制反应条件。

2. 加氢反应

煤热解产生的自由基“碎片”是不稳定的，它只有与氢结合后才能变得稳定，成为相对分子质量比原料煤要低得多的初级加氢产物。其反应为：

$$\sum R^{\circ}+H=\sum RH$$

供给自由基的氢源主要来自以下几方面：①溶解于溶剂油中的氢在催化剂作用下变为活性氢；②溶剂油可供给的或传递的氢；③煤本身可供应的氢(煤分子内部重排、部分结构裂解或缩聚放出的氢)；④化学反应生成的氢，如 $CO+H_2O \longrightarrow CO_2+H_2$ 它们之间相对比例随液化条件的不同而不同。当液化反应温度提高、裂解反应加剧时，需要有相应的供氢速率相配合，否则就有结焦的危险。

提高供氢能力的主要措施有：①增加溶剂的供氢性能；②提高液化系统氢气压力；③使用高活性催化剂；④在气相中保持一定的 H_2S 浓度等。

3. 脱氧、硫、氮杂原子反应

加氢液化过程中，煤结构中的一些氧、硫、氮也产生断裂，分别生成 H_2O 或 CO_2、CO，H_2S 和 NH_3 气体而被脱除。煤中杂原子脱除的难易程度与其存在形式有关，一般侧链上的杂原子较芳环上的杂原子容易脱除。

(1) 脱氧反应。煤有机结构中的氧存在形式主要有：①含氧官能团，如—COOH、

—OH、—CO 和羰基等；②醚键和杂环(如呋喃类)。羧基最不稳定，加热到 200℃以上即发生明显的脱羧反应，析出 CO_2。

酚羟基在比较缓和的加氢条件下相当稳定，故一般不会被破坏，只有在高活性催化剂作用下才能脱除。羰基和醌基在加氢裂解中，既可生成 CO 也可生成 H_2O。脂肪醚容易脱除，而芳香醚与杂环氧一样不易脱除。

从煤加氢液化的转化率与脱氧率之间的关系看出(图 6-2)，脱氧率在 0~60%范围内，当脱氧率为 60%时，煤的转化率与其成直线关系。当煤的转化率已达 90%以上，氧的脱除率才达到 60%。可见，有 40%的氧十分稳定，不易脱除。

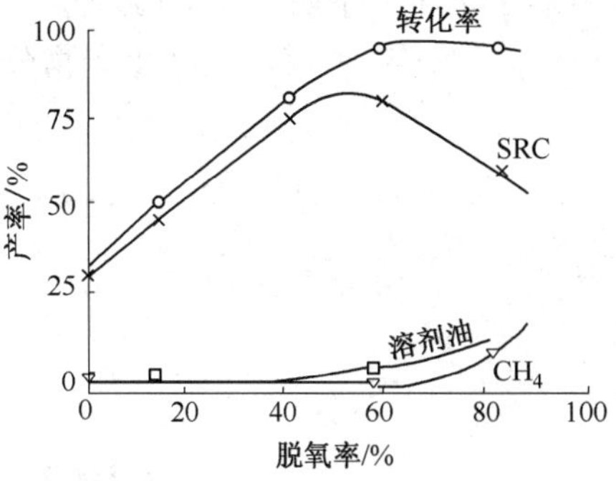

图 6-2　煤加氢液化转化及转化率及产品产率和脱氧率的关系

(2)脱硫反应。煤有机结构中的硫以硫醚、硫醇和噻吩等形式存在，脱硫反应与上述脱氧反应相似。由于硫的负电性弱，所以脱硫反应较容易进行。杂环硫化物在加氢脱硫反应中，C—S 键在碳环被饱和前先断开，硫生成 H_2S，加氢生成的初级产品为联苯，其他噻吩类化合物加氢脱硫机理与此基本类似。

(3)脱氮反应。煤中的氮大多存在于杂环中，少数为氨基，与脱硫和脱氧相比，脱氮要困难得多。在轻度加氢中，氮含量几乎没有减少，一般脱氮需要激烈的反应条件和有催化剂存在时才能进行，而且是先被氢化后再进行脱氮，耗氢量很大。例如，喹啉在 210~220℃、氢压 10~11MPa 和有 MoS_2 催化剂存在的条件下，容易加氢为四氢化喹啉，然后在 420~450℃加氢分解成 NH_3 和中性烃。

(4)缩合反应。在加氢液化过程中，由于温度过高或供氢不足，煤热解的自由基“碎片”彼此会发生缩合反应，生成半焦和焦炭。缩合反应将使液化产率降低，它是煤加氢液化中不希望发生的反应。图 6-3 为由沥青烯缩聚生成不溶性焦的示意图。

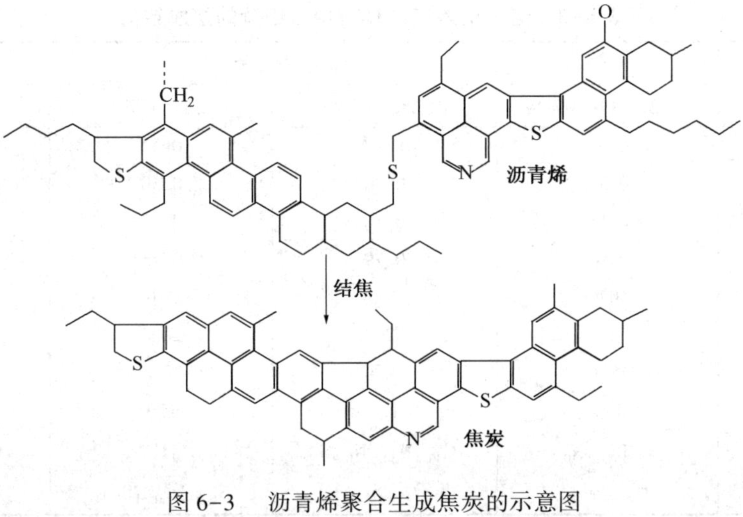

图 6-3　沥青烯聚合生成焦炭的示意图

为了提高煤液化过程的液化效率，常采用下列措施来防止结焦：①提高系统的氢分压；②提高供氢溶剂的浓度；③反应温度不要太高；④降低循环油中沥青烯含量；⑤缩短反应时间。

(三)煤加氢液化的反应产物

煤加氢液化后得到的产物并不是单一的，而是组成十分复杂的，包括气、液、固三相的混合物。反应釜取出的液化气体产物一般用气相色谱或气-质联谱进行分析。液固产物组成复杂，要先用溶剂进行分离，通常所用的溶剂有正己烷(或环己烷)、甲苯(或苯)和四氢呋喃 THF(或吡啶)。可溶于正己烷的物质称为油，不溶于正己烷而溶于苯的物质称为沥青烯，不溶于苯而溶于四氢呋喃(或吡啶)的物质称为前沥青烯，不溶于四氢呋喃的物质称为残渣(或未反应煤)。煤加氢液化产物分离流程如图 6-4 所示。

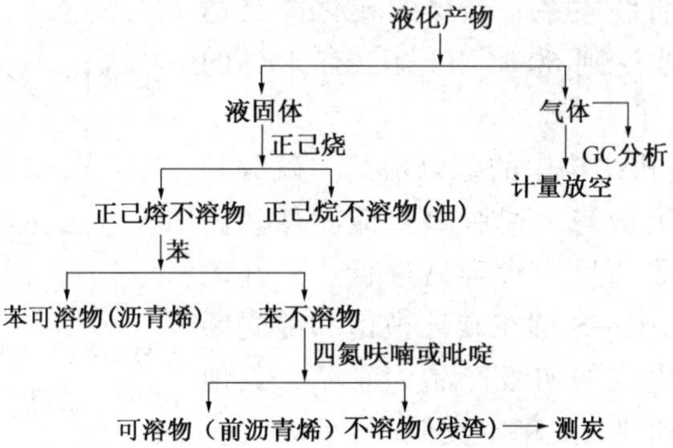

图 6-4　煤直接液化产物的分离流程

残渣由尚未完全转化的煤、矿物质和外加的催化剂构成。由于惰质组反应活性最差，故富集在残渣中。前沥青烯是指的重质煤液化产物，平均相对分子质量约 1000，杂原子含量较高。沥青烯类似于石油沥青质的重质煤液化产物，与前者一样也是混合物，平均相对分子质量约为 500。油是轻质煤液化产物，除少量树脂外，一般可以蒸馏，沸点有高有低，相对分子质量大致在 300 以下。

要了解油、沥青烯和前沥青烯等产物的组成与结构，可采用液相色谱、质谱、红外光谱、核磁共振等仪器进行分析。表 6-3 列出了溶剂精炼煤(SRC)中各组分的组成。

表 6-3　溶剂精炼煤(SRC)中各组分的组成结构

结构参数	组　分			
	前沥青烯(36%)	沥青烯(45%)	树脂(15%)	油(4%)
H_{ar}	0.51	0.455	0.43	0.48
H_{α}	0.34	0.36	0.30	0.18
H_{al}	0.15	0.16	0.27	0.24
fc_{ar}	0.84	0.79	0.75	0.76
$\overline{M}$	1026	560	370	264
C_A	62.7	32.4	20.8	16.3
C_{RS}	12.6	7.4	4.1	2.7
C_N	1.4	1.4	1.9	1.9
结构简式	$C_{74.75}H_{68.72}N_{0.79}{}^{-}O_{2.44}S_{0.70}$	$C_{40.8}H_{38.5}N_{0.22}{}^{-}O_{1.58}S_{0.03}$	$C_{27.71}H_{24.57}{}^{-}N_{0.22}{}^{-}O_{0.61}S_{0.11}$	$C_{20.1}H_{18.3}N_{0.03}{}^{-}O_{0.18}S_{0.03}$

注：①H_{ar}—芳香氢占总氢；H_{α}—芳环 α 位侧链的氢占总氢；H_{al}—脂肪氢占总氢；fc_{ar}—碳的芳香度；$\overline{M}$—平均相对分子质量；C_A—分子中芳香碳原子数；C_{RS}—芳环上发生取代反应的碳原子数；C_N—脂环中碳原子数。

②苯可溶物、正己烷可溶物置于白土层析柱上，先以正己烷冲洗出油，再以吡啶冲洗，其冲洗物即为树脂。

煤液化中生成的气体主要包括两部分：一是含杂原子的气体，如 H_2O，H_2S，NH_3，CO_2 和 CO 等；二是气态烃，C_1 ~ C_3（有时包括 C_4）。生成气态烃要消耗大量的氢，所以气态烃产率增加会导致氢耗量提高。

（四）煤加氢液化的反应历程

一般认为煤加氢液化的过程是煤在溶剂、催化剂和高压氢气存在下，随着温度的升高，煤开始在溶剂中膨胀形成胶体系统。煤进行局部溶解，并发生煤有机质的分裂、解聚，同时在煤有机质与溶剂间进行氢分配，于 350~400℃左右生成沥青质含量很多的高分子物质。在煤有机质裂解的同时，伴随着分解、加氢、解聚、聚合以及脱氧、脱氮、脱硫等一系列平行和顺序反应发生，从而生成 H_2O、CO、CO_2、NH_3和 H_2S 等气体。

煤加氢液化反应历程如何用化学反应方程式表示，至今尚未完全统一。下面是人们公认的几种看法。

（1）煤不是组成均一的反应物。煤组成是不均一的，即存在少量易液化组分，如嵌布在高分子主体结构中的低分子化合物，也有一些极难液化的惰性组分，如惰质组等。

（2）反应以顺序进行为主。虽然在反应初期有少量气体和轻质油生成，不过数量不多，在比较温和条件下数量更少，所以总体上反应以顺序进行为主。

（3）前沥青烯和沥青烯是液化反应的中间产物。它们都不是组成确定的单一化合物，在不同反应阶段生成的前沥青烯和沥青烯结构肯定不同，它们转化为油的反应速度较慢，需要活性较高的催化剂。

（4）逆反应（即结焦反应）也有可能发生。

根据上述认识，可将煤液化的反应历程描述如下：

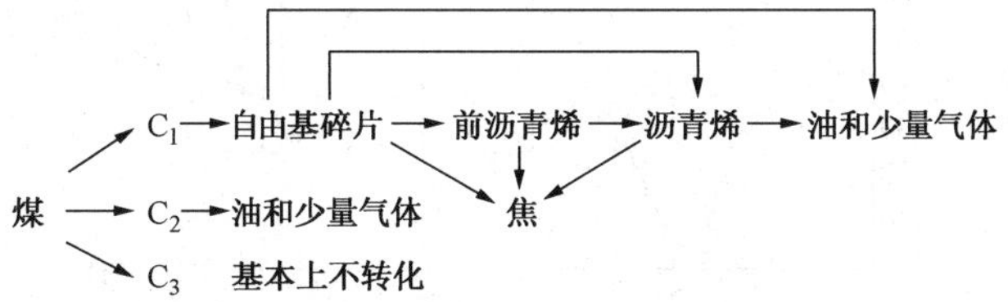

上述反应历程中 C_1表示煤有机质的主体，C_2表示存在于煤中的低分子化合物，C_3表示惰性成分。此历程并不包括所有反应。

经推测，煤受热首先热解生成相对分子质量不等的自由基碎片，此时，若缺乏足够的氢和自由基没能被溶剂分散开来，它们就相互之间发生聚合反应，生成难以溶解的焦炭；而相反，有足够的氢和溶剂存在情况下，自由基碎片容易被溶剂分散，且与氢结合而稳定为中等相对分子质量的产物，在催化剂和氢共同作用下进一步催化加氢裂解为相对分子质量较小产物。

三、煤加氢液化的影响因素

煤加氢液化反应是十分复杂的化学反应，影响加氢液化反应的因素很多，这里主要讨论原料煤、溶剂、气氛与工艺参数等因素，催化剂因素将在后面讨论。

（一）原料煤性质

选择加氢液化原料煤，主要考虑以下 3 个指标：①干燥无灰基原料煤的液体油收率高；②煤转化为低分子产物的速度，即转化的难易度；③氢耗量。

煤中有机质元素组成是评价原料煤加氢液化性能的重要指标。F. Bergius 研究指出，含碳量低于 85%的煤几乎都可以进行液化，煤化度越低，液化反应速度越快。就腐植煤而言，煤加氢液化难易顺序为低挥发分烟煤、中等挥发分烟煤、高挥发分烟煤、褐煤、年轻褐煤、泥炭。无烟煤很难液化，一般不作加氢液化原料。另外，腐泥煤比腐植煤容易加氢液化。表6-4 列出煤化程度与加氢液化转化率间的关系。图 6-5 所示为液化产物的产率与煤的 100H/C 原子比的关系。

表 6-4　煤化程度与其加氢液化转化率的关系

煤　种	液体收率/%	气体收率/%	总转化率/%
中等挥发分烟煤	62	28	90
高挥发分烟煤 A	71.5	20	91.5
高挥发分烟煤 B	74	17	91
高挥发分烟煤 C	73	21.5	94.5
次烟煤 B	66.5	26	92.5
次烟煤 C	58	29	87
褐　煤	57	30	87
泥　炭	44	40	84

除煤的煤化程度外，煤的化学组成和岩相组成对煤液化也有很大影响。煤的化学组成中自由氢的含量与加氢液化过程中所消耗的氢气数量呈反比关系。所谓自由氢是指原料分解时分配到作为液态和加氢产物(如烃类、含硫化合物、含氧化合物和含氨化合物)中的那一部分氢。

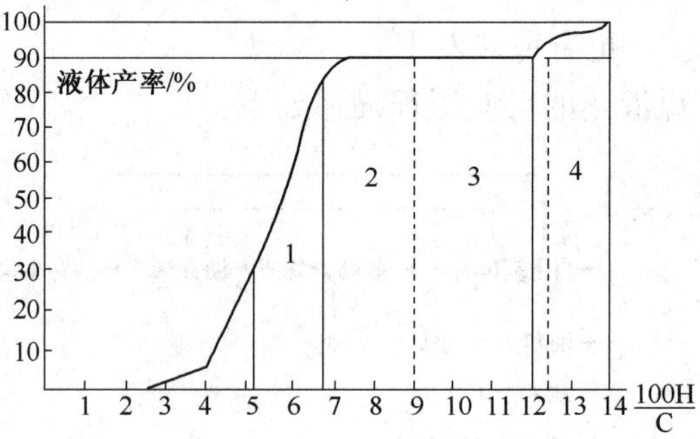

图 6-5　煤液化产物的产率与其 100H/C 原子比的关系

1—烟煤，100H/C=5.4~6.2，V_{daf}<37%；2—烟煤和褐煤，100H/C=6.6~9.0，V_{daf}<37%~50%；3—藻煤和页岩，100H/C=9~12.5，V_{daf}≥50%；4—石油油料，100H/C>12.5 %

从煤的岩相组分来看，镜煤和亮煤最易液化，其次为暗煤，最难液化的组分是丝炭(见表 6-5)，因而丝炭含量高的煤不易用作加氢液化的原料。一些实验证明，煤的风化与氧化对加氢液化有害。实验证明，对新开采的煤进行液化，其转化率比在空气中存放一段时间后的煤进行液化要高 20%。

表 6-5　煤的岩相组分的元素组成和液化转化率的关系

岩相组分	元素组成/%			H/C 原子比	加氢液化转化率/%
	C	H	O		
丝炭	93	2.9	0.6	0.37	11.7
暗煤	85.4	4.7	8.1	0.66	59.8
亮煤	83.0	5.8	8.8	0.84	93.0
镜煤	81.5	5.6	8.3	0.82	98

煤直接液化对煤质的基本要求如下：

(1)要将煤磨成200目左右细粉，并干燥到水分<2%。因此煤含水越低越经济，投资和能耗越低。

(2)应选择易磨或中等难磨的煤作为原料，最好哈氏可磨性系数大于50以上，否则机械磨损严重，维修频繁，消耗大、能耗高。

(3)氢含量越高，氧含量越低的煤，外供氢量越少，废水生成量越少。

(4)氮等杂原子含量要求低，以降低油品加工提质费用。

(5)煤的岩相组成是一项重要指标，镜质组越高，煤液化性能越好，一般镜质组达90%以上为好；丝质组含量高的煤，液化活性差。云南先锋煤镜质组为97%，煤转化率高达97%，神华煤丝质组达30%以上，镜质组约65%，因此煤转化率只有89%左右。

(6)要求原料煤中灰<5%，一般原煤中灰难达此指标，这就要求煤的洗选性能好，因为灰严重影响油的收率和系统的正常操作。灰成分也对液化过程产生影响：灰中Fe、Co、M_0等元素对液化有催化作用，可产生好的影响，但灰中Si、Al、Ca、Mg等元素易结垢、沉积，影响传热和正常操作，且造成管道系统磨损堵塞和设备磨损。

(二)煤液化溶剂

煤炭加氢液化一般要使用溶剂。溶剂的作用主要是热溶解煤、溶解氢气、供氢和传递氢作用、溶剂直接与煤质反应等。

(1)热溶解煤。使用溶剂是为了让固体煤呈分子状态或自由基碎片分散于溶剂中，同时将氢气溶解，以提高煤和固体催化剂、氢气的接触性能，加速加氢反应和提高液化效率。

(2)溶解氢气。为了提高煤、固体催化剂和氢气的接触，外部供给的氢气必须溶解在溶剂中，以利于加氢反应进行。

(3)供氢和传递氢作用。有些溶剂除热溶解煤和氢气外，还具有供氢和传递氢作用。如四氢萘作溶剂，具有供给煤质变化时所需要的氢原子，本身变成萘，萘又可从系统中取得氢而变成四氢萘。

(4)溶剂直接与煤质反应。

(5)其他作用。在液化过程中溶剂能使煤质受热均匀，防止局部过热；溶剂和煤制成煤糊有利于泵的输送。此外，在工业生产时，溶剂的来源和价格直接影响液化产品的成本。

(三)直接液化催化剂

1. 工业催化剂的性能要求和催化剂组成部分

(1)对工业催化剂的性能要求：

①良好的催化活性。催化剂的活性表示增加反应速度的能力，催化剂的活性高意味着生产能力强或原料转化率高，或是能在较缓和的条件下也能达到较高的转化率。对煤的液化既希望加速反应也希望降低反应压力。

②高的反应选择性。催化剂的反应选择性是向特定反应方向转化的原料量对已转化的原料总量的分率，煤加氢液化希望达到很高的液体收率而不希望得到较多的气体和焦炭。

③较长的催化剂寿命。它需具备以下几方面的稳定性：a. 化学稳定性：在反应介质中化学组成和化合状态能保持不变。b. 结构稳定性：能长期经受高温和水蒸气的作用，其物理结构——比表面、孔结构、晶相、晶粒分散度等不发生变化，使有效活性表面能稳定地存在，从而保证催化剂的活性。c. 机械稳定性：具有足够高的机械强度，包括压碎强度、磨损强度、冲击强度，在操作过程中保持催化剂的颗粒大小和形状不变，以保证反应器床层处

于稳定的流体力学状态，并减少催化剂的损失。d. 对于毒物有足够高的抵抗力。e. 有良好的传热性，能及时导出反应热，防止局部过热。

④催化剂应该来源易得，价格便宜。在第一段加氢时因为有煤存在用贵重催化剂回收困难，故多用工业废渣或廉价铁系催化剂，如赤泥作为一次性催化剂。

(2)工业催化剂的组成部分：催化剂可以是单组分，也可以是多组分，一般工业上经常用的是后者。下面介绍固态催化剂的几个组成部分。

①活性成分，又称主催化剂。通常把对加速化学反应起主要作用的成分称为主催化剂，它是催化剂中最主要的活性组分，没有它催化剂就显示不出活性。如 Co/Mo 加氢催化剂中 Co 和 Mo 都是活性成分；铂重整催化剂中的铂也是活性组分。一种催化剂的活性组分并不限于一种，如催化裂化反应所用的催化剂 $SiO_2-Al_2O_3$ 都属于活性组分，SiO_2 和 Al_2O_3 两者缺一不可。有许多催化反应是由一系列化学过程串联进行的。例如，烃类的重整反应就是由一系列脱氢反应与异构反应所组成，铂提供脱氢活性，酸化了的 Al_2O_3 提供酸性促进异构化，因此，Pt 和 Al_2O_3 都是活性组分。这类催化剂称为多功能催化剂。

活性组分是催化剂的核心，催化剂活性好坏主要是由活性组分决定的。例如，用作重整催化剂的活性金属，主要是元素周期表中的第Ⅷ族元素，如铂、钯、铱等。现代双金属和多金属活性组分的重整催化剂，大多离不开铂。选择催化剂的活性组分是催化剂研制中的首要环节。

②助催化剂。在活性组分中添加少量某种物质(一般仅千分之几到百分之几)，虽然这种添加物本身没有活性或活性很小，但它却能显著地改善活性组成的催化性能，包括活性、选择性、稳定性等，这些添加剂就被称为助催化剂，如合成氨铁催化剂中的 Al_2O_3 和 K_2O。

③载体。又称担体，是催化剂的重要组成部分。对于很多工业催化剂来说，活性组分决定后，载体的种类及性质往往会对催化剂性能产生很大影响，而选择和制备一种好的载体往往需要多方面的知识。载体用于催化剂制备上，原先的目的是为了节约贵重材料(如铂、钯)的消耗，即把贵重材料分散载在体积松大的物体上，以代替整块材料使用。另一目的是使用强度高的载体可使催化剂能经受机械冲击，使用时不致因逐渐粉碎而增加对反应器中流体的阻力。所以，开始选择载体时，往往从物理、机械性质、来源容易等方面加以考虑。

2. 催化剂的作用

煤液化反应中，在催化剂的作用下产生了活性氢原子，又通过溶剂为媒介实现了氢的间接转移，使各种液化反应得以顺利地进行。催化剂在煤加氢液化中的作用为以下 3 点：

(1)活化反应物，加速加氢反应速率，提高煤液化的转化率和油收率。煤加氢液化过程是煤有机分子不断裂解、加氢稳定的循环过程。由于分子氢的键合能较高，难以直接与煤热解产生的自由基碎片结合，因此需要通过催化剂的催化作用，改变氢分子的裂解途径(氢分子在催化剂表面吸附离解)，降低氢与自由基的反应活化能，增加了分子氢的活性，加速了加氢液化反应。同时，催化剂还对溶解于溶剂中的煤有机质中的 C—C 键断裂有促进作用，有利于煤有机质和初始热解产物的裂解反应，提高了煤液化转化率和油收率。

(2)促进溶剂的再加氢和氢源与煤之间的氢传递。由煤液化化学中的溶剂作用可知，芳烃类溶剂在液化过程中先将部分氢化芳环中的氢供出与自由基结合，然后在催化剂作用下本身又被气相氢加氢还原为氢化芳环，如此循环，维持和增加液化系统中氢化芳烃的含量和供氢体的活性。正是在催化剂作用下，加速溶剂再加氢，促进了氢源与煤之间的氢传递，从而提高了液化反应速率。在溶剂添加四氢化萘可以提高煤液化转化率和油收率的事实就是例证。

(3)选择性。如前所述，煤加氢液化反应十分复杂，主要液化反应包括有：①热裂解，煤有机大分子热分解成自由基碎片；②加氢，氢与自由基结合而使自由基稳定；③脱除氧、氮、硫等杂原子；④裂化，液化初始产物过渡裂解成气态烃；⑤异构化；⑥脱氢和缩合反应(供氢不足更容易发生)等。为了提高油收率和油品质量，减少残渣和气态烃产率，要求催化剂具有选择性催化作用，即希望催化剂加速反应①、②、③、⑤，控制反应④适当，抑制反应⑥进行，对煤裂解反应要求进行到一定深度就停止，防止缩合反应发生。但目前工业上使用的催化剂还不能同时具备上述所列的催化性能，常根据工艺目的来选择相适应的催化剂。

3. 煤直接液化用催化剂研究进展

催化剂是煤直接液化过程的核心技术，在煤液化过程中起着非常重要的作用。优良的催化剂可以降低煤液化温度，减少副反应并降低能耗，提高氢转移效率，增加液体产物的收率。

已经研究过的催化剂有三类：一是金属(Ni、Co、W 和 Mo 等)硫化物；二是含金属的酸性催化剂($ZnCl_2$、$SnCl_2$等)；三是铁矿、飞灰和天然硫铁矿等。但前两类催化剂中含的金属不是价格昂贵，就是本身有毒性，要从液化残渣中用萃取的方法回收这些金属，必需建耗资很大的催化剂回收系统。第三类催化剂成本低，可以随液化残渣一起弃去，对环境不会造成大的危害，但活性太低，影响总的经济成本。

铁基催化剂也是研究较早的催化剂，其优点是具有较好的活性、价格低廉和利于环保。虽然铁催化剂在加氢裂解活性上不如 Co 和 Mo 等催化剂，但由于经济和环保上的优势，并且煤灰分中也含有铁元素，因此，将铁基材料作为煤直接液化的催化剂材料成为当前研究的主要热点。

(四)工艺参数

反应温度、压力和停留时间是煤加氢液化的主要工艺参数，对煤液化反应影响较大。

1. 反应温度

反应温度是煤加氢液化的一个非常重要的条件，不到一定的温度，无论多长时间，煤也不能液化。在其他条件配合下，煤加热到最合适的反应温度，就可获得理想的转化率和油收率。

在氢压、催化剂、溶剂存在条件下，加热煤糊会发生一系列的变化。首先煤发生膨胀，局部溶解，此时不消耗氢，说明煤尚未开始加氢液化。随着温度升高，煤发生解聚、分解、加氢等反应，未溶解的煤继续热溶解，转化率和氢耗量同时增加；当温度升到最佳值 420~450℃范围，煤的转化率和油收率最高。温度再升高，分解反应超过加氢反应，综合反应也随之加强，因此转化率和油收率减少，气体产率和半焦产率增加，对液化不利，反应温度对煤加氢液化转化的影响规律见图 6-6。

由图 6-6 可见，不到一定温度(如 330℃以下)不会发生加氢转化反应，在超过初始热解温度的一定温度范围内，煤转化率随温度上升而上升，达到最高点后在较小的高温区间持平，然后由于发生聚合、结焦，转化率下降。

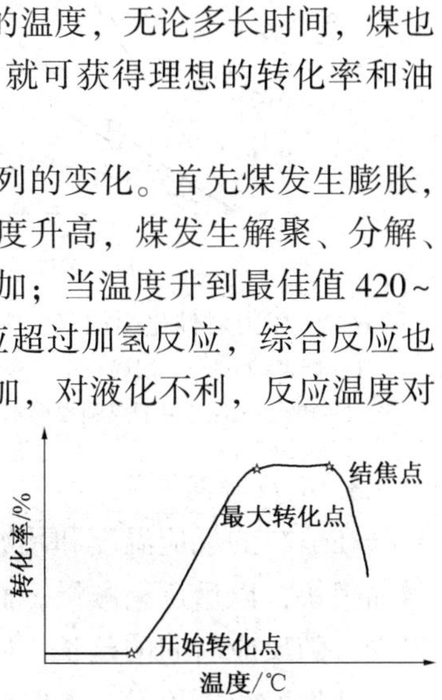

图 6-6　温度对煤转化率的影响

反应温度在液化过程中是一个重要的工艺参数。随着反应温度的升高，氢传递及加氢反应速度也随之加快，因而

THF 转化率、油产率、气体产率和氢耗量也随之增加，沥青烯和前沥青烯的产率下降，转化率和油产率的增加、沥青烯和气体产率的减少是有利的，但反应温度并非越高越好，若温度偏高，可使部分反应生成物产生缩合或裂解生成气体产物，造成气体严重增加，有可能会出现结焦，严重影响液化过程的正常进行。所以，根据煤种特点选择合适的液化反应温度是至关重要的。

2. 反应压力

采用高压的目的主要在于加快加氢反应速度。煤在催化剂存在下的液相加氢速度与催化剂表面直接接触的液体层中的氢气浓度有关。由图 6-7 看出，在 35 MPa 以前，反应速率常数和压力呈正比关系。氢气压力提高，有利于氢气在催化剂表面吸附，有利于氢向催化剂孔隙深处扩散，使催化剂活性表面得到充分利用，因此催化剂的活性和利用效率在高压下比低压时高。

压力提高，煤液化过程中的加氢速度就加快，阻止了煤热解生成的低分子组分裂解或综合成半焦的反应，使低分子物质稳定，从而提高油收率；提高压力，还使液化过程有可能采用较高的反应温度。从图 6-8 可见，H_2初压从 10.3MPa 提高到 17.23MPa 时，煤的转化率提高 20%以上；在较低压力下，反应温度超过 440℃时转化率下降，而在较高压力下，反应温度超过 470℃，转化率才下降。但是，氢压提高，对高压设备的投资、能量消耗和氢耗量都要增加，产品成本相应提高，所以应根据原料煤性质、催化剂活性和操作温度，选择合适的氢压。

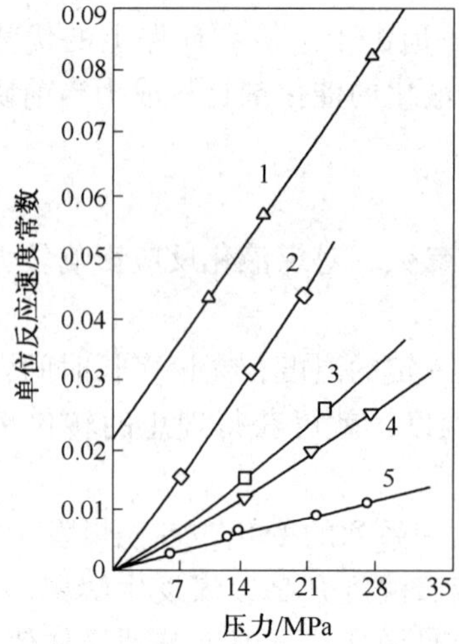

图 6-7　压力对催化剂加氢反应速度的影响
1—烟煤+Mo；2—烟煤+Sn；3—褐煤+Mo；
4—褐煤+Sn；5—烟煤和褐煤不加催化剂

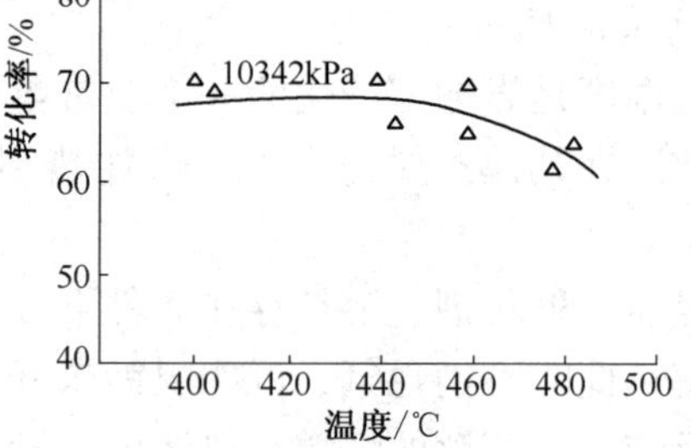

图 6-8　煤加氢液化反应温度压力和转化率的关系
催化剂：钼酸按+硫酸，反应时间：1h

3. 反应时间

在适合的反应温度和足够氢供应下进行煤加氢液化，随着反应时间的延长，液化率开始增加很快，以后逐渐减慢，而沥青烯和油收率相应增加，并依次出现最高点，气体产率开始很少，随反应时间的延长，后来增加很快，同时氢耗量也随之增加，见表 6-6。

从生产角度出发，一般要求反应时间越短越好，因为反应时间短意味着高空速、高处理量。不过合适的反应时间与煤种、催化剂、反应温度、压力、溶剂以及对产品的质量要求等因素有关，应通过实验来确定。近年来开发的短接触时间液化新工艺显示出很多优点，如短接触时间 SRC 工艺，氢耗量比一般 SRC 工艺减少 1.3%，转化率虽降低(4%)，但因气体产率减少(6.9%)，SRC 产物产率增加 24%。

表 6-6　Westerholt 煤加氢液化转化率与反应时间的关系

反应温度/℃	反应时间/min	转化率/%	沥青烯/%	油/%
410	0	33	31	2
	10	55	40	14
	30	64	46	18
	60	74	47	26
	120	76	48	27
435	0	46	41	5
	10	66	40	26
	30	79	50	28
	60	79	39	36
455	0	47	32	15
	10	67	43	23
	30	73	51	20
	60	77	44	26

四、煤炭直接液化工艺

按煤液化的目标产物分类大致有：① 生产洁净的固体燃料(SRC)、重质燃料油，替代直接燃煤和石油，供发电锅炉等使用；② 生产汽油、柴油等发动机燃料，替代石油；③ 脱灰、脱硫作为生产电极等炭素制品的原料，也可用作炼焦配煤的黏结组分；④ 生产化工原料，如芳烃等。

按过程工艺特点分类大致有：① 煤直接催化加氢液化工艺；② 煤加氢抽提液化工艺；③ 煤热解和氢解液化工艺；④ 煤油混合共加氢液化工艺。

(一)煤直接催化加氢液化工艺

1. 德国煤直接加氢液化老工艺

德国是世界上第一家拥有煤直接加氢液化工业化生产经验的国家，德国的煤直接加氢液化老工艺是世界其他国家开发同类工艺的基础。该工艺过程分为两段，第一段为糊相加氢，将固体煤初步转化为粗汽油和中油；第二段为气相加氢，将前段的中间产物加工成商品油，如图 6-9 所示。由备煤、干燥工序来的煤与催化剂和循环油一起在球磨机内湿磨制成煤糊，煤糊用高压泵输送并与氢气混合后送入热交换器，与从高温分离器顶部出来的热油气进行换热，随后送入预热器预热到 45℃，再进入 4 个串联的加氢反应器。

反应后的物料先进入高温分离器，气体和油蒸气与重质糊状物料(包括重质油和未反应的煤、催化剂等)在此分离。前者经过热交换器后再到冷分离器分出气体和油，气体的主要成分为氢气，经洗涤除去烃类化合物后作为循环气再返回到反应系统，从冷分离器底部获得的油经蒸馏得到粗汽油、中油和重油。

高温分离器底部排出的重质糊状物料经离心过滤分离为重质油和残渣，离心分离重质油与蒸馏重油混合后作为循环溶剂油返回煤糊制备系统，制备煤糊，残渣采用干馏方法得到焦油和半焦。蒸馏得到的粗汽油和中油作为气相加氢原料，从罐中泵出，通过初步计量器、硫或硫化氢饱和塔和过滤器后与循环气混合后进入顺次排列的高压换热器换热，再进入管式气体加热炉预热。从加热炉出来的原料蒸气混合物进入3个或4个顺次排列的固定床催化加氢反应塔。催化加氢装置的操作压力为32.5MPa，反应温度维持在360~460℃范围内。

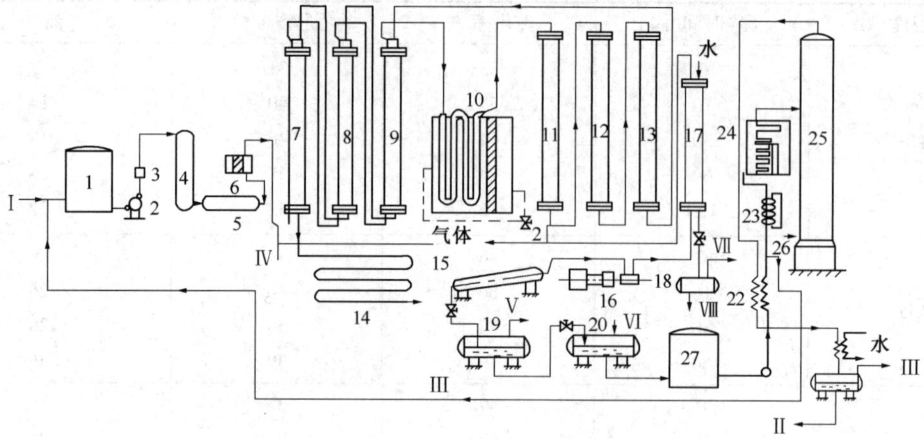

图6-9 气相加氢过程的汽油化装置的流程图

1—罐；2—离心泵；3—计量器；4—硫化氢饱和塔；5—过滤器；6—高压泵；7、8、9—高压换热器；10—对流式管式炉；11、12、13—反应塔；14—高温冷却器；15—产品分离器；16—循环泵；17—洗涤塔；18、19、20—罐；21—泵；22、23—换热器；24—管式炉；25—精馏塔；26—泵；27—中间罐物料流：Ⅰ—来自预加氢装置；Ⅱ—去精制和稳定的汽油；Ⅲ—二次汽油化的循环油；Ⅳ—新鲜循环气(98%HZ)；Ⅴ—贫气；Ⅵ—富气；Ⅶ—加氢气；Ⅷ—排水

从反应塔13出来的加氢产物蒸气送至换热器，换热后的产品气进入高压冷却器14，冷却后再进入产品分离器15，用循环泵16从分离器抽出气体，气体通过洗涤塔后作为循环气又返回系统。从分离器得到的加氢产物进入中间罐27，然后由泵21送入精馏装置。从精馏装置得到汽油为主要产品，塔底残油返回作为加氢原料。

2. 德国直接液化新工艺——IGOR工艺

自20世纪70年代中东石油危机以来，德国在煤炭液化工业实践基础上，一直进行工艺研究与开发工作。随着催化剂、供氢溶剂、限制溶剂油沥青烯含量以及固液分离技术的进步和联合利用，开发出德国新工艺(DT)，使煤液化反应压力从70MPa降低到30MPa，反应器的煤通过量由0.35t/(m^3·h)增加到0.5t/(m^3·h)，煤液化油产率高达50%以上。

DT工艺是对传统煤高压加氢工艺的改进，其工艺过程仍然是由煤浆制备、溶剂循环、间接预热、沥青烯和固液分离等过程组成。生产的煤液化粗油(合成原油)，含有大量的多核芳烃、含氮杂环、有机碱以及苯酚类等化合物，它们对人体健康和生产操作环境都有较大的危害。

液化粗油无论用作加氢裂解、重整原料还是直接作为市场燃料都必须深度加氢精制。它们在储存运输过程中，甚至在短时间内储存也都会生成黑色沉积物，对油品提质加工催化剂有毒性。实际上，煤液化粗油尚不具备洁净燃料油应具有的一切特性和要求。

为此，德国一直在探讨改进现有工艺技术途径，设法降低合成原油的沸点范围和杂原子含量，生产饱和的煤液化粗油等。其中，DMT等公司研究开发将煤液化粗油的加氢精制、饱和等过程与煤糊相加氢液化过程结合成一体的新工艺技术，即煤液化粗油精制联合工艺(IGOR)，其工艺流程见图 6-10。

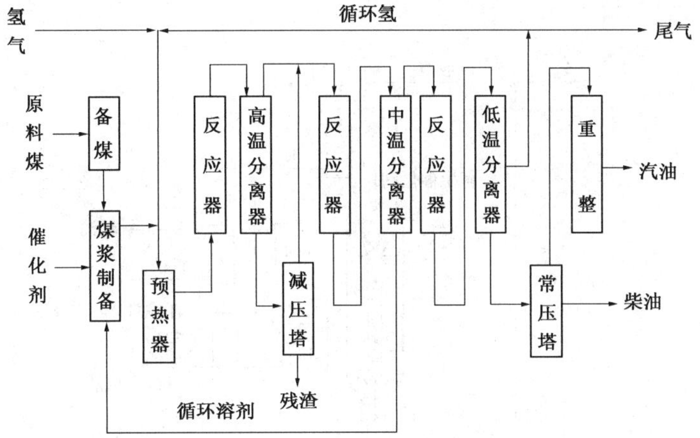

图 6-10 德国 IGOR 工艺流程图

煤与循环溶剂再加催化剂与 H_2一起依次进入煤浆预热器和煤浆反应器，反应后的物料进高温分离器，在此，重质物料与气体及轻质油蒸气分离，由高温分离器下部减压阀排出的重质物料经减压闪蒸分出残渣和闪蒸油，闪蒸油又通过高压泵打入系统与高温分离器分出的气体及轻油一起进入第一固定床反应器，在此进一步加氢后进入中温分离器，中温分离器分出的重质油作为循环溶剂，气体和轻质油蒸气进入第二固定床反应器又一次加氢，再通过低温分离器分出提质后的轻质油产品，气体再经循环氢压机加压后循环使用。为了使循环气体中的 H_2浓度保持在所需要的水平，要补充一定数量的新鲜 H_2。液化油在此工艺经两步催化加氢，已完成提质加工过程。油中的 N 和 S 含量降到 10^{-5}数量级。此产品可直接蒸馏得到直馏汽油和柴油，汽油只要再经重整就可获得高辛烷值产品，柴油只需加入少量添加剂即可得到合格产品。

3. 氢煤法(H-Coal)

氢煤法的开发始于 1963 年，是美国能源部等资助下由碳氢化合物公司(HRI)研究开发的煤加氢液化工艺，其工艺基础是对重油进行催化加氢裂解的氢油法(H-Oil)。氢煤法工艺流程如图 6-11 所示。该法采用褐煤或年轻烟煤为原料，生产燃料油或合成原油。燃料油可加工提炼成车用燃料，合成原油可用作锅炉燃料。

煤粉磨细到小于 60 目，干燥后与液化循环油混合制成煤浆，经过煤浆泵把煤糊增压至 20MPa，与压缩氢气混合送入预热器预热到 350~400℃后，进入沸腾床催化反应器。采用加氢活性良好的钴-钼(Co-Mo/ Al_2O_3)柱状催化剂，利用溶剂和氢气由下向上的流动，使反应器的催化剂保持沸腾状态。在反应器底部设有高压油循环泵，抽出部分物料打循环，造成反应器内的循环流动，促使物料在床内呈沸腾状态。为了保证催化剂的活性，在反应中连续抽出 2%的催化剂进行再生，并同时补充等量的新催化剂。由液化反应器顶部流出的液化产物经过气液分离、蒸气冷凝冷却后，凝结出液体产物，气体经过脱硫净化和分离，分出的氢气再循环返回到反应器，进行循环利用。凝结的液体产物经常压蒸馏得到轻油和重油，轻油作为液化粗油产品，重油作为循环溶剂返回制浆系统。含有固渣的液体物料出反应器后直接进入闪蒸塔分离，闪蒸塔顶部物料与凝结液一起入常压蒸馏塔精馏，塔底产物通过水力分离器分成高固体液流和低固体液流。低固体液流返回煤浆混合槽，以尽量减少新鲜煤制浆所需馏分油的用量；水力分离器底流经过最终减压蒸馏得重油和残渣，重油返回制浆系统，残渣送气化制氢，作为系统氢源，这个方法可以在较低煤进料量的条件下操作获得尽可能多的馏分油。

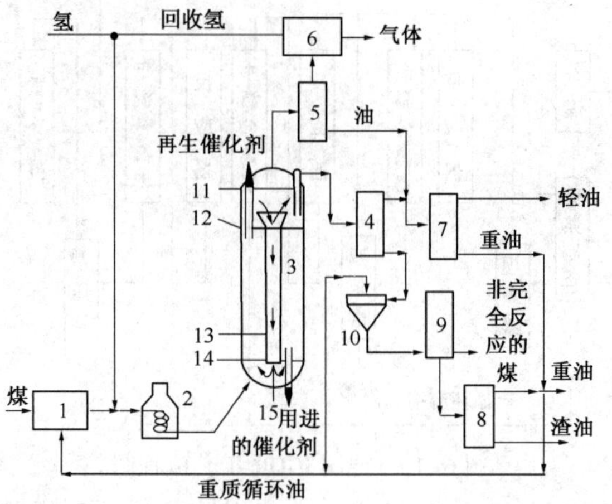

图 6-11　氢煤法的工艺流程

1—煤浆制备；2—预热器；3—反应器；4—闪蒸器；5—冷分离器；6—气体洗涤器；7—常压蒸馏塔；8—减压蒸馏塔；9—闪蒸塔；10—旋流器；11—浆态反应物料的液位；12—催化剂上限；13—循环管；14—分布板；15—搅拌螺旋桨

4. 催化两段加氢液化(CTSL)工艺

CTSL 工艺是 HRI 和威尔逊维尔煤直接液化中试厂在 H-Coal 试验基础上，共同研究开发的。除了增加一套反应器外，其固液分离采用临界溶剂脱灰装置(CSD)，比减压蒸馏回收更多的重质油。CTSI 工艺流程示意图见图 6-12，若图中去掉一个反应器和把 CSD 改成减压蒸馏即为 H-Coal 工艺。

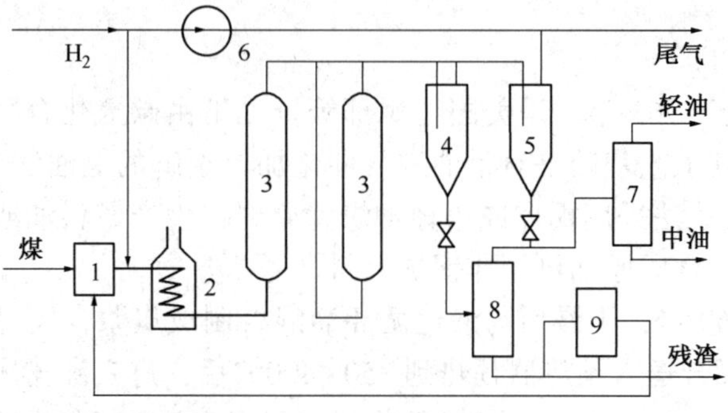

图 6-12　CTSL 工艺流程示意图

1—煤浆配制；2—加热炉；3—反应器；4—高温分离器；5—低温分离器；6—循环压缩机；7—常压蒸馏；8—减压蒸馏；9—临界溶剂脱灰

5. HTI 工艺

HTI 是在 H-Coal 工艺和 CTSL 工艺基础上，采用近十年开发的悬浮床反应器和 HTI 研发的胶体铁基催化剂而专门开发一种煤加氢液化工艺。该工艺在 30kg/d、PDU 装置和 3t/d 小型中试装置进行了验证，HTI 工艺流程示意图见图 6-13。

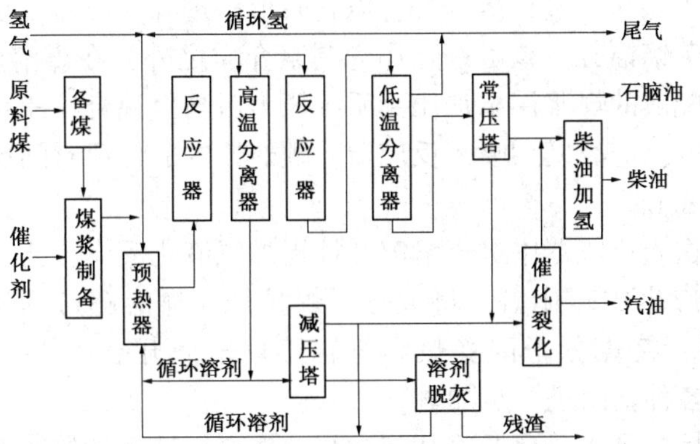

图 6-13 美国 HTI 工艺流程

(二)煤加氢抽提液化工艺

这类方法是在 Pott-Broche 溶剂抽提液化法基础上发展的，代表性的工艺有美国的溶剂精炼煤法、埃克森供氢溶剂法和日本 NEDOL 工艺。

1. 溶剂精炼煤法(SRC Process)

溶剂精炼煤(Solvent Refining of Coal)法简称 SRC 法，是现代各种煤液化方法中最不复杂的一种，其目的是从煤生产一种环境友好的固体燃料。在 SRC 法中，煤在较高的压力和温度下在有氢存在的条件下进行溶剂萃取加氢，生产低灰、低硫的清洁固体燃料和液体燃料。过程中除煤中所含的矿物质以外，不用其他催化剂。通常根据产品形态不同又分为 SRC-I 和 SRC-II，SRC-I 是以生产低灰、低硫的清洁固体燃料为主要产物的工艺，而以生产液体燃料为主要产物的工艺则称 SRC-II 。

(1)SRC-I。1960 年美国煤炭研究局组织开始 SRC 研究工作，20 世纪 60 年代后期和 70 年代初期对该工艺进行进一步开发，同时设计一个 50t/d 的试验装置。这一装置由 Rust Engineering 建于华盛顿州刘易斯堡，并由 Gulf 从 1974 年开始操作。其流程见图 6-14。

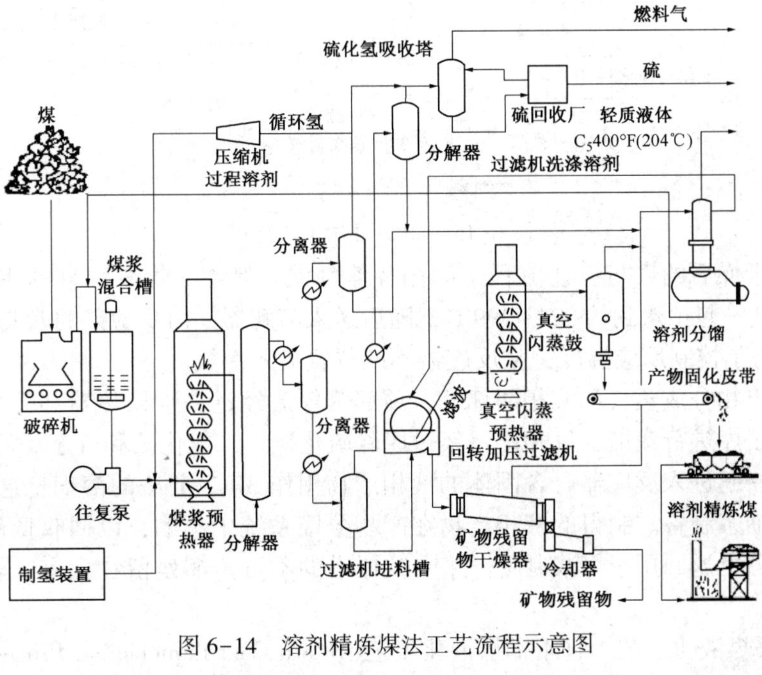

图 6-14 溶剂精炼煤法工艺流程示意图

经磨碎、干燥的干煤粉与过程溶剂混合以料浆形态进入反应器系统。过程溶剂是从煤加氢产物中回收得到的蒸馏馏分。该溶剂除作为制浆介质之外，在煤溶解过程中起供氢作用，即作为供氢体。溶剂配成的煤浆用泵加压到系统压力后与氢混合。三相混合物进料在预热器中加热到接近所要求的反应温度后喷入反应器。预热器内的停留时间比反应器内短，典型的总反应时间为20~60min。

煤、溶剂和氢气送入反应器中进行溶解和抽提加氢液化反应，已溶解的部分煤则发生加氢裂解，有机硫则反应生成硫化氢，将大分子煤裂解。煤溶解过程发生的主要反应如下：①氢从溶剂转移到煤；②煤分子因受热和氢转移攻击而开裂；③—CH、—SH、—O—、—N—、—C—C—等各种基团进一步加氢。

产物离开反应器后，进入分离器冷却到260~316℃，进行气与液固分离，液固主要是含有过程溶剂、重质产物、未反应煤和灰的料流。分离出的气体再冷却分出凝缩物——水和轻质油，不凝气体经洗涤脱除气态烃、H_2S、CO后返回系统作为氢源循环使用。出分离器的底流经闪蒸得到的塔底产物送到两个回转预涂层过滤机。滤液送到减压精馏塔回收洗涤溶剂、过程溶剂和减压残留物，减压残留物即为溶剂精炼煤的产物。SRC产物在水冷的不锈钢带上固化即为产品，滤饼再送到水平转窑蒸出制浆用油。

(2)SRC-Ⅱ。SRC-Ⅱ是在SRC-I工艺基础上进行的一些改进，取消一些加工步骤(如液固分离的过滤、矿物质残留物干燥和产物的固化等)，而从煤制取全馏分低硫液体燃料油。图6-15是SRC-Ⅱ法的工艺流程示意图。

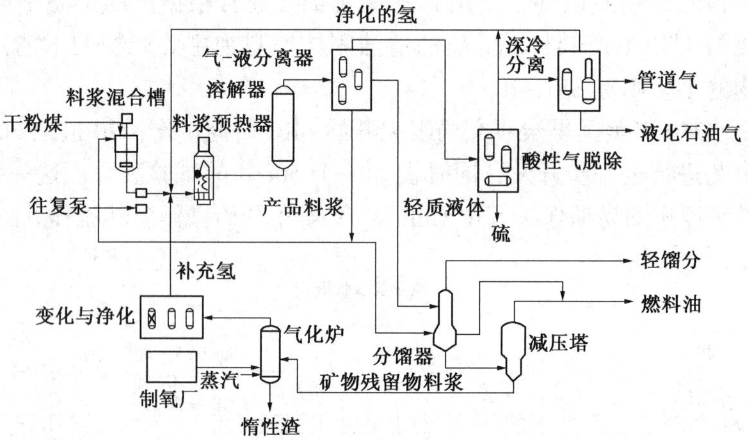

图6-15 SRC-Ⅱ法工艺流程

经粉碎和干燥后的煤与工艺流程来的循环溶剂混合制浆。煤浆混合物用泵加压到大约14MPa，再与氢一起预热到约371~399℃，随后送入溶解器，由反应热将反应物温度升高到440~466℃。为了控制反应温度，从反应器不同位置喷入冷氢。

溶解器流出物分成蒸气和液相两部分，顶部蒸气流经过一组换热器和分离器予以冷却，冷凝液在分馏工序进行蒸馏，气相产物经过脱除硫化氢、二氧化碳和气态烃后，富氢气返回系统与新鲜氢一起进入反应器。含固体的液相产物用作SRC-Ⅱ法的溶剂，这一料流的一部分返回用于煤油浆制备。制得的液相产物在产物分馏系统中蒸馏，以回收低硫燃料油产物，馏出物的一部分也返回用于煤浆制备。来自减压塔的不可蒸馏残留物含有未转化的煤和灰，用于气化制氢。

(3)日本褐煤液化工艺。日本褐煤液化工艺(Brown Coal Liquefaction Process，简称BCL)

由日本的新能源产业技术开发综合机构(NEDO)主持开发，具体研究开发单位为1980年8月成立的日本褐煤液化公司(NBCL)，该公司是由从事褐煤液化研究的神户制钢、三菱重工、日商岩井以及两个石油炼制公司等公司组成的，图6-16为BCL工艺流程图。

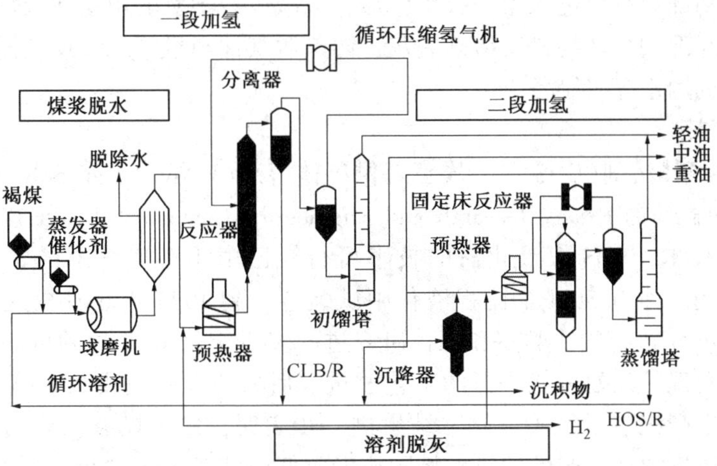

图6-16　褐煤液化工艺(BCL)流程

CLB/R—煤液化釜底油循环；HOS/R—加氢脱灰油循环

BCL工艺主要由4部分组成：煤浆制备和煤浆脱水、一段加氢反应、溶剂脱灰、二段加氢反应。原料煤与循环溶剂及催化剂一起进行湿式粉碎至0.074 mm，由于褐煤中含水量大，煤浆进入液化反应系统前必须进行脱水。湿式粉碎后的煤浆进入热交换器，热交换器通过水蒸气加热，保持温度140~150 ℃。加热后煤浆中褐煤的水以水蒸气的形式在蒸发器中被分离出，脱除水后煤浆中褐煤的水含量降至500(干基)。为充分利用热能，蒸发器中蒸发的水蒸气通过热泵压缩升温后与加热水蒸气一起进入热交换器加热煤浆。出热交换器的水蒸气被冷凝，回收酚和氨后，作为装置的工业用水。

脱除水分的煤浆与氢气混合，预热后送入一段液化反应器，操作温度为430~450℃，压力为15.0MPa，停留时间约1h。在缓和的液化条件下，褐煤中的氧大部分转化为CO_x。一段反应产物经高温分离器和低温分离器进行气液分离，低温分离器进入常压蒸馏塔被切割为轻油和中油，常压蒸馏塔底部产物部分用于制备煤浆，其余进入二段加氢反应器。低温分离器的富氢气被循环至一段液化反应器，高温分离器底部产物部分用来制备煤浆，其余进入溶剂脱灰单元。

高温分离器底部产物与来自装置本身的轻油(称为脱灰溶剂DAS：De-Ashing Solvent)混合，进入沉降器脱灰。沉降器操作条件：温度270℃、压力3.5MPa。在沉降器中，高沸点沥青、未反应煤、灰及其他固体物由于重力沉降而被脱除。沉降器中的轻质液体进入蒸发器，被分离回收脱灰溶剂(DAS)和脱灰油(DAO：De-Ashing Oil)，脱灰溶剂与高温分离器底部产物混合循环使用，脱灰油与常压蒸馏塔釜底物一起进入二段反应器。二段反应器为固定床反应器，催化剂是以氧化铝为载体的镍-钼催化剂、操作温度360~400℃，压力为15.0~20.0MPa，空速为0.5~0.8h^{-1}。反应产物进入常压蒸馏塔，在此进一步回收石脑油，塔底油循环至煤浆制备单元。

在50t/d工业性试验装置成功运转的基础上，日本褐煤液化公司又对BCL工艺进行技术改进，改进的BCL工艺由3部分组成：a. 煤浆制备、煤浆脱水和煤浆热处理；b. 液化反应和在线加氢反应；c. 溶剂脱灰。

改进的 BCL 工艺液化反应单元采用多级液化反应的方法。第一级采用下进料反应器，采用较为温和的反应条件，如反应温度 430~450℃，反应压力 15MPa，催化剂为人工合成的 γ-FeOOH，反应产物经高温分离器气液分离后，气相进入第一级上进料固定床反应器，高温分离器底部产物部分直接进入第一级反应器，以减少冷却氢的用量和减轻煤浆预热器的负荷。高温分离器底部剩余产物进行溶剂脱灰，溶剂脱灰油与经第二级反应器加氢后的重质油一起作为循环溶剂用于煤浆制备。

2. 供氢体溶剂法

(1) Exxon 供氢体溶剂(EDS)法。埃克森供氢体溶剂(Exxon Donor Solvent，简称 EDS)法是埃克森研究工程公司(Exxon Research and Engineering Company，ER&E)从 1966 年开始进行研究的煤液化技术。EDS 煤液化法的技术可行性已由小型连续中试装置得到证实，在 1970 年之前，运行一个 0.5t/d 全流程液化中试装置，到 1975 年 6 月投入运行一个 1.0t/d 的中试装置，1976 年进行的实验室和工程研究进一步肯定了 EDS 法的可靠性，认为它适应煤种范围宽，并发现了几处可能进行的工艺改进。后来建设并完成 250t/d 的中试装置运转试验，为工业化生产积累了经验。研究结果进一步表明，EDS 煤液化的成本与其他煤液化方法得到的类似质量的液体产品的成本相同或者更低，其工艺流程见图 6-17 所示。

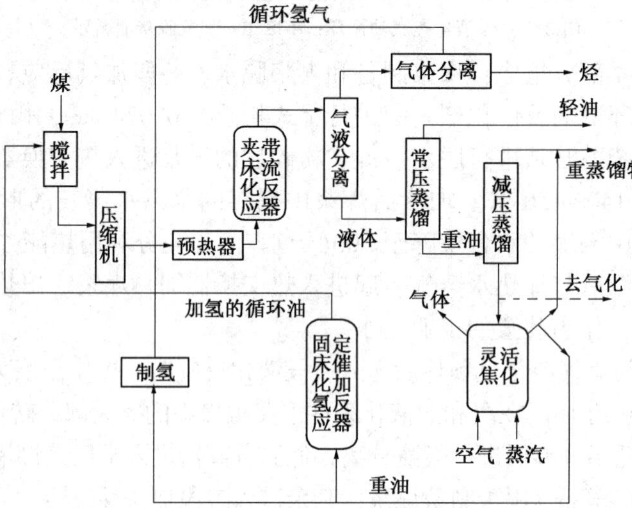

图 6-17　埃克森供氢体溶剂法(EDS)流程图

原料煤破碎、干燥后与供氢溶剂混合，制成煤浆。煤浆与氢气混合后预热到 430℃，送入液化反应器，在反应器内由下向上活塞式流动，在温度 430~480℃、压力 10~14MPa 下，停留 30~45min 进行抽提加氢液化反应。供氢溶剂的作用是使煤分散在煤浆中并把煤流态化输送通过反应系统，并提供活性氢对煤进行加氢反应。液化反应器出来的产物送入气液分离器，在此烃类和氢气从液相中分出，气体去分离净化系统，富氢尾气循环利用。液相产物进入常压蒸馏塔，蒸出轻油。塔底产物进入减压蒸馏塔分离出轻质燃料油、重质燃料油和石脑油产品。部分轻质燃料油用催化剂加氢后制成再生供氢溶剂，供制浆循环油。减压蒸馏器的残渣浆液送入灵活焦化器，将残渣浆液中的有机物转化为液体产品和低热值煤气，提高了碳的转化率。

(2) Consol 合成燃料(CSF)法。Consol 合成燃料(Consol Synthetic Fuels，简称 CSF)法是从 1963 年起由 Consolidation Coal Company 发明的一种从煤制取合成原油(或燃料油)的

液化工艺。此法的特征是分两段进行：煤在萃取段中部分转化而成萃取物和灰，未液化煤从萃取物中除去；随后萃取物在第二段中进行催化加氢获得馏分油。将第一段未被萃取的残留物进行炭化得到半焦，再将半焦气化产生工艺过程所需的氢。CSF 法的工艺流程示于图 6-18。

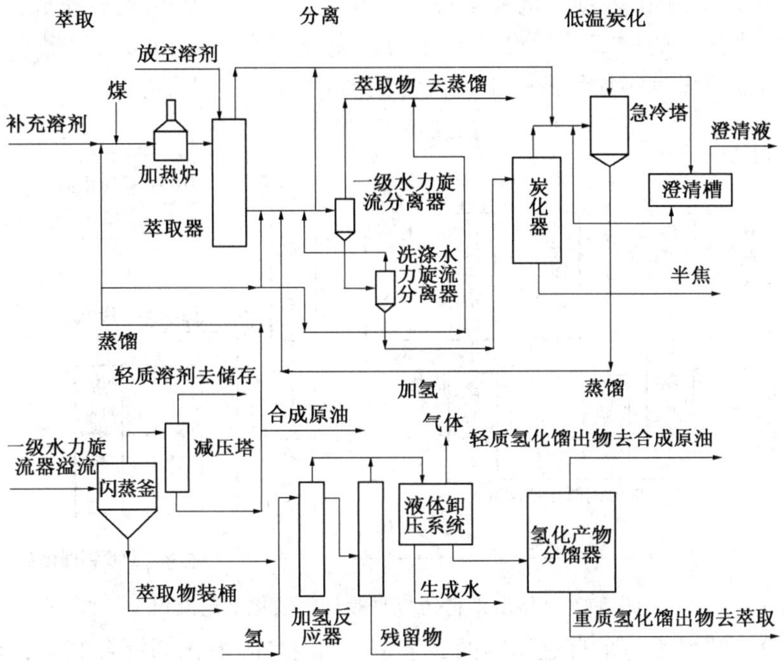

图 6-18 Consol 合成燃料工艺流程

(3) 日本 NEDOL 工艺。20 世纪 80 年代，日本开发了 NEDOL 烟煤液化工艺，该工艺实际上是 EDS 工艺的改进型，改进之处是在液化反应器内加入铁系催化剂，反应压力也提高到 17~19MPa，循环溶剂是液化重油加氢后的供氢溶剂，供氢性能优于 EDS 工艺。通过上述改进，液化油收率有较大提高。1996 年 7 月，150t/d 的中试厂在日本鹿岛建成投入运转，至 1998 年该中试厂已完成了运转两个印尼煤和一个日本煤的试验，取得了工程放大设计参数。NEDOL 工艺流程示意图如图 6-19 所示。

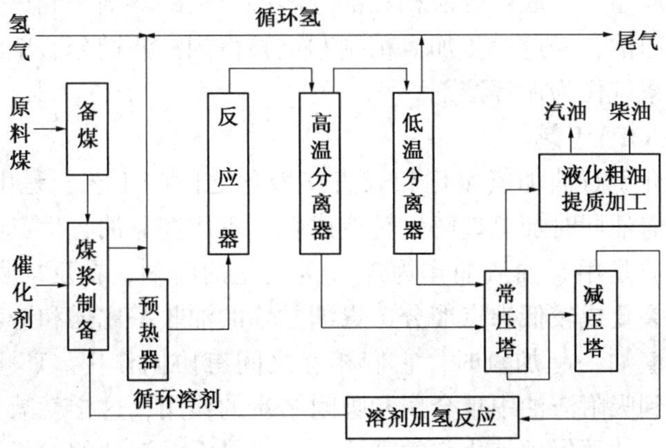

图 6-19 日本 NEDOL 工艺流程

(三)俄罗斯低压加氢液化工艺流程

俄罗斯在20世纪70~80年代针对世界上最大的堪斯克-阿钦斯克、库兹尼茨(西伯利亚)等煤田的煤质特点，开发了低压(6~10MPa)煤直接加氢液化工艺。该工艺采用乳化Mo催化剂，反应温度425~435℃，糊相加氢阶段反应时间为30~60min，1983年建成了处理煤量为5~10t/d“CT-5”中试装置，试验运行了7年，以此为基础，先后完成了规模75t/d和500t/d煤的大型中试厂的详细工程设计，并初步完成年产0.5Mt油品的煤直接液化厂的工程设计。俄罗斯低压煤直接加氢液化工艺流程见图6-20。

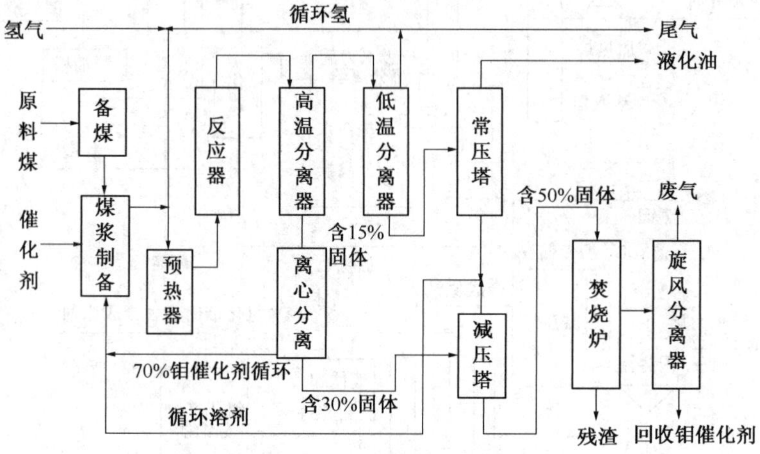

图6-20　俄罗斯低压煤直接加氢液化工艺流程

经干燥、粉碎的煤粉与来自过程的两股溶剂、乳化Mo催化剂混合制浆，煤浆与氢气一起进入预热炉加热后流进加氢液化反应器，在反应温度425~435℃、压力6~10MPa下停留30~60min。出反应器的物料进入高温分离器。高温分离器的底料(含固体约15%左右)通过离心分离回收部分溶剂(由于Mo催化剂呈乳化状态，在此股溶剂中可回收约70%的Mo)返回制备煤浆；离心分离的固体物料进入减压蒸馏塔，减压塔的塔顶油与常压蒸馏塔的油一起作为煤浆制备的循环溶剂，减压塔塔底物含固体约50%送入焚烧炉焚烧，控制焚烧温度在1600~1650℃，使残渣中的催化剂Mo蒸发，然后在旋风分离器中冷却、回收。

从高温分离器顶部出来的气态产物引入低温分离器，顶部出来的富氢气体经净化后作为循环气体返回加氢反应系统；底部的液相和部分离心分离的溶剂一起进入常压蒸馏塔，获得轻、重馏分即为液化粗油，经进一步加氢精制和重整得到汽油馏分、柴油馏分等产品，常压塔底流出物返回制浆系统作为循环溶剂。

(四)煤油共炼(COP)工艺

煤油共炼工艺是介于石油加氢裂化和煤直接液化之间的工艺，是由美国HTI公司开发的。它是将煤和石油渣油同时加氢裂解，转变成轻、重质馏分油，生产各种运输燃料油的工艺技术。该工艺的实质是用石油渣油作为煤直接液化的溶剂，在反应器内，不但煤液化成油，而且石油渣油也裂化成较低沸点馏分，煤油共炼的油收率比煤和渣油单独加氢获得的油收率高。这说明煤和渣油一起加氢时，它们相互之间有协同作用。产生协同作用的原因有二：一是煤中灰分起到吸附渣油中重金属和吸附结炭的作用，这样就减少了重金属和结炭在加氢催化剂上的沉积，从而保护催化剂的高活性；二是石油渣油的加氢裂化产物具有很好的供氢性能，提高了煤液化的转化率和油收率。图6-21是HRI的煤油共炼工艺流程。

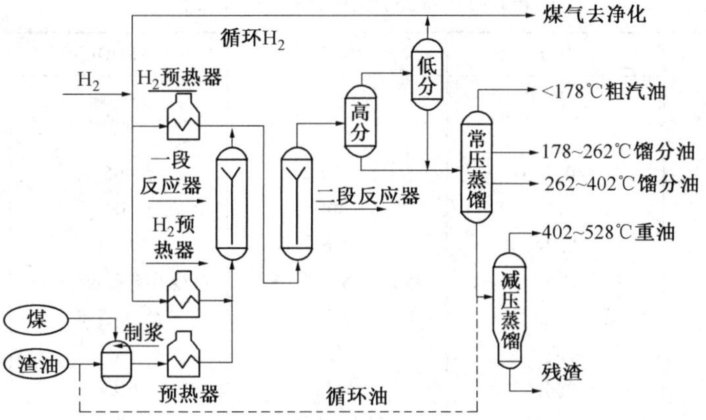

图 6-21　美国 HRI 的煤油共炼工艺流程示意图

(五)中国神华煤直接液化工艺

中国神华集团在吸收近几年煤炭液化研究成果的基础上，根据煤液化单项技术的成熟程度，对 HTI 工艺进行了优化，提出了如图 6-22 的煤直接液化工艺流程。

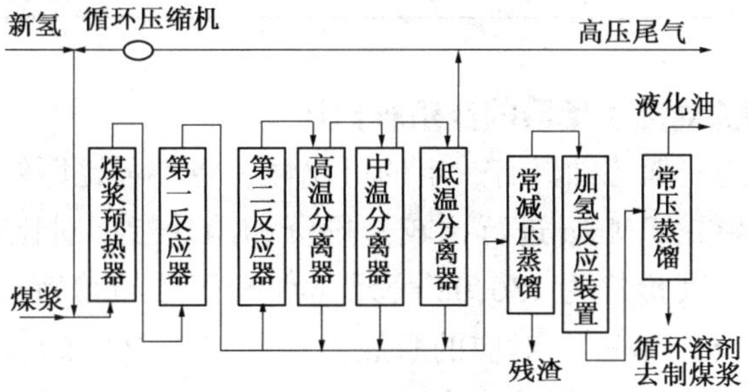

图 6-22　中国神华煤直接液化工艺示意图

主要工艺特点(与 HTI 工艺对比)有：①采用两段反应，反应温度 4550C、压力 19MPa，提高了煤浆空速；②采用人工合成超细铁基催化剂，催化剂用量相对较少，1.000(质量)(Fe/干煤)，同时避免了 HTI 的胶体催化剂加入煤浆的难题；③取消溶剂脱灰工序，固液分离采用成熟的减压蒸馏；④循环溶剂全部加氢，提高溶剂的供氢能力；⑤液化粗油精制梁用离线加氧方案。

五、煤直接液化技术经济分析

石油是重要的战略物资，它既是能源，也是宝贵的化工原料。我国已探明的石油剩余可采储量只有数十亿吨，难以满足国民经济高速发展的要求。

我国有丰富的煤炭资源，全国累计探明煤炭保有储量超过 1×10^{12} t，经济可采储量达 1.145×10^{11} t。不论过去还是现在，煤炭在我国一次能源生产和消费总量中都占主导地位。

(一)煤直接液化技术分析

尽管煤直接液化工艺很多，但近几年受到人们特别关注的工艺，认为比较成熟的、能提供工业化的，尤其是中国倾向于采用具有代表性的直接液化工艺主要是德国的 IGOR 工艺、日本的 NEDOL 工艺和美国 HTI 工艺，以及中国神华优化改进的又称为神华煤直接液化工艺。上述代表性四种工艺的主要特征汇总于表 6-7。

表 6-7　煤直接液化四种主要工艺

工艺名称	HTI	IGOR	NEDOL	中国神华工艺
反应器类型	悬浮床	鼓泡床	鼓泡床	悬浮床
操作条件				
温度/℃	440~450	470	465	455
压力/MPa	17	30	18	19
空速/[t/(m^3·h)]	0.24	0.6	0.36	0.702
催化剂及用量	GelCatTM0.5%	炼铝赤泥 3%~5%	天然黄矿石 3%~4%	人工合成 1.0%(Fe)
固液分离方法	临界溶剂萃取	减压蒸馏	减压蒸馏	减压蒸馏
在线加氢	有或无	有	无	无
循环溶剂加氢	部分	在线	离线	部分
试验煤	神华煤	先锋褐煤	神华煤	神华煤
转化率/%(daf 煤)	93.5	97.5	89.7	91.7
生成水/%(daf 煤)	13.8	28.6	7.3	11.7
C_4+油/%(daf 煤)	67.2	58.6	52.8	61.4
残渣/%(daf 煤)	13.4	11.7	28.1	14.7
氢耗/%(daf 煤)	8.7	11.2	6.1	5.6

(二)煤直接液化和原油加工项目的经济性对比

为了将煤直接液化与一般炼油具有一定的可比性，将不可比厂外工程部分通过成本的形式体现，并以相同的规模 2.5 Mt/a 进行比较，投资和消耗指标对比见表 6-8。原油采用国内进口较多的沙特轻油，其价格为 136.08 美元/m^3(相当于布伦特原油 145.57 美元/m^3)，计算的到厂价格为 1541.59 元/m^3，对应的原煤价格确定为 108.50 元/m^3。若炼油项目的建设期为 3 年，煤液化项目的建设期为 4 年，资本金按筹资额的 30%计算，基准折现率取1000。以布伦特原油 145.57 美元/m^3为基础，按进口等价原则确定产品出厂价格。项目在投产第一年的负荷为8000，第二年及以后为10000，测算的经济效益和单位产品(油品)的投入和产出比见表 6-9。

表 6-8　煤直接液化与一般炼油的投资和消耗指标对比

<table>
<tr><th>项目</th><th>煤液化</th><th>炼油</th><th>项目</th><th>煤液化</th><th>炼油</th></tr>
<tr><td>建设投资/万元</td><td>1579104</td><td>277917</td><td colspan="3">原料消耗</td></tr>
<tr><td>固定资产/万元</td><td>1389930</td><td>243077</td><td>原料/万元</td><td>88004</td><td>426250</td></tr>
<tr><td>装置部分/万元</td><td>1176020</td><td>182192</td><td>辅助材料/万元</td><td>43888</td><td>3005</td></tr>
<tr><td>系统及辅助工程/万元</td><td>213910</td><td>60885</td><td colspan="3">公用工程消耗</td></tr>
<tr><td>无形资产/万元</td><td>38905</td><td>5800</td><td>新鲜水/(10^4 t/a)</td><td>1516</td><td>235</td></tr>
<tr><td>递延资产/万元</td><td>11034</td><td>1400</td><td>电/(10^4 kW·h/a)</td><td>149136</td><td>18900</td></tr>
<tr><td>预备费/万元</td><td>139235</td><td>27640</td><td rowspan="4">燃料/(10^4 t/a)</td><td rowspan="4">煤 76
燃料气 34
燃料油 6.5</td><td rowspan="4">燃料气 26</td></tr>
<tr><td>流动资金/万元</td><td>27135</td><td>43062</td></tr>
<tr><td>建设期利息/万元</td><td>120651</td><td>15916</td></tr>
<tr><td>总投资/万元</td><td>1726890</td><td>336895</td></tr>
</table>

表 6-9 经济效益和单位产品(油品)的投入和产出比

项 目	煤液化	炼 油	项 目	煤液化	炼 油
效益对比			单位产品(油品)的投入产出比/(元/t)		
销售收入/万元	592601	546082	建设投资	6446	1233
总成本费用/万元	381535	470038	总投资	7049	1495
流转税金/万元	90273	45514	新鲜水	6.19	1.04
利润总额/万元	120793	30530	电	608.7	83.4
所得税/万元	18119	4579	燃料消耗/kJ	14529	1932
净利润/万元	102673	25950	产品售价	2419	2422
投资利润率/%	6.99	9.56	总成本费用	1557	2085
投资利税率/%	12.22	23.57	固定成本	733	155
全部投资内部收益率/%	9.36	11.97	可变成本	824	1930
财务净现值	57496	34360	流转税金	368	202
投资回收期/a	10.09	9.46	税后利润	493	135
款偿还期(人民币)/a	9.34	7.72	所得税	74	20
外汇借款(不含宽限期)/a	10	10	净利润	419	115

从上述对比中分析中可以得到下列信息：

①煤液化项目单位产品的建设投资是炼油项目的5.23倍，总投资是炼油项目的4.72倍，说明了煤液化项目的建设投资比炼油项目大得多，但由于原煤的价格比原油的低，所以流动资金占用要比炼油项目低，总投资的倍数有所降低；由于建设投资较大，与建设投资有关的成本费用如折旧费、摊销费和修理费等也相应较大。

②能耗上煤液化项目明显偏高，其中新鲜水是炼油项目的5.95倍，电是7.3倍，燃料是7.52倍，说明煤液化项目首先是将煤液化，需要消耗大量的能量，后续加工与炼油项目类似(重油)。

③总成本费用是炼抽项目的74.7%，但固定成本是炼油项目的4.73倍，可变成本只是炼油项目的42.7%，固定成本较大是因为建设投资较大；而可变成本较小是因为原煤价格比原油价格低。从这点并不能说明煤液化项目的抗风险能力比炼油项目强，因为炼油项目的产品价格和原油价格有很强的关联性，具有同升同降的特点，而原煤价格也会随原油价格的变化而变化，但变化幅度和时效性较弱，关联性较差。

④产品的平均销售价格基本一致，说明两个项目的产品构成基本一致。

⑤煤液化项目流转税金为炼油项目的1.82倍，是因为煤液化项目的增值税金的抵扣税金(进项税)较少，煤的价格较低，且增值税税率为13%(原油的增值税税率为17%)。

⑥煤液化项目的利润总额是炼油项目的3.96倍，单位产品净利润是炼油项目的3.64倍。从单位产品的利润上看，煤液化项目好于炼油项目。

⑦与投资额有关的经济指标煤液化项目都明显低于炼油项目，如投资利润率为炼油项目的73，投资利税率为炼油项目的51.8%，主要原因为煤液化项目的建设投资较大。

第三节　煤炭间接液化技术

煤气化生产合成气(CO 和 H_2)，再用合成气为原料合成液体燃料或化学产品，此过程称为煤的间接液化。属于间接液化的 F-T(Fischer-Tropsch)合成和甲醇转化制汽油(MTG)的毛比尔(Mobil)工艺，已实现工业化生产。F-T 合成在南非建成三座萨索尔(SASOL，South African Coal，Oil&Gas Co)工厂。甲醇转化制汽油的毛比尔工艺，已在新西兰建成工业化装置，该法为由合成气合成甲醇，再转化制成汽油。

一、煤炭间接液化技术概述

二战以后煤间接液化的中心由德国转移到了南非，Sasol 公司通过自主开发，已形成新一代的 F-T 合成技术，具有明显的技术优势。我国由于能源结构的特殊性，对煤间接液化十分重视。煤制甲醇和甲醇羰基化生产醋酸在我国已有相当规模。2005 年甲醇生产能力将达到 500×10^4 t/a，其中大约一半来自煤。醋酸产量目前已接近 100×10^4t/a，近期也将有较大发展。合成油方面，目前有好几个大型集团如神华、兖州矿业、平顶山煤业，山西、贵州、宁夏、陕西等省区正在立项，计划建设百万吨级示范厂。到 2010 年形成 1000×10^4 t/ a 的生产能力。另外，天然气资源丰富或交通运输方便的国家如尼日利亚、马来西亚、埃及和中东国家都在实施或准备实施以天然气为原料制取液体燃料和化学品的商业化项目。因此有关技术开发工作十分活跃，比较突出的技术有如下。

(1)采用浆态床反应器的 F-T 合成技术：与传统的固定床和气流床反应器相比，浆态床反应器有许多优点，如单程转化率可达到 90%，因而无需进行尾气循环；传热好，反应温度均匀；可使用 H_2/CO 比低达 0.6~0.7(摩尔比)的合成气，对煤制合成气特别适用；C_1 和 C_2 产率低，液态产物的选择性高等。Sasol 公司在改进了催化剂和解决其分离困难后，已将浆态床反应器成功放大，投入工业生产。反应器直径最大已达 5m。产品以柴油和蜡为主。我国兖矿集团已建立 10×10^3t/ a 的浆态床 F-T 合成工业试验装置，正在试运转。

(2)改良 F-T 法：为提高合成产品的选择性，国内外做了大量工作。中科院山西煤化所将传统的铁催化剂 F-T 合成与分子筛改质相结合开发了改良 F-T 合成(MFT)工艺，于 1994 年进行了 2000t/a 的小型工业试验，主要产品为汽油。目前正在开发浆态床合成技术。Mobil 公司同样开发了两段法，第一段用浆态床反应器，生产的初级产品进入第二段，用 ZSM-5 分子筛固定床反应器改质处理最后得到高质量汽油。

(3)SMDS 技术：SMDS(Shel1 Middle Distillate Synthesis)是荷兰壳牌石油公司于 20 世纪 80 年代中期开发成功的两段法新工艺。第一段采用固定床反应器，使用自己开发的钴催化剂，特点是重质长链烷烃的选择性高，链增长因子可达 0.9；第二段采用常规的加氢裂解技术，将一段产物转变为高质量柴油和喷气燃料。该公司已在马来西亚的 Sarewak 建立了第一个 SMDS 生产装置。它以液化天然气为原料，年产液体燃料 50×10^4t，于 1993 年投产。Sasol 公司也掌握了类似的技术，以天然气为原料制液体燃料的技术也称 GTL 技术。

(4)TIGAS 技术：TIGAS(Topse Integreted Gasoline Synthe-sis)是丹麦托普索公司开发的合成气经甲醇、二甲醚合成汽油的两段过程。第一段由合成气合成甲醇和二甲醚，第二段由甲醇和二甲醚转化为汽油。该技术已完成 1t/d 的中试，运行 10^4 h 以上。结果表明：其 CO 转化率可达 98%，高于 MTG 过程；一段反应器中二甲醚选择性高达 99%；二段的 ZSM-5 催化剂寿命比 MTG 过程长好几倍；两段等压操作，动力消耗较低。

(5)由合成气直接合成二甲醚的技术：由于二甲醚具有类似于液化石油气的性质，不但可代替 LPG 作为民用燃料，而且由于其十六烷值高，污染排放少，更是优质柴油发动机燃料，所以由合成气直接合成二甲醚受到世界各国的广泛重视，甚至有人提出二甲醚经济的概念。国外主要有三家公司：①丹麦托普索公司气相法(固定床反应器)，已完成中试，准备建大型装置；②美国空气产品与化学品公司液相法(浆态床反应器)，已建成 15t/d 中试和 260t/d 工业示范装置；③日本 NKK 公司也是浆态床液相法，已建成 5t/d 中试装置。我国由甲醇生产二甲醚已工业化，直接合成二甲醚的技术正在积极开发中。浙江大学采用固定床反应器，在湖北随州建了一套 1500t/a 的工业示范厂，需要大型化。

二、F-T 合成的原理

(一)煤炭间接液化的一般加工过程

煤基 F-T 合成烃类油一般要经过原料煤预处理、气化、气体净制、部分气体转换(也可不用)、F-T 合成和产物回收加土等工序。图 6-23 为煤基 F-T 合成工艺流程。

1. 煤预处理

根据所选用煤气化炉对气化原料煤的要求进行预加工，以提供符合气化要求的原料。通常包括破碎、筛分、干燥等作业。各种气化炉对原料都有一定的粒度要求，如鲁奇加压气化炉要求原料粒度为 6~40mm，水煤气炉要求 25~75mm，气化前一般设有筛分作业；气流床 K-T 气化炉要求原煤的粒度小于 0.1mm，需要有制粉系统；德士古气化原料为浆料，需要设置制浆系统。

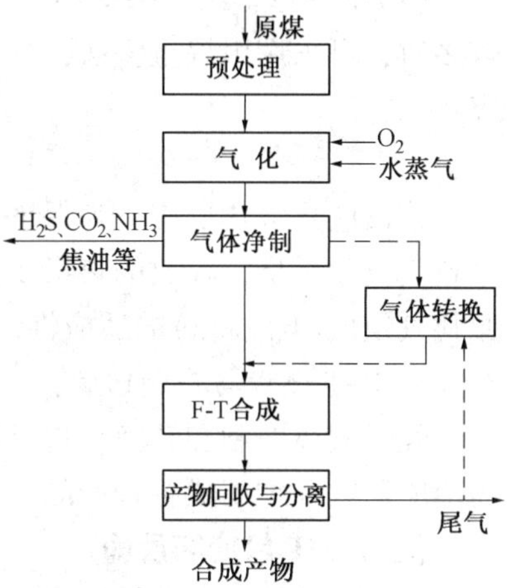

图 6-23 煤基 F-T 合成工艺流程

2. 煤炭气化

煤在高温下与气化剂(氧、水蒸汽、CO_2 等)反应，生成煤气的过程称为煤炭气化。为了生产合成原料气($CO-H_2$)，通常选用蒸气和氧气(或空气)作气化剂，在一定范围内通过控制水蒸气/氧气比来调节原料气中 H_2/CO 的比值。工业上生产合成原料的气化炉有鲁奇加压气化炉、水煤气炉、K-T 炉、德士古气化炉以及温克勒气化炉等。

目前煤炭间接液化 F-T 合成产品的成本在很大程度上取决于气化，据 SASOL 一厂资料介绍，制气工艺占总费用的 65%，合成工艺占 20%，产品回收加工占 10%，考虑 F-T 合成的经济性。应采用热效率高，成本低的气化炉，如德士古气化炉，鲁奇熔渣炉等。

3. 气体净制

由气化炉出来的粗煤气，除有效成分 $CO+H_2$，还含有一定量的焦油、灰尘、H_2S、H_2O 及 CO_2 等杂质，这些杂质是 F-T 合成催化剂的毒物，CO_2 虽不是毒物，而是非有效成分，影响 F-T 合成效率。因此，原料气在进入 F-T 合成前，必须先将粗煤气洗涤冷却，除去焦油、灰尘；再进一步净制，脱除 H_2S、CO_2、有机硫等，净制方法有物理吸收法、化学吸收法和物理化学吸收法，脱除精煤气中的酸性气体，具体选用哪一种净化工艺，要考虑经济问题，需根据原料气的组成、要求脱除气体的程度及净化加工成本诸因素来决定。

4. 气体转换

由气体炉产出粗煤气经净制后，净煤气的有效成分 V_{H_2}/V_{CO}之比值，一般为 0.6~2 左右。一些热效率高、成本低的第二代气化炉，生产的原料气 V_{H_2}/V_{CO}比值很低，只有 0.5~0.7，往往不能满足 F-T 合成工艺的要求，如常压钴催化剂的合成。要求合成原料气的 $V_{H_2}/V_{CO}=2$，波动范围为±0.5；南非 SASOL 合成油厂气流床 Synthol 合成，要求新鲜原料气 $V_{H_2}/V_{CO}=2.7$ 左右，所以在合成工艺之前，需将部分净化气或尾气进行气体转换，调节合成原料气的 V_{H_2}/V_{CO}比值，以达到合成工艺要求。转换方法有 CO 变换法和甲烷重整法。

(1)CO 变换法。将部分净煤气中的 CO 与水蒸气作用生成 H_2和 CO_2，提高 H_2含量。CO 变换工艺，根据选用的催化剂不同，分中温变换和低温变换两种。前者选用铁铬系催化剂，操作温度 350~500℃，变换后气体的 CO 含量为 2%~4%，后者选用铜锌系催化剂，操作温度 150~250℃，变换后气体中 CO 含量在 0.3%左右。

(2)甲烷重整法。某些加压气化炉生产的煤气中含 CH_4较多或者 F-T 合成尾气中含 CH_4较多时，可采用甲烷重整法，即将这些气体中的 CH_4和水蒸气作用，转化为 CO 和 H_2，其反应式为：

$$CH_4+H_2O \longrightarrow CO+3H_2$$

该反应是吸热反应，为保证在高温下反应所需要的热量，可采用部分氧化重整，将部分原料气氧化燃烧，释放的热量供给甲烷重整。气体转化工序设置，取决于 F-T 合成工艺对原料气组成(V_{H_2}/V_{CO})的适应性。

5. F-T 合成与产物回收

经过气体净制和转换，得到符合 F-T 合成要求的原料气，再送 F-T 合成，合成后的产物冷凝回收并加工成各种产品。

(二)F-T 合成的反应

F-T 合成油品的主要反应方程式如下。

生成烷烃：$nCO+(2n+1)H_2 \longrightarrow C_nH_{2n+2}+nH_2O$

生成烯烃：$nCO+(2n)H_2 \longrightarrow C_nH_{2n}+nH_2O$

还有一些副反应：

生成甲烷：$CO+3H_2 \longrightarrow CH_4+H_2O$

生成甲醇：$CO+2H_2 \longrightarrow CH_3OH$

生成乙醇：$2CO+4H_2 \longrightarrow C_2H_5OH+H_2O$

结炭反应：$2CO \longrightarrow C+CO_2$

此外除了以上的副反应之外还有生成更高碳数的醇以及醛、酮、酸、酯等含氧化合物的副反应。控制反应条件和选择合适的催化剂，能使得到的反应产物主要是烷烃和烯烃。

三、F-T 合成催化剂

F-T 合成只有在合适的催化剂作用下才能实现。它对反应速率、产品分布、油收率、原料气、转化率、工艺条件以及对原料气要求等均有直接的甚至是决定的影响。总之，F-T 工业合成催化剂有两大类——铁剂和钴剂。

1. F-T 合成催化剂的组成

到目前为止，合成催化剂主要由 Co、Fe、Ni 和 Ru 等周期表第ⅧB 族金属制成，为了提高催化剂的活性、稳定性和选择性等，除主成分外还要加入一些辅助成分，如金属氧化物或盐类。大部分催化剂都有载体(担体)，如氧化铝、二氧化硅、高岭土和硅藻土等。合成催化剂制备后只有经过 $CO+H_2$ 或氢气还原后才具有活性。使用中它容易被硫化物中毒，容易发生积炭，导致催化剂失活中毒。如果根据甲烷的生成来判断催化剂的活性，不同金属制成的催化剂的活性按以下顺序递减：Ru、Ir、Rh、Ni、Co、Os、Pb、Fe、Mn、Au、Pd、Ag。可见对甲烷合成，Ru 催化剂的活性最高。

提高温度可以使低活性催化剂的活性增加，对合成烃类讲，钴剂和镍剂的适宜合成温度为 170～190℃，而铁剂的适宜合成温度则为 200～350℃，钌剂的适宜合成温度为 110～150℃，镍剂在常压下操作效率最高，钴剂在 0.1～0.2MPa 时活性最好，而铁剂在 1～3MPa 时活性最佳，而钼剂则在 10MPa 下活性最高。F-T 合成催化剂的组成与功能列于表 6-10。

表 6-10　F-T 合成催化剂的组成与功能

组成名称	主要成分	功能
主催化剂	Co、Ni、Fe、Ru 、Rh 和 Ir 等	F-T 合成的主要活性组分有加氢作用、吸附 CO 并使碳氧键削弱和聚合作用
助催化剂结构性	难还原的金属氧化物如 ThO_2、MgO 和 Al_2O_3 等	增加催化剂的结构稳定性
调变性	K、Cu、Zn、Mn、Cr 等	调节催化剂的选择性和增加活性
载体(担体)	硅藻土、Al_2O_3、SiO_2、ThO_2 等	催化剂活性成分的骨架或支撑体，主要从物理方面提高催化剂的性能

2. 铁催化剂的制备

目前 F-T 合成工业用的铁催化剂主要有沉淀铁催化剂和熔铁催化剂两大类，前者用于固定床和浆态床合成，后者用于流化床合成。

无论何种方法制备合成用的催化剂，一般在使用前都要经过预处理。所谓预处理通常是指用 H_2 或 H_2+CO 混合气在一定温度下进行选择还原。目的是将催化剂中的主金属氧化物部分或全部地还原为金属状态，从而使其催化活性最高，所得液体油收率也最高。

(1)沉淀铁催化剂。属低温型铁催化剂，反应温度<280℃，活性高于熔铁催化剂，其成分除 Fe 外，还有 Cu、K、Si，标准组成为 100Fe :5Cu :$5K_2O$:$25SiO_2$。制备流程可见图6-24所示。

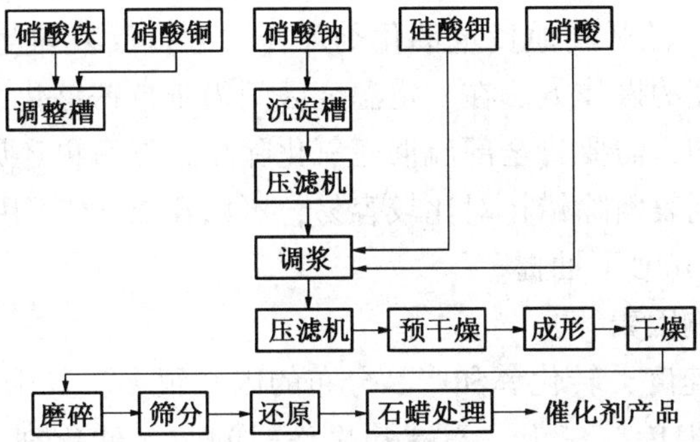

图 6-24　沉淀铁催化剂制备流程

(2)熔铁催化剂。多以轧钢厂的轧屑或铁矿石作原料，磨碎至<16 目，添加少量精确计算的助催化剂，如 Al_2O_3、MgO 和 CuO，数量 3%～4%，送入敞开式电弧炉，炉温 1500℃，形成稳定相的磁铁矿，助剂呈均匀分布。由电炉流出的熔融物经冷却、多级破碎至<200 目，然后在 400～600℃用 H_2(不能用 $CO+H_2$)还原 48～50h，Fe_3O_4 几乎全部还原成 Fe(还原度

95%)，在 N_2 下保存。其他还有熔结铁催化剂——赤铁矿 2% K_2CO_3 在 1000℃熔结，然后洗涤使 K_2CO_3 含量下降到 0.5%；胶结铁催化剂——粉状氧化铁加少量 Al_2O_3、$Na_2B_2O_7$ 或水玻璃作黏结剂，在 500~1100℃下烧结，将块状物破碎到一定大小然后用 K_2CO_3 浸渍，使其含量达到 0.5%。另外还有用 NH_3 处理制成的氮化铁催化剂、羰基铁催化剂等。沉淀铁催化剂的比表面积较大，为 240~250m^2/g，而熔铁催化剂的比表面积很小，只有 4~6 m^2/g，所以后者在使用时一般只能用很细的颗粒，以增加外表面积。在工业合成条件下，铁催化剂的颗粒大小一般为：固定床 7~14 目，流化床 70~170 目，浆态床<200 目。

3. F-T 合成催化剂的失活、中毒和再生

催化剂的活性和寿命是决定催化反应工艺先进性、可操作性和生产成本的关键因素之一，对 F-T 合成也不例外。催化剂的使用寿命直接与失活和中毒有关，主要有以下几方面。

(1)硫中毒。因为合成气在经过净化后仍含有微量硫化氢和有机硫化合物，它们在反应条件下能与催化剂中的活性组分生成金属硫化物，使其活性下降，直到完全丧失活性。不同种类的催化剂对硫中毒的敏感性不同，镍剂最敏感，其次是钴剂，而铁剂最不敏感。不同硫化物的毒性不同，总的讲硫化氢的毒化作用不如有机硫化物强。

(2)其他化学毒物中毒。Cl^- 和 Br^- 对这类催化剂也是有毒的，因为它们会与金属或金属氧化物反应生成相应的卤化盐类，而造成永久性中毒，其他还有 Pb、Sn 和 Bi 等，也是有毒元素。

(3)催化剂表面石蜡沉积覆盖导致催化剂活性降低。这种蜡大致可分两类，一类是在 200℃左右用 H_2 处理容易除去的浅色蜡，另一类是难以除去的暗褐色蜡。蜡沉积问题钴催化剂更突出。

(4)由于析炭反应产生的炭沉积和合成气中带入的有机物缩聚沉积使催化剂失活。反应温度高和催化剂碱性强，容易积炭，严重时可使固定床堵塞。

(5)由于合成气中少量氧的氧化作用引起钴催化剂中毒。为此，一般规定合成气中氧的含量不能超过 0.3%。

(6)钴催化剂和 Ni 催化剂在高压下可能生成挥发性的羰基钴和羰基镍而造成活性组分的损失，所以这类催化剂一般用于常压合成。

(7)催化剂层温度升高，表面发生熔结，再结晶和活性相转移造成活性下降等。

对 F-T 催化剂一般不像对其他贵重催化剂那样，进行反复再生。因为通常主要是硫中毒，可采用逐渐升高温度的操作方法在一定温度区间内维持铁催化剂的活性。硫中毒后的催化剂其再生是很不容易的，需要将全部硫彻底氧化除尽，然后再还原才有效。一般不采取这样的再生方法。钴催化剂表面除蜡相对比较容易，可以在 200℃下用 H_2 处理，也可以用合成油馏分(170~274℃)在 170℃下抽提。

四、F-T 合成的影响因素

影响 F-T 合成反应速度、转化率和产品分布的因素很多，其中有催化剂、反应器类型、原料气 H_2/CO 比、反应温度、压力、空速和操作时间等。催化剂的影响已经进行了讨论，下面主要讨论其他几个影响因素。

1. 不同反应器的影响

用于 F-T 合成的反应器有气固相类型的固定床、流化床和气流床以及气液固三相的浆态床等。由于不同反应器所用的催化剂和反应条件互有区别，反应内传热、传质和停留时间等工艺条件不同，故所得结果显然有很大差别，具体情况或见表 6-11 和表 6-12。

表 6-11 三种反应器的反应条件和产物(Ⅰ)

项　目	固定床 Sasol ARGE	气流床 Sasol SYNTHOLI	浆态床 中试
反应温度/℃	232	330	261
压力/MPa	2.6	2.25	1.0
H_2/CO	1.7	2.8	1.7
(H_2+CO)转化率/%	65	85	89
反应产物/%(质量)			
CH_4	5.0	10.0	2.9
C_2H_6	0.2	4.0	4.3(C_2)
C_2H_6	2.4	6.0	
C_2H_6	2.0	12.0	
C_3H_8	2.8	2.0	7.0(C_3+C_4)
C_4H_8	3.0	8.0	
C_4H_{10}	2.2	1.0	4.7($C_5\sim C_9$)
汽油($C_5\sim C_{12}$)	22.5	39.0	16.0($C_{10}\sim C_{18}$)
柴油($C_{13}\sim C_{18}$)	15.0	5.1	
重油($C_9\sim C_{21}$)	6.0	1.0	50.0($C_{19}\sim C_{27}$)
($C_{22}\sim C_{30}$)	17.0	3.0	
蜡	18.0	1.0	12.7(C_{28}^{+})
羧酸	0.4	1.0	0.2
非酸氧化物	3.5	6.0	1.4

表 6-12 三种反应器都使用熔铁催化剂时的反应条件和产物(Ⅱ)

项　目	固定床	气流床	浆态床
反应温度/℃	265	305	265
反应压力/MPa	2.0	2.0	2.0
H_2/CO	2.05	2.11	2.10
CO 转化率/%	93	90	97
产物分布/%(质量)			
C_1	22	27	8
$C_2\sim C_4$	34	34	35
$C_5\sim$200℃	32	32	22
200~300℃	6	3	11
>300℃	4	1	17
含氧化物	2	3	7
烯烃/总烃 / %	49	82	59

表格中的数据虽然无严格的可比性，但可看出不同反应器的特点。总之，与气流床相比，固定床由于反应温度较低及其他原因，重质油和石蜡产率高，甲烷和烯烃产率低，气流床正好相反。浆态床的明显特点是中间馏分的产率最高。

2. 原料气的组成

原料气中有效成分($CO+H_2$)含量高低影响合成反应速度的快慢。一般是 $CO+H_2$ 含量高，反应速度快，转化率增加，但是反应放出热量多，易造成床层超温。另外制取高纯度的 CO

$+H_2$合成原料气体成本高，所以一般要求其含量为80%~85%左右。

原料气中的V_{H_2}/V_{CO}之比值高低，影响反应进行的方向。V_{H_2}/V_{CO}比稍高，有利于饱和烃、轻产物及甲烷的生成；比值低，有利于链烯烃、重产物及含氧物的生成。

提高合成气中V_{H_2}/V_{CO}比值和反应压力，可以提高V_{H_2}/V_{CO}利用比。排除反应中的水汽，也能增加V_{H_2}/V_{CO}利用比和产物产率，因为水汽的存在增加一氧化碳的变换反应（$CO+H_2O \longrightarrow H_2+CO_2$），使一氧化碳的有效利用降低，同时也降低厂合成反应速度。

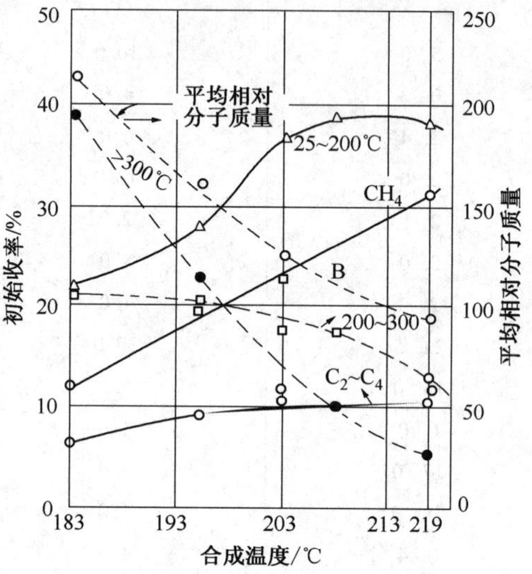

图6-25　反应温度对产品组成的影响

（钴剂，H_2：CO=2，1.114 MPa下转化率80%）

3. 反应温度的影响

反应温度不但影响反应速率，而且影响产物分布。所以，反应温度是关键工艺操作参数之一，必须严格控制。由图6-25可见反应温度对钴剂合成烃类产物产率和产物分布的影响：①在183~219℃范围内CH_4产率随温度升高而增加；②温度>200℃后C_2~C_4的产率大致稳定；③200℃前馏出的液态产率在211℃处达到最高，以后略有下降；④200~300℃馏分产率随温度升高，逐渐降低，不过在203℃前下降很少，203℃以后下降速度加快；⑤>300℃馏分随温度升高呈直线下降趋势。

表6-13和表6-14分别为反应温度对改良钴催化剂和铁催化剂合成选择性的影响。总的趋势是随反应温度增加，CO的转化率增加，气态烃产率增加，液态烃和石蜡的产率降低。

表6-13　反应温度对产品产率与分布的影响（$Co/ZrO_2/SiO_2$催化剂）

T/℃	CO转化率/%	烃类选择性/%	C_5产率/(g/cm^3)	烃分布/%(质量)					粗蜡/油
				C_1	C_2	C_3	C_4	C_5	
187	87.70	99.46	138.6	7.79	1.84	4.29	3.05	83.03	3.7
190	96.10	99.01	149.7	6.80	0.82	2.01	1.61	88.76	4.1
201	99.63	98.5	124.6	11.34	1.19	2.56	2.20	82.71	3.5
211	99.78	97.50	97.5	15.50	1.56	3.13	2.64	77.27	3.3
220	99.93	96.30	103.3	18.92	1.86	3.07	2.53	73.62	3.0

注：反应条件$H_2/CO=2.0$，$p=2.0$ MPa。

表 6-14　反应温度对铁剂合成选择性的影响

合成工艺	反应温度/℃	硬蜡选择性/%	合成工艺	反应温度/℃	甲烷选择性/%
固定床	0. 56T	47. 0	气流床	0. 82T	10
	0. 60T	34. 0		0. 87T	14
	0. 62T	24. 0		0. 95 T	20
	0. 65 T	17. 0		1 . 0T	28

4. 操作压力的影响

由化学平衡分析可知，F-T 合成反应是体积缩小的反应，故增加压力有利于合成气向烃类的转化。

沉淀铁和熔铁催化剂在常压下几乎没有活性，表压达到 0. 1 MPa 后开始显示出活性，然后随压力增加，(H_2+CO)转化率成直线增加(图 6-26)

钴剂合成时，压力的影响可见表 6-15 和图 6-27。钴催化剂在常压时就有足够活性。

表压在 0. 1~0. 5MPa 区间，其活性和寿命都比常压时高，当压力超过 1. 5MPa 后，由于产物脱附严重受阻，故烃类产物的产率反而下降。压力增加，气态产率下降，C_{18}^+重质烃类明显增加，烯烃对烷烃的比例下降。

表 6-15　钴剂合成时．压力对产品产率的影响

操作压力/MPa	产品产率/(g/m³)					
	$G_3 \sim C_4$	$C_5 \sim 200$℃	柴油	石蜡	C_5^+小计	总烃合计
0	38	69	38	10	117	155
0. 15	50	43	43	15	131	181
0. 5	33	39	4	60	140	173
1. 5	33	39	36	70	145	178
5. 0	21	47	37	54	138	159
75. 0	31	43	34	27	104	135

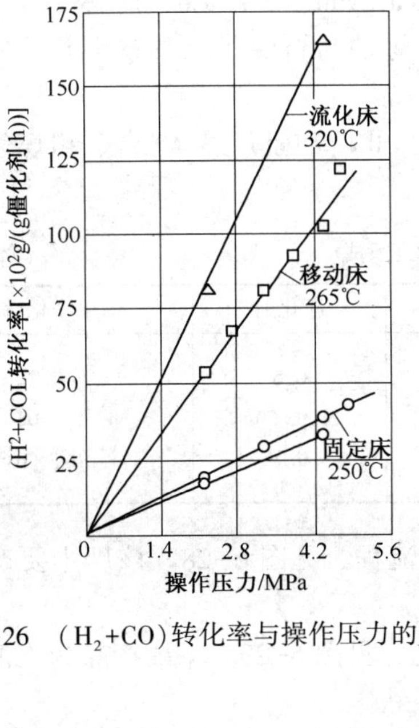

图 6-26　(H_2+CO)转化率与操作压力的关系

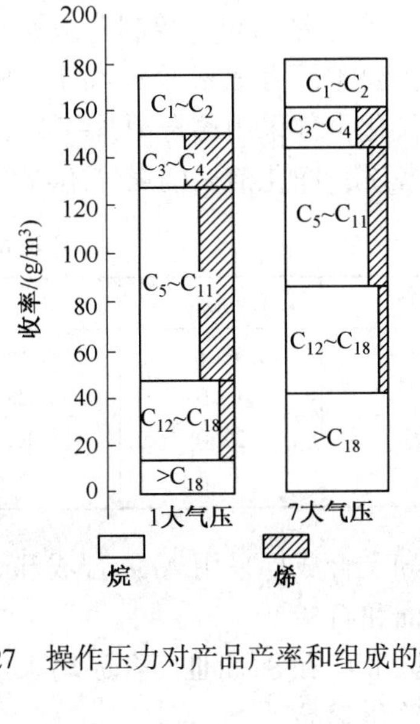

图 6-27　操作压力对产品产率和组成的影响

5. 空间速度

对不同催化剂和不同的合成方法，都有最适宜的空间速度范围。如钴催化剂合成时适宜的空间速度为80~120 h^{-1}，沉淀铁剂Arge合成空间速度为500~700 h^{-1}，熔铁剂气流床合成空间速度为700~1200h^{-1}。在适宜的空间速度下合成，油收率最高。但是空间速度增加，一般转化率降低，产物变轻，并且有利于烯烃的生成。

概括说来，增加反应温度、增加H_2/CO比、降低铁催化剂的碱性、增加空速和降低压力均有利于降低产品中的碳原子数，即缩短碳链长度，反之则有利于增加碳链长度。在铁催化剂上生成CH_4的选择性是最低的，而采用钌催化剂在100℃左右低温和100MPa左右的高压下长碳链烃类的选择性最高。增加反应温度和提高H_2/CO比例有利于增加支链烃或异构烃。反之，则有利于减少支链烃或异构烃。

提高空速、降低合成转化率和提高催化剂的碱性均有利于增加烯烃含量，反之不利于烯烃生成。采用中压加碱的铁催化剂时，不管固定床还是气流床，在通常的反应条件下，都有利于烯烃生成，而常压钴剂合成主要得到石蜡烃。

降低反应温度、降低H_2/CO比例、增加反应压力、提高空速、降低转化率和铁催化剂加碱，用NH_3处理铁催化剂有利于生成羟基和羰基化合物，反之其产率下降。用钌催化剂在高压(CO分压高)和低温下由于催化剂的加氢功能受到很强的抑制，故可生成醛类。铁催化剂有利于含氧化合物特别是伯醇的生成，主要产物是乙醇。

五、F-T合成工艺

F-T合成工艺有许多种，按反应器分有固定床、流化床和浆态床等；按催化剂分有铁剂、钴剂、钌剂、复合铁剂等；按主要产品分有普通F-T工艺、中间馏分工艺、高辛烷值汽油工艺等；按操作温度和压力，可分为高温、低温与常压、中压等。首先了解一下南非Sasol公司的情况。

(一)Sasol公司的有关情况

南非Sasol公司是迄今为止目前世界上惟一利用煤制合成气、通过F-T合成生产发动机燃料油和化学品的大型企业集团。Sasol(South of Africa SyntheticOil Co，简称Sasol)成立于1950年。它下辖采煤、煤制合成燃料、煤制化学品、炼油与石油化工及技术开发中心等子公司。主要工厂有三家即SasolⅠ、SasolⅡ和SasolⅢ。

煤气化全部采用鲁奇炉，一共97台，Ⅰ厂17台，Ⅱ厂和Ⅲ厂各40台。粗煤气净化采用冷甲醇洗，净化前后的煤气组成见表6-16。

表6-16　煤气净化前后的组成　%(体积)

成分	净化前	净化后	成分	净化前	净化后
H_2	38.1	56	C_2^+	0.5	0.22
CO	19.0	28	N_2	0.3	0.08
CO_2	32.0	1.5	H_2S	0.7	0.3×10^6
CH_4	9.4	13.5			

SasolⅠ合成厂采用Arge合成和SynthoⅠ合成联合流程，见图6-28。该厂主要产品是汽油、柴油和石蜡。

SasolⅡ厂和SasolⅢ厂合成均采用Synthal合成工艺，见图6-29。主要产品为汽油、柴油和烯烃等化学品。

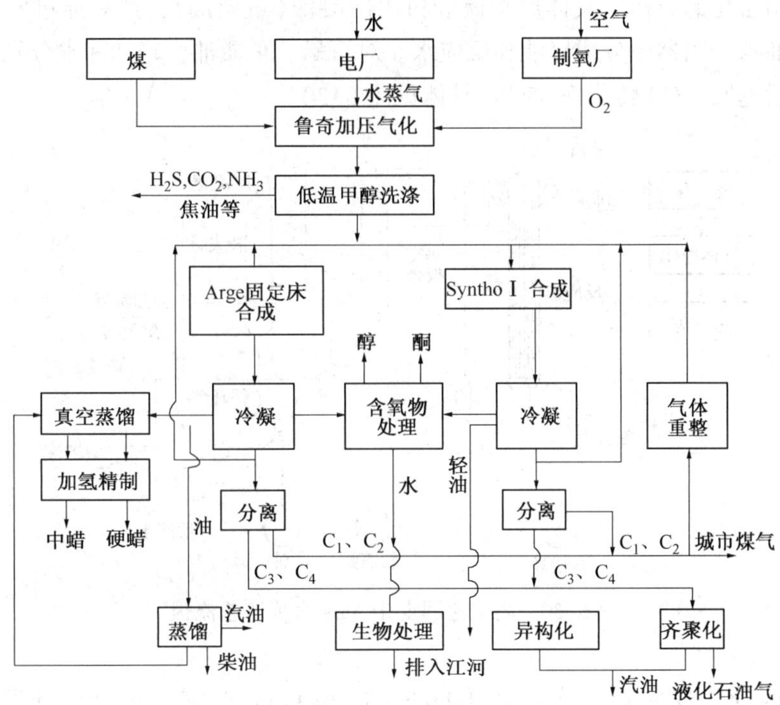

图 6-28　Sasol Ⅰ联合合成工艺流程

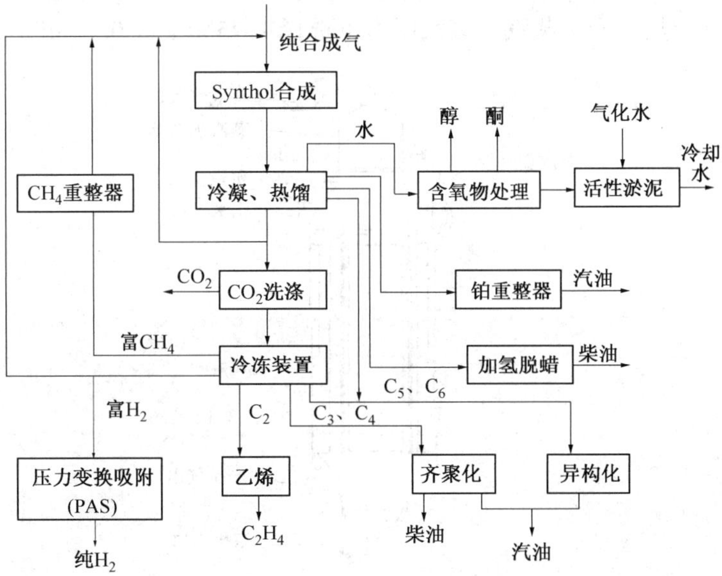

图 6-29　Sasol Ⅱ合成工艺流程

(二)合成工艺

1. 气相固定床合成工艺

新鲜原料气和循环返回的余气升压至 2.5MPa，其流量分别为 $600m^3$(标)/(m^3催化剂·h)和 $1200m^3$(标)/(m^3催化剂·h)。原料气通过热交换器与从反应器来的产品气换热后由顶部进入反应器，反应温度一般保持在 220～235℃。在操作周期结束时的允许的最高温度为 254℃，反应器底部流出熔化的石蜡。气体产物流经析出冷凝液(重质油)，然后通过两个串联的冷却器，合并后在油水分离器中分成轻油和反应水。对石蜡、重质油、轻油和水分别进行处理和加工，尾气脱炭后返回，CO 转化率65%，具体见图 6-30。

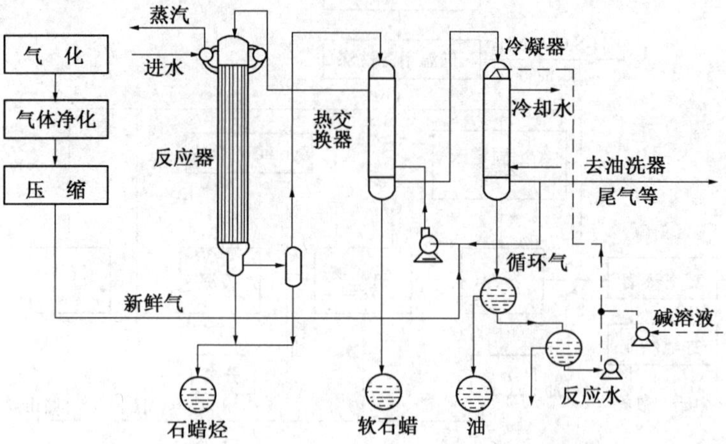

图 6-30　高空速固定床 Agre 合成工艺流程

2. 反应器

反应器为列管式反应器，首先由 Ruhrchemie 和 Lurgi 两家公司合作开发而(Arbeitsgemeinschaft，简称 Arge)(见图 6-31)。该反应器直径 3m，在板上装有 2052 根长 12m，内径 50mm 的管子，用于装催化剂，它的总体积 $40m^3$，重约 35t。管外为沸腾水，通过水的蒸发移走管内产生的反应热，产生蒸汽，蒸汽压力可选择 1. 75MPa 或 0. 25MPa。

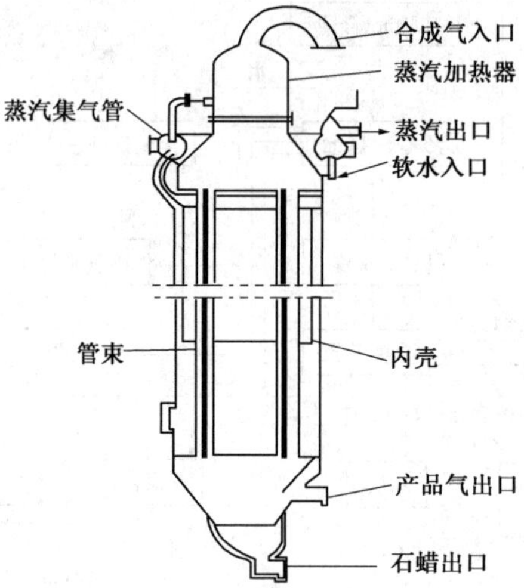

图 6-31　Arge 固定床合成反应器

3. 气流床 Synthnl 合成工艺

循环流化床 Synthol 反应器是美国 Kelloge 公司根据有限的中试装置数据设计的，1955 年建成投产，但操作一直不正常。Sasol 公司经过 5 年时间的改进，才解决了所有问题确保正常运行，但因这种反应器循环流化操作的固有缺点，如催化剂循环量大、损耗高，Sasol 公司已用称为 SAS 的固定流化床反应器成功取代。不过作为一种主要反应器，在一段时间内曾发挥过很大作用。

(1)工艺流程。

Synthol 合成工艺流程见图 6-32 所示。

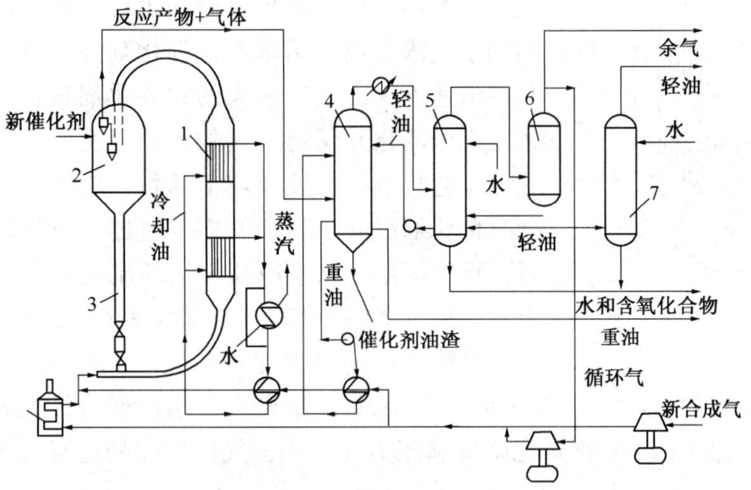

图 6-32 Synthol 合成工艺流程

1—反应器；2—催化剂沉降室；3—竖管；4—油洗塔；5—气体洗涤分离塔；6—分离器；7—洗塔

原料气约 160℃通过一根 1m 直径的水平管进入反应器，与通过滑阀自竖管落下的热催化剂混合。原料气温度上升至 300~315℃，二者一起进入反应器提升管。

原料气由新鲜合成气和循环气组成，循环比 2~3，由于合成反应为强放热反应，需及时移出反应热，反应器内设置两个冷却器，产生 1.2MPa 蒸汽，反应器顶部出口温度维持在 340℃。物料通过鹅颈式连接管进入催化剂沉降分离段，通过两套两级旋风分离器将尾气与催化剂颗粒分开，落下的催化剂经过调节阀和滑动阀再进入反应系统，反应器开工率 0.8，即三个反应器平均 2.4 个在运转，反应器内温度范围 300~340℃，压力范围 2.0~2.3MPa。

从旋风分离器出来的产品气进入热油洗涤塔，分出热重油，后者抽出一部分用于预热原料气再回到洗涤塔，其他作产品。塔底排出的含催化剂颗粒的油浆，塔顶气体再经过后面的水冷塔和气液分离器，气体一部分作循环气一部分作余气。粗轻油再经过一次水洗，得到轻油和含有含氧化合物的水，然后进一步加工，CO 转化率 85%，产品产率约 119g/m^3(标)合成气。装置材料为普通钢，只有接触有机酸的部分需要用不锈钢。

(2)反应器。由反应器和催化剂分离沉降器两大部分构成，上下分别用管道连接。Kelloge 设计的装置尺寸：高 36m，反应器直径 2.2m，分离沉降器直径 5m，经 Sasol 公司改进放大后的装置为高 75m，反应器直径 3.6m。

4. 固定流化床和浆态床合成工艺

固定流化床和浆态 F-T 合成是 Sasol 公司自主开发的第二代 F-T 合成技术，其他国家也在竞相开发。

(1) 固定流化床 F-T 合成。Sasol 公司针对 Synthol 循环流化床反应器存在的缺点与美国 Badger 公司合作开发而成，取消了催化剂的连续大循环和外部热交换，改为固定流化床，同时在床层内设冷却器移出反应热。

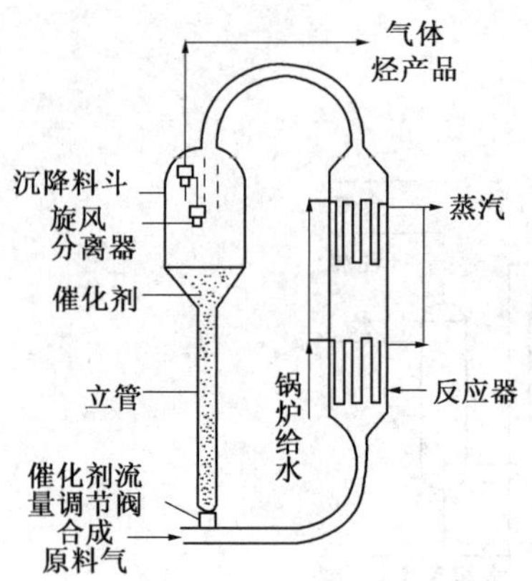

图 6-33　SAS 反应器

反应器：该反应器又称为 Sasol（Advanced Synthol Reactor，简称 SAS；见图 6-33）。该反应器是一个底部装有气体分配器的塔，中部设冷却盘管，顶部设多孔金属过滤器用于气固分离，尽量不让催化剂带至塔外，因为催化剂气体流速不大，故密度大的铁催化剂颗粒必须很细，这样才能充分流化并保持一定的料位高度，形成细颗粒浓相流化的工艺特点。在反应器上部留有较大的自由空间，让大部分催化剂沉降，剩余的部分通过气固分离器分离出来并返回反应床层。该反应器与循环流化床反应器相比优势明显，其投资费用和能耗的比较见表 6-17。

其他优点还有催化剂粉化得到缓解，消耗降低 40%；反应器直径已放大至 8m 和 10.7m（高均为 38m）。单台设备生产能力最大为 0.8 Mt/a，比 Synthol 反应器高出 1 倍多；循环比降低和压力降减小，气体压缩的运行成本和装置维修成本均明显下降。

表 6-17　固定流化床与循环流化床反应器的比较

反应器类型	台数	反应压力/MPa	反应器相对投资/%	能量效率/%	能耗/%
循环流化床	3	2.5	100	61.9	100
固定流化床	2	2.5	46	63.6	44
固定流化床	2	2.3	49	74.7	41

（2）浆态床 F-T 合成。浆态床催化反应器的开发始于 1938 年，由德国 Kolbel 实验室首先研究开发。1953 年德国 Rheinpreussen 公司建成日产 11.5t 液体燃料的中试装置。1980 年前后 Sasol 公司也立项研究，进展很快。1993 年在 Sasol I 工用 1 个浆态床反应器（直径 5m）取代了原先的 3 台 Synthol 反应器，其生产能力 397.5 m^3/d。该反应器称为 Sasol Slurry Phase Distillate（SSPD）反应器。

SSPD 反应器反应器结构如图 6-34 所示。外形像塔设备，合成气在底部经气体分布板鼓泡进入浆态床反应区，以石蜡油为介质与催化剂细粉调和成浆体，反应热由冷却排管以产生蒸汽的方式移出。在维持一定料液面的前提下，排出反应产生的重质液态烃（石蜡）。这里的关键技术是进行有效液固分离，让催化剂返回反应器。气态产品和反应尾气由塔顶流出，经冷凝冷却分出轻组分和水，剩余的以 CO 和 H_2 为主的不凝性气体作循环气返回系统。Sasol 集团的子公司 SASTech R&D 浆态床半工业装置直径为 1m，高 22m。德国 11.5t/d 的半工业装置直径为 1.5m，高 8.6rn，有效容积 $10m^3$。

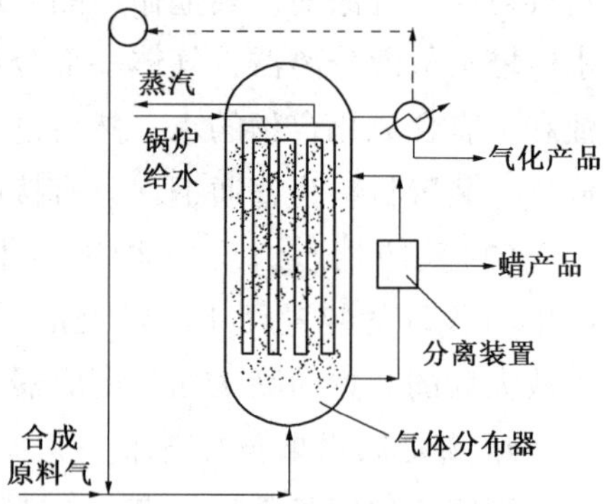

图 6-34　SSPD 反应器

复 习 题

一、填空题

1. 煤炭液化，是将煤中的____转化为______，其目的就是______________________，来生产____________________。

2. 煤炭直接液化是指采用________、______氢气，在催化剂和溶剂作用下______、______等反应，将煤直接转化为______和________。

3. 煤加氢液化过程中的主要反应有____________、______________、____________、______________。

4. 煤炭加氢液化一般要使用溶剂。溶剂的作用主要是__________、________、__________、__________。

5. 直接液化对工业催化剂的性能要求__________、__________、__________、__________。

6. 煤加氢液化的主要影响因素______、________、______、______。

7. 煤气化生产合成气__________，再用合成气为原料合成________或__________此过程称为煤的间接液化。

8. 煤基F-T合成烃类油一般要经过________、________、________、________、________等工序。

9. F-T合成油品的主要反应方程式______________、______________。

10. F-T合成的主要副反应有__________________、__________________、__________________。

11. F-T合成工业用的铁催化剂主要有______________和____________两大类。前者用于____________和____________合成，后者用于____________。

12. F-T合成可能得到的产品包括________、________、________、____________。

13. F-T工业合成催化剂有两大类________和________。

14. 甲烷重整法适用于______________________________________。

15. CO变换工艺，根据选用的催化剂不同，分______和______两种。前者选用________催化剂，后者选用______催化剂。

16. F-T合成反应是体积________的反应，故增加压力有利于______________。

17. F-T合成工艺有许多种，按反应器分有______、______和______等；按催化剂分有______、______、______、______等。

18. F-T合成按主要产品分有______、______、__________等；按操作温度和压力，可分为________、________与______、______等。

19. 加氢液化的原料煤需考虑的指标有__________________、__________________。

20. 煤炭加氢液化一般要使用溶剂。溶剂的作用主要是________、________、和________、________等。

二、判断题

1. 在煤加氢液化过程中，氢直接与煤分子反应使煤裂解。(　　)

2. 在加氢液化过程中，由于温度过高或供氢不足，煤热解的自由基"碎片"彼此会发生

缩合反应，生成半焦和焦炭。(　　)

3. 煤加氢液化后得到的产物由气、液两相组成的混合物。(　　)

4. 煤加氢液化难易顺序为低挥发分烟煤、中等挥发分烟煤、高挥发分烟煤、褐煤、年轻褐煤、泥炭。(　　)

5. 丝炭含量高的煤易用作加氢液化的原料。(　　)

6. 煤在催化剂存在下的液相加氢速度与催化剂表面直接接触的液体层中的氢气浓度有关。(　　)

7. $CH_4+H_2O \longrightarrow CO+3H_2$ 该反应是放热反应(　　)

8. 钴催化剂和 Ni 催化剂一般用于高压合成。(　　)

9. 煤炭间接液化 F-T 合成产品的成本在很大程度上取决于气化。(　　)

10. CO_2 是 F-T 合成的有效成分。(　　)

三、选择

1. 下列不属于煤与石油主要差别的是(　　)。

A. 煤中氢含量低、氧含量高　　B. 煤与石油的分子结构不同

C. 二者相对分子质量不同　　D. 外观不同

2. 加氢液化过程中需要抑制的是(　　)。

A. 加氢反应　　B. 缩合反应　　C. 裂解反应　　D. 脱除杂原子的反应

3. 下列不属于提高供氢能力的措施的是(　　)。

A. 增加溶剂的供氢性能　　B. 降低液化系统氢气压力

C. 使用高活性催化剂　　D. 在气相中保持一定的 H_2S 浓度等

4. 当前煤炭直接液化催化剂主要使用(　　)。

A. $ZnCl_2$　　B. $SnCl_2$　　C. CoS　　D. 铁系催化剂

5. 按过程工艺特点，下列属于煤直接催化加氢液化工艺的是(　　)。

A. IGOR 工艺　　B. 溶剂精炼煤法

C. Exxon 供氢体溶剂(EDS)法　　D. 日本 NEDOL 工艺

6. 神华煤直接液化工艺是对(　　)工艺进行了优化。

A. IGOR 工艺　　B. 美国 HTI 工艺

C. Exxon 供氢体溶剂(EDS)法　　D. 日本 NEDOL 工艺

7. 下列不能引起 F-T 合成催化剂中毒或者失效的是(　　)。

A. 合成气中少量氧的氧化作用　　B. 合成气含有微量硫化氢

C. 催化剂表面石蜡沉积　　D. 合成气中 H_2 含量过高

8. 间接液化是(　　)的中间馏分产率最高

A. 固定床　　B. 浆态床　　C. 气流床　　D. 流化床

9. 合成气中 $CO+H_2$ 的含量一般要求在(　　)。

A. 80%~85%　　B. 75%~80%　　C. 70%~75%　　D. 85%~90%

10. 不利于降低产品中的碳原子数的是(　　)。

A. 增加反应温度　　B. 增加 H_2/CO 比

C. 降低铁催化剂的碱性　　D. 降低压力和空速

四、简答题

1. 简述中国发展煤炭液化的必要性。

2. 什么是煤炭液化?
3. 煤与石油的区别有哪些?
4. 加氢液化时供给自由基的氢源有哪些?
5. 选择加氢液化原料煤，主要考虑哪些指标?
6. 煤炭加氢液化时溶剂的作用是什么?
7. 如何选择直接液化的催化剂?
8. 直接液化按过程工艺特点分为哪几类?
9. 煤加氢液化的影响因素有哪些?
10. 简述德国IGOR工艺。
11. 神华煤直接液化工艺的特点有哪些?
12. F-T合成主要包括哪些过程?
13. F-T合成的主要反应是什么?
14. F-T合成催化剂的失活、中毒主要表面在哪些方面?
15. F-T合成的影响因素有哪些?
16. 原料气的组成对F-T合成有何影响?
17. F-T合成时如何提高生成羟基和羰基化合物的产率?
18. F-T合成主要有哪几种工艺?
19. 简述气相固定床合成工艺。
20. 我国目前在建和拟建煤制油的项目有哪些?

第七章　甲醇生产技术

第一节　甲醇概述

甲醇是最简单的化学品之一，是重要的化工基础原料和清洁液体燃料，广泛应用于有机合成、染料、医药、农药、涂料、汽车和国防等工业中。

甲醇最早由木材和木质素干馏制得，故俗称木醇。木材在长时间加热炭化过程中，产生可凝和不可凝的挥发性物质，这种被称为焦木酸的可凝性液体中含有甲醇、乙酸和焦油。除去焦油的焦木酸可通过精馏分离出天然甲醇和乙酸，生产 1kg 的甲醇约需 60~80kg 的木材，这是生产甲醇的最古老方法，美国于 20 世纪 70 年代初才完全抛弃这一过程。

1923 年，德国 BASF 公司在合成氨工业化的基础上，首先用锌铝催化剂在高温高压的操作条件下实现了由一氧化碳和氢合成甲醇的工业化生产，开创了工业合成甲醇的先河。工业合成甲醇成本低，产量大，促使了甲醇工业的迅猛发展。甲醇消费市场的扩大，又促使甲醇生产工艺不断改进，生产成本不断下降，生产规模日益增大。1966 年，英国 ICI 公司成功地实现了铜基催化剂的低压甲醇合成工艺，随后又实现了更为经济的中压法甲醇合成工艺。与此同时德国 Lurgi 公司也成功地开发了中低压甲醇合成工艺。随着甲醇合成工艺的成熟和规模的扩大，由甲醇合成和甲醇应用所组成的甲醇工业成为化学工业中的一个重要分支，在经济的发展中起着越来越重要的作用。

一、甲醇的性质和用途

（一）物理性质

甲醇是最简单的饱和脂肪醇，分子式 CH_3OH，相对分子质量 32.04。常温常压下，纯甲醇是无色透明，易挥发、可燃，略带醇香味的有毒液体。甲醇可以和水以及乙醇、乙醚等许多有机液体无限互溶，但不能与脂肪烃类化合物相互溶。甲醇蒸气和空气混合能形成爆炸性混合物，爆炸极限为 6.0%~36.5%（体积）。甲醇的一般物理性质见表 7-1，甲醇在不同压力下的沸点和不同温度下的蒸气压见表 7-2 和表 7-3。

表 7-1　甲醇的一般物理性质

性　质	数　据	性　质	数　据
密度(0℃)/(g/mL)	0.8100	自燃点/℃	
相对密度 d^{20}	0.7913	空气中	473
沸点/℃	64.5~64.7	氧气中	461
熔点/℃	-97.8	临界温度/℃	240
闪点/℃		临界压力/Pa	79.54×10^5
开口	16	临界体积/(mL/mol)	117.8
闭口	12	临界压缩系数	0.224

续表

性　质	数　据	性　质	数　据
蒸气压(20℃)/Pa	1.2879	燃烧热/(kJ/mol)	
液体热熔(20~25℃)/[J/(g·℃)]	2.51~2.53	25℃液体	727.038
黏度(20℃)/Pa·s	5.945×10^{-4}	25℃气体	742.738
热导率/[J/(cm·s·K)]	2.09×10^{-3}	生成热/(kJ/mol)	
表面张力(20℃)/(N/cm)	22.55×10^{-5}	25℃液体	238.798
折射率(20℃)	1.3287	25℃气体	201.385
蒸发潜热(64.7℃)/(kJ/mol)	35.295	膨胀系数(20℃)	0.00119
熔融热/(kJ/mol)	3.169	腐蚀性	常温无腐蚀性，铅铝例外
		空气中爆炸性/%(体积)	6.0~36.5

表 7-2　甲醇的沸点

压力/mmHg	温度/℃	压力/mmHg	温度/℃	压力/atm	温度/℃	压力/atm	温度/℃
1	-44.0	100	21.2	2	84	30	186.5
10	16.2	200	34.8	5	112.5	40	203.5
20	6.0	400	49.9	10	138.0	50	214.0
40	5.0	760	64.7	20	167.8	60	224.0

注：1mmHg = 133.322Pa，1atm = 101.325Pa。

表 7-3　甲醇的蒸气压

温度/℃	蒸气压/mmHg	温度/℃	蒸气压/mmHg	温度/℃	蒸气压/mmHg
67.4	0.102	20	96.0	130	6242
-60.4	0.212	30	160	140	8071
54.5	0.378	40	260.5	150	10336
-48.1	0.702	50	406	160	13027
-44.4	0.982	60	625	170	16292
-44.0	1	64.7	760	180	20089
-40	2	70	927	190	24615
-30	4	80	1341	200	29787
20	8	90	1897	210	35770
-10	15.5	100	2621	220	42573
0	29.6	110	3561	230	50414
10	54.7	120	4751	240	59660

注：1mmHg = 133.322Pa。

甲醇和水可以无限互溶，甲醇水溶液的性质是甲醇的重要物理性质，对于甲醇应用、精制以及环境保护方面具有重要的作用。甲醇水溶液的密度随甲醇浓度和温度的增加而减小，去甲醇水溶液的沸点随液相中甲醇浓度的增加而降低，相同温度压力下，气相中甲醇浓度大于液相中甲醇浓度，尤其是当甲醇液相浓度较小时。甲醇的闪点较低，纯甲醇的闪点为16℃。甲醇水溶液的闪点仍较低，特别应当注意。

甲醇属强极性有机化合物，具有很强的溶解能力，能和多种有机溶液互溶，并形成共沸混合物。甲醇对气体的溶解能力也很强，特别是对二氧化碳和硫化氢的溶解能力很强，可作为洗涤剂用于工业脱除合成气中多余的二氧化碳和硫化氢有害气体。甲醇对一氧化碳气体的强吸附为甲醇和一氧化碳的反应体系提供了有利因素。

甲醇属剧毒化合物，口服5~10mL可以引起严重中毒，10mL以上造成失明，60~250mL致人死亡。甲醇可以通过消化道、呼吸道和皮肤等途径进入人体。轻度中毒可出现头痛、头晕、失眠、乏力、咽干、胸闷、腹痛、恶心、呕吐及视力减退；中度中毒表现为神志模糊、眼球疼痛，由于视神经萎缩而导致失明；重度中毒时可发生剧烈头痛、头昏、恶心、意识模糊、双目失明，具有癫痫样抽搐、昏迷现象，最后因呼吸衰竭而死亡。一般认为甲醇是一种强烈的神经和血管毒物。

为防止甲醇中毒可采取如下措施：呼吸系统防护：可能接触其蒸气时，应该佩戴过滤式防毒面罩(半面罩)。紧急事态抢救或撤离时，建议佩戴空气呼吸器。眼睛防护：戴化学安全防护眼镜。身体防护：穿防静电工作服。手防护：戴橡胶手套。其他：工作现场禁止吸烟、进食和饮水。工作毕，淋浴更衣。实行就业前和定期的体检。如已经中毒，根据具体情况可以采用的急救措施见表7-4。

表7-4　甲醇中毒急救措施

中毒形式	急救措施
皮肤接触	脱去被污染的衣着，用肥皂水和清水彻底冲洗皮肤
眼睛接触	提起眼睑，用流动清水或生理盐水冲洗，就医
吸入	迅速脱离现场至空气新鲜处，保持呼吸道通畅，如呼吸困难，给输氧，如呼吸停止，立即进行人工呼吸，就医
食入	饮足量温水，催吐，用清水或1%硫代硫酸钠溶液洗胃，就医

(二)化学性质

甲醇可进行氧化、醋化、碳基化、胺化、脱水等反应。甲醇裂解产生CO和H_2是制备CO和H_2的重要化学方法。

1. 氧化反应

甲醇在电解银催化剂上可被空气氧化成甲醛，是重要的工业制备甲醛的方法。

$$CH_3OH+0.5O_2 \longrightarrow HCHO+H_2O$$

甲醛进一步氧化生成甲酸：

$$HCHO+0.5O_2 \longrightarrow HCOOH$$

甲醇在Cu-Zn/Al_2O_3催化剂作用下发生部分氧化：

$$CH_3OH+0.5O_2 \longrightarrow 2H_2+CO_2$$

甲醇完全燃烧时氧化成CO_2和H_2O，放出大量热：

$$CH_3OH+O_2 \longrightarrow H_2O+CO_2$$

2. 酯化反应

甲醇可与多种无机酸和有机酸发生酯化反应。甲醇和硫酸发生酯化反应生成硫酸氢甲酯，硫酸氢甲酯经加热减压蒸馏生成重要的甲基化试剂硫酸二甲酯。

$$CH_3OH+H_2SO_4 \longrightarrow CH_3OSO_2OH+H_2O$$

$$CH_3OSO_2OH \longrightarrow CH_3OSO_2OH+H_2SO_4$$

甲醇和甲酸反应生成甲酸甲酯：

$$CH_3OH + HCOOH \longrightarrow HCOOCH_3 + H_2O$$

3. 羰基化反应

甲醇和光气发生羰基化反应生成氯甲酸甲酯，进一步反应生成碳酸二甲酯：

$$CH_3OH + COCl_2 \longrightarrow CH_3OCOCl + HCl$$

$$CH_3OCOCl + CH_3OH \longrightarrow (CH_3O)_2CO + HCl$$

在压力65MPa，温度250℃，以碘化钴作催化剂，或在压力3MPa、温度160℃，以碘化铑作催化剂，甲醇和CO发生碳基化反应生成醋酸或醋酐：

$$CH_3OH + CO \longrightarrow CH_3COOH$$

$$CH_3OH + CO \longrightarrow (CH_3CO_2)O + H_2O$$

在压力3MPa、温度130℃下，以$CuCl_2$作催化剂，甲醇和CO、氧气发生氧化羰基化反应生成碳酸二甲酯：

$$CH_3OH + CO \longrightarrow (CH_3O)_2CO + H_2O$$

在碱催化剂作用下，甲醇和CO_2发生羰基化反应生成碳酸二甲酯：

$$CH_3OH + CO_2 \longrightarrow (CH_3O)_2CO$$

在压力为5~6MPa、温度80~100℃下，以甲醇钠为催化剂甲醇和CO发生羰基化反应可生成甲酸甲酯：

$$CH_3OH + CO \longrightarrow HOOCCH_3$$

4. 胺化反应

在压力5~20MPa、温度370~420℃下，以活性氧化铝或分子筛作催化剂，甲醇和氨发生反应生成一甲胺、二甲胺和三甲胺的混合物，经精馏分离可得一甲胺、二甲胺和三甲胺产品。

$$CH_3OH + NH_3 \longrightarrow CH_3NH_2 + H_2O$$

$$2CH_3OH + NH_3 \longrightarrow (CH_3)_2NH + 2H_2O$$

$$3CH_3OH + NH_3 \longrightarrow (CH_3)_3N + 3H_2O$$

5. 脱水反应

甲醇在高温和酸性催化剂如ZSM-5，γ-Al_2O_3作用下分子间脱水生成二甲醚：

$$2CH_3OH \longrightarrow (CH_3)_2O + H_2O$$

6. 裂解反应

在铜催化剂上，甲醇可裂解成CO和H_2：

$$CH_3OH \longrightarrow 2H_2 + CO$$

若裂解过程中有水蒸气存在，则发生水汽转化反应：

$$CO + H_2O \longrightarrow H_2 + CO_2$$

即甲醇水蒸气重整反应：

$CH_3OH + H_2O \longrightarrow 3H_2 + CO_2$

7. 氯化反应

甲醇和氯化氢在ZnO/ZrO催化剂上发生氯化反应生成一氯甲烷：

$$CH_3OH + HCl \longrightarrow CH_3Cl + H_2O$$

氯甲烷和氯化氢在$CuCl_2/ZrO_2$催化剂作用下，进一步发生氧氯化反应生成二氯甲烷和三氯甲烷。

$$CH_3OH+HCl+0.5O_2 \longrightarrow CH_2Cl_2+H_2O$$

$$CH_3Cl_2+HCl+0.5O_2 \longrightarrow CHCl_3+H_2O$$

8. 其他反应

甲醇和异丁烯在酸性离子交换树脂的催化作用下生成甲基叔丁基醚(MTBE)：

$$CH_3OH+CH_2=CH(CH_3)_2 \longrightarrow CH_3—O—C(CH_3)$$

甲醇和苯在3.5MPa、350~380℃反应条件下，在催化剂的作用下可生成甲苯：

$$CH_3OH+C_6H_6 \longrightarrow C_6H_5CH_3+H_2O$$

甲醇在0.1~0.5MPa、350~500℃条件下，在硅铝磷酸盐分子筛(SAPO-34)催化作用下生成低碳烯烃：

$$CH_3OH \longrightarrow CH_2{=}CH_2+H_2O$$

$$CH_3OH \longrightarrow CH_2{=}CH_2-CH_3+H_2O+H_2$$

750℃下，甲醇在Ag/ZSM-5催化剂作用下生成芳烃：

$$CH_3OH \longrightarrow C_6H_6+H_2O+H_2$$

240~300℃、0.1~1.8MPa下，甲醇和乙醇在Cu/Zn/Al/Zr催化作用下生成乙酸甲酯：

$$CH_3OH+CH_3CH_2OH \longrightarrow CH_3COOCH_3+H_2$$

220℃、20 MPa下甲醇在钴催化剂的作用下发生同系化反应生成乙醇：

$$CH_3OH+CO+H_2 \longrightarrow CH_3CH_2OH+H_2O$$

(三)用途

甲醇是重要的化工原料，甲醇主要用于生产甲醛，其消耗量约占甲醇总量的30%~40%；其次作为甲基化剂，生产甲胺、甲烷氯化物、丙烯酸甲酯、甲基丙烯酸甲酯、对苯二甲酸二甲酯等；甲醇羰基化可生产醋酸、醋酐、甲酸甲酯、碳酸二甲酯等。其中，甲醇低压羰基化生产醋酸，近年来发展很快。随着碳一化工的发展，由甲醇出发合成乙二醇、乙醛、乙醇等工艺正在日益受到重视。甲醇作为重要原料在敌百虫、甲基对硫磷、多菌灵等农药生产中，在医药、染料、塑料、合成纤维等工业中有着重要的地位。甲醇还可经生物发酵生成甲醇蛋白，用作饲料添加剂。

甲醇不仅是重要的化工原料，而且还是性能优良的能源和车用燃料。它可直接用作汽车燃料，也可与汽油掺和使用，它可直接用于发电站或柴油机的燃料，或经ZSM-5分子筛催化剂转化为汽油，它可与异丁烯反应生成甲基叔丁基醚，用作汽油添加剂。

1. 碳一化工的支柱

在20世纪70年代，随着甲醇生产技术的成熟和大规模生产，甲醇化学首先发展。中东、加拿大等天然气产量丰富的国家，由于天然气制甲醇的能力提高，导致大量甲醇进入市场；英国ICI公司与德国Lurgi公司低压甲醇技术得到推广；美国孟山都公司甲醇低压羰基化生产醋酸的技术取得突破，获得工业应用；美国Mobil公司用ZSM-5催化剂成功地将甲醇转化为汽油。这样，一系列原来以乙烯为原料的有机化工产品可能转变为由甲醇作为原料而获得，甲醇成了碳一化工的支柱。

2. 新一代燃料

甲醇是一种易燃液体，燃烧性能良好，辛烷值高，抗爆性能好，在开发新燃料的过程中，自然成为重点开发对象，被称为新一代燃料，甲醇可发挥以下几种功能。

(1)甲醇掺烧汽油。构成甲醇分子中的C、H是可燃的，O是助燃的，这就是甲醇能燃烧的理论依据。甲醇由CO、H_2合成，其燃烧性能近似于CO、H_2。甲醇是一种洁净燃料，燃烧时无烟，它的燃烧速度快，放热快，热效率高，能减少排气污染。国外已使用掺烧5%~15%甲醇的汽油。汽油中掺入甲醇后，提高了辛烷值，避免了添加四乙基铅对大气的污染。近几年，国内许多单位开展了甲醇-汽油混合燃料的试用和研究工作，对混合燃料的特性、使用方式、运行性能、相溶性、排气性等都进行了详细的研究。国内已对 M_{15}（汽油中掺烧 15%甲醇）和 M_{25} 混合燃料进行了技术鉴定。

(2)纯甲醇用于汽车燃料。国内外已对纯甲醇作为汽车燃料进行了研究，认为当汽车发动机燃用纯甲醇时，全负荷功率与燃用汽油大致相当，而有效热效率提高了 30%左右。

(3)甲醇制汽油。美国 Mobil 公司开发成功地用 ZSM-5 型合成沸石分子筛自甲醇制汽油最为引人注日，这种方法制得的汽油抗震性能好，不存在硫、氯等常用汽油中易见的组分，而烃类组成与汽油很类似。

(4)甲醇制甲基叔丁基醚。甲基叔丁基醚是 20 世纪 70 年代发展起来的，是当前人们公认的高辛烷值汽油掺和剂，它已成为一个重要的石油化工新产品，1990 年世界产量达 10 Mt 以上。我国已有多套年产数万吨的装置投产，形成了相当规模的生产能力。

3. 有机化工的主要原料

甲醇进一步加工，可制得甲胺、甲醛、甲酸及其他多种有机化工产品。国内已有成熟生产工艺的甲醇作为原料的一次加工产品有甲胺、甲醛、甲酸、甲醇钠、氯甲烷、甲酸甲酯、甲酰胺、二甲基甲酰胺、二甲基亚砜、硫酸二甲酯、亚磷酸三甲酯、氟氯乙烯、丙烯酸甲酯、甲基丙烯酸甲酯、氯甲酸甲酯，氯乙酸甲酯、二氯乙酸甲酯、氯甲醚、羰丙基甲醚、羰乙基甲醚、二甲醚、环氧化乙酰蓖麻油酸甲酯、二甲基二硫代磷酸酯、十一烯酸、氨基乙酸、月桂醇、聚乙烯醇等。国内正在努力开发即将投入生产的甲醇系列有机产品有醋酸、醋酐、碳酸二甲酯、溴甲烷、对苯二甲酸二甲酯、甲硫酸、乙二醇等。

其中二甲醚具有无污染、燃烧热值高等优点，不但可以用作民用燃料，还能够作为柴油替代产品。目前，我国已经具备 0.93 Mt/a 的二甲醚生产能力(全部是外购甲醇生产二甲醚)。由于二甲醚生产技术国产化程度较高，预计“十一五”期间发展空间较大。

目前，甲醇制烯烃越来越受到重视。甲醇制烯烃装置是将甲醇转化为烯烃，并分离出单体乙烯、丙烯和丁烯等产物，供下游装置使用。近年来，甲醇制烯烃(MTO 和 MTP)技术已经成为国内外碳一化工的热点，是世界上工业化前景最为乐观的新型烯烃技术路线。其巨大的发展潜力，已经引起国内外的广泛关注。

4. 精细化工与高分子化工的重要原料

甲醇作为重要的化工原料，在农药、染料、医药、合成树脂与塑料、合成橡胶、合成纤维等工业中得到广泛的应用。

(1)农药工业中的应用。多种农药的生产直接以甲醇为原料，如杀螟硫磷、乐果、敌百虫、马拉硫磷等。有些农药虽未直接使用甲醇，但在生产过程中要用甲醇的一次加工产品，如甲醛、甲酸、甲胺等。生产中需以甲醛为原料的农药有甲拌磷等，生产中需用甲胺为原料的农药有甲萘威、灭草隆等，生产中需用甲酸为原料的农药有杀虫脒等。

(2)医药工业中的应用。甲醇在多种医药工业中应用，例如，长效磺胺、维生素 B_6 等。也有些药物生产过程中需用甲醇的一次加工产品，如氨基比林生产中需用甲醛，麻黄素生产过程中需用甲胺，乙酰水杨酸(阿司匹林)生产中需用醋酐或醋酸，安乃近、冰片、咖啡因生产中需用甲酸等。

(3)染料工业中的应用。许多染料生产过程中用甲醇作原料或溶剂，例如，红色基 RC、蓝色基 RT、分散红 GLZ、分散桃红 R_3L、分靛蓝 BR、活性深蓝 K-FGR、阴离子 GRL、阳离子桃红 FG、酞菁素紫等。还有相当多的染料生产过程中需用甲醛、甲胺、醋酸、醋酐、甲酸、硫酸二甲酯等作原料。

(4)合成树脂与塑料工业中的应用。有机玻璃(聚甲基丙烯酸甲酯)是一种高透明无定型热塑性材料，需以甲醇为原料，生成甲基丙烯酸甲酯单体，再聚合而成。聚苯醚(PPO)、聚甲醛、聚三氟氯乙烯、聚砜等工程塑料生产过程中需要醇作重要原料。以甲醛、甲胺、醋酸、醋酐、二甲基亚砜为原料的树脂和塑料种类很多，甲醇及其一次加工产品在塑料和树脂生产中有广阔的应用市场。

(5)橡胶工业中的应用。合成橡胶工业中作为异戊橡胶、丁基橡胶重要单体的异戊二烯可用异丁烯-甲醛法生产，需用甲醇一次加工产物甲醛作原料。

(6)化纤工业中的应用。合成纤维品种很多，其中不少纤维需用甲醇及其一次加工产物为原料，如聚酯纤维以丙烯腈与对苯二甲酸二甲酯为原料，聚丙烯腈纤维以丙烯腈与丙烯酸甲酯为原料，聚乙烯醇缩甲醛纤维以聚乙烯醇与甲醛为原料等。

5. 生物化工制单细胞蛋白

甲醇蛋白是一种由单细胞组成的蛋白，它以甲醇为原料，作为培养基，通过微生物发酵而制得。由于工业微生物技术的发展，以稀甲醇为基质生产甲醇蛋白的工艺在国外已工业化，大型化装置已投产，在国内也正在研究开发。我国饲养业对蛋白质需求量很大，发展甲醇蛋白是很有前途的。

二、国内外生产现状

1. 国外生产技术概况

合成甲醇的工业生产开始于 1923 年。德国 BASF 的研究人员试验了用一氧化碳和氢气，在 300~400℃的温度和 30~50 MPa 压力下，通过锌铬催化剂合成甲醇，并于当年首先实现了工业化生产。从 20 世纪 20~60 年代中期，世界各国甲醇合成装置都用高压法，采用锌铬催化剂。

1996 年，英国 ICI 公司研制成功甲醇低压合成的铜基催化剂，并开发了甲醇低压合成工艺，简称 ICI 低压法。1971 年，德国 Lurgi 公司开发了另一种甲醇低压合成工艺，简称 Lurgi 低压法。20 世纪 70 年代以后，各国新建与改造的甲醇装置几乎全部用低压法。

国外甲醇生产多以天然气为原料，采用低压法工艺，主要有 ICI、Lurgi、Topsoe 等方法，前两种被认为是当今较为先进的甲醇生产技术，约 80%的甲醇采用这两种方法生产。

近十多年来，国外甲醇生产技术发展很快，除了普遍采用低压法操作以外，在生产规模、节能降耗、催化剂开发、过程控制等领域都有新的突破。

(1) 生产规模大型化。甲醇生产技术发展的趋势之一是单系列、大型化。德国 Lurgi 公司管壳式甲醇合成塔单塔生产能力可达 1000~1500t/d，英国 ICI 多段冷激式甲醇合成塔单塔生产能力可达 2500t/d，据报道 Lurgi 公司开发甲醇装置生产能力可达 1. 5 Mt/a。随着汽轮机驱动的大型离心压缩机研制成功，为合成气压缩机、循环机的大型化提供了条件。大型压缩机、循环机一般采用背压式透平的蒸气由甲醇原料气制造工序产生。大型气流床煤气化炉、重油部分氧化炉、烃类蒸气转化炉的开发与应用，也为甲醇装置大型化创造了条件。

(2) 合成催化剂高效化。甲醇合成催化剂的开发应用经历了三个阶段。第一阶段为锌-铬催化剂，锌-铬催化剂活性温度高，约为 350~4200℃，由于受平衡影响，需在高压(约 30~32MPa)下操作，且粗甲醇产品质量较差。第二阶段为铜-锌-铝催化剂，从 20 世纪 60 年代后期使用至今，其活性温度低，约220~280℃，可在较低压力下操作。比较著名的有ICI51-1、TopsoeMK-101、德国GL-104、三菱MGC、德国BASF等。其中TopsiheMK-101催化剂，因具有高括性、高选择性、高稳定性的特点，可连续操作2~3年，保持稳定的活性，受到国外用户青睐。现在又开发了新一代铜系催化剂。英国ICI51-3型催化剂，铜相活性组分载在特殊设计的载体铝酸锌($ZnAl_2O_4$)上，使催化剂强度高、活性高、选择性好、甲醇产率进一步提高，副产物少，使用寿命提高50%。最近又推出一种ICI51-7新催化剂，其活性和稳定性更高，废气、废液更少。德国BASF公司开发的S3-86型催化剂，操作压力1~10MPa，温度200~300℃，据称采用该催化剂可使投资减少50%，能耗降低20%。

(3)节能减耗经常化。甲醇生产成本中能源费用占较大比重，目前国外把甲醇生产技术改进的重点放在采用低能耗工艺，充分回收与合理利用能量三方面。

在甲醇的合成中采用低压合成，降低合成压力可减少压缩机功耗。目前国外的甲醇合成压力一般为5MPa；有效利用甲醇合成反应热，如Lurgi甲醇合成塔，其突出特点是可产生4MPa压力的蒸气；降低合成塔阻力，如采用Topsoe、Casale、Linde式径向甲醇合成塔，可增大循环量，并采用较小颗粒催化剂，提高活性。

在用天然气制甲醇原料气方面，ICI公司提出了把LCA两段天然气蒸气转化与低压甲醇合成相结合的LCM工艺。采用结构紧凑的换热式转化炉，去掉繁杂、庞大的一段炉和热回收系统，二段炉用富氧，形成了用天然气甲醇原料气的新概念；意大利Foster Wheeler，国际公司和德国Lurgi公司共同开发一种联合转化法，即在天然气部分氧化转化反应下游增设一个传统的管式蒸汽转化反应器。这种方法比传统工艺节省天然气8%~10%，废气排放量大大减少，蒸汽消耗降低；在以渣油部分氧化制甲醇原料气时，采用废锅或半废锅流程，以回收热量及改进炭黑回收的方法。

甲醇精馏工艺的节能主要是：采用三塔流程，第二塔(加压主塔)塔顶馏分的冷凝热作为第三塔(常压主塔)的热源；改进精馏塔板结构；充分利用造气、合成的热量作为精馏工序低压蒸汽的热源。全装置的热力系统设计有一套完整的热回收系统，把工艺过程余热充分利用，产生高压蒸汽，既提供工艺蒸汽与加热介质，又提供了各转动设备所需的动力，减少外供电耗，亦可减少受外界电力的影响。甲醇生产是连续操作、技术密集的工艺，目前正向高度自动化操作发展。在甲醇原料气烃类蒸气转化工序中，采用自动控制系统控制反应温度。甲醇合成工序采用计算机控制，以及屏幕显示(CRT)和人-机通信方式，实现操作优化。

2. 国内生产技术概况

我国甲醇工业始于20世纪50年代，在吉林、兰州、太原由原苏联援建了采用高压法锌铬催化剂的甲醇生产装置。20世纪60~70年代，上海吴泾化工厂先后自建了以焦炭与以石脑油为原料的甲醇装置；同时，南京化学工业公司研究院研制了联醇用中压铜基催化剂，推动了我国合成氨联产甲醇工业的发展。20世纪70~80年代，四川维尼纶厂从ICI公司引进了以已炔尾气为原料的低压甲醇装置。山东齐鲁石化公司第二化肥厂从Lurgi公司引进了以渣油为原料的低压甲醇装置。20世纪80年代，上海吴泾等中型氮肥厂在高压下将锌铬催化剂改为使用铜基催化剂；同时，淮南化工总厂等许多联醇装置为增加效益，提高了生产中的醇/氨比；西南化工研究院和南京化学工业公司研究院开发了性能良好的低压甲醇催化剂，推进了甲醇工业的发展。90年代以来，上海焦化厂三联供工程中年产0.2Mt低压甲醇装置的建设和一些省市年产$(3\sim10)\times10^4$t低压甲醇装置的建没，以及许多中、小氮肥厂联醇装置的改造和投产，使我国甲醇生产跃上新的台阶。

国内甲醇生产早期采用锌铬催化剂，20世纪70年代我国自行开发成功铜基催化剂，并在全国范围内普遍使用，采用铜基催化剂后，操作压力降低，产品质最提高，精馏负荷减轻，以操作压来划分，目前，国内甲醇生产大致可分为三种生产工艺。

(1)高压法工艺。第一个五年计划时期，从的苏联引进的以煤或渣油为原料的高压法甲醇生产工艺，锌铬催化剂改用铜基催化剂后，为提高生产强度，仍采用高压法生产，操作压力20~25MPa，上海吴泾化工厂自行设计的以石脑油为原料的甲醇装置，合成塔采用U形冷管式，亦保持高压法生产。

(2)低压法工艺。20世纪70~80年代我国从ICI公司和Lurgi公司引进两套低压法甲醇装置。一套是以乙炔尾气为原料，一套是以渣油为原料，每套生产能力10万吨/年甲醇。从ICI公司引进的甲醇装置，合成塔为四段冷激式，合成操作压力5MP，温度210~270℃，精馏采用双塔流程。从Lurgi公司引进的甲醇装置，采用管壳式合成塔，操作压力5MPa，床层温度240~260℃，粗甲醇采三塔精馏。目前还有一批国内自行设计甲醇低压法生产装置建设投产。我国甲醇生产朝低压化方向发展。

(3)中压联醇工艺。合成氨联产甲醇(简称联醇)是我国独创的新工艺，是针对合成氨厂铜氨液脱除微量碳氧化物而开发的。联醇生产条件：压力10~12MPa，反应温度220~300℃，采用铜基联醇催化剂。近年来，不少氮肥厂，既生产氨，又生产甲醇，由甲醇、氨为基本原料，再生产其他化工产品，实现了多种经营。联醇生产可充分利用中小合成氨生产装置，只要增添甲醇合成与精馏两部分设备就可生产甲醇，其中甲醇合成系统可充分利用合成氨生产装置，只要增添甲醇合成与精馏两部分设备就可生产甲醇，其中甲醇合成系统可充分利用合成氨系统中更新改造后搁置不用的原合成工序设备，从30MPa降到12MPa使用，联醇生产投资省、上马快，但生产规模小。

目前，国内甲醇装置规模普遍较小，且多采用煤基路线，以煤为原料的约占到78%，气化装置规模有限和占地面积大的先天缺陷制约着甲醇生产装置向大型化发展；单位产能投资高，约为国外大型甲醇装置投资的2倍，导致财务费用和折旧费用高，这些都影响成本。而且整个甲醇生产格局呈现出规模小、分散化的分布特点。

因此，建立大型甲醇生产装置，降低生产成本，大力开发甲醇下游产品，使之向多元化、系列化、精细化方向发展，参与国际竞争是十分必要的。我国丰富的煤炭、天然气资源为甲醇的工业发展提供了良好的条件，在调整甲醇的生产结构和规模基础上，大力发展甲醇下游产品的生产及应用，实现资源优势向产品优势的转化，以促进甲醇工业的迅猛发展。

第二节　甲醇合成的基本原理

一、化学反应

合成甲醇的主要化学反应为CO和H_2在多相铜基催化剂上的反应：

$$CO+2H_2 \rightleftharpoons CH_3OH(g)-90.8kJ/mol$$

反应气体中含有CO_2时，发生以下反应：

$$CO_2+3H_2 \rightleftharpoons CH_3OH(g)+H_2O-49.5kJ/mol$$

同时CO_2和H_2发生CO的逆变换反应：

$$CO_2+H_2 \rightleftharpoons CO+H_2O(g)+41.3kJ/mol$$

反应过程中除生成甲醇外，还伴随一些副反应的发生，生成少量的烃、醇、醛、醚、酸和酯等化合物。

1. 烃类

$CO+3H_2 \rightleftharpoons CH_4+H_2O$

$2CO+2H_2 \rightleftharpoons CH_4+CO_2$

$CO_2+4H_2 \rightleftharpoons CH_4+2H_2O$

$2CO+5H_2 \rightleftharpoons C_2H_6+2H_2O$

$3CO+7H_2 \rightleftharpoons C_3H_8+3H_2O$

$nCO+(2n+1)H_2 \rightleftharpoons C_nH_{2n+2}+nH_2O$

2. 醇类

$2CO+4H_2 \rightleftharpoons C_2H_5OH+H_2O$

$3CO+3H_2 \rightleftharpoons C_2H_5OH+CO_2$

$3CO+6H_2 \rightleftharpoons C_3H_7OH+2H_2O$

$4CO+8H_2 \rightleftharpoons C_4H_9OH+3H_2O$

$CH_3OH+nCO+2nH_2 \rightleftharpoons C_nH_{2n+2}CH_2OH+nH_2O$

3. 醛

$CO+H_2 \rightleftharpoons HCHO$

4. 醚类

$2CO+4H_2 \rightleftharpoons CH_3OCH_3+H_2O$

$2CH_3OH \rightleftharpoons CH_3OCH_3+H_2O$

5. 酸类

$CH_3OH+nCO+(2n-1)H_2 \rightleftharpoons C_nH_{2n+1}COOH+(n-1)H_2O$

6. 酯类

$2CH_3OH \rightleftharpoons HCOOCH_3+2H_2$

$CH_3OH+CO \rightleftharpoons HCOOCH_3$

$CH_3COOH+CH_3OH \rightleftharpoons CH_3COOCH_3+H_2O$

$CH_3COOH+C_2H_5OH \rightleftharpoons CH_3COOC_2H_5+H_2O$

7. 单质碳

$2CO \rightleftharpoons C+CO_2$

这些副反应的产物还可以进一步发生脱水、缩合、酰化或酮化等反应，生成烯烃、酯类、酮类等副产物。当催化剂中含有碱类化合物时，这些化合物的生成更快。副产物不仅消耗原料，而且影响甲醇的质量和催化剂的寿命。特别是生成甲烷的反应为一个强放热反应，不利于反应温度的操作控制，而且生成的甲烷不能随着产品冷凝，甲烷在循环系统中循环，更不利于主反应的化学平衡和反应速率。甲醇合成反应有如下4个特点：

(1)放热反应。甲醇合成是一个可逆放热反应，为了使反应过程能够向着有利于生成甲醇的方向进行、适应最佳温度曲线的要求，以达到较好的产量，要求采取措施移走热量。

(2)体积缩小反应。从化学反应可以看出，无论是CO还是CO_2分别与H_2合成CH_3OH，都是体积缩小的反应，因此压力增高，有利于反应向着生成 CH_3OH 的方向进行。

(3)可逆反应。即在 CO、CO_2 和 H_2 合成生成 CH_3OH 的同时，甲醇也分解为 CO_2、CO 和 H_2，合成反应的转化率与压力，温度和氢碳比 $f=(H_2-CO_2)/(CO+CO_2)$ 有关。

(4)催化反应。在有催化剂时，合成反应才能较快进行，没有催化剂时，即使在较高的温度和压力下，反应仍极慢地进行。

二、甲醇合成反应的速率

1. 一氧化碳与氢气合成甲醇反应热的计算

一氧化碳与氢气合成甲醇是一个放热反应，在 25℃时，反应热为 90. 8 kJ/mol。反应热 Q_T(kJ/mol)与温度的关系式为：

$$Q_T=-74893.6-64.77T+47.78\times10^{-3}T^2-112.926\times10^{-3}T^3$$

式中 T——绝对温度，K。

不同温度下甲醇合成反应热见表 7-5，压力对反应热的影响见图 7-1 所示。

表 7-5 甲醇合成反应热

反应温度/℃	反应热/(kJ/mol)	反应温度/℃	反应热/(kJ/mol)
100	93303. 2	300	99370. 0
200	97068. 8	350	102298. 8
250	97926. 52		

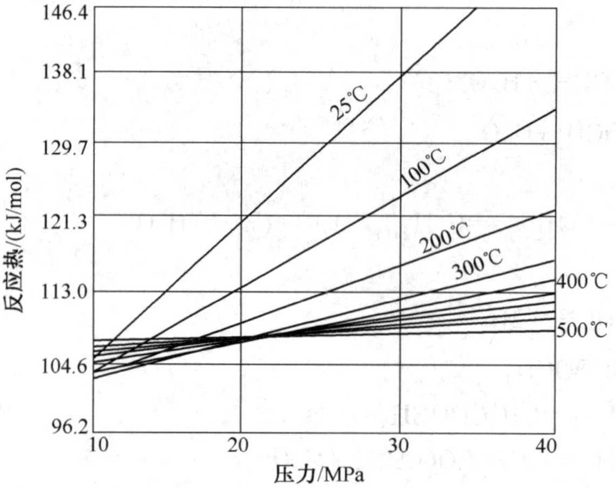

图 7-1 压力对反应热的影响

从表 7-5 和图 7-1 可以看出，压力降低，温度升高时，反应热变化小，故选择 20MPa、300~400℃的反应条件，反应易控制。从热力学分析可知，合成甲醇的反应温度低，所需操作压力也可以低；但温度低，反应速度太慢，因此关键在于催化剂。

2. 合成甲醇的平衡常数

一氧化碳和氢气合成甲醇是一个气相可逆反应，压力对反应起着重要作用，用气体分压来表示的平衡常数可用下面公式表示：

$$K_p=P_{CH_3OH}/P_{CO}\cdot P_{H_2}^2$$

式中 K_p——甲醇的平衡常数；

P_{CH_3OH}、P_{CO}、P_{H_2}——表示甲醇、一氧化碳、氢气的平衡分压，Pa。

反应温度是影响平衡的一个重要因素，下面公式用温度来表示合成甲醇的平衡常数：

$$\lg K_a = 3921/T - 7.9711\lg T + 0.002499T - 2.953\times10^{-7}T^2 + 10.20$$

式中　K_a——用温度表示的平衡常数；

T——反应温度，K。

用公式计算的反应平衡常数见表 7-6。

表 7-6　甲醇合成反应平衡常数

反应温度/℃	平衡常数 K_a	反应温度/℃	平衡常数 K_a
0	667.30	300	2.42×10^{-4}
100	12.92	400	1.079×10^{-5}
200	1.909×10^{-2}		

由表 7-6 可知，平衡常数随着温度的上升而很快减小。

第三节　甲醇合成的催化剂

一、国内外甲醇合成催化剂的发展状况

早期甲醇生产采用活性较低的锌-铬催化剂，为了达到较高的转化率，要求在高温(320～420℃)、高压(25～35MPa)下进行，从而导致投资和操作成本的上升。随着英国 ICI 公司铜-锌-铝催化剂的研制成功，甲醇生产进入了低温(220～280℃)、中低压(5～10MPa)时代。近年来，各种新型甲醇催化剂层出不穷，无论活性、选择性、寿命等各方面均大大超过前代产品，从而推动甲醇生产在长周期、低能耗、低成本运行方面上升到了一个前所未有的高度。近年来，低压铜基催化剂的使用逐渐普遍。

1. 锌铬催化剂

锌铬(ZnO/Cr_2O_3)催化剂是一种高压固体催化剂，由德国 BASF 公司于 1923 年首先开发研制成功。锌铬催化剂的活性较低，为了获得较高的催化活性，操作温度必须在 590～670 K。为了获取较高的转化率，操作压力必须为 25～35 MPa，因此被称为高压催化剂。锌铬催化剂的特点是：①耐热性能好，能忍受温差在 100℃以上的过热过程；②对硫不敏感；③机械强度高；④使用寿命长，使用范围宽，操作控制容易；⑤与铜基催化剂相比较，其活性低、选择性低、精馏困难(产品中杂质复杂)。由于在这类催化剂中 Cr_2O_3 的质量分数高达 10%，故成为铬的重要污染源之一。铬对人体是有毒的，目前该类催化剂已逐步被淘汰。

2. 铜基催化剂

(1) CuO-ZnO-Al_2O_3催化剂。英国 ICI 公司开发的 CuO-ZnO-Al_2O_3催化剂是比较有代表性的铜基催化剂，ICI 公司公布了一种铜基催化剂前体及其催化剂的专利以及这种催化剂前体的制备方法，利用这种方法制得的催化剂原子比为 $w_{Cu}:w_{Zn}:w_{Al}=60:23.3:16.7$，催化剂在合成甲醇之前在常压下用合成气进行还原，还原气空速为 $25000h^{-1}$，同时缓慢升温至 250℃。催化剂的初活性为 3.64(以每克催化剂下合成气出口中甲醇气的体积分数计)。利用这种方法制得的催化剂目前还在广泛使用。

在此之后，国内外对铜基合成甲醇催化剂的研究十分活跃，国外的 ICI-3、ICI-5，国内的 C306、XNC-98、NC307 等 CuO-ZnO-Al_2O_3 合成催化剂相继开发出来。这些催化剂的活性都较锌铬催化剂有所提高，合成甲醇的温度在 220～300℃，压力在 4.6～10MPa。目前

该类催化已广泛使用于工业装置中，各种催化剂性能比较见表7-7。

表7-7　$CuO-ZnO-Al_2O_3$合成甲醇催化剂性能比较

催化剂型号	温度/℃	压力/MPa	空速/h^{-1}	生产能力/[kg/(L·h)]	研制单位
ICI51-2	250	5	10 000	1.02	ICI
ICI51-3	250	5	10 000	1.04	ICI
MK-101	250	5	10 000	1.04	托普索
S79-4	250	5	10 000	1.02	BASF
Academic	250	5	10 000	0.3	Academic
C306	250	5	10 000	0.9	南化院
XNC-98	250	5	10 000	1.05	天科股份
C307	250	5	10 000	1.0	南化院

注：合成气组分体积分数为 $\phi_{CO}=10\%$，$\phi_{CO_2}=12\%$，$\phi_{CH_4}=9\%$，$\phi_{H_2}=69\%$。

(2) $CuO-ZnO-Cr_2O_3$催化剂。铜锌铬催化剂是在铜锌催化剂的基础上发展起来的，ICI和BASF对铜锌铬催化剂均有研究，其中BASF开发 $w_{CuO}:w_{ZnO}:w_{Cr_2O_3}=31:38:5$，ICI开发的 $w_{CuO}:w_{ZnO}:w_{Cr_2O_3}$为40∶40∶20、24∶38∶38，催化剂的性能比较见表7-8。

表7-8　$CuO-ZnO-Cr_2O_3$合成甲醇催化剂性能比较

催化剂	温度/℃	压力/MPa	空速/h^{-1}	生产能力/[(kg/(L·h)]	研制单位
BASF	230	5	10 000	0.755	BASF
ICI	240	8	10 000	0.77	ICI

注：合成气组分为 $\phi_{CO}=10\%$，$\phi_{CO_2}=12\%$，$\phi_{CH_4}=9\%$，$\phi_{H_2}=69\%$。

铜锌铬催化剂在低压合成甲醇工艺中具有很好的活性，由于 Cr_2O_3对人体有毒害，易对环境造成污染，因此铜锌铬催化剂将被逐步淘汰。

(3) $CuO-ZnO-(Al_2O_3)K_2O$ 催化剂。低压合成甲醇的 $CuO-ZnO-Al_2O_3$催化剂经碱金属(如钾)改性后，获得的低碳醇催化剂很有工业化前途。在此催化体系上，CO/H_2合成产物以甲醇为主，研究中发现钾在催化剂中存在的最佳含量大约在1%。

$CuO-ZnO-(Al_2O_3)K_2O$ 和 $CuO-ZnO-K_2O_2$类催化剂样品采用Cu、Zn及Al的硝酸盐与 Na_2CO_3水溶液共沉淀母体，两母体组成为 $w_{Cu}:w_{Zn}:w_{Al}=45:45:10$ 和 $w_{Cu}:w_{Zn}=50:50$，母体经去离子水洗涤，过滤至 $NaNO_3$消失，之后在333K干燥12h，再在625K空气中焙烧3h后，经压片、粉碎，筛分成20~40目颗粒，然后用不同浓度的K2CO3水溶液等体积浸渍，经干燥煅烧后获得一系列不同钾含量的催化剂样品。铜基催化剂浸钾后，催化剂比表面积下降，还原温度降低。通过改变浸钾量可以在一定程度上调节催化剂的活性。

(4) $CuO-ZnO-Al_2O_3-V_2O_3$催化剂。西南化工研究设计院开发的C302是比较有代表性的 $CuO-ZnO-Al_2O_3-V_2O_3$催化剂。该催化剂在220~270℃、4~12MPa、8000~15000h-1空速下表现出很好的活性，与德国GL-104、S79-4和丹麦的MK-10型催化剂相比，甲醇产率都要高，且粗甲醇的有机杂质仅为0.129%，远低于GL-104、S79-4和丹麦的MK-101。该催化剂的耐热性好，使用寿命在2年以上，广泛用于低压合成甲醇装置。

Lurgi公司研制的GL-104催化剂($CuO-ZnO-Al_2O_3-V_2O_3$)，其中 $w_{CuO}:w_{ZnO}:w_{Al_2O_3}:w_{V_2O_3}=59:32:4:5$。该催化剂在250℃和5MPa的操作条件下表现出很好的活性。工业化的CuO-

$ZnO-Al_2O_3-V_2O_3$合成甲醇催化剂性能比较见表7-9。

表7-9 $CuO-ZnO-Al_2O_3-V_2O_3$合成甲醇催化剂性能比较

催化剂	温度/℃	压力/MPa	空速/h^{-1}	生产能力/[kg/(L·h)]	研制单位
C302	250	5	10000	1.01	西南院
GL-104	250	5	10000	0.98	Lurgi公司

V_2O_3的加入提高了催化剂的耐热性，同时也提高了催化剂的选择性，但该催化剂对硫十分敏感，这是铜基催化剂合成甲醇的弱点。

3. 钯系催化剂

由于铜基催化剂的选择性可达99%以上，所以新型催化剂的研制方向在于进一步提高催化剂的活性、改善催化剂的热稳定性以及延长催化剂的使用寿命。新型催化剂的研究大都基于过渡金属、贵重金属等，但与传统(或常规)催化剂相比较，其活性并不理想。例如，以贵重金属钯为主催化组分的催化剂，其活性提高幅度不大，有些催化剂的选择性反而降低。

4. 钼系催化剂

铜基催化剂是甲醇合成工业中的重要催化剂，但是由于原料气中存在少量的H_2S、CS_2、Cl_2等，极易导致催化剂中毒，因此耐硫催化剂的研制越来越引起人们的兴趣。天津大学张继炎研制出$MoS_2-K_2CO_3-MgO-SiO_2$含硫甲醇合成催化剂，温度为533K，压力为8.1MPa，空速3000 h^{-1}，$\varphi H_2:\varphi_{CO}=1.42$，含硫质量浓度为1350 mg/L，CO的转化率为36.1%，甲醇的选择性为53.2%。该催化剂虽然单程转化率较高，但选择性只有50%，副产物 后处理复杂，距工业化应用还有较大差距。

二、国内甲醇合成催化剂的工业应用

随着近几年甲醇需求的快速增长，国内甲醇催化剂市场发展也很快。目前在国内低压合成甲醇催化剂应用领域中，具有代表性的工业催化剂有C79-7GL、ICI51-8、IC151-9、MK121、C302、C306、C307、XNC-98等。从目前国内市场份额来看，国产甲醇催化剂仍然占据绝对优势。从催化剂使用效果来看国产催化剂需要在以下几个方面进行重点改进：

(1)催化剂时空收率。国产催化剂的活性有一定提高空间，在工业应用中，国外催化剂的甲醇时空收率一般在0.8g/(mL·h)左右；国产催化剂的甲醇时空收率一般在0.7g/(mL·h)左右，在实验室测试中，国外催化剂在入塔气体积组成CO12.0%~13.50、$CO_2$4.0%~4.5%、$N_2$5.0%~12.00、$H_2$70%~76%，压力5.0MPa，空速10000h^{-1}，耐热后在2500℃的条件下，催化剂的甲醇时空收率达到1.35g/(mL·h)以上，耐热后的活性表现优于国产工业催化剂。

(2)催化剂选择性。催化剂选择性差主要表现在两个方面：一是粗醇反应产物中乙醇含量高，在工业使用中，国外催化剂得到的粗醇产物中乙醇的质量含量为0.02%~0.03%，国产工业催化剂在使用初期得到的粗醇中乙醇的含量也能达到0.01%~0.04%，但使用后期增为0.05%~0.06%；二是国产催化剂在使用过程中特别是后期有一定的结蜡现象，催化剂高温选择性需进一步改进。

(3)使用寿命。通常情况下，国产催化剂的平均寿命在2~3年；而国外催化剂的平均寿命在3~4年。

(4)原料气的净化水平、工艺设计和生产操作控制水平等因素，也是影响国产催化剂使用效果的重要原因之一。

当然，国产甲醇催化剂也有自己的特点和相对竞争优势，主要表现在以下三个方面：

(1)国产催化剂价格相对较低，在性价比上有一定的竞争优势；

(2)另外装置投资额、售后服务成本和态度等方面的优势也是目前大部分国内企业仍选用国产催化剂的原因之一；

(3)随着近几年国产催化剂的研发速度加快及相应的配套工艺设计水平和原料气的净化水平的提高，国产催化剂与国外催化剂本身性能和使用效果的差距逐渐缩小。

南化集团研究院目前推出的型号有高压合成甲醇催化剂 C301 型，联醇催化剂 C207 型、C207-1 型、NC501 型，低压合成甲醇催化剂 C301-1 型、NC501-1 型、C306 型和 C307 型。

1. 应用于高压合成甲醇装置的催化剂

20 世纪 70 年代末，为了替代进口高压合成甲醇催化剂，南化集团研究院研制生产出 C301 型甲醇合成催化剂，这一催化剂研制成功，填补了我国高压甲醇催化剂的空白。C301 型催化剂先后在上海吴泾化工厂、兰化公司化肥厂、辽宁省大洼县化工厂、济南石化二厂近 20 家中、高压合成甲醇装置中使用，均取得了显著的技术经济效益。

2. 应用于中压合成甲醇装置的催化剂

20 世纪 60 年代，随着我国合成氨上业的迅速发展，开发了具有中国特色的中压联醇工艺，甲醇催化剂采用 Cu-Zn-Al 系催化剂，其中首当其冲的是南化集团研究院研制开发的 C207 型联醇催化剂，后针对 C207 型催化剂在工厂使用中的不足，研制开发了 C207-1 型催化剂，C207-1 型催化剂的外观得到改善，同时径向抗压强度得到了提高。随后南化集团研究院又研制开发了可替代 C207 型催化剂的新一代用于联醇工艺的 NC501 型合成甲醇催化剂。目前，C207 型联醇催化剂仍是我国联醇厂家首选催化剂，其产量占我国甲醇合成催化剂年产量的 80%左右。

3. 应用于中低压合成甲醇装置的催化剂

(1)C306 型催化剂。目前，该产品已在国内 16 家共 19 套低压合成甲醇装置中使用，应用表明该催化剂活性好，甲醇产量高。在重庆维明化工有限公司使用时甲醇时空产率达 0.64g/mL·h。

(2)C307 型催化剂。工业运行表明该催化剂具有以下特点：①外观良好，机械强度高；②选择性好，副反应少；③低温活性好；④生产强度大，产醇量高。

第四节 甲醇合成的工艺条件

一、温度对甲醇合成反应的影响

甲醇的合成反应是一个可逆放热反应。从化学平衡考虑，随着温度的提高，甲醇平衡常数数值将为降低。但从反应速度的观点来看，提高反应温度，反应速度加快。因而，存在一个最佳温度范围。对不同的催化剂，使用温度范围是不同的。因此，选择合适的操作温度对 CH_3OH 的合成至关重要。

一般 Zn-Cr 催化剂的活性温度为 350~420℃。铜基催化剂的活性温度为 200~290℃。对每种催化剂在活性温度范围内都有适当的操作温度区间，如 Zn-Cr 催化剂的 370~380℃左右，铜基催化剂为 250~270℃左右，但不能超过催化剂的耐热允许温度，对于铜基催化剂一般不超过300℃。

实际生产中，为保证催化剂有较长的使用寿命和尽量减少副反应，应在确保甲醇产量的前提下，根据催化剂的性能，尽可能在较低温度下操作（在催化剂使用初期，反应温度宜维持较低的数值，随着使用时间增长，逐步提高反应温度）。例如，冷管型 CH_3OH 合成塔，铜基催化剂的使用可控制在230~240℃，热点温度为260℃左右，后期可控制床层温度270~280℃，热点温度为290℃左右。另外，甲醇合成反应温度越高，则副反应增多，生成的粗甲醇中有机杂质等组分的含量也增多，给后期粗甲醇的精馏加工带来困难。

二、压力对甲醇合成反应的影响

甲醇的合成反应是一个体积收缩的反应，增加压力，反应向生成甲醇的方向移动；从动力学考虑，增加压力，提高了反应物分压，加快了反应的进行；另外，提高压力也对抑制副反应，提高甲醇质量有利。所以，提高压力对反应是有利的。

不同类型的催化剂对合成压力有不同的要求。如Zn-Cr催化剂由于其活性温度较高（350~420℃），要实现 CH_3OH 合成必须在25 MPa以上。因此，Zn-Cr催化剂的操作压力一般要求为25~35MPa；而铜基催化剂由于其活性温度为230~290℃，甲醇合成压力也要求较低，采用铜基催化剂可在5 MPa的低压下操作，但是，压力也不宜过高，否则，不仅增加动力消耗，而且对设备和材料的要求也相应提高。

三、空速对甲醇合成反应的影响

气体与催化剂接触时间的长短，通常以空速来表示，即单位时间内。每单位体积催化剂所通过的气体量。其单位是 m^3(标)/(m^3催化剂·h)，简写为 h^{-1}。

空速是调节甲醇合成塔温度及产醇量的重要手段，影响选择性和转化率，直接关系到催化剂的生产能力和单位时间的放热量。表7-10为空速对一氧化碳转化率和甲醇产量的影响。

表7-10　铜基催化剂上空速与CO转化率、CH_3OH 生产能力

空间速度/h^{-1}	CO转化率/%	粗甲醇产量/\[m^3/(m^3催化剂·h)\]
20000	50.1	25.8
30000	41.5	26.1
40000	32.2	28.4

在甲醇生产中，气体一次通过合成塔仅能得到3%~6%的甲醇，新鲜气的甲醇合成率不高，因此，新鲜气必须循环使用。如果采用较低的空速，反应过程中气体混和物的组成与平衡组成较接近，催化剂的生产强度较低，但是单位 CH_3OH 产品所需循环气量较小，气体循环的动力消耗较低，并且由于气体中反应产物的浓度降低，增大了分离反应产物的费用。

在一定条件下，空速增加，气体与催化剂接触时间减少，出塔气体中甲醇含量降低。但由于空速的增加，单位时间内通过催化剂的气体量增加，所以甲醇实际产量是增加的。当空速增大到一定范围时，甲醇产量的增加就不明显了。同时由于空速的增加，消耗的能量也随之加大，气体带走的热量也增加，可以防止催化剂过热。但当气体带走的热量大于反应热时，床层温度会难于维持。甲醇合成的空速受到系统压力、气量、气体组成和催化剂性能等诸多因素影响。例如，对 $ZnO-Cr_2O_3$ 催化剂，空速控制在20000~40000h^{-1}；而CuO-ZnO-

Al_2O_3催化剂，空速则控制在10000h^{-1}。

四、气体组成对甲醇合成反应的影响

1. 氢与一氧化碳的比例对甲醇合成反应的影响

甲醇由一氧化碳、二氧化碳与氢反应生成，反应式如下：

$$CO+2H_2 = CH_3OH$$

$$CO_2+3H_2 = CH_3OH+H_2O$$

从反应式可以看出，氢与一氧化碳合成甲醇的物质的量比为2，与二氧化碳合成甲醇的物质的量比为3，当一氧化碳与二氧化碳都有时，对原料气中氢碳比(f或M值)有以下两种表达方式：

$$f=(H_2-CO_2)/(CO+CO_2)=2.05\sim2.15$$

或

$$M=H_2/(CO+1.5\,CO_2)=2.0\sim2.05$$

不同原料采用不同工艺所制得的原料气组成往往偏离上述f值或M值。例如，用天然气(主要成分甲烷)为原料采用蒸气转化法所得粗原料气中H_2过多，这就要在转化前或转化后加入CO_2调节合理的氢碳比。而用重油或煤为原料所制的粗原料气氢碳比太低，需要设置变换工序使过量的CO变换为H_2和CO_2，再将过量CO_2除去。

在合成时，若CO含量过高会造成温度不易控制，引起羰基铁在催化剂上的积聚，使催化剂失活。若H_2过量，会抑制高级醇、高级烃和还原性物质的生成，提高甲醇的浓度和纯度；同时由于氢导热性好，利于防止局部过热和催化剂床层温度的控制。

生产中合理的氢碳比应比化学计量比略高些，按化学计量比值，f值或M值约为2，实际控制得略高于2，即通常保持略高的氢含量。例如，在鲁奇合成流程中，甲醇合成塔入气口CO占10.53%，CO_2 3.16%，H_2 76.40%；在托普索合成流程中，合成循环气中含CO5%，CO_2 5%，H_2 90%。

2. 惰性气体含量对甲醇合成反应的影响

甲醇原料气的主要组分是CO、CO_2、H_2，惰性气体是指氮、氩气及其他不凝性的有机化合物。惰性气体在合成反应器内不参与CH_3OH的合成反应，但会在合成系统中逐渐积累而增多。系统中惰性气含量高，相应地降低了CO、CO_2、H_2的有效分压，对合成甲醇反应不利，动力消耗也增加。惰性气体来源于原料气及合成甲醇过程的副反应。对于甲醇生产厂家，循环气中惰性气含量会不断累积，需要经常排放一部分气体来维持惰性气的一定含量。

一般控制原则：在催化剂使用初期活性较好，或者是合成塔的负荷较轻、操作压力较低时，可将循环气中惰性气含量控制在20%~25%；反之，控制在15~20%左右。

控制循环气中惰性气含量的主要方法是排放粗甲醇分离器后气体。排放气量的计算公式如下：

$$V_{放空}\approx(V_{新鲜}\times I_{新鲜})/H_{放空}$$

式中 $V_{放空}$——放空气体的体积，m^3(标)/ h；

$V_{新鲜}$ ——新鲜气体的体积，m^3(标)/ h；

$I_{新鲜}$ ——放空气体中惰性气含量,%；

$H_{放空}$ ——新鲜气体中惰性气含量,%。

3. CO_2与CO比例对甲醇合成反应的影响

合成甲醇原料气中应保持一定量的CO_2，能促进铜基催化剂上甲醇合成的反应速率，适

量 CO_2 可使催化剂呈高活性。此外在 CO_2 存在下，甲醇合成的热效应比没有 CO_2 存在时要小，催化床温易于控制，这对防止生产过程中催化剂超温及延长催化剂使用寿命有利。但 CO_2 含量过高，会造成粗甲醇中含水量增多，降低压缩机生产能力，增加了气体压缩和精馏粗醇的能耗。CO_2 在原料气中的最佳含量应根据甲醇合成所用催化剂与甲醇合成操作温度作相应调整。在采用铜基催化剂时，原料气中 CO_2 的含量通常在6%(体积)左右，最大允许 CO_2 的体积分数为12%~15%。

4. 入塔甲醇含量对甲醇合成反应的影响

入塔甲醇含量越低，越有利于甲醇合成反应的进行，也可减少高级醇等副产物的生成。为此，应尽可能降低水冷却器温度，努力提高甲醇分离器效率，使循环气和入甲醇塔的气体中甲醇含量降到最低限。采用低压合成甲醇时，要求冷却分离后气体中的甲醇含量为0.6%左右。一般控制水冷却器后的气体温度在20~40 ℃。

五、甲醇合成催化剂对原料气净化的要求

为了延长甲醇合成催化剂的使用寿命，提高粗甲醇的质量，必须对原料气进行净化处理，净化的任务是清除油、水、尘粒、羰基铁、氯化物及硫化物等，其中特别重要的是清除硫化物。

目前工业合成甲醇广泛采用的催化剂为Cu-Zn-Al系催化剂，该系催化剂活性高、选择性好，但对毒物极为敏感，容易中毒失活，使用寿命往往达不到设计要求。影响其使用寿命的因素很多，如中毒、烧结、污物堵塞孔隙、强度下降等，其中主要影响因素为中毒和烧结。在目前的工艺中，导致甲醇催化剂中毒失活的因素主要集中在以下几个方面：①硫及硫的化合物；②氯及氯的化合物；③羰基金属等金属毒物；④微量氨；⑤油污。

1. 羰基金属化合物

羰基金属化合物种类很多，在合成甲醇工艺中主要是 $Fe(CO)_5$、和 $Ni(CO)_4$。$Fe(CO)_5$、$Ni(CO)_4$ 主要有两种来源：

(1)原料气中CO对设备与管道的腐蚀而形成 $Fe(CO)_5$、$Ni(CO)_4$。

(2)造气过程中原料气中CO与原料中Fe和Ni结合生成的。主要是利用渣油、煤、焦炭为原料制合成气的过程中产生。

羰基金属在甲醇合成催化剂表面受热后极易分解成高度分散的金属铁和镍，逐步被催化剂表面吸附而沉积在催化剂表面上，侵占催化剂活性位，堵塞催化剂的表面和孔隙，导致催化剂中毒、活性下降。

此外，由于Fe、Ni是生成甲烷有效的催化剂，这不仅增加了原料的消耗，而且使反应区的温度剧烈上升，影响了催化剂寿命；羰基铁、羰基镍在催化剂上沉积，导致副反应发生，增加粗甲醇中的杂质含量；粗甲醇中的羰基化合物可与甲醇形成共沸物，从而影响精甲醇质量。我国精甲醇国家标准中对羰基化合物也有严格的控制指标，羰基金属不脱除，会直接影响企业的经济效益。

因此，甲醇生产中应严格控制合成气中羰基铁、羰基镍的含量小于0.1 μL/L。为此，可在甲醇合成塔前设置羰基金属净化塔，解决羰基金属危害问题，延长甲醇催化剂使用寿命。近年来，为了避免羰基金属的生成，采用高铬钢铁素体内管的甲醇反应器，也可防止催化剂中毒及羰基铁生成。

2. 氯及氯的化合物

研究表明，对于Cu-Zn-Al甲醇催化剂而言，氯的危害比硫的毒害更大，入塔气体中含

0.1 μL/L 的氯就会发生明显的中毒。催化剂中 0.01%~0.03% 的吸氯量其活性就会大幅下降。虽然实际生产中氯含量没有硫含量高，但由于其毒性大，“累积效应”所带来的影响是十分严重的，其对催化剂的危害是不容忽视的。实际生产中的氯主要来源于原料煤、工艺蒸汽、空气和所使用的化工助剂及保温材料。因此，应控制入塔原料气氯含量小于 0.1 μL/L。解决原料气中氯的问题行之有效的方法就是采用脱氯剂。

3. 微量氨

当原料气中含有微量氨时，就会在甲醇合成过程中发生胺化反应，生成一甲胺、二甲胺、三甲胺等副产物带入粗甲醇中，由于甲氨类增多，碱值高、杂醇多，增加了粗甲醇精馏的困难，既影响甲醇产品质量又增加了消耗。这使甲醇带有甲胺类化合物特有的鱼腥味，严重降低了甲醇品级。甲胺在精馏中虽然会通过加入氢氧化钠溶解一部分，但仍会有小部分残留在精甲醇中，造成精甲醇中游离碱超标，达不到优等品(<0.0002%)的标准。当有微量水存在时，氨还会与甲醇催化剂中的铜生成铜氨络离子，造成铜的流失，从而导致甲醇催化剂失活。原料气中含有 50~100 μL/L 氨时，催化剂活性下降 10%~20%。

4. 油污

油污可堵塞甲醇催化剂的表面和内部孔道，减少催化剂比表面积，从而减少活性中心数目，加之带进的硫、甚至氯进一步导致催化剂中毒失活。油污主要来源于压缩机和循环机的润滑油泄漏。解决油污污染的方法之一是可采用无油润滑的压缩机，另外还有一个简单的方法是在甲醇合成塔前设置一个装填脱油剂的装置。温度提高时可适当提高空速，吸附容量大、使用方便、灵活，可很好地保护甲醇催化剂。

第五节　甲醇合成的工艺流程及操作控制

一、工艺流程

目前工业上几乎都是采用一氧化碳、二氧化碳加压催化氢化法合成甲醇。典型的流程包括原料气制造、原料气净化、甲醇合成、粗甲醇精馏等工序。图 7-2 为煤制甲醇典型工艺路线图。

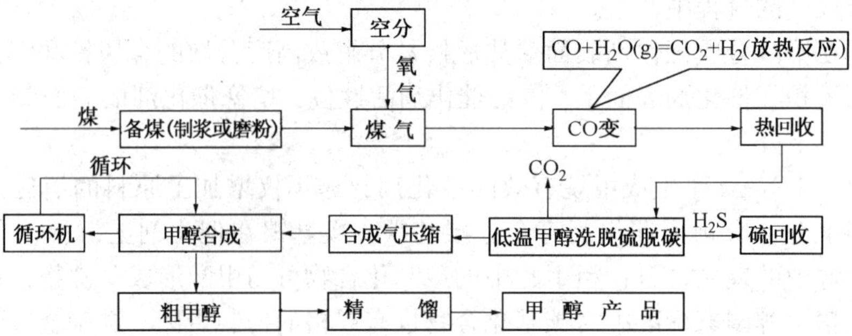

图 7-2　煤制甲醇典型工艺路线图

甲醇的合成在在甲醇合成塔中进行。甲醇合成是可逆放热反应，为使反应过程适应最佳温度，以达到较高的产量，所以要采取措施移走反应热。甲醇的分离采用冷凝分离法，它是利用甲醇在高压下易被冷凝的原理而进行分离的。高压下与液相甲醇呈平衡的气相甲醇含量随温度降低、压力的增高而下降。要使气体循环，必须设置循环机以克服合成回路中的阻力。气体在合成系统内循环，是凭借循环压缩机(或在原料气压缩机中设循环段)进行的，由于系统中气体的流速很大，通过设备管道时产生了较大的压力降，由循环压缩机得到了补偿。

1. 气相法

甲醇合成是可逆强放热反应，受热力学和动力学控制。通常在单程反应器中，CO 和 CO_2的单程转化率达不到100%。反应器出口气体中，甲醇含量仅为3%~6%，未反应的 CO、CO_2和 H_2 需与甲醇分离，然后进一步压缩到反应器中。为了保证反应器出口气体中有较高的甲醇含量，一般采用30MPa以上的反应压力。根据操作压力不同又可分为高压法、中压法和低压法生产。

(1)高压合成法。高压法是在压力为30MPa、温度为300~400℃下使用锌铬催化剂合成甲醇的工艺。高压法甲醇合成工艺流程是指压力在25~32MPa下进行的甲醇合成反应。工业上最早的甲醇合成技术就是在30~ 32MPa压力下在锌铬催化剂上合成甲醇的，出口气体中甲醇含量为3%左右，反应温度为360~420℃。我国开发了25~27MPa压力下在铜基催化剂上合成甲醇的技术，出口气体中甲醇含量4%左右，反应温度230~290℃。

高压法合成甲醇的工艺流程图见图7-3。经压缩后的合成气在活性炭吸附器中脱除五羰基碳后，同循环气一起送入管式反应器中，在350℃和30.4MPa(300atm)，一氧化碳和氢通过催化剂层反应生成粗甲醇。含粗甲醇的气体经冷却器冷却后，迅速送入粗甲醇分离器中，使粗甲醇冷凝，未反应的一氧化碳和氢循环回反应器。冷凝的粗甲醇进入精馏装置，在第一分馏塔中分出二甲醚和甲酸甲酯及其他低沸点不纯物；在第二分馏塔里除去水和杂醇，得到精甲醇。高压法合成甲醇由于操作压力高，动力消耗大，设备复杂质量差等缺点，正在逐渐淘汰。

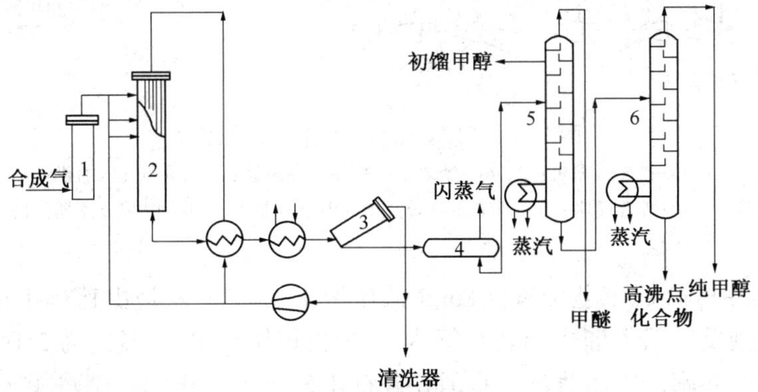

图7-3　高压法合成甲醇工艺流程图

1—活性炭吸附剂；2—管式反应器；3—粗甲醇分离器；

4—粗甲醇储罐；5—粗分离塔；6—精分离塔

(2)低压甲醇合成法。低压法是在操作压力为5MPa，反应温度在230~270℃范围下，空速6000~10000h^{-1}，使用铜基低温高活性催化剂生产甲醇的工艺，主要的低压合成法有：4~8 MPa帝国化学公司(ICI)、德国鲁奇(lurqi)的工艺、国内的linde工艺。

①ICI低压甲醇合成工艺流程。ICI冷激型甲醇合成塔是英国ICI公司在1966年研制成功的。它首次采用了低压法合成甲醇，合成压力为5 MPa，这是甲醇生产工艺上的一次重大变革。该反应器适于大型化，易于安装维修。

ICI低压甲醇台成工艺流程如图7-4所示。合成气经离心式压缩机升压至5MPa，与循环压缩后的循环气混合，大部分混合气经热交换器预热，于230~245℃进合成塔，一小部分混合气作为合成塔冷激气，控制床层反应温度。在合成塔内，气体在低温高活性的铜基催化剂(ICI51-1 型)上合成甲醇，反应在 230~270℃及 5MPa 下进行，副反应少，粗甲醇中的杂质含量低。合成塔出口气经热交换器换热，再经水冷分离，得到粗甲醇，未反应气返回循环机升压，完成一次循环。为了使合成回路中的惰性气体含量维持在一定范围内，在进循环机前释放一股气体作为燃料。粗甲醇在闪蒸器中降压至 0.35MPa，使溶解的气体闪蒸，也作为燃料使用。合成采用 ICI51-1 型铜基催化剂，这是一种低温催化剂，操作温度230~270℃，可在低压下(5MPa)操作，抑制强放热的甲烷化反应及其他副反应。粗甲醇中杂质含量低，使精馏负荷减轻。另一方面，由于采用低压法，使动力消耗减至高压法的一半，节省了能耗。

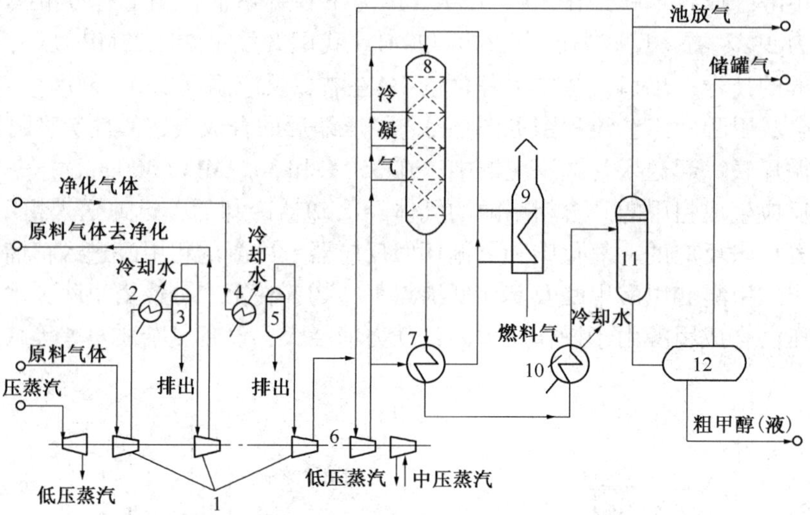

图 7-4　ICI 低压法甲醇合成工艺流程

1—原料气压缩机；2、4—冷却器；3、5—分离器；6—循环气压缩机；
7—热交换器；8—甲醇合成塔；9—开工加热器；10—甲醇冷凝器；11—甲醇分离器；12—中间储槽

②Lurgi 低压甲醇合成工艺流程。Lurgi 低压甲醇合成工艺是由德国 Lurgi 公司开发的，该流程采用管壳型反应器，催化剂装在管内，操作压力 5MPa，温度为 250℃。反应热由管间的沸腾水带走，并副产中压蒸汽。我国齐鲁石化公司第二化肥厂引进了 Lurgi 低压甲醇合成工艺。

德国 Lurgi 低压法气相合成甲醇工艺流程如图 7-5 所示。合成气是由天然气水蒸气重整制备；天然气经脱硫至 0.1mg/L 以下，送入蒸汽转化炉中，天然气中所含的甲烷在镍催化剂作用下转化成含有一氧化碳、一氧化碳及惰性气体等的合成气。合成气用透平压缩机 4 压缩至 4.053~5.066MPa 后，送入合成塔 5 中。合成气在铜催化剂存在下，反应生成甲醇。合成甲醇的反应热用以产生高压蒸汽，并作为透平压缩机的动力。合成塔出口含甲醇的气体与混合气换热冷却，再经空气或水冷却，使粗甲醇冷凝，在分离器 6 中分离。冷凝后的粗甲醇至闪蒸塔 7 闪蒸后，送至精馏装置精制。粗甲醇首先在粗馏塔 8 中脱除二甲醚、甲酸甲酯及其他低沸点杂质。塔底物即进入第一精馏塔 9。经蒸馏后，有 50%的甲醇由塔顶出来，气体状态的精甲醇用来作为第二精馏塔再沸器加热的热源；由第一精馏塔底出来的含重组分的甲醇在第二精馏塔 10 内精馏，塔顶部采出精甲醇，底部为残液；第二精馏塔来的精甲醇经冷却至常温后，得到纯甲醇成品并送入储槽。

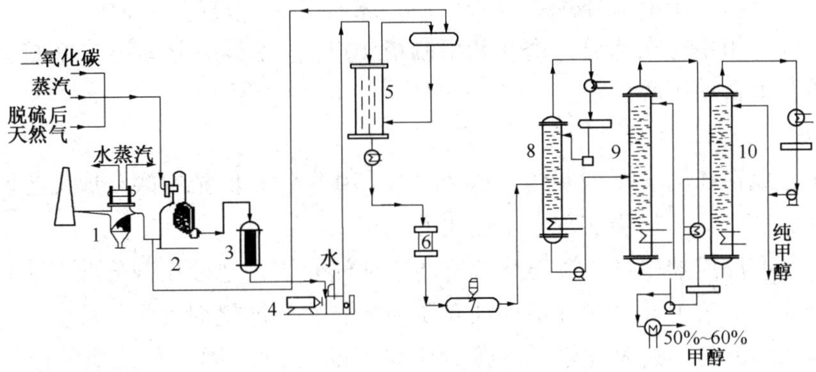

图 7-5　Lurgi 低压法合成甲醇生产工艺流程图

1—废热锅炉；2—转化炉；3—冷却器；4—透平压缩机；5—合成塔；

6—分离器；7—闪蒸塔；8—粗馏塔；9—第一精馏塔；10—第二精馏塔

低压法操作压力较小，但设备体积庞大，生产能力较小，且甲醇的合成收率较低，单程转化率低，一般只有 10%~15%左右，有大量的未转化气体被循环；反应气体的 H_2/CO 比一般为(5~10)∶1，远大于理论量的 2∶1。由于循环比较大(一般大于 5)，惰性组分有累积效应，新鲜原料气中的 N_2 含量不能过高，这为原料气制备提出新的要求。

③中压甲醇合成法。中压法是在低压法基础上开发的在 5~10MPa 压力下合成甲醇的方法，该法成功地解决了高压法的压力过高对设备、操作所带来的问题，同时也解决了低压法生产甲醇所需生产设备体积过大、生产能力小、不能进行大型化生产的困惑，有效降低了建厂费用和甲醇生产成本。中压法合成甲醇的工艺流程图见图 7-6。

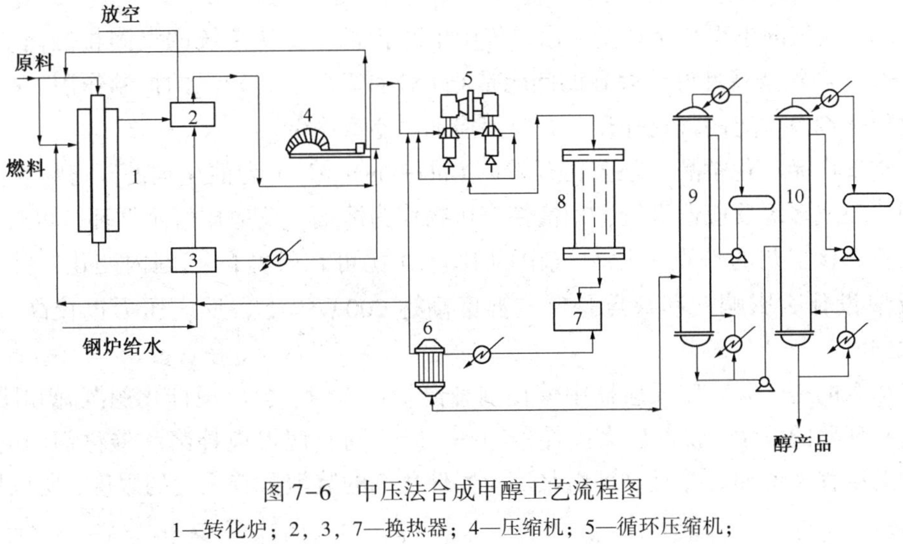

图 7-6　中压法合成甲醇工艺流程图

1—转化炉；2，3，7—换热器；4—压缩机；5—循环压缩机；

6—甲醇冷凝器；8—合成塔；9—粗分离塔；10—精制塔

原料以天然气或石脑油为起始，经过重整转化为合成气。合成气原料在转化炉 1 内燃烧加热，转经压缩与循环气一起，在循环压缩机 5 中预热，然后进入合成塔 8，其压力为 8.106MPa，温度为 220℃。在合成塔里化炉内填充镍催化剂。从转化炉出来的气体进行热量交换后送入合成气压缩机 4，合成气通过催化剂生成粗甲醇。合成塔为冷激型塔，回收合成反应热产生中压蒸汽。出塔气体预热进塔气体，然后冷却，将粗甲醇在冷凝器中冷凝出来，气体大部分循环。粗甲醇在粗分离塔9和精制塔10中，经蒸馏分离出二甲醚、甲酸甲酯及杂醇油等杂质，即得精甲醇产品。

2. *液相法*

鉴于气相合成存在的一系列问题，从20世纪70年代人们把甲醇合成工艺研究开发重点转移到液相合成法，并且初步实现了工业化的生产。

液相合成是在反应器中加入碳氢化合物的惰性油介质，把催化剂分散在液相介质中。在反应开始时合成气要溶解并分散在惰性油介质中才能达到催化剂表面，反应后的产物也要经历类似的过程才能移走。这是化学反应工种中典型的气-液-固三相反应。液相合成由于使用了热容高、导热系数大的石蜡类长链烃类化合物，可以使甲醇的合成反应在等温条件下进行，同时，由于分散在液相介质中的催化剂外表面积非常大，加速了反应过程，反应温度和压力也下降许多。目前在液相合成甲醇方面，采用最多的主要是浆态床和滴流床。

(1)浆态床。浆态床工艺所用的催化剂为$CuCrO_2/KOCH_3$或$CuO-ZnO/Al_2O_3$，以惰性液体有机物为反应介质，催化剂呈极细的粉末状分布在有机溶剂中，反应器可用间歇式或连续式，也可将单个反应器或多个反应器串联使用。

在用$CuCrO_2/KOCH_3$作催化剂的浆态床体系中，非极性有机溶剂和甲醇作反应介质，$KOCH_3$大部分分散在溶剂中，部分沉积在$CuCrO_2$表面上，$CuCrO_2$呈粉末状悬浮于溶剂中，因此，该反应是一个气-液-固三相并存的反应体系。由于溶剂的存在，明显改善了反应的传热效率，降低了反应温度，促进了反应向有利于生成甲醇的方向发展。

$CuCrO_2/KOCH_3$浆态床法的最大优点是反应温度低(80～160℃)，压力适中(4.0～6.5MPa)，合成气的单程转化率高，出口气中甲醇含量可以从传统的气固相催化工艺的5%提高到15%，产物选择性好。存在的问题是CO对加氢反应有较强的抑制作用，CO_2和H_2O对羰基化催化剂有一定的毒化作用，并且反应的时空产率低。

美国空气产品与化学品有限公司开发的$CuO-ZnO-Al_2O_3$为催化剂的浆态床合成甲醇技术，采用二级或多级反应器系统，用惰性有机物作为溶剂，反应尾气不循环，可直接用作发电厂的燃料。该工艺的特点是原料气中的H_2/CO比可在较宽的范围内变化，并且CO_2和H_2O对反应没什么影响。其缺点是反应温度高达200℃以上，反应压力也较高，在5.0～6.0MPa之间。

应该注意的是，浆态床反应器中催化剂悬浮量过大时，会出现催化剂沉降和团聚现象。要避免这些现象的发生，就得加大搅拌器功率，但这同时使得搅拌桨和催化剂的磨蚀加大，反应中的返混程度增加。并且这种料浆反应器催化剂的装填量有一定的限度，所以操作中空速不能太大。

(2)滴流床。滴流床反应器与传统的固定床反应器的结构类似，由颗粒较大的催化剂组成固定层，液体以液滴方式自上而下流动，气体一般也是自上而下流动，气体和液体在催化剂颗粒间分布。滴流床兼有浆态床和固定床的优点，与固定床相类似。催化剂装填量大且无磨蚀，床层中的物料流动接近于活塞流，无返混现象，同时它具备浆态床高转化率、等温反应的优点，更适合于低氢碳比的合成气。对滴流床中合成甲醇的传质传热研究表明，与同体积的浆态床相对比，滴流床合成甲醇的产率几乎增加了一倍。

二、操作控制

低压甲醇工序的主要任务：将压缩送来的原料气中 CO、CO_2，在合适的温度和压力下，在触媒的催化作用下，与 H_2 反应生成甲醇，并将粗甲醇经中间槽送往甲醇精馏工段；同时为低压醇烃化系统输送含 CO+CO_2合格的原料气。

工段管辖范围：低压甲醇塔、塔前预热器、循环机、水冷器、醇分离器、油分离器，中间槽，汽包、热水泵等界区所属设备、管道、阀门、仪表等。

（一）开车

1. 原始开车

（1）系统设备、管道安装、触媒装填结束。所有电器、仪表完好；

（2）管道应另行制定分段吹扫方案进行管道吹扫；

（3）系统置换和气密性实验另行制定方案进行；

（4）系统置换、气密性实验合格后，开车。

2. 系统长期停车后的开车

（1）系统检修完毕、置换和气密性实验合格后，系统补入合格的原料气（$CO+CO_2 \leq 2.0\%$），充压至~2.0MPa；

（2）阀门调整：关补入阀，关系统出口阀，关醇分放醇阀。开该系统至循环机系统的进出口阀；

（3）按循环机开车程序开启循环机；

（4）同时汽包加水至正常液位；

（5）开循环热水泵，开升温蒸汽，使升温速率为 20~30℃/h（注意控制气汽压差）；

（6）当水冷气体出口温度达 30~40℃时，开冷却水降温；

（7）当触媒床层温度热点达 200℃时，缓慢补气升压，并逐步关小、关闭升温蒸汽，调节气体循环量，将床层温度控制在指标内，提压速率为 0.1~0.3 MPa/min 为宜，适时进行放醇操作；

（8）当系统正常，醇后气 $CO+CO_2<1.0\%$，可将系统并入低压醇烃化系统，开始给低压醇烃化系统的升温。

3. 短期停车后的开车

停车时间很短，系统压力和触媒床层温度均在正常范围内，只需启动循环机，开系统进口阀门，待气体成分负荷要求，便可向后工序送气。

停车后系统压力低于 2.0 MPa，触媒床层温度低于 200℃的情况下开车

（1）开补气阀，将新鲜气慢慢导入系统，控制 $CO+CO_2 \leq 2.0\%$；升压速率 0.1 MPa/min，先补至压力 2.0~3.0 MPa 升温；待温度达到 200℃时，再将压力补至系统正常压力。

（2）启动热水泵进行水循环，使用升温蒸汽，调节汽包压力、液位及循环量，使合成塔出口温度恢复到停车前的状况，注意及时给汽包补水，使汽包液位到 50%后，将汽包上水投为自动上水。

（3）随新鲜气量的加大，合成反应速度的加快，反应热增多，可逐渐减少、关闭升温蒸汽，停止热水循环，控制触媒层温度在指标内。

（4）系统恢复正常后，根据汽包压力情况，慢慢将汽包蒸汽并入蒸汽网。

（5）当系统压力与补气压力相平时，开系统出口阀。

（6）分析汽包水质情况，按工艺指标要求调整好水质。

（二）停车

1. 短期停车

（1）接到调度通知，压缩逐渐减机减量，调整好循环量及汽包压力，接到停车信号后，关系统进出口阀。

（2）系统内 CO 循环到 0.5%以下后停循环机，关闭放醇阀，关汽包给水阀。关闭水冷上水阀。

（3）启动循环热水泵，使用升温蒸汽，维持触媒层温度在指标内。并通过汽包排污维持汽包液位。

2. 长期停车

（1）接到调度通知，压缩逐渐减机减量，调整好循环量及汽包压力，接到停车信号后，关系统进出口阀。

（2）系统内 CO 循环到 0.2%以下，关闭放醇阀，关汽包给水阀。

（3）缓慢降低汽包压力，按 20℃~25℃/h 的速率将触媒温度降至<60℃；然后将汽包压力全部卸去。

（4）关闭水冷上水阀；系统开始缓慢卸压，用氮气置换系统，塔内用氮气保正压。

3. 紧急停车

生产中突然停电、断水，应立即关闭系统进出口阀；关放醇阀；关汽包给水阀。

（三）正常生产中的操作要点

低压甲醇系统正常生产中的操作内容，主要是提过调节进口 CO 指标，来增加或减少甲醇产量；通过控制蒸汽压力和调节循环量来稳定好催化剂床层温度与调控出口气体指标。

（1）无论何时，在任何生产状况下，应保持工艺气体压力不小于余热回收的水汽系统压力，以利于触媒的保护与系统安全。

（2）系统通过控制输出蒸汽压力调节触媒床层温度；通过调节系统循环气量控制出塔气体指标。

（3）触媒床层温度分布：反应温度在最适宜温度范围内恒温反应。催化剂床层进口：190~210℃，催化剂床层出口：220~230℃。

（4）催化剂床层温度控制：催化剂床层热点前期：220℃；中期：240℃；后期：260℃。

（5）放醇操作：控制好各塔、槽液位、压力，按时排放；放醇时应严防高压冲入低压部分而损坏放醇压力表、液位计或引起连通管爆炸；严禁高压气窜入储槽。

（四）不正常现象判断及处理

操作中的不正常现象判断及处理见表 7-11。

表 7-11　不正常现象判断及处理

现　象	原　因	处　理
醇化触媒床层热点温度上升太快	（1）循环量锐减，蒸汽管网压力突然上升，汽包压力突然上涨； （2）补入原料气中 $CO+CO_2$ 含量升高 （3）生产负荷增加 （4）操作不当 （5）补入原料气中 O_2 含量升高	（1）加大蒸汽送出或开汽包放空阀，稳住汽包压力；加大循环量 （2）要求调度适时调整补入原料气中 $CO+CO_2$ 含量 （3）根据生产负荷，调整循环量 （4）精心操作 （5）及时排除 O_2 含量升高原因

续表

现　象	原　因	处　理
醇化触媒床层热点温度下降太快	(1)由于外工序原因，汽包压力下降快；循环量太大 (2)补入原料气中 $CO+CO_2$ 含量降低 (3)生产负荷锐减 (4)操作不当	(1)稳住汽包压力，减少循环量 (2)调整补入原料气中 $CO+CO_2$ 含量 (3)减少循环量或增加生产负荷 (4)严格控制进塔气体成分 (5)精心操作
醇后气体中 $CO+CO_2$ 含量超标	(1)入塔原料气中 $CO+CO_2$ 含量升高 (2)循环量减得过多触媒使用时间太长活性衰退	(1)宏观上要求调度调整气体成分 (2)恢复正常循环量 (3)需要更换触媒
系统压差增大	(1)系统中任一阀门阀芯脱落 (2)触媒使用时间长粉化严重	(1)停车检修更换阀门 (2)待机停车更换触媒
断水、断电		紧急停车处理

(五)安全操作注意事项

(1)操作人员要严格执行工艺技术操作规程。

(2)进入岗位要按规定穿戴好个人防护用品。

(3)设备、管道阀门使用前，必须与有关单位、岗位联系，仔细检查在检修时所加的盲板是否拆除，检修的紧固件是否紧固可靠，确认无误后再开车。

(4)各种安全防护装置、仪表及指标器，消防及防护器材等不准任意挪动或拆除。

(5)操作人员必须掌握气防、消防知识，并学会使用气防、消防器材。

(6)机器设备、容器及管道的法兰、阀门、安全阀等漏气时，不可在有压力的情况下扭紧螺栓。如必须堵漏应报告车间，首先将压力降低至规定范围，才可去紧螺栓。在未处理前应设立明显标志。

(7)如遇有爆炸、着火事故发生，必须先切断有关气源、电源后进行抢救。

(8)设备交出检修时，必须按车间签发的检修票上有关工艺处理。

第六节　甲醇合成反应器

甲醇反应器的类型很多，很难将其准确分类。

按物料相态：分为气相反应器（如 ICI、Lurgi 低压合成反应器）、液相反应器和气液固三态反应器（如 GSSTFR 气、固、滴流流动反应器）。

按床型：分为固定床反应器、浆态床反应器和流化床反应器。

按反应气流向：分为轴向反应器、径向反应器及轴、径向反应器。

按冷却介质种类：分为自热式（冷却剂为原料气）、外冷式，外冷式反应器又可分为管壳式与冷管式反应器。

按反应器组合方式：分为单式反应器与复式反应器。ICI、Lurgi 的低压反应器为单式反应器，绝热管壳反应器、内冷、管壳反应器等为复合反应器。

按其来源：分为国外反应器和国内反应器等。

一、对甲醇合成反应器的基本要求

甲醇合成反应器是甲醇合成的关键技术和核心设备。甲醇合成反应器的主要要求有：

(1)工艺性能优良，适应甲醇触媒特点，充分发挥触媒活性，触媒升温还原安全容易，还原后活性好，合成率高，吨醇原料气耗少，产品质量好，杂质少。

(2)合成塔高压空间利用率高，触媒装量多，单位生产能力设备投资费用低。

(3)反应器内气流和温度均匀，不易造成触媒过热失活、粉碎。

(4)对工业条件变化能快速响应，操作稳定性和自热性能好，易调节控制。

(5)结构简单可靠，热膨胀补偿好，装卸检修和更换触媒方便。

(6)塔压降小，压缩机和循环机电耗低。

(7)反应热回收好，吨醇总能耗低。

二、常用甲醇合成反应器

1. 国外主要的甲醇合成塔

(1) ICI 合成塔。帝国化学(ICI)是最早采用低压甲醇工艺的公司，ICI 公司的甲醇合成塔早期为单段轴向合成塔，目前工业上采用较多的是 ICI 冷激式合成塔，后来又推出冷管式合成塔和副产蒸汽合成塔。

①ICI 冷激式合成塔。ICI 冷激型甲醇合成塔是英国 ICI 公司在 1966 年研制成功的。它首次采用了低压法合成甲醇，合成压力为 5MPa，这是甲醇生产工艺的一次重大变革。采用固定床 4 段冷激式绝热轴向流动合成塔，通过特殊设计的菱形分布系统将冷激气喷入床层中间带走热量，床层多段连续，压降为 0.5~0.6MPa；反应热预热锅炉水。大型塔的高径比限制在 2 ∶1。ICI 曾将合成塔的单机日生产能力提高到 3000 t。ICI 冷激式合成塔结构见图 7-7。

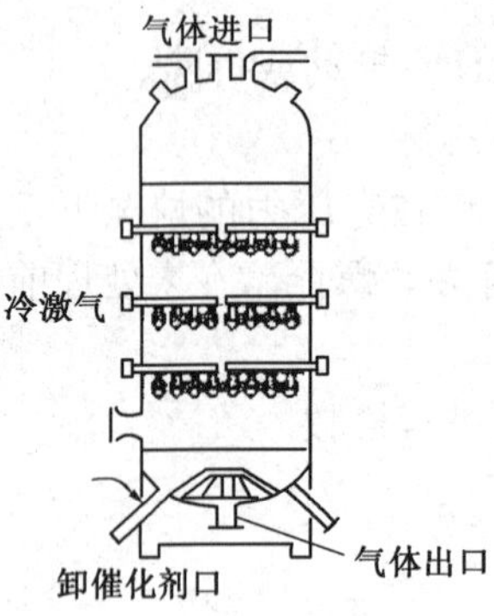

图 7-7 ICI 冷激式合成塔

该塔将反应床层分为若干绝热段，两段之间通入冷的原料气，使反应气体冷却，以使各段的温度维持在一定值。这种塔的结构简单，塔体是空筒，塔内无催化剂筐，催化剂不分层，由惰性材料支撑，装卸方便，并有特殊设计的冷却气体菱形分布器。气体喷头由 4 层不锈钢的圆锥体组焊而成，固定于塔顶气体入口处，使气体均匀分布于塔内。冷激气体喷管直接插入床层，这种喷头可以防止气流冲击催化床而损坏催化剂。菱形分布器埋于催化床中，并在催化床的不同高度安装，全塔共装 3 组，它使冷激气和反应气体均匀混合，以调节催化床层的温度，是塔内最关键的部件。这种结构的合成塔，装卸催化剂很方便，3h 可卸完 30t 催化剂，装催化剂需 10h。该塔的控制系统要求较高，各段床层的温度不同，取决于各段的进口温度。ICI 冷激式绝热合成塔的床层阻力降大，大装置合成塔高径比应控制在 2 ∶1 左右。这样高压容器的直径和壁厚将增加，制造费用高，造成运输困难。该类反应器的特点：

a. 具有结构简单，塔内未设置电加热器或换热器，催化剂利用效率较高。由于采用菱形分布器，保证了反应气体和冷激气体的均匀混合，以调节催化床层的温度，同一床层温差控制变得容易；

b. 适于大型化甲醇装置，易于安装维修。

c. 高活性、高选择性催化剂选择余地大，国内外生产的催化剂如 UCIC79-2、G106 催化剂、ICI 生产的 ICI51-1、ICI51-2、ICI51-3 催化剂、国产的 C302 和 NC 系列催化剂等均能应用。

该类反应器的缺点：

a. 床层温度随其高度的变化而不同，床层温度波动较大，致使不同高度的催化剂活性不同，催化剂的整体活性不能有效发挥，其时空产率和经济效益表现较低；也容易因温度控制不好，易致催化剂局部过热而影响催化剂的使用寿命。

b. 反应器结构松散，出口的甲醇浓度低，导致大部分原料气不能参与合成反应，必须保持 10 倍左右的循环气量，压缩功能耗高（约占总能耗的 24%），同时相同产能的反应器体积比 Lurgi 反应器大，其一次性投资也较 Lurgi 的多。

c. 能源利用不合理，不能回收反应热，产品综合能耗较高。

d. 催化剂时空产率不高，用量大。

②冷管式合成塔。1984 年 ICI 公司在 AICHE 国际会议上提出了两种新型合成塔，即冷管式合成塔和副产蒸汽合成塔。冷管式合成塔结构示意见图 7-8。

冷管式合成塔与单段内冷式逆流合成塔相似。但冷管塔将换热器移出，在合成塔筒体之外，入塔气靠管间催化剂层的反应热来预热，温度的调节是通过旁路或调节合成塔下游进出塔气体交换量来控制。该塔不仅投资省，而且具有压差小，操作稳定的优点。

③副产蒸汽合成塔。副产蒸汽合成塔结构示意见图 7-9。该塔也属于单段内冷式，但气体流动是径向横流，垂直于沸腾水冷却管。该合成塔是应用了有限元分析法分析塔内气体流动和温度特性后设计的。

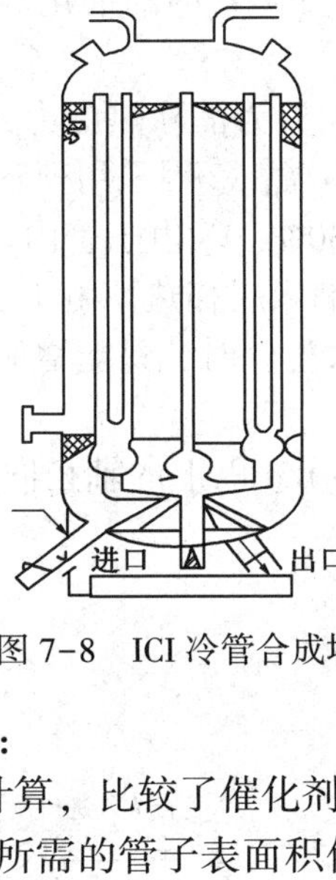

图 7-8　ICI 冷管合成塔

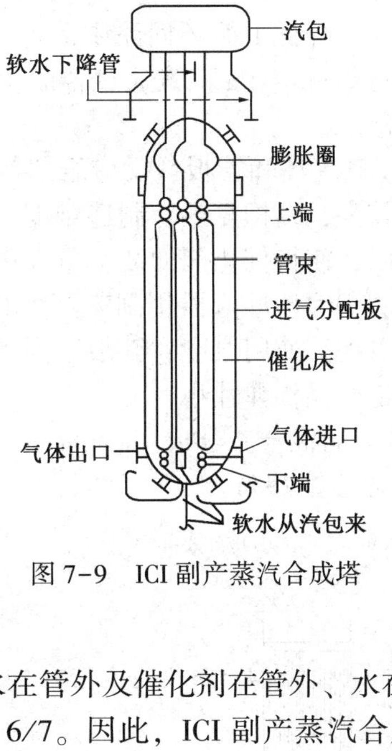

图 7-9　ICI 副产蒸汽合成塔

该塔的特点：

a. ICI 通过计算，比较了催化剂在管内、水在管外及催化剂在管外、水在管内两种方案，结果表明，后者所需的管子表面积仅为前者的 6/7。因此，ICI 副产蒸汽合成塔的催化剂放在管外。

b. 横向流动。入塔气进入合成塔通过一垂直分布板后，横向流过催化剂床，既减少阻力降，又增加传热系数。

c. 列管不对称排列。根据入塔气在催化剂床层反应速度的变化，考虑设置列管的疏密程度，使反应速度沿最大速度曲线进行。

d. 列管浮头式结构。该合成塔采用带膨胀圈的浮头式结构，解决了列管的热膨胀问题。ICI 认为，在以天然气为原料的流程中，采用这种合成塔的有优点不明显，只有在以煤为原料中副产蒸汽的合成塔中才能发挥其优点。

（2）Lurgi 列管等温合成塔。德国 Lurgi 与 ICI 是最早采用低压法合成甲醇的公司。70 年代初，Lurgi CmbH 公司首先使用了管束型副产蒸汽合成塔，既是合成塔又是废热锅炉。操作压力为5 MPa，温度为250℃，合成塔形似列管式换热器(见图7-10)。在塔中，列管内装填催化剂，管间为沸腾水。甲醇合成反应放出的热很快被沸水移走。合成塔壳程的锅炉水是自然循环的，这样通过控制沸腾水的蒸汽压力，可保持恒定的反应温度，变化0.1 MPa相当于1.5℃。这种合成塔温度几乎是恒定的，有效地抑制了副反应，延长了催化剂的使用寿命。

原料气与反应后的气体换热到230℃左右进入合成塔，反应放出的热量经管壁传给管间的沸腾水，产生4 MPa的蒸汽，蒸汽用于甲醇装置。合成塔全系统的温度用蒸汽压力来控制。Lurgi公司列管合成塔在使用含高铜的高活性催化剂时，可得到较高的单程转化率。列管合成塔的最大生产能力为1500 t/d，催化剂层中的压差为0.5~0.6 MPa。

Lurgi列管塔的优点：①单位体积催化剂床层的传热面积较大(可达$30m^2$ / cm^3)，管内中心线与沸腾水之间的最大温差可10~12℃，床层温差变化小，操作平稳；②可通过蒸汽压力的调节，简便地控制床层温度，使催化剂寿命延长；③热能利用合理，每吨甲醇副产蒸汽量1.4 t，该蒸汽用于驱动离心式压缩机，用背压低压蒸汽作蒸馏热源，比轴向合成塔工艺多回收1.8 GJ/L热量；④Lurgi工艺反应温和、副反应少，时空收率高达0.72 t/(m^3·h)\ [传统ICI法仅为0.234 t /(m^3·h)\ ]；⑤单程转化率高，合成塔出口的甲醇含量达7%，因此循环气量减少，降低了循环回路中管件、阀门的费用和循环压缩机的能耗；⑥Lurgi列管塔开车方便，只要将4MPa蒸汽通过合成塔壳程，即可加热管内的催化剂，达到起始活性温度便可通气生产。

其缺陷是：①其壳体和管板、反应管之间用焊接结构，为消除热应力，对塔体的制造、材料的要求均比较高，结构复杂，制造难度大，维护成本高；②因采用列管式，列管占用了反应器大量的空间，使得催化剂的装填量仅占反应器的30%；③由于管内外传热温差较小，所需传热面积大；④因该反应器用副产蒸汽直接从催化剂床层移热，由于受蒸汽压力限制，在催化剂后期难以提高使用温度；⑤限于列管长度，扩大生产时，只能增加列管数量，扩大反应器的尺寸，生产操作弹性小。

(3) Casale轴径向混合流合成塔。Casale开发了2500 t/d以上的轴径向甲醇合成塔，轴径向混合流动情况见图7-11。

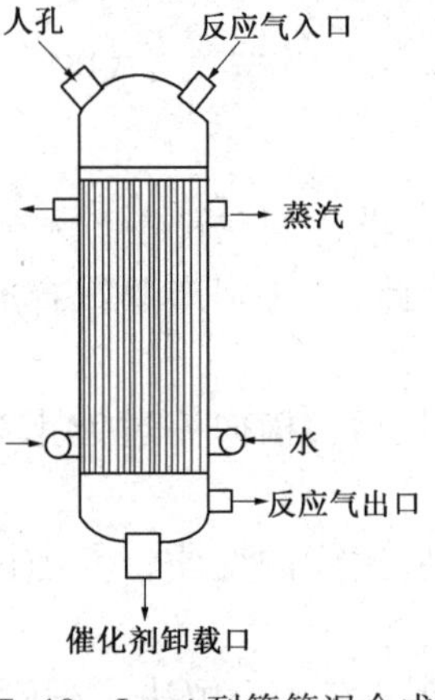

图7-10　Lurgi列管等温合成塔

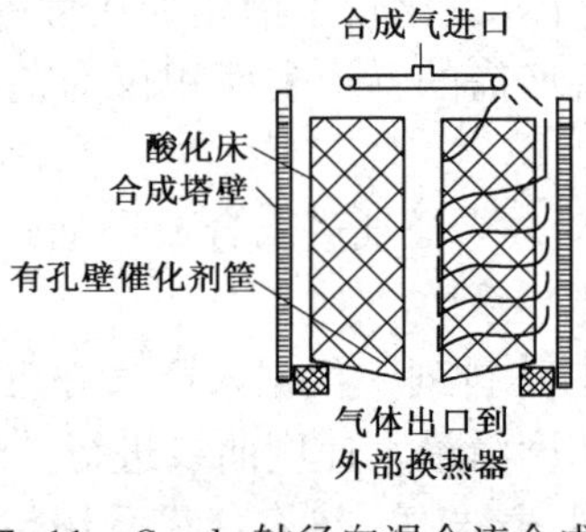

图7-11　Casale轴径向混合流合成塔

Casale轴径向塔的主要结构特点：①环形的催化剂床顶端不封闭，侧壁不开孔，形成催化剂床层上都气流的轴向流动；②床层主要部分气流为径向流动；③催化剂筐的外壁开有不同分布的孔，以保证气流分布；④各段床层底部封闭，反应后气体经中心管流入合成塔外的换热器，回收热量。由于不采用直接冷激，而采用塔外热交换，各床层段出口甲醇浓度较高，所需的床层段数较少。在径向合成塔中，床层顶端的密封问题比较复杂，况且甲醇合成催化剂从氧化态到活性态的还原过程中要收缩，故需校正体积。而 Casale 轴径向馄合流合成塔不存在上述问题，各段床层轴向流动部分，实际上起到了密封作用。由于床层阻力降的明显减少(比 ICI 轴向型塔减少 24%)，所以可增加合成塔高度和减小壁厚，可选用高径比较大的塔，以降低造价。与冷激式绝热塔相比，轴径向混合流塔可节省投资，简化控制流程，减少控制仪表。

轴径向合成塔的优点是大型化的潜力大，主要限制是操作速度应在 0.1~0.6 m/s 范围内。低于 0.1 m/s，则呈层流流动，不利于气相主体与催化剂颗粒表面之间的传质；高于 0.6 m/s，床层压降过大，且循环压缩机负荷也难满足要求。合成塔的生产能力取决于塔的高度，合成塔过高造成催化剂装卸困难：一般塔高为 16 m，相应的生产能力为 5000 t/d。若能解决催化剂的装卸问题，使高度达到 32 m，则生产能力可达 10000 t/d。

该塔的缺点是催化剂筐需要更换，催化剂装卸复杂。流动床合成不仅需要消耗动力，而且需要耐磨损的催化剂，要清除进入循环压缩机气体中的催化剂小颗粒也很困难。从机械设计方面看，合成塔壁厚并不减小，还产生一系列复杂问题，如：催化剂上下栅板、原料气分布集气管、催化剂从旋风分离器再循环时与闸板阀连接的沉浸支管等部件的设计和制造问题。

(4) Topsφe 径向合成塔。托普索(Haldor Topsφe)公司的天然气低压法制甲醇工艺，甲醇合成由 3 个并排的冷激式绝热合成塔及其间的热交换冷却系统组成。该塔转化率高、催化剂用量少、反应热不必用来预热原料，可作其他用途。为了使合成塔有效地进行反应，还采用了催化剂层间换热以移走多余的反应热。

合成采用该公司的 RMI01 型铜系催化剂，活性高、持效性好、选择性高、强度大。为了使催化剂长期保持高活性，给定的运转温度较低。由于选择性高，可将粗甲醇中的副产物抑制在极低的水平。该催化剂已用于 10 多套具有代表性的大型甲醇装置。

Topsφe 公司还制造生产能力为 5000 t/d 中间冷却的径向流动甲醇合成塔。它具有固定的催化剂层，其压差较低，在 0.2~0.3 MPa 范围。Topsφe 径向合成塔结构见图 7-12，塔内放置 2~3 层催化剂，合成气向中心流动，带外部热交换器。塔中每层催化剂输入的气流温度靠塔外废热锅炉中反应气的热量来保证和控制。合成塔的操作条件为：合成压力 7~9 MPa，反应温度 215~310℃。

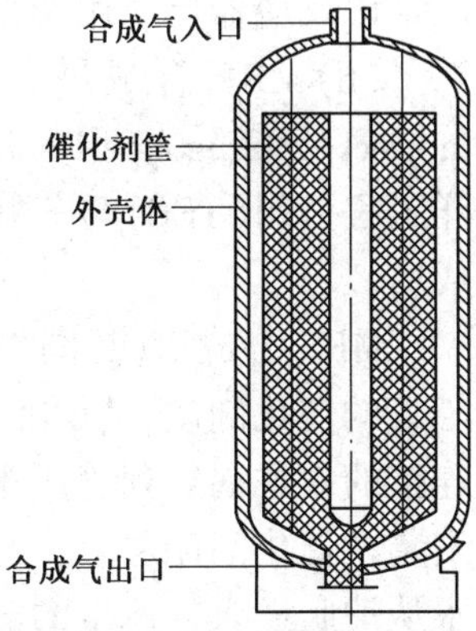

图 7-12 Topsφe 径向合成塔

Topsφe 径向合成塔使用活性高、粒度小的催化剂，合成气径向流动，塔的床层减薄，故阻力降明显降低，塔直径，壁厚大为减小，造价降低，合成塔的空速，出口甲醇浓度也有所显著提高。该塔的缺点是设计加工复杂。因径向流动，气流速度不断改变，使催化剂不能最大限度的利用。径向塔在催化剂的上部装有复杂的机械装置，以防止其在运行过程中因催化剂收缩而产生轴向气流。国内还没有该反应器的报道。

(5) Linde 等温合成塔。Linde AG 公司新开发的节能型甲醇生产工艺——Variobar 法。Linde 新工艺采用了一种新型节能等温塔，该塔为盘管内沸腾水冷却的单段等温塔(见图7-13)。

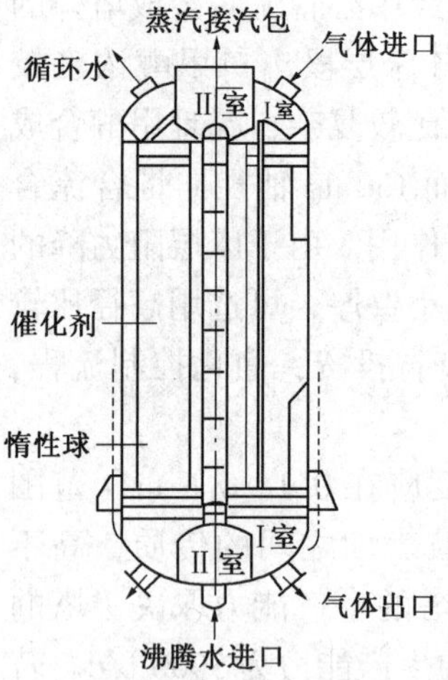

图 7-13　Linde 等温合成塔

在塔内，螺旋蛇管放置在催化剂层中，从蛇管下部加入约 4.5 MPa 的锅炉水，而从上部排出中压蒸汽(3.5MPa)和循环水。合成气从塔上部进入，经催化剂层从下部排出。塔内使用 BASF 公司的 S3-85 型催化剂。蛇管安装在芯柱上，管内设有隔板和连接件，在高气流密度下排除了振动问题。管子在运行条件相同时，$1m^2$塔表面的传热面比传统的套管式增加 30%~50%。合成塔给定工作压力为 10 MPa，催化剂装填量约 100 m^3。回收反应热的蛇管均匀配置在压力容器内，与上下半球形总管相连。由于使用粒度为 5 mm×5 mm 的催化剂，其装填容易。

该塔的设计特点：①催化床层等温操作，提供最佳的动力学条件；②操作可靠，特别是在催化剂还原、开工、部分负荷和停车的情况下；③避免合成塔壳体、冷管和管板在机械设计上的热应力；④催化剂床层阻力降小，以减少循环压缩机的动力消耗；⑤单系列大型化；⑥低投资。

Linde 等温合成塔的优点：①等温操作减少了对催化剂的热应力，提高了催化剂使用寿命。②通过控制蒸汽压力，可方便地调节合成塔的操作温度。③在各种操作条件下，特别是开工、部分负荷或有外界干扰时，水循环系统可保证温度的绝对稳定。④催化剂还原容易，没有过热的危险。⑤合成压力可在宽广的范围内选择。⑥不需开工锅炉。⑦可为各种不同的气体组成进行设计。⑧原则上该合成塔可用于其他放热催化反应，如生产高级醇等。⑨合成塔温度分布与理想的动力学条件相对应，增加了甲醇收率。⑩催化剂的分布和等温反应过程降低了催化剂床层的阻力降；合成塔单位体积的催化剂装填量最大；由于冷却盘管与气流为逆流、错流，导致传热系数较高，使所需的冷却表面显著减少；突破了等温合成塔机械上的限制，能在大规模生产时在任何给定的条件下采用最佳的合成压力。

该反应器已应用的最大产能为 520t/d。

(6) MRF 合成塔。多段内冷型径向流动(Multi-stage-indirect-cooling type Radial Flow 简称 MRF)甲醇合成塔是日本东洋工程公司(TEC)与三井东压化学公司共同开发的新型甲醇合成塔。

MRF 合成塔(见图 7-14)由 1 个立式的压力容器，1 个带中心管的催化剂筐，以及同锅炉给水分配总管和蒸汽收集总管相连接的立式锅炉列管所组成。列管排列成若干层同心圆，垂直安装在催化剂床层上，与水平径向流动的合成气垂直。锅炉给水从炉底送入，产生的蒸汽汇集在蒸汽室内。冷却管的排列是 MRF 合成塔的专利。

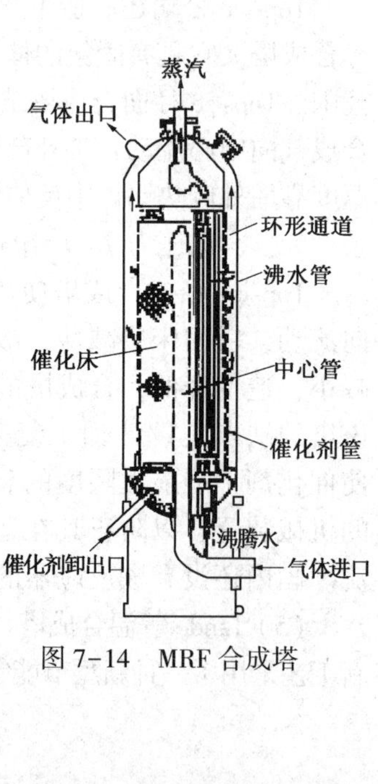

图 7-14　MRF 合成塔

预热后的合成气进入催化剂床层的外层，气体按径向入塔，通过催化剂床层，依次穿过绝热反应区和换热反应区，径向流动至催化剂筐和压力容器之间的环形空间，在换热区通过产生蒸汽的方式移去反应热。反应后的气体从位于合成塔出口的预热器中心管引出，因为 MRF 合成塔只有 1 个径向流动催化剂床，气体在催化剂床的流路短、流速低，所以 MRF 合成塔的压力降为普通轴向流动塔的 1/10。反应热由高传热率的填充床传给锅炉列管，反应气体又垂直流过列管表面，在相同的气体流速下，这种系统的传热系数要比平行流动系统的传热系数高 2～3 倍。反应气体依次通过绝热反应区和换热反应区，这相当于多级催化床层，提供了最佳的合成反应温度。

MRF 合成塔的优点：①合成塔中气体径向流动，使压力降减至最小，仅为轴向合成塔的 1/10。②合成气垂直流过锅炉列管表面，即使在气体流速较低时也有较高的传热系数。通过环形通道的气体流速比原有合成塔提高 11%。③通过恰当布置锅炉列管，反应温度几乎接近理想温度曲线，使每单位容积的催化剂有较高的甲醇产率，合成塔出口的粗甲醇浓度高于 8.5%。④及时有效地移走了反应热，确保催化剂在温和的条件下操作，使催化剂的寿命延长。合成气进出口的温度为 211℃、276 ℃。⑤将无管板设计和单位甲醇产率较高的优点结合起来，能制造出大能力的合成塔，单系列合成塔的生产能力能达到 5000 t/d。⑥由于减低了压力降和气流循环速度，合成循环系统的能耗从冷激塔的 111.6 MJ / t 减少到 57.6 MJ/t。

MRF 合成塔的缺点：合成塔内部结构复杂，零部件较多，其长期运行的稳定性及发生故障后难检修等。

生产能力为 2500 t/d 的 MRF 合成塔技术规格为：直径 4.7 m，长度 14.1m，重量 420 L，压力降 0.3 MPa，吨甲醇回收热量 2.5GJ/t。5000 t/d 甲醇 MRF 合成塔的制造、运输和运转的经济效益较好。英国 ICI 法甲醇合成工艺已由日本东洋工程公司作过改造，改进后的工艺为天然气两段转化，使用 MRF 新合成塔。甲醇的单位能耗降到 28.5～29.2GJ/t。

(7) MGC/MHI 超转化反应器反应器。MGC 反应器实际上是 Lurgi 反应器的一种改进，也采用四段合成塔式层间有空隙的合成塔。其结构为双套管，催化剂装在内外套管间，冷气从塔底进入，然后通过冷管(内套管)与管外催化剂层逆流换热后进入床层反应，管间是沸水，外设一个蒸汽汽包。以年产 100kt/a 的甲醇装置为例，其塔体内径 2000mm，可装填 30t 催化剂，未反应气体经塔外换热器升温后，依次进入四段床层，为了调节温度，在每段进口前将原料气与反应气混合后，达到降温的目的。该反应器的冷激器管设于两段床层之间，冷激气经喷嘴与反应气均匀混合。

(8) 甲醇合成塔技术参数对比。几种主要甲醇合成塔的比较见表 7-12，Lurgi，ICI 及林德法低压甲醇合成技术对比见表 7-13。

表 7-12　几种主要甲醇合成塔的比较

合成塔类型	I. CI 冷激合成塔	Lurgi 合成塔	Casale 合成塔	Linde 等温合成塔	Topsφe 合成塔	MRF 合成塔
气体流动方式	轴向	轴向	轴径	轴向	径向	径向
控温方式	冷激	回收热量	气气换热	螺旋蛇管回收热量	外部换热	回收热量(内冷)
生产能力/t/d	2300	1250	5000	750	5000	>10000
碳效率/%	98.3		99.3			
催化剂相对体积	1		0.8		0.8	0.8

表 7-13　Lurgi、ICI 和林德法低压甲醇技术对比

项　目	鲁奇法	ICI 法	林德法
合成压力/MPa	5.0~8.0	5.0~10.0	5.0~10
合成反应温度/℃	225~250	230~270	220~250
催化剂组成	Cu-Zn-Al-V	Cu-Zn-Al	Cu-Zn-Al
空时产率/[t/(m³·h)]	0.65	0.78	0.65~0.78
进塔气中 CO/%	约 12	约 9	9~12
出塔气中 CH_3OH/%	5~6	5~6	5~6
循环气:合成气	5:1	(8~5):1	(4~5):1
合成塔形式	列管型	冷激型　冷管型　冷管产蒸汽型	盘管式
设备尺寸	设备紧凑	较大　紧凑　紧凑	紧凑
合成反应热利用	反应热副产蒸汽	不利用反应热　不利用反应热　利用反应热产蒸汽	利用反应热副产 2.5~3.5MPa 中压蒸汽
合成开工设备	不设加热炉	有加热炉	不专门设加热炉
甲醇精制	三塔流程	两塔流程	三塔流程
技术特点	适用于高 CO 合成气，合成气副产品中压蒸汽	便于调温，合成甲醇净值较低	适用于高 CO 合成气、副产中压蒸汽
设备结构及造价	列管式设备制造材料和焊接要求高，造价高，设备更新压力外壳无法使用	冷激型结构简单，造价低，设备更新只需要内件。插入式(即冷管式)结构复杂，气液换热渗漏易造成事故，设备更新只需换内件。	盘管式设备制造材料和焊接要求高，设备更新只需换内件。

2. 国内开发的甲醇合成塔

近年来国内在甲醇合成塔开发上也取得了长足的进展，并应用于生产，各开发单位有自己的特色。因此，国内中小甲醇装置的改造和新建中，广泛使用自己的技术。目前，单系列合成塔正在朝着年产 300~600 kt 甲醇乃至更大的目标而努力。

(1) JJD 低压恒温水管式甲醇合成塔。湖南安淳高新技术有限公司开发的 JJD 低压恒温水管式节能甲醇合成塔，是一种管内冷却、管间催化的水床降温式合成塔。它的配套流程较为简单：入口气经过塔外的加热器与反应出口气换热提温后进入催化剂层，催化剂层内密布水管，水管起着对催化剂床进行恒温调节功能，也可产生中压蒸汽；出口气进入热交换器与未反应气换热后进入后续水冷降温，再入醇分离器，入循环机系统补压再循环。合成塔内的流程：未反应气经过布置在塔中心的径向分布器，全径向分配进入催化剂层，反应出口气经径向筒收气后从合成塔下部出来，调温水经过每一根“刺刀”管进入底部，再从底部经“刀鞘”管与“刺刀”管之间环隙返上，进入置于合成塔上部的蒸汽闪蒸槽，闪蒸产生蒸汽，通过调节蒸汽压力对催化剂床层温度进行控制。

合成塔结构见图 7-15。第一套 ϕ2800mm UD 水管式甲醇合成塔运行表明，该塔具有以下多方面的优点。

①沸腾水管形如刺刀和刀鞘，为悬挂式，即只焊一端，另一端有自由伸缩空间。管子受热伸缩没有约束力，无需用线膨胀系数小、昂贵的 SAF2205 双相不锈钢，只用普通不锈钢管即可。壳体不受管子伸缩力的影响，壳体材质也要求不高，筒体上下厚度相同，无需设置加强筒体，无需用 13MnNiMoNbR 等类特型的高强度抗氢蚀钢材，筒体材质用普通复合钢板即可。

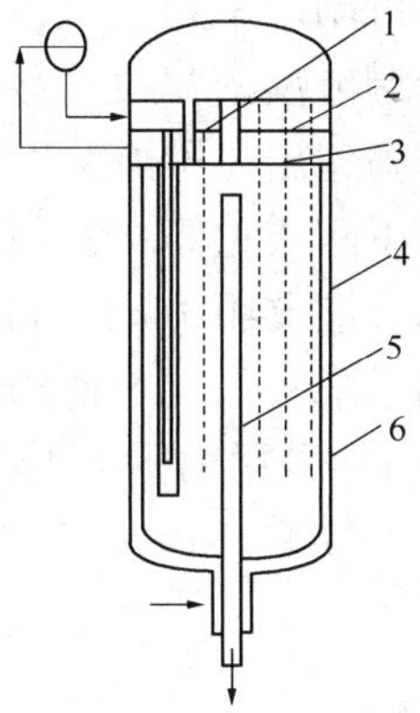

图 7-15　JJD 低压恒温水管式甲醇合成塔

1—内外套管；2—上管板；3—下管板；4—壳体；5—中心管；6—径向筐

②容积系数大，同样用水进行催化剂床冷却的某种引进管壳式甲醇反应器的容积利用系数约为 35 %，而 JJD 水管式甲醇塔可达 55%以上，这意味着同样的压力容器空间中，水管式反应器将比管壳式反应器多装填催化剂。如 JJDϕ2800mm 低压水管式甲醇塔催化剂装填可达 58t(同类上述引进的反应器仅装 38m^3)。

③全径向流程，即反应气垂直通过沸腾水管和被水管包围的催化剂柱层，热点与起点、终点温差小于 5℃。该塔的反应净值较高、阻力非常小，全床约为 0.1MPa 左右。基本上不受高径比限制，直径不一定很大，即单塔能力的增大可以通过加大塔高度的办法来实现。

④由于反应器阻力降极低，单套大能力系统完全可以串联气床塔或水床反应器来实现超大能力的甲醇系统生产，而不使反应器过大造成运输和加工等困难。

⑤JJD 水管式甲醇塔单位容积传热面积大。ϕ2800mm 塔传热面积比管壳式塔传热面积大 23%。

⑥升温还原用蒸汽加热，惰性气还原，快速而安全。

⑦催化剂装填容易。如 JJDϕ2800mm 甲醇塔，装填 58t 催化剂，24h 即装填完毕，比管壳式塔装填速度快得多。

⑧操作弹性大，设计可控传热温差较大，以适应催化剂不同活性阶段不同工况。例如，初期操作温度 220~230℃、合成压力 3.0~4.0MPa，后期操作温度 260~280℃、合成压力 4.0~6.0MPa。

⑨合成回路系统比较简单，合成塔是反应器加内置锅炉。设计工况比较温和——恒温、低温、低阻有利于催化剂使用寿命的延长。单程转化率高，出口甲醇浓度达 5.5%~6.0%。

⑩通过调整沸腾水管布局，适用于 CO 含量的变化，也适应于惰性气含量的变化(联醇或副产氨的工况)。

设备更新时，只需更换内件，外壳继续使用。

(2)华东理工大学的绝热管壳复合式合成塔。华东理工大学开发的绝热管壳外冷复合式塔，在国内工业化业绩已有 3~5 个，规模为 100~200kt / a。该塔的上管板焊接于反应器上部，将反应器分割成两部分：上管板上面堆满催化剂，为绝热反应段。上、下管板用装满催化剂的列管连接，为管壳外冷反应段。绝热反应段的催化剂用量为催化剂总量的 10%~30%。反应器结构见图 7-16。

该塔的特点：①能量利用合理，可副产中压蒸汽，每吨甲醇副产蒸汽量为1t；②操作控制方便，只需调节汽包压力就可迅速调节反应温度；③催化剂的装填、还原和卸出都方便；④由于无冷激、无返混，单程转化率高，出口甲醇浓度达5.5%~6.0%；⑤反应温度控制严格，副反应少，催化剂选择性好，粗甲醇质量高；⑥因为上部有一绝热层，即使单系列大型化后，反应器直径也不致于过大；⑦反应器阻力<100kPa，可节省循环压缩机功耗；⑧运转周期长，微量毒物能被绝热层催化剂吸附，催化剂使用寿命可望超过3年。

(3)均温型甲醇合成塔。该塔是一种采用内置U形冷管的均温甲醇合成塔，见图7-17。

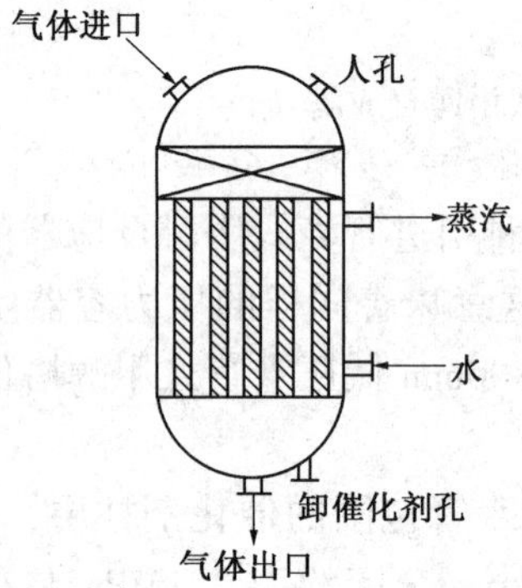

图7-16　绝热管壳复合式合成塔

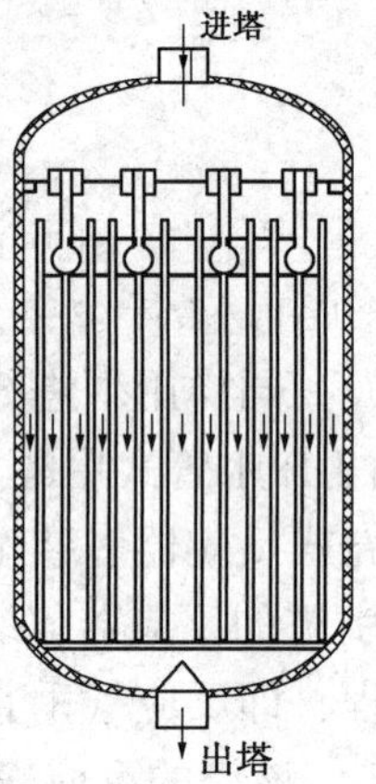

图7-17　均温型甲醇合成塔

进塔原料气经上部分气区后，均匀地分流到各冷管胆的进气管，再经各环管分流到每一冷管胆的各个U形冷管中。原料气在U形管中下行至底部后随U形管改变方向，上行流出冷管，气体在冷管内被管外反应气加热，热气由U形管出口进入管外催化剂床层，自上而下流动，与催化剂充分接触，进行甲醇合成放热反应，同时与U形营内原料气换热直至合成塔底部，经多孔板、出塔气口出塔。由于气体在催化剂层的反应热被冷管内冷原料气吸收，因此催化剂床层温差很小。

三、反应器发展趋势

国外甲醇反应器的发展趋势：

(1)大型化。国外最近在伊朗和沙特建设的甲醇装置均突破5000t/d，年产量达1500~1700kt以上，促进了甲醇反应器的大型化。

(2)多样化。气相合成反应有很多优点，降低了反应器的材质要求，使生产成本大大降低。但因 原料转化率较低，须以数倍循环气往复循环，消耗了大量的能源。各大公司开发了各式各样的反应器，如气-液反应器、气-液-固反应器。据现有资料分析，气相合成甲醇的生产成本和投资均比液相法高。

(3)中压化趋势。甲醇合成压力经历了从高压到中压、低压的发展趋势。生产能力与设备尺寸成正比例增加，随着甲醇装置的大型化和国际能源日益紧张，低压法的缺陷越来越成为甲醇装置向大型化发展的障碍。ICI和Lurgi的大型化甲醇反应器的反应压力已有中压趋势，液相反应器的操作压力为11 MPa以上。

(4)节能降耗是反应器研制开发的最高目标。节能降耗是世界甲醇装置一直追求并将继续追求的目标，各国围绕节能、降低生产成本作了大量工作。但现有的甲醇反应器的性能基本发挥到极致，要实现新的节能降耗目标，还需另辟蹊径，开发出更节能、效率更高、热效益利用更合理的甲醇反应器，如浆态床反应器、超临界反应器、甲烷直接转化、生物反应器等。

下面简单介绍几种正在发展的甲醇反应器。

1. GSSTFR(气-固-固滴流流动反应器)

在GSSTFR反应器中，用一种极细的粉状吸附剂(如硅铝酸盐)与反应气体作逆向运动，反应过程中所生成的甲醇被固体吸附剂吸收，促进平衡向生成甲醇的方向移动。这种反应工艺一般是几个反应器串联使用，反应器之间有冷却器，将反应气体冷却到合适的温度。吸收甲醇的吸附剂在反应器处加热解吸，再生后的吸附剂可重复使用。该法的CO单转化率可达100%。

2. RSIPR(级间产品脱除反应器)

在RSIPR反应工艺中，反应器之间有一吸收塔，内装四甘醇二甲醚，反应过程中生成的气体进入下一反应器继续进行反应，反应器的体积按气体的流向逐渐变小。吸收饱和后的溶剂再生后可继续使用。四级反应器的CO转化率可达97%。目前实验室内有25~50 kg/d的小型装置在运转，据称该法的最大优点是对原料气的CO/H_2比要求不严，因此，简化了造气过程，同时该工艺的原材料消耗和能耗也较低。

3. 气-液相并存式反应器

在该工艺过程中，生成的部分甲醇在反应器中循环，在催化剂表面形成一层液膜，反应过程中生成的甲醇即溶解在这一液膜中。据报道，在原料气组成(*V*/*V*)为：CO 29.2%、CO_2 3.0%、H_2 67.5%的条件下，该工艺的单个反应器的$CO+CO_2$转化率可达90%以上。

4. 液相法合成甲醇反应器

受F-T浆态床的启发，1975年首次提出了甲醇的液相合成方法。液相合成是在反应器中加入碳氢化合物的惰性油介质，把催化剂分散在液相介质中。在反应开始时合成气要溶解并分散在惰性油介质中才能达到催化剂表面，反应后的产物也要经历类似的过程才能移走。这是化学反应工程中典型的气-液-固三相反应。液相合成由于使用了热容高、导热系数大的石蜡类长链烃类化合物，可以使甲醇的合成反应在等温条件下进行，同时，由于分散在液相介质中的催化剂外表面积非常大，加速了反应过程，反应温度和压力也下降许多。由于气-液-固三相物料在过程中的流动状态不同，三相反应器主要有滴流床、搅拌釜、浆态床、流化床与携带床5种。目前在液相合成甲醇方面，采用最多的主要是浆态床和滴流床。

(1) 三相浆态床甲醇合成反应器。三相浆态床甲醇合成反应器的结构见图7-18，反应器类似于鼓泡器，换热元件置于床层之中，其结构是上下两个圆环管或同心圆环组将垂直管连接起来。气体分布器是一个圆环形或同心圆环组形式，开孔向下，孔径约0.8~1.2 mm。惰性热液体与微米级颗粒催化剂形成淤浆置放于反应器中。其工艺过程简述如下：脱硫后的合成气自下而上流经反应器，与淤浆形成三相鼓泡床层，相间发生传质并在催化剂表面进行反应。反应后的产品气自反应器上部出去；反应热被液体热载体吸收，经换热元件换热，维持床层温度，同时副产蒸气。其操作压力为4~11 MPa，床层温

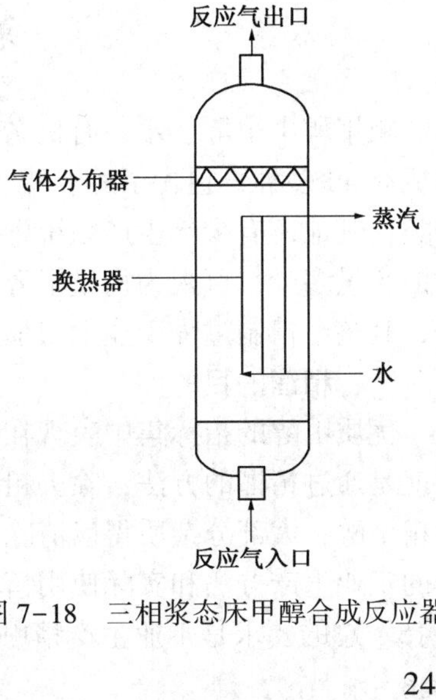

图7-18　三相浆态床甲醇合成反应器

度为220~260℃，操作空速为2000~6000 h^{-1}。原料气空速达4000~8000h^{-1}，甲醇产率可达1.2 g/mL·h，因此，合成反应器体积可大大缩小，从而节省了投资和动力消耗。

三相浆态甲醇合成反应器的操作特征和工艺特征如下：①反应器内液相处于全混状态，气相呈部分活塞流状态，不需要气体重新分配和纵向冷激，反应器设计简单，制造容易。②使用细颗粒催化剂，消除催化剂内扩散影响，从而获得较高的宏观反应速率。③床层等温，反应条件优良，合成气单程转化率较高，接近平衡转化率(CO的转化率为平衡转化率的60%~90%)，出口甲醇质量分数高，循环比小。④可以在生产过程中更换催化剂，维护催化剂恒定活性。⑤反应器对合成气组成适应性强，操作弹性大，单位质量催化剂生产能力大。⑥换热简单，控温有效，能量利用率高。

(2)滴流床甲醇合成反应器。由于浆态床反应器中催化剂悬浮量过大时，会出现催化剂沉降和团聚现象。要避免这些现象的发生，就得加大搅拌功率，但这同时使搅拌桨和催化剂的磨损加大，反应中的返混程度增加。因此1990年又提出了滴流床合成甲醇工艺，此后关于这方面的研究迅速增多。

滴流床反应器与传统的固定床反应器的结构类似，由颗粒较大的催化剂组成固定层，液体以液滴方式自上而下流动，气体一般也是自上而下流动，气体和液体在催化剂颗粒间分布。滴流麻兼有浆态床和固定床的优点，与固定床相类似。催化剂装填量大且无磨蚀，床层中的物料流动接近于活塞流，无返混现象，同时它具备浆态床高转化率、等温反应的优点，更适合于低氢碳比的合成气。对滴流床中合成甲醇的传质传热研究表明，与同体积的浆态床相对比，滴流床合成甲醇的产率几乎增加了一倍。从工业角度来看，滴流床中的液相流体中所含的催化剂粉末很少，输送设备易于密封且磨损小，长时间运行将更为可靠。

5. 超临界相合成甲醇反应器

超临界相合成甲醇新工艺是一个前人尚未探索过的新过程，属重大原始性创新项目，它彻底打破了甲醇合成反应热力学平衡，把一个理论上的可逆反应变成一个实际上的不可逆过程。该工艺适用于现有工业化甲醇合成反应器，其特点是在反应器入口处引入一个混合器，用以将原料气与超临界介质充分混合一同进入反应器。超临界相合成甲醇工艺CO单程转化率达90%以上，原料气空速达4000~8000h^{-1}。

第七节　甲醇的精馏

粗甲醇由甲醇、水、有机杂质等组成。以色谱分析或色谱-质谱联合分析测定粗甲醇的组成有40多种，包含了醇、醛、酮、醚、酸、烷烃等。如有氮的存在，还发现有易挥发的胺类，其他还有少量生产系统中带来的羰基铁及微量的催化剂等杂质。粗甲醇中这些杂质组分的含量多少，可视为衡量甲醇的质量的标准。由粗甲醇精制为精甲醇，主要采用精馏的方法，其整个精制过程工业上习惯上称为粗甲醇的精馏。

一、精馏的目的

优质甲醇的指标集中表现在沸程短、纯度高、稳定性好并含有机质的量极少。精馏的目的就是通过精馏的方法，除去粗甲醇中的水分和有机杂质，根据不同的要求，制得不同纯度的粗甲醇；大部分杂质得以清除，其中某些杂质降至微量，不致影响精甲醇的应用。根据甲醇的工业生产方法和实际使用情况，将我国和国外精甲醇的质量标准分别列于表7-14和表7-15。总的要求是工业生产精甲醇的杂质总含量在0.02%以下(乙醇除外)，如此纯度的要求在工业有机产品中是比较严格的。

表 7-14　中国化工甲醇国家标准(GB 338—2004)

项　目	指　标		
	优等品	一等品	合格品
色度/Hazen 单位(铂-钴色号)　≤	5		10
密度(ρ_{20})，/(g/cm^3)	0.791~0.792		0.791~0.793
沸程(0℃，101.3kPa，在 64.0℃~65.5℃范围内，包括 64.6℃±0.1℃)/℃　≤	0.8	1.0	1.5
高锰酸钾试验/min　≥	50	30	20
水混溶性试验	通过试验(1+3)	通过试验(1+3)	
水的质量分数/%　≤	0.10	0.15	
酸的质量分数(以 HCOOH 计)/%　≤	0.0015	0.0030	0.0050
或碱的质量分数(以 NH_3 计)/%　≤	0.0002	0.0008	0.0015
羰基化合物的质量分数(以 HCHO 计)/%　≤	0.002	0.005	0.010
蒸发残渣的质量分数/%　≤	0.001	0.003	0.005
乙醇的质量分数/%　≤	供需双方协商		

表 7-15　工业甲醇美国联邦标准

项　目	AA 级	A 级	IMPCA 规模	试验方法
相对密度 d_4^{20}	≥0.7928	0.7928	d_{20}^{20} 0.791~0.793	ASTM D891-94
外观	无色透明	无色透明	透明无悬浮物	目测
可炭化物(加浓 H_2SO_4)	不变色	不变色	APHA≤30	ASTM E346-94
色度 ASTM Pt-Co 标准	≤5	≤5	APHA≤5	ASTM D1209-93
气味	醇类特征无异味	醇类特征无异味	无异味	ASTM D1296-93
高锰酸钾试验/min	≥30 不变色	≥30 不变色	≥60 不变色	ASTM D1363-94
馏程范围(760mmHg，64.6℃±0.1℃)/℃	≤1	≤1	≤1	ASTMD1078-95
甲醇含量/%(质量)	≥99.8	≥99.85	≥99.85	IMPC A001-92
乙醇含量/%/(质量)	≤0.001	≤0.003	≤0.005	ASTM E346-94
醛+酮含量/%(质量)	≤0.003	≤0.003	≤0.003	ASTM E346-94
酮含量/%(质量)	≤0.001	≤0.003		
酸含量(按 HAc 计)/%(质量)	≤0.003	≤0.003	≤0.003	ASTM D1613-91
碱含量(按 NH_3 计)/%(质量)	≤0.003	≤0.003		
水分含量/%(质量)	≤0.10	≤0.15	≤0.10	ASTM E1064-92
非挥发性物质/%(质量)			≤0.001	ASTM D1353-92
氯(按 Cl^{-1}计)/%(质量)			≤0.0005	IMPC A002-92
硫/%(质量)			≤0.0005	ASTM 3961-89
总铁/%(质量)			≤0.0001	ASTM E394-94
烃类			不混浊	ASTM 1722-90

近年来随着甲醇生产技术的步展，总的来看对精馏工序的要求主要集中在两个方面。

1. 提高产品质量

精甲醇的质量不仅与精馏过程，更与粗甲醇的质量相关；而粗甲醇中含有杂质的种类和数量，又与原料结构、合成气的组成和合成条件(压力、温度、催化剂等)甚至设备的材质有关。粗甲醇的质量决定了精馏过程的难易。当前甲醇合成多采用铜系催化剂的中、低压法(国内高压法也改用了铜系催化剂)，由于反应温度低减少了副反应，因此降低了粗甲醇的杂质含量，为精馏过程创造了有利条件。

但是，粗甲醇中总是含有较多的杂质，需通过精馏方法予以清除，所以最终决定精甲醇质量的步骤仍在精馏工序。过去，工业上惯用的双塔精馏流程，可使精甲醇中的绝大部分有机杂质降至数个 μg/g，满足了下游产品的要求。但随着甲醇衍生产品的开拓，对甲醇的质量提出了新的要求。如羰基法合成醋酸是当前世界上最先进的醋酸工艺，其主要原料为甲醇和一氧化碳。该工艺要求甲醇中含乙醇极少(<100μg/g，愈低愈好)，以避免乙醇与一氧化碳合成丙酸而影响醋酸的质量。国内引进的羰基合成法生产醋酸装置已投产，自然要求含低乙醇的精甲醇。而在精馏过程中，由于乙醇的挥发度与甲醇比较接近，不易分离，国内一般工业生产精甲醇中乙醇含量常在 0.01%~0.06%，这就要求精馏工艺根据乙醇的性质，采用特殊的操作方法或工艺流程降低精甲醇中乙醇的含量。

2. 节能降耗

甲醇是一个高能耗产品，虽然近年来在原料气制备、净化、合成工艺及设备、控制等诸多方面技术进步很快，使产品能耗不断下降，显著提高了能源利用效率，但它毕竟是高能耗产品，如何进一步降低其单位产品能耗，始终是技术进步要执着探求的首要课题。甲醇生产最终工序精馏的能耗要占总能耗的 10%~20%，不容忽视。因为近年来精馏部分的实际能耗相对稳定，故随着甲醇生产总能耗的下降，精馏部分所占比例反而上升。显然，在追求降低甲醇生产总能耗的同时，对降低精馏的能耗亦不容忽视。另外，在粗甲醇精馏过程中，在保证甲醇质量的前提下，提高甲醇的收率，这是精馏工艺节能降耗的另一方面，这要求优化工艺过程、设备、操作及能源的综合利用。

上述两方面的要求似乎相互制约，精馏需耗能，提高产品质量可能使精馏过程复杂化，结果增加了能耗和降低了产品收率；反之，片面强调降低精馏能耗，有可能难以全部满足精馏操作条件而降低了产品质量。工业上探寻的正是解决这一矛盾，要求精馏工序既节能降耗，又提高产品质量，以满足甲醇产品多种用途的要求。

二、粗甲醇中的杂质

粗甲醇中所含的杂质虽然种类很多，但根据其性质可以归纳为如下四类：

1. 还原性物质

这类杂质可用高锰酸钾变色试验来进行鉴别。甲醇之类的伯醇也容易被高锰酸钾之类的强氧化剂氧化，但是随着还原性物质量的增加，氧化反应的诱导期相应缩短，以此可以判断还原性物质的多少。当还原性物质的量增加到一定程度，高锰酸钾一加入到溶液中，立即就会氧化褪色。通常认为，易被氧化的还原性物质主要是醛、胺、羰基铁等。

2. 溶解性杂质

根据甲醇杂质的物理性质，就其在水及甲醇溶液中的溶解度而言，大致可以分为：水溶性、醇溶性和不溶性三类。

(1)水溶性杂质：醚、$C_1 \sim C_5$醇类、醛、酮、有机酸、胺等，在水中都有较高的溶解度，当甲醇溶液被稀释时，不会被析出或变浑浊。

(2)醇溶性杂质：$C_6 \sim C_{15}$烷烃、$C_6 \sim C_{16}$醇类。这类杂质只有在浓度很高的甲醇中被溶解，当溶液中甲醇浓度降低时，就会从溶液中析出或使溶液变得浑浊。

(3)不溶性杂质：C_{16}以上烷烃和C_{17}以上醇类，在常温下不溶于甲醇和水，会在液体中结晶析出或使溶液变成浑浊。

3. 无机杂质

除在合成反应中生成的杂质以外，还有从生产系统中夹带的机械杂质及微量其他杂质。如由于铜基催化剂是由粉末压制而成，在生产过程中因气流冲刷，受压而破碎、粉化，带入粗甲醇中；又由于钢制的设备、管道、容器受到硫化物、有机酸等的腐蚀，粗甲醇中会有微量含铁杂质；当采用甲醇作脱硫剂时，被脱除的硫也带到粗甲醇中来等。这类杂质尽管量很小，但影响确很大，如微量铁反应中生成的羰基铁\[$Fe(CO)_5$\]混在粗甲醇中与甲醇共沸，很难处理掉，影响精甲醇中 Fe^{3+}增高及外观变红色。

4. 电解质及水

纯甲醇的电导率约为 4×107Ω·cm，由于水及电解质存在，使电导率下降。在粗甲醇中电解质主要有：有机酸、有机胺、氨及金属离子，如铜、锌、铁、钠等，还有微量的硫化物和氯化物。如果以甲醇的沸点为界，有机杂质又可分为高沸点杂质与低沸点杂质。

三、甲醇精馏的工业方法

20 世纪 80 年代初，国内高压法甲醇合成由锌铬催化剂改为铜系催化剂以后，随之也改进了繁复的粗甲醇精馏方法。目前国内全部甲醇生产装置(包括高、中、低压法)均采用铜系催化剂，提高了粗甲醇质量，同时也简化了精馏工艺。现粗甲醇精馏方法，除引进的和国产化的 Lurgi 低压法流程外，其余均采用双塔常压精馏工艺，流程见图 7-19。

多年来生产实践证明，双塔精馏流程简单，操作方便，运行稳定。尽管国内粗甲醇的生产多样，粗甲醇的质量也有较大差异，但经双塔精馏后精甲醇的质量，除去乙醇含量之外，基本能达到国内一级品标准(见表 7-15)，已能较广泛地满足甲醇的用途。

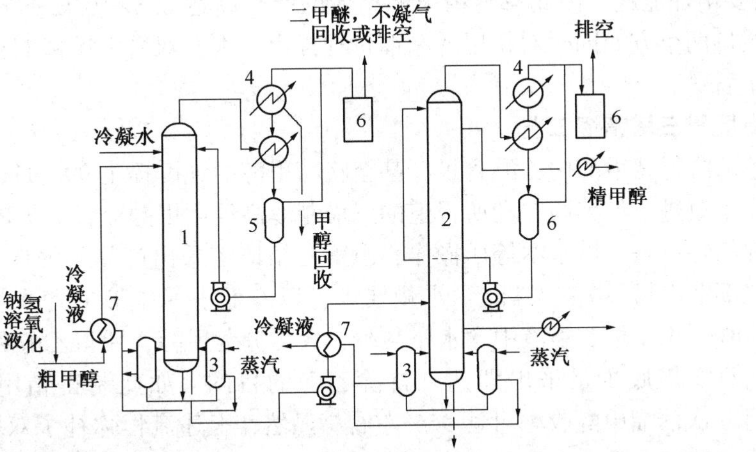

图 7-19 双塔粗甲醇精馏工艺流程图

1—预精馏塔；2—主精馏塔；3—再沸器；4—冷凝器；5—回流罐；6—液封；7—热交换器

双塔精馏每吨精甲醇的能耗约为4. 8×10^{6} ~6. 8×10^{6} kJ，这要视粗甲醇质量、装置状况和产品要求而定。如果装置运行状况良好，主蒸馏塔回流比控制在2. 4以下，一般能耗为5. 2 $\times10^{6}$ kJ/t CH_3OH 左右(约1. 8~2. 0t低压蒸汽)。

精甲醇中的乙醇含量多少，与粗甲醇中的乙醇含量有关；粗甲醇中乙醇的含量又与合成条件有关，如压力、温度、催化剂使用前后期、合成气组分和原料结构等。低压法(包括轻油为原料用铜系催化剂的高压法)制得的粗甲醇中含乙醇100~1000μg/g。而以煤为原料的中压法(联醇)和高压法(亦用铜催化剂)制得的粗甲醇中含乙醇的量可高达400~2000μg/g。所以精甲醇中的乙醇含量差距也较大，一般为100~600μg/g，有时可能高达1000μg/g。这是因为双塔精馏系统，在采出产品的主蒸馏塔塔釜几乎全部为水，乙醇的挥发度又与甲醇比较接近，因而乙醇不可能在塔釜中浓缩，从而有部分乙醇随着甲醇升向塔顶，粗甲醇中相当数量的乙醇转移至精甲醇中。据国内甲醇生产经验，利用双塔常压精馏方法，也可将精甲醇中乙醇的含量降至<100μg/g，满足了甲醇特殊用途的需要。但根据蒸馏原理和流程特点，在操作中应采取如下措施。

(1)在预蒸馏塔中脱除轻组分时，结合流程特点，严格控制塔顶回流系统的冷凝温度，尽可能脱除部分乙醇。

(2)提高主蒸馏塔回流比，将沸点高于甲醇的乙醇组分大部分压至塔的下部，使其浓集于入料口附近或接近塔釜的提馏段内，以提高塔顶精甲醇的纯度。

(3)乙醇浓集的部位，一般为入料口上下，乙醇可达数千μg/g，适当采出部分液体，以排除乙醇，否则，当塔内组分达到平衡以后，乙醇仍然逐板上升进入塔顶产品中去。

显然，以上通过增大回流比和采出乙醇(其中大部分为甲醇，需再蒸馏予以回收)的办法，是以增加粗甲醇精馏的能耗来换取低乙醇含量的精甲醇产品的。当粗甲醇中乙醇含量较低时，提高回流比的同时，只需少量采出乙醇，即可使精甲醇中乙醇含量降至50μg/g左右，且一次蒸馏甲醇收率在95%以上，这样的工况，每吨精甲醇精馏的能耗约为6. 0×10^{6} kJ。如果粗甲醇中乙醇含量较高时，则不仅要增大回流比，而且要增大乙醇的采出量，方可使乙醇含量降至50~100μg/g，如此一次蒸馏的甲醇回收率仅80%左右，采出物再回收甲醇(二次蒸馏)又需要增加能耗，因此每吨精甲醇精馏的能耗高达6. 8×10^{6} kJ。显然，从节能降耗和提高产品质量两个方面同时对粗甲醇精馏过程提出要求，双塔常压精馏有其局限性，难以解决这一对矛盾。

四、高质量三塔精馏工艺

如果单从降低精甲醇中乙醇含量，甚至将精甲醇的纯度提至99. 95%，国外早对粗甲醇精馏工艺作了改进，如美国专利所报道的三塔制取高纯度甲醇流程，见图7-20所示。

该流程的特点是三塔基本等压操作，由第三精馏塔采出产品。关键是由塔2分离水分，保持塔2顶部馏出物(塔3入料)含水量要少，以降低塔3釜液的含水量，一般10%左右，要求小于50%。由于塔3釜液中含水量甚少，大部分为甲醇，使得乙醇和残留的高沸点杂质得以浓缩，只需塔底少量采出即达到排除乙醇的目的。如此制得精甲醇中乙醇含量可<10μg/g，且一次蒸馏甲醇收率可达95%左右。显然，上述流程弥补了双塔常压精馏之不足，实质上即将主精馏塔采出产品移至第三精馏塔，这无疑增加了精馏过程的热负荷，所以单位产品能耗亦较高，也没有解决好节能和优质的矛盾。此流程可很好地产出符合美国AA标准的高质量甲醇。

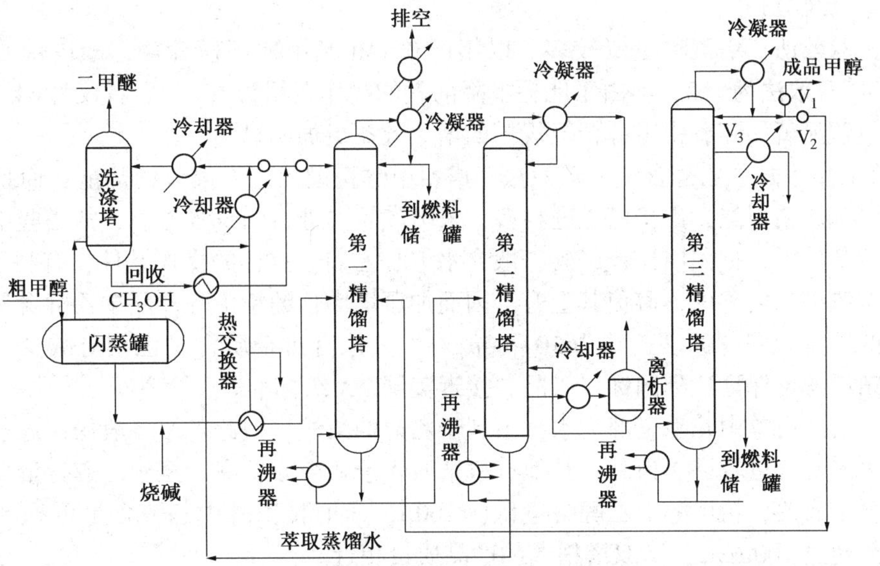

图 7-20　制取高纯度精甲醇三塔工艺流程图

五、节能型三塔流程

另一种粗甲醇精馏三塔流程已用于 Lurgi 低压法甲醇工艺中。20 世纪 80 年代初，齐鲁石化公司引进的 Lurgi 低压法 0.1Mt/a 甲醇装置即用此精馏工艺。最近国内建设的年产 0.2Mt/a 精甲醇的低压法甲醇装置也用此方法，大同小异。其示意工艺流程见图 7-21。

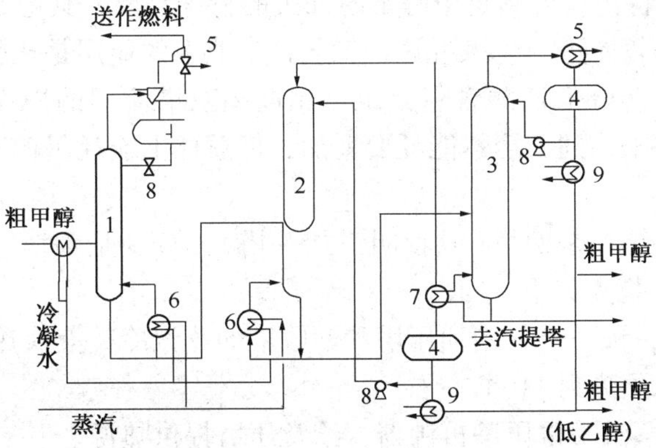

图 7-21　双效法三塔粗甲醇精馏工艺流程图

1—预精馏塔；2—第一精馏塔(加压)；3—第二精馏塔(常压)；4—回流液收集槽；5—冷凝器；6—再沸器；7—冷凝再沸器；8—回流泵；9—冷却器

此流程与前述三塔流程不同的是第一精馏塔(加压)和第二精馏塔(常压)均采出产品，大约各占一半。该流程具有如下特点。

(1)节能。在粗甲醇精馏系统，一般流程都考虑废热的回收利用，如采用蒸汽冷凝水或残液等来加热粗甲醇。这里主要指多效利用热源蒸汽的潜热，如将原双塔流程的主精馏塔一分为二，第一塔(塔 2)加压操作(约 0. 6MPa)，第二塔(塔 3)为常压操作，则塔 2 由于加压操作顶部气相甲醇的液化温度约为 123℃，远高于常压塔塔釜液体(主要为水)的沸点温度，其冷凝潜热可作为塔 3 再沸器的热源。这一过程称为双效法，较双塔流程(单效法)可节约热能 40%左右. 一般在正常操作条件下，比较理想的能耗为每精制 1t 精甲醇消耗热能 3.0×

10^6kJ(折蒸汽约1t)左右。

自然，双效法三塔流程投资较多，以年产0.1Mt精甲醇规模计算，双塔单效法投资为100，则三塔双效法为113；但由于能耗下降前者的操作费用为100，后者仅为64。显然，三塔双效法效益显著，随着粗甲醇精馏规模的增大效益更加明显。

(2)降低精甲醇中乙醇含量。双效法三塔粗甲醇精馏工艺不仅节约热能，而且可制得低乙醇含量的优质精甲醇。由于塔2进料多，采出产品占进料的50%左右，故塔釜甲醇浓度很高，含水量却较低，据国内操作经验一般含水10%左右。这样的操作条件，有利于塔2内乙醇下移直至浓缩在塔釜内，避免其上升，因而加压塔塔顶的精甲醇产品中乙醇含量甚少，根据粗甲醇的质量不同有波动，约为10~60μg/g；其他有机杂质含量也相对减少。加压塔采出的优质精甲醇可保证达到国标一级品，接近美国AA级标准。

但常压塔的塔釜中几乎全部为水，不利于乙醇的浓缩，因此若按一般操作方法，塔3顶部精甲醇中乙醇含量较塔2为高，其他有机杂质含量相应亦较高。至于乙醇含量多少与粗甲醇中乙醇含量有关，粗甲醇中乙醇含量低(<200μg/g)时精甲醇中乙醇含量可<100μg/g，否则，有可能超过100μg/g，与双塔精馏的产品质量相近。

常压塔釜采出的残液，送至汽提塔回收甲醇。甲醇中的乙醇含量可能达数千μg/g，一般不宜送入产品储罐。

(3)甲醇收率较高。由于加压塔获得了优质甲醇，如已满足了用户需要，则不必苛求常压塔的操作条件，一次蒸馏的甲醇收率即可达95%以上。

由上述特点不难看出，双效法三塔粗甲醇精馏工艺协调了节能与优质这对矛盾，有50%的精甲醇产品质量特优，可满足甲醇下游加工的特殊需要，其他50%产品也能达到工业使用的要求。能耗水平较先进。应该说这一工艺在工业上的应用是比较成功的。如果常压塔约50%的产品亦需进一步降低乙醇含量，也可用前述双塔流程的操作手段提高回流比、增加塔下部采出量等方法来达到，当然能耗要增加，但总体上能耗仍低于双塔流程。

六、四塔流程

现在新上的精馏系统都是四塔(或者叫三加一塔)，分别是预塔、加压塔、常压塔、回收塔(也有叫气提塔)，特点如下：

(1)采用沸点进料，预塔进料用加压塔和回收塔的蒸汽冷凝液换热至65℃左右，加压塔进料用加压塔塔釜液体预热到110℃左右。

(2)加压塔的甲醇蒸汽去常压塔再沸器，给常压塔提供热源。

(3)常压塔采出的杂醇进入回收塔继续精馏，提取出其中的绝大多数甲醇。总之，四塔流程更加合理地利用了蒸汽，精醇质量有了进一步提高，特别是乙醇含量更低，废水中的含醇量降低，消耗降低。

七、影响精甲醇质量的因素

精甲醇产品质量是否稳定，主要受水溶性、水分、色度、稳定性(K值)等几方面的影响。

1. 水溶性

水溶性试验是精甲醇产品按1∶3的比例加入蒸馏水后，不出现混浊现象的指标。在生产中，水溶性不合格，主要是由于预精馏塔脱除轻组分不完全，主精馏塔重组分上移所致。

(1)对预精馏塔中轻组分(低沸物)的控制。预精馏塔主要通过加水萃取精馏脱除甲醇油。加水萃取精馏的过程是通过加入萃取水与甲醇形成共沸物，共沸物的沸点比甲醇沸点低的那部分杂质被分离脱除。要注意控制萃取水的加入量，一般不超过入料量的20%。萃取水水量加得多，会导致主精馏塔的负荷加重，同时增加蒸汽能耗。预精馏塔塔顶放空温度的控制，对产品水溶性也有较大影响。放空温度控制得过低，低沸物重新被冷凝下来，进入回流液中，带入主精馏塔中，最终导致成品精醇中水溶性不合格。将预精馏塔放空温度控制在45~60℃之间，对低沸物的脱除较为有利。

（2）主精馏塔中对杂醇油侧采的控制。在主精馏塔操作中，应严格控制塔内各操作条件，尤其是精馏段内的灵敏板温度，这样可以避免重组分上移。在提馏段应坚持适量采出重组分——杂醇油的侧采。即在提馏段适当塔板侧面将杂醇油采出到油水槽，这非常有助于水溶性的提高。

2. 水分

精醇产品水分优等品的指标是小于0.1%。水分超标，主要是重组分上移所致。操作实践中，表现在回流比偏小，或是公用工程(水、汽)变化而影响塔内温度平衡、压力平衡被打破而发生。此时应加大回流比，控制好精馏段灵敏板温度。

主精馏塔内件损坏、分离效率降低也会使产品水分上升，此时也只能通过加大回流比来补救。

3. 色度

色度试验是用精甲醇产品与蒸馏水对比，没有呈现微锈色判为合格。色度的指标为≤5(铂-钴)。色度的产生一般是粗甲醇原料质量差或精馏塔设备未清洗干净所致。

色度差一般是粗甲醇原料携带来的微量催化剂所引起。这部分杂质富集于主塔底部，随塔底残液的排出。当工艺条件发生变化时，如塔内温度、塔内压力、回流比等变化时，伴随着重组分的上移，这部分杂质也随着重组分一起移至主塔顶，此时处理起来相当棘手，较之处理水溶性、水分等要困难，严重时持续一两天都不能恢复正常。在加大回流比甚至是全回流的情况下，如还未能消除，只有采取停塔的方法处理。将塔内料液全部排空后用热水清洗精馏塔，塔底及塔侧采出进行排水，至排出水样色度合格时为止。精馏塔清洗干净后，进行下一轮开车操作，在一段时间内可保证精醇产品的色度符合指标要求。

4. 稳定性(*K*值)

精醇产品的稳定性(也称为高锰酸钾试验时间*K*值)测试是用配制好的高锰酸钾作氧化值试验，观察溶液变色时间。高锰酸钾试验时间是衡量精甲醇中还原性杂质的多少。还原性物质与甲醇很难分离。在一般双塔精馏系统中，提高精甲醇氧化性可通过加强预精馏塔回流收集槽油水采出和加大主精馏塔回流比进行控制。

(1)预精馏塔回流收集槽油水采出控制。通过往预精馏塔回流收集槽加入萃取水，使回流液中的油水得到萃取分层。通过预精馏塔回流收集槽的视镜观察，发现上层为甲醇油水，若不能将甲醇油水充分脱除，会影响到精醇产品的稳定性。在预精馏塔回流收集槽视镜侧面配一排油管，将上层油水排入油水收集槽。排油一定要长期坚持，否则必将影响产品的稳定性。

(2)控制主精馏塔的回流比。产品中*K*值低时，可适当加大主精馏塔的回流比，减小采出量。但是如果过分加大回流比，造成轻组分下移，有时也能影响精甲醇氧化性，这是因为精甲醇采出口以上的塔板数已不足以清除残余的轻组分所致。可从回流液中采出适当的初馏分，能有效提高精甲醇稳定性。精醇产品质量不稳定的影响因素有很多，必须针对具体出现的问题来具体分析判断。

复 习 题

一、填空

1. 甲醇工业的合成方法有：______、______、__________。

2. 目前国外把甲醇生产技术改进的重点放在______、______、__________。

3. 甲醇属剧毒化合物，口服____mL 可以引起严重中毒，____mL 以上造成失明，____mL 致人死亡。

4. 近年来，____________技术已经成为国内外碳一化工的热点，是世界上工业化前景最为乐观的新型烯烃技术路线。

5. 合成甲醇的主要化学反应为：__________________。

6. 从催化剂使用效果来看国产催化剂需要在________、________、________、________四个方面进行重点改进。

7. 在合成时，若 CO 含量过高会造成温度不易控制，引起______在催化剂上的积聚，使催化剂失活。

8. 导致甲醇催化剂中毒失活的因素主要集中在_______、_______、_______、_______、_____五个方面。

9. 目前在液相合成甲醇方面，采用最多的主要________是和________。

10. 按物料相态甲醇反应器分为________、________、______。

11. 国外甲醇反应器的发展趋势是：______、______、______、______。

12. 粗甲醇中所含的杂质有______、______、______、_______四类。

13. 精甲醇产品质量是否稳定，主要受水溶性、______、______、稳定性(K 值)等几方面的影响。

14. 浆态床反应器中催化剂悬浮量过大时，会出现______和______现象。要避免这些现象的发生，就得加大搅拌器功率。

二、判断

1. 皮肤接触甲醇中毒，应脱去被污染的衣着，用肥皂水和清水彻底冲洗皮肤。(　　)

2. 甲醇合成触媒的硫中度是一种累积性中毒，触媒活性随硫化物的增加而下降。(　　)

3. 空速越大，甲醇合成率越高，所以甲醇合成中空速控制得越高越好。(　　)

4. 粗甲醇中杂醇油等重组分多，在精馏塔中难脱除，则精甲醇水溶性试验将出现混浊。(　　)

5. 甲醇合成反应是可逆放热，体积缩小的气相反应。(　　)

6. 粗甲醇浓度越高，越容易提纯精馏。(　　)

7. 温度对触媒活性影响很大，在活性范围内，应在尽可能低的温度下工作。(　　)

8. 平衡常数是平衡反应进行程度的标志，所以，当反应在某一温度下达到化学平衡时，其反应的 K_p 值越大，理论产率越高。(　　)

9. 空速的大小所表达的是催化剂与反应物质的接触时间的长短。(　　)

10. 从热力学分析可知，合成甲醇的反应温度低，所需操作压力也可以低。(　　)

11. 南化集团研究院目前推出的型号有高压合成甲醇催化剂 C301、C306、C307 型。(　　)

12. 甲醇合成时压力越高越好。(　　)

13. 空速的增加，单位时间内通过催化剂的气体量增加，所以甲醇实际产量是增加的。(　　)

14. 系统中惰性气含量高，相应地降低了 CO、CO_2、H_2 的有效分压，对合成甲醇反应有利。(　　)

15. 在采用铜基催化剂时，原料气中 CO_2 的含量通常在 6%(体积)左右，最大允许 CO_2 含量为 12%~15%。(　　)

16. 甲醇生产中应严格控制合成气中羰基铁、羰基镍的含量小于 10μL/L。(　　)

17. 油污主要来源于压缩机和循环机的润滑油泄漏。(　　)

18. 浆态床最大的优点是时空产率高。(　　)

三、选择

1. 甲醇的爆炸极限(体积分数)为(　　)。

A. 6%~36.5%　　B. 4%~35%　　C. 7%~34.8%　　D. 5%~36%

2. 如果粗甲醇中的杂醇油在精馏过程中带入精甲醇产品会导致产品(　　)。

A. 产品酸度增加　　B. 有酒精味　　C. 水溶性实验不合格　　D. 色度不合格

3. 对甲醇理化性叙述正确的是(　　)。

A. 有酒精气味，可溶解油类等物质

B. 分子式 CH_3OH 相对分子质量 32.04，沸点比乙醇高

C. 由于其含有羟基和甲基，可进行加成反应

D. 易挥发 易燃 易爆，其中毒表现与甲醛一样

4. 下列不是甲醇合成反应特点的是(　　)。

A. 放热反应　　B. 可逆反应　　C. 体积增大的反应　　D. 催化反应

5. 不属于锌铬催化剂的特点是(　　)。

A. 耐热性能好，能忍受温差在 100℃ 以上的过热过程

B. 对硫不敏感

C. 机械强度高

D. 使用寿命短，使用范围宽，操作控制容易

6. 不是国产甲醇催化剂特点和相对竞争优势的是(　　)。

A. 国产催化剂价格相对较低，在性价比上有一定的竞争优势

B. 装置投资额、售后服务成本和态度等方面的优势

C. 配套工艺设计水平和原料气的净化水平的提高

D. 使用寿命长

7. ICI 冷激式合成塔的特点不包括(　　)。

A. 具有结构简单，塔内未设置电加热器或换热器，催化剂利用效率较高

B. 催化剂时空产率高，用量小

C. 适于大型化甲醇装置，易于安装维修

D. 高活性、高选择性催化剂选择余地大

8. 下列不是节能型三塔流程的特点是(　　)。

A. 节能　　B. 降低精甲醇中乙醇含量

C. 甲醇收率较高　　D. 第三精馏塔采出产品

四、简答

1. 什么是时空产率和氢碳比？
2. 甲醇常见的物理性质是什么？
3. 甲醇的毒性有哪些？
4. 甲醇的主要用途有哪些？
5. 甲醇的化学性质有哪些？
6. 目前工业上生产甲醇所采用工艺过程是什么？
7. 目前世界上甲醇生产工艺有哪几种？
8. 简述甲醇合成反应机理。
9. 目前世界上比较常见的甲醇合成反应器种类有哪些？
10. 正常生产中的操作要点有哪些？
11. 对甲醇合成反应器的基本要求有哪些？
12. 国内开发的甲醇合成塔主要有哪些？
13. 鲁奇管冷式甲醇合成塔的优点有哪些？
14. 甲醇反应的影响因素有哪些？
15. 原料气净化的作用是什么？
16. 目前世界上的甲醇合成催化剂的主要种类有哪些？
17. 什么是热点温度？
18. 精甲醇产品常见的几种质量问题？
19. 反应温度对甲醇合成有何影响？
20. 空速大小对甲醇合成的影响有哪些？
21. 惰性气含量对甲醇合成有何影响？

第八章　二甲醚生产技术

第一节　二甲醚概述

我国是一个人口大国，随着国民经济的飞速发展，能源短缺状况日益严重。同时我国的能源结构也不尽合理，目前煤占燃料总量的70%左右，煤的直接燃烧和粗加工利用，进一步恶化了生态环境。如何既充分合理利用现有的能源又不产生环境污染已成为我国各级政府所关注的焦点。

各种污染指标大大低于现有燃料的二甲醚，原料来源丰富，成本低廉，正好解决了困扰我国的能源危机和环境污染两大难题，被誉为“21 世纪的清洁燃料”。

一、二甲醚的性质

二甲醚(dimethyl ether，DME)又称作甲醚，是最简单的脂肪醚，甲醇的重要衍生物之一。二甲醚在常温下为无色、有轻微醚香味的气体。常温下 DME 具有惰性，不易自动氧化，无腐蚀、无致癌性，不会对大气臭氧层产生破坏作用，极易燃烧，燃烧时火焰略带亮光。

二甲醚具有优良的混溶性，可以同大多数极性和非极性的有机溶剂混溶，如汽油、四氯化碳、丙酮、氯苯和乙酸乙酯等，较易溶于丁醇，但对多醇类的溶解度不佳。常压下在100mL 水中可溶解 3700mL 二甲醚，在加入少量助剂的情况下，可与水以任意比例互溶。长期储存或添加少量助剂后，会形成不稳定过氧化物，易自发爆炸或受热爆炸。

二甲醚毒性很低，气体有刺激及麻醉作用的特性，通过吸入或皮肤吸收过量的二甲醚，会引起麻醉、失去知觉和呼吸器官损伤。毒性试验表明：当空气中二甲醚的浓度达154. 24g/m^{3}时，人有麻醉现象；当浓度达 940. 50g/m^{3}时，人有极不愉快的感觉及窒息感。日本规定二甲醚在空气中允许质量分数为 0. 03 %(大气环保标准) 。二甲醚主要物理性质如表 8-1 所示。

表 8-1　二甲醚的主要物理性质

项　目	数　据	项　目	数　据
分子式	CH_3OCH_3	蒸发热/(kJ/kg)	467. 4
相对分子质量	46. 07	燃烧热/(kJ/mol)	1455
沸点(1atm)/℃	-24. 9	爆炸极限/%	3. 45~26. 7
自燃温度/℃	-41. 4	相对密度(室温)	0. 661
蒸气压(室温)/MPa	0. 53	十六烷值	≥55
临界温度/℃	128. 8	闪点/℃	-41
临界压力/MPa	5. 23	熔点/℃	-141. 5

注：1atm=101325Pa。

二甲醚在常见溶剂中的溶解度数值见表8-2。

表8-2　二甲醚的溶解度(25℃)

溶　剂	溶解度/%	溶　剂	溶解度/%
水(24℃)	35.3	四氯化碳	16.33
汽油		丙酮	11.83
-40℃	64	苯	15.29
0℃	19	氯苯(106kPa)	18.56
25℃	7	乙酸乙酯(93.86kPa)	11.1

二、二甲醚的用途

二甲醚作为一种新兴的基本化工原料，由于其良好的易压缩、冷凝、气化特性，使得二甲醚在制冷、燃料、农药等化学工业中有许多独特的用途。如高纯度的二甲醚可代替氟里昂用作气溶胶喷射剂和制冷剂，减少对大气环境的污染和臭氧层的破坏；由于其良好的水溶性、油溶性，使得其应用范围大大优于丙烷、丁烷等石油化学品；代替甲醇用作甲醛生产的新原料，可以明显降低甲醛生产成本，在大型甲醛装置中更显示出其优越性；其储运、燃烧安全性、预混气热值和理论燃烧温度等性能指标均优于石油液化气，可作为城市管道煤气的调峰气、液化气掺混气；若作为柴油发动机的燃料，与甲醇燃料汽车相比，不存在汽车冷启动问题；也是未来制取低碳烯烃的主要原料之一。

1. 二甲醚用作液体燃料的应用前景

随着人民生活水平的提高，民用燃料的需求加大，低压下二甲醚变为液体，与石油液化气有相似之处，用二甲醚作燃料有诸多优点：① 在同等温度条件下，二甲醚的饱和蒸气压低于液化气，其储存、运输等比液化气安全；② 二甲醚在空气中的爆炸下限比液化气高1倍，因此在使用过程中，二甲醚作为燃料比液化气安全；③ 虽然二甲醚的热值比液化气低，但由于二甲醚本身含氧，在燃烧过程中所需理论空气远低于液化气，从而使得二甲醚的预混合热值与理论燃烧温度高于液化气。二甲醚自身含氧，组分单一，碳链短，燃烧性能良好，热效率高，燃烧过程中无残液、无黑烟，是一种优质、清洁的燃料。

由于二甲醚具有优良的燃烧性能和高的辛烷值，作为车用燃料的替代品也引起人们的普遍关注。汽车发动机特别是柴油发动机的主要环境污染是氮氧化物的排放和颗粒物质——黑烟的生成。而其中氮氧化物对环境的破坏作用特别大，它不仅形成城市及周边地区的酸雨，还严重破坏地球的臭氧层。

研究表明，二甲醚是柴油发动机理想的替代燃料。目前使用的发动机代用燃料如液化石油气、天然气、甲醇等，它们的16辛烷值都小于10，只适合于点燃式发动机。二甲醚16烷值大于55，具有优良的压缩性，非常适合于压燃式发动机，因此可用作柴油机的代用燃料。

普通柴油发动机通过燃烧系统的优化和高达2×10^5kPa的高压燃油喷射，发动机的氮氧化物才可控制在3.8g/(bhp·h)左右，若要进一步将氮氧化物控制在3g/(bhp·h)以下，必须采用废气再循环技术和废气后处理技术，但这些技术还有待于进一步完善和发展。

使用二甲醚为燃料，仅需对原柴油机的燃油系统稍作改进。在保持原柴油机的高热效率及同样的输出功率、扭矩及燃油经济性的同时，不需使用任何废气再循环系统和废气处理装置，氮氧化物就能大幅降低，达到2g/(bhp·h)以下，这样，控制氮氧化物和微粒排放的矛盾也不复存在，碳烟排放为零，没有任何加速烟度，微粒排放也大幅降低。除上述特性外，发动机燃烧噪声可降低10dB(A)左右。

如果二甲醚燃料发动机进行废气再循环，氮氧化物能达到1g/(bhp·h)以下。同时没有任何热效率的损失和产生可见烟度。

DME也可以作醇醚燃料，DME与甲醇按一定比例混合后，可克服单一液态燃料所具有的缺点(需解决空气冲充压或自充压、外预热等)，从而改善燃烧性能，这种混合燃料具有清洁、完全、使用方便等特点。

2. 二甲醚在气雾剂中的应用

20世纪60年代以后，国际上气溶胶工业得到了迅速发展，尤其是气雾剂产品的开发极为迅速，到目前为止，世界各工业国家中溶胶工业已自成体系，其产品在国民生产总值中已占相当比例。我国在20世纪70年代后才着手研究和开发，以往的气溶胶生产中，气溶胶喷射剂主要采用氯氟烃，近10年来，许多研究结果证实了氯氟烃产品极严重地破坏大气臭氧层，迫使人们充分认识到，必须全面停止生产和使用氯氟烃。目前世界上替代氯氟烃的产品主要有：① 丙烷、丁烷、戊烷等烃类；② 二甲醚、乙醚等醚类；③ HCFC-22(二氟一氯甲烷)，HCFC-142b(1，1-二氟一氯乙烷)等氢氯氟烃。

研究表明，二甲醚作为氟里昂的替代物，在气雾剂制品中显示出良好的性能，如不污染环境，其对臭氧破坏系数为零；二甲醚在水中溶解度为34%，如果加6%的乙醇，则可与水混溶，它对各种树脂也有极高的溶解能力；毒性很微弱，除了典型的麻醉作用外，观察不到应用在化妆品上有什么问题；可用水或氟制剂作阻燃剂。此外，二甲醚作为气雾剂制品，还具有使喷雾产品不易致潮的特点，再加之二甲醚生产成本低、建设投资省、制造技术不太复杂等特点，从而被人们认为是一种新一代理想的气雾推进剂。

二甲醚除做发胶的抛射剂外，还可作杀虫剂、颜料等的抛射剂，也可作脱模剂和发泡剂。二甲醚有可能重新配制几乎任何一种气雾剂产品，它的关键之一是水溶性很高。

DME在气雾剂工业中正以其良好的性能，逐步替代其他气雾剂，成为第四代抛射剂的主体。

3. 二甲醚用作制冷剂和发泡剂

二甲醚易液化的特性也引起人们的重视。利用DME的低污染、制冷效果好等特点，许多国家正开发以DME代替氢氟烃作制冷剂或发泡剂。例如，用DME与氟里昂制备特种制冷剂，随着DME含量增加，其制冷能力增强，能耗降低。

二甲醚作为发泡剂，能使泡沫塑料等产品孔洞大小均匀，柔韧性、耐压性增强，并具有良好的抗裂性。国外已相继开发出利用DME作聚苯乙烯、聚氨基甲酸乙酯、热塑性聚酯泡沫等的发泡剂。

4. 化工原料

二甲醚是一种重要的化工原料，可用来合成许多种化工产品或参与许多种化工产品的合成。二甲醚最主要的应用是作生产硫酸二甲酯的原料。国外硫酸二甲酯消费二甲醚的量约占DME总量的35%，而中国硫酸二甲酯几乎全部采用甲醇硫酸法。此法的中间产物硫酸氢甲酯毒性较大，生产过程腐蚀严重，产品质量较差。随着环保要求不断提高，以及DME产量不断增加，采用二甲醚合成硫酸二甲酯代替传统的甲醇硫酸法势在必行。

二甲醚也可以羰基化制乙酸甲酯、乙酸乙酯、乙酐、醋酸乙烯；可作甲基化剂制烷基卤以及二甲基硫醚等，用于制药、农药与染料工业；可作偶联剂，用于合成有机硅化合物；DME 可与氢氰酸反应生成乙腈，与环氧乙烷反应生成乙二醇二甲醚等；DME 脱水可生产低碳烯烃，同时 DME 还是一种优良的有机溶剂。

5. 二甲醚发电

二甲醚是一种清洁燃料，可用于发电。1999 年，印度公司和 BPAMOCO 公司完成了用二甲醚作燃料发电的技术可行性报告，并确定了二甲醚发电的商业可行性。印度电力部门在选择发电燃料时发现，二甲醚发电比石脑油发电的效率高 6%，如果维修费用降低，二甲醚燃料发电后，成本可节省费用达 8%。

由于我国大量的低价煤用于电厂的发电，目前还未优先考虑二甲醚。但是，如果我国计划利用天然气发电，就应该进行分析，确定二甲醚在发电市场与天然气的竞争力。

三、二甲醚的生产方法

目前已经开发和正在开发的二甲醚的合成方法有两种：一种是由合成气先得甲醇，再由甲醇脱水来制取，即通常所说的二步法；另一种是由合成气直接来合成，又称一步法。

1. 二步法

二步法生产二甲醚的关键技术为甲醇脱水反应的实现。根据参与反应时甲醇的状态，二步法又可分为液相法和气相法。

(1) 液相法。液相法也称为硫酸法，是将浓硫酸与甲醇混合，在低于 100℃ 时发生脱水反应而制得二甲醚。此工艺过程具有反应温度低、甲醇转化率高(>80%)、二甲醚选择性好(>99%)等优点，但该方法由于使用腐蚀性大的硫酸，残液和废水对环境的污染大，国外已基本淘汰，而国内仍有少数厂家用此法生产。

(2) 气相法。气相法是在固体酸作催化剂的固定床反应器内，使甲醇蒸气脱水而制得二甲醚。此工艺的优点是工艺较为成熟，操作比较简单，能获得高纯度的二甲醚(最高可达 99.99%)，是目前工业化生产应用最广泛的一种方法。缺点是生产的成本比较高，受甲醇市场波动的影响比较大。因此，研究者们已把更多的注意力集中到从合成气出发一步合成二甲醚的新技术路线上来了。

2. 合成气一步法

合成气一步法以合成气($CO+H_2$)为原料，在反应器内同时完成甲醇合成反应和甲醇脱水反应，生产二甲醚。其反应式为：

$$2CO+4H_2 \longrightarrow 2CH_3OH \tag{8-1}$$

$$CO+H_2O \longrightarrow CO_2+H_2 \tag{8-2}$$

$$2CH_3OH \longrightarrow CH_3OCH_3+H_2O \tag{8-3}$$

总反应：

$$3CO+3H_2 \longrightarrow H_3COCH_3+CO_2 \tag{8-4}$$

一步法合成二甲醚包括以下几项关键技术：合成气制备、二甲醚合成、反应气冷凝循环、DME 精馏等。其中，合成气制备技术广泛应用于合成氨和甲醇工业，反应气冷凝技术和精馏技术在其他化工领域经常用到，而二甲醚合成技术则属于生产二甲醚的专有关键技术，该技术的成熟度决定了一步法二甲醚技术的实现。

世界上较早研究一步法二甲醚的有丹麦托普索公司、日本 NKK 公司、美国 APC(Air-Products &Chemicals)公司等，其中托普索采用气固相固定床反应器一步法合成二甲醚，APC

公司和 NKK 公司都是采用三相浆态床合成二甲醚。目前，这些公司都已经完成中试装置，正积极筹建工业化示范装置。

在现有的二甲醚生产方法中，合成气一步法工业化技术尚未成熟。甲醇液相法虽经技术改造对原有的缺陷有所改进，但仍有投资高、电耗高、生产成本高等问题，而且反应器放大难度大，大装置反应器需多套并联。而先进的气相脱水法投资低、能耗低、产品质量好，而且反应器催化剂装填容量大，易于大型化，是目前最理想的二甲醚生产方法。气相法和液相法的工艺技术对比见表 8-3。这里仅对甲醇气相脱水法生产二甲醚的过程作一简介。

表 8-3 气相法和液相法甲醇脱水工艺对比表

比较项目	甲醇气相脱水法	甲醇相脱水法	备 注
催化剂	固体酸催化剂(γ-Al_2O_3)	以硫酸为主的复合酸催化剂(含磷酸)	
原料	精甲醇、粗甲醇	精甲醇	气相法以粗甲醇为原料，成本有所降低
反应压力	0.5~1.1MPa	0.02~0.15MPa	
反应温度	230~350℃	130~180℃	
甲醇单程转化率	78%~88%	88%~95%	
反应系统材质	碳钢或普通不锈钢	石墨等耐酸腐蚀材料	
甲醇消耗	1.40~1.43t/tDME	1.41~1.45t/tDME	
电力消耗	液相增压，电耗≤10kW·h/t DME	反应产物气相增压，反应器搅拌混合，电耗≥100kW·h/tDME	液相法电耗高
水蒸气消耗	1.45t/tDME	1.44t/tDME	液相法未体现其甲醇单程转化率高的优势
大型化	简单，反应系统单系列	难度大，反应器需多套并联	液相法反应系统操作麻烦
装置投资	低，投资系数 100%(基准)	高，投资系数 130%~300%	液相法投资高
毒性	除甲醇外无其他有毒介质	磷酸、磷酸盐毒性大，中间产物硫酸氢甲酯为极度危害介质	
装置占地	小	大，多套并联则更大	
产品质量	纯度高，不含酸	纯度较低，含微量无机酸	液相法提高产品质量还需增加蒸汽消耗

第二节 甲醇气相脱水制二甲醚的基本原理

一、化学平衡

甲醇脱水生成二甲醚的化学反应式为

$$2CH_3OH \rightleftharpoons CH_3OCH_3+H_2O \qquad \Delta H_R^0=-23.4kJ/mol \tag{8-5}$$

此反应为可逆、放热、等体积的反应。

不同温度下的反应热、平衡常数和甲醇平衡转化率见表8-4。

表 8-4　甲醇气相脱水的反应热、平衡常数和平衡转化率

温度/℃	$-\Delta H_R^0$/(kJ/mol)	K_p	x^*
220	21.430	21.224	0.9021
240	21.242	17.327	0.8928
260	21.058	14.386	0.8835
280	20.882	12.24	0.8744
300	20.711	10.354	0.8655
320	20.543	8.948	0.8568
340	20.389	7.815	0.8483
360	20.242	6.890	0.8400
380	20.096	6.128	0.8320

反应热计算式为：

$$\Delta H_R=[-6367.75+1.661T+4.67475\times10^{-1}T^2-7.4457\times10^{-6}T^3+3.07625\times10^{-9}T_4]\times4.184\times10^{-3} \quad (8-6)$$

平衡常数计算式为：

$$\ln K_p=-9.3932-3204.71/T+0.83593\times\ln T+2.35267\times10^3T-1.8736\times10^{-6}T^2+5.1606\times10^{-6}T^3$$

平衡转化率的计算为：

$$K_p=\frac{y_D^* y_W^*}{(y_M^*)^2}=\frac{(x^*/2)^2}{(1-x^*)^2} \quad (8-7)$$

$$x^*=\frac{2\sqrt{K_p}}{1+2\sqrt{K_p}} \quad (8-8)$$

式中　ΔH_R——反应焓，kJ/mol；

K_p^*——平衡常数；

y_D^*——二甲醚的平衡摩尔分数；

y_W^*——蒸汽的平衡摩尔分数；

y_M^*——甲醇的平衡摩尔分数；

x^*——甲醇的平衡转化数。

由表8-4可见，随着温度的提高，反应的平衡常数减小，甲醇平衡转化率降低。在反应条件下，还会伴随发生一系列副反应，主要反应为：

$$CH_3OH \rightleftharpoons CO + 2H_2 \quad (8-9)$$

$$2CH_3OH \rightleftharpoons C_2H_4 + 2H_2O \quad (8-10)$$

$$2CH_3OH \rightleftharpoons CH_4 + 2H_2O + C \quad (8-11)$$

$$H_3OCH_3 \rightleftharpoons CH_4 + H_2 + CO \quad (8-12)$$

$$CO + H_2O \rightleftharpoons CO_2 + H_2 \quad (8-13)$$

这些反应的发生，会导致甲醇的转化率及选择性降低，反应后的产物中出现不凝性气体。

二、反应速率

反应速率动力学方程如下。

（1）本征动力学。房鼎业、林荆等人，在反应压力为常压、温度为240~380℃、液空速率为0.42~7.96mL/(g·h)、原料甲醇浓度为50%~100%(体积分数)的条件下，测定了CM-3-1催化剂上甲醇脱水生成二甲醚的本征动力学数据，并对实验数据采用幂函数型参数估值法估值，得出的甲醇气相脱水反应本征动力学方程式为：

$$r_M = 5.50\times10^{10}\times e^{122867/RT} y_M^{\ 2}(1-y_D y_W/K_p\, y_M^{\ 2}) \quad (8-14)$$

式中 r_M——单位质量催化剂上以甲醇计的反应速率。

（2）宏观动力学。房鼎业、张海涛等人采用无梯度反应器，研究了在温度为260~390℃、液空速率为3.47~8.76mL/(h·g)时，CM-3-1型催化剂上甲醇脱水生成二甲醚反应的常压宏观动力学，考虑压力对反应速率的影响，得到动力学方程式为：

$$r_M = 1.59322\times10^{5}\times e^{16451.5/RT} P^{2/3} y_M^{\ 1.5}(1-y_D\, y_W/K_p\, y_M^{\ 2}) \quad (8-15)$$

三、影响甲醇转化率的因素

实际的研究发现：由于目前催化剂的选择性可达99.9%以上，甲醇的转化率即可认为是二甲醚的收率；甲醇的转化率在大多数情况下不受化学平衡的影响，而受催化剂活性的影响。虽然不同的催化剂活性不同，在相同的条件下得到的甲醇的转化率不同，但所具有的规律却基本一致，下面对这些规律予以介绍。

1. 质量空速与甲醇转化率的关系

表8-5为在反应温度280℃、压力为0.8MPa的条件下，在某催化剂上，测定的甲醇转化率与质量空速的关系。由表8-5可见，甲醇的转化率随质量空速的增加而降低。出现此现象的主要原因为空速高时，甲醇与催化剂的接触时间变短，影响了二甲醚的生产量。

表8-5 不同质量空速下的甲醇转化率

质量空速/h^{-1}	1.60	2.11	2.62	3.08
甲醇转化率/%	85.14	79.84	78.96	63.08

2. 反应温度与甲醇转化率的关系

在常压、质量空速为1.00~1.12h^{-1}条件下，反应温度对甲醇脱水生成二甲醚转化率的影响见图8-1。由图8-1可见，随着反应温度的升高，甲醇转化率增大，在300℃以后的甲醇转化率变化不大，且接近平衡转化率。

表8-6 反应温度与甲醇转化率的关系

反应温度/℃	260	280	300	320
甲醇转化率/%	67.9	79.65	81.1	83.5

在反应压力为0.8MPa，质量空速为2.11h^{-1}条件下，反应温度对甲醇转化率的影响见表8-6。由表8-6可见，随着反应温度的升高，甲醇转化率增大，在280℃以后甲醇转化率变化不大，在320℃接近平衡转化率85.68%。

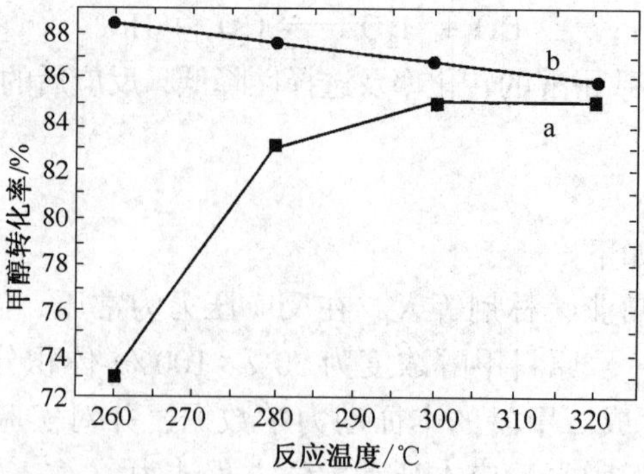

图 8-1　甲醇转化率反和应温度的关系

a—实验值；b—理论值

3. 反应压力与甲醇转化率的关系

图 8-2 是反应温度为 280℃、质量空速为 2.0h^{-1}条件下，测得的反应压力与甲醇转化率的关系。从图 8-2 可看出，增大反应压力，甲醇转化率提高，在 0.4~0.8MPa 内变化较大，而在 0.8~1.0MPa 内变化较小。

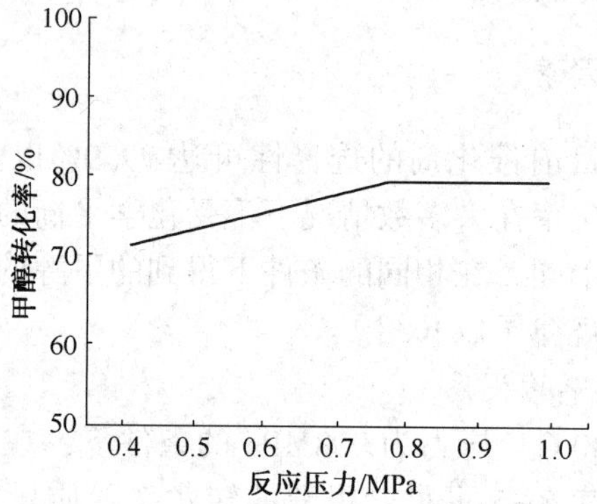

图 8-2　反应压力与甲醇转化率的关系

由以上的研究可看出，在甲醇气相脱水反应时，甲醇的转化率主要取决于反应速率的快慢或催化剂活性的高低，随着反应温度的提高、压力的增大、空速的减小，催化剂的活性增加、反应速率加快、反应时间变长，甲醇的转化率高，产物中的二甲醚量增加。

第三节　甲醇气相脱水催化剂

一、催化剂简介

甲醇脱水制二甲醚使用的催化剂，实质上都是酸性催化剂，气相法脱水使用固体酸，而液相法脱水使用液体酸。下面对甲醇气相脱水反应所用的固体酸催化剂作一简要介绍。

1. 固体酸的种类

固体酸指能使碱性指示剂改变颜色的固体，或者是能化学吸附碱性物质的固体。严格地讲，固体酸是指能给出质子(Brŏnsted 酸，简称 B 酸或质子酸)或能够接受孤对电子(Lewis 酸，简称 L 酸)的固体。固体酸的种类繁多，通常可分成表 8-7 中的几类。

表 8-7　固体酸的种类

类　别	主要物质
天然矿物	高岭土、膨润土、山软木土、蒙脱土、沸石等
负载酸	硫酸、磷酸、丙二酸等负载于氧化硅、石英砂、氧化铝或硅藻土上
阳离子树脂	苯乙烯-二乙烯苯共聚物、Nafion-H
氧化物及其混合物	锌、镉、铅、钛、铬、锡、铝、砷、铈、镧、钍、锑、矾、钼、钨等的氧化物及其混合物
盐类	钙、镁、锶、钡、铜、锌、钾、铝、铁、钴、镍等的硫酸盐；锌、铈、铋、铁等的磷酸盐；银、铜、铝、钛等的盐酸盐

2. 甲醇气相脱水固体酸催化剂的主要研究成果

甲醇气相脱水制二甲醚大多采用活性氧化铝、结晶硅酸铝、分子筛等固体酸作为催化剂。从理论上讲，催化剂的酸性越强其活性就越高，但酸性太强易使催化剂结炭和产生副产物，并且迅速失活。如果酸性太弱，就可能导致催化活性低、反应温度与压力高，所以要调配适宜的催化剂酸性才能保证催化剂有高的活性和选择性。

1965 年，美国 Mobil 公司与意大利 ESSO 公司都曾利用结晶硅酸盐催化剂进行气相脱水制备 DME。其中 Mobil 公司使用了含硅酸铝比较高的 ZSM-5 型分子筛，而 ESSO 公司则使用了 0. 5~1. 5nm 的含金属的硅酸铝催化剂，其甲醇转化率为 70%，DME 选择性>90%。1981 年，Mobil 公司利用 HZSM-5 使甲醇脱水制备二甲醚，在常压、200℃左右即可获得 80%甲醇转化率和大于 98%DME 的选择性。1991 年，日本三井东洋化学公司开发了一种新的甲醇脱水制 DME 催化剂，据称该催化剂是一种具有特殊表面积和孔体积的 Al_2O_3，可长期保持活性，使用寿命达半年之久，转化率可达 74. 2%，选择性约 99%。

我国西南化工研究院也进行了甲醇脱水制二甲醚的研究，考察了 13X 分子筛、氧化铝及 ZSM-5 催化剂的性能。当采用 ZSM-5 在 200℃时，甲醇的转化率可达 75%~85%，选择性大于 98%。上海吴泾化工厂以高硅铝比的硅酸盐粉状结晶作催化剂，在低温(130~200℃)、常压下实现了甲醇制 DME 的新工艺。在小试 1000h 工作的基础上进行了单管试验，甲醇单程转化率可达 85%，选择性几乎 100%，使用周期大于 1000h。适当调整温度后，用粗甲醇(平均含量为 78. 4%)同样可获得 80%的转化率。

近些年来，对沸石催化剂的研究也有很多。研究的结果表明：在反应压力 1. 0MPa 下，β 型沸石、Y 型沸石、ZSM-5 型沸石对甲醇脱水生成二甲醚反应的催化活性均优于 γ-Al_2O_3，其活性大小顺序为 ZSM-5 型沸石>β 型沸石>Y 型沸石>γ-Al_2O_3。

沸石表面的强酸中心是活性中心，其微孔结构对甲醇脱水生成二甲醚影响不大。沸石的酸性可通过 $n(SiO_2)/n(Al_2O_3)$、改性及焙烧温度来调变，从而改变其活性。Na^+易造成酸性中心中毒，显著影响沸石催化剂的催化活性。

对于 β 型沸石，适宜的硅铝摩尔比为 100；对于 ZSM-5 型沸石，合适的硅铝摩尔比为 80。

采用 Al_2O_3浸渍钨硅酸($H_4SiW_{12}O_{40}\cdot nH_2O$)制备的负载型杂多酸催化剂，具有中孔结构，表面上有 L 酸和 B 酸两种类型酸中心，对甲醇脱水制二甲醚反应是一种活性高、选择性好的新型催化剂。其最佳反应条件为：0. 75~0. 85MPa、280~320℃。

催化剂的催化性能是甲醇脱水合成二甲醚的关键所在，对于活性更高、寿命更长、能适应于大规模二甲醚生产的催化剂，现在仍在不断的研究和开发中。据报道，国内西南化工研究院开发的型号为 CM-3-1 和 CNM-3 的 Al_2O_3催化剂、公主岭三剂化工厂与东北师范大学合作研制的型号为 JH202 杂多酸催化剂、武汉科林精细化工有限公司开发的型号为 WD-1 和 WD-2 的 Al_2O_3和分子筛催化剂在工业应用中有不错的效果。

下面对 JH202 催化剂的工业应用作简要介绍。

二、JH202 催化剂的工业应用

JH202 催化剂，由公主岭三剂化工厂与东北师范大学合作研制，以氧化铝为载体，添加了杂多酸等助催化剂。其外形尺寸为：直径 3~4mm，长 10~20mm，圆条形；颜色为白色或淡黄色；堆密度 0.45~0.50kg/L；比表面积 250~350m^2/g。

1. 质量指标

压碎强度：径向≥100N/cm；磨耗：小于 5%(一般为 3%~4%)；使用条件：反应温度 260~380℃，压力 0.1~1.0MPa；甲醇单程转化率：大于 85%；二甲醚选择性：大于 99.5%。

2. 催化剂填装

在催化剂装填时应过筛以除去运输过程中可能生成的少量粉尘；应计算反应器每段应装入的催化剂体积及质量，按体积要求装入，装填高度应达预定高度；应力求装填均匀，并不得带进杂物；应防止吸潮，装填完成后及时封闭设备。

3. 活化

活化气源：干氮气。空速：200~300h^{-1}。压力：小于 0.5MPa。活化温度要求：室温至 120℃，按 30℃/h 速度升温，在 120℃恒温 2h；120~300℃，按 20~25℃/h 速度升温，在 300℃恒温 6~8h。

4. 再生

因超温等原因致使催化剂活性下降时，可采用通入含氧的气体，在一定的条件下进行焙烧，使催化剂的活性部分恢复。

5. 催化剂的保护

催化剂是脱水反应的核心，催化剂的保护是反应岗位操作的重要任务之一。催化剂保护的好坏，直接影响到催化剂的使用寿命、产品质量和整个装置的经济效益。催化剂保护要点如下：① 在一般情况下，催化剂层温度尽可能不要超过 400℃；② 系统的开、停车会影响催化剂的寿命，因此，催化剂一经投入使用，应尽最大努力维持连续运转；③ 催化剂在正常运转下，应尽可能维持反应温度的稳定，减少波动；④ 在满足生产能力、产率的前提下，催化剂宜在尽量低的温度下操作，以延长催化剂使用寿命；⑤ 禁止硫、磷、氯等物质混入原料甲醇，以免影响产品的气味和性状，并可能造成催化剂中毒；⑥ 催化剂的升温和降温都必须缓慢进行；⑦ 该催化剂怕液态水，进水后将严重影响其使用性能和使用寿命；⑧ 如遇短时停工，应关闭反应器进出口阀，对系统进行保压；⑨ 当长时间停工时，应向反应器充氮气，以保护催化剂。

第四节　甲醇气相脱水的工艺流程及反应器

一、工艺流程

甲醇气相脱水制二甲醚生产工艺可分为反应、精馏和汽提三个工段。反应工段主要完成

甲醇的预热、汽化、甲醇脱水反应及粗二甲醚的收集；精馏工段主要实现了反应工段制得的粗二甲醚的分离，得到产品二甲醚；汽提工段主要实现了未反应甲醇的回收。

下面以某厂二甲醚生产的工艺为例，详细说明其生产的过程。其流程图见图 8-3。

原料甲醇来自甲醇合成工序粗甲醇中间罐区，经甲醇进料泵 2 加压至 0.8MPa，经甲醇预热器 3 预热至 120℃后，进入甲醇汽化塔 4 进行汽化。从甲醇汽化塔 4 顶部出来的汽化甲醇，经气-气换热器 5 换热后，分两股进入反应器 6。第一股经过热后，在 260℃温度下，从顶部进入反应器；第二股稍过热的甲醇，温度为 150℃，作为冷激气经计量从第二段催化剂床层的上部进入反应器 6。

从反应器 6 出来的反应气体，温度约为 360℃，经气气换热器 5、精馏塔第一再沸器 7、甲醇预热器 3、粗二甲醚预热器 8 和粗二甲醚冷凝器 9 降温至 40~60℃冷凝后，进入粗二甲醚储罐 10 进行气液分离。液相为二甲醚、甲醇和水的混合物；气相为 H_2、CO、CH_4、CO_2 等不凝性气体和饱和的甲醇、二甲醚蒸气。

从粗二甲醚储罐 10 出来的不凝性气体，经气体冷却器 11 冷却后，进入洗涤塔 12。在洗涤塔 12 中，不凝气体中的二甲醚、甲醇被来自精馏塔釜液储罐 13 的甲醇水溶液吸收，吸收尾气经减压后，送燃料管网。

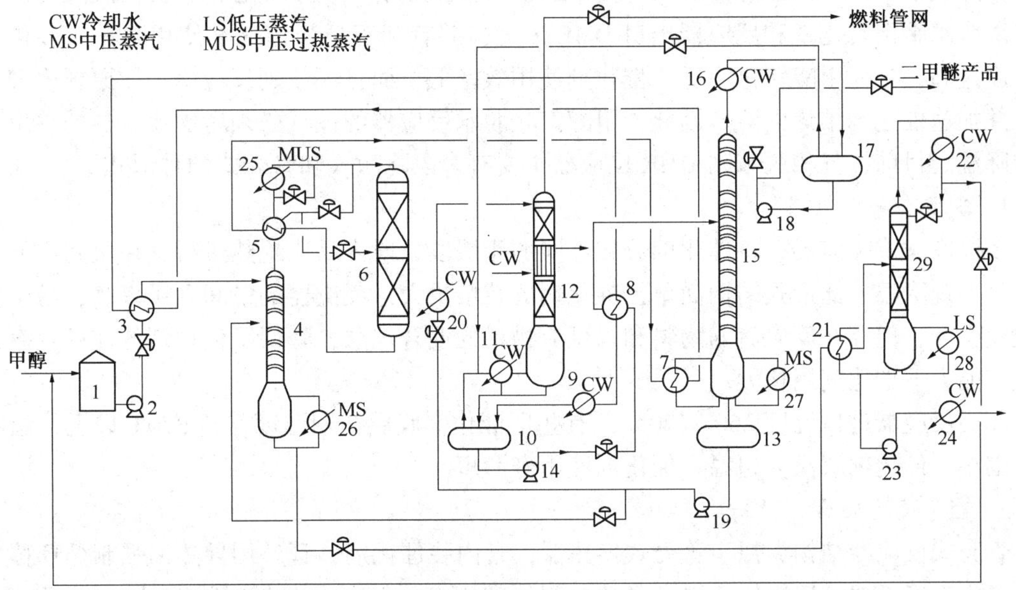

图 8-3　二甲醚生产工艺流程

1—原料储槽；2—醇进料泵；3—甲醇预热器；4—甲醇汽化塔；5—气气换熟器；6—反应器；7—精馏塔第一再沸器；8—粗二甲醚预热器；9—粗二甲醚冷凝器；10—粗二甲醚储罐；11—气体冷却器；12—涤塔；13—精馏塔釜液储罐；14—精馏塔进料泵；15—精馏塔；16—精馏塔冷凝器；17—二甲醚回流储罐；18—二甲醚回流泵；19—釜液输送泵；20—洗涤液冷却器；21—汽提塔第一再沸器；22—汽提塔冷凝器；23—废水输送泵；24—废水冷却器；25—开工加热器；26—汽化塔再沸器；27—精馏塔第二再沸器；28—汽提塔第二再沸器；29—汽提塔

从粗二甲醚储罐 10 出来的二甲醚、甲醇和水的混合物，用精馏塔进料泵 14 加压并计量，经过粗二甲醚预热器 8 加热至 80℃左右后，进入精馏塔 15。塔顶蒸气经精馏塔冷凝器 16 冷凝后，收集在精馏塔二甲醚回流储罐 17 中。冷凝液用二甲醚回流泵 18 加压后，一部分作为精馏塔回流液回流，另一部分作为产品送产品罐区。

从精馏塔 15 溢流出来的水-甲醇釜液，先进入精馏塔釜液储罐 13，经釜液输送泵 19 增压，其中一小部分经洗涤液冷却器 20 冷却后，送洗涤塔 12 作洗涤液使用，其余大部分送入汽化塔 4 中段，其中的甲醇经回收后作为原料去反应器。

汽化塔 4 塔釜的含少量甲醇的废水，经汽提塔第一再沸器 21 换热后，送入汽提塔 29 中部蒸馏。塔顶蒸气经汽提塔冷凝器 22 冷凝后，大部分作为汽提塔回流液返回汽提塔，少量采出添加至甲醇原料中。汽提塔塔釜得到的工艺废水经废水输送泵 23 加压，再经废水冷却器 24 冷却后，送出界外。

装置开工时，甲醇蒸气经开工加热器 25 加热后，送入反应器加热催化剂床层。反应器出口的冷凝甲醇液，送界外粗甲醇储罐。

开工加热器 25 采用 3. 8MPa 过热中压蒸汽加热，汽化塔再沸器 26、精馏塔第二再沸器 27 采用 2. 5MPa 中压蒸汽加热，汽提塔第二再沸器 28 采用 0. 5MPa 低压蒸汽加热。粗二甲醚冷凝器 9、精馏塔冷凝器 16、气体冷却器 11、废水冷却器 24、汽提塔冷凝器 22 和洗涤液冷却器 20 均用冷却水冷凝、冷却。

二、反应器

甲醇脱水制 DME 是放热反应，降低催化剂床层温升、保持催化剂下层较低温度，可提高甲醇脱水平衡转化率和反应器出口 DME 浓度，并有利于延长催化剂使用寿命。催化剂使用温度过高，不仅甲醇转化率低、催化剂使用效率低，而且还使副反应增加、原料甲醇消耗高，并加速催化剂结焦失活。因此，甲醇气相脱水反应器的设计必须考虑反应热的移出和床层的降温。目前，气相脱水制 DME 反应器主要有多段冷激式和管壳式两种形式。

1. 多段冷激反应器

多段冷激式反应器，将催化剂分成不同的床层段，段内反应绝热进行，在段间用低温甲醇蒸气实现降温。此形式结构简单，催化剂的装填量大，反应器的空间利用率高，易于实现大规模生产，但存在反应后的物料和未反应物料的混合现象，降低了催化剂的使用效率，同等生产能力下催化剂用量大。

此类反应器进口温度 260~270℃，有些厂催化剂底层初期温度就达 370℃ 以上，温度调节范围小，催化剂层极易超温，催化剂使用寿命短。

2. 管壳式反应器

管壳式反应器结构类似于管壳式换热器，管内装催化剂，管外用导热油强制循环移出反应热，实现了近似等温操作，提高了催化剂的利用率。但存在催化剂装填量小、装卸困难、结构复杂等问题。

第五节　甲醇气相脱水的生产操作

由于整个甲醇气相脱水制二甲醚生产操作的内容繁多，仅对其反应工段的操作作简要介绍。

一、开车

当设备安装、检查、吹扫完毕，试压合格，催化剂装填、活化完成后，可进行系统的开车运行。

1. 开车准备

检查工具和防护用品是否齐备完好；检查动力设备，对润滑点按规定加油，并盘车数圈；检查各测量、控制仪表是否灵敏、准确完好，并打开仪表电源、气源开关；检查甲醇供应情况，通知甲醇罐区，保证所需甲醇供应；联系冷却水供应，开启冷却水系统所有阀门；检查甲醇汽化系统、反应系统和洗涤塔等所有阀门开闭的灵活性，然后关闭阀门。

2. 正常开车

(1) 汽化塔开车打开甲醇进料调节阀的前后阀、开工加热器25的进料阀、反应器6入口阀和出口阀、粗二甲醚储罐10气相出口阀和安全阀、洗涤塔12放空管路上的阀门、汽化塔4安全阀。整个合成系统充0.3MPa氮气。

缓慢开启甲醇进料调节阀(在开车初期，甲醇进料量为设计值的40%~50%)，让来自外管的甲醇经流量计、调节阀和甲醇预热器3进入汽化塔4。当汽化塔4塔釜出现液面后，打开汽化塔再沸器26中压蒸汽进口阀，调节中压蒸汽流量，使釜温上升，保持汽化塔的液位维持在40%~50%。通常情况下，当汽化塔塔顶压力在0.65~0.75MPa时，塔顶温度一般为120~130℃，塔釜温度在170℃左右(但在刚开车的时候，塔釜温度与塔内压力下甲醇沸点相当)。

当汽化塔顶温度上升到和塔釜温度接近时，甲醇开始被大量汽化，并进入气-气换热器5。由于从气-气换热器5到开工加热器25管段可能出现甲醇冷凝，需要打开管道底部排污阀，排出甲醇冷凝液，当出现甲醇蒸气时关闭该阀(在反应还未正常进行之前，需不定时开启此阀排掉甲醇冷凝液)。

开工加热器25用中压过热蒸汽加热，开工加热器出来的甲醇蒸气进入反应器6。当向反应器提供甲醇蒸气后，逐渐加大甲醇进料量至规定值。同时根据汽化塔提馏段温度和塔釜温度，逐渐调节加热蒸汽用量，使出塔甲醇蒸气温度稳定在120~130℃。

当汽化塔4各指标参数达到规定值，操作平稳时，可将甲醇流量调节阀、塔釜温度调节阀切换成自动控制，全塔实现稳定自动操作。汽化塔釜液去汽提塔，由液位调节阀控制汽化塔塔釜液位。

(2) 反应器开车。甲醇蒸气进入反应器6后，由于通过的甲醇蒸气不断带来热量，反应器中催化剂床层温度逐渐升高。部分甲醇蒸气进入反应器6后，会由于遇到低温而冷凝下来。观察反应器出口管道上的液位计，当出现液位时，缓慢开启排液阀，在保证系统压力的同时排出冷凝液，当没有液位时，应马上关闭此阀门。甲醇冷凝液经外管返回粗甲醇储罐。

当催化剂床层的温度达到220℃左右时，反应开始进行。此时一段催化剂上部温度上升较快，可能会出现短暂的400℃以上的温度现象，需要将反应器入口温度控制在240~260℃。如果反应器入口温度升高，可以缓慢减少进开工加热器25的中压过热蒸汽量。反应一定时间后，整个床层温度逐渐升高并稳定。

当一段床层出口温度为340~380℃时，开启二段床层入口甲醇蒸气冷激气体调节阀，并打开底部排污阀排出管道内的甲醇液体。根据二段床层温度变化来调节冷激气调节阀的开度，即二段床层入口甲醇蒸气冷激气量，使二段床层入口温度稳定在320~340℃，二段床层出口温度稳定在340~350℃，控制反应器内各点温度最高不超过400℃。

当气-气换热器5出口温度和开工加热器25的出口温度比较接近(一般在240~250℃)时，缓慢开启开工加热器25的旁路阀，使甲醇蒸气不经开工加热器25，并观察反应器入口温度是否下降。如不降，逐渐关闭进开工加热器25的甲醇蒸气和它的中压过热蒸汽入口阀，停开工加热器，反应正常进行。

若反应器进口温度显示过热甲醇蒸气温度过高，可让部分反应气不经过气-气换热器 5。调整进入气-气换热器 5 的反应气流量，使换热器壳程甲醇过热蒸气温度达到适宜的温度。

反应后的气体在气-气换热器 5 管程，与壳程来的甲醇蒸气(130℃左右)热交换后，经过甲醇预热器 3 与原料甲醇换热，再和粗二甲醚预热器 8 换热，最后经粗二甲醚冷凝器 9 冷凝冷却后进入粗二甲醚储罐 10。

当反应器各段温度、流量都达到规定值后，反应器操作正常。待正常操作稳定后，调节装置可由手动状态切换到自动控制。

(3) 洗涤塔的开车。在精馏塔未开车前，洗涤塔 12 只能起冷却放空气的作用，其洗涤的操作必须在精馏系统开工之后进行。

开启精馏塔釜液储罐 13 和洗涤塔 12 之间管路的调节阀，使洗涤液通过流量计计量后进入洗涤塔。调节洗涤液用量，使放空尾气量达到设计范围。开启洗涤塔 12 塔顶的压力调节阀，控制洗涤塔的压力不高于 0. 70MPa。洗涤后的尾气经流量计、调节阀送燃气系统，尾气组成通过调节洗涤液量和冷却水量进行控制。合成系统的压力通过洗涤塔 12 顶部的压力调节阀控制，通常系统压力控制在 0. 6~0. 7MPa 范围内。

二、停车

1. 正常停车操作

正常停车的主要过程如下：① 关闭原料甲醇进料调节阀及其前后阀。② 关闭汽化塔再沸器 26 中压蒸汽进口调节阀及其前后阀，停止加热。③ 关闭汽化塔到反应器之间的所有阀门。④ 关闭洗涤塔洗涤液进料调节阀及其前后阀。⑤ 关闭整个反应系统的有关阀门，系统维持正压。⑥ 洗涤塔停车半小时后，关闭冷却水进出口阀。⑦ 系统停车后，将全部仪表切换到手动状态，停仪表电源。⑧ 若系统需交付检修，则应进行以下操作：将系统物料分介质从系统排出；通过火炬放空管将系统残余气体排向火炬；系统接氮气进行置换，分析可燃物合格(可燃物含量小于 0. 5%)；用空气置换系统，分析氧含量(约为 20%)合格；将需检修设备、管线与其他系统加盲板隔离；交付检修。

2. 紧急停车操作

当遇到停电、停水、停汽和设备严重故障时，须进行紧急停车操作，其操作的主要过程如下：① 保证反应系统压力不超过设计压力，如果反应系统压力过高，应从洗涤塔顶部或汽化塔顶部进行紧急放空处理。② 关闭再沸器加热蒸汽进口阀，停止向汽化塔供热。③ 关闭粗甲醇进料阀，停止向反应系统提供原料。④ 关闭相关阀门，完成紧急停车操作。

根据停车原因，确定下一步采取的处理方法。在排除造成停车的故障后，恢复生产操作，可按正常开车操作程序进行。如要全系统停车检修，在紧急停车操作的基础上，再完成正常停车的其他操作步骤。

三、故障处理

二甲醚生产反应工段的主要事故现象、原因和处理办法见表 8-8。

表 8-8　二甲醚生产反应工段的主要事故现象、原因和处理办法

异常现象	原　因	处理方法
汽化塔甲醇进料量过小	进料泵有故障无法启动或进料泵进入空气	启动备用泵，原泵停车检修
	甲醇过滤器堵塞	切换备用泵，清洗过滤器
汽化塔塔釜液位持续上升、失控	再沸器内有不凝性气体，影响传热效率	开启阀门排不凝性气体
	蒸汽调节阀堵塞	开旁路阀清洗调节阀
	釜液排出阀堵塞	开旁路阀清洗凋节阀
	蒸汽压力不足	检查总管蒸汽压力并调整减压阔
气-气换热器壳程出口温度太高	激冷气调节阀有堵塞	打开调节旁路阀，检修激冷气调节阀
反应温度波动	汽化塔操作不稳定，甲醇蒸气量或组成波动	调整汽化塔操作参数
	反应系统总体热量不足	加强设备主要散热部位保温；检查激冷气凋节阀旁路阀有无内漏；调整激冷气的加入量
反应器飞温	此现象主要发生在开工投产阶段，应采取的措施： ① 控制甲醇进料温度，低于正常开车进料温度 20℃；② 根据反应器温度升高情况，及时调整冷激原料甲醇蒸汽量，以尽快移走反应热，避免甲醇深度转化释放更多热量并降低二甲醚的选择性	
汽提塔釜液组成不合格	塔顶出料太少	适当加大蒸汽量
	塔釜供热不足	
洗涤塔顶温度过高	冷却水不足	检查洗涤塔中间冷却器的操作状况，排除故障，必要时增加冷却水用量
洗涤塔放空尾气二甲醚偏高	吸收用洗涤液量不足	增加吸收洗涤液流量
	冷却水量不足	增加冷却水负荷
反应系统压力过高	不凝气排放调节阀控制失灵	开启旁路，检修调节阀
	洗涤塔冷却水量不足	增加洗涤塔冷却水负荷
	反应器进料量波动	调整进料量，保持进料恒定
	反应温度过高，不凝性气体产生量过大	调节反应器进料甲醇温度

复　习　题

一、填空题

1. 常温下 DME 具有________性。

2. 二甲醚具有优良的混溶性，但对________的溶解度不佳。

3. 二甲醚毒性很低，气体有________的特性。

4. 低压下二甲醚为________。

5. 二步法生产二甲醚的关键技术为________。

6. 根据参与反应时甲醇的状态，二步法又可分为________。

7. 合成气一步法以________为原料。

8. 合成气一步法生产二甲醚的专有关键技术是________。

9. 甲醇的转化率在大多数情况下受________的影响。

10. 甲醇的转化率随质量空速的增加而________。

11. 在甲醇气相脱水反应时，甲醇的转化率主要取决于________。

12. 甲醇脱水制二甲醚使用的催化剂，实质上都是________，气相法脱水使用________，而液相法脱水使用________。

13. 固体酸指________的固体，或者是________的固体。

14. 从理论上讲，催化剂的酸性越强其活性就越________。

15. 甲醇气相脱水制二甲醚生产工艺可分为________、________和________三个工段。

二、选择题

1. 在同等温度条件下，二甲醚的饱和蒸气压比石油液化气(　　)。

A. 低　B. 相等　C. 高　D. 无法确定

2. 二甲醚在空气中的爆炸下限比液化气高(　　)。

A. 两倍　B. 一倍　C. 三倍　D. 五倍

3. 甲醇脱水生成二甲醚的化学反应，随着温度的提高，反应的平衡常数(　　)。

A. 增加　B. 减少　C. 不变　D. 无法确定

4. 如果催化剂的酸性太弱，就可能导致催化活性低、反应温度与压力(　　)。

A. 高　B. 低　C. 无法确定　D. 不变

5. 能显著影响沸石催化剂催化活性的是(　　)。

A. Al^{3+}　B. Na^{+}　C. Si^{4+}　D. Cu^{2+}

6. 对于β型沸石，适宜的硅铝摩尔比为(　　)。

A. 50　B. 60　C. 100　D. 80

7. 在一般情况下，催化剂层温度尽可能不要超过(　　)。

A. 200℃　B. 400℃　C. 600℃　D. 800℃

8. 当长时间停工时，应向反应器充(　　)，以保护催化剂。

A. 氯气　B. 氢气　C. 氧气　D. 氮气

9. 二甲醚不易溶于(　　)。

A. 汽油　B. 四氯化碳　C. 多醇　D. 丁醇

10. 目前最理想的二甲醚生产方法(　　)。

A. 甲醇液相法　B. 甲醇气相法　C. 合成气一步法　D. 二步法

三、简答题

1. 简述二甲醚的主要物理性质。

2. 简述二甲醚的主要用途。

3. 简述二甲醚生产的主要方法和特点。

4. 甲醇气相脱水制二甲醚的生产过程中会发生哪些反应？如何提高二甲醚的转化率？

5. 简述JH202催化剂活性维护的要点。

6. 简述甲醇气相脱水制二甲醚生产过程主要包括哪些部分，各部分的作用是什么？

7. 简述甲醇气相脱水制二甲醚反应器的主要类型及特点。

8. 简述甲醇气相脱水制二甲醚反应系统开车的主要步骤。

9. 简述甲醇气相脱水制二甲醚反应系统正常停车和紧急停车的主要步骤。

10. 简述汽化塔塔釜液位持续上升的原因。

11. 简述反应器温度波动的原因。

12. 简述反应系统压力过高的原因。

第九章　乙酸生产技术

第一节　概　述

一、乙酸的性质

1. 物理性质

乙酸分子式为 CH_3COOH，又俗称为醋酸是最重要的低级脂肪族一元羧酸。高纯度乙酸(99%以上)于16℃左右即凝结成似冰片状晶片，故又称为冰乙酸。纯乙酸为无色水状液体，有刺激性气味与酸味，并有强腐蚀性。其蒸气易着火，能和空气形成爆炸性混合物。纯乙酸的物理性质见表9-1。

表9-1　纯乙酸的物理性质

名　称	数　值	名　称	数　值
凝点/℃	16.64	熔融热/(J/g)	207.1
沸点(101.3kPa)/℃	117.87	蒸发热(沸点时)/(J/g)	394.5
密度(293K)/(g/mL)	1.0495	稀释热(H_2O，296K)/(kJ/mol)	1.0
黏度/(mPa·s) 293K 298K 313K 373K	 11.83 10.97 8.18 4.3	生成焓(297K)/(kJ/mol) 液体 气体	 -484.50 -432.25
液体比热容(293K)/[J/(g·K)]	2.043	闪点/℃ 开杯 闭杯	 57 43
固体比热容(100K)/[J/(g·K)]	0.837	自燃点/℃	465
气体比热容(298K)/[J/(g·K)]	1.110	爆炸极限(空气中)/%	4~16

乙酸(水分含量<1%)有强的吸湿性。水含量每增加0.1%，其凝点降低0.15%~0.2%，可利用此特性测定乙酸的纯度。表9-2为乙酸-水混合物的凝点。

表9-2　乙酸-水混合物的凝点

乙酸含量/%	凝点/℃	乙酸含量/%	凝点/℃
100	16.64	96.8	11.48
99.6	15.84	96.4	10.83
99.2	15.12	96.0	10.17
98.8	14.49	93.5	7.1

乙酸含量/%	凝点/℃	乙酸含量/%	凝点/℃
98.4	13.86	80.6	-7.4
98.0	13.25	50.6	-19.8
97.6	12.66	18.1	-6.3
97.2	12.09		

乙酸水溶液的密度随水含量的变化而变化，见表9-3。

表9-3　乙酸水溶液的密度(15℃)

乙酸/%	密度/(g/cm^3)	乙酸/%	密度/(g/cm^3)
1	1.007	60	1.0685
5	1.0067	70	1.0733
10	1.0142	80	1.0748
15	1.0214	90	1.0713
20	1.0284	95	1.0660
30	1.0412	97	1.0625
40	1.0523	99	1.0580
50	1.0615	100	1.0550

含量为70%~80%的乙酸水溶液密度最大，这是由于乙酸通过其强极性羰基吸引水分子而生成乙酸水合物(含水23%，醋酸77%)的缘故，如下式：

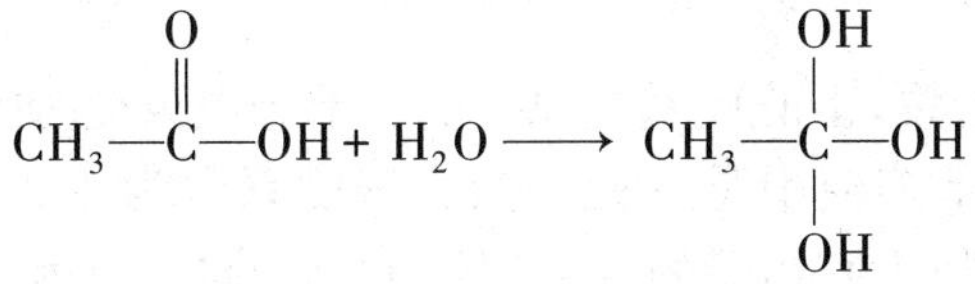

乙酸分子的羰基可和另一乙酸分子的羟基形成较强的氢键，使分子间相互缔合。2个乙酸分子通过氢键构成八环式结构的二聚体，这种二聚体在高温与低压下能解离为单体。乙酸单分子的相对分子质量为60.06，但形成缔合分子后，使表观相对分子质量随温度降低和压力的升高而增加，见图9-1。

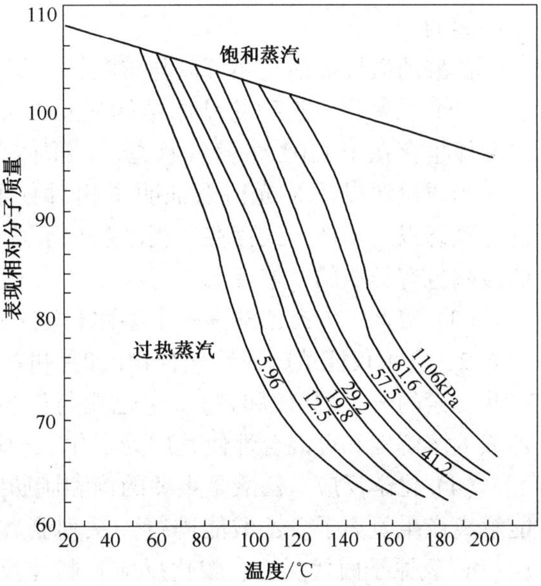

图9-1　乙酸表现相对分子质量与温度、压力的关系

在饱和蒸气压以下和25~120℃温度范围内，气相中单分子乙酸和二聚体乙酸分子之间形成平衡混合物，其平衡关系可用如下的方程式表示：

$$\lg K_{二聚体}=3166/T-10.4205$$

乙酸分子通过强氢键而缔合的特性，也是乙酸状态方程、热力学函数、传导等出现不规则现象的原因。如乙酸沸点为118.1℃，而含一个羟基的乙醇沸点只有78.3℃。这是由于乙酸的氢键能为29.70~31.38kJ/mol，而乙醇只有16.74~20.92kJ/mol。

乙酸能与氯苯、苯、甲苯和间二甲苯等形成共沸混合物，其组成和共沸点见表9-4。

表9-4 乙酸和芳香化合物的共沸点和组成

共沸物	共沸点/℃	乙酸含量/%	共沸物	共沸点/℃	乙酸含量/%
氯苯	114.65	72.5	甲苯	105.4	62.7
苯	80.05	97.5	间二甲苯	115.4	40.0

乙酸能与水及一般常用的有机溶剂互溶。在水和非水溶性的酯和醚混合物中，常倾向于非水相，根据这种分配特性，可用酯或醚类从乙酸水溶液中萃取回收乙酸。乙酸水溶液的气液相平衡数据见表9-5。

表9-5 乙酸水溶液的气液相平衡数据

温度/℃	乙酸含量/%		温度/℃	乙酸含量/%	
	液相	气相		液相	气相
100	0	0	105.8	60.0	47.0
100.3	5.0	3.7	107.5	70.0	57.5
100.6	10.0	7.0	110.1	80.0	69.8
101.3	20.0	13.6	113.8	90.0	83.3
102.1	30.0	20.5	115.4	95.0	89.0
103.1	40.0	28.4	118.1	100.0	100.0
104.4	50.0	37.4			

2. 化学性质

(1) 酸性。羧酸(如乙酸)中的羧基氢原子能够部分电离变为氢离子(质子)而释放出来，导致羧酸的酸性。乙酸在水溶液中是一元弱酸，酸度系数为4.8，$pKa=4.75$(25℃)，浓度为1mol/L的乙酸溶液(类似于家用醋的浓度)的pH为2.4，也就是说仅有0.4%的乙酸分子是解离的。

乙酸的酸性促使它还可以与碳酸钠、氢氧化铜、苯酚钠等物质反应。

(2) 二聚物。乙酸的晶体结构显示，分子间通过氢键结合为二聚体(亦称二缔结物)，二聚体也存在于120℃的蒸气状态。二聚体有较高的稳定性，现在已经通过冰点降低测定相对分子质量法以及X光衍射证明了相对分子质量较小的羧酸如甲酸、乙酸在固态及液态，甚至气态以二聚体形式存在。当乙酸与水溶和的时候，二聚体间的氢键会很快地断裂，其他的羧酸也有类似的二聚现象。

(3) 溶剂。液态乙酸是一个亲水(极性)质子化溶剂，与乙醇和水类似。因为介电常数为6.2，它不仅能溶解极性化合物(如无机盐和糖)，也能够溶解非极性化合物，比如油类或一些元素的分子(如硫和碘)。它也能与许多极性或非极性溶剂混合，(如水、氯仿、已烷。乙酸的溶解性和可混合性使其成为了化工中广泛运用的化学品。

(4) 化学反应。乙酸是重要的饱和脂肪羧酸之一，是典型的一价弱有机酸，在水溶液中能解离产生氢离子。乙酸能进行一系列脂族羧酸的典型反应，如酯化反应、形成金属盐反应、α-氢原子卤代反应、胺化反应、腈化反应、酰化反应、还原反应、醛缩合反应以及氧化酯化反应等。

① 生成金属盐的反应。乙酸是弱酸，其酸性比碳酸略强。很多金属的氧化物、碳酸盐

能溶解于乙酸而生成简单的乙酸盐。碱金属的氢氧化物或碳酸盐与乙酸直接作用可制备其乙酸盐，其反应速率较硫酸或盐酸慢，但较其他有机酸快得多；过渡金属可与乙酸直接反应而生成乙酸盐，反应时如加入少量氧化剂(如硝酸钴、过氧化氢)可加速反应；乙酸中通入电流能加速铅电极的溶解，甚至可以溶解贵金属。

某些金属的乙酸盐能溶于乙酸，与一个或多个乙酸分子结合形成乙酸的酸式盐，如$CH_3COONa \cdot CH_3COOH$。

乙酸的水溶液腐蚀性极强，10%左右的乙酸水溶液对金属腐蚀性最大。常用的食用醋和工业冰乙酸因浓度较低或较高，腐蚀性都比较低，这为工业生产和家庭烹调带来方便。

② 酯化反应。酯化反应是乙酸的重要反应，生成的多种酯在工业上有广泛用途。醇与乙酸可以直接生成酯，见式(9-3)，但反应较慢。无机酸如高氯酸、磷酸、硫酸，有机酸如苯磺酸、甲烷基磺酸、三氟代乙酸等，对酯化反应都具有催化作用。非酸性的盐、氧化物、金属在一定条件下也能催化酯化反应。

$$CH_3COOH+ROH \xrightleftharpoons{H^+} CH_3COOR+H_2O$$

酯化反应中生成的水能抑制反应的进行，可用共沸蒸馏的方法脱除生成的水。共沸蒸馏常用的共沸剂有脂肪烃、苯、甲苯和环己烷，需根据不同的醇类酯化反应选择不同的共沸剂。另外，不饱和烃类与乙酸能生成多种重要的有机酯化合物，在此不再多述。

③ 氯代反应。乙酸在光照下能与氯气发生光氯化反应，生成α-氯代乙酸。氯原子取代乙酸的α-氢类似于自由基连锁反应，可发生多个氯原子的取代衍生物。

$$CH_3COOH+Cl_2 \longrightarrow CH_2ClCOOH+HCl$$

$$CH_3COOH+2Cl_2 \longrightarrow CHCl_2COOH+2HCl$$

$$CH_3COOH+3Cl_2 \longrightarrow CCl_3COOH+3HCl$$

④ 酰化和胺化反应。乙酸能和三氯化磷反应生成乙酰氯，与氨反应生成乙酰胺。

$$CH_3COOH+PCl_3 \longrightarrow 3CH_3COCl+P(OH)_3$$

$$CH_3COOH+NH_3 \longrightarrow CH_3CONH_2+H_2O$$

⑤ 醇醛缩合反应。以硅铝酸钙钠或负载氢氧化钾的硅胶为催化剂时，乙酸与甲醛缩合生成丙烯酸。

$$CH_3COOH+HCHO \longrightarrow CH_2{=}CH{-}COOH+H_2O$$

⑥ 分解反应。乙酸在500℃高温下可受热分解，变为乙烯酮和水；高温下催化脱水可生成醋酐。

$$CH_2COOH \longrightarrow CH_2{=}C{=}O+H_2O$$

$$2CH_3COOH \longrightarrow (CH_3CO)_2O+H_2O$$

3. 安全性质

浓度较高的乙酸具有腐蚀性，能导致皮肤烧伤，眼睛永久失明以及黏膜发炎，因此需要适当的防护。上述烧伤或水泡不一定马上出现，很大部分情况是暴露后几个小时出现。乳胶手套不能起保护作用，所以在处理乙酸的时候应该带上特制的手套，例如丁腈橡胶手套。浓缩乙酸在实验室中燃烧比较困难，但是当环境温度达到39℃(102 ℉)的时候，它便具有可燃的威胁，在此温度以上，乙酸可与空气混合爆炸[爆炸极限4%~17%(体积)]。

乙酸的危害和乙酸溶液的浓度有关。因此操作浓度超过25%的乙酸要在烟罩下进行。稀乙酸溶液，例如醋是无害的。然而，摄入高浓度的乙酸溶液是对人及动物健康有害的。它能导致消化系统的严重伤害，以及潜在的致死性血液酸性变化。

二、用途

乙酸(醋酸)在有机化学工业中的地位可与无机化学工业中的硫酸相提并论，是一种极为重要的基本有机化工原料。乙酸广泛用于合成纤维、涂料、医药、农药、食品添加剂、染织等工业，是国民经济的一个重要组成部分。由乙酸可衍生出很多重要的有机物，其主要的衍生物见图9-2。目前，乙酸主要用于以下几个方面。

1. 乙酸乙烯/聚乙烯醇

乙酸在催化剂存在下，与乙炔或乙烯反应生成乙酸乙烯，乙酸乙烯经聚合可得到聚乙酸乙烯酯，聚乙酸乙烯经醇解可生成聚乙烯醇，在此过程中副产乙酸，返回乙酸乙烯生产工序。

2. 对苯二甲酸

对苯二甲酸是我国乙酸消费领域的大用户之一，乙酸在对苯二甲酸的生产过程中用作溶剂。

3. 乙酸酯类

乙酸酯类中比较常用的有乙酸乙酯、乙酸甲酯、乙酸丙酯、乙酸丁酯、乙酸异戊酯等20余种，广泛用作溶剂、表面活性剂、香料、合成纤维、聚合物改性等。

4. 醋酐/乙酸纤维素

醋酐是重要的乙酰化剂和脱水剂，主要用于生产乙酸纤维素，然后用于制造胶片、塑料、纤维制品。乙酸纤维最大用途是制造香烟过滤嘴和高级服饰面料，国内缺口很大

5. 有机中间体

以乙酸为原料可以合成多种有机中间体，主要品种有氯乙酸、双乙烯酮、双乙酸钠、过氧乙酸等。

6. 医药

在医药方面(除过氧乙酸)乙酸主要作为溶剂和医药合成原料，由乙酸可生产青霉素G钾、青霉素G钠、普鲁卡因青霉素、退热水、磺胺嘧啶等。

7. 染料/纺织印染

主要用于分散染料和还原染料的生产以及纺织品印染加工。

8. 合成氨

乙酸在合成氨生产中，以乙酸铜氨的形式用于氢、氮气的精制，以除去其中含有的微量CO和CO_2，现在绝大部分中小合成氨装置采用此法。

9. 其他

乙酸还用于合成乙酸盐、农药、照相等多个领域。2006年我国乙酸消费构成是：乙酸乙烯、聚乙烯醇等约占乙酸总消费量的32.4%，对苯二甲酸约占16.7%，乙酸乙酯/乙酸丁酯等占23.1%，氯乙酸占6.8%，醋酐/乙酸纤维素占8.3%，双乙烯酮4.4%，其他占8.3%。

三、生产方法

乙酸的最初生产是通过粮食发酵和木材干馏而获得的。食用醋即是通过粮食的发酵而获得。此法原料消耗大，水含量高，需消耗大量能量进行蒸发浓缩，且纯度也不高，不适宜于

乙酸的工业化生产。从木材干馏副产的焦木酸中回收乙酸，曾是工业生产乙酸的主要方法。目前仍有一定工业生产规模，但此法副产物多，投资高，需要解决副产物的回收，以补偿其高昂的设备和操作费用。

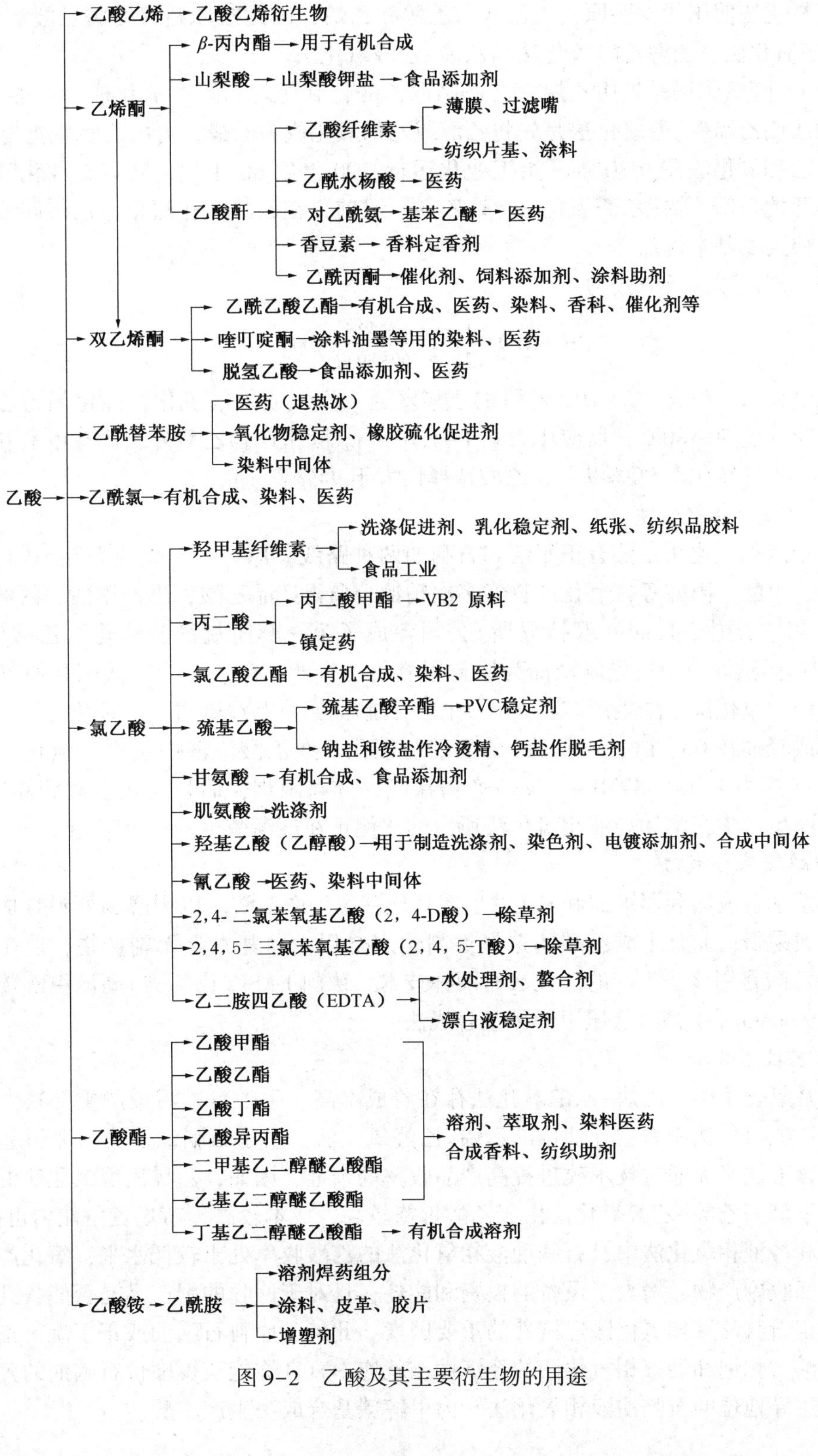

图 9-2　乙酸及其主要衍生物的用途

现代工业生产乙酸的方法主要有三种：乙醛氧化法、饱和烃液相氧化法和甲醇羰基合成法。

1. 乙醛氧化法

乙醛氧化法使用的主要原料为乙炔、乙醇和乙烯，因此按原料又可将乙醛氧化法分为：乙炔-乙醛氧化法、乙醇乙醛氧化法和乙烯-乙醛氧化法。

乙炔-乙醛氧化法是先用乙炔水合法制取乙醛，制得的乙醛再氧化成为乙酸；而乙醇-乙醛氧化法或乙烯-乙醛氧化法是先将乙醇或乙烯氧化成为乙醛，再由乙醛氧化为乙酸。

乙醇乙醛氧化法在1930年开始工业化运行。20世纪60年代，随着石油化学工业的大力发展，开始采用乙烯-乙醛氧化法生产乙酸。目前，在乙醛氧化法中，乙烯路线占主导地位，而乙炔路线基本淘汰。

乙醛生产乙酸的反应式为：

$$CH_3CHO+\frac{1}{2}O_2 \xrightarrow[60\sim80℃]{\text{乙酸锰}} CH_3COOH$$

工艺过程为：将含5%~10%乙醛的乙酸液通入空气或氧气氧化，催化剂为乙酸锰或乙酸钴，反应温度50~80℃，反应压力0.1~1.0MPa。除主产物乙酸外，还有甲醛和甲酸等副产物生成。乙醛转化率90%以上，乙酸选择性大于94%。

2. 饱和烃液相氧化法

饱和烃液相氧化法主要有正丁烷和石脑油两种路线。原料正丁烷或石脑油经液相氧化，生成乙酸、甲酸、丙酸等，氧化产物经多次精馏分离得产品乙酸，副产甲酸、丙酸等。

1952年，美国Celanese(塞拉尼斯)公司建成了第一套丁烷液相氧化法乙酸生产装置。1962年，英国蒸馏公司首先以轻油为原料用氧化法生产乙酸。以后，法国和原苏联也陆续建成轻油液相氧化法乙酸生产装置。在美国，石脑油原料路线曾占主导地位。

丁烷或轻油在Co、Cr、V或Mn的乙酸盐催化下在乙酸溶液中被空气氧化，反应温度95~100℃，压力1.0~5.47MPa，反应产物众多，分离困难，而且对设备和管路腐蚀性强。因此在乙酸生产中，饱和烃液相氧化法所占的比例正在逐渐减少。

3. 甲醇羰基合成法

甲醇羰基合成法利用甲醇和CO发生羰基化反应生产乙酸。以甲醇为原料合成乙酸，不但原料价廉易得，而且生成乙酸的选择性高达99%以上，基本上无副产物，现在世界上有近60%的乙酸是用该法生产的。此法有两种技术：德国BASF(巴斯夫)高压甲醇羰基合成法和美国Monsanto(孟山都)低压甲醇羰基合成法。

4. 工艺技术比较

在乙醛氧化法中，乙炔-乙醛氧化法存在着成本高、汞中毒、污染严重等缺点，基本上已淘汰。乙醛氧化法中占主导地位的乙烯-乙醛氧化法，由于石脑油价格高涨引起乙烯价格上升，而该方法又无通过技术改进提高产品收率的余地，因而，乙烯乙醛氧化法的成本竞争能力日趋下降。乙醇-乙醛氧化法由于乙醇价格较高，成本较高，市场竞争能力也比较差。

在饱和烃液相氧化法中，石脑油液相氧化法的乙酸收率处于较低水平，氧化产物组成复杂，为了回收副产物，增大了设备的投资和能耗，且对于回收的副产品是否能找到较好的市场，是决定石脑油液相氧化法经济性的重要因素。此外，原料石脑油或正丁烷价格的急剧上升，正逐渐劣化饱和烃液相氧化法的经济性，就连一直宣称能获得廉价石脑油的美国，也已逐渐由占主导地位的石脑油液相氧化法转为甲醇羰基合成法生产乙酸。

在甲醇羰基合成法中，BASF 高压甲醇羰基合成法反应压力高达 70MPa，原料消耗和能耗远高于低压甲醇羰基合成法，因此，必将被低压羰基合成法取代。

低压甲醇羰基合成法的技术优势主要有以下几个方面：① 采用活性高、选择性好的催化剂，反应条件变得缓和，反应可在 2.8MPa 压力下进行，降低了设备投资。特别是 BP 公司开发的高活性 Cativa 铱系催化剂，能大大提高合成反应速度，提高原料的利用率，降低能耗，从而提高了工艺的经济性。② 所用的催化剂稳定。合适的工艺流程设置使昂贵的催化剂损失降到最低。③ 催化剂的选择性高，副产物的生成极少，因而减少了用于副产物回收的设备投资，排放的废酸量很少。④ 采用先进的电子计算机集散控制系统，实现了操作控制的自动化和操作条件的最佳化。

几种工艺的技术比较见表 9-6。

表 9-6　乙酸工艺的技术比较表

乙酸生产工艺技术		反应条件			乙酸收率		消耗定额				副产品
		催化剂	温度/℃	压力/MPa	原料	收率/%	原料/t	冷却水/t	电/(kW·h)	蒸汽/t	
乙烯-乙醛氧化法	制乙醛	钯铜氯化物	125~130	1.1	乙烯	95	0.53（乙烯）	400	160	3.9	无
	制乙酸	乙酸锰	66	0.7	乙醛	95					
正丁烷液相氧化法		乙酸钴	150~225	5.6	丁烷	57	1.08	475	1520	8	乙醛、甲醇、丙酮
石脑油液相氧化法		乙酸锰	200	5.3	石脑油	40	1.45	422	1500	5.5	甲酸、丙酮、丙烯酸
BASF 高压甲醇羰基合成法		钴、碘	250~265	70	甲醇 CO	87 59	0.83 0.85	180	1078	4	甲烷、二氧化碳、乙醇等
低压甲醇羰基合成法		铑(或铱)、碘	185	2.8	甲醇 CO	99 90	0.538 0.536	145	34	1.35	微量甲烷、二氧化碳、乙醇等

本部分以低压甲醇羰基化法为研究对象，介绍乙酸生产的原理与生产过程。

第二节　甲醇羰基化催化剂

一、甲醇羰基化催化剂概况

目前，人们对甲醇羰基化催化剂的研究很多，所开发的催化剂主要有液相羰基合成催化剂和固相羰基合成催化剂两大类。

1. 液相羰基合成催化剂

(1) 羰基钴催化剂。1941 年，德国 BASF 公司的 W. Reppe 等人发现，金属羰基化合物对羰基化反应有着显著的催化作用。在卤素或含卤素化合物存在时，羰基化反应可以在 250~270℃ 和 20~50MPa 条件下进行。铁、钴和镍三种金属羰化物的催化活性顺序为

Ni>Co>Fe。在此基础上，BASF 公司成功地开发了羰基钴-碘催化剂的甲醇高压羰基化制乙酸工艺。

羰基钴催化体系以 $Co_2(CO)_8$为主催化剂，CH_3I 为助催化剂，催化反应过程中真正起催化作用的是 $HCo(CO)_4$络合物。为了保持反应条件下 $HCo(CO)_4$的稳定存在，必须维持一定的 CO 分压，这样就使该法必须在较高的 CO 分压下进行操作，否则羰基钴络合物将分解为 Co 和 CO。

使用羰基钴催化剂，不仅需要较高的 CO 分压以稳定羰基钴催化剂，而且产物中副产物含量也较多。主要副产物有甲烷、二氧化碳、乙醇、α-醛、丙酸、乙酸酯、α-乙基丁醇等。

(2) 羰基铑催化剂。1968 年美国 Monsanto 公司的 F. E. Paulik 和 J. F. Roth 报道，可溶性羰基铑-碘催化剂体系对甲醇羰基化合成乙酸有着更高的催化活性和选择性，且反应条件十分温和。与高压羰基化法相比，反应温度从 250℃ 降到 175~200℃，压力由 53MPa 降到 6.8MPa 以下。1970 年，该公司利用此催化剂，在 Texas 州建成 135kt/a 的乙酸生产装置，为近代低压法羰基合成乙酸工业树立了一块里程碑。铑基催化体系与钴基催化体系的催化性能比较见表 9-7。

铑基催化体系是由活性组分$[Rh(CO)_2I_2]^-$和助催化剂 CH_3I 组成，其活性组分由三碘化铑、一氧化碳、碘反应生成。其优势为：能耗低、甲醇的转化率和选择性高、副反应少。

表 9-7　铑基与钴基催化剂性能对比

种　类	反应温度/℃	压力/MPa	产　物	选择性/%
Co 催化剂	210~250	20~70	乙酸和乙酸甲酯	>90
Rh 催化剂	175~200	2.8~6.8	乙酸和乙酸甲酯	>99

铑基催化体系也存在许多问题，主要有如下几个方面：① 当反应系统中一氧化碳供应不足或分布不均时，$[Rh(CO)_2I_2]^-$会被溶剂中碘离子迅速氧化而生成$[Rh(CO)_2I_4]^-$，这种阴离子比较稳定，在溶液中会缓慢分解，最后生成 RhI_3沉淀而失去活性。② 铑-碘催化体系在极性溶剂乙酸或水中显示出最大的羰基化速率，水浓度过低，会明显降低羰基化反应速率，并降低乙酸转化率，因此反应体系中必须保持足够浓度的水分才能达到较高的乙酸转化率。这样含水乙酸溶液及溶液中的碘化物就会造成严重的设备腐蚀，大大增加了设备的造价、防腐和维修费用，同时也造成了乙酸和水的分离问题。③ 铑催化剂资源稀少，价格昂贵，虽然设计了十分复杂的回收系统，但仍避免不了铑催化剂的流失。

针对以上问题，人们一方面对铑-碘催化体系进行改性，以进一步提高其稳定性和活性；另一方面，也在积极研究开发非铑催化体系和多相催化剂。

对铑-碘催化体系的改性之一是选择优良的助催化剂或促进剂。向铑-碘催化体系中加入含卤素的羧酸衍生物和可溶性碱金属碘化物后，可显著提高催化剂的活性，使反应在较低水含量下进行，且有较高产率。这是由于加入它们后，提高了溶液中乙酸根离子和碘离子的浓度，促使催化剂活性中心$[Rh(CO)_2I_2]^-$的形成，促进了碘甲烷的氧化加成反应。

对铑-碘催化体系的另一改性是选择适当的配体以稳定催化剂的活性和选择性。人们对含氮族元素的碱性配体的研究和使用较多，例如，R_4N^+、R_4P^-和 R_4As^+等(R 指烷基、芳基、H)等。配体中氮族核心元素及其所带基团 R 不同，对羰基化反应速率有一定影响，但作用大小及其机制众说纷纭。在含氮有机配体中，以吡啶类季铵盐的助催化效果最好。

在对非铑催化剂的研发过程中，铱基催化剂的开发取得了重要进展，现已用于大型工业装置。1996 年英国 BP 公司开发成功的铱催化剂(Cativa)是采用乙酸铱、氢碘酸水溶液和乙酸制备的，并选用至少一种促进剂，如 Ru、Os、W、Zn、Cr 等。在 CO 分压和水含量较低时仍很稳定。

2. 固相羰基合成催化剂

为了减少铑催化剂的流失，解决催化剂和反应液的复杂分离问题，开发固相催化剂，在固定床反应器内，实现甲醇气相羰基化反应制备乙酸的工艺，成为非常重要的研究方向。

铑催化剂使用高聚物作为配体，通过配位键形成高聚物负载的铑催化剂，是研究最多的一类固相催化剂。高聚物中含有强配位的 N、P、S 等基团，能和铑进行配位，增加活性物种的亲核性，有利于碘甲烷和羰基生成 CH_3COI，同时在一定程度上也能提高配合物的稳定性。

将共聚物作为配体和四羰基二氯二铑反应，可制备一系列高聚物配合的阳离子铑配合物催化剂。在共聚物中引入 O、N、P 等基团，可形成 N-Rh、O-Rh、P-Rh 配位键，从而提高催化剂的活性和稳定性。高聚物配合的铑催化剂，不仅具有温和的反应条件，而且在无其他助剂存在的情况下，活性和选择性也很高。

采用无机载体 SiO_2、Al_2O_3、MgO、活性炭(AC)、分子筛等制备的负载型催化剂中，无机氧化物载体的催化剂活性都很低，而活性炭和有机碳分子筛载体的催化剂活性较高。用浸渍法制备的 Rh-Li/AC 催化剂，于 240℃、1.4MPa 条件下反应，在空速为 660~3841h^{-1}时，甲醇转化率 99%~100%，乙酸选择性 74%~92%，乙酸甲酯选择性为 4.3%~25.5%。

采用碳复合载体(TFC)制备的 Rh/TFC 催化剂，在 200℃、1.2MPa 条件下，甲醇的转化率为 64%~74%，乙酸和乙酸甲酯的总选择性达到 99%。

3. 非贵金属催化剂

在非贵金属的研究中，镍基催化剂的研究最多。镍基催化剂中，加入金属助催化剂可以减小镍与载体间的相互作用，使镍相更加分散，有利于镍的还原，使镍的活性点增多，从而提高其羰基化活性。

二、液相羰基铑催化剂的工业应用

羰基铑催化剂，以羰基铑络合物$[Rh(CO)_2I_2]^-$为活性组分，以 CH_3I 为助催化剂，实现了甲醇和 CO 的羰基化反应。由于其活性好、选择性高、反应条件温和等原因，受到了广泛的重视和研究。

1. 制备

(1) 催化剂溶液的制备。在加热、搅拌的条件下，在稀乙酸的水溶液中，不溶性的 RhI_3与不断通入的 CO 反应，生成可溶的反应液，并具有催化活性的催化剂溶液。其反应如下。

$$RhI_3+3CO+H_2O \longrightarrow [Rh(CO)_2I_2]^-+HI+H^++CO_2$$

(2) 助催化剂的制备。CH_3I 的制备分 HI 和 CH_3I 生成两步。第一步在 HI 水溶液中 I_2 和 CO 反应，生成浓度更高的 HI 溶液。其反应为：

$$I_2 + HI \longrightarrow HI_3$$

$$HI_3 + CO + H_2O \longrightarrow 3HI + CO_2 + H_2$$

第二步，制得的 HI 溶液和甲醇反应制得 CH_3I。其反应为：

$$CH_3OH+HI \longrightarrow CH_3I+H_2O$$

2. 影响催化剂的稳定性及活性的因素

由于铑催化剂非常昂贵，其稳定性受到了特别的重视，影响催化剂稳定性及活性的因素有以下几方面。

(1) 硫化物。原料一氧化碳中的硫化物会使铑催化剂造成永久中毒，使催化剂消耗上升。因此，要控制原料气中硫化物的量。

(2) 一氧化碳分压。铑催化剂的活性物种为羰基化合物，当一氧化碳的分压过低时(比如低于反应釜压力的40%)，会生成 RhI_3 沉淀。

$$[Rh(CO)_2I_2]^- + 2HI \rightleftharpoons [Rh(CO)_2I_4]^- + CO^+ + H_2$$

$$[Rh(CO)_2I_4]^- \longrightarrow RhI_{3+} + CO + I^-$$

生成的沉淀在一氧化碳压力提高后，可重新溶解活化。

(3) 反应液中的金属离子。由于有氢碘酸、乙酸等强腐蚀性的介质存在，设备、管道等都有一定的腐蚀，这样反应釜溶液中的杂质金属离子的浓度会逐渐升高，这些离子主要有Fe、Cr、Ni、Mo等。实践证明，杂质离子总浓度过高后，会对铑催化剂的活性及稳定性造成不利影响。因此要根据流程物料组分的不同，选择不同的材质来避免，降低设备和管道的腐蚀。当溶液中杂质金属离子的浓度过高时，需采取适当的措施将其除去。

(4) 其他因素。实验发现反应温度高、反应液中甲醇的浓度高、HI的浓度高和加热沸腾等因素，都能使铑-碘羰基络合物生成 RhI_3 沉淀，从而影响催化剂的稳定性与活性。

3. 催化剂中其他金属离子的脱除

催化剂中其他金属离子的脱除，是利用催化剂在甲醇含量高、加热沸腾和一氧化碳分压不足时，出现 RhI_3 沉淀的原理，实现铑和其他金属离子的分离。分离出的 RhI_3 重新溶解、活化，而将其他金属离子的溶液弃去。

4. 催化剂的活化

当出现催化剂沉淀时，可以减少甲醇进料，降低反应釜温度，维持较高流量的一氧化碳进料，将沉淀的铑重新溶解为羰基铑。

目前，工业上羰基化法生产乙酸的工艺是主流工艺，但是仍然存在一些缺点：① 以昂贵的铑或者铱为催化剂，成本较高；② 均相反应，催化剂容易流失并且造成分离上的困难；③ 反应中用到大量的碘甲烷和碘化物稳定剂，腐蚀严重，因此反应器材必须采用昂贵的锆材或者哈氏合金。

因此，甲醇羰基化法制乙酸的工艺可以从以下几个方面来进行改进：① 开发新的催化剂，代替铑或者铱催化剂，或者开发新的配体和载体或添加剂，减少催化剂的流失；② 开发多相催化反应体系，以负载型催化剂催化气/液相反应；③ 开发无碘工艺。

第三节　甲醇羰基化生产乙酸的基本原理

一、化学反应

在一定的温度和压力下，甲醇和一氧化碳在釜式反应器内，在铑-碘催化剂的作用下，发生羰基化反应，生成以乙酸为主要成分的反应物。

1. 主反应

$$CH_3OH + CO \rightleftharpoons CH_3COOH + Q$$

2. 副反应

（1）变换反应（占反应产物的1.5%~2.1%）：

$$CO+H_2O \rightleftharpoons CO_2+H_2$$

（2）生成甲烷反应（占主反应产物0.21%）：

$$CH_3OH+H_2 \longrightarrow CH_4+H_2O$$

（3）生成乙醛反应：

$$CH_3OH+H_2+CO \longrightarrow CH_3CHO+H_2O$$

（4）生成丙酸反应（占主反应产物0.25%）：

$$CH_3COOH+2H_2 \longrightarrow CH_3CH_2OH+H_2O$$

$$CH_3CH_2OH+CO \longrightarrow CH_3CH_2COOH$$

（5）酯化反应：

$$CH_3OH+CH_3COOH \rightleftharpoons CH_3COOCH_3+H_2O$$

（6）卤化反应：

$$CH_3OH+HI \rightleftharpoons CH_3I+H_2O$$

3. 生产过程中的其他反应

（1）加入氢氧化钾的反应：

$$KOH+HI \longrightarrow KI+H_2O$$

（2）加入次磷酸的反应：

$$H_3PO_2+I_2+H_2O \longrightarrow H_3PO_3+2HI$$

二、反应机理

1. 主反应机理

主反应可认为由以下7个反应步骤组成。

（1）酯化反应：

$$CH_3OH+CH_3COOH \rightleftharpoons CH_3COOCH_3+H_2O$$

（2）卤化反应：

$$CH_3COOCH_3+HI \rightleftharpoons CH_3I+CH_3COOH$$

（3）氧化加成反应：

$$CH_3I+[Rh(CO)_2I_2]^- \longrightarrow [CH_3Rh(CO)_2I_3]^-$$

（4）插入反应：

$$[CH_3Rh(CO)_2I_3]^- \longrightarrow [CH_3CORh(CO)I_3]^-$$

（5）CO络合反应：

$$[CH_3CORh(CO)I_3]^-+CO \longrightarrow [CH_3CORh(CO)_2I_3]^-$$

（6）水解反应：

$$[CH_3CORh(CO)_2I_3]^-+H_2O \longrightarrow [HRh(CO)_2I_3]^-+CH_3COOH$$

（7）消除反应：

$$[HRh(CO)_2I_3]^- \longrightarrow [Rh(CO)_2I_2]^-+HI$$

总反应式为：

$$CH_3OH+CO \rightleftharpoons CH_3COOH \qquad \Delta H^0=-2281kJ/kg$$

通过反应热力学计算和实验测定表明，该过程为放热反应，平衡常数随温度升高而减小，降低反应温度和增加压力均有利于提高反应的转化率。

2. 副反应的生成机理

（1）CO 变换反应：

$$[Rh(CO)_2I_2]^- + HI \longrightarrow [HRh(CO)_2I_3]^-$$

$$[HRh(CO)_2I_3]^- + HI \longrightarrow [Rh(CO)I_4]^- + H_2 + CO$$

$$[Rh(CO)I_4]^- + H_2O + 2CO \longrightarrow [Rh(CO)_2I_2]^- + CO_2 + 2HI$$

总反应为：

$$CO + H_2O \longrightarrow CO_2 + H_2$$

（2）生成甲烷反应：

$$[HRh(CO)_2I_3]^- + CH_3I \longrightarrow CH_4 + [Rh(CO)_2I_4]^-$$

$$[HRh(CO)I_3]^- + CH_3I \longrightarrow CH_4 + [Rh(CO)I_4]^-$$

（3）生成乙醛反应：

$$[CH_3CORh(CO)_2I_3]^- + H_2 \longrightarrow CH_3CHO + [HRh(CO)_2I_3]^-$$

3. 铑羰基配合物的变化图示

在羰基化反应过程中，铑配合物存在的形式很多，可能存在的形式及变化如图 9-3 所示。

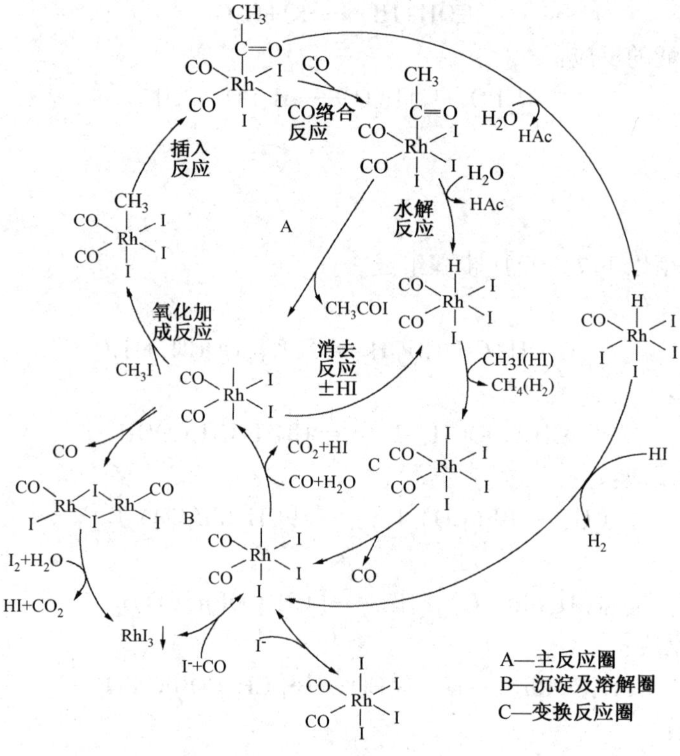

图 9-3 铑羰基配合物可能存在的形式及变化

① 当 CO 充足，HI 浓度不高时，反应以 A 圈为主。② 当 CO 缺乏，HI 浓度不高时，会由 B 圈生成 RhI_3 沉淀。③ 当 CO 充足，HI 浓度很高时，A 圈反应减慢，配合物以 $[Rh(CO)I_4]^-$ 形式存在。④ 当 CO 缺乏，HI 浓度很高时，配合物以 $[Rh(CO)I_5]^{2-}$ 形式存在，也会很缓慢的脱去 CO 后，生成 RhI_3 沉淀。

三、反应动力学

根据对主反应的机理研究，氧化加成反应为乙酸生成的控制步骤，因此其反应速率决定了整个过程进行的速度。其动力学方程式可表达如下。

$$r=k[CH_3I][Rh(CO)_2I_2]^- \tag{9-1}$$

式中　r——反应速率，mol/(m^3·s)；

k——反应速率常数，m^3/(mol·s)。

根据铑配合物$[Rh(CO)_2I_2]^-$与$[Rh(CO)I_4]^-$和$[Rh(CO)I_5]^{2-}$之间的平衡关系，可以推导出$[Rh(CO)_2I_2]^-$占总铑的分配系数：

$$x=\frac{[Rh(CO)_2I_2^-]}{[Rh_{总}]}=\left[1+\frac{[HI]^2}{K_1[H_2O]}\times(1+K_2[HI])\right]^{-1}$$

式中　x——铑分配系数；

K_1——$[Rh(CO)_2I_2]^-$和$[Rh(CO)I_4]^-$之间的平衡常数；

K_2——$[Rh(CO)_2I_2]^-$和$[Rh(CO)I_5]^{2-}$之间的平衡常数。

根据$I_{总}=[CH_3I]+[HI]$，碘甲烷占总碘的分配系数为：

$$\phi=[CH_3I]/[I_{总}]=1-[HI]/[I_{总}]$$

代入方程式(9-1)可以得到用总碘、总铑表示的动力学方程式：

$$r=k[I_{总}]\ \phi\times[Rh_{总}]x \tag{9-2}$$

当甲醇浓度和CO分压很大时(零级段)：

$$r=k[I_{总}]\ \phi_0[Rh_{总}]\cdot x_0=k\cdot\phi_0x_0[I_{总}]\cdot[Rh_{总}]=k'[I_{总}]\cdot[Rh_{总}] \tag{9-3}$$

式中

$$k'=k\phi_0x_0$$

测得

$$k'=4.86\times10^{12}\ e^{-192000/RT}$$

因此

$$k=\frac{4.86\times10^{12}e^{-19200/RT}}{\phi_0x_0} \tag{9-4}$$

将式(9-4)代入式(9-3)得到动力学方程(包括非零级段)如下：

$$r=\frac{4.86\times10^{12}e^{-19200/RT}}{\phi_0x_0}[I_{总}]\cdot[Rh_{总}] \tag{9-5}$$

四、反应条件对生产的影响

从羰基化反应机理可以看出，在甲醇浓度和CO的分压很大时，反应对铑活性物种和碘化物的浓度均呈一级，而与一氧化碳分压和甲醇浓度无关。但由于该催化剂体系很复杂，准确描述各因素对反应过程的影响是困难的，一般有以下的观点。

1. 甲醇浓度

大量的实践证明，羰基合成反应过程在甲醇浓度比较高时，反应速率与甲醇浓度无关；但甲醇浓度低时，反应速率与甲醇浓度相互依赖，甲醇浓度越低，反应速率越小，其关系如图9-4所示。

在羰基化反应的动力学方程式中，ϕ和x都是HI的函数，而甲醇和HI之间存在平衡关系，因而可用平衡常数或用经验方程，将反应速率与甲醇浓度关联起来。

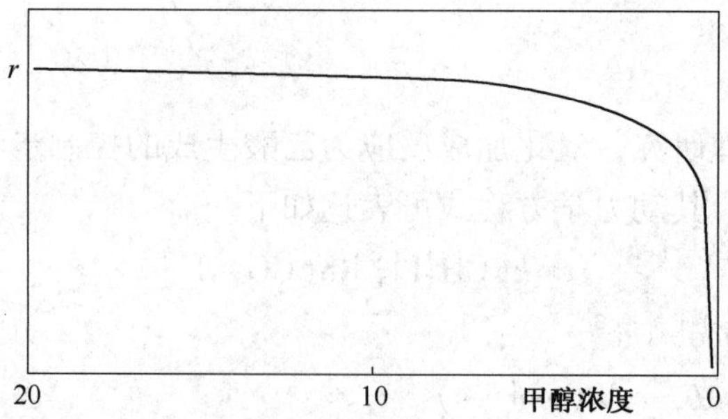

图 9-4　甲醇浓度和反应速率的关系

（1）平衡常数描述：

$$K=\frac{[HI][CH_3OH]}{[CH_3I][H_2O]}\text{可得}[HI]=K\frac{[CH_3I][H_2O]}{[CH_3OH]}$$

当$[H_2O]$、$[I_{总}]$固定时，方程可整理为：

$$[CH_3OH]=\frac{A}{[HI]}-B\text{ 或}[HI]=\frac{A}{[CH_3OH]+B}$$

其中，$A=K[H_2O][I_{总}]$，$B=K[H_2O]$

（2）经验式描述（a、b、n 是经验参数）：

$$[HI]=\frac{a}{[CH_3OH]^n}+b$$

另外，甲醇的起始浓度对起始反应速率也有影响。反应开始时，甲醇的起始浓度越低，达到最高反应速率所需的时间就越短；甲醇的起始浓度越高，达到最高反应速率所需的时间就越长。但当反应进行到一定程度后，其反应速率的这种差异不再明显，而是各自稳定在一个相对恒定的反应速率上，不再随甲醇浓度的不同而变化。

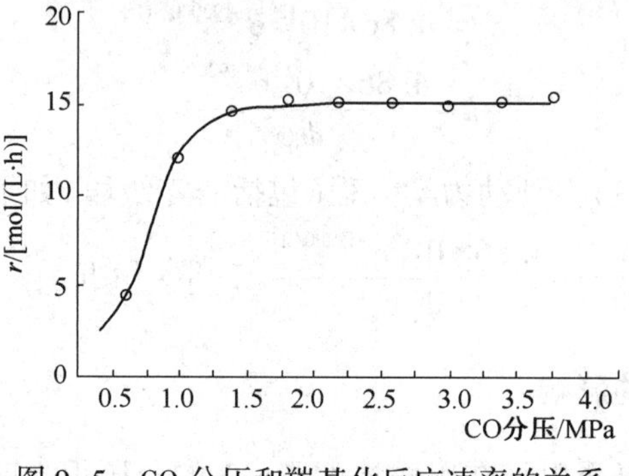

图 9-5　CO 分压和羰基化反应速率的关系

2. CO 分压

图 9-5 是 CO 分压和羰基化反应速率的关系。由图 9-5 可见，当 CO 分压超过 1.4MPa 时，反应速率与 CO 的分压无关，当 CO 的分压小于 1.4MPa 时，反应速率随 CO 分压的增大而增大。为了排除 CO 分压对反应速率的影响，甲醇羰基化反应应在 CO 分压高于 1.4MPa 下进行。

3. 铑浓度

由羰基化反应的动力学方程可见，反应的速率随铑催化剂浓度呈线性增长。但在实际过程中，维持反应釜液内铑浓度超过 1000×10^{-6}mol/L 是一件比较困难的事，因为铑溶解度有限。铑浓度过高，沉降的速度和数量会很大。

4. 碘化物的浓度

碘甲烷的浓度也和反应速率呈线性关系。在羰基化反应过程中，在反应的初始阶段，碘甲烷按如下的反应生成碘化氢：

$$CH_3I+CO \longrightarrow CH_3COI$$

$$CH_3COI+CH_3OH \longrightarrow CH_3COOH+HI$$

但是上述反应生成的碘化氢只是瞬间存在，它一经生成，立即发生下列两步反应生成 CH_3I：

$$CH_3OH+HI \longrightarrow CH_3I+H_2O$$

$$CH_3COOCH_3+HI \longrightarrow CH_3I+CH_3COOH$$

通常情况下，在反应体系中甲醇或乙酸甲酯的浓度远远超过 HI，所以可认为碘甲烷的浓度将保持不变。仅在反应后期，甲醇和乙酸甲酯的浓度很低时，碘化物以 HI 的形式存在。

5. 溶剂的浓度

许多实验证明，在其他反应条件相同的情况下，利用不同的溶剂可以得到不同的反应速率。通常情况是极性溶剂下的反应速率高于非极性溶剂，极性大的溶剂下的反应速率高于极性小的溶剂。目前工业制乙酸都添加了大量的乙酸、碘和水的强极性溶剂，一方面有利于增强催化剂的溶解性，另一方面有利于提高催化反应活性。

图 9-6 为反应液中乙酸浓度与羰基化反应速率的关系。当体系中乙酸的量较小时，反应速率随乙酸量的增加而提高，当乙酸的量增加到使乙酸/甲醇的摩尔比大于 0.6 时，反应速率不但没有上升，反而有所下降。一方面，这可能是因为强极性溶剂有利于 CH_3I 对铑配合物的氧化加成，而更快地引发催化循环，从而使反应速率加快；另一方面，乙酸的含量太多，又会阻碍甲醇羰基化反应平衡向有利于乙酸生成的方向移动。在羰基化反应中，水可促使下列反应的进行：

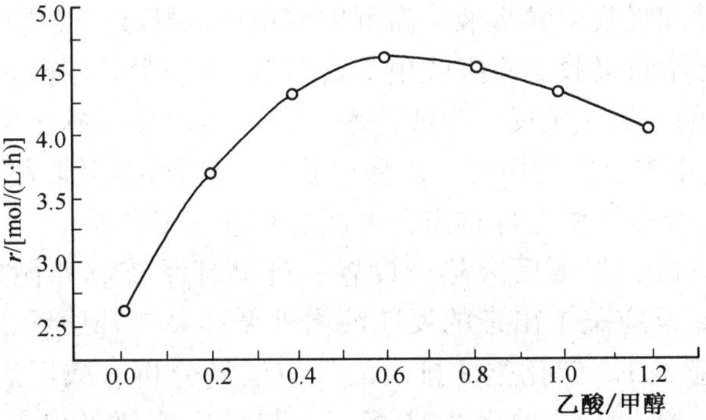

图 9-6　反应液中乙酸浓度与羰基化反应速率的关系

$$[Rh(CO)_2I_2]^-+2HI \rightleftharpoons [Rh(CO)_2I_4]^-+H_2$$

$$[Rh(CO)_2I_4]^-+H_2O+CO \rightleftharpoons [Rh(CO)_2I_2]^-+2HI+CO_2$$

这些反应的存在，使体系中活性组分的数量增加，反应速率加快，但同时也增加了生成 H_2 和 CO_2 的副反应。系统中过高的水含量，还会使后续乙酸分离工序的负荷加重。

6. 反应温度

研究发现，甲醇羰基化反应的活化能很高，必须通过适当的催化剂来改变反应路径，降低反应活化能，促进反应的发生。也就是说，羰基化法生产乙酸的核心是寻找高性能催化剂，克服或改变羰基化反应的高能垒，使羰基化反应更容易地进行。如果给反应提供足够的能量，使其达到满足活化所需的高能垒，同样也可以促使反应顺利进行。

随着反应温度的升高，铑催化剂的活性增加，羰基化反应速率加快，反应到达终点的时间缩短，反应产物的选择性也有所提高。但必须注意的是：随着温度的升高，生成CO_2、H_2和CH_4的副反应也会加快，生成的副产物增多；过高的温度还易造成铑催化剂的失活。

第四节　甲醇羰基化的工艺流程及主要设备

一、工艺流程

甲醇羰基化生产乙酸的生产过程主要由合成工序、精馏工序和吸收工序组成。其流程示意图如图 9-7 所示。

1. 合成工序

合成工序是用一氧化碳与甲醇在催化剂二碘二羰基铑$[Rh(CO)_2I_2]^-$的催化作用下和助催化剂碘甲烷（碘化氢）的促进下液相合成乙酸。

由一氧化碳制备车间或一氧化碳提纯装置提供的一氧化碳，经分析、计量后，进入反应釜 1，与甲醇反应生成乙酸。未反应的一氧化碳与饱和有机蒸气一起由反应釜顶部排出，进入转化釜 2，与来自反应釜 1 未反应完的甲醇、乙酸甲酯继续反应生成乙酸，二碘二羰基铑（$[Rh(CO)_2I_2]^-$）转化为多碘羰基铑。在转化釜 2 中未反应完的一氧化碳与饱和有机蒸气从转化釜 2 顶部排出，进入转化釜冷凝器 3，凝成 50℃的气液混合物。气液一并进入高压分离器 4 进行气、液分离。气相由高压分离器顶部排出，送往吸收工序高压吸收塔 32。液体分成两相，主要成分为碘甲烷和乙酸的重相，经调节阀返回反应釜 1，主要成分为水乙酸的轻相返回转化釜 2。

甲醇分为新鲜甲醇和吸收甲醇富液。新鲜甲醇由中间罐 5，经甲醇加料泵 6，送入本工序。经计量、分析后与来自吸收工序吸收甲醇富液泵 37 的吸收甲醇富液混合，进入反应釜 1，与溶解在反应液中的一氧化碳反应生成乙酸。反应液由反应釜 1 中上部排出，经分析后进入转化釜 2。反应液中未反应的甲醇、乙酸甲酯与一氧化碳继续反应生成乙酸。在转化釜中反应后的反应液由转化釜 2 中上部排出，经调节阀进入蒸发器 9。

为了控制反应液温度，带出反应热，设置一外循环系统。外循环系统由外循环泵 7、外循环换热器 8 组成。反应釜 1 出来的反应液由外循环泵 7 升压后，进入外循环换热器 8 冷却后，重新返回反应釜 1。转化釜 2 排出的反应液经分析、减压后进入蒸发器 9。在此反应液经减压、闪蒸，部分有机物蒸发成蒸气，与反应液解吸出来的无机气体一道由顶部排出。如果由顶部排出的气体中乙酸流量未达到要求时，则通入蒸汽进入蒸发器加热段，对液体进行加热。加热产生的乙酸蒸气同闪蒸产生的蒸汽，一并从顶部排出，送往精馏工序脱轻塔 10 作进一步处理。集于下部的液体，由母液循环泵 11 升压，经计量、分析后进入反应釜 1。

2. 精馏工序

来自合成工序蒸发器 9 顶部的气态物料，主要成分是乙酸、水、碘甲烷，以及少量乙酸甲酯、碘化氢等可凝物质，并且还含有少量及微量的一氧化碳、二氧化碳、氮、氢等气体物质。进入脱轻塔 10 下部进行精馏分离。塔顶蒸气主要含有乙酸、水、碘甲烷、乙酸甲酯等组分，进入脱轻塔初冷器 12，冷凝冷却到 45℃后，冷凝液进入分层器 13。未冷凝的气相进入脱轻塔终冷器 14，用冷冻水进一步冷凝冷却到 16℃，未冷凝的尾气去吸收工序低压吸收塔 36 进一步回收碘甲烷、乙酸等有机物。脱轻塔初冷器 12 冷凝液也进入分层器 13。在分层器中物料分为轻、重两相，轻相主要含水和乙酸，重相主要含碘甲烷。轻相一部分经脱轻塔回流泵 15，回流入脱轻塔顶；一部分与脱水塔 19 的塔顶采出液一起，经由稀乙酸泵 23，送到乙酸合成工序反应釜 1 和转化釜 2。分层器的重相液体，由重相泵 16 送到乙酸合成工序反应釜 1。脱轻塔釜液主要为乙酸，其中水含量大于 5%。碘化氢大部分也留在釜液中，利用位差送回蒸发器 9 中。

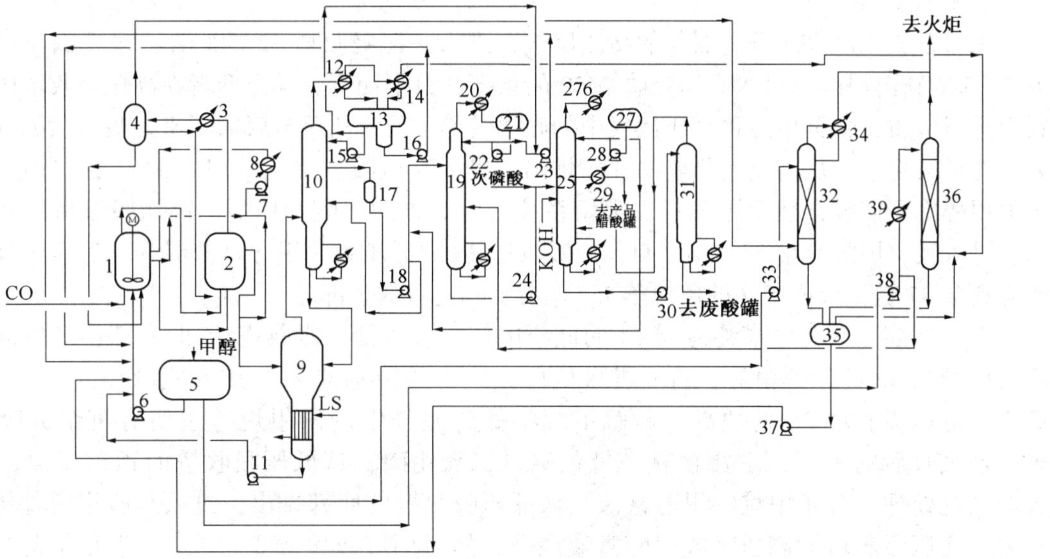

图 9-7　甲醇羰基化生产乙酸的流程示意

1—反应釜；2—转化釜；3—转化釜冷凝器；4—高压分离器；5—甲醇中间罐；6—甲醇加料泵；7—外循环泵；8—外循环换热器；9—蒸发器；10—脱轻塔；11—母液循环泵；12—脱轻塔初冷器；13—分层器；14—脱轻塔终冷器；15—脱轻塔回流泵；16—重相泵；17—粗酸集液槽；18—脱水塔进料泵；19—脱水塔；20—脱水塔冷凝器；21—脱水塔回流槽；22—脱水塔回流泵；23—稀酸泵；24—成品塔进料泵；25—成品塔；26—成品塔冷凝器；27—成品塔回流槽；28—成品塔回流泵；29—成品冷却器；30—提馏塔进料泵；31—提馏塔；32—高压吸收塔；33—高压吸收甲醇泵；34—高压吸收尾气冷却器；35—吸收甲醇贮罐；36—低压吸收塔；37—吸收甲醇富液泵；38—低压吸收塔甲醇泵；39—低压吸收甲醇冷却器

脱轻塔 10 精馏段有一特殊的侧线板，它将含水和少量碘甲烷的粗乙酸全部采出，通过粗酸集液槽 17，经脱水塔进料泵 18，少部分回脱轻塔作为塔下段回流，大部分进入脱水塔 19。为了避免碘化氢在脱水塔 19 中部集聚，由低压吸收塔甲醇泵 38 引来一股甲醇，作为脱水塔的第二进料，从脱水塔下部引入，使其与碘化氢反应生成碘甲烷和水。脱水塔顶出来的气相进入脱水塔冷凝器 20，冷凝冷却到 65℃。冷凝液经脱水塔回流槽 21，由脱水塔回流泵 22，将一部分冷凝液回流回脱水塔顶；另一部分与脱轻塔分层器的轻相采出液（稀乙酸）一起，由稀酸泵 23 送至乙酸合成工序反应釜和转化釜。

脱水塔釜液为含水量很少的干燥乙酸，经成品塔进料泵 24 送入成品塔 25。为了除去塔中微量的 HI，在成品塔的中部加入少量 25%的 KOH 溶液，与 HI 反应生成 KI 和水。当成品塔出现游离碘时，在成品塔进料管线上加入次磷酸，使游离碘转化为 I^-。塔顶出来的蒸气经成品塔冷凝器 26 冷凝冷却到 80℃，流入成品塔回流槽 27。由于塔顶会富集少量的碘化氢和碘甲烷，因此大部分液体经成品塔回流泵 28 回流回成品塔顶部，少量采出送至脱水塔 19 进料口。

成品乙酸从成品塔25第4块板侧线采出，经成品冷却器29冷却到38℃，送去成品中间储罐。成品塔塔釜物料为含丙酸及其他金属腐蚀碘化物的乙酸溶液，用提馏塔进料泵30送入提馏塔31顶部，塔顶出来的蒸气返回成品塔25底部。丙酸及其他金属腐蚀碘化物溶液由提馏塔底部送至废酸储罐或焚烧处理。

在成品塔塔底和提馏塔的无水条件下，乙酸可能脱水生成醋酐，加剧设备腐蚀，因而在提馏塔塔釜中直接加少量水蒸气(图中未画出)，以抑制醋酐生成。

3. 吸收工序

来自合成工序高压分离器4的高压尾气，进入高压吸收塔32的底部；来自高压吸收甲醇泵33的新鲜甲醇，进入高压吸收塔32的顶部，自上而下流动。两者在高压吸收塔内的填料上进行传质，新鲜甲醇将高压尾气中的碘甲烷等主要有机组分吸收下来。吸收后的气体主要含有一氧化碳，从高压吸收塔的顶部排出，进入高压吸收尾气冷却器34中，将高压尾气中的甲醇冷凝回收，然后尾气送去火炬系统处理。含碘甲烷的甲醇从高压吸收塔的底部排出，进入吸收甲醇储罐35，与来自低压吸收塔36的低压吸收甲醇富液混合，然后用吸收甲醇送料泵37送去合成工序的反应釜1，作为甲醇进料的一部分。

来自精馏工序脱轻塔终冷器14的低压尾气，进入低压吸收塔36的底部；来自低压吸收塔甲醇泵38的新鲜甲醇，首先进入低压吸收甲醇冷却器39，用液氨冷却到-15℃，然后进入低压吸收塔36的顶部。新鲜甲醇将低压尾气中的碘甲烷等主要有机组分吸收下来。被吸收后的尾气，主要含有一氧化碳、二氧化碳，从低压吸收塔的顶部排出，送去火炬系统处理。含碘甲烷的甲醇富液，从低压吸收塔的底部排出，进入吸收甲醇储罐35，与来自高压吸收塔的高压吸收甲醇富液混合，然后用吸收甲醇送料泵37送去合成工序的反应釜1。

二、主要设备

1. 反应釜

如图9-8所示，反应釜主要由封头、筒体、搅拌装置、CO_2分布器和挡液板构成。筒体内焊有四块挡液板，以增加釜内的混合效果。挡液板宽200~300mm，与筒体内表面间留有50mm间隙，用支撑板与筒体连接。筒体、封头、人孔材料采用锆(R60700)/钢复合板，挡板、接管用锆(R60702)，其他零部件均采用锆(R60705)。

搅拌轴上装有三层搅拌器，其中上部两层为三叶。折叶桨式，下部为六叶圆盘涡轮式。为了利于反应，CO进气管采用鼓泡均匀的结构，即将该管煨成圆环，在圆环管上共开有102个ϕ6.5mm的小孔，其中8孔向下均布，其余向上均布。为防止催化剂在底轴承积聚，在底轴承处设有一轴承冲洗液接口。

2. 转化釜

转化釜为一容积式鼓泡反应器。其主要部件为：封头、筒体和气体分布器等，如图9-9所示。在下封头进液口处设有一防冲板，以免液体直接冲刷进气管而影响鼓泡。

气体从下封头进入设备内后，沿两同心圆环管分开。内环管圆周上有80个向上跨中均布和10个向下均布的小孔；外环管圆周上有98个向上跨中均布和12个向下均布的小孔。其结构如图9-10所示。

为了防止气体从出液口带出，在出液口处设有一溢流堰，将气液分开。在上封头出气管

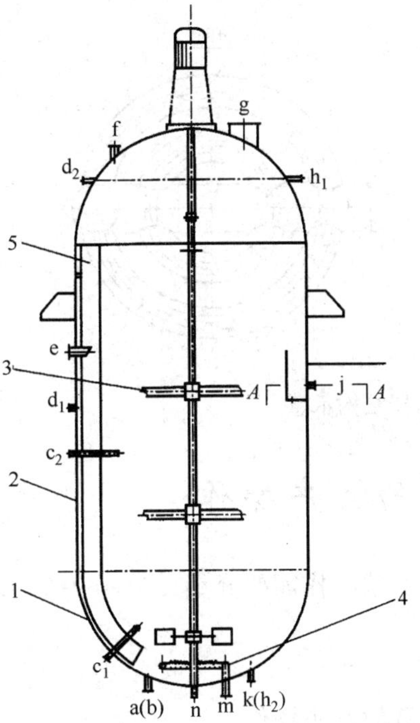

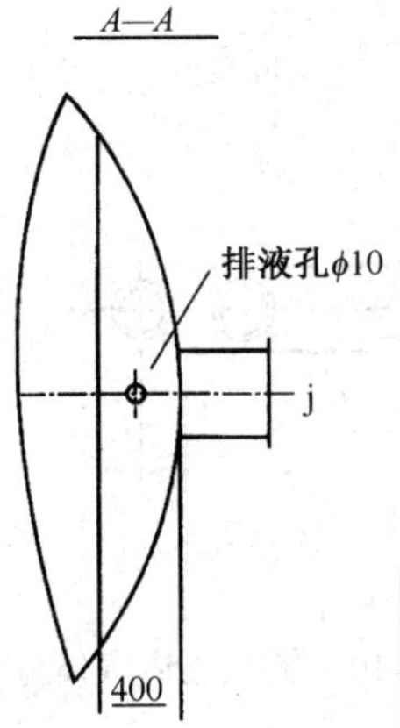

件号	名称
1	封头
2	筒体
3	搅拌装置
4	分布器
5	挡液板

管口表

接管符号	用途	接管符号	用途
a	母液入口	g	人孔
b	甲醇及回液进口	$h_{1\sim2}$	远传液位计接口
$c_{1\sim2}$	远传测温口	j	反应液出口
$d_{1\sim2}$	就地液位计接口	k	冷凝液进口
e	外循环液入口	m	CO进口
f	气体出口	n	轴承冷却液进口

图 9-8　反应釜结构示意

处，设有防液体带出的气体过滤装置。

转化釜筒体、封头、人孔材料为锆（R60700）/钢复合板，内件、接管等采用锆（R60702）。

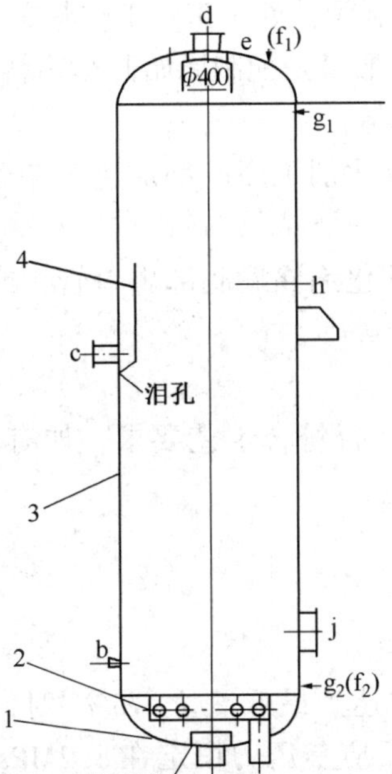

件号	名称
1	封头
2	分布器
3	筒体
4	溢流堰

管口表

接管符号	用途	接管符号	用途
a	进液口	$f_{1\sim2}$	远传液位计接口
b	分离轻液进口	$g_{1\sim2}$	就地液位计接口
c	出液口	h	远传测温口
d	出气口	j	人孔
e	备用口	k	进气口

图 9-9　转化釜结构示意

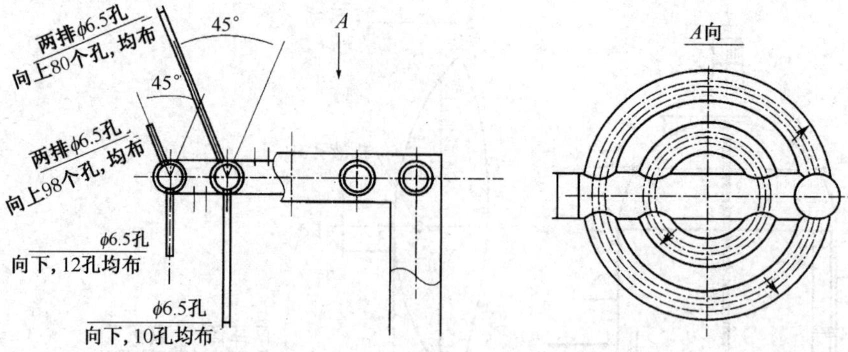

图 9-10　转化釜内气体分布器结构示意

第五节　甲醇羰基化的生产操作

本部分仅对甲醇羰基化生产乙酸的合成部分的生产情况作简要介绍，见图 9-7。

一、开车

当设备安装完毕，吹洗、置换合格后，可进行装置的开车操作。

1. 原始开车

(1) 原始开车前必须编制好原始开车方案，所有操作人员必须认真熟悉、了解。

(2) 配制原始开车物料：

① 检查开车罐(事故罐)所有进、出口阀门是否按要求关闭或打开。

② 检查罐内是否充有 CO 保护气。启动其压力控制阀，处于正常工作状态。

③ 将乙酸从中间罐区用泵打入开车罐，送来的乙酸量是配制原始开车物料所需乙酸量。

④ 按配制原始开车物料需用水量的一半加入开车罐。

⑤ 按原始开车物料配制所需的助催化剂量，从催化剂工序的助催化剂储罐，计量进入开车罐。

⑥ 用原始开车物料需用水量的另一半量，加入催化剂储罐底部出口管，或催化剂制备釜底部出料管进水管线上，冲洗管道后进入开车罐。

⑦ 从开车罐底部通入 CO，保持罐压力 0.35MPa。

⑧ 分析已配制好的原始开车物料各组分的浓度是否符合工艺要求，如有不符合比例，应作相应调整，直至合格为止。

⑨ 用 CO 维持开车罐的压力 0.35MPa 待用。

(3) 启动开车：

① 关闭转化釜 2 至蒸发器 9 液体管路上的切断阀。

② 将开车罐中溶液打入反应釜 1，待反应釜液位达到最低液位(75%)时，启动反应釜搅拌装置，进行搅拌混合，并通入一定量的 CO，使反应釜压力恒定在 1.2MPa(表压)。气体经转化釜 2、转化釜冷凝器 3、高压吸收塔 32 排出去火炬系统。

③ 反应釜液位达到正常液位时，开始向转化釜 2 排液，继续从开车罐向反应釜送液，以维持反应釜 1 液位。当转化釜 2 液位达到正常液位时，停止进料，同时在恒定反应釜压力(2.0MPa)(表压)条件下，反应釜 1 排出气从转化釜 2 底部通入，保持转化釜压力 1.85MPa

(表压)。保持一定流量CO由转化釜2排出，经转化釜冷凝器3冷凝冷却至50℃，进入高压分离器4进行气液分离。气体送入高压吸收塔32，以回收气体中的有机组分。

④ 转化釜液位达到正常高度后，停止向反应釜进料，同时打开转化釜2出液阀，打开外循环泵7进口阀。启动外循环泵，进行开工液体循环。

⑤ 向外循环换热器8通入蒸汽，加热循环液，使反应釜1内溶液逐渐升温。

(4) 正式投料：

① 在投料前的升温过程中，当反应液温度升至100℃后，在维持外循环的同时，打开转化釜至蒸发器之间的阀门，小流量向蒸发器送料。

② 继续将开车罐中溶液打入反应釜，维持反应釜和转化釜的液位在正常值。

③ 待蒸发器液位逐渐上升至20%后，停止向反应釜进料，同时开通蒸发器9下部至母液循环泵11的进口管路，将蒸发器下部液体打回反应釜1。

④ 如果开车罐中还有剩余物料，则压入蒸发器9中使用。

⑤ 反应釜1出口液体温度达到175℃时，加大通入CO量，使反应釜压力升高至3.0MPa(绝压)。启动吸收甲醇富液泵37，将吸收甲醇从吸收甲醇富液储罐中抽出，以正常负荷的40%进行甲醇投料。平稳后逐渐提升甲醇用量。在提升过程中，吸收甲醇富液量不够时，用新鲜甲醇与富液混合进料。

⑥ 启动甲醇加料泵6，将新鲜甲醇经流量计量后与吸收甲醇富液混合，进入反应釜1。随着反应的进行，反应釜1温度逐渐升至(185±0.5)℃，液位控制在正常液位(80%)。

⑦ 随着反应釜反应的进行，反应后的液体流入转化釜内，转化釜出口温度升至186.8℃，维持此温度。转化釜出液逐渐向蒸发器送料。

⑧ 当转化釜反应液出口乙酸甲酯含量在0.6%~0.8%之间，碘化氢含量≥2.%，且闪蒸气中乙酸量小于产品乙酸需用的粗乙酸量时，启动蒸发器下部加热蒸汽，控制壳程内蒸汽压力不得超过0.35MPa(绝)，使其加热温度不得超过140℃。

⑨ 根据闪蒸气流量来控制蒸发器通入蒸汽量。闪蒸气流量小于正常值时，增加蒸汽给入量。

⑩ 70%负荷开车正常后，逐渐加大投料量，调节各参数到规定的正常操作参数。

2. 短期停车后的开车

短期停车后，系统处于密封状态，反应液封于反应釜1和转化釜2中，开车按以下步骤进行。

① 检查所有阀门的开、关是否符合开车要求。

② 启动反应釜1搅拌装置进行搅拌。

③ 通入一定量的CO，使反应釜、转化釜的压力维持在正常压力，同时启动高压吸收系统。

④ 启动外循环泵7，进行反应液循环。

⑤ 向外循环换热器8供蒸汽，对反应液进行加热，使反应釜1的出口温度升到175℃。

⑥ 反应釜出口温度到175℃时，向反应釜投料。

⑦ 吸收甲醇储罐35液位处于高液位时，开车投料甲醇的加入可全用吸收甲醇代替新鲜甲醇。

3. 长期停车后的再开车

长期停车的再开车，可按原始开车步骤进行。物料的准备可根据具体情况处理。停车时储存的物料必须作分析、调整后方可使用。

二、停车

1. 计划停车

① 接到停车通知后，立即做好停车准备，同时联系其他工序也做好停车准备。

② 检查开车罐内有无溶液、液位多少、液体组成，根据液体组成，作好溶液处理，使其处于空罐状态，解除仪表联锁。

③ 停车时先停止甲醇进料，即停止向甲醇中间罐5进料；停甲醇加料泵6；逐渐减少吸收甲醇富液泵37向反应釜1送料流量，进行减负荷操作；停止蒸发器下部加热。

④ 待转化釜2液体出口温度<175℃、反应釜1液体出口温度<175℃时，停吸收甲醇富液泵37，停止反应釜1吸收甲醇进料，减少CO进料量，减少高压吸收甲醇喷淋量，维持转化釜压力2.86MPa(绝压)。

⑤ 分析测定出口液中乙酸甲酯浓度<1%时，继续降温。

⑥ 反应釜出口液温度<170℃、转化釜出口液温度<170℃时，停止向蒸发器9进料。同时，停母液循环泵11，使用外循环泵7，使反应液在反应釜1、转化釜2、外循环换热器8、外循环泵7之间形成循环。降低外循环换热器8的蒸汽压力，使反应液逐渐降温，并停止精馏工序的轻、重相的返回。

⑦ 反应釜1出口液温度<100℃、转化釜2出口液温度<90℃时，停外循环泵7，停CO进气，停高压吸收系统，关闭放空尾气，补充CO维持反应釜1、转化釜2压力为2.0MPa(绝压)。蒸发器温度<90℃时，将下部液体放入开车罐，用0.3MPa(绝压)CO保护封存。

⑧ 如果反应系统主要设备需要进行检修、或长期停车时，应将反应釜1、转化釜2内的液体全部放入开车罐，并用CO密封保存。反应釜1、转化釜2、蒸发器9液体放净后，用稀乙酸冲洗，冲洗液排入集液槽储存。

2. 紧急停车

由于本工艺催化剂的特殊性，应尽量避免紧急停产。紧急停车时，首先要根据事故发生部位及情况用CO进行保压处理(反应釜、转化釜发生故障时除外)。

① 突然停电、停水、停蒸汽时，应立即关闭甲醇进料阀、吸收甲醇进料阀、反应液出口阀、高压吸收塔32尾气调节阀，用CO保压。事故处理完毕后，根据停车时间长短，作相应处理，再根据系统状态进行开车。

② 突然停CO时，立即关闭新鲜甲醇进料、吸收甲醇进料，同时关闭转化釜尾气进高压吸收塔32进口阀、转化釜液体出口阀、重相和轻相返回反应釜1阀，进行封闭保压。当压力下降时，从CO中间罐送气维持。停母液循环泵11、停蒸发器加热蒸汽。故障排除后再开车。

③ 其他机械设备故障，视故障处于系统的部位作相应处理。

三、不正常情况及处理

(1) 高压分离器液位过高，长期不降，无法控制。原因：反应温度过高；反应液组成配比变化太大；转化釜进口阀开度太小；气体分布器小孔有堵塞，阻力过大，液体无法回到反应釜内(反应釜与转化釜压差太大)。处理方法：降低温度；反应液修改组成配比；开大进口阀；最终停车处理，或使转化釜脱离流程，排净转化釜内溶液，安全处理合格后，进行处理。

(2) CO流量降低，转化釜出口液相乙酸甲酯浓度升高。原因：高压吸收塔32堵塞或液泛或尾气放空管路堵塞，排放不畅。处理方法：清除堵塞，降低甲醇喷淋量，消除液泛。

(3) 高压分离器重相界面液位过高，反应釜压力正常，转化釜压力正常。原因：高压分离器位置安装过低，降液管安装不对，阻力过大，内有气体聚集。处理方法：排除气阻；若无法使重相界面降低，需停车后重新安装。

(4) 反应温度过低，转化釜出口液相乙酸甲酯浓度高，而铑浓度分析过低，CO进气量降低。原因：CO供应不足，CO分压低，使催化剂沉淀。处理方法：停车处理。

(5) 蒸发器操作不正常。

① 下部液体液位过高。原因：蒸发器加热器供热不足，母液循环泵输出流量减少，转化釜至蒸发器反应液流过大。处理方法：增加蒸发器加热蒸汽量，启动备用泵或停车处理，减小转化釜至蒸发器反应液流量。

② 蒸发器下部液体液位过低。原因：蒸发器加热量过大，母液循环泵11回流量少。处理方法：减少蒸汽流量或降低加热蒸汽压力，开大母液循环泵回流量，改变进蒸发器的反应液流量与总甲醇进料流量之比。

③ 蒸发器内发生催化剂沉淀。原因：反应液中乙酸甲酯浓度过高(>0.8%)；加热蒸汽流量过大或加热蒸汽压力过高，蒸出物料量过大；液体滞留时间过长。处理方法：减少甲醇进料量；降低加热蒸汽流量或压力，减少蒸出物量；增大母液流出量，缩短母液滞留时间。

复习题

一、填空题

1. 乙酸的学名为________，分子式为________。

2. 乙酸(水分含量<1%)有强的________，水含量每增加0.1%，其凝点降低0.15%~0.2%。

3. 乙酸是重要的________之一，是典型的一价弱有机酸。

4. 酯化反应中生成的水能抑制反应的进行，可用________的方法脱除生成的水。

5. 乙酸在500℃高温下可受热分解，变为________和________。

6. 浓缩乙酸在实验室中燃烧比较困难，但是当环境温度达到________的时候，它便具有可燃的威胁。

7. 乙酸在对苯二甲酸的生产过程中用作________。

8. 乙酸在合成氨生产中，以________的形式，用于氢、氮气的精制。

9. 食用醋主要是通过________而获得。

10. 现代工业生产乙酸的方法主要有：________、________和________。

11. 乙醛氧化法使用的主要原料为________、________和________。

12. 甲醇羰基合成法利用________生产乙酸。

13. 甲醇羰基化催化剂主要有________和________两大类。

14. 羰基钴催化体系以________为主催化剂，________为助催化剂。

15. 羰基合成反应过程在甲醇浓度比较高时，反应速率与甲醇浓度________。

16. 羰基化法生产乙酸的核心是________，克服或改变羰基化反应的高能垒，使羰基化反应更容易地进行。

17. 甲醇羰基化生产乙酸的生产过程主要由________、________和________组成。

18. 反应釜主要由________、筒体、搅拌装置、CO_2分布器和________构成。

19. 转化釜在下封头进液口处设有________，以免液体直接冲刷进气管而影响鼓泡。

20. 合成工序是用________在催化剂二碘二羰基铑$[Rh(CO)_2I_2]^-$的催化作用下和助催化剂碘甲烷(碘化氢)的促进下________合成乙酸。

二、选择题

1. 乙酸水溶液的密度随水含量的减小而(　　)。

A. 减小　　B. 增大　　C. 不变　　D. 无法确定

2. 乙酸是弱酸，其酸性比碳酸略强(　　)。

A. 强　　B. 弱　　C. 相等　　D. 无法确定

3. 乙酸的水溶液腐蚀性极强，(　　)左右的乙酸水溶液对金属腐蚀性最大。

A. 30%　　B. 10%　　C. 20%　　D. 50%

4. 羰基合成反应过程在甲醇浓度低时，反应速率与甲醇浓度相互依赖，甲醇浓度越低，反应速率(　　)。

A. 越小　　B. 越大　　C. 不变　　D. 无法确定

5. 碱金属的氢氧化物或碳酸盐与乙酸直接作用可制备其乙酸盐，其反应速率较硫酸或盐酸 (　　)。

A. 慢　　B. 快　　C. 相等　　D. 无法确定

6. 目前，在乙醛氧化法中，占主导地位的是(　　)。

A. 乙炔路线　　B. 乙烯路线　　C. 无法确定　　D. 乙醇路线

7. 在乙酸生产中，饱和烃液相氧化法所占的比例正在逐渐(　　)。

A. 增加　　B. 减少　　C. 不变　　D. 无法确定

8. 铁、钴和镍三种金属羰化物的催化活性顺序为(　　)。

A. Ni>Co>Fe　　B. Fe>Ni>Co　　C. Co>Ni> Fe　　D. Fe>Co>Ni

9. 铑-碘催化体系在极性溶剂乙酸或水中显示出最大的羰基化速率，水浓度过低，会明显(　　)羰基化反应速率。

A. 升高　　B. 降低　　C. 不变　　D. 无法确定

10. 甲醇羰基化法制乙酸，该过程为放热反应，平衡常数随温度升高而 (　　)。

A. 减小　　B. 增加　　C. 不变　　D. 无法确定

11. 甲醇羰基化法制乙酸，当CO的分压小于1.4MPa时，反应速率随CO分压的增大而(　　)。

A. 增大　　B. 减小　　C. 不变　　D. 无法确定

12. 随着反应温度的升高，铑催化剂的活性(　　)，羰基化反应速率加快。

A. 不变　　B. 增加　　C. 减小　　D. 无法确定

13. 高压分离器液位过高的原因是(　　)。

A. 转化釜进口阀开度太大　　B. 反应温度过低

C. 反应釜与转化釜压差太小　　D. 气体分布器小孔有堵塞，阻力过大

14. 蒸发器下部液体液位过高的原因是(　　)。

A. 蒸发器加热器供热不足　　B. 母液循环泵输出流量增多

C. 转化釜至蒸发器反应液流过小　　D. 蒸发器加热量过大

15. 甲醇羰基化法制乙酸，当体系中乙酸的量较小时，反应速率随乙酸量的增加而(　　)。

A. 不变　　B. 减小　　C. 增加　　D. 无法确定

三、判断题

1. 乙酸分子的羰基可和另一乙酸分子的羟基形成较强的氢键，使分子间相互缔合。

2. 乙酸分子通过强氢键而缔合的特性，也是乙酸物理性质——状态方程、热力学函数、传导等出现不规则现象的原因。

3. 乙酸能与水及一般常用的有机溶剂互溶。在水和非水溶性的酯和醚混合物中，常倾向于水相。

4. 液态乙酸能溶解极性化合物，但不能够溶解非极性化合物。

5. 乙酸中通入电流能加速铅电极的溶解，甚至可以溶解贵金属。

6. 非酸性的盐、氧化物、金属在一定条件下也能催化酯化反应。

7. 乙酸能与三氯化磷反应生成乙酰氯，与氨反应生成乙酰胺。

8. 饱和烃类与乙酸能生成多种重要的有机酯化合物。

9. 乙酸高温下催化脱水可生成醋酐。

10. 乙酸的危害和乙酸溶液的浓度无关。

11. 乙酸纤维最大用途是制造香烟过滤嘴和高级服饰面料。

12. 从木材干馏副产的焦木酸中回收乙酸，是工业生产乙酸的主要方法。

13. 以甲醇为原料合成乙酸，不但原料价廉易得，而且生成乙酸的选择性高达99%以上，基本上无副产物。

14. 高压甲醇羰基合成法反应压力高达70MPa，原料消耗和能耗远高于低压甲醇羰基合成法。

15. 金属羰基化合物对羰基化反应无显著的催化作用。

16. 羰基钴催化体系以$HCo(CO)_4$络合物为主催化剂，CH_3I为助催化剂，催化反应过程中真正起催化作用的是$Co_2(CO)_8$。

17. 对铑-碘催化体系的改性之一是选择优良的助催化剂或促进剂。

18. 高聚物配合的铑催化剂，不仅具有温和的反应条件，而且在无其他助剂存在的情况下，活性和选择性也很高。

19. 当出现催化剂沉淀时，可以增加甲醇进料，提高反应釜温度，维持较高流量的一氧化碳进料，将沉淀的铑重新溶解为羰基铑。

20. 甲醇羰基化法制乙酸，降低反应温度和增加压力均有利于提高反应的转化率。

四、简答题

1. 简述乙酸的主要物理化学性质。

2. 简述乙酸的主要应用。

3. 简述乙酸的主要生产方法及特点

4. 简述甲醇羰基化催化剂的种类及特点。

5. 简述液相羰基铑催化剂制备的主要过程。

6. 简述影响液相羰基铑催化剂活性的主要因素。

7. 简述在液相羰基铑催化剂的作用下甲醇羰基化生成乙酸的机理。

8. 简述在羰基化反应过程中，铑配合物可能存在的形式及变化。

9. 试述甲醇浓度、CO分压、铑浓度、碘化物的浓度、溶剂的浓度、反应温度等因素对反应速率的影响。

10. 简述甲醇液相羰基化生产乙酸的流程主要包括哪些部分？各部分的作用是什么？

11. 简述甲醇液相羰基化所用反应釜和转化的结构。

12. 简述乙酸合成部分原始开车的主要步骤。

13. 简述乙酸合成部分计划停车的主要步骤。

14. 简述高压分离器液位过高、长期不降、无法控制的原因。

15. 简述蒸发器内发生催化剂沉淀的原因。

第十章　甲醇制烯烃技术

第一节　绪　论

一、概述

甲醇制烯烃即煤基甲醇制烯烃，是指以煤为原料合成甲醇后再通过甲醇制取乙烯、丙烯等烯烃的技术。乙烯、丙烯等低碳烯烃是重要的基本化工原料，随着我国国民经济的发展，特别是现代化学工业的发展对低碳烯烃的需求日渐攀升，供需矛盾也将日益突出。迄今为止，制取乙烯、丙烯等低碳烯烃的重要途径，仍然是通过石脑油、轻柴油(均来自石油)的催化裂化、裂解制取，作为乙烯生产原料的石脑油、轻柴油等原料资源，面临着越来越严重的短缺局面。另外，近年来我国原油进口量已占加工总量的一半左右，以乙烯、丙烯为原料的聚烯烃产品仍将维持相当高的进口比例。因此，发展非石油资源来制取低碳烯烃的技术日益引起人们的重视。

甲醇制烯烃(Methanol to Olefins，MTO)的MTO工艺和甲醇制丙烯(Methanol to Propylene，MTP)的MTP工艺是目前两个重要的化工新技术，是指以煤或天然气合成的甲醇为原料，借助类似催化裂化装置的流化床反应形式，生产低碳烯烃的化工技术。该技术是发展非石油资源生产乙烯、丙烯等产品的核心技术。我国是一个富煤缺气的国家，采用天然气制烯烃势必会受到资源上的限制。因此，以煤为原料，走煤-甲醇-烯烃-聚烯烃工艺路线符合国家能源政策需要，是非油基烯烃的主流路线。

甲醇是煤制烯烃工艺的中间产品，如果甲醇成本过高，将导致煤制烯烃路线在经济上与石脑油路线和天然气路线缺乏竞争力，此外，MTO需要有数量巨大且供应稳定的甲醇原料，只有煤制甲醇装置与甲醇制烯烃装置一体化建设才能规避原料风险。因此，在煤炭产地附近建设工厂，以廉价的煤炭为原料，通过大规模装置生产低成本的甲醇，使煤制烯烃工艺路线具有了经济上的可行性。

煤制烯烃包括煤气化、合成气净化、甲醇合成及甲醇制烯烃四项核心技术。目前，煤气化技术、合成气净化和甲醇合成技术的应用都已经比较成熟，而甲醇制烯烃技术经过多年的发展在理论上和实验装置上也已经比较完善，具备工业化条件。

二、甲醇制烯烃技术的发展概况

1. 甲醇制乙烯、丙烯(MTO)

早在20世纪70年代，美国Mobil公司研究人员发现在一定的温度(500℃)和催化剂(改型中孔ZSM-5沸石)作用下，甲醇反应生成乙烯、丙烯和丁烯等低碳烯烃。从20世纪80年代开始，国外在甲醇制取低碳烯烃的研究中有了重大突破。美国联碳公司(UCC)科学家发明了SAPO-34硅铝磷分子筛(含Si、Al、P和O元素)，同时发现这是一种甲醇转化生产乙烯、丙烯(MTO)很好的催化剂。

SAPO-34 具有某些有机分子大小的结构，是 MTO 工艺的关键。SAPO-34 的小孔(大约 0.4 nm)限制大分子或带支链分子的扩散，得到所需要的直链小分子烯烃的选择性很高。SAPO-34 优化的酸功能使得混合转移反应而生成的低分子烷烃副产品很少，在实验室的规模试验中，MTO 工艺不需要分离塔就能得到纯度达 97%左右的轻烯烃(乙烯、丙烯和丁烯)，这就使 MTO 工艺容易得到聚合级烯烃，只有在需要纯度很高的烯烃时才需要增设分离塔。

中科院大连化物所是国内最早从事 MTO 技术开发的研究单位。该所从 20 世纪 80 年代便开展了由甲醇制烯烃的工作。“六五”期间完成了实验室小试，“七五”期间完成了 3Mt/a(甲醇处理量)中试；采用中孔 ZSM-5 沸石催化剂达到了当时国际先进水平。90 年代初又在国际上首创“合成气经二甲醚制取低碳烯烃新工艺方法(简称 SDTO 法)”，被列为国家“八五”重点科技攻关课题。该新工艺是由两段反应构成，第一段反应是合成气在以金属-沸石双功能催化剂上高选择性地转化为二甲醚，第二段反应是二甲醚在 SAPO-34 分子筛催化剂上高选择性地转化为乙烯、丙烯等低碳烯烃。

SDTO 新工艺具有如下特点：

(1) 合成气制二甲醚打破了合成气制甲醇体系的热力学限制，CO 转化率可接近 100%，与合成气经甲醇制低碳烯烃相比可节省投资 5%~8%；

(2) 采用小孔磷硅铝(SAPO-34)分子筛催化剂，比 ZSM-5 催化剂的乙烯选择性大大提高；

(3) 第二段采用流化床反应器可有效地导出反应热，实现反应-再生连续操作；

(4) 新工艺具有灵活性，它包含的两段反应工艺既可以联合成为制取烯烃工艺的整体，又可以单独应用。尤其是 SAPO-34 分子筛催化剂可直接用于 MTO 工艺。

在 SAPO-34 催化剂的合成方面，已成功地开发出以国产廉价三乙胺或二元胺为模板剂合成 SAPO-34 分子筛的方法，其生产成本比目前国内外普遍采用的四乙基氢氧化铵为模板剂的 SAPO-34 降低 85%以上。

目前，Hydro 公司现已有一套示范装置在挪威的生产基地内建成，采用的是流化床反应器和连续流化床再生器。自 1995 年以来该示范装置就周期性的运转，根据 UOP 公司的资料，这套装置实现了长期 99%的甲醇转化率和稳定的产品选择性。国内第一套采用大连化物所 DMTO 技术，规模为 0.6 Mt/a 的煤基甲醇制烯烃大型化工业装置已开工建设，2009 年底建成投产。

2. 甲醇制丙烯(MTP)

德国 Lurgi 公司在改型的 ZSM-5 催化剂上，凭借丰富的固定床反应器放大经验，开发完成了甲醇制丙烯的 MTP 工艺。

Lurgi 公司开发的固定床 MTP 工艺，采用稳定的分子筛催化剂和固定床反应器，首先将甲醇转化为二甲醚和水，然后在三个 MTP 反应器(两个在线生产、一个在线再生)中进行转化反应，反应温度为 400~450℃，压力 0.13~0.16MPa，丙烯产率达到 70%左右。

Lurgi 公司的 MTP 工艺所用的催化剂是改性的 ZSM 系列催化剂，具有较高的丙烯选择性，副产少量的乙烯、丁烯和 C_5、C_6 烯烃。C_2、C_4 到 C_6 烯烃可循环转化成丙烯，产物中除丙烯外还将有液化石油气、汽油和水。

在国内，对 MTP 工艺的开发研究也一直在进行。由新一代煤(能源)化工产业技术创新战略联盟成员——中国化学工程集团公司、清华大学、安徽淮化集团有限公司合作开发的流化床甲醇制丙烯(FMTP)工业化试验项目在淮化集团开工。

三、主要产品简介

整个煤基烯烃产业链中包含有中间产品甲醇、乙烯、丙烯，最终产品聚乙烯、聚丙烯等。本章主要介绍甲醇制取乙烯、丙烯。

(一)乙烯的物理化学性质和用途

1. 乙烯的物理化学性质

乙烯，英文名称为 ethylene，相对分子质量 28.06，分子式 C_2H_4，结构简式 $CH_2═CH_2$，C 原子以 sp2 杂化轨道成键，两个碳原子和四个氢原子处在同一平面上，分子彼此之间键角 120°，为平面形的非极性分子。

乙烯是一种无色气体，略具烃类特有的臭味。熔点-169.4℃，沸点-103.9℃，相对密度(水=1) 0.61，相对蒸气密度(空气=1)0.98，饱和蒸气压 4083.40 kPa (0℃)，燃烧热 1409.6 kJ/mol。不溶于水，微溶于乙醇、酮、苯，溶于醚、四氯化碳等有机溶剂。易燃，与空气混合能形成爆炸性混合物，爆炸极限为 2.7%~36.0%。乙烯具有较强的麻醉作用，可引起急性中毒，吸入高浓度乙烯会立即引起意识丧失。

2. 乙烯的用途

乙烯是合成纤维、合成橡胶、合成塑料的基本化工原料，也用于制造氯乙烯、苯乙烯、环氧乙烷、乙酸、乙醛、乙醇和炸药等，还可用作水果和蔬菜的催熟剂。乙烯的生产量是衡量一个国家化工水平高低的重要指标。

(二)丙烯的物理化学性质和用途

1. 丙烯的物理化学性质

丙烯的英文名称为 propylene，分子式 C_3H_6，结构简式 $CH_2═CH—CH_3$，3 个碳原子处于同一平面，相对分子质量 42.08。丙烯在常温下是一种无色、无臭、稍带有甜味的气体。密度 0.5139g/cm^3(20℃)，冰点-185.3℃，沸点-47.4℃。易燃，爆炸极限为 2%~11%。不溶于水，溶于有机溶剂。易燃，与空气混合能形成爆炸性混合物，爆炸极限为 2.0%~11.7%。丙烯略具麻醉性，属低毒类化学品。

2. 丙烯的用途

丙烯是三大合成材料的基本原料，用量最大的用途是生产聚丙烯，此外还可制丙烯腈、异丙醇、苯酚和丙酮、丁醇和辛醇、丙烯酸及其酯类以及制环氧丙烷和丙二醇、环氧氯丙烷和合成甘油等。

第二节　甲醇制烯烃

一、甲醇制烯烃的基本原理

在一定条件(温度、压强和催化剂)下，甲醇蒸气先脱水生成二甲醚，然后二甲醚与原料甲醇的平衡混合物气体脱水继续转化为以乙烯、丙烯为主的低碳烯烃；少量 $C_2^=$ ~ $C_5^=$ 的低碳烯烃由于环化、脱氢、氢转移、缩合、烷基化等反应进一步生成相对分子质量不同的饱和烃、芳烃、C_6^+烯烃及焦炭。

(一)反应方程式

整个反应过程可分为两个阶段：脱水阶段、裂解反应阶段

1. 脱水阶段

甲醇首先脱水为二甲醚(DME)，形成的平衡混合物包括甲醇、二甲醚和水：

$$2CH_3OH \longrightarrow CH_3OCH_3+H_2O+Q$$

2. 裂解反应阶段

该反应过程主要是脱水反应产物二甲醚和少量未转化的原料甲醇进行的催化裂解反应，包括：

(1) 主反应(生成烯烃)：

$$nCH_3OH \longrightarrow C_nH_{2n}+nH_2O+Q$$

$$nCH_3OCH_3 \longrightarrow 2C_nH_{2n}+nH_2O+Q$$

n=2 或 3(主要)，4 、5 和 6(次要)，以上各种烯烃产物均为气态。

(2) 副反应(生成烷烃、芳烃、碳氧化物并结焦)：

$$(n+1)CH_3OH \longrightarrow C_nH_{2n+2}+C+(n+1)H_2O+Q$$

$$(2n+1)CH_3OH \longrightarrow 2C_nH_{2n+2}+CO+2nH_2O+Q$$

$$(3n+1)CH_3OH \longrightarrow 3C_nH_{2n+2}+CO_2+(3n-1)H_2O+Q$$

n=1 ，2 ，3 ，4 ，5……。

$$n\ CH_3OCH_3 \longrightarrow C_nH_{2n-6}+3H_2+nH_2O+Q$$

n=6 ，7 ，8……。

以上产物有气态(CO 、H_2、H_2O 、CO_2、CH_4等烷烃、芳烃等)和固态(大相对分子质量烃和焦炭)之分。

(二)反应机理

1. 氧合内合盐机理

该机理认为，甲醇脱水后得到的二甲醚与固体酸表面的质子酸作用形成二甲基氧合离子，之后又与另一个二甲醚反应生成三甲基氧合内合盐。接着，脱质子形成与催化剂表面相聚合的二甲基氧合内合盐物种。该物种或者经分子内的 Stevens 重排形成甲乙醚，或者是分子间甲基化形成乙基二甲基氧合离子，两者都通过 B2 消除反应生成乙烯，详见图 10-1。

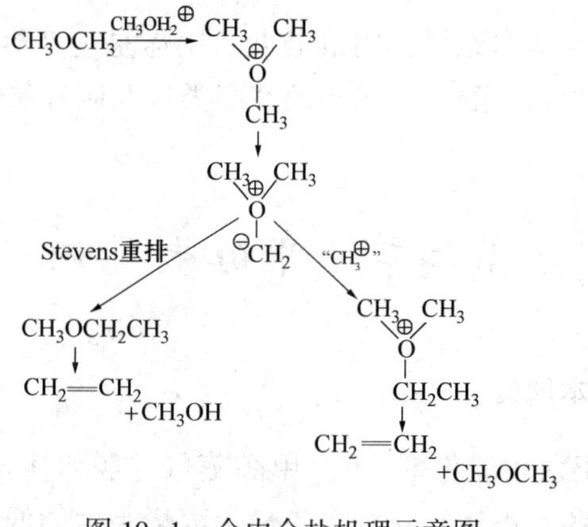

图 10-1　合内合盐机理示意图

2. 碳烯离子机理

在沸石催化剂酸、碱中心的协同作用下，甲醇经 A2 消除反应后得到碳烯(CH_2)，然后

通过碳烯聚合反应或者是碳烯插入甲醇或二甲醚分子中即可形成烯烃。

3. 串连型机理

该机理可用下式表示：

$$2C_1 \longrightarrow C_2H_4 + H_2O$$

$$C_2H_4 + C_1 \longrightarrow C_3H_6$$

$$C_3H_6 + C_1 \longrightarrow C_4H_8$$

式中 C_1来自甲醇，并通过多步加成生成各种烯烃。

4. 平行型机理

该机理是以 SAPO-34 为催化剂，以甲醇进料的 C13 标记和来自乙醇的乙烯 C12 标记跟踪而提出的，其机理见图 10-2。

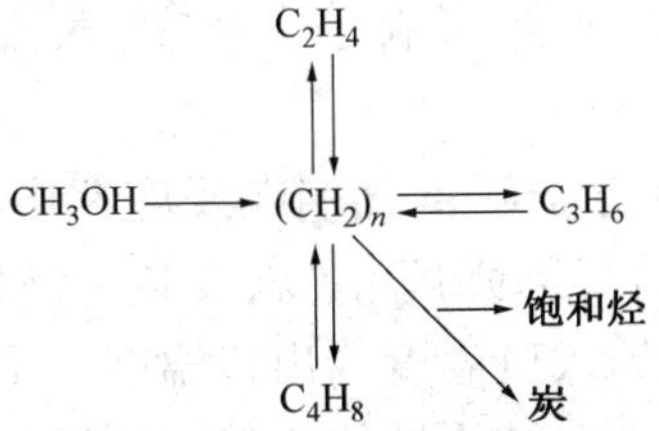

图 10-2 平行型机理示意图

5. 其他反应机理

除上述机理外，也有的认为反应为自由基机理，而二甲醚可能是一种甲基自由基源。

(三)反应热效应

由反应方程式和热效应数据可看出，所有主、副反应均为放热反应。由于大量放热使反应器温度剧升，导致甲醇结焦加剧，并有可能引起甲醇分解反应的发生，故及时取热并综合利用反应热显得十分必要。

此外，生成有机物分子的碳数越高，产物水就越多，相应反应放出的热量也就越大。因此，必须严格控制反应温度，以限制裂解反应向纵深发展。然而，反应温度不能过低，否则主要生成二甲醚。所以，当达到生成低碳烯烃反应温度(催化剂活性温度)后，应该严格控制反应温度的失控。

(四)MTO 反应的化学平衡

1. 所有主、副反应均有水蒸气生成

根据化学热力学平衡移动原理，由于上述反应均有水蒸气生成，特别是考虑到副反应生成水蒸气对副反应的抑制作用，因而在反应物(即原料甲醇)中加入适量的水或在反应器中引入适量的水蒸气，均可使化学平衡向左移动。所以，在本工艺过程中加入水(汽)不但可以抑制裂解副反应，提高低碳烯烃的选择性，减少催化剂的结炭，而且可以将反应热带出系统以保持催化剂床层温度的稳定。

2. 所有主、副反应均为分子数增加的反应

从化学热力学平衡角度来考虑，对两个主反应而言，低压操作对反应有利。所以，该工艺采取低压操作，目的是使化学平衡向右移动，进而提高原料甲醇的单程转化率和低碳烯烃的质量收率。

(五)MTO 反应动力学

动力学研究证明，MTO 反应中所有主、副反应均为快速反应，因而，甲醇、二甲醚生

成低碳烯烃的化学反应速率不是反应的控制步骤，而关键操作参数的控制则是应该极为关注的问题。

从化学动力学角度考虑，原料甲醇蒸气与催化剂的接触时间尽可能越短越好，这对防止深度裂解和结焦极为有利；另外，在反应器内催化剂应该有一个合适的停留时间，否则其活性和选择性难以保证。

二、甲醇制烯烃催化剂

甲醇转化制烯烃所用的催化剂以分子筛为主要活性组分，以氧化铝、氧化硅、硅藻土、高岭土等为载体，在黏结剂等加工助剂的协同作用下，经加工成型、烘干、焙烧等工艺制成分子筛催化剂，分子筛的性质、合成工艺、载体的性质、加工助剂的性质和配方、成型工艺等因素对分子筛催化剂的性能都会产生影响。

（一）分子筛催化剂的制备

由于 MTO 工艺使用的 SAPO 分子筛催化剂在反应器中要不停地循环，因此对分子筛催化剂的粒径、形状、强度（尤其是耐磨强度）要求较高。该催化剂的成型一般采用喷雾干燥工艺，其中浆液的配制、干燥机的入口温度、出口温度、干燥速率、喷雾状态等都会影响催化剂的形状、粒径分布、耐磨强度、结构性能、催化性能及使用性能。近期的一些专利主要涉及催化剂的粒径分布和耐磨强度方面的研究。

Chang 等在控制干燥速率不大于 0. 2kg/（ kg · h）、干燥机的进口温度不高于 300℃、进出口温差不大于 150℃的条件下，制备的含 SAPO-34 分子筛的催化剂的耐磨指数在 0. 5%/h以下。William 等使用无机氧化物溶胶（如铝溶胶或硅溶胶）作为黏结剂，通过外加一种含磷物质（如正磷酸、偏磷酸等），以高岭土为载体，制备的 SAPO-34 分子筛催化剂具有很好的耐磨性能。Chang 等将含硅的无机氧化物溶胶前体的溶液或悬浮液与分子筛混合，然后进行老化。用核磁共振检测老化的进程，发现当化学位移在 62~63 处出现 27Al 的尖峰，表明有铝的低聚物出现，这时进行喷雾干燥，得到的分子筛催化剂具有良好的耐磨性能。如用工业水合氯化铝为氢氧化铝溶胶的前体，加入黏土作为载体，利用专利制备的质量组成为 SAPO-34（40%）、氧化铝（10. 6%）、黏土（49. 4%）的 MTO 分子筛催化剂的耐磨指数为 0. 44%/h。

另外由于通常合成的分子筛粒径较小，一般为几微米到几十纳米之间，过滤、水洗等操作比较困难。Chang 等通过加入絮凝剂，使这些操作变得更加容易。但是絮凝剂的存在会影响后续分子筛催化剂的制备过程，使制备的催化剂耐磨强度降低。进一步研究发现，将过滤的湿分子筛物料先经过 150~180℃的热处理，然后再进行制浆和喷雾干燥，可以有效地解决残余絮凝剂对制备的分子筛催化剂耐磨指数的影响。如用该方法得到的分子筛催化剂耐磨指数可达到 1%/h 以下。

（二）分子筛催化剂的使用

经过 20 世纪 80 年代和 90 年代的大规模研究，催化剂体系已基本定型，SAPO 分子筛催化剂对乙烯、丙烯的选择性也已经达到 80%以上，甚至达到 90%以上，再发展的空间已经不大。因此如何更有效地使用分子筛催化剂是近期的一个研究热点。Janssen 等报道，暴露于空气中的 SAPO 分子筛催化剂的催化活性会逐渐降低（甚至仅几个小时），且超过一定时间后，这种催化活性的下降将不可逆。但催化剂的制备和储运过程都需要一定的时间，因此生产出的催化剂需要进行有效地保护。研究发现，把制备好的催化剂浸泡在无水低碳醇（如甲醇）中会有效地防止催化剂活性的降低，使催化剂的活性保持稳定。但低碳醇中水的质量分数必须小于0.02%。进一步研究发现，用一定水含量的低碳醇也能起到相似的结果，而不必使用无水乙醇。采用不同水含量的甲醇对催化剂进行浸泡保护实验，实验结果表明，当甲醇中水的质量分数为25%左右时，可以有效地保护催化剂。在一定范围内，水含量太高或太低都不利于催化剂活性的稳定。

Martens等采取用一定的物质覆盖催化剂活性中心的方法保存催化剂。这些方法包括：将分子筛合成过程中使用的模板剂留在分子筛的孔中不脱除；将模板剂部分炭化形成一层炭膜留在分子筛的孔中；将完全脱除模板剂的分子筛保存在干燥的气氛中（如无水的气体或液体中）。这些方法都可以很好地保持催化剂活性的稳定。将完全脱除模板剂的SAPO-34分子筛进行如下处理：试样1#在20℃、相对湿度为80%的空气中保存3 d；试样2#在20℃、相对湿度为20%的空气中保存4d；试样3#不经过任何处理。实验结果表明，在温度450℃、甲醇质量空速25h^{-1}的条件下反应5min，甲醇的转化率分别为：试样1#27%，试样2#0，试样3#100%，而不脱除模板剂、湿滤饼形式和仅脱除一定水分的干滤饼形式保存的分子筛催化剂，自然环境下保存132d，催化活性无显著变化。

另外，ExxonMobil公司在2000~2003年公开了一系列在储运过程中保护催化剂的方法。SAPO-34分子筛催化剂催化甲醇转化制烯烃时，一般新鲜催化剂或再生后的催化剂与反应物料接触后表现出一个诱导期，约为1h左右。在诱导期内，催化剂的催化活性较高，甲醇的转化率很高，乙烯和丙烯的选择性逐渐增加，乙烷和丙烷等烷烃的选择性逐渐减小，同时催化剂的结焦量不断增加。导期过后，催化剂在一定时间内保持高的催化活性（高选择性和高活性区域），随时间的延长，催化剂的活性迅速下降。具有一定焦含量（或烃类物质含量）的分子筛催化剂表现出对乙烯和丙烯的选择性高。因此充分利用分子筛催化剂的这一特点，对分子筛催化剂进行预处理，使其在孔中先生成一定的结焦或烃类物质，然后再催化甲醇转化，是提高乙烯和丙烯选择性的一个有效方法。

Xu等用低碳醛对新鲜或再生的SAPO-34分子筛催化剂进行预处理，实验结果表明，新鲜的SAPO-34分子筛催化剂用醛处理后，乙烯和丙烯的选择性显著增加，乙烯和丙烯的选择性最高可达84%左右。同时实验结果还表明，在相同条件下对SAPO-34分子筛催化剂进行预处理，醛预处理的效果优于丁烯预处理的效果。Xu等用C_2~C_7烯烃对SAPO-34分子筛催化剂进行预处理，也得到了较好的结果。

Xu等直接用反应原料二甲醚对SAPO-34分子筛催化剂进行预处理；Vallghn等用MTO工艺中分离出的C_4^+组分对新鲜或再生的SAPO-34分子筛催化剂进行预处理；Brown等在用ZSM-5分子筛催化剂进行甲醇转化制烯烃时，直接用甲苯、二甲苯等分子直径小于催化剂孔径的、能够进行烷基化的芳烃作为共进料；徐腾等预先将至少一个单环芳烃植入SAPO-34分子筛的孔道中。上述这些方法都起到了类似的效果，在一定程度上提高了乙烯和丙烯的选择性。Chisholm等则采用控制SAPO-34分子筛催化剂再生速率和再生比例的方法，控制催化剂的平均结焦量，使催化剂在使用过程中始终保持一定的平均含焦量（如每个酸性位含有4~7个碳原子），也取得了较好的结果。

关于对SAPO-34分子筛催化剂预处理的效果，另一种理论认为甲醇在分子筛上首先脱水形成碳氢物质，然后合环形成芳烃。甲醇与这种先形成的芳烃进行烷基化反应，形成甲苯和二甲苯等，并进一步形成乙基苯等较长链烷基苯，最后侧链断裂形成乙烯和丙烯等。催化剂的诱导期就是在催化剂的孔中逐渐形成芳烃的过程，因此以上预处理过程（烯烃和醛等含氧物质、直接引入芳烃、保持一定的结焦量)实际上都是在催化剂的孔道中预先形成一定的芳烃或保留一定芳烃，催化剂的状态相当于已经过了诱导期，所以乙烯和丙烯的选择性得到了提高。

(三)分子筛催化剂的再生

不管是ZSM-5还是SAPO系列分子筛催化剂，在使用一定时间后催化剂由于结焦而失活，需要进行烧焦再生，使焦性物质生成CO或CO_2。这方面的工作已经比较成熟，近期未见太多报道。Herm ann公开了一种ZSM-5分子筛催化剂再生的方法，避免了使用蒸汽除焦而造成分子筛骨架脱铝，可以使催化剂尽可能地恢复原样。再生过程：先用460~500℃的氮气吹扫失活催化剂表面残余的可挥发性烃类物质，然后在氮气流动下降温到420~460℃，再通入用氮气稀释的空气，避免剧烈反应造成温度过高，然后逐渐升温到460~500℃并维持一定时间，完成烧焦，在氮气吹扫下降至反应温度。

三、甲醇制烯烃工艺条件

1. 反应温度

反应温度对反应中低碳烯烃的选择性、甲醇的转化率和积炭生成速率有着最显著的影响。较高的反应温度有利于产物中n(乙烯)/n(丙烯)值的提高。但在反应温度高于723 K时，催化剂的积炭速率加速，同时产物中的烷烃含量开始变得显著，最佳的MTO反应温度在400℃左右。这可能是由于在高温下，烯烃生成反应比积炭生成反应更快的原因。此外，从机理角度出发，在较低的温度下($T \leqslant 523$ K)，主要发生甲醇脱水至DME的反应；而在过高的温度下($T \geqslant 723$ K)，氢转移等副反应开始变得显著。

2. 原料空速

原料空速对产物中低碳烯烃分布的影响远不如温度显著，这与平行反应机理相符，但过低和过高的原料空速都会降低产物中的低碳烯烃收率。此外，较高的空速会加快催化剂表面的积炭生成速率，导致催化剂失活加快，这与研究反应积炭和失活现象的结果相一致。

3. 反应压力

改变反应压力可以改变反应途径中烯烃生成和芳构化反应速率。对于这种串联反应，降低压力有助于降低反应的耦联度，而升高压力则有利于芳烃和积炭的生成。因此通常选择常压作为反应的最佳条件。

4. 稀释剂

在反应原料中加入稀释剂，可以起到降低甲醇分压的作用，从而有助于低碳烯烃的生成。在反应中通常采用惰性气体和水蒸气作为稀释剂。水蒸气的引入除了降低甲醇分压之外，还可以起到有效延缓催化剂积炭和失活的效果。原因可能是水分子可以与积炭前驱体在催化剂表面产生竞争吸附，并且可以将催化剂表面的L酸位转化为B酸位。但水蒸气的引入对反应也有不利的影响，会使分子筛催化剂在恶劣的水热环境下产生物理化学性质的改变，从而导致催化剂的不可逆失活。通过实验发现，甲醇中混入适量的水共同进料，可以得到最佳的反应效果。

四、甲醇制低碳烯烃工艺的工程技术

1. 反应器的选择

甲醇转化的总一级反应速率为250m^3/(m^3·s)，属于快速反应。研究表明，决定催化剂选择性的重要因素之一是催化剂上的积炭量，为了调节 C_2 与 C_3 的比值，除了改变工艺条件，也要适当调节催化剂上积炭量。小孔 SAPO 类沸石由于孔径结构的限制，容易在催化剂表面上积炭，适合催化含氧有机化合物转化为低碳烯烃的反应，容易满足待生催化剂对生焦率的要求。而中孔沸石，如十元氧环孔道的 HZSM-5，由于独特的孔结构不利于缩合芳烃的生成和积累，生焦率和催化剂的失活率低于小孔沸石。不过目前也有实验报道，改进后的 ZSM 类型分子筛也适合催化含氧有机化合物转化为低碳烯烃的反应。

以上催化剂的反应机理决定了催化剂的反应周期非常短，需要频繁地再生，从而决定了 MTO 工艺不宜选择固定床反应器而只能选择连续反应再生的流化床反应器。循环快速流化床反应器和湍流流化床反应器是能够实现 MTO 工艺 C_2 与 C_3 比值大于 1 的反应器系统。

UOP/HYDRO-MTO 的反应器型式是类似流化催化裂化的连续反应-再生方式。大连化物所中试阶段所用的反应器是密相循环流化床型式。有的专利推荐利用气固并流下行式超短接触时间流化床反应器，催化剂与原料下行，认为这样能够及时终止反应进行，能够有效地抑制二次反应的发生，低碳烯烃等目的产品的选择性更好，但这种下行式反应器目前在炼油行业尚未见工业化应用。

大型化的连续反应-再生的流化床反应器型式用得最多和最成熟的是炼油行业的催化裂化技术。

2. MTO 工艺的中试试验数据

UOP/HYDRO-MTO 工业性示范装置（甲醇加工能力为 0.75t/d）采用最大量生产乙烯方案时，C_2 与 C_3 比值为 1.45。如果将工艺条件改变为多产丙烯方案，C_2 与 C_3 比值可降低到 0.75。

五、甲醇制烯烃工艺流程及主要设备

1. MTO 工艺流程及主要设备

现以采用 DMTO 技术，规模为 1200kt/a 的甲醇制烯烃项目为例，详细介绍 MTO 工艺流程及主要设备。

（1）主要操作条件 。在高选择性催化剂上，MTO 发生两个主反应：

$$2CH_3OH \longrightarrow C_2H_4+2H_2O \qquad \Delta H= -11.72kJ/mol$$

$$3CH_3OH \longrightarrow C_3H_6+3H_2O \qquad \Delta H=-30.98kJ/mol$$

反应温度：400~500℃，反应压力：0.1~0.3MPa，再生温度：600~700℃，再生压力：0.1~0.3MPa，催化剂：D803C-II01，反应器类型：流化床反应器。

（2）工艺概述。MTO 工艺由甲醇转化烯烃单元和轻烯烃回收单元组成，在甲醇转化单元中通过流化床反应器将甲醇转化为烯烃，再进入烯烃回收单元中将轻烯烃回收，得到主产品乙烯、丙烯，副产品为丁烯、C_5 以上组分和燃料气。

（3）转化工艺流程说明（附工艺流程图，见附图 10-3）。MTO 工艺是将甲醇转化为轻烯烃（主要是乙烯和丙烯）的气相流化床催化工艺。MTO 单元由进料汽化和产品急冷区、反应/再生区、蒸汽发生区、燃烧空气和废气区几部分组成。

① 进料汽化和产品急冷区。进料汽化和产品急冷区由甲醇进料缓冲罐、进料闪蒸罐、洗涤水汽提塔、急冷塔、产品分离塔和产品/水汽提塔组成。

来自于甲醇装置的甲醇经过与汽提后的水换热，在中间冷凝器中部汽化后进入进料闪蒸罐，然后进入汽化器汽化，并用蒸汽过热后送入 MTO 反应器。反应器出口物料经冷却后送入急冷塔。

闪蒸罐底部少量含水物料进入氧化物汽提塔中，一些残留的甲醇被汽提返回到进料闪蒸罐。

急冷塔用水直接冷却反应后物料，同时也除去反应产物中的杂质。水是MTO反应的产物之一，甲醇进料中的大部分氧转化为水。MTO反应产物中会含有极少量的乙酸，冷凝后回流到急冷塔。为了中和这些酸，在回流中注入少量的碱(氢氧化钠)。为了控制回流中的固体含量，由急冷塔底抽出废水，送到界区外的水处理装置。

急冷塔顶的气相送入产品分离器中。产品分离器顶部的烯烃产品送入烯烃回收单元，进行压缩、分馏和净化。自产品分离器底部出来的物料送入水汽提塔，残留的轻烃被汽提出来，在中间冷凝器中与新鲜进料换热后回到产品分离器。汽提后底部的净产品水与进料甲醇换热冷却到环境温度，被送到界区外再利用或处理。洗涤水汽提塔底主要是纯水，送到轻烯烃回收单元以回收MTO生成气中未反应的甲醇。水和回收的甲醇返回到氧化物汽提塔，在这里甲醇和一些被吸收的轻质物被汽提，送入进料闪蒸罐。汽提后的水返回氧化物汽提塔。

② 流化催化反应和再生区。MTO的反应器是快速流化床型的催化裂化设计，反应实际在反应器下部发生，此部分由进料分布器，催化剂流化床和出口提升器组成。反应器的上部主要是气相与催化剂的分离区。在反应器提升器出口的初级预分离之后，进入多级旋风分离器和外置的三级分离器来完成整个分离。分离出来的催化剂继续通过再循环滑阀自反应器上部循环回反应器下部，以保证反应器下部的催化剂层密度。反应温度通过催化剂冷却器控制，催化剂冷却器通过产生蒸汽吸收反应热。蒸汽分离罐和锅炉给水循环泵是蒸汽发生系统的一部分。

MTO过程中会在催化剂上形成积炭。因此，催化剂需连续再生以保持理想的活性，烃类在待生催化剂汽提塔中从待生催化剂中汽提出来，待生催化剂通过待生催化剂立管和提升器送到再生器。MTO的再生器是鼓泡床型，由分布器(再生器空气)、催化剂流化床和多级旋风分离器组成。催化剂的再生是放热的，焦炭燃烧产生的热量被再生催化剂冷却器中产生的蒸汽回收。催化剂冷却器是后混合型，调整进出冷却器的催化剂循环量来控制热负荷，而催化剂的循环量由注入冷却器的流化介质(松动空气)的量控制，蒸汽分离罐和锅炉给水循环泵包括在蒸汽发生系统，除焦后的催化剂通过再生催化剂立管回到反应器。

③ 再生空气和废气区。再生空气区由主风机、直接燃烧空气加热器和提升风机组成，主风机提供的助燃空气经直接燃烧空气加热器后进入再生器。直接燃烧空气加热器只在开工时使用，以将再生器的温度提高到正常操作温度。提升风机为再生催化剂冷却器提供松动空气，还为待生催化剂从反应器转移到再生器提供提升空气。提升空气需要助燃空气所需的较高压力，通常认为用主风机提供松动风和提升空气的设计是不经济的。然而，如果充足的工艺空气可以被利用来满足松动风和提升风的需要，可以不用提升风机。

废气区由烟气冷却器、烟气过滤器和烟囱组成。来自再生器的烟气在烟气冷却器发生高压蒸汽，回收热量。出冷却器的烟气进入烟气过滤器，除去其中的催化剂颗粒，出过滤器的烟气由烟囱排空。为了减少催化剂损失，从烟气过滤器回收的物料进入废气精分离器。分离器将回收的催化剂分为两类，较大的颗粒循环回MTO再生器，较小的颗粒被处理掉。

(4) 轻烯烃回收工艺流程说明(附工艺流程图，见附图10-4)。进入轻烯烃回收单元(LORP)的原料是来自MTO单元的气相。LORP单元的目的是压缩、冷凝、分离和净化有价值的轻烯烃产品(通常指乙烯和丙烯)。LORP 单元由以下几部分组成：压缩、二甲醚回收、水洗、碱洗、干燥、乙炔变换、分馏、丙烯冷却和一个氧化物回收单元(ORU)。

① 压缩区。压缩区由 MTO 产品压缩机、级间吸入罐和级间冷却器组成。在接近周围环境温度、压力下，MTO 的气体物流送入 LORP 单元的压缩部分。为了回收烯烃产品，首先将操作压力提高到能浓缩和通过分馏来分离的压力等级水平是非常必要的。MTO 产品压缩机是多级离心压缩机，压缩机的级间流在级间冷却器和级间吸入罐中冷却和闪蒸，由水和溶解的轻烃组成的级间冷凝物计量后通过级间罐回到上一级吸入罐，纯冷凝物被泵回到 MTO 单元。

② 二甲醚回收区。来自于最后一级压缩机冷却器的流出物送入二甲醚汽提负荷罐，在这里液态烃和水相是同时存在的。在二甲醚汽提负荷罐中两液相从烃类气相中分离出来；二甲醚在两相态中都存在，二甲醚如返回 MTO 单元反应器可转化为有价值烯烃。因此将二甲醚从轻烃中回收，液态烃被泵送到二甲醚汽提塔，二甲醚从液态烃中汽提出来并回到压缩机最后一级的级间冷却器，二甲醚汽提塔的纯塔底物冷却到环境温度后送入水洗区，出二甲醚汽提负荷罐的气相去氧化物吸收塔，在氧化物吸收塔中来自于 MTO 单元的水用于吸收产品气相中的二甲醚，带有二甲醚的水回到 MTO 单元。

③ 水洗区。二甲醚回收以后，气相和液态的烃中还含有残留的甲醇。用水来回收这些物流中的甲醇，吸收水在 LORP 单元和 MTO 单元的洗涤水汽提塔间循环，MTO 的液态烃产品在水洗塔中洗涤，甲醇被吸收后，液体送入 LORP 单元的分馏区，MTO 的汽相产品送入碱洗区，来自于水洗塔和氧化物吸收塔的富甲醇水回到 MTO 单元，在 MTO 洗涤水汽提塔中甲醇从废水中汽提出来循环回 MTO 反应器。

④ 碱洗区 。MTO 气相产品中的二氧化碳产物在碱洗塔中脱除，碱洗塔有三股碱液回流和一股水回流来脱除残余的碱，碱洗区包括补充碱和水的中间罐和注入泵，废碱脱气后送出界区处理，二氧化碳脱除后，MTO 气相产品被冷却然后送入干燥区。

⑤ 干燥区 。MTO 的气体产物需干燥处理，为下游的低温工段做准备。干燥区由两个 MTO 产品干燥器和再生设备组成，干燥器用分子筛脱水，来自于 LORP 单元的轻质气体用于再生干燥剂。再生设备由再生加热器、再生冷却器和再生分离罐组成。脱水后，再生的气体混入燃料气系统。干燥后的反应气送入分馏区的脱乙烷塔，脱乙烷塔的塔顶气压缩后送入乙炔转换区。

⑥ 乙炔转换区。脱乙烷塔顶气中包含 C_2 和更轻的物料，物流中的副产物乙炔被选择加氢转化为乙烯。乙炔转化是气相催化工艺，这个区由两个乙炔转换塔和一个防护床组成，进料加热器包括在内，用来调整反应的选择性。下游防护床从转换塔流出物中脱除痕迹的副产物，防护床与 MTO 的产品干燥器共用同一干燥气再生系统，转换塔的气相再生设备包括在此区中，乙炔转换区的物流冷却后送入脱乙烷塔顶冷凝器。

⑦ 分馏区。分馏区由脱乙烷塔、脱甲烷塔、C_2 分离塔、脱丙烷塔、C_3 分离塔和脱丁烷塔组成。在压缩、氧化物回收、碱洗和干燥之后，MTO 产品气冷却后进入脱乙烷塔。脱乙烷塔顶产品是混合的 C_2 组分。由丙烷和更重的烃类组成的脱乙烷塔底物送入脱丙烷塔。脱乙烷塔顶物压缩后送入乙炔转换单元。来自于脱乙烷塔接收器的净气相产品送入甲烷塔进料冷冻器。

脱甲烷塔从混合 C_2 物流中脱除轻杂质(包括甲烷、氢和惰性气体)。脱甲烷塔顶物送去做燃料气。脱甲烷塔底物送入 C_2 分离塔。在 C_2 分离塔中乙烯产品从乙烷中分离出来。分离塔顶的纯物质送入乙烯储罐，塔底物蒸发、加热后并入燃料气系统。

脱乙烷塔塔底物流进入脱丙烷塔。混合的 C_3 组分在脱丙烷塔中与较重的 C_4 以上物料分离。脱丙烷塔顶物送入氧化物回收单元(ORU)。采用液相吸收工艺脱除痕量的氧化物。ORU 包括惰性气体再生设备。脱丙烷塔塔顶物在 ORU 单元处理后，送入 C_3 分离塔，脱丙烷塔底物送入脱丁烷塔。在 C_3 分离塔中丙烯与丙烷分离，塔顶物泵送储存，分离塔塔底饱和的丙烷产品汽化后混入燃料气系统。脱丁烷塔(如果需要)从戊烷和更重的烃类中分离出丁烷。脱丁烷塔的进料是脱丙烷塔底物和水洗塔产品的混合物，脱丁烷塔的塔顶和塔底产品送去储存。

⑧ 丙烯制冷区。LORP 单元浓缩和分离轻烃需要在低温、高压条件下操作。用丙烯产品做制冷剂。丙烯制冷区由多级离心式丙烯制冷压缩机和一个丙烯缓冲罐组成，LORP 单元中多个冷却器、冷凝器和再沸器都是用丙烯做制冷剂。

2. MTP 工艺流程及主要设备

以 MTP 技术为例，简单介绍 MTP 工艺流程和主要设备。

(1) 工艺流程。固定床 MTP 工艺流程如图 10-3 所示。该工艺同样将甲醇首先脱水为二甲醚，然后将甲醇、水、二甲醚混合进入第一个 MTP 反应器，同时还补充水蒸气。反应在 400~450℃、0.13~0.16MPa 下进行，水蒸气补充量为 0.5~1.0 kg/kg 甲醇。此时甲醇和二甲醚的转化率为 99%以上，丙烯为烃类中的主要产物。为获得最大的丙烯收率，还附加了第二和第三 MTP 反应器。反应出口物料经冷却，并将气体、有机液体和水分离。其中气体先经压缩，并通过常用方法将痕量水、CO_2和二甲醚分离。然后，清洁气体进一步加工得到纯度大于 97%的化学级丙烯。不同烯烃含量的物料返至合成回路作为附加的丙烯来源。为避免惰性物料的累积，需将少量轻烃和 C_4、C_5 馏分适当放空。汽油也是本工艺的副产物，水可作为工艺发生蒸汽，而过量水则可在作专用处理后供农业生产用。

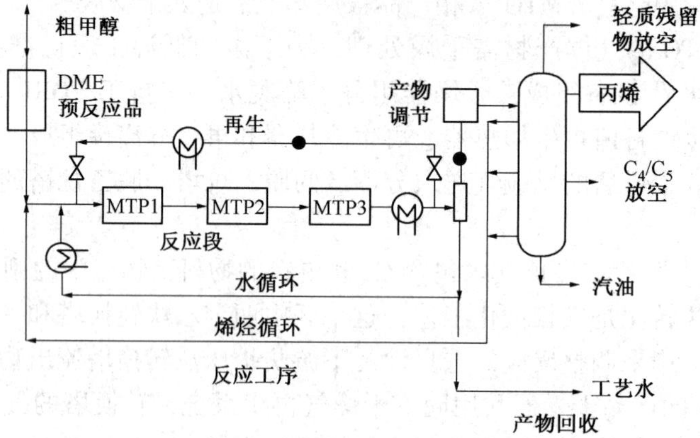

图 10-3　Lurgi MTP 工艺流程图

由于采用固定床工艺，催化剂需要再生。大约反应 400~700 h 后使用氮气、空气混合物进行就地再生。

(2) 主要设备。该工艺的主要设备包括 DME 预反应器 1 台，1~3 段反应器各 1 台，丙烯分馏塔 1 台等。

第三节　甲醇制烯烃工艺路线的选择

具有代表性的甲醇制烯烃技术主要是 UOP/Hydro MTO 技术、DMTO 技术、MTP 技术。目前，这三项工艺技术已经具备工业化生产的条件。

一、技术条件

1. MTO 技术特点

采用流化床反应器和再生器，连续稳定操作；采用专有催化剂，催化剂需要在线再生，保持活性；甲醇的转化率达 100%，低碳烯烃选择性超过 85%，主要产物为乙烯和丙烯；可以灵活调节乙烯/丙烯的比例；乙烯和丙烯达到聚合级。

2. MTP 技术特点

采用固定床由甲醇生产丙烯，首先将甲醇转化为二甲醚和水，然后在三个 MTP 反应器中进行转化为丙烯。催化剂系采用南方化学开发的改进 ZSM-5 催化剂，有较高的丙烯选择性。甲醇和 DME 的转化率均大于 99%，对丙烯的收率则约为 71%。产物中除丙烯外还将有液化石油气、汽油和水。

从技术上讲，MTO 和 MTP 技术已经成熟可行，具备工业化推广的条件。

二、经济性对比

根据 MTO 煤制烯烃项目和 MTP 煤制烯烃项目的投资和最终产品方案和当前产品价格，以 1.8Mt 甲醇为基础作对比分析，见表 10-1。

表 10-1　1.8Mt 甲醇制烯烃经济性对比表

工艺技术	总投资/亿元	最终产品	规模/(10^4t/a)	平均价格/(吨/元)	销售总和/(万元/年)
MTO	116	聚乙烯	30	10000	647000
		聚丙烯	30	9900	
		丁烯/C_5	10	5000	
MTP	120	聚丙烯	49	9900	592140
		汽油	14	6000	
		液化气	7.2	3200	

三、工艺技术的选择

从最终产品上讲，MTP 产品为聚丙烯，副产汽油和液化石油气，其副产品附加值不高。MTO 产品为聚乙烯、聚丙烯，并且产品比例可根据市场进行调节，具有良好的市场灵活性。在 MTO 技术中，国内的 DMTO 技术与 UOP/Hydro MTO 技术工艺技术上基本相同，但 DMTO 技术专利费和催化剂费用更具有经济优势，国内在建的大型烯烃项目即将成功应用。

建议选择甲醇制烯烃工艺，应对该技术的大型化生产的应用情况、产品市场定位及专利技术的投资进行综合考虑。

复 习 题

一、填空题

1. 整个甲醇制烯烃反应过程可分为两个阶段：(　　　　)阶段、(　　　　)阶段。

2. 甲醇转化制烯烃所用的催化剂以(　　　　)为主要活性组分，以氧化铝、氧化硅、硅藻土、高岭土等为(　　　　)。

3. 分子筛的(　　　　)是合成分子筛催化剂的一个重要因素。

4V 在甲醇制烯烃反应原料中加入稀释剂，可以起到(　　　　)的作用。在反应中通常采用(　　　　)和(　　　　)作为稀释剂。

5. 甲醇转化的总一级反应速率为 $250m^3/(m^3 \cdot s)$，属于(　　　　)反应。研究表明，决定催化剂选择性的重要因素之一是催化剂上的(　　　　)。

6. MTO 工艺由(　　　　)单元和(　　　　)单元组成。

7. MTO 工艺得到主产品(　　　　)、(　　　　)，副产品为(　　　　)、(　　　　)和(　　　　)。

二、简答题

1. 甲醇转化制烯烃所用的催化剂的性能受哪些因素影响？
2. 简述分子筛催化剂的制备和再生。
3. 甲醇制烯烃的工艺条件有哪些？
4. 在甲醇制烯烃反应原料中加入水蒸气稀释剂的作用是什么？
5. MTO 工艺的主要操作条件有哪些？
6. MTO 单元和 LORP 单元分别由哪几部分组成？
7. 简述甲醇转化烯烃单元和轻烯烃回收单元工艺流程。
8. 简述 MTO 技术和 MTP 技术各自的特点。
9. MTO 技术和 MTP 技术在哪些方面得到应用？
10. 反应温度如何影响甲醇制烯烃工艺？
11. 简述甲醇制烯烃的反应基本原理。

第十一章　煤制天然气

第一节　概　述

煤制天然气是指煤经过气化产生合成气，再经过甲烷化处理，生产代用天然气(SNG)。煤制天然气的能源转化效率较高，技术已基本成熟，是生产石油替代产品的有效途径。

用褐煤等低品质煤种制取甲烷(即天然气主要成分)气体，可利用现有和未来建设的天然气管网进行输送。煤制天然气的耗水量在煤化工行业中是相对较少，而转化效率又相对较高，因此，与耗水量较大的煤制油相比具有明显的优势。此外，煤制天然气过程中利用的水中不存在污染物质，对环境的影响也较小。

一、煤制天然气的必要性

改革开放以来，我国经济保持了持续稳定的高速增长。国民经济的高速增长是以能源消费的高速增长为基础的，中国既是能源消费大国也是能源生产大国，目前中国的能源消费总量已位居世界第二。而我国基础能源格局的特点是“富煤、缺油、少气”，长期以来，煤炭在我国能源结构中一直占有绝对主导地位。近期内能源结构不会改变决定了煤炭资源将在未来很长一段时期内继续作为能源主体被开发和利用。

近年来，随着煤化工行业的蓬勃发展和天然气消费量的大幅增长，我国煤制天然气行业取得长足发展，成为煤化工领域投资热点。2010 年以来，随着进口天然气价格上涨，我国煤制天然气市场持续升温。2010 年 3 月，总投资 257 亿元的辽宁大唐国际阜新煤制天然气项目在阜新市开工建设。2010 年 5 月，新疆庆华煤化工循环经济工业园煤制天然气一期工程建设全面展开，工程建成后，天然气将输送到西气东输二线。

煤制天然气的能量效率最高，是最有效的煤炭转化利用方式，发展前景看好。同时我国环渤海、长三角、珠三角三大经济带成为我国经济发展最活跃的地点，对天然气需求巨大，而内蒙、新疆等地煤炭资源十分丰富，但运输成本高昂。因此为保证我国的能源安全以及满足清洁环境和经济发展的双重需要，将富煤地区的煤炭就地转化成天然气，必将成为继煤发电、煤制油、煤制烯烃之后的又一重要战略选择。

二、煤制天然气的技术经济问题

煤制天然气的工艺已经成熟是无可争辩的，但是对于这样的工艺的经济性，确实存在争议。

1. 成本

近年来，国内设计单位已经做了多起可行性研究，以及开展了一些设计，关键问题是产品的成本是否合理。显然，煤价是产品成本合理的主要指标。在 Lurgi 气化技术为先导的工艺下，采用褐煤为原料，热值为 1.67×10^4kcal/kg，煤价为 150 元/t，1000Nm^3 甲烷需要 4.8t 煤作为原料和燃料。

各设计单位基本上得到相似的结论：产品甲烷的生产成本为1.60元/Nm^3左右。这个价格用于城市居民燃料，还要加上输送和城市管理费，至少要在2.50元/Nm^3左右，恐怕让居民难以接受。

煤制天然气项目经济基本分析数据见表11-1，出于具体情况的区别，表中的数据可以有一定的出入。

表11-1　估算的技术经济数据

名称	金额/(元/1000Nm^3)
原材料	756
动力	180
工资及福利	52
制造费	553
副产品	-257
利息	262
管理费用	54
完全成本	1600

2. 投资

目前国内设计的几个装置的投资见表11-2，这些装置基本上都采用Lurgi气化技术。数据表明，以Lurgi气化技术为先导的煤制天然气装置的投资为：10^8Nm^3甲烷的投资大约为5亿~7亿元。如果采用水煤浆气化技术为先导，煤制天然气装置的投资将与此不相上下。

表11-2　煤制天然气装置的投资

项　目	产量/10^8Nm^3	投资/10^8RMB
新疆新汶	100	500
大唐克旗	40	257
内蒙汇能	16	80

3. 能耗

以Lurgi气化技术为先导的煤制天然气装置的综合能耗(以1000Nm^3天然气计)为63.6GJ，天然气的热值可计为36.0GJ(1000Nm^3天然气)，故该过程能量利用率为56.6%。

煤制天然气的能量利用率比较高，原因是主产业链比较短。

第二节　煤制天然气工艺

一、工艺组成

煤制天然气的工艺包括：煤气化、空分、部分变换、净化(低温甲醇洗)、甲烷化五个单元，各个单元的作用见表11-3。

表 11-3　煤制天然气单元表

单元	作用	单元	作用
煤气化	制取合成气 $CO+H_2$	空分	制取 O_2
部分变换	调整 H_2/CO	净化(低温甲醇洗)	脱除 H_2S、CO_2
甲烷化	合成 CH_4		

煤制天然气工艺的最关键技术是煤气化。近年来，煤化工技术的进展已为大家所熟悉。目前国内的煤气化技术已经取得了明显的进展，4 种引进的大型煤气化技术(Texaco、Shell、GSP、Lurgi)和国内开发的六种煤气化技术(二段炉、四喷嘴、航天炉、灰融聚、非熔渣-熔渣分段气化、多元料浆)在煤化工的各个领域发挥作用。这些煤气化技术都有可能成为煤制天然气的工艺技术。

二、煤制天然气流程

煤制天然气整个工艺流程见图 11-1 所示。

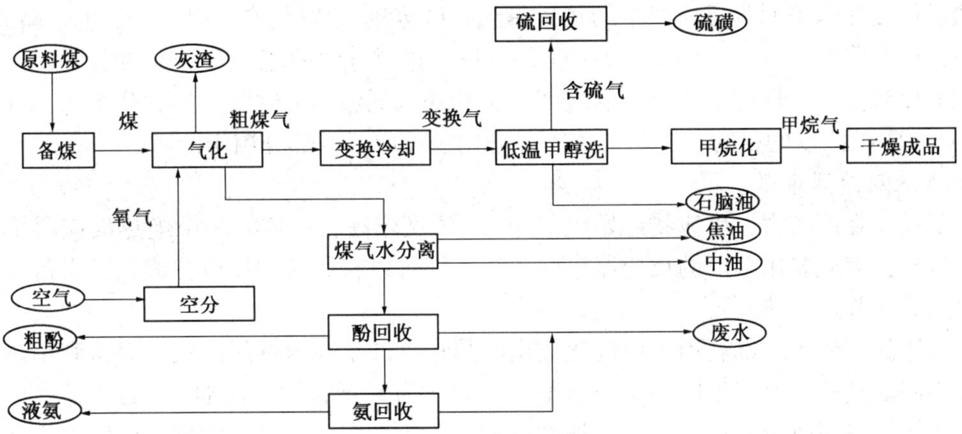

图 11-1　天然气装置流程示意图

三、甲烷化技术

坑口气化工艺中需要开发的难题是甲烷化反应器和甲烷化回路。由于反应热很大而且比较集中，与上述配套的设备要产生大量的高压蒸汽。

现今的合成氨工业中，甲烷化是作为净化合成气的末尾手段来除去微量的 CO 和 CO_2，在催化剂的作用下生成 CH_4，通常采用绝热反应器。在典型的甲烷化炉操作条件下，CO 和 CO_2 的总平衡浓度在 10μL/L 下，以满足氨合成反应的要求。

其主要的反应为：

$$CO+3H_2 = CH_4+H_2O \qquad \Delta H_0=-206.2\text{kJ/mol}$$

$$CO_2+4H_2 = CH_4+2H_2O \qquad \Delta H_0=-165.0\text{kJ/mol}$$

在甲烷化反应是绝热反应的条件下，其绝热升温为：气体中每转化 1%的 CO 的绝热升温 72℃，每转化 1%的 CO_2的绝热升温 65℃。本方案中甲烷化前 $CO+CO_2$ 含量为 24%~25%，体系的温度升高值很大。显然，单纯的单级绝热升温的做法只能用于少量 CO 和 CO_2的转化。对于合成气制取甲烷的工艺，不能采用此法。

1. 反应热的撤热问题

在化肥工业中上，甲烷化是用来处理除去合成气中微量 CO 和 CO_2 的，反应温度在 350℃左右，反应器的温升约 30℃左右。这样的反应速度较慢，空速相对较小。但是对于煤制天然气来说，合成气中的 CO 和 H_2 要全部变成 CH_4，放热量很大，反应速度一定很快，可以采用以下的办法来实现：如果采用绝热反应，反应器的筒体内装催化剂，可以是轴向或径向。由于进入甲烷化反应器的新鲜气中 CO+CO_2 的含量在 20%~25%左右，体系的温度升高值很大。因此，对于坑口气化制取甲烷的工艺，不宜直接采用此法，可以在回路上想办法。

若采用等温甲烷化，等温甲烷化的方法也是适合于煤制天然气工艺的，进出甲烷化炉的气体温差在 30℃左右为宜。一般反应在管内进行，反应热的移走是通过管间的撤热介质水的汽化实现的。这个反应器的设计比较麻烦，对反应动力学和传热作仔细的计算才行，可以分成多段。

2. 甲烷化工艺回路

为了在工业上平稳地实现这个反应，可以采用冷激法和稀释法。

（1）稀释法。用甲烷化反应后的循环气来稀释合成原料气以控制甲烷化反应器的出口温度，然后用废热锅炉回收反应产生的热量得到高压蒸汽。这样，进入反应器的气体流量要明显增加，从而降低了反应气体中 CO+CO_2 的浓度。这个办法的能量有一定的损耗。

（2）冷激法。在反应器催化床层之间，不断加入低温的新鲜气，达到降低入口气体的温度和 CO+CO_2 的浓度的目的。工艺气体一部分用于反应，一部分用于冷激。

3. 多级反应器串联

由于反应强度较大，反应物起始组成中 CO 浓度较高，单纯的一个绝热反应器是不能实现这个目的，因此要用多段的反应器串联才行。即可以将甲烷化反应分成几段来进行，分段用废热锅炉回收反应热。

在上述的方法中，都利用了甲烷化放出的热量，产出高压过热蒸汽，只是利用热量的具体流程不同。这些蒸汽用于驱动空分透平，或者作为气化时的添加剂（Lurgi 气化炉），整个甲烷化系统热量回收效率很高。在国外惟一的工业化工厂中，采用的是三级甲烷化流程，并且采用稀释的办法，见图 11-2。

从图 11-2 中可以看出，甲烷化的反应器是三个串联的，第一级反应器的温度为 650~700℃，第二级反应器的温度为 500℃左右，最后一级的温度为 350℃左右。全程 CO 的转化率为 100%，H_2 的转化率为 99%，CO_2 的转化率为 98%。图 11-3 是三级甲烷化加稀释流程图。

目前，国内比较流行的 Topsoe 甲烷化工艺与上述流程类似，在循环气的抽出点的位置略有区别。

在同样的原料合成气和催化剂的情况下，Topsoe 甲烷化工艺的循环量要大一些，但是压力增值小一些。

4. 甲烷合成的压力

甲烷合成的压力应该视煤气化的压力而定。在用 Lurgi 煤气化技术时，甲烷化的压力在 2.5MPa 左右，而采用水煤浆气化时，可以在 3.5~7.5 MPa 下进行，在采用粉煤气化时，可以在 3.5MPa 下进行。显然，由于甲烷化的反应是一个减少体积的反应，从热力学的因素考虑，压力高有利于甲烷化反应的进行，同时还有利于设备体积的缩小。

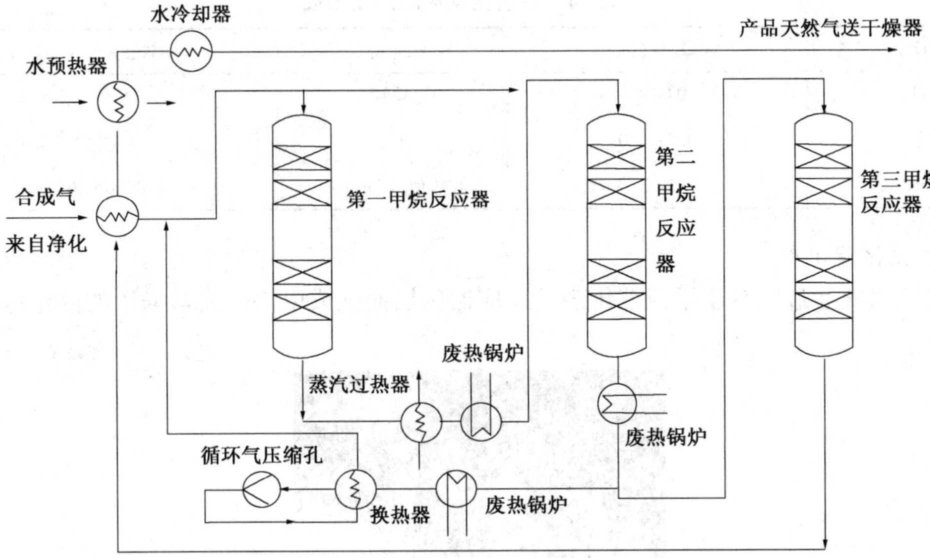

图 11-2 三级甲烷化加稀释流程图

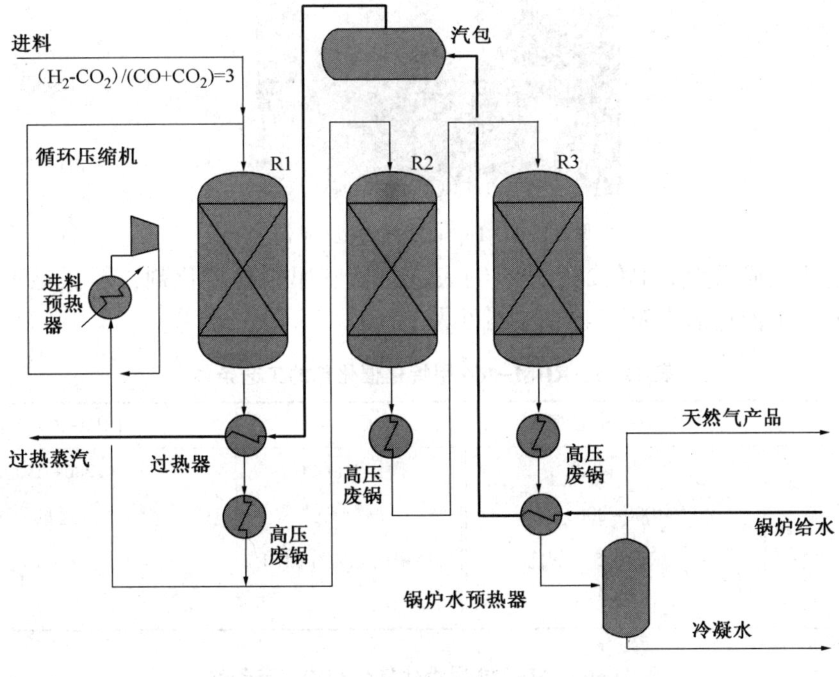

图 11-3 Topsoe 甲烷化工艺流程图

5. 甲烷化反应的产物

甲烷化反应的产物组成可以从流程模拟中得到，以 Lurgi 气化为先导的工艺，产品中气体的组成见表 11-4。

产物中的 N_2来自于煤气化，H_2、CO_2和 CO 是甲烷化的平衡组成，最后一级反应器出口的温度越低，CO_2和 CO 的含量就越低。

表 11-4　甲烷化反应的产物组成

组成	含量/%(mol)	组成	含量/%(mol)
CH_4	94~96	CO_2	0.5~1.0
H_2	0.5~1.0	CO	微量
N_2+Ar	2~3	低热值/kcal/Nm^3	8450~8675

6. 甲烷化催化剂

合成原料气通过装有还原镍催化剂的反应器床层而生成甲烷，通常采用的固定床反应器如图 11-4。

图 11-4　Topsoe 甲烷化反应器

国内早期研究成果为 RHM-266 型煤制人造天然气甲烷化催化剂，数据见表 11-5。目前，市场上另一个催化剂是 M-349，性能见表 11-6。

表 11-5　RHM-266 甲烷化催化剂的工艺条件

项　目	RHM-266 数据	项　目	RHM-266 数据
压力/MPa	常压~4.0	操作温度/℃	280~650
空速/h^{-1}	1000~3000	汽/干气	适量
气体中的氧含量/%	<0.5	气体中的总硫/(μL/L)	<0.1
气体中的总氯/(μL/L)	<1		

表 11-6　M-349 甲烷化催化剂的工艺条件

项　目		指标
物性参数	外观	淡绿色球状颗粒
	粒度/mm	3~4、5~6(可按需要)
	强度/(N/粒)	≥50、100
	破碎率/%	≤0.5
	堆密度/(g/L)	0.95±0.05
	使用寿命/年	≥1

续表

项目		指标
操作条件	还原温度/℃	400~450(通 H_2 预还原)
	操作温度/℃	280~400
	操作压力/MPa	0.1~6.0
	操作空速/h^{-1}	1500~6000
性能指标	CO、CO_2 转化率/%	95~98

Topsoe 公司的 MCR-2X 催化剂(图 11-5)可以在高温下使用，范围为 250~700℃，压降比较低，寿命为 45000h，已经取得实际生产的经验。

图 11-5　MCR-2X 催化剂

第三节　天然气脱硫

一、天然气脱硫与硫黄回收新工艺

20 世纪 80 年代，以 DIPA 和 MEDA 为代表的胺液和环丁砜组成的化学溶剂脱硫技术，由于具有使用浓度高、酸气负荷大、腐蚀性低、抗降解能力强、脱 H_2S 选择性高、能耗低等优点，逐步取代了 MEA 和 DEA 技术，应用相当普遍。但这些工艺，在处理低总 H_2S 量的情况下，都存在需要配套硫黄回收装置的缺陷。

下面介绍两种新发展的天然气脱硫与硫黄回收有机结合的科学的含硫气体处理工艺。

(一)Lo-cot 工艺

Lo-cot 工艺最初由 ARI 公司于 1979 年开发成功，并建成第一套工业化装置。其适宜于处理潜硫量 0.2~10t/d 的含硫天然气。1991 年由于在工艺结构和催化剂方面取得重要进展，开发了第二代 Lo-cot 工艺，使副产物的生成得到了有效控制，氧化再生效率大大提高。

1. Lo-cot 工艺的反应机理：

H_2S 的吸收：$H_2S + H_2O = H_2S(\text{水相}) + H_2O$

一步电离：　$H_2S(\text{水相}) = H^+ + HS^-$

二步电离：　$HS^- = H^+ + S^{2-}$

吸收(氧化)反应：$2Fe^{3+} + S^{2-} = 2Fe^{2+} + S^0$

氧气吸收：　$O_2 + H_2O = 2O(\text{水相}) + H_2O$

再生(还原)反应：$2Fe^{2+} + O(\text{水相}) + H^+ = 2Fe^{3+} + H_2O$

总反应：$H_2S + 1/2\ O_2 = H_2O + S^0$

总副反应：$2HS^- + 3/2\ O_2 = H_2S_2O_3$

Lo-cot 工艺具有高度选择性，只脱出 H_2S，基本上不脱出 CO_2。

2. 常规 Lo-cot 工艺流程

Lo-cot 工艺脱硫与硫黄回收分别在两个容器内完成，在吸收塔中，酸气中的 H_2S 被氧化为单质 S，催化剂 Fe^{3+} 被还原为 Fe^{2+}。在氧化塔中，来自鼓风机的空气与溶液接触再生，Fe^{2+} 被氧化成 Fe^{3+}。氧化后的溶液进入缓冲罐中，用循环泵打入吸收中完成溶液循环。含硫溶液经过过滤器得到硫饼。Lo-cot 工艺流程图如图 11-6 所示：

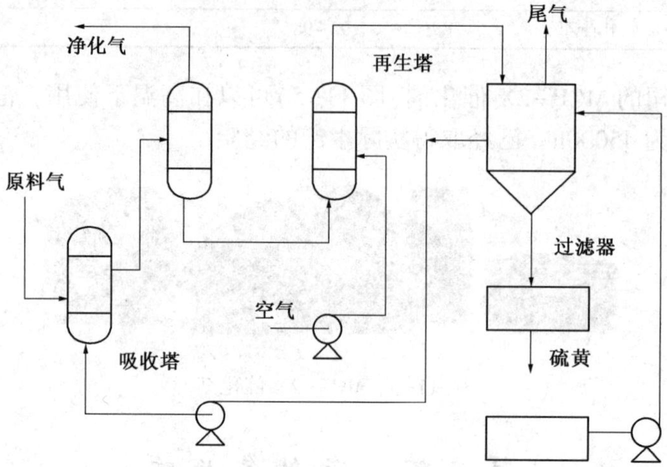

图 11-6　常规 Lo-cot 工艺流程图

3. Lo-cot 工艺常用化学药剂及作用

Lo-cot 工艺中最重要的是化学药剂的配方，其能够充分保证处理溶液的稳定性和操作的连续性，同时还能够有利于硫黄的生成和沉降，以及抑制副反应的发生。

表 11-7 是 Lo-cot 工艺主要化学药剂及其作用。

表 11-7　Lo-cot 工艺主要化学药剂及其作用

品名	药剂	作用
ARI-340	铁浓缩液	提供螯合铁离子作催化剂，确保 H_2S 被氧化为 S
ARI-350	螯合铁稳定浓缩液	保证螯合铁离子在溶液中稳定
ARI-400	杀菌剂	抑制溶液中细菌生长
ARI-600	表面活性剂	降低溶液表面张力，使硫黄颗粒易于聚集沉降
ARI-360	螯合铁降解抑制剂	抑制螯合铁的降解

（二）生物脱硫技术的应用

生物脱硫的概念起源于 20 世纪 50 年代，在自然界中某些细菌能够氧化无机硫。1993 年荷兰 Paques 公司和 Shell 公司成功地将该工艺运用于生物气脱硫技术，经过长期处理高压天然气的实验，证明了工艺的平稳性和合理性。

1. 生物脱硫技术的脱硫原理

$$H_2S(g) + OH^- \!=\!=\!= HS^- + H_2O$$

$$\text{细菌}$$

$$HS^- + 1/2O_2 \!=\!=\!= S^0 + OH^-$$

2. 生物脱硫技术的工艺流程

具体的生物脱硫技术的工艺流程如图 11-7 所示。

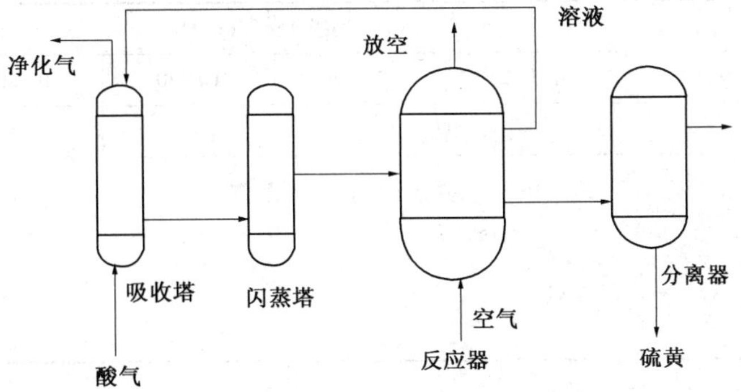

图 11-7　生物脱硫技术的工艺流程

碱液经过吸收酸性天然气中的 H_2S 后，经过闪蒸，进入专门的生物反应器，保持碱液的 pH 值为 8~9 之间，碱液吸收的硫化物经过细菌氧化成硫黄，再经过沉降后，生成絮状硫黄产品。

3. 生物脱硫的硫处理方法

从生物脱硫装置出来的单质硫中固体含量为 20%左右，如果需要回收其中的硫黄，有三种处理方法：① 利用连续离心分离机将硫浆脱水干燥，形成干固体含量为 65%左右的滤饼，硫黄的纯度约 95%；② 将硫黄直接送入熔硫炉，生成纯度约为 99.5%的熔融硫出售；③ 利用生物硫黄的颗粒小和亲水性，将生物硫黄作为土壤肥料出售使用。

当然，还有许多新的脱硫与回收工艺，在此，我们不再一一介绍。

二、硫黄回收工艺

硫黄回收工艺指将脱硫装置再生析出的酸气中的 H_2S 等转化为硫黄的过程。主要运用的工艺是将 H_2S 燃烧再催化转化为硫黄的克劳斯工艺。

由于受热力学及动力学的限制，常规克劳斯过程的硫黄回收率一般只能达到 92%~95%，即使将催化转化增至三级、四级，也不能超过 97%，残余的硫在尾气灼烧炉中燃烧后，以 SO_2形态排向大气。

（一）有关国内、外硫黄回收尾气 SO_2 排放标准

关于硫黄回收尾气 SO_2 的排放标准，各个国家、各个地区有不同的排放标准。有些地区，规定不同的烟囱高度，规定不同的 SO_2允许排放量。有些地区，规定尾气中 SO_2 排放浓度标准；但更多的国家要求的是硫黄回收装置的总硫黄收率。

（1）世界部分国家硫黄回收装置硫收率标准见表 11-8

表 11-8　世界部分国家硫黄回收装置硫收率标准　　%

国　家	装置规模/(t/d)					
	≤0.3	0.3~2	5~10	10~20	50~2000	2000~10000
美国已建	灼烧		96.0	97.5~98.5	98.5~99.8	99.8
美国新建		96.0	96~98.5	98.5~99.8	99.8	99.8
加拿大	70		90	96.3	98.5~98.8	99.8
意大利	95				96	97.5

续表

国　家	装置规模/(t/d)					
	≤0.3	0.3~2	5~10	10~20	50~2000	2000~10000
德国	97				98	99.5
日本	99.9					
法国	97.5					
荷兰	99.8					
英国	98					

（2）我国 SO_2 排放标准（GB 16297—1996）见表 11-9

表 11-9　我国 SO_2 排放标准

最高允许排放浓度/(mg/m³)	烟囱高度/m	最高允许排放速率/(kg/h)		
		一级	二级	三级
1200(960)	15	1.6	3.0(2.6)	4.1(3.5)
	20	2.6	5.1(4.3)	7.7(6.6)
	30	8.8	17(15)	26(22)
	40	15	30(25)	45(38)
	50	23	45(39)	69(58)
	60	33	64(55)	98(83)
	70	47	91(77)	140(120)
	80	63	120(110)	190(160)
	90	82	160(130)	240(200)
	100	100	200(170)	310(270)

注：括号内为对 1997 年 1 月 1 日起新建装置的要求。

上述数据，在我国对于硫黄回收装置意味着：① 对于原来建成投产的硫黄回收装置，要求硫黄收率达到 99.6%才能符合 1200mg/m³ 的要求；② 对于新建装置则需要硫黄收率达到 99.7%，而且不论装置生产能力大小。但目前在全国天然气净化厂中，仅实行 SO_2 总排放量控制。

（二）硫黄回收的克劳斯工艺

从胺法或者砜-胺法装置再生出来的含 H_2S 酸气，首选的应用最为广泛的酸气处理工艺为克劳斯生产硫黄工艺。目前，全世界通过此工艺从天然气中回收硫黄占总硫黄产量的 1/3 以上，接近 2/3，而且，克劳斯法回收的硫黄质量远远高于其他方法回收的硫黄。

（1）克劳斯工艺原理：克劳斯法就是以空气经过燃烧段及催化段将酸气中的 H_2S 酸气氧化成硫黄产物。经过近 20 多年的发展，装置的硫黄收率逼近了理论平衡转化率。

克劳斯工艺的主要反应为：

$$2H_2S + O_2 = (2/n)S_n + 2H_2O \qquad \Delta H = -408kJ/mol$$

$$2H_2S + 3O_2 = 2SO_2 + 2H_2O \qquad \Delta H = -1038kJ/mol$$

$$2H_2S + SO_2 = (3/n)S_n + 2H_2O \qquad \Delta H = -93kJ/mol$$

实际上，在燃烧炉内，还发生了大量的副反应：

$$CH_4 + 3/2O_2 = CO + 2H_2O \qquad \Delta H = -518.3kJ/mol$$

$$CO + H_2O = CO_2 + H_2 \qquad \Delta H = -32.9 kJ/mol$$

$$CO + S = COS \qquad \Delta H = -304.4 kJ/mol$$

$$CH_4 + H_2S = CS_2 + 4H_2 \qquad \Delta H = +259.8 kJ/mol$$

$$H_2S = H_2 + (1/n)S_n \qquad \Delta H = +89.7 kJ/mol$$

（2）反应温度对 H_2S 转化率的影响。反应温度对 H_2S 转化率的影响主要关系见图 11-8 所示。

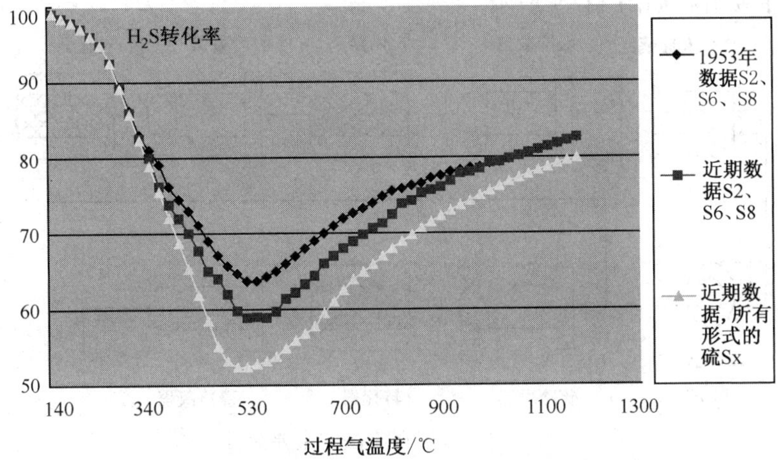

图 11-8　反应温度对 H_2S 转化率的影响

图 11-8 表示了不同温度下的 H_2S 转化为硫黄的平衡转化率。从图中我们明显可以划分为两个区域：① 高温区域。此区域 H_2S 转化为硫黄主要是通过燃烧作用，其平衡转化率随温度升高而升高。但转化率不超过 70%；② 低温区域。此区域 H_2S 转化为硫黄主要是在催化剂的推动下进行催化反应，其平衡转化率随温度升高而降低，直至接近完全转化。③ 硫黄的存在方式。对于 S_n 的存在方式总体说来，温度越高，n 值就越小。因此，在燃烧炉内，主要是以 S_2 的形态存在，在催化段，则主要以 S_8 和 S_6 为主要存在方式。

（三）克劳斯工艺的实现

对于各种不同的克劳斯实现方式，其区别的主要原因是根据脱硫装置的酸气质量。不同的脱硫 H_2S 气体浓度，在 H_2S 燃烧炉内燃烧所产生的热量不同。根据生产经验：927℃左右是克劳斯燃烧炉能够有效操作的低限。为此，我们根据不同的酸气组成，设计不同的酸气进料方式。表 11-10 是各种酸气质量所需要的克劳斯工艺流程安排。

表 11-10　酸气质量对克劳斯工艺流程选择的影响

H_2S 浓度/%	工艺流程安排
50~100	直流法
30~50	预热酸气及空气的直流法，或者非常规分流法
15~30	分流法
10~15	预热酸气及空气的分流法
5~10	掺入燃料气的分流法，或硫黄循环法
≤5	直接氧化法

按照上述流程的分类，我们主要介绍以下两种克劳斯工艺流程。

1. 直流法

直流法是克劳斯工艺中被优先选择的工艺流程。此流程的特点：① 全部酸气和计量后的空气均进入燃烧炉燃烧，此处有65%的 H_2S 转化为单质硫；② 过程气在一级催化剂内反应，约20%或者更多的 H_2S 转化为单质硫；③ 过程气在二级催化剂内反应，约百分之几的 H_2S 转化为单质硫。

直流法的主要流程如图 11-9 所示。

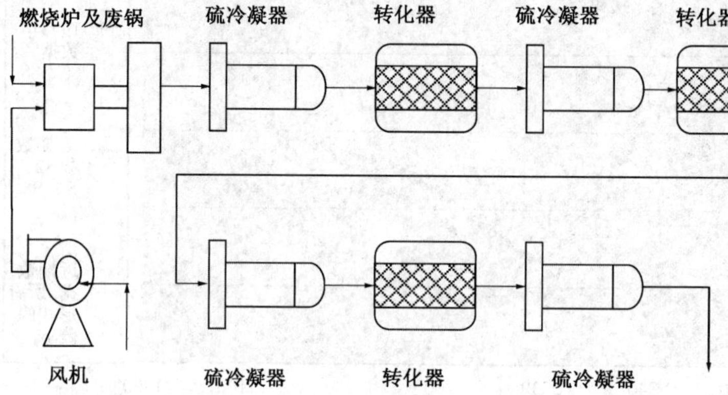

图 11-9　酸气直流法的主要流程

2. 分流法

常规的酸气分流法主要是将酸气分为两股：

1/3 的酸气与空气进入燃烧炉将 H_2S 氧化成 SO_2，然后与 2/3 剩余的 H_2S 混合，进入催化剂段转化。其硫黄完全在催化剂上完成。

对于非常规分流法，其主要是考虑酸气的浓度。因为，非常规分流法可以在燃烧炉内生成部分硫黄，既可以减轻催化剂转化段的负荷，也可以避免因硫蒸气带入转化器而对转化效率带有一些不利的影响。

分流法的主要流程如图 11-10 所示。

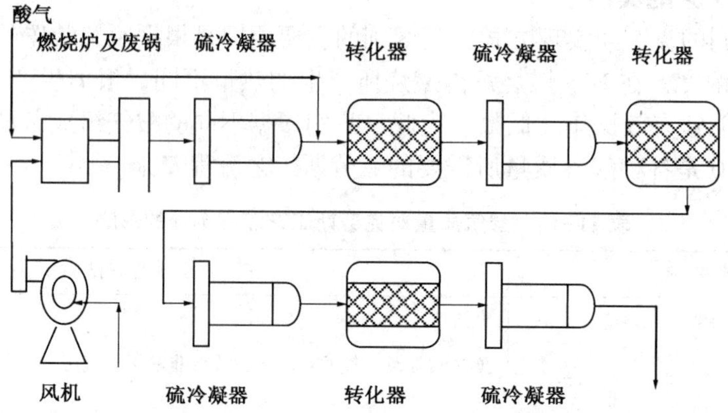

图 11-10　分流法的主要流程

3. 克劳斯催化转化

无论采用何种酸气进炉方式，克劳斯催化转化都是保证硫黄收率的重要阶段。一般情况下，克劳斯转化采用两级催化转化，也有部分装置采用更多级数。其主要特点有以下几个方面：① 催化剂采用活性铝基催化剂，但也有使用具有较好的有机硫转化能力的钛基催化剂。② 在催化剂转化中，一级转化器通常采用高温(320~360℃)；二级的转化温度则采用较低温度(一般在240℃左右)。③ 转化器采用固定床绝热转化器，转化温度采用过程气温度控制。

4. 过程气的再热方式

由于受过程气温度对 H_2S 转化成硫黄的平衡转化率的影响，以及过程气温度控制催化转化器床层温度的特点，我们可以知道：在过程气进入液硫冷凝器分离液硫后，再进入催化转化器前需要进行过程气升温。常用的升温手段及适应性见表 11-11。

表 11-11　常用的升温手段及适应性

再热方式	高温气流掺合		气-气换热	酸气燃烧		燃料气燃烧
	内掺合	外掺合		部分	完全	
影响小 硫收率	影响较大		无影响	有影响		无影响
投资费用	低		高	中等		中等
温度调节	灵活		不灵活	灵活		灵活
过程响应	快		慢	快		快
其他	低负荷运行时硫收率降低更多，内掺合时检修困难		压降大，换热面易污染，影响效率	完全燃烧炉子体积小，但产生的 SO_3 使催化剂易中毒		操作费用高，产生沿污染催化剂

(四)硫黄收率的提高

一套克劳斯硫黄回收装置在设计建成后，其运行的中心问题就是如何提高硫黄的收率。在正常条件下，不同酸气 H_2S 浓度及不同催化剂级数下，硫黄的转化率见表 11-12。

表 11-12　硫黄的转化率

酸气 H_2S 浓度/%	硫收率		
	两级转化	三级转化	四级转化
20	92.7	93.8	95
30	93.1	94.4	95.7
40	93.5	94.8	96.1
50	93.9	95.3	96.5
60	94.4	95.7	96.7
70	94.7	96.1	96.8
80	95	96.4	97
90	95.3	96.6	97.1

但从表 11-12 中可见：第三级转化器对硫黄的收率贡献不超过 1.3%，第四级仅有 0.5%~1.3%，因此，硫黄收率的提高还需要从以下几个方面着手：

(1) 采用高活性催化剂。再转化器中，保证应有转化率的关键是高活性催化剂。而且，催化剂需要具备良好的转化有机硫能力。催化剂再使用过程中活性下降的主要原因是硫酸盐化，这就需要控制转化器出口过程气温度，以免液硫结于催化剂表面上而丧失活性。

(2) 解决有机硫问题。克劳斯装置有机硫的主要成分是指 COS 和 CS_2，他们主要在燃烧炉内生成。他们的存在是造成硫收率损失的主要因素。

解决此问题的办法有三个方面：

① 降低进料酸气中烃含量；② 增长过程气在燃烧炉内停留时间；③ 控制燃烧炉内较高的温度。

（3）增大燃烧炉停留时间。由于燃烧炉温度受耐活火料的影响，一般燃烧炉炉膛温度均控制在927~1100℃之间。这样，为了提高硫黄收率，只有尽可能地增大过程气在燃烧炉内的停留时间。一般的停留时间争取在1~2.5s之间。但酸气浓度较高时，可以适当降低过程气停留时间。

图11-11是炉内硫黄转化率与过程气停留时间的关系。

延长过程气在燃烧炉停留时间最主要的办法就是在炉内增加烟道挡板。

（4）严格控制配风。

在硫黄回收装置中，空气量的控制严重影响着硫黄的收率。当风量相差5%时，硫收率将从99%下降到95%，因此，需要严格控制配风，使尾气中H_2S/SO_2比在2左右，采用的方法是使用尾气在线分析仪。

当然，还有较合理的雾硫扑集装置。一般说来：雾硫造成的损失为0.5%，硫蒸气造成的损失为0.25%左右。

（五）克劳斯尾气处理技术

由于克劳斯装置的尾气一般都不能达到相关的SO_2排放标准，因此，都需要进行尾气处理。常用的尾气处理技术大体可以分为三类：低温克劳斯技术、尾气氧化技术、尾气还原技术。低温克劳斯是指在低于硫露点的温度下继续进行克劳斯反应，从而使克劳斯装置的总硫黄收率达到99%；尾气氧化技术主要是指将尾气中各种形态的硫氧化成SO_2，然后加以回收利用；尾气还原技术主要是将尾气中各种形态的硫还原成H_2S，然后转化成单质硫。

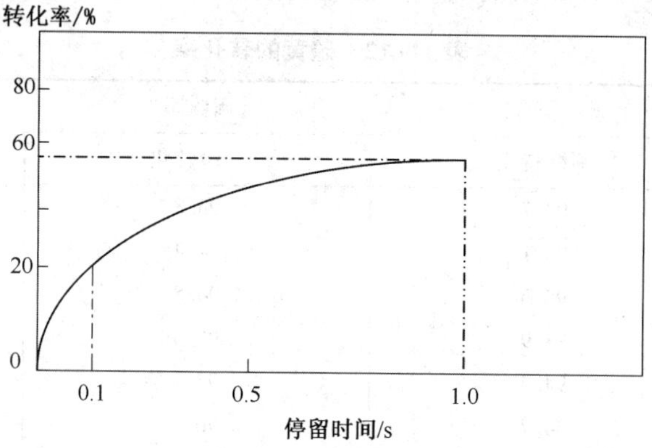

图11-11　炉内硫黄转化率与过程气停留时间的关系

1. 低温克劳斯组合工艺（MCRC 工艺）

此工艺确定一台反应器处于转化段，另一台转化器处于再生和转化阶段，第三台或第四台处于低于硫黄露点温度下进行催化反应。处于低温催化段上的积存硫黄用热过程气进行再生，定期切换。转化器总硫收率最高可以达到99.3%~99.4%。

主要流程见图11-12所示。

2. SCOT 尾气处理工艺

SCOT尾气处理工艺主要是利用还原技术，将尾气中各种形态的硫还原成H_2S，然后转化成单质硫。经过此工艺处理后，总硫黄收率可以达到99.8%以上，灼烧中的尾气SO_2含量

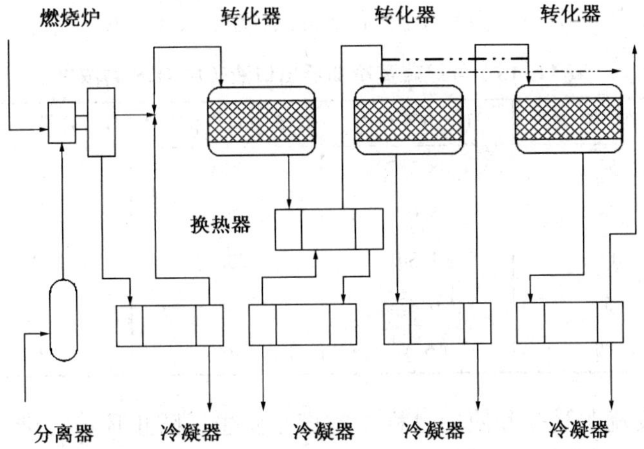

图 11-12　MCRC 硫黄回收工艺流程图

可以低于 300μL/L。

目前应用最为广泛的是通过对尾气进行加氢处理后，将各种形式的硫还原成 H_2S，然后通过溶剂吸收，再进行克劳斯回收装置。也有将尾气进行加氢处理后，通过直接氧化法转化成单质硫黄，不进行克劳斯转化，其尾气中的 H_2S 含量也可以降低至 10300μL/L 以下。

图 11-13 是典型的 SCOT 尾气处理装置工艺流程图。

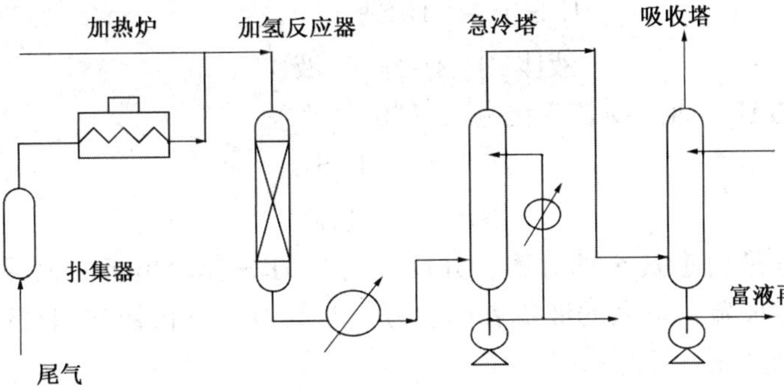

图 11-13　SCOT 尾气处理装置工艺流程图

(六)液硫的脱气与成型

传统的克劳斯硫黄回收装置，硫在燃烧炉和转化器内形成后，易形成聚合态，H_2S 和硫黄通过较弱的结合形成氢化聚硫(H_2S_x)。液硫冷却后，聚硫的链慢慢断裂，H_2S 作为气体被解析出来，其主要趋势如图 11-14 所示：

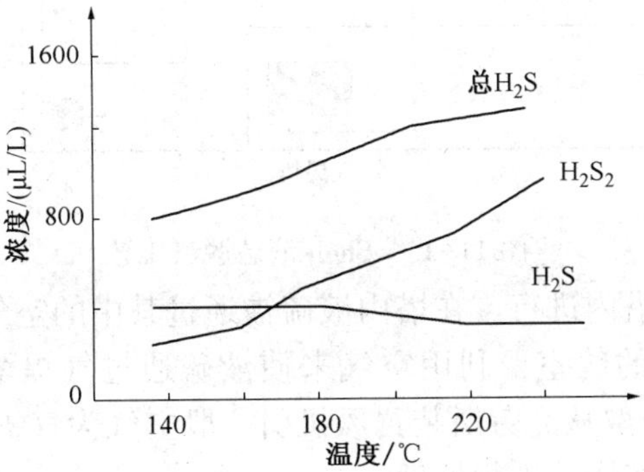

图 11-14　H_2S 解析主要趋势

对于各级硫黄冷却器出口，其液硫中 H_2S 的浓度见表 11-13。

表 11-13　各级硫黄冷却器出口液硫中 H_2S 的浓度

冷凝器	产硫比例/%	H_2S 分压/kPa	H_2S_x 含量/(μL/L)	H_2S 含量/(μL/L)	总 H_2S 含量/(μL/L)
一级冷凝器	54	8.73	313	37	350
一级冷凝器	28	5.07	292	21	313
一级冷凝器	13	1.86	86	8	94
一级冷凝器	5	0.87	8	4	12
合计或平均	100	6.4	262	27	289

为了降低液硫在储存和使用过程中的安全隐患，防止环境污染和对人体的伤害，克劳斯装置生产的液硫有必要进行脱气处理。

机械的液硫脱气工艺有许多，比如：搅拌、使用液硫泵使液硫循环等，但效果都不明显。采用物理脱除与化学脱除相结合的液硫脱气工艺，现在已经被广泛所接受。下面重点向大家介绍具有一定先进性的 Shell 液硫脱气工艺。

1. Shell 液硫脱气工艺原理

H_2S_x 分解生成 H_2S 和硫是一个很慢的反应。

$$\underset{液体}{H_2S_x} \rightleftharpoons \underset{溶解}{H_2S} + \underset{液体}{(x-1)S}$$

溶解在液相中的 H_2S 通过物理变化进入气相。

$$\underset{溶解}{H_2S_x} \rightleftharpoons \underset{气体}{H_2S}$$

液硫脱气的原理是加速 H_2S_x 的分解，并使溶解的 H_2S 释放出来。大部分 H_2S 不是从液硫中脱除，而是氧化成硫，剩余的液硫表面上方气相的 H_2S 气体被吹扫气带走。

2. Shell 液硫脱气工艺流程

Shell 液硫脱气工艺的工艺流程图如图 11-15 所示。

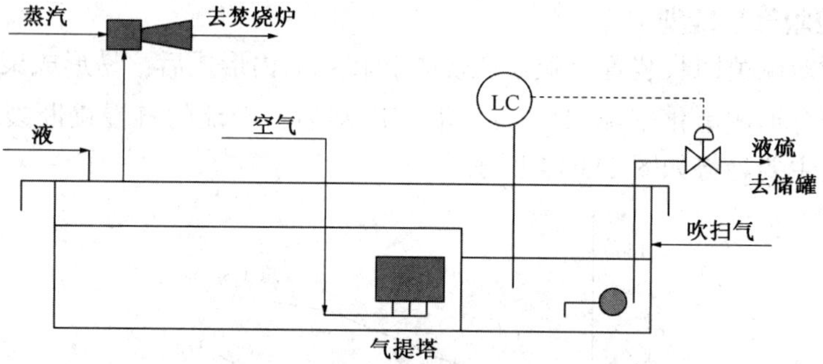

图 11-15　Shell 液硫脱气工艺

脱气过程主要在气提塔内进行，在塔内液硫被通过其中的空气产生的气泡搅动。气提塔是一个在顶部和底部开口的舱室，利用空气来使液硫通过气提塔进行大量的循环（液硫气提）。在实际中有很多均采取从克劳斯装置风机引一股空气为气提塔供风，脱除的 H_2S 一般是通过一个引射装置送入焚烧炉进行处理。

3. 液硫的成型

液硫冷却后就可以实现液硫的成型。按照成型后硫黄的形状，液硫成型可以分为两类：① 片状成型方式：这在硫黄产量较大时采用，硫黄在转鼓上冷却成薄片。② 粒状成型方式：液硫喷射后在水中或空气中，冷却成粒状固体硫黄。

复 习 题

一、填空题

1. 煤制天然气的关键技术是(　　　　　)。

2. 为了在工业上平稳地甲烷化反应，可以采用(　　　　　)法和(　　　　　)法。

3. 甲烷化的反应器是三个串联的，第一级反应器的温度为(　　　　　)℃，第二级反应器的温度为(　　　　　)℃左右，最后一级的温度为(　　　　　)℃左右。

4. Lo-cot 工艺中最重要的是化学药剂的配方，其能够充分保证处理溶液的(　　　　　)和操作的(　　　　　)。

5. 一般情况下，克劳斯转化采用(　　)级催化转化。

6. 常用的尾气处理技术大体可以分为三类：(　　　　　)技术、(　　　　　)技术和(　　　　　)技术。

7. 为了降低液硫在储存和使用过程中的安全隐患，防止环境污染和对人体的伤害，克劳斯装置生产的液硫有必要进行(　　　　　)处理。

二、简答题

1. 煤制天然气工艺包括哪几个单元？

2. 简述 Lo-cot 工艺的反应机理。

3. 简述 Lo-cot 工艺和生物脱硫技术的工艺流程。

4. Lo-cot 工艺主要化学药剂及其作用是什么？

5. 从生物脱硫装置出来的单质硫中固体含量为 20% 左右，如果需要回收其中的硫黄有哪几种处理方法？

6. 简述直流法和分流法克劳斯工艺的特点。

7. 在回收硫黄过程中，如何提高硫黄的收率？

8. 简述 Shell 液硫脱气工艺原理和工艺流程。

参考文献

1 陈敏恒等．化工原理[M]．北京：化学工业出版社，1999
2 谭天恩等．化工原理[M]．北京：化学工业出版社，1990
3 蒋维钧．化工原理[M]．北京：清华大学出版社，1990
4 柴诚敬，张国亮．化工流体流动和传热[M]．北京：化学工业出版社，2000
5 上海师范大学、福建师范大学编．化工基础(上、下)(第三版)[M]，北京：高等教育出版社
6 王焕梅等．有机化工生产技术[M]．北京：高等教育出版社，2007
7 李健秀等．化工概论[M]．北京：化学工业出版社，2005
8 舒均杰主编．基本有机化工工艺学[M]．北京：化学工业出版社，1998
9 梁凤凯，舒均杰主编．有机化工生产技术[M]．北京：化学工业出版社，2004
10 蔡世干，王尔菲、李锐编．石油化工工艺学．第一版．北京：中国石化出版社，2003
11 房鼎业，应卫勇，骆光亮编．甲醇系列产品及应用[M]．上海：华东理工大学出版社，1993
12 宋维端，肖任坚，房鼎业编．甲醇工学[M]．北京：化学工业出版社，1991
13 陈性永，姚贵汉主编．基本有机化工生产及工艺[M]．北京：化学工业出版社，1993
14 程丽华主编．石油炼制工艺学[M]．北京：中国石化出版社，2005
15 吴志泉主编．工业化学[M]．上海：华东理工大学出版社，2004
16 许世森，李春虎，郜时旺编．煤气净化技术[M]．北京：化学工业出版社，2007
17 朱银慧主编．煤化学[M]．北京：化学工业出版社，2005
18 郝临山主编，洁净煤技术[M]．北京：化学工业出版社，2005
19 许祥静，刘军主编．煤炭气化工艺[M]．北京：化学工业出版社，2005
20 郭树才主编．煤化工工艺学[M]．北京：化学工业出版社，2006
21 许世森，张东亮，任永强编著．大规模煤气化技术[M]．北京：化学工业出版社，2007
22 贺永德主编．现代煤化工技术手册[M]，北京：化学工业出版社，2004
23 郭树才编著．煤化学工程[M]，北京：冶金工业出版社，1991
24 虞继舜主编．煤化学(第二版)[M]．北京：冶金工业出版社，2000
25 陈启文主编．煤化工工艺[M]，北京：化学工业出版社，2008
26 高晋生，张德祥编．煤液化技术[M]，北京：化学工业出版社，2008
27 舒哥平编．煤炭液化技术[M]，北京：煤炭工业出版社，2003
28 郑智宏编，煤化工生产基础知识[M]，北京：化学工业出版社，2007
29 马祥麟主编，石油化工装置仿真[M]，北京：中国石化出版社，2007
30 付长亮，张爱民主编．现代煤化工生产技术[M]，北京：化学工业出版社，2009
31 王丽丽主编．空分技术读本[M]．北京：化学工业出版社，2009

前　言
PREFACE

随着全球能源、环境以及气候变化等问题日益突出，开发和利用新型可再生能源越发受到学术界和产业界的关注。氢是一种“古老”的元素，发现距今已有200余年的历史；作为化工原料广泛应用于工业生产，而氢气作为能源属性的应用才刚刚起步。氢能作为公认的清洁能源，可以成为可再生能源的重要载体，特别是在实现“双碳”目标背景下，氢能产业迎来了前所未有的发展机遇。

氢是最轻的也是宇宙中含量最丰富的元素，是地球的重要组成元素，存在于所有类型的化石燃料之中。氢能具有来源多样、清洁低碳、灵活高效、应用场景丰富的特点，借助氢储能产业实现能源转型中的大规模和长周期的能源存储与多样化的终端利用大有可为。

本书以氢能发展历程为切入，以氢的能源属性为基础，详细讲解了氢能“制—储—用”全产业链的主要技术特点，并对氢储能新材料的发展及其主要应用场景做了介绍，通过梳理国内外氢能产业政策支持情况，对氢能产业的经济性进行了展望。本书由中北大学张钊、山西工程科技职业大学师菲芬共同撰写完成，具体分工如下：张钊负责撰写第一章、第三章、第四章、第五章、第六章的内容，师菲芬负责撰写第二章、第七章、第八章、第九章的内容。全书由张钊负责完成统稿工作。

书中引用了国内外同行、学者、专家公开发表的多篇论文、著作，在此对引用文献所涉及的作者表示深切的感谢。

本书获国家自然科学基金项目（编号：52301292）、山西省基础研究计划（编号：202103021223193）和山西省回国留学人员科研资助项目（编号：2023-144）资助出版，在此表示感谢。

由于作者水平有限，书中难免会有错误或者不足之处，敬请广大读者和同行专家不吝指正。